U0340217

2000年2月12日，宁波市人大常委会主任陈勇（右二），市委常委、副市长郭正伟（左二）等到市气象局进行春节慰问

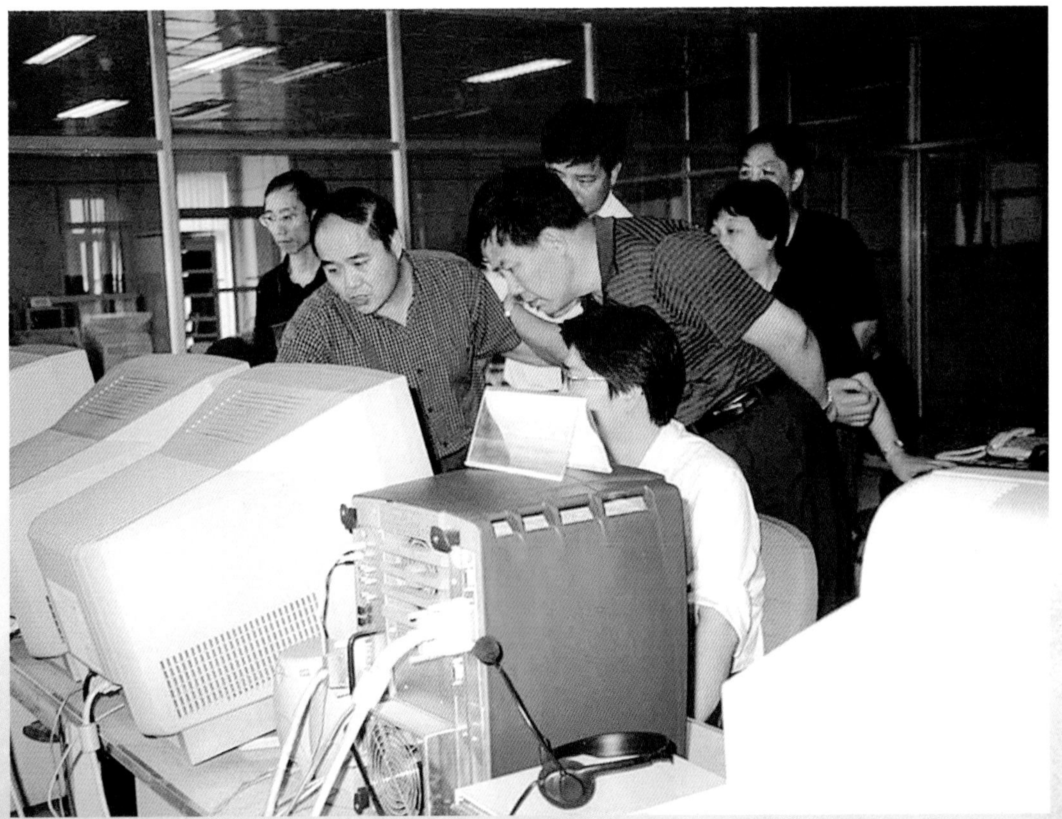

2000年8月4日　市委副书记郑杰民（右一）视察市气象局

2000年8月10日张蔚文（坐左）市长与工作人员共同探讨台风走向

2000年9月11日郭正伟副市长（右）与中国气象局李黄副局长（左）交谈

2000年11月10日中国气象局郑国光副局长（左）在宁波与副市长郭正伟（右）交谈

2000 年 11 月 10 日
市领导考察农经网技术中心

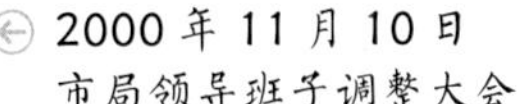

2000 年 11 月 10 日
市局领导班子调整大会

2005 年 3 月 30 日
中国气象局副局长郑国光（右一）调研指导宁波气象工作

2005年10月1日
市委书记巴音朝鲁（左二）、市长毛光烈（左三）、市委副书记郭正伟（左一）、副市长陈炳水（左四）到市气象局看望慰问值班人员

2006年6月14日
宁波市政协主席会议全体成员到市气象局视察气象工作情况

2007 年 5 月 18 日
中国气象局副局长王守荣(左一)率汛期检查组到甬检查工作

2008 年 2 月 3 日
宁波市委副书记郭正伟(坐中)、市人大副主任张金康(坐左四)、副市长陈炳水(坐右四)、徐明夫(坐右三)、市政协副主席常敏毅(坐左三)等一行到市气象局慰问一线气象职工

2008 年 9 月 8 日
宁波市气象灾害预警与应急系统一期工程正式破土动工。宁波市副市长陈炳水(左二)参加奠基仪式并讲话

2008 年 9 月 9 日

中国气象局党组副书记、副局长许小峰（中），人教司司长胡鹏（右三）和宁波市委组织部戴凌云（左三）处长一行到市气象局，宣布中国气象局党组和宁波市委对宁波市气象局主要负责人的调整决定：薛根元同志任中共宁波市气象局党组书记、局长；徐文宁同志任宁波市气象局巡视员，免去党组书记、局长职务

2008 年 10 月 13-18 日

全国政协委员、中国气象局原局长温克刚（二排左四），浙江省气象局原局长席国耀（二排左二）等老领导到甬，分别考察了奉化市气象局和慈溪市气象局

2009 年 6 月 28 日
市委副书记陈新（前排右二）到市气象局检查气象工作

2009 年 8 月 9 日
台风“莫拉克”登陆前夕，宁波市委书记巴音朝鲁（坐中）冒雨到市气象局，看望慰问连续奋战在抗台一线的气象职工

2010 年 1 月 27 日
中纪委驻中国气象局纪检组长孙先健（坐中）一行在省局局长黎健等陪同下，看望慰问宁波气象干部职工

各级领导关心宁波气象事业

⊖ 2010 年 12 月 15 日
副市长陈炳水（左）考察中国气象局，与中国气象局副局长许小峰（右）共商“十二五”宁波气象事业发展

⊖ 2011 年 3 月 10 日
宁波市副市长徐明夫（右二）、副秘书长陈少春（左二）一行到市气象局检查指导工作

⊖ 2011 年 5 月 16 日
宁波市委书记王辉忠（左一）一行专程到市气象局检查指导工作

2011 年 8 月 22 日
中国气象局、省气象局宣布宁波市气象局主要负责人调整，决定周福（左一）任宁波市气象局党组书记、局长

2011 年 10 月 14–15 日
中央纪委驻中国气象局纪检组组长、局党组成员刘实（右二）一行在浙江省气象局党组书记、局长黎健（右三）等领导陪同下检查指导宁波气象工作

2012 年 5 月 16 日
中国气象局党组成员、副局长沈晓农（右二）在省气象局局长黎健等陪同下检查指导宁波市气象局汛期气象服务工作

各级领导关心宁波气象事业

↓ 2012 年 11 月 9 日上午

中国气象局副局长矫梅燕（右三）、减灾司司长陈振林（左一）一行在省局局长黎健等陪同下专程到宁波市气象局检查指导工作

↑ 2013 年 1 月 4 日

宁波市市长刘奇在市气象灾害防御指挥部召开现场会议，部署安排全市防御雨雪冰冻天气工作

→ 2013 年 2 月 28 日

浙江省气象局副局长王国华（右二）一行检查指导宁波气象工作，宣布了宁波市局部分班子成员调整

← 2013 年 4 月 9 日

市政府召开全市推进气象现代化建设暨气象灾害防御工作会议，市气象现代化建设领导小组组长、副市长马卫光（前排中）出席会议并作重要讲话

2013年6月5日
宁波新任副市长林静国（右二）到市气象局专题调研气象工作

2013年11月12日
中国气象局副局长于新文（右三）一行在省局党组书记、局长黎健（右二）的陪同下，专程到宁波调研气象工作

各级领导关心宁波气象事业

2014 年 1 月 25 日
中国气象局党组书记、局长郑国光（左）一行到宁波慰问调研，并给宁波孔浦街道副主任武献敏（右）颁发“气象服务贡献奖”

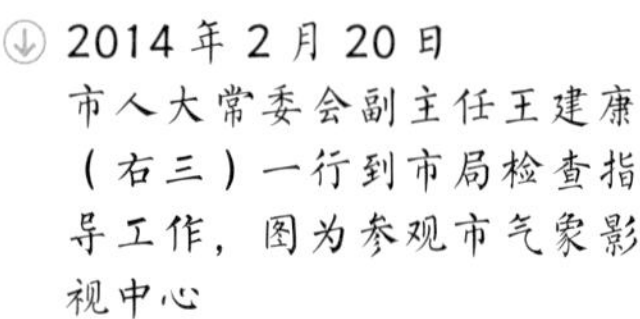

2014 年 2 月 20 日
市人大常委会副主任王建康（右三）一行到市局检查指导工作，图为参观市气象影视中心

2014 年 8 月 29 日
浙江省气象局黎健局长（左）会见宁波市委常委、组织部长杨立平（右）

2015 年 5 月 22 日
浙江省政协人资环委副主任苏晓梅（左二）一行调研宁波防灾减灾工作，省气象局局长黎健陪同调研

2015 年 10 月 19 日
中国工程院院士李泽椿（右四）到甬调研

2000 年 11 月 10 日
宁波农经网开通仪式在市气象局举行

2006 年 6 月 28 日
市气象局承担的“象山县风力发电场工程可行性研究——檀头山、鹤浦风电场气象评估报告会”通过专家评审。来自中国气象局风能太阳能资源评估中心，华东勘测设计院，广东省气象局，浙江省发改委、气象局、能源研究所、电力设计院等有关单位的领导和专家出席评审会

↑ 2008 年 3 月 28 日
市气象局参加宁波消防战勤保障实战演习

↓ 2010 年 9 月 25 日
市防雷中心专业技术人员对宁波市轨道交通工程 1 号线工程西门口站的防雷装置进行了首次检测

↑ 2008 年 7 月 11 日
市气象局参与宁波市防御超强台风模拟演练

→ 2012 年 10 月 30 日
慈溪市首个镇级农业气象服务站——逍林镇现代农业园区气象服务站正式投入使用

2012 年 8 月 26 日
象山县石浦港大风预警塔正式投入使用

2012 年 9 月 27 日
市旅游气象服务中心在奉化市气象局挂牌启动

2013 年 10 月 5 日
面对强台风“菲特”可能带来的影响，市局于 5 日上午 10 时将重大气象灾害应急响应由 III 级升级为 II 级。市局干部职工加强值班和应急值守，加密分析会商

2013 年 11 月 26 日
宁波市农业气象专家联盟在宁波市局成立

2015 年 10 月 20 日
《北仑气象》手语节目正式开播

2015 年 4 月 28 日
气象工作人员现场服务镇海九龙湖半程马拉松赛

2012年4月19日
市气象局自主研发的3G测报监控系统完成在省内安装和使用

2010年10月
宁波市气象部门借助舟山至大陆联网架空输电线路建设工程，在大榭凉帽山岛370米高的跨海输电铁塔上建成了国内首个跨海输电铁塔气象观测系统。新华社、新华网、人民网、《中国日报》网站、新浪网、新民网、长三角网、浙江在线、《中国气象报》等多家媒体对铁塔气象观测系统的建设进行了详细的报道

2014年12月4日
市气象局在北仑港附近完成毫米波雷达吊装，开始毫米波雷达海雾探测试验研究

2010 年 12 月 15 日上午至 16 日凌晨，宁波全市自北而南出现了大范围降雪。鄞州气象局工作人员进行雪后灾情调查

2012 年 8 月 8 日受台风“海葵”强降水影响，河水上涨，农田受淹

2015 年 7 月 11 日宁波市区新三江口水位暴涨开始倒灌

2006 年 5 月 20 日
在宁波科技活动周活动现场副市长余红艺（左三）了解市气象科普情况

2006 年 6 月 14 日
宁波市政协主席会议全体成员参观达蓬山气象科普馆

2009 年 5 月 8 日上午
市气象局薛根元局长（右）走进中国宁波网《访谈》节目，与网民面对面交流气象防灾减灾

2011 年 12 月 28 日
“宁波发布”气象政务微博在新浪正式上线，成为浙江省首个城市政务微博平台。

2012年5月18日
由宁波市政府应急管理办公室主办，市气象局、市文广新闻出版局共同协办的中国气象频道（宁波应急）开通仪式隆重举行。副市长马卫光（右三）出席仪式并致辞

2014年6月11日
市气象局参加市安全生产月活动。在天一广场，副市长陈仲朝（左一）在气象咨询点了解防雷工作情况

2014年11月12日
市政府新闻办举行《应对极端天气停课安排和误工处理实施意见》新闻发布会。

2005 年 4 月 18 日
宁波市第一个中尺度自动站在宁海一市镇蛇盘涂安装完成

2009 年 10 月
宁波市首个船舶自动气象站建成

2010 年 3 月
浙江省首个风廓线雷达在宁波北部综合气象探测基地安装完成

2011 年 3 月 30 日
宁波市气象事业"十二五"发展规划通过市发改委审查

2013 年 2 月 21 日
浙江省气象仪器检定所宁波分所正式建成

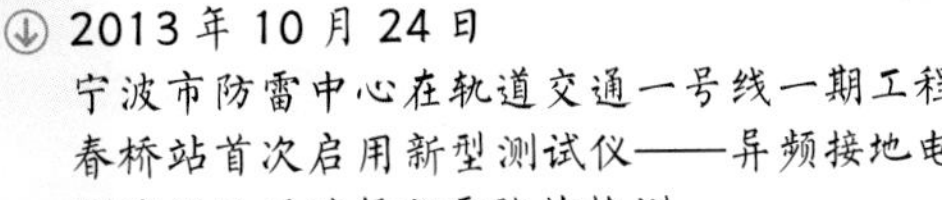

2013 年 10 月 24 日
宁波市防雷中心在轨道交通一号线一期工程望春桥站首次启用新型测试仪——异频接地电阻测试仪现场进行防雷验收检测

2015 年 5 月
市气象局高清演播室改造完成并投入业务使用

2015 年
海水养殖浮标站投入使用

台站风貌

↓ 2011 年
市气象局气象灾害应急预警中心投入业务使用

↑ 2014 年 10 月
宁海局新址建成并投入业务使用

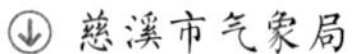

↓ 慈溪市气象局

2015 年
象山预警中心建设完成

2015 年
达蓬山雷达站翻修改造完成

2015 年
奉化气象探测基地
建成并投入使用

鄞州区气象局

2015 年
石浦气象站改造完成

2006 年 8 月 3 日
第二届上海区域气象人精神演讲比赛在市气象局学术报告厅举行。市气象局祝旗、李维莹的参赛作品《让气象科技武装新农民》获二等奖

2013 年 8 月 17 日
市气象局全体党员来到四明山革命烈士陵园，站在党旗下，面向革命烈士纪念塔重温入党誓词

2010 年 12 月 28 日
举办第十一届军地气象联谊会

2013 年 8 月 20 日
市气象局举办全市气象部门“中国梦 · 我的责任”主题演讲比赛

2011 年
宁波市气象局代表队于 5 月 21 日和 29 日参加了第二届全省气象部门运动会，获得团体第一名

2013 年 9 月 23-26 日
2013 年全省气象行业天气预报员职业技能大赛在杭州举行，宁波市代表队夺得团体冠军

2014 年 7 月 23 日
市气象局与市人社局、总工会联合举办全市气象行业天气监测预警职业技能竞赛总决赛

2014 年 9 月 5 日
市气象局承办的第 28 期“道德讲堂”在宁波市图书馆举办

2014 年 9 月 27 日
全市气象部门第 19 届职工运动会在奉化举行。市气象局周福局长（右）给获得团体第一名的鄞州区气象局颁奖

2005年3月30日
市气象局与浙江大学签订局校合作协议，中国气象局副局长郑国光(左六)，副市长陈炳水（左七）出席签字授牌仪式

2006年9月29日
市气象局与中科院大气所局院合作共建的“海洋与中小尺度天气科研基地”正式揭牌，副市长陈炳水（左六）及中科院上海分院、北京分院、大气物理研究所的专家领导出席授牌仪式并致辞

2012 年 11 月 27 日
中国工程院院士徐祥德（左二）调研指导宁波气象现代化建设工作

2009 年 10 月 24 日
世界气象组织官员、资深飓风专家 Nanette Lomarda（右四）一行，与我国著名的台风专家陈联寿院士（右三）一起，专程考察了宁波市气象局

2013 年 4 月 9 日
韩国釜山地方气象厅金性均厅长（左四）率代表团一行 8 人到甬访问

2013 年 7 月 22 日
宁波市气象局与宁波市海洋与渔业局就共同加强气象与海洋防灾减灾战略签订了合作协议

2013 年 6 月 29 日
世界著名热带气旋专家、美国科罗拉多大学教授比尔·格雷先生（左四）一行在中国工程院院士陈联寿（右四）教授的陪同下访问了宁波市气象局

ⓓ 2014 年 1 月 15 日
市气象局与市海事局签署海上恶劣天气预警预控战略合作协议

ⓤ 2014 年 5 月 26 日
来自菲律宾国家减灾委的 12 名世界气象组织学员到宁波调研气象防灾减灾体系建设工作

宁波气象志

（2000—2015）

《宁波气象志》编纂委员会　编

内容简介

本志是宁波市气象专业志，全书共分十七章，全面地总结了1997—2015年宁波市气候特点以及影响宁波的主要灾害性天气。还通过对气象业务、服务、管理、体制、机构、人员和气象法制建设、社会管理等方面演进过程记述，系统地介绍了进入21世纪以来宁波市气象事业发展情况。全书资料翔实、史实准确、主题突出、记述清楚；篇目设置较合理、科学；体例严谨，章节、结构、体裁等符合志体规范要求；较好地处理了前志与续志的关系，做好了与前志的衔接、补缺和纠错；全面记载了宁波气象事业发展的新变革和新内容，如率先基本实现气象现代化试点工作、八大特色气象中心建设、气象预报服务能力提升等内容，较好地体现了宁波气象事业的时代新面貌，具有时代特色、地方特色和专业特色。具有较好的资政、教化、存史等作用。

本书可为各级党政领导及气象、农业、林业、水利、国土、海洋、环保等科技人员提高专业水平、扩大知识结构提供科学素材，并为研究国民经济可持续发展提供史料参考。

图书在版编目(CIP)数据

宁波气象志：2000—2015 /《宁波气象志》编纂委员会编. —北京：气象出版社，2018.7

ISBN 978-7-5029-6798-7

Ⅰ. ①宁… Ⅱ. ①宁… Ⅲ. ①气象-工作概况-宁波-2000—2015 Ⅳ. ①P468.255.3

中国版本图书馆CIP数据核字(2018)第154460号

Ningbo Qixiangzhi(2000—2015)

宁波气象志(2000—2015)

《宁波气象志》编纂委员会　编

出版发行：气象出版社

地　　址：北京市海淀区中关村南大街46号　**邮政编码**：100081

电　　话：010-68407112(总编室)　010-68408042(发行部)

网　　址：http://www.qxcbs.com　**E-mail**：qxcbs@cma.gov.cn

责任编辑：张锐锐　刘瑞婷　**终　　审**：吴晓鹏

责任校对：王丽梅　**责任技编**：赵相宁

封面设计：楠竹文化

印　　刷：北京中科印刷有限公司

开　　本：787 mm×1092 mm　1/16　**印　　张**：26.5

字　　数：650千字　**彩　　插**：17

版　　次：2018年7月第1版　**印　　次**：2018年7月第1次印刷

定　　价：150.00元

《宁波气象志》编纂委员会

主　　　任　周　福

副　主　任　陈智源　唐剑山　葛敏芳

委　　　员　（按姓氏笔划排序）

叶卫东　闫建军　张红博　陈有利

周伟军　祝　旗　胡利军　胡余斌

钟孝德　姚日升　廉　亮

《宁波气象志》编纂人员

主　　　编　周　福

副　主　编　陈智源　唐剑山　葛敏芳　顾炳刚　祝　旗

编纂小组组长　祝　旗

编纂小组人员　（按姓氏笔划排序）

王　清　丘　晖　乐益龙　许利明

许皓皓　杜　坤　杨　豪　陈灵玲

何利德　邱颖杰　沈铭劼　周　承

郭宇光　胡奕丰　郝振华　奚世贵

徐进宁　顾思南　黄　晶　黄鹤楼

虞　南　鲍岳建

序

21 世纪以来，宁波气象事业进入了飞速发展阶段，尤其是 2000—2015 年，全市气象部门在上级气象部门和宁波市委、市政府的正确领导下，经过三个“五年计划”的建设，气象业务现代化、气象服务社会化和气象工作法治化取得长足进步，气象服务保障经济社会发展能力显著提高。

盛世修志，永存千秋。全面客观地反映进入 21 世纪以来宁波气象事业发展历程、气象特点和气象灾害状况正是《宁波气象志(2000－2015)》的使命；而秉承前志，翔实记载宁波气象事业发展的新变化和新内容，特别是突出展示这一时期气象事业发展的时代特色、地方特色和专业特色，是本书全体编纂人员伏案奋笔，不懈努力追求的目标。

这一时期，在全球气候变暖的大背景下，宁波市气温呈现出一定程度的上升，阶段性旱涝加重，有 4 个台风登陆。期间，宁波市以全国率先基本实现气象现代化试点市为契机，大力推进气象现代化建设，全市气象观测实现自动化，气象预报预警准确率和预警时效不断提升；“政府主导、部门联动、社会参与”的气象灾害防御体系不断完善。科技人才队伍不断壮大，一大批年轻的高学历人才为宁波气象事业发展增添了绵绵后劲。

修志问道，以启未来。《宁波气象志(2000－2015)》作为全市气象事业的专业志书，承载着传承事业发展，发掘历史智慧的重要使命，具有资治、教化、存史等重要作用。它既是一部全方位展示宁波气象事业发展的专业志书，又是一份书写几代气象人辛勤耕耘，奉献青春、热血和汗水，服务地方经济社会发展，结出累累硕果的历史答卷，具有服务当代、垂鉴后世的重要意义。

《宁波气象志(2000－2015)》编纂工作时间紧、任务重，尤其在新的发展时期，气象业务建设、体制机制等均发生了不同程度的变革，篇目设置几易其稿。全体编纂人员在周福主编的悉心指导下，克服各种困难，高标准、高质量地完成了编纂工作，体现了新时期宁波市气象工作者的良好风貌。

我相信，《宁波气象志(2000－2015)》的出版，对于进一步传承和弘扬气象文化，更好地服务我市东方文明之都建设具有重要意义。本书不仅适合宁波气象工作者，而且也适合社会各界人士阅读，对于提高他们的气象科普知识不无裨益。

宁波市气象局局长　杨忠恩

2017 年 11 月

凡　例

一、《宁波气象志(2000—2015)》是记叙宁波气候特点、气象灾害及宁波市气象事业发展历史的专业志,本书是《宁波气象志》第二卷(以下简称"本志")。本志力求全面反映1997—2015年宁波气候特点和2000—2015年气象灾害状况,重点记述进入21世纪16年来宁波气象事业发展历程。

二、编纂年限为2000—2015年。记事上溯至事项发端,为便于与上卷时间相衔接,部分端于1998年1月1日,气候资料统计端于1997年1月1日。下限一般断于2015年底,大事记延至2016年底。需要对前志补缺时,上溯至事项发端。

三、本志遵循《地方志工作条例》及《地方志书质量规定》,采用述、记、志、图、照、表、录等体裁,以志为主体,附表随文插入。大事记采用编年体,兼用记事本末体。其他章节采用记述体,只述不论。据实直书,点明因果。

四、本志章节以秉承前志为主,部分章节结合近16年气象事业发展状况适当作些调整和拓展。章节按其内容进行分档,第一档为一、二、三……;第二档为(一)、(二)、(三)……;第三档为1、2、3……

五、本志记述2015年底前宁波市辖行政区划为界,着重记述宁波市区。"宁波市区"即指城区(海曙、江东、江北、鄞州、镇海、北仑六区);凡称"宁波市"或"全市"时即指包括宁波市区及辖区县(市)。

六、省或本省指浙江省,市或本市指宁波市;"省气象局"指浙江省气象局;"市气象局"即指宁波市气象局。

七、气象术语用标准专业用语,计量单位用法定计量单位,数字一般用阿拉伯数字,习惯用汉字者除外。

八、本志气候资料及其他史料来自宁波市气象局科技档案、文书档案及整编资料。对有疑问的史实,通过向当事人求证或翻阅宁波市气象局门户网站"工作动态"、局内网"气象要闻"及报刊等历史资料,已经反复查对、认真鉴别其真伪。不再注释出处。

目 录

概 述

21世纪初的16年，是宁波气象事业发展最好最快的时期。全市气象部门紧紧依靠科技进步和改革创新，牢固树立走在前列与率先发展的意识，主动融入地方党委、政府的中心工作，以服务为引领，坚持公共气象服务方向不动摇，以率先基本实现气象现代化试点建设为契机，大力推进气象现代化，不断深化气象事业结构改革与调整，气象灾害监测和预测预报预警能力显著提高，公共气象服务能力显著提升，气象信息越来越成为保障宁波经济社会发展的重要依据，气象服务领域、服务产品、服务手段呈现出多样化和不断拓展趋势，气象服务效益显著。

一、实施三个“五年规划”，坚定不移推进气象现代化建设

全市气象部门始终把气象现代化建设作为推进事业发展的重大任务，以着力增强气象监测预警能力为核心，全力抓好“十五”“十一五”“十二五”三个五年规划的实施，宁波气象工作在全国率先基本实现气象现代化。

(一)通过《宁波市中尺度灾害性天气监测预警系统》建设，有力促进气象监测预警能力的提升

全国新一代天气雷达组网布点的宁波市新一代多普勒天气雷达于2001年开始建设，2003年1月通过竣工验收，同年2月9日正式投入业务试运行。2002年，市气象台引进曙光高性能小型计算机，研发区域数值预报产品，中尺度数值预报模式投入运行。2003年，全市天气预报视频会商系统投入业务运行，实现省—市、市—县的可视会商。2004年，在各区县(市)气象局建成多要素自动气象站网，2005年1月1日实行并行观测。在市县两级政府的大力支持下，通过《宁波市中尺度灾害性天气监测预警系统》建设，全市完成114个中尺度区域自动气象观测站布点建设和静止卫星接收系统的更新改造。建成以市气象台为中心站，由余姚、北仑、宁海、象山等4站组成的闪电定位系统，与省气象台并网投入业务运行；建成全市气象信息宽带网，提高与中国气象局、浙江省气象局和各区县(市)气象局的气象信息数据共享能力。对主干网和中心机房进行升级，完成市气象台业务平台改造。“十五”建设较大幅度地提高了全市气象灾害监测预警能力。

(二)通过《宁波市气象灾害应急与预警系统》一期工程建设，推进气象事业发展翻开新篇章

为贯彻落实《国务院关于加快气象事业发展的若干意见》(国发〔2006〕3号)文件精神，宁波市政府下发《关于加快宁波气象事业发展的实施意见》(甬政发〔2006〕74号)提出到2010年，按照“一流装备、一流技术、一流人才、一流台站”的要求，初步建成结构合理、布局

适当、功能完备的综合气象观测系统、气象预报预测系统、公共气象服务系统和科技支撑保障系统。《实施意见》有效推进宁波气象事业发展“十一五”规划重点工程《宁波市气象灾害应急与预警系统》建设。一期工程包括占地面积6205平方米的气象应急与预警中心业务用房，以及气象预报预测平台、气象应急指挥平台、公共气象服务平台、计算机网络和科技创新平台4个配套工程。其中宁波市气象应急与预警中心业务用房于2008年9月8日动工，2011年4月竣工投入使用。通过一期工程建设，初步形成地基、空基和天基观测有机结合、布局合理的区域中尺度天气立体监测网；建成由1.23T峰值运算能力的高性能计算机和85T海量存储组成的区域数值预报模式系统；由卫星通信、移动通信和地面宽带通信组成的气象信息网络；由电视、声讯电话、手机短信、电子显示屏、网站等组成的气象信息发布网络。初步建成由0～2小时临近预警系统、2～12小时短时预报模式和12～120小时短期预报模式组成的中小区域客观指导预报系统，增强对灾害性、关键性、转折性天气的预报预测能力、预警时效性和针对性。气象预警信息覆盖面不断扩大。全市开播13套电视气象节目，建成7个专业气象网站。在各主要城区的街头巷尾和人流密集点建设400多个全彩色气象信息电子显示屏(LED)。“十一五”建设有力地提升了气象业务现代化水平。

(三)通过《宁波市气象灾害预警与应急系统》二期工程建设，全方位推动率先基本实现气象现代化

“十二五”期间，宁波借助全国率先基本实现气象现代化试点市这一契机，大力推进气象现代化建设，气象灾害监测预警与服务能力得到全面提升。通过试点建设方案的实施和《宁波市气象灾害预警与应急系统》二期工程建设，依靠科技进步与开拓创新，以智能化、信息化、集约化为重点建设新一代智慧气象业务服务体系，宁波气象科技水平、核心竞争力与综合管理能力实现质的飞跃。在业务现代化、信息化、集约化建设方面处于全省乃至全国先进行列。气象法制建设和应急联动机制不断完善，公共气象服务效益明显、气象防灾减灾成效显著。

气象核心业务提质增效。建成由国家级自动气象站、区域气象站、船舶气象站、天气雷达、风廓线雷达、激光雷达、大气成分观测、酸雨观测、风塔观测、负氧离子仪、闪电定位仪、大气电场仪等组成的综合气象观测系统，全市自动气象站布点密度达到5.7公里。建立区域数值预报集合预报系统，引进峰值浮点运算速度在10T以上的高性能计算机和200T海量储存系统。建成高速信息传输网络及备份系统、视频会商和气象数据处理系统。综合利用气象卫星、天气雷达、区域自动气象观测站、数值预报产品等，对暴雨、强对流、台风、大风等灾害性天气进行监测预报预警，基本建立精细化气象要素预报业务技术框架，气象预报准确率和精细化水平明显提升，24小时晴雨预报准确率达85.3%，24小时气温预报准确率达83.0%，突发气象灾害预警正确率达69.6%，突发灾害性天气预警时间提高到25分钟，形成0～24小时精细化、网格化、数字化预测预报产品体系。

大力发展特色气象服务，以旅游、城市、农业、渔业、港口、海水养殖、环境和生态等“八大特色气象中心”建设为抓手的业务服务能力取得明显提升。不断深化城市气象服务和农村气象服务“两个体系”建设，全面开展监测预警全覆盖县建设，建成153个气象灾害防御示范(标准)乡镇、242个气象防灾减灾示范村(社区)和4300多名气象协理员、信息员、联络员队伍，重大气象灾害预警服务和突发公共事件应急气象服务能力明显增强。积极推进融入式公众气象服务，通过电话、短信、电视、网站、电子信息屏等多种渠道发布气象信息，信息覆盖面不断扩大，气象监测预报预警信息发布与传播能力不断提升，气象服务公众满意度达到83.1%。

慈溪、余姚、鄞州、宁海、象山、奉化6个区县(市)气象局新(迁、扩)建了气象业务用房，其中鄞州、北仑、奉化3个区县(市)气象局新(迁)建国家气象观测站。至2015年，各区县(市)气象局的业务用房至少经历过一轮改造，气象业务工作条件得到明显改善，台站面貌焕然一新。

二、气象事业结构三次改革调整与优化，为事业发展注入新的活力

《中华人民共和国气象法》的实施赋予气象部门社会管理职能。面对新的任务要求，市气象局根据中国气象局、浙江省气象局的总体部署，结合宁波气象业务实际，在1992—1999年三次事业结构调整和机构改革基础上，2000年后又经历三次较大幅度的调整和优化，事业结构更趋合理，对事业发展的保障支撑作用更加显著。

按照政事企分开和分类管理的原则，2001年底至2002年上半年，开展全市气象部门的事业结构改革调整。一是逐步理顺市气象局机关和事业单位的关系，全市气象部门形成以气象行政管理、基本气象系统、气象科技服务和产业三部分组成的结构。市气象局直属事业单位和各区县(市)气象局全面实施事业单位聘用制。二是面向社会，依法履行社会管理职责，防雷行政审批工作逐步法制化、规范化。三是集约资源，市气象局本级实行大后勤服务和财务集中管理。

为落实《国务院关于加快气象事业发展的若干意见》(3号文件)和中国气象事业发展战略研究成果，完善行政管理体制和业务服务体制，2005年上半年，市气象局再次进行以业务技术体制改革为核心的气象机构改革调整，改革调整的重点是加强探测技术、装备、网络等方面的技术支持和保障能力，同时强化多轨道预报预测业务工作以及气象灾害防御应急和气象公共服务职能，对直属单位进行“撤二建二”并重组市气象台。撤销宁波市应用气象室和市气象局财务结算中心，组建市气象监测网络中心和市气象信息中心。通过这次调整，市、县两级业务组织结构进一步理顺。初步形成气象综合观测、预报预测和公共气象服务三大系统的事业布局，为进一步推进现代气象业务体系建设打好基础。

为贯彻落实“健全政府职责体系，完善公共服务体系，强化社会管理和公共服务”要求，2010年7月市气象局开展以强化社会管理和公共服务职能为重点的气象机构调整，优化职能配置，加强社会管理、公共气象服务、应对气候变化以及气象行业标准化工作等职能。在这次调整过程中，对部分内设机构和直属单位进行调整，组建气象服务中心。

为更好地满足镇海区经济社会快速发展对气象服务的迫切需求，2007年市气象局启动镇海区气象局筹建，是年12月，中国气象局批复同意成立镇海区气象局(站)。

三、气象服务全方位多渠道广覆盖，为保障宁波经济社会发展做出重要贡献

服务是气象工作的立业之本。全市气象部门紧紧围绕不断增强的服务需求，坚持需求牵引，服务引领，坚持改革创新，积极开展形式多样、卓有成效的服务，为宁波防灾减灾、经

济建设和社会发展做出应有贡献。

始终保持把决策服务放在首位，努力当好当地党委政府决策参谋。进入21世纪后，宁波气象灾害呈现多发、重发、频发的态势，各级党委政府高度重视气象防灾减灾工作，“政府主导、部门联动、社会参与”的气象防灾减灾体系不断完善，全市气象部门与防汛、海洋、国土、应急等部门建立气象灾害防御应急联动机制，初步实现决策气象服务机构实体化、服务队伍专职化、服务管理规范化、服务手段现代化、服务产品多元化。加强决策气象服务机构和制度建设。2012年，市、县两级政府成立气象灾害防御指挥部，政府分管领导任总指挥，政府分管副秘书长、气象局局长任副总指挥，指挥部办公室设在当地气象局。宁波市编委批复成立宁波市气象灾害应急预警中心。有7个区县(市)气象局经当地编委批准成立防灾减灾实体机构，并落实相应的编制和经费。

全市气象部门坚持“一年四季不放松，每个过程不放过”，完善决策服务周年方案，服务内容逐步得到充实，服务手段方式不断改进。2003年，市气象局出台《宁波市气象局处置恐怖袭击事件气象保障应急预案(试行)》和《宁波市气象局突发公共事件气象保障工作预案》，开展灾害类突发公共事件应急处置决策气象服务或保障。千方百计做好台风等重大灾害性天气预报预警服务工作，0414号“云娜”、0509号“麦莎”、0515号“卡努”、0716号“罗莎”、0908号“莫拉克”、1211号“海葵”、1323号“菲特”、1509号“灿鸿”、1521号“杜鹃”等台风预报准确、服务及时，多次获得省、市党委政府和中国气象局、省气象局的表彰。2005年，宁波先后受多个台风影响，尤其是8—9月第9号台风“麦莎”和第15号台风“卡努”服务出色，为市委市政府科学采取防台措施发挥重要的参谋作用。宁波市人民政府两次致函中国气象局，建议对宁波市气象局予以表彰。2012年第11号台风“海葵”预报服务期间，市气象局向市委市政府有关领导和市防指、国土等防汛部门当面汇报总计30次，电话等方式汇报22次；通过广播、电视、96121、网站及LED显示屏向社会公众发布消息、警报总计16次；发布台风黄色预警4次，红色预警5次。省委常委、市委书记王辉忠等市委市政府主要领导多次批示肯定气象部门对“海葵”台风及时准确的监测预警工作。根据市委宣传部的部署安排，8月17日《宁波日报》头版头条刊登《宁波日报》记者采写的长篇报道“不见硝烟的战场——市气象部门决战‘海葵’的分分秒秒”。

全市气象部门2006年起相继建立紧急异常天气预警短信平台，覆盖防汛等20多个部门，遇紧急异常天气时通过“绿色通道”及时发送气象预警短信。2008年初出现罕见低温雨雪冰冻天气，给人民群众生产生活特别是交通运输、能源、电力等带来极其严重的影响，全市气象部门从1月下旬起每天向当地党委政府部门发送决策服务材料，并与春运办、农业、电力等部门加强合作，及时有针对性地提供本地及周边地区天气情况和预报服务，为缓解低温、雨雪、冰冻带来的不利影响，合理调配运力、提高运输效率提供可靠依据。2013年台风“菲特”影响期间，市气象局向市委市政府有关领导和市防指等有关部门发送决策短信40条，总计16000条次，发送公众气象短信1500万条次，极大地发挥预警信息的防灾减灾功能。

坚持把为农服务作为气象服务的重点，着力推进农业气象服务发展，为“三农”工作提供气象信息保障。在灾害性、关键性、转折性天气来临时，全市气象部门加强监测、准确预报、及时主动地为农业生产服务，使灾害性天气对农业生产的危害降低到最低程度。2009

年始，贯彻落实省气象局《加强气象为农服务的若干意见》，推进农业气象服务由单一的为农业生产服务向农村公共气象服务和农村气象防灾减灾多方面发展。以“一地一品”精细化为农服务为切入点，做好做深农业气象服务。2012 年，市气象局在慈溪市成立农业气象中心（省设施农业气象服务分中心）。农业气象中心与蔬菜、水果、海水养殖等农业大户建立农村气象服务联系卡制度，开展一对一“保姆式”的气象服务。开展农业与气象防灾减灾联合会商制度，与市农业局等农口相关部门开展联合会商等形式，提升气象为农服务能力。各区县（市）气象局因地制宜开展为杨梅、水蜜桃、草莓等特色名优产品和设施农业气象服务。2011 年以来《人民日报》4 次报道我市气象为农服务工作。全市气象部门还通过参与承建宁波农业经济信息网等方式，有力推进农业信息化进程，促进农业增效、农民增收。

全市人工增雨工作自 2003 年 7 月起陆续开展。是年 7 月 19 日市气象局（市人影办）在奉化市大堰镇枫树岭成功进行了宁波历史上首次火箭人工增雨实弹试验。宁波市委副书记、市长金德水对人工增雨工作给予高度评价称：“市气象局人工影响天气工作做得好，市政府给你们记功”。此后，人工影响天气成为一项民生重点工作，每年都适时组织开展人工影响天气作业，开发利用空中云水资源，为防灾减灾、抗旱、森林防火、改善生态环境等发挥积极作用。据统计，2003—2015 年，全市共实施人工增雨作业 194 次，发射火箭弹 725 枚，有效缓解部分地区旱情、降低森林火险等级。期间，余姚、慈溪、象山等县（市）气象局相继开展风能资源评估等工作。

努力做好重点工程和重大社会活动的气象保障工作。1998—2008 年，市气象局为杭州湾跨海大桥建设提供从前期预可行性研究、工程项目可行性研究到施工、防雷设计等全程全方位气象服务，为大桥立项和建设施工发挥重要保障作用。全市气象部门将重大活动的气象保障作为日常预报服务工作的重要内容，形成中、短期滚动预报和短时临近预报相结合的预报服务方案，相继为“宁波国际服装节”“中东欧博览会”“浙洽会、消博会”“中国开渔节”和“徐霞客开游节”等重大社会活动提供优质气象保障。市气象局（台）每年被评为“宁波国际服装节”等先进集体。

宁波气象科技服务经历 30 多年探索和发展，从最初的以弥补事业费不足和精简人员为目的，到改善气象部门职工的工作和生活条件，到成为气象事业的重要组成部分，在顺应经济社会发展，把气象科技推向市场，实现气象科技向现实生产力转化过程中，也有力地保障了宁波经济建设和社会发展。

气象服务手段日益多样化，服务载体日益多元化。从单一的公众广播服务、电话服务为主发展到广播电台、电视台、报刊、传真、“96121”电话自动答询、手机短信、电子显示屏、网络终端、微博、微信等多元化服务载体，从语言、文字发展到直观的图形图像显示。至 2015 年，全市气象部门与广播媒体合作越来越多，播报内容和频次不断增加。报纸等平面媒体气象服务也逐步以专题、专栏和专报的形式，为读者提供全面细致的气象信息防灾指南。电视气象服务快速发展。2000 年起开通“移动”“联通”移动电话“121”声讯气象服务。2003 年起开展手机气象短信息服务，2012 年用户最多时接近 300 万户。宁波气象信息网于 2000 年 9 月开通运行，2008 年改版的宁波气象信息网上线，特别是 2015 年 11 月宁波气象信息网改版为“宁波天气网”（www.qx121.com）重新上线后，该网站年访问量达到 3600 万人次。“宁波气象”官方微博 2011 年 8 月 18 日正式对外发布微博气象信息。“宁波气象"微信于2014年6月2日正式向社会公众发送气象信息。随着互联网的迅猛发展,通过互联网开展气象服务、传播气象信息迅速成为公众主动获取气象信息的主渠道。2010年1月,中国气象频道在宁波落地。2012年底实现市代县制作节目全覆盖。

四、气象法规建设取得重要进展,依法行政和社会管理职能得到显著增强

2002年3月20日,宁波市人民政府第97号政府令发布本市第一部气象政府规章《宁波市防御雷电灾害管理办法》,同年5月1日起施行,标志宁波气象法制建设正式起步。2009年8月28日,《宁波市气象灾害防御条例》经宁波市第十三届人民代表大会常务委员会第十八次会议审议通过,是年11月27日经浙江省第十一届人民代表大会常务委员会第十四次会议批准,2010年3月1日起正式施行。《宁波市气象灾害防御条例》作为宁波第一部地方性气象法规,标志宁波气象立法工作迈出新步伐。2012年7月市人大启动《宁波市气候资源开发利用和保护条例》的立法工作,2016年基本完成立法任务。宁波气象法规建设依据《中华人民共和国气象法》和《浙江省气象条例》等相关法律法规,结合宁波实际,已逐步形成以《宁波市气象灾害防御条例》为主,配套规范性文件为辅的气象法规体系。到2015年底,本市共颁布地方性法规1部,立法进行中1部,政府规章5部,规范性文件19部。

依据法律法规赋予气象主管机构的社会管理职能,2002年起建立健全市、县两级气象法制工作机构和行政执法队伍,组建成立宁波气象行政执法支队和各区县(市)气象行政执法大队。到2015年,全市共有持证执法人员77名。建立健全执法制度,规范气象行政执法行为,市气象局制定下发《宁波市气象局行政执法错案追究制度》《宁波市气象局行政执法公示制度》等21项制度。依法行政工作纳入各区县(市)气象局的目标管理考核。加强气象主管机构的执法工作,对全市范围内非法从事施放气球活动、影响气象探测和擅自发布天气预报等违法行为进行查处。加强标准化工作,由市气象局制定的首个气象行业标准——《临近预报检验方法》于2014年2月1日正式实施。

五、气象队伍建设取得突破性进展,科技创新对业务服务支撑作用更加显现

2000年以后,宁波气象现代化建设进入高速发展时期,也给气象人才队伍建设提出了更高的要求。市气象局坚持把人才工作作为事业发展的根本,更加注重多层次、开放式气象人才体系建设,促进气象队伍整体素质和创新能力的提高,相继出台有关加快继续教育和科技创新工作的支持性政策,以加快全市气象部门高层次、复合型人才培养,促进在职职工教育的制度化、规范化。抓住培养、吸引和用好人才三个环节,全面实施人才强局战略,根据不同时期宁波气象事业发展对人才体系建设的要求,出台加快选拔、培养、引进优秀人才的一系列政策措施。重点加强研究生层次气象人才的培养和引进,以提升队伍整体素质和加强高层次人才队伍为重点,大力推进宁波气象人才体系建设。经过10多年的努力,宁波气象人才队伍的专业结构逐步优化,知识层次进一步提升,事业发展所急需的相关学科人才明显增加。2000年前,硕士毕业研究生仅为1人。截至2015年底,全市气象部门具有大学本科学历人员所占比例已经达到66.5%,具有研究生学历人员为24人,占总人数的15.2%。2000—2015年,具有大学专科以上学历人员所占比例由54.0%提高到91.1%,增

加37.1%。全市气象人员结构继续向高学历、高素质方向发展,而且发展势头越来越快,为宁波气象事业发展增添了绵绵后劲。

为加强气象业务创新团队的制度化建设,探索宁波气象业务、科技创新体系和人才培养机制,市气象局围绕业务服务需求,着力加强科技创新团队建设,开展针对性的气象科研与技术开发工作。2011年5月,成立5个首批宁波市气象局气象科技业务创新团队,2014年3月又调整组建10个创新团队。通过每年专项经费支持和创新团队集中攻关,对提高科技创新能力发挥积极作用,在气象业务服务中的应用效益也逐步显现。在推进气象科技创新过程中,市气象局重视与教育、科研及相关行业单位建立密切合作关系,与浙江大学签订局校合作协议,浙江大学确定宁波市气象台为大气科学实习教学基地、大气科学科研基地;与中国科学院大气物理研究所、中国气象局国家卫星气象中心签订科技合作协议。慈溪市气象局与南京信息工程大学应用气象学院建立开展设施大棚内小气候科研和成果应用服务长期合作。

六、气象文化和精神文明建设持续推进,有力地保障气象事业和谐快速发展

全市气象部门始终坚持"两手抓、两手都要硬"的方针,大力加强气象文化建设和精神文明创建,气象干部队伍的思想道德和科学文化素质得到明显提高,为事业发展提供良好的环境和智力支持。加强文明创建活动,1997年8月,宁波市气象局制定下发《宁波市气象部门社会主义精神文明建设实施意见》,明确新时期宁波气象部门精神文明工作的总体目标、任务和措施。1998年起文明创建工作纳入全市气象部门的年度目标管理综合考核,对各区县(市)气象局精神文明建设工作实行督促检查,推动创建工作。

文明创建和气象文化建设硕果累累。1998—2015年市气象局连续九轮被宁波市委、市政府授予市级文明机关称号。2001年12月,宁波气象系统被宁波市文明委和中国气象局授予首批文明系统,全市气象部门全部建成当地文明单位。此后,精神文明建设主要围绕创建文明机关,重点抓机关作风建设;争创全国文明台站标兵;深化创建文明单位,抓文明单位创建的"提档升级"三项文明创建活动展开。2003—2015年,宁海县气象局、慈溪市气象局、余姚市气象局、宁波市气象台先后建成省级文明单位;慈溪市气象局建成全国精神文明建设先进单位。2005—2015年宁波市气象行业连续获市级文明行业称号。2006年12月,慈溪市气象局被中国气象局授予"全国文明台站标兵"。截至2015年底,全市气象部门共建成全国精神文明建设工作先进单位1家,省级文明单位4家,市级文明单位5家,县级文明单位8家。

第一章　气　候

宁波位于我国中纬度东部沿海地带，长江三角洲东南翼，浙江宁绍平原东部，东有舟山群岛和东海，陆域总面积 9816 平方公里，气候温和湿润，四季分明，冬夏季风交替明显，雨量丰沛。由于宁波依山傍海，特定的地理位置和西南高、东北低的地形特征，多受大陆气团和海洋环流的共同影响，形成天气复杂多变、各地气候差异明显、气候类型多样、气候资源丰富、灾害天气种类多且发生频繁的气候特点。

第一节　气候特征

一、总体特征

宁波地理位置濒海，属北亚热带湿润型季风气候，南部具有向中亚热带过渡的特征。冬季主要受西风带冷空气控制，夏季则受副热带高压、台风和西南气流影响，多极端天气。夏冬长、春秋短，四季分明，季节交替明显，雨量充沛，温暖湿润。

二、四季

以候平均气温指标为划分四季的标准。每候 5 天、每月 6 候，全年 72 候，当候平均气温稳定在 10～22℃为春季或秋季；候平均气温稳定在 22℃以上时为夏季；候平均气温稳定低于 10℃时为冬季。

春季，全市平均从 3 月 22 日至 6 月 7 日，历时 78 天，占年总天数的 21.4%。春季由于冷暖空气在长江中下游交汇频繁，天气变化无常，时冷时热，经常出现连阴雨天气，以及雷雨大风、沿海大风等，是冬季风向夏季风转换的过渡季节（表 1.1）。

夏季，全市平均从 6 月 8 日至 9 月 25 日，历时 110 天，占年总天数的 30.1%。夏季主要受西太平洋副热带高压影响，盛行东南风，多连续晴热天气，除局部雷阵雨外，还会受到台风或东风波等热带天气系统影响而出现较大的降水过程（表 1.1）。

秋季，全市平均从 9 月 26 日至 11 月 28 日，历时 64 天，占年总天数的 17.5%。秋季是夏季风向冬季风转换的过渡季节，气候相对凉爽；由于常有小股冷空气南下，锋面活动开始增多，常会出现阴雨天气（表 1.1）。

冬季，全市平均从 11 月 29 日至次年 3 月 21 日，历时 113 天，占年总天数的 31.0%。冬季多受蒙古高压控制，加之西伯利亚冷空气的不断补充南下，天气干燥寒冷，盛行偏北风（表 1.1）。

表 1.1　宁波各地四季时间表和各季节持续天数(1997—2015 年资料统计)

季节地区	春		夏		秋		冬	
	开始日期	持续天数	开始日期	持续天数	开始日期	持续天数	开始日期	持续天数
市区	3 月 20 日	77	6 月 5 日	112	9 月 25 日	64	11 月 28 日	112
慈溪	3 月 22 日	76	6 月 6 日	112	9 月 26 日	61	11 月 26 日	116
余姚	3 月 22 日	75	6 月 5 日	111	9 月 24 日	62	11 月 25 日	117
北仑	3 月 22 日	79	6 月 9 日	111	9 月 28 日	64	12 月 1 日	111
奉化	3 月 22 日	76	6 月 6 日	109	9 月 23 日	64	11 月 26 日	116
宁海	3 月 22 日	75	6 月 5 日	112	9 月 25 日	66	11 月 30 日	112
象山	3 月 20 日	81	6 月 9 日	110	9 月 27 日	66	12 月 2 日	108
石浦	3 月 23 日	84	6 月 15 日	101	9 月 24 日	71	12 月 4 日	109
平均	3 月 22 日	78	6 月 8 日	110	9 月 26 日	64	11 月 29 日	113

三、平均和极端状况

1997—2015 年，宁波市年平均气温 17.5℃，年平均降水量 1413.9 毫米，年平均降雨日数 141.3 天，年平均日照时数 1581.9 小时，年平均相对湿度 75.9%。

平均入梅时间 6 月 12 日，最早 2000 年 5 月 25 日，最迟 2003 年 6 月 21 日；平均出梅时间 7 月 4 日，最早 2006 年 6 月 18 日，最迟 1999 年 7 月 20 日；平均梅雨持续日数 22 天，最长 1999 年 43 天，2003 年少梅仅 9 天，2005、2006 年空梅；平均梅雨量 242.4 毫米，2015 年最多达 538.6 毫米，2006 年最少仅 21.5 毫米。

年降水量最多的 2015 年达 2036.2 毫米，最少的 2003 年仅 960.9 毫米。年降雨日数最多的 2015 年 172 天，最少的 2003 年 128 天。年日照时数最多的 2013 年达 1980.9 小时，最少的 2015 年仅 1448.8 小时。

全市极端最高气温 43.5℃，2013 年 8 月 7 日和 9 日出现于奉化；极端最低气温－7.7℃，2009 年 1 月 25 日出现于奉化。连续降水日数最长达 28 天，1999 年 8 月 10 日至 9 月 6 日出现在奉化，总降水量 243.7 毫米；连续最大降水量出现在余姚，2013 年 10 月 5 至 9 日总降水量 547.5 毫米。

第二节　气候资源

一、光能

1997—2015 年，宁波市年平均日照时数 1581.9 小时。

日照时数的地域分布，以北纬 29 度 45 分为界，北部平原地区为 1666.3～1788.8 小时，略多于南部山地丘陵地区；南部的奉化、宁海、象山年日照时数 1611.9～1771.1 小时。日照时数南北地域间年均差 81.8 小时。

二、风能

宁波境内风向分布具有典型的季风特征。夏季盛行东南风，冬季盛行西北风，春、秋两季为冬、夏季风交替期，风向不稳定，春季多偏南风，秋季多偏北风。正常年份，市区在 9 月至次年 3 月以西北风居多，4—8 月以东南风为主。

1997—2015 年，全市各站年平均风速 1.9～4.6 米/秒。各站中，石浦站风速最大，年平均风速 4.6 米/秒，极大风速达 50.9 米/秒。风速的年分布，隆冬、初春大，初夏、秋日小。风力 8 级或以上的大风日数，内陆年均 1～5 天，沿海 17～35 天。

经 2005—2015 年区域自动气象站资料统计分析，宁波市年平均风速在 6 米/秒以下，总体呈沿海向内陆递减，离海岸线较近地区风速大，沿海地区平均风速一般在 2 米/秒以上，平原大部分地区较小，仅 1～2 米/秒，山区平均风速较平原地区大。但山区受地形和坡向的影响，部分区域风速偏小。

三、气温

1997—2015 年，宁波市年平均气温 17.5℃，年平均最高气温 21.9℃，年平均最低气温 14.2℃。最热月 7 月或 8 月，其中 73.7%年份的最热月是 7 月，另有 26.3%出现在 8 月。最冷月是 1 月或 2 月，78.9%年份的最冷月是 1 月，另有 21.1%出现在 2 月。全年日最高气温≥35℃的高温日数平均为 19.7 天。全年日最低气温≤0℃的低温日数平均为 17.2 天。1—7 月气温逐渐上升，其中 3—4 月升温达 5.4℃；8—12 月气温逐渐下降，其中 11—12 月降温达 6.3℃。

全市年平均气温基本上呈现西低东高的分布，这与宁波西高东低的地形密切相关。平原地区年平均气温大部分在 16℃以上，且差异甚小；山区及半山区为 13～16℃；沿海地区由于海洋对气温的调节作用在 17℃以上。海拔高度 855 米的宁海望海岗年平均气温仅 13.6℃，为全市最低；其次是海拔高度 710 米的余姚棠溪 13.8℃。

经 2005—2015 年区域自动气象站资料统计分析，全市存在 4 个气温低值区。第一个低温区从余姚西部山区向南伸展到宁海西部，呈狭长的南北向带状分布；第二个低温区位于宁海东部的茶山；第三个低温区位于鄞州东南及其向东、向西延伸的丘陵山地；第四个低温区位于慈溪南部丘陵山地，这与宁波境内主要山脉分布比较吻合。前两个低温区存在明显的气温梯度，后两个低温区气温梯度较弱，这主要是由地形的海拔高度和坡度造成的；另外，平原地区由于城镇化程度较高，年平均气温与宁波三江片中心城区接近，在 17℃以上。

四、降水

经 2005—2015 年区域自动气象站资料统计分析，宁波的年平均降水时空分布不均，大体表现为南多北少，同时具有山区多平原少的特征。全市各地年平均降水量普遍在1400～1600 毫米之间。主要有三个雨量中心，分别位于余姚四明山区、宁海西部山区和象山西北部与宁海接壤处，这种分布形态与宁波的地形分布非常一致。研究表明，宁波的年降水量与海拔高度之间存在正相关关系。事实上，四明山区和天台山余脉沿象山港两岸降水量较大，海拔 200 米以上地区的年降水量基本在 1600 毫米以上。最大降水量出现在宁海黄坛，年平均降水量达到 1964.5 毫米；余姚丁家畈次之，为 1913.6 毫米。最小降水量出现在象山昌国、南韭山和北仑春晓，均不足 1300 毫米。最大与最小降水量相差 600 毫米以上。市区年平均降水量 1531.3 毫米。按照偏多 10%为多雨年，偏少 10%为少雨年的标准计算，多雨年有 4 年，最多雨量出现在 2015 年(2195.8 毫米)；少雨年也是 4 年，最少雨量出现在 2003 年(861.1 毫米)。丰水、枯水年相差 1334.7 毫米。

宁波全年有两个相对雨期。第一个雨期出现在 3—7 月，主要是春雨和梅雨，其中 3—5 月是春雨期，雨日多，强度弱，年均雨量 331.3 毫米，占年总雨量的 21.6%；6—7 月是梅雨期，正值梅子黄熟时节，又称“黄梅雨”，年均雨量 389.9 毫米，占年总雨量的 25.5%。第二个雨期出现在 8—9 月，主要是秋雨和台风雨，期间多狂风暴雨，年均雨量 396.6 毫米，占年总雨量的 25.9%。全年月降雨量最多的是 6 月，平均 213.4 毫米；最少的是 12 月，平均 71.4 毫米。

第三节　城市气候

20 世纪 80 年代以后，宁波无论是平均气温、最高气温还是最低气温，都表现出一定程度的上升趋势，宁波市区的变化速度最快。2010—2015 年中尺度区域自动气象站资料显示，宁波市区和余姚、慈溪等城镇化程度较高的城区是一个明显的暖中心区，表明城市热岛效应明显。城市人口密集、工厂及车辆排热、居民生活耗能的释放、城市建筑结构及下垫面特性的综合影响等是产生城市“五岛(热岛、干岛、湿岛、雨岛、浑浊岛)效应”的主要原因。热岛效应是指一个地区的气温高于周围地区的现象。城市热岛效应一般表现为夜晚强、白天弱，最大值通常出现在晴朗无风的夜晚，季节分布上以 10 月最强。同时，随着城市规模的不断扩大，城市降水、风场等要素的时空分布特征也呈现相应的变化。

第四节　山区气候

宁波境内多为丘陵山区，整个地形呈西南高东北低走势，高程差约 1000 米。海拔低于 500 米的丘陵，主要分布在南部宁海、象山，东部象山港沿岸及北部姚江两岸，低山丘陵面积约占陆地面积的 50%。海拔在 500～1000 米的山地则分布在西南部，即宁海、奉化、鄞州西部和余姚南部。

境内主要有天台山和四明山两支山脉。天台山主干山脉在天台县，宁波境内为其余脉，有 4 大分支从宁海县西北、西南入境，经象山港延至镇海、鄞州东部诸山，称为西南山区。四明山位于宁波境内的西部，横跨余姚、鄞州、奉化，并与嵊州(原嵊县)、新昌、天台三县相连，称为西部山区。境内最高山峰位于余姚四明山镇青虎湾岗，海拔 979 米；次高峰位于奉化溪口镇黄泥浆岗，海拔 978 米；第三高峰位于宁海县黄坛镇虾脖尖，海拔 954 米。

一、丘陵山地的温度分布

由于气温随着海拔高度的增加而降低，宁波西高东低的地形特点导致全市气温呈东高西低分布。山区及半山区的年平均气温在 13～16℃，其中海拔高度 855 米的宁海望海岗自动气象站年平均气温仅 13.6℃，为全市观测站中的最低；其次是海拔高度 710 米的余姚棠溪自动气象站，年平均气温 13.8℃。

丘陵山地的平均温度、最高气温、最低气温等均较平原地区低。分析表明，年平均气温与测站海拔高度呈负相关，相关系数为－0.942(通过 0.01 显著性检验)。气温一般随海拔高度线性降低，经线性拟合：宁波市年平均气温随海拔高度降温率为 0.53℃/百米，即海拔高度每上升 100 米气温下降 0.53℃。全市存在 4 个气温低值区，均位于丘陵山地。

宁波市极端气温的分布也与地形分布密切相关，变化梯度集中在西部山区海拔高度变化大的区域。西部高海拔山区极端最高气温在 39℃以下，全市最小值出现在宁海望海岗，为 36.3℃；山区半山区的极端最低气温在−9℃以下，全市最小值出现在余姚森林公园和宁海望海岗，为−12.2℃。

由于丘陵山地的昼夜气温变化幅度大，造成当地气温日较差大。全市年平均气温日较差最大值出现在奉化尚田镇塔下，为 10.6℃。

二、丘陵山地的降水分布

丘陵山区的地形地貌不同导致降水有明显的坡向差异和垂直差异。降水量一般是迎风坡多于背风坡，陡坡多于缓坡，谷地多于开阔地。在垂直分布上，降水基本上是随高度增加而增多的，特别是地形对台风降水的增幅作用明显，三个强降水区落在宁海望海岗、茶山和余姚四明山，与宁波的主要山脉分布较吻合。

第五节　海岛气候

宁波有绵长的海岸线，港湾曲折，岛屿星罗棋布。全市海域总面积为 8355.8 平方公里，岸线总长为 1594.4 公里，占浙江省海岸线的 24%，其中大陆岸线为 835.8 公里，岛屿岸线为 758.6 公里。全市共有大小岛屿 614 个，面积 255.9 平方公里。海岛北起镇海区泥螺山，南至象山县渔山列岛，纬度相差 1.5°。受海陆风影响，海岛气候与陆地差异明显。

沿海地区受海洋对气温的调节作用，年平均气温偏高，在 17℃以上。极端最高气温比陆上偏低，象山海岛在 39℃以下；极端最低气温比陆上偏高，沿海及海岛地区基本上在−5℃以上，极端最低气温的最高值出现在象山北渔山，为−3.5℃。由于沿海地区昼夜气温变化幅度小，所以气温日较差也小。海洋对沿海地区及海岛的影响一般是使冬季气温升高，夏季气温降低，从而造成沿海地区及海岛低温日数和高温日数均较其他地区少。沿海地区和海岛的降水量比平原地区少。

第六节　农业气候

一、主要作物气候

（一）早稻

早稻是宁波主要粮食作物之一。播种出苗适宜温度在 12℃以上，以薄膜覆盖可提高地温、适当早播，3 月下旬为播种高峰。气温稳定超过 15℃作为移栽期指标，插种时间多集中在 4 月下旬至 5 月上旬，到 7 月下旬收获，全生育期为 105～125 天。早稻生育期内，平原地区≥10℃的有效积温在 1420～1460℃・日，降水量 560～700 毫米，日照时数 680～800 小时，光热水条件基本满足其生长需要。生育期内可能受到的农业气象灾害有：

1. 播期遇低温连阴雨或苗期遇倒春寒，易造成烂种烂秧。

2.幼穗分化期遇“五月寒”易造成结实率低，空秕率增加。

3.抽穗开花灌浆期遇连续高温，易使花粉授精不良，秕率增多；遇长时间气温偏低，可导致成熟推迟，影响晚稻生产。

4.灌浆乳熟期遇异常高温，易造成早衰和逼熟，千粒重降低。

5.梅季暴雨洪涝易造成早稻受淹。

6.收获期遇台风易造成丰产不丰收。

（二）晚稻

双季晚稻一般在6月下旬前期播种，11月中旬起收获。单季晚稻一般于5月中旬至6月中旬播种，10月中旬起收获。全生育期130～145天，光热水条件基本满足需要，生育期内可能受到的农业气象灾害有：

1.播种育秧期遇梅季大雨暴雨，易致谷种冲失，稻苗受淹。

2.严重夏旱可导致移栽困难，栽后死苗，甚至部分田块无水插种。

3.洪涝和台风影响：洪涝和台风易造成晚稻受淹、倒伏、白叶枯等病害暴发。

4.秋季低温影响：晚稻抽穗扬花期是对气象条件反应最敏感的时期之一，也是决定结实率及产量高低的关键时期，此时北方冷空气势力渐强，活动频繁，气温下降显著。农业气象上连续三天日平均气温≤20℃作为常规晚稻抽穗扬花的危害指标，连续三天日平均气温≤22℃作为杂交晚稻抽穗扬花的危害指标。如前期气温高，低温来得晚，秧苗插种早，抽穗早，可避过低温危害；反之，凉夏，秧苗插种晚，低温来得早，易受秋季低温危害。

5.中北部地区常有养“老稻”习惯，收割迟缓易受晚秋阴雨影响。

（三）大小麦

大小麦是原产于高纬度地带的耐旱作物。本地区种植时间一般从11月至翌年5月，经历秋、冬、春三季，全生育期长达180～210天，光热条件基本满足，水分偏多，由于多数年份降水量超过其生长需求量，受气候条件影响产量波动较大。生育期内可能受到的农业气象灾害有：

1.湿害渍害

大小麦主要种植在水稻田，地下水位高，土壤黏重。湿害在大麦全生育期内都可发生，但影响最大的是烂冬和烂春。一般播种至出苗期降水量比需要量多将近一倍，秋冬季多雨的烂冬致使烂耕烂种，土壤板结，烂籽烂芽或僵苗不发。抽穗成熟期的烂春因气温高，田间积水，大小麦根系缺氧，麦根易由白变黑，造成严重早衰，并诱发多种病害。

2.高温高湿致病害

大小麦赤霉病是麦类主要病害，因与气象条件关系极为密切又称为“气象病”，流行严重时可造成大面积减产，且麦粒带毒。感病最敏感期在抽穗至抽穗后20天内，这一时段若出现总降水量≥80毫米，雨日≥10天，日照时数≤100小时，日平均气温不低于13℃的天数≥12天，有利于赤霉病的发生和流行。11月至翌年2月总降水量超过250毫米，赤霉病发病程度一般可达中或重。

（四）油菜

油菜一般在9月底播种，翌年5月下旬初收获，全生育期长达230余天，光热水条件能满足其需要，有些年份雨水太多易致渍害。秋播油菜多在 18～20℃的气温下出苗；当平均气温降至 10℃以下时，渡过春化阶段；当气温低于 3℃时进入越冬期；当春季气温回升至 3℃以上开始返青，此后随着气温上升逐渐开始现蕾苔；10℃以上开始开花，20℃以上灌浆成熟；全生育期所需不低于 3℃的有效积温为 1850～1950℃·日。生育期内可能受到的农业气象灾害有：

1. 过多降水引致渍涝

油菜全生育期需水约 500～600 毫米。我市同期平均降水量为 650 毫米左右，比需求量稍多。一些年份总雨量达 800 毫米以上，易造成渍涝危害。烂冬易造成移栽困难，苗小苗弱；烂春往往导致根系早衰，落花迟熟，菌核病流行。

2. 春寒

油菜开花期适逢春季，由于春季冷空气活动频繁，常出现“春寒”或“倒春寒”天气，受低温影响，造成刚谢花的花孕幼嫩子房外露受冻，使花粉失去活力，引起花孕脱落和菜籽秕粒增多，降低产量和含油量。

（五）棉花

棉花原产热带，喜温、喜光、较耐旱，属多年生木本植物，也是宁波市主要经济作物，4 月中下旬播种，11 月收花结束，生长期长达 7 个月。生育期内平均降水量为 650～750 毫米，超过其需求量 35%；日照时数 1050 小时，不足其需求量的 20%；气温在出苗期和吐絮期显著偏低，蕾期基本正常，花铃期则明显偏高。生育期内可能受到的农业气象灾害有：

1. 播种出苗期低温阴雨

棉花播种期要求 5 厘米深处地温 12℃以上，如土温低，则因发育所需日数长，易发生烂种烂芽。遇春季低温连阴雨，日照不足，导致病苗死苗多。宁波市 4 月中旬后出现连阴雨的概率约每两年一次。

2. 花铃期高温干旱

当日最高气温≥35℃，会造成 20%的花药不能开裂，30%以上的花粉不能发芽，影响开花受精，增加幼铃脱落率，高温引起的脱铃数可占总脱铃数的 8 成。花铃期正值宁波市出梅后进入伏旱少雨季节，此季平均降水量比需求量偏少 35%，易引起叶片凋萎，蕾铃脱落，棉铃虫暴发。

3. 关键期台风

棉花产量形成关键期的 7 月下旬至 10 月上旬，台风影响概率高，狂风暴雨易造成叶片破碎、蕾铃脱落、烂铃、植株倒伏。

4. 吐絮期连阴雨

棉花吐絮期遇秋雨绵绵，易造成烂铃、烂桃、烂花，收晒困难，丰产不丰收。

二、经济林木气候

宁波土地紧缺，素有“五山二水三分田”之称，占全市总面积五成的山地丘陵适宜果树林木的种植，尤以柑橘、杨梅、水蜜桃等称著。

（一）柑橘

柑橘是亚热带喜温耐湿的多年生常绿果树，畏低温干旱，开花前有 2～4 个月的较低温度能促进花芽分化，12～30℃时花芽分化，12℃以下或38℃以上停止生长，枝梢生长以23～34℃为最适。宁波各地气象条件基本满足其生长所需。生育期内可能受到的农业气象灾害有：

1. 低温

柑橘在长期的系统发育过程中形成不耐低温的生理习性，其冻害指标与品种关系较大。我市种植的主要品种为温州蜜柑等，一般当气温≤－5℃时易冻伤叶片；气温≤－7℃时冻伤枝干；气温≤－9℃可造成全株冻伤死亡。柑橘停止生长前和解除休眠后的异常低温也易造成冻害。

2. 台风

夏秋季节，柑橘正处于果实膨大期，台风等带来的洪涝、大风、海水倒灌等常可导致橘树落果、落叶、断枝或受海水浸渍而死。

3. 高温干旱

盛夏出现干旱和强高温，易造成橘树失水凋萎，橘果受日灼出现病斑或开裂，严重缺水可造成树体干枯。

（二）杨梅

杨梅作为宁波名果，是我国杨梅的主要产区之一，主要分布在萧甬铁路北侧东起慈城、西至马渚长约50公里的丘陵山区。杨梅是一种较耐寒的常绿果树，它喜阴耐湿，产量的高低对光照要求并不严格，适宜的年平均气温为15～20℃，年降水量1000毫米以上，根系活动期到果实采收期（2—9月）总雨量≤550毫米亦会影响产量，雨水过多容易发生果实脱落或引起烂果和品质下降。生育期内可能受到的农业气象灾害有：

1. 花期低温冷害

杨梅花期如遇到低于2℃的低温，花器遭受冻害，易造成大量落花而致减产。

2. 暴雨、大风

杨梅采摘期正值梅雨、台风季节，雷雨大风也时有发生，极易造成落果、烂果，导致丰产不丰收。

（三）水蜜桃

宁波栽桃历史悠久，主产地奉化水蜜桃驰名中外。水蜜桃喜低湿，最喜光，对温度条件要求不高。桃树开花受两种因素控制：一是需要一定的7.2℃以下的低温积累来打破花芽的自然休眠，即需冷量；二是开花前需要一定的积温才能萌芽开花，即需热量，明显暖冬或春季长期低温可造成叶芽萌发时间推迟。水蜜桃生育期内可能受到的农业气象灾害有：

1. 大风

桃树根系分布浅，遇台风等可能被风吹弯甚至连根拔起。开花期（3月中旬—4月上旬）遇大风，落花太多影响结果数。

2. 连阴雨、暴雨

开花期遇连阴雨，影响正常开花授粉。硬核期（5月底—6月上旬）多雨易造成落果，还有利于病虫害发生（炭疽病、缩叶病、细菌性穿孔病及蚜虫、食心虫等）。膨大期正值梅雨季，遇暴雨易造成树根受淹和落果、烂桃。

(四)茶叶

宁波的茶树以多年生常绿灌木为主,成片种植,具有喜温、喜湿、喜酸、怕冻、怕旱的特性,我市的光热水条件基本适宜其生长。生育期内可能受到的农业气象灾害有:

1. 低温冻害

极端最低气温低于−8℃可造成茶树枝梢冻伤或幼树死亡,长时间低温冰冻也可造成茶树全株冻伤,如2008年的雨雪低温冰冻,四明山等地出现较长时间冰冻和−6~−8℃低温,茶树被大面积冻伤。

早春茶树萌芽后气温突然降至4℃以下并伴有霜冻,易造成早生茶萌芽冻焦,产量和品质下降。如1998年3月19—21日寒潮过程,日平均气温降幅达13.8℃,山区出现降雪、冰冻,明前茶损失一半以上,优质茶产量骤降。

2. 干旱

茶叶喜湿、喜弱光,忌强光直射,怕旱。宁波7月上旬出梅后常有一段高温伏旱天气,若遇伏秋连旱,山区长期少雨干燥,易使茶叶粗老,品质下降。

(五)毛竹

毛竹为常绿林,皮薄根浅,喜温热怕风,不耐水湿。全市各地只要背风朝南,土壤合适的山地均可良好生长。毛竹除怕风、怕积水外,冬季大雪对其威胁最大,往往因梢叶积雪而压断竹株。

三、设施农业小气候

设施农业是指利用人工建造的设施,综合应用工程装备技术、生物技术和环境技术,通过调节和控制局部范围内环境、气象要素,为动植物生产提供更适宜的温度、湿度、光照、水肥等环境条件的现代农业生产方式。

设施农业的类型,按温度性能可分为保温加温设施和防暑降温设施,前者包括各种大小拱棚、温室、温床,后者包括荫障、荫棚、水帘和遮阳覆盖设施等;按用途可分为生产用设施,包括栽培温室和繁殖育种温室,以及试验用设施和展览用设施;按骨架材料可分为竹木结构设施、混凝土结构设施、钢结构设施、混合结构设施;按采光材料可分为纸窗温室、玻璃窗温室、塑料薄膜温室等;按建筑形式可分为单栋设施和连栋设施。

通常从设施条件的规模、结构的复杂程度和技术水平等因素考虑可划分为5个层次,即连栋温室、日光温室、塑料大棚、小拱棚和遮阳棚。宁波的设施农业主要以塑料大棚为主,主要功能是冬季保温,夏季遮阳、防雨,其缺点是对光、温、湿、气等环境因子的调控能力差,保温性能较差,防灾能力弱,经不起大风大雪的考验,容易造成重大经济损失。

影响大棚内光照强度的因素主要有薄膜透光率、太阳高度、天气状况、大棚方位、结构等。大棚内空气的绝对湿度和相对湿度都显著高于露地。大棚内的气温特点是白天大棚中部偏高,北侧偏低;夜间大棚中部略高,南北两侧偏低;在放风时,放风口附近温度较低,中部较高;在没有作物时,地面附近气温较高;在有作物时,上层气温较高,地面附近较低。棚内外的温差,冬季一般在10~15℃,夏季一般在20℃以上。在无多层保温覆盖的塑料大棚中,日落后的降温速度往往比露地快,这时如果再遇到冷空气入侵,特别是有较大北风后的第一个晴朗微风的夜晚，常常出现棚内气温反而低于棚外气温的现象。

第七节　气候变化

气候变化(Climate change)是指气候平均状态统计学意义上的巨大改变或者持续较长一段时间(典型的为十年或更长)的气候变动。气候变化的原因可能是自然的内部进程，或是外部强迫，或者是人为的持续对大气组成成分和土地利用的改变。

经过对宁波市鄞州区气象站有气象记录后的资料分析，宁波市气候变化的主要特征(图1.1和图1.2)为：1990年开始，气温总体呈现上升趋势，平均气温、最高气温、最低气温均有不同程度的上升，高温天数增多，低温日数减少。与气温变化趋势相同，地表温度也表现出明显的上升趋势，40厘米深层地温年际变化幅度小，进入21世纪后出现升高趋势。年降水量趋势性变化不显著，但年降水日数、年小雨日数则持续减少，中雨以上降水日数有所增多。日照时数明显减少，1990年前后相比减幅达13%。风速减小幅度达25%。相对湿度下降明显，空气干燥成为霾日数增多的一大诱因。此外，灾害性天气特征发生变化，表现为霾日数增长快，酷暑强度增大，阶段性旱涝加重，强对流趋多趋强。

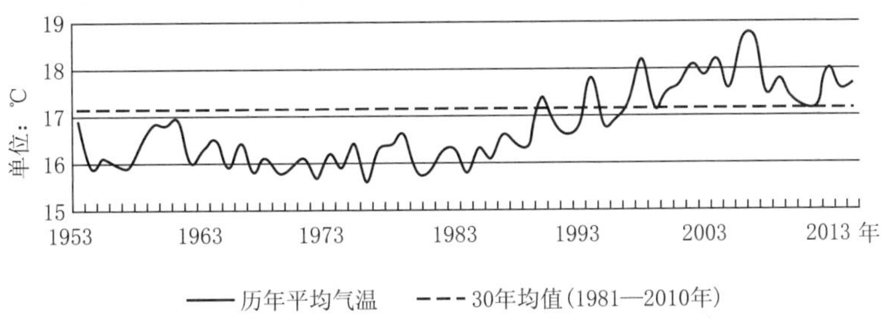

图1.1　宁波市年平均气温变化图

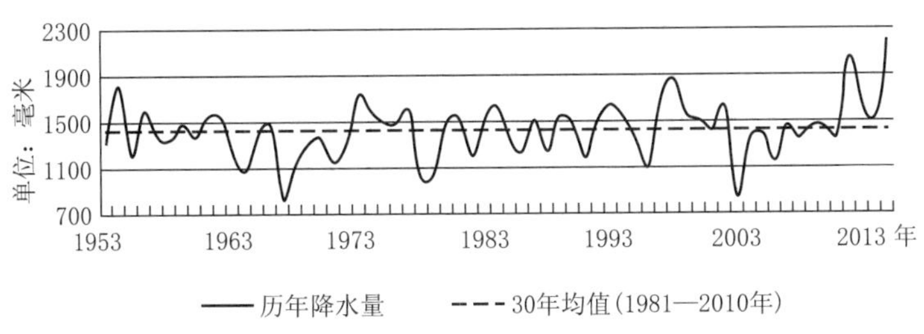

图1.2　宁波市年降水量变化图

第二章 气象灾害

宁波位于东海之滨，既受西风带天气系统影响，又受副热带东风系统影响，气候复杂多变，气象灾害发生频率高，危害严重。气象灾害主要有台风、暴雨、洪涝、干旱、寒潮大雪、低温阴雨、霜冻、雷电、冰雹、龙卷风、霾等。

第一节 台 风

台风(含热带风暴)是影响宁波的重大灾害性天气系统，它虽能在高温干旱季节带来丰沛的雨水，带来清凉，缓解或解除旱情，但由于其常伴有狂风暴雨甚至风暴潮，可冲毁海塘，淹没农田、乡村、城镇，对工农业生产带来严重危害，使人民生命财产遭受巨大损失。

一、影响宁波的台风

在浙江省范围内，宁波是台风次重影响区，5—12 月是台风影响期，其中 8—9 月为集中影响期。影响宁波最早的台风是 2006 年 5 月 18 日的 0601 号台风"珍珠"；最晚是 2004 年 12 月 4 日的 0428 号台风"南玛都"。影响宁波的台风大风持续时间一般在 1～2 天，短的只有几小时，长的可达 70～80 小时，如 1997 年 9711 号台风，象山 8 级大风持续 77 小时。雨的持续时间短的 1～2 天，长的可达 6～7 天。洪涝影响时间长的可达一周，如 2013 年第 23 号"菲特"台风。

(一)影响台风数

影响台风数按台风影响的不同程度分两个级别：一级影响标准为"有一个或以上国家气象站出现 8 级大风或过程雨量超过 50 毫米"；二级影响标准为"有一个或以上国家气象站出现 8 级大风且过程雨量达到 50 毫米，或者有一个站出现 10 级大风，或者有一个站过程雨量达到 100 毫米"。

以此标准统计，1997—2015 年共有 84 个一级影响台风，年均 4.4 个，最多的 2004 年为 9 个，最少的 2009、2010 年各有 1 个；二级影响台风 48 个、年均 2.5 个，最多的 2000 年 6 个，最少的 2003 年 0 个。

(二)登陆台风

台风路径不同，对宁波影响各异。在长江口至温州一线登陆的台风，影响风雨强度大；在东经 125 度以西近海转向北上的台风，容易出现较大风雨；闽粤登陆的台风，若北上或登陆前后形成台风倒槽，则出现暴雨天气。1997—2015 年共有 4 个台风登陆宁波，分别是 9806，0008，1211，1416 号台风。

9806 号台风"马鞍"于 1998 年 9 月 18 日 22 时 15 分在舟山普陀登陆后，于 20 日零时左右再次在宁波北仑登陆，横穿宁波，西移至绍兴减弱为低气压。受其影响，宁波市内陆地区出现 8～9 级大风，沿海出现 10～12 级大风，北仑站出现 34.4 米/秒的大风，并伴有大到暴雨，局部雨量在 200 毫米以上，造成全市农业直接经济损失 1.86 亿元。

0008 号台风“杰拉华”于 2000 年 8 月 10 日 19 时 30 分在象山爵溪登陆，其后穿过奉化、余姚境内。沿海出现 9～11 级大风，南部地区出现大到暴雨过程。受其影响，全市直接经济损失 3.3 亿元。

1211 号台风“海葵”于 2012 年 8 月 8 日 3 时 20 分在象山鹤浦镇登陆。登陆时中心气压 965 百帕，近中心最大风力 14 级(42 米/秒)。台风过程最大风力石浦站 50.9 米/秒，10 级大风持续 42 小时，12 级以上大风持续 27 小时。全市出现暴雨到大暴雨，局部特大暴雨。全市过程平均雨量 230 毫米，其中最大 540 毫米(宁海胡陈)。受台风影响共有 138 个乡镇不同程度受灾，受灾人口 143.2 万人，直接经济损失 102 亿元。

1416 号台风“凤凰”于 2014 年 9 月 22 日 19 时 35 分在象山鹤浦登陆。全市平均降水量 129 毫米，最多的象山 202 毫米，造成局部地区发生小流域山洪和山体滑坡等灾害，部分交通、水利、电力、通讯等基础设施受损，沿海地区农业遭受较大损失，受灾人口 334476 人，农作物受灾面积 14551 公顷，直接经济损失 5.62 亿元，其中农业损失 4.69 亿元。

(三)严重影响台风

台风影响时一般会出现狂风、暴雨并容易引发山洪、泥石流等次生灾害。如遇天文大潮汛顶托，江河水位居高不下，则积水不易退去致涝害加重。1997—2015 年对宁波造成严重破坏的台风主要有 9711，0515，1323 号台风。

9711 号台风“温妮”于 1997 年 8 月 18 日 21 时 30 分在浙江温岭登陆后北上经天目山区进入安徽境内。此次台风强度强，范围大，又正值农历七月半的天文大潮汛，“风、雨、潮”三碰头。宁波内陆地区普遍出现 9～11 级大风，沿海海面出现 12 级以上大风，象山 8 级大风维持 77 小时，持续时间之长为历史罕见。全市平均降水量 182.5 毫米，宁海在 300 毫米以上。持续强烈的风暴潮冲毁宁波沿海的许多海塘或海水漫堤，影响十分严重。受其影响，全市农作物受淹 14.6 万公顷，倒塌房屋 2.6 万间，冲毁桥梁 123 座，公路路基 220 公里，因灾死亡 19 人，失踪 26 人，经济损失达 45.43 亿元。

0515 号台风“卡努”于 2005 年 9 月 11 日 14 时 50 分在台州市路桥区金清镇登陆。受其影响，宁波西南山区降水普遍在 200 毫米以上，其中宁海望海岗 424.5 毫米；北部地区的雨量中心位于北仑，其中新碶镇雨量最大为 509.2 毫米。全市 95 个乡镇不同程度受灾，受灾人口 129.9 万，被困人口 4.5 万，饮水困难人口 4.6 万，直接经济损失达 41.78 亿元。2149 家工矿企业停产或半停产，公路毁坏 212 千米，损坏堤防 527 处，决口 304 处。北仑区有 10 人在洪灾中不幸遇难，3 人失踪。

1323 号台风“菲特”于 2013 年 10 月 7 日 1 时 15 分在福建省福鼎市沙埕镇沿海登陆，登陆时中心附近最大风力有 14 级(42 米每秒)，中心最低气压为 955 百帕。受“菲特”和 1324 号台风“丹娜丝”及冷空气共同作用，宁波出现有气象记录后过程雨量最大、雨强最强的台风暴雨。全市平均面雨量 357 毫米，有 36 个测站≥500 毫米，余姚上王岗、梁辉等地超过 700 毫米。沿海海面普遍出现 10～11 级大风，加之恰逢天文大潮，宁波大部分地区出现高潮位，从而影响积水排泄。姚江水位一度超过警戒水位 1.56 米，为中华人民共和国成立以来最高，姚江最高水位余姚站 3.40 米，超过历史最高水位 0.47 米。城市内涝十分严重，造成全市 11 个区县(市)148 个乡(镇、街道)248.25 万人受灾，农作物受灾面积 120 千公顷，成灾 65 千公顷，倒损房屋 2.7 万间，直接经济损失 333.62 亿元，死亡 8 人，失踪 1 人，其中余姚损失超 200 亿元。

二、影响台风的风、雨、潮

台风的破坏力，主要由伴随的狂风、暴雨和风暴潮 3 个因素构成，台风灾害特别严重的往往是风、雨、潮三灾并发的结果。

(一)台风大风

台风的最大风速发生在云墙的内侧，当云墙区的上升气流到达高空后，由于气压梯度的减弱，大量空气被迫外抛，形成流出层。台风的低层主要是流向低压的流入气流，由于角动量平衡作用，在内区可产生很强的风速；在高层是反气旋的流出气流。因此，台风的风向时有变化，并具有旋转性，对不坚固的建筑物以及架空的各种线路、树木、船只、海上网箱养殖、海边农作物等破坏性很大。台风登陆时，离海 5 千米、9 千米处风速一般会减弱到登陆时的 88%和 75%。

1997—2015 年影响宁波的台风中(表 2.1)，国家气象站观测到的极大风速为 49.3 米每秒(15 级，石浦站)，由“灿鸿”台风产生，该台风于 2015 年 7 月 11 日 16 时 40 分前后在舟山朱家尖沿海登陆，登陆时中心附近最大风力 14 级(45 米/秒)，中心最低气压 955 百帕；最大风速为石浦站的 36.8 米/秒，由“海葵”台风产生，该台风于 2012 年 8 月 8 日 3 时 20 分在象山县鹤浦镇登陆，登陆时中心气压 965 百帕，近中心最大风力 14 级(42 米/秒)。

表 2.1　1997—2015 年受台风影响气象站最大风和极大风

站名	最大风速(米/秒)	风向	出现日期	台风名	极大风速(米/秒)	风向	出现日期	台风名
慈溪	22.6	NE	19970818	云娜	31.7	NE	19970818	云娜
余姚	16.1	NE	19970818	云娜	31.8	NNE	19970818	云娜
鄞州	12.9	NE	20120808	海葵	26.3	NNE	20120808	海葵
北仑	25.4	NNW	20020705	威马逊	35.2	NNW	20020705	威马逊
奉化	19.5	N	20000810	杰拉华	33.4	N	20150711	灿鸿
宁海	17.0	NNW	20150711	灿鸿	29.8	ESE	20050911	卡努
石浦	36.8	NE	20120808	海葵	49.3	NE	20150711	灿鸿

(二)台风暴雨

台风中最大暴雨一般发生在云墙区，但也有不少例外。如 0509 号台风“麦莎”在台州市玉环县登陆，0515 号台风“卡努”在台州市路桥区登陆，其雨量中心都出现在北仑(分别为柴桥 679 毫米、新碶 529 毫米)。0716 号秋台风“罗莎”在浙闽交界处登陆，受台风和北方冷空气共同影响，全市平均面雨量达 233.9 毫米，西部山区在 300 毫米以上，奉化董家高达

497.6 毫米，全市河网普遍超警戒水位，姚江超警戒水位 0.9 米，强降水造成市区不少地段积水严重，部分公交线路临时停开，全市农林牧渔业损失 8.69 亿元，工业交通运输损失 3.43 亿元，水利设施损失 2.03 亿元。

第二节　洪　涝

史、志记载较详细的宋初至清末的 1000 多年间，宁波境内洪涝灾害共有 148 次，约合 7 年一遇。如宋政和二年(公元 1112 年)，“宁海大水坏城，淹死者无数。”清康熙二十九年(公元 1690 年)，“七、八月，余姚、慈溪大雨水，山洪齐发，平地水深丈余，漂溺居民无数，禾稼颗粒无收。九月，镇海大雨连旬，平地水深五尺，淹没地禾，冲坏民房。慈溪亦然。”

近代气象资料统计表明，发生在宁波的洪涝灾害主要是由梅雨、台风、强对流等天气系统引起的特大短历时暴雨或长历时大雨、暴雨造成。

一、梅汛期洪涝

梅雨锋暴雨主要特点是降水持续时间长、范围大、强度强，一般可在数天内连续出现大雨、暴雨天气，易造成积涝、滑坡等灾害。形成梅汛期洪涝主要有三种情况：一是梅期长，长时间连续阴雨，且雨量明显偏多，造成大范围洪涝；二是连续几天大雨或暴雨，雨量过于集中，形成洪涝；三是前期雨量偏多，水位偏高，进入汛期后雨量又明显偏多，如 1997，2001，2011 年等。

1997 年入出梅时间均比常年偏迟。7 月 6—14 日，受地面静止锋和高空切变线共同影响持续大雨、暴雨，过程雨量近 340 毫米，早稻受淹超过 20 千公顷，绝大多数棉田受淹倒伏、花蕾脱落。

2001 年 6 月 10 日入梅，27 日出梅，梅雨期偏短，雨日偏少，但降水集中，6 月 23—26 日出现连续大雨、暴雨，中南部地区总雨量均在 200 毫米以上，造成旱地作物受淹明显，蔬菜瓜果死苗严重，棉花蕾铃脱落。因连续大雨严重影响杨梅采摘，造成落果、烂果，损失三分之二产量。

2011 年梅汛期的第一轮强降水出现在 6 月 6—7 日，造成宁波中心城区积水 146 处，宁波火车东站售票厅进水严重；6 月 24 日午后的大范围雷暴和短时强降水造成宁波机场 36 个进出港航班延误，部分动车限速行驶，杭州湾跨海大桥发生 28 起交通事故，涉及事故车辆 70 多辆，有 3 人受轻伤；6 月 26 日的强降水导致城区部分路段短时积水，火车东站售票厅再度被淹。

二、台风洪涝

台风暴雨具有强度强，持续时间长，受地形影响大等特点。秋台风还常与冷空气结合，降水得到增强，因此，台风是宁波发生洪涝的最主要天气系统。对宁波市产生严重洪涝影响的台风主要有 9711 号台风等。

9711 号台风“温妮”于 1997 年 8 月 18 日在台州市温岭县石塘镇登陆，受其影响，8 月 18—19 日全市平均降水量达 182.5 毫米，南部宁海在 300 毫米以上。其时正值农历七月半的天文大潮汛,“风、暴、潮”三碰头,市区三江口潮位达5.18米,超过百年一遇的标准。全市受洪涝灾害面积达183.4千公顷,其中122.5千公顷成灾。台风洪涝造成3042家工厂企业停产,牲畜死亡9.3万头,倒塌房屋2.6万间,冲毁桥梁123座、公路路基220千米,因灾死亡19人,失踪26人,经济损失达45.43亿元。

0509号台风“麦莎”于2005年8月6日在台州市玉环县干江镇登陆,宁波大部地区过程降水量200～300毫米,局部超600毫米,由于恰逢“风、暴、潮”三碰头,98个乡镇不同程度受灾,受灾人口76.3万人,共倒塌房屋(棚屋)6803间;农作物受灾面积72.6千公顷,成灾面积43.3千公顷,绝收面积17.7千公顷,粮食减收7.1万吨;死亡大牲畜2.2万头;水产养殖受损面积13.8千公顷,损失产量3.1万吨;有4681家工矿企业停产或半停产;毁坏各类公路161.2千米;损坏输电线路219.7千米;损坏通信线路96.8千米;损坏堤防543处103.1千米,堤防决口182处26.5千米,损坏水闸135座。全市直接经济损失26.97亿元,雨量中心北仑损失达6.18亿元。

1323号台风“菲特”于2013年10月7日1时15分在福建省福鼎市沙埕镇沿海登陆,受“菲特”和1324号台风“丹娜丝”及冷空气共同作用,宁波出现有气象记录后过程雨量最大、雨强最强的台风暴雨,全市过程平均面雨量357毫米,有36个站≥500毫米,余姚上王岗、梁辉等地超过700毫米。历史罕见的强降水,加之恰逢天文高潮位,内河水位居高不下,导致城市积水和内涝十分严重。余姚、奉化、象山、宁海受灾严重。其中余姚受灾最重,全市70%区域受淹,主城区90%区域受淹,全线停水、停电、交通瘫痪,大部分住宅底层进水。

1521号台风“杜鹃”于2015年9月29日8时50分在福建省莆田市秀屿区沿海登陆,宁波普降暴雨,平均雨量196毫米,最大宁海岭口409毫米,城镇与平原区域多地出现严重内涝,宁波中心城区积水封道路段41处。受雷击和暴雨积水影响,宁波电网累计跳闸10千伏线路13条,拉停6条,累计停电21232户。全市受灾乡镇123个,受灾人口35.96万人,倒塌房屋83间,直接经济损失16.17亿元。

三、短时强对流暴雨洪涝

强对流暴雨具有历时短、强度大、范围小、突发性强等特点,易造成山洪、泥石流、低洼地积水等。

2000年8月11日晚,受对流云团影响,象山等地普降大暴雨,5个小时降雨量达121毫米,由于降水集中,有6个乡镇受淹,其中定塘镇受损达760万元。2002年4月22日晨,受低涡东移影响,象山南部出现暴雨,石浦气象站5小时降雨量达104毫米,石浦、定塘、晓塘三地农作物受淹1230公顷,直接经济损失1233.6万元。2004年5月30日出现的强降水过程严重影响交通,造成杭甬高速和同三高速共发生13起交通事故;鄞州区洞桥镇有13.3公顷西瓜受淹绝收;宁波市区北斗河等因河底淤泥翻腾而发生大面积小鱼死亡。2008年9月5日下午,受高空切变线和低涡的共同影响出现短时特大暴雨,宁海有两个山塘小水库垮坝,北仑有多个村庄进水,房屋倒塌30多间,公路中断10多条,电路中断数条,象山水利工程损毁120处,全市直接经济损失2.37亿元。

2009年8月2日受低空切变线和低涡东移影响,宁波大部地区出现雷阵雨,鄞州西部及象山中部出现短时大暴雨到特大暴雨,鄞西多条溪坑被冲毁,局部发生泥石流;鄞州章水镇的蜜北线公路出现山体滑坡与桥梁垮塌，导致交通中断；杭甬高速公路接连发生6起小车失控撞护栏事故。这次暴雨共造成鄞州西部9个镇乡(街道)35个村31993人受灾，直接经济损失11670多万元。

第三节　暴　雨

暴雨是宁波常见的一种灾害性天气。一般以日降水量≥50毫米称为暴雨；日降水量≥100毫米称为大暴雨；日降水量≥250毫米称为特大暴雨。

1997—2015年，宁波发生最早的暴雨出现在1月14日(2015年，北仑)；最迟的暴雨出现在12月17日(2013年，北仑)。大暴雨最早出现在4月22日(2002年，石浦)，最迟出现在10月10日(1999年，奉化、宁海、石浦)。暴雨主要集中在5—10月，占全年暴雨日数的90%以上，其中又以9、8、6月最多。大暴雨主要集中在9、8月份，其次为10、6月。发生暴雨的主要天气系统是台风、梅雨、强对流。

1997—2015年全市各地总暴雨日数在68～106天(表2.2)，其中宁海最多达106天，平均每年5.6天；最少的余姚68天，平均每年3.6天。市区(鄞州站)平均年暴雨日4.3天，最多的1998、2007年各7天。

表2.2　宁波市1997—2015年各站暴雨日数

测站	月份												
	1月	2月	3月	4月	5月	6月	7月	8月	9月	10月	11月	12月	全年
慈溪	2	0	0	2	7	14	11	19	9	5	2	1	72
余姚	0	0	0	2	7	15	10	13	13	4	2	2	68
鄞州	1	0	0	1	3	19	14	19	15	5	3	2	82
北仑	2	0	0	2	4	16	6	19	20	6	3	3	81
奉化	0	0	0	0	2	15	13	15	20	8	3	2	78
宁海	0	0	1	1	3	17	20	31	20	10	1	2	106
石浦	0	1	1	2	9	17	6	18	18	6	4	1	83

第四节　干　旱

干旱一般是指没有降水或降水偏少，使土壤水分不能满足植物正常生长、发育而造成的灾害现象。干旱又可分为气象干旱、农业干旱、水文干旱等。气象干旱是其他专业性干旱研究和业务的基础，它是指某时段由于蒸发量和降水量的收支不平衡，水分支出大于水分收入而造成的水分短缺现象。

宁波一年四季均可发生干旱，连年发生旱灾的情况也不少见，对工农业生产影响大、危害重的则属出梅后的伏旱或夏秋连旱。气候异常的年景，如梅雨结束早，梅雨期间雨量少，秋雨期来得迟，由于受副热带高压控制，晴热少雨，蒸发量大，很容易产生伏旱。若夏旱连秋旱，则旱情更加严重，使工农业减产，城市供水困难，人民生活也受到影响。从地域分布上看，旱情相对较重的是象山、宁海的丘陵山区，以及自然降水存蓄率不高的慈溪。1997—

2015 年旱情比较严重的主要有 2003 年和 2013 年，轻旱年有 2007，2005，2004 年等。

2003 年，晴热高温天气从 6 月 30 日开始，直至 9 月 8 日才结束，余姚站高温日数多达 51 天、7 月 17 日的极端最高气温达 41.7℃。干旱从 7 月开始并迅速发展，持续到 11 月 30 日仍未解除，期间全市平均降水量仅有 325.6 毫米，比常年平均偏少 5.2 成，干旱的特点是发展快、范围广、影响重、时间长，导致早稻高温逼熟，千粒重下降。全市受旱面积达 72 千公顷，其中轻旱 40.7 千公顷，重旱 25.3 千公顷，干枯 6 千公顷，有 36.65 万人饮水发生困难。象山县有近 80 个村、4 万多人只能靠外地运水解决饮水问题。

2013 年盛夏期高温伏旱严重，全市平均高温日数达 39.5 天，为常年的 2.6 倍，其中余姚站多达 55 天；极端最高气温屡创新高，并多次居全国之首，8 月 7 日奉化站极端最高气温达 43.5℃；7 月 1 日—8 月 17 日，全市平均降水量仅有 38 毫米，比常年平均偏少 8.5 成，大部分地区气象干旱等级达重旱标准；下姚江干流水位降至－1.0 米的特枯水位，全市山区天然径流的溪坑基本断流，并罕见的在夏季拉响森林防火紧急警报。干旱共造成宁波市 53 个乡镇、331 个村、14.9 万人饮用水困难，余姚市丈亭镇龙南村姚江大堤坍塌 300 多米。农作物受旱面积超过 45 千公顷，农业经济损失超过 5 亿元，林业受灾面积 73 千公顷，直接经济损失 11.5 亿元，其中果树受灾面积 24.3 千公顷，直接经济损失 3.53 亿元。夏秋茶全部绝收，对次年春季名优茶生产造成影响。

第五节 低温阴雨

一、春季低温阴雨和倒春寒

春季连阴雨是指 3 月下旬到 4 月底期间，出现连续 4 天或以上日降水量≥0.0 毫米，且日照时数＜2 小时的阴雨过程，年均一般出现 1～2 次，维持时间通常在 5 天左右，最长的可达 10 天以上。

倒春寒是指清明以后出现的连续 3 天以上日平均气温低于 11℃的天气过程，低温时间不足 3 天的称为"春寒"。倒春寒可能几年不出现，也可能连续几年出现，出现概率约为三年一遇。

出现春季连阴雨、倒春寒后，由于气温低、光照不足，已播早稻可出现烂种烂芽、僵苗、枯苗、死苗；大小麦生育期拉长，结实率和产量降低；油菜落花落荚，产量下降等情况。因此，及时了解天气预报，科学做好田间管理很有必要。

二、秋季低温

秋季低温是指连作晚稻（或杂交晚稻）在抽穗扬花期遇有日平均气温连续 3 天以上低于 20℃（或 22℃）的天气过程，是晚稻生长期的主要气象灾害之一，主要危害水稻减数分裂期、抽穗扬花期，使灌浆过程延缓，籽粒不饱满，千粒重降低，影响晚稻的安全齐穗。

较强而早的秋季低温大多是前后期低温相结合，夏凉造成晚稻生长季内积温不足、生育期延迟，又遇秋季低温偏早影响晚稻安全齐穗，会使晚稻产量锐减。因此，晚稻要尽早栽插，既能充分利用气候资源，又尽可能避开低温对抽穗扬花的影响。秋季低温到来前应及时采取以水增温，即日排夜灌、喷洒化学保温剂、增施保花肥等措施予以防范，减轻秋季低温危害。

三、霜冻

霜是指地面或物体表面温度降至0℃以下时，近地面空气中的水汽在地面或物体表面凝华成的白色冰晶，也称“白霜”。气象站观测到的霜就是白霜。秋末冬初首次观测到的霜称为初霜，冬末初春最后观测到的霜称为终霜。霜冻是指在温暖的春秋季节，最低气温降到4℃以下或地面温度降到0℃以下时使作物受到冻害的现象。当空气湿度大时，可结白霜，湿度小时，虽无白霜，也能使作物受冻，俗称“黑霜”或“暗霜”。无霜期是指终霜日之后至初霜日之前的天数，是反映某地区热量资源的重要指标。

1997—2015年平均初霜日自北向南在11月24日（慈溪）—28日（宁海），平均终霜日自南至北在3月4日（宁海）—3月19日（慈溪），无霜期为250天（慈溪）～268天（宁海）。

霜冻可分为早霜冻、晚霜冻，是对农业生产影响较大的自然灾害，其发生的强度和持续时间与地形、土壤、植被、农业技术措施及作物本身等条件密切相关，由于历年初、终霜日差别很大，因此，对农业生产的影响程度也不一样。通常初霜冻对宁波农业生产影响较小，终霜冻影响较大。终霜冻结束时间有早、晚之分，结束早的影响较小，结束晚的往往产生较大灾害。在宁波，一般在4月1日以后出现的霜冻可称为晚霜冻，此时正值早花作物开花、春茶采摘时节，突然的霜冻会造成早花作物被冻死，春茶受冻影响质量或绝收。例如，2007年4月4日晨，山区气温降至0～5℃，宁海、奉化、余姚等地茶叶受冻面积达3.3千公顷；仅余姚大岚镇，遭严重霜冻的茶叶、马铃薯、柿子、油菜等损失就达760万元，人均减收590元。

第六节　冰雹、龙卷风、雷电

一、冰雹

冰雹简称“雹”，俗称雹子，也称冷子或冷蛋，是从发展强盛的雷暴云中降落到地面的冰球或冰块，其直径一般为5～50毫米，大的可达30厘米以上。1997年5月13日16时15分，宁海雷雨交加，西店、前童、强蛟、水车等乡镇遭冰雹袭击，持续时间约20分钟，较严重的西店毛洋村低洼处冰雹积地厚达12厘米，全村37.3公顷作物遭受严重破坏。1998年4月5日，余姚、慈溪、镇海等地出现雷雨大风和冰雹，历时5～25分钟，受灾最严重的是慈溪掌起一带，冰雹普遍有乒乓球大小，大的如拳头，该镇上宅村绝大多数民房上的瓦片被打得粉碎，这次冰雹造成慈溪市农业受灾面积6.6千公顷左右，民房受损10802间，直接经济损失约4779万元。2010年5月2日下午，鄞州、奉化、宁海局部地区出现冰雹，冰雹最大的比鸡蛋还大，部分农业大棚及作物被冰雹砸坏，奉化尚田镇333公顷草莓大棚砸得千疮百孔，损失最严重的方门村有82户养殖户受灾，鸡鸭死亡近5000只，草莓大棚受灾达57.3公顷，桃子等其他农作物受灾也有10公顷，630户农户不同程度受灾，500台太阳能热水器损坏，宁海一养殖基地死亡土鸡1.8万余只，有两百多辆行驶在甬台温高速奉化尚田路段及甬金高速洞桥出口路段的汽车受不同程度损伤，部分车辆挡风玻璃、天窗被砸破，车身被砸出凹坑。

二、龙卷风

龙卷风是一种与强雷暴云相伴出现的具有近于垂直轴的强烈涡旋，是小概率事件，龙卷风出现时，往往有一个或数个如同“象鼻子”样的漏斗状云柱从云底向下伸展，同时伴有狂风暴雨、雷电或冰雹。当它出现在陆地上时，称陆龙卷。当它发生于水面上时，常吸水上升如柱，好像“龙吸水”，称水龙卷。

在龙卷风经过的地方，常将大树拔起，车辆掀翻，建筑物摧毁，有时把人卷走，危害十分严重。1998 年 7 月 20 日 14 时 40 分，鄞州区邱隘镇的 4 个村受龙卷风袭击，刮倒和揭顶房屋 250 间，部分电线杆和早稻被刮倒，数人受伤。2000 年 6 月 21 日 18 时 30 分左右，慈溪西北部出现龙卷风，造成庵东镇 10 个村、杭州湾镇 4 个村受灾，房屋倒塌，大树、水泥电线杆折断，共造成 25 人受伤，倒塌房屋 287.5 间，鱼塘棚舍 100 余只，农作物受灾 3917 公顷，1300 余户用户通讯中断，总计直接经济损失 2550 余万元。2003 年 8 月 31 日 15 时许，龙卷风袭击奉化大堰镇后畈村，造成 5 间民房倒塌，100 多间房屋不同程度受损，所幸没有人员受伤，有目击者称当天的龙卷风有水缸那么粗，高 100 多米，自东向西移动，逆时针旋转，持续时间达三四分钟，所到之处天昏地暗，村民王国宁家在遭龙卷风袭击时，只觉得墙像纸片一样，先往里推，后朝外倒塌，家里 6 个人紧紧靠着墙壁才未被卷走，一辆停在弄堂口的摩托车被刮到七八米之外，一根重约 150 千克的门槛被高高卷起，这次龙卷风还把村里几排防风林齐腰折断，有的被连根拔起。2004 年 8 月 25 日凌晨 01 时 50 分左右，鄞州区高桥镇高桥村至高峰村自东北偏东向西南偏西出现龙卷风，持续时间 2～4 分钟，有四个自然村的 124 间楼房、180 间小屋、9.2 公顷农作物、43 档低压线、3200 平方米的钢棚及 1000 只鸡鸭受损，受灾人口 500 人，直接经济损失 185.06 万元。

三、雷电

雷电是伴有闪电和雷鸣的一种自然的放电现象。通常所指的“雷暴”是伴有雷击和闪电的天气过程，而“雷电”则是发生在“雷暴”过程中的一种天气现象。宁波市地处亚热带气候区，是雷暴的多发地区，全年各月都有可能出现雷暴，平均年雷暴日 35.5 天。但 3—9 月比较容易发生，出现最多的是 7 月和 8 月，平均 8.7 次/月和 8.1 次/月；10 月至翌年 2 月极少出现，历年平均每月都不足 1 次。

一般性雷电不一定形成灾害，强雷电威力巨大，常伤人毁物，形成雷电灾害。特别是随着城市高层建筑以及家用电器、信息网络等用电设备的增多，被雷电击毁造成损失的事例时有发生，而且与雷电伴随的狂风暴雨也常形成灾害。宁波市的雷电灾害主要是遭受直接雷击和感应雷及雷电波侵入为主(表 2.3)。

表 2.3　2000—2015 年宁波市主要雷电灾害

年份	日　期	雷击灾害情况
受直接雷击造成人员死亡		
2000	8 月 19 日	奉化市白杜孔峙村 1 名 47 岁的男性村民在稻田放水时遭雷击死亡
2001	7 月 30 日下午	约 2 时许，奉化市洪溪村 2 位正在海上作业的村民遭雷击死亡

续表

年份	日　期	雷击灾害情况
2003	7月10日下午	16时许，奉化市西坞有5位在野外劳作的农民遭遇雷击，其中3人身亡，2人昏迷
2007	6月24日	宁波市北仑区梅港镇1名妇女在地里施肥时遭雷击死亡、象山县泗洲头镇2名村民遭雷击身亡，1人在鱼塘工作，另1人穿雨衣站在野外，被雷击死
	7月7日下午	17时10分左右，慈溪市周巷镇建五村赵卫张，赵某回地头取东西，在地中遭雷击，当场身亡(57岁，男)
	8月3日	16时50分，宁海县黄坛镇横抗村遭雷击，造成1人死亡、1人重伤
	8月28日	17时，宁海县一市镇遭雷击，造成1人死亡
	8月29日	18时，宁海县茶院乡毛屿村遭雷击，造成1人死亡
2008	6月23日下午	来自江西永丰的王某在江口街道竺家村收割蔺草时，不幸遭遇雷击身亡
	8月11日下午	13时30分左右，在方桥下庙山种西瓜的35岁温岭籍男子张雪平不幸遭遇雷击身亡
2010	7月1日下午	西溪村69岁的农民鲍某在种水稻时不幸遭遇雷击身亡
2011	8月22日下午	西坞街道尚桥头村1名江西籍男子在水塘采莲藕时遭雷击身亡
2012	7月12日晚	莼湖镇栖凤村34岁尹女士在骑自行车途中遭雷击身亡
	9月7日下午	14时30分至40分，慈溪市桥头镇毛三斗村村民余冲够，男，62岁，在棉花地里干活被雷击中，头顶草帽被击一洞，面部有黑状，当场身亡，旁边4～5米外另有一村民脚上有电麻的感觉，但没有受伤，本次雷击灾害共造成1人死亡
2013	9月14日	13时左右，北仑区九峰山顶“九峰之巅”景区石板凉亭发生雷击事故，事故造成1人死亡，16人受伤
受直接雷击经济损失		
2006	9月1日	余姚市临山镇和黄家埠镇遭雷击，多处房屋屋顶被击坏，击毁电视机39台、电脑5台、空调1台及一些网络设备
2007	5月24日下午	宁波市镇海国家石油储备基地公司47＃罐西北侧围堰遭到雷击后引发火灾，此次雷灾造成直接经济损失约20万元
	6月29日	15时左右，宁波市镇海炼化厂区5000立方米内浮顶储罐因雷击起火，此次雷灾造成直接经济损失约15万元。市区七塔寺被响雷劈掉圆通宝殿左边的龙头装饰石块及屋檐一角的柱子
	4月1日	6时50分，慈溪市坎墩街道沈五村五灶南路269号农户葛文康二间两层楼住宅遭雷击，西侧屋脊角被雷击掉，碎石、碎瓦片飞到后面邻居院内，屋脊角受损，烧毁房屋两间、电器多数受损，周围住户的多台电脑、电话机、电视机损坏，估计直接经济损失约5万元
	8月27日	15时50分左右，慈溪市匡堰镇宋家漕村，雷击西边的屋角被打出了个洞。埋于墙中的电源线路多处从墙壁中炸裂，三楼的灯泡被炸开，家中的空气开关、插座均被烧毁，开关多处从墙中炸开，一楼楼顶有水泥砂浆粉刷脱落，家中的一台电视机被雷击坏，附近有许多住户的电视机、电脑、太阳能热水器等家电遭雷击损坏

续表

年份	日　期	雷击灾害情况
受直接雷击经济损失		
2009	8月27日凌晨	0时45分左右，慈溪市坎墩街道四塘南村东村雷电直接击在中间房子屋顶，引起火灾，造成三间二层楼屋面被焚毁，二楼室内的两台电脑，1台29寸电视机，1台空调，1台电热水器，沙发、部分现金、集邮册及古钱币等家具被毁，直接经济损失约为7万元人民币
2010	6月30日	18时10分左右附海镇海霞路24号，该房北侧屋脊遭雷击后，引起阁楼起火，事故造成两间二层楼屋面被焚毁、室内的1台电脑、2台电视机、1台冰箱、1台电热水器、1台洗衣机、2台压塑机、部分家具等被毁，直接经济损失8万元人民币
2011	6月9日	17时左右，慈溪市供电局慈溪西北部雷击造成故障的线路80%集中在慈溪西北部，共造成全市27条10千伏线路、2条35千伏线路跳闸，其中35千伏1条重合闸成功。联周B839线4#杆B相瓷瓶断裂，分段开关遭雷击烧坏，大湾B319线13#分支开关跳闸
2012	9月7日傍晚	17时左右，慈溪市龙山镇邱王村沈先生家的猪圈遭雷击，14头猪死亡
雷电感应与雷电波侵入		
2007	3月14日上午	奉化市溪口多处地方遭遇雷击，其中圣菲机械制造有限公司1台价值180万元的仪器设备、武岭宾馆的服务器和4户居民家里的电脑电视机等被雷电击坏
	6月24日	奉化全市19处地方遭雷击，市电信局500毫升小灵通基站被打坏14只，局部故障162只；尚田镇政府内的24台电脑、3只交换器及周边数家企业、居民的上百台电视机、电脑、电话机等被雷电击坏，镇政府整个计算机网络系统瘫痪，累计经济损失近100万元
	6月25日	宁波市出租车服务中心受到雷击，中心内的监控系统、有线电视系统，空调、网络等损坏，此次雷灾造成直接经济损失10万余元
	7月23日	宁波博洋家纺有限公司仓库因雷击引起五六楼起火，此次雷灾造成直接经济损失116万元
2008	6月23日下午	3时40分至4时30分，慈溪市达蓬山雷达站雷击造成所有监控设备、配电房的发电机TI3001自动切换屏、与自动站网络传输线连接的电脑设备、内网交换机均遭受雷击损坏，移动基站内设置的电表遭受损坏，外壳也被击毁，电话系统遭受轻度的损失，多普勒雷达发生位置的偏移、门卫未拔电源插头的所有电器设备全部损坏，共造成直接经济损失约12万元
	7月22日下午	农业银行宁波数据中心办公大楼遭遇雷击。办公大楼共8层，中心机房设在8楼，因受到感应雷击，机房内的电脑硬盘、加密机等设备均受到不同程度破坏，机房旁的消防主控板受到感应电压误报警，促使消防气体排发，总损失达30万元左右
2009	2月14日上午	10时15分，奉化市溪口镇许江岸村近百户人家遭遇雷击，估计约有上百台电视机、30台冰箱及其他电器被烧毁
2011	8月13日	受强雷电影响，北仑某公司1个地磅受损，损失3万元
	8月22日	雷暴天气下，奉化市多地雷电灾害严重：西坞街道尚桥头村1名江西籍男子在采摘莲藕时遭雷击死亡；奉化市自来水总公司仪表遭雷击损坏，直接经济损失1万元；莼湖镇供电局开关遭雷击损坏，直接经济损失6万元、莼湖镇协诚电动工具有限公司监控遭雷击损坏，直接经济损失1万元；尚田镇南方机械制造有限公司电脑遭雷击损坏，直接经济损失1万元；滕头村村委会电视机遭雷击损坏；奉化市中医院电视机遭雷击损坏

续表

年份	日　期	雷击灾害情况
2012	6月30日下午	北仑区某模具制造厂损坏监控系统和电脑7台，传真机1台，造成直接经济损失约3万元
	7月6日下午	17时左右，北仑区小港青峙工业区的某公司遭受感应雷击，造成供电线路停电，电机损坏3台，工业物料报废，造成直接经济损失约100万元。小港青峙工业区富山路某公司遭受感应雷击，造成7台设备变频器和1套消防电路板损坏，造成直接经济损失约5万元
	7月7日下午	北仑区迎宾路某公司遭受感应雷击，造成监控系统、电脑18台、1台消毒柜损坏，直接经济损失约3.4万元；大碶街道某公司遭受感应雷击，造成1台250千伏变压器以及线路损坏，直接经济损失约7万元
	7月13日下午	北仑区黄山西路的某公司遭受感应雷击，造成1台触点式三坐标测量仪损坏，造成直接经济损失约12.2万元
	7月17日下午	14时30分左右，北仑区小港街道的某公司遭感应雷击，造成4个设备损坏，共造成直接经济损失约8万元
2013	8月3日下午	17时左右，北仑春晓镇的昆亭村区域发生强雷暴天气，多户居民家内电视机、热水器等电器受损达80余件，共计直接经济损失10万元，间接经济损失10万元
2014	8月17日	北仑区受雷暴天气影响，大榭某码头桥吊受损，经济损失约1.3万元；霞浦某公司办公电器遭受雷击，经济损失约13.6万元；小港某公司办公电器遭受雷击，经济损失约6万元；新碶若干民房电器受损，经济损失约0.8万元
2015	11月7日	受雷暴天气影响，北仑区白峰、新碶、柴桥、小港多家公司设备受损，经济损失约20万元

第七节　寒潮、大雪

一、寒潮

从11月开始至翌年3月，堆积在西伯利亚和蒙古国境内的强冷空气一旦暴发南下，使气温骤降，日平均气温24小时内下降达10℃以上，或48小时内下降达12℃以上，并使最低气温降低到5℃以下的强冷空气，气象上称之为寒潮。寒潮是冬半年宁波的重要灾害性天气过程，其暴发时温度、风、降水等气象要素变化剧烈，沿海海面可出现7～9级偏北大风，内陆可出现6级以上大风，而且通常都伴有降水，降水性质以降雪或先雨后雪为多，过程降水量以小雨雪最多，但中到大雨雪也占相当大的比例。

出现寒潮天气的年际差异很大，最多的2004年有3次，有的年份没有出现寒潮。各测站中，1997—2015年出现寒潮次数最多的是奉化，共出现14次；最少的是慈溪，共出现7次。这与地形和地理位置有很大关系，同一次冷空气南下，在同一地区的相临两地的降温幅度可能不同，冷空气过后的辐射降温幅度也往往决定一次强冷空气影响能否达到寒潮标准，奉化气象观测站地处相对内陆的低洼地带，辐射降温幅度较其他测站大，最低气温比较容易达到5℃以下。

各气象观测站记录的寒潮天气过程每次最大降温幅度均超过14.5℃，其中降温幅度最大的是2001年2月23—25日，奉化站日平均气温48小时陡降15.9℃（表2.4）。

表2.4　宁波市1997—2015年各站寒潮最大降温幅度及出现时间

站点	开始时间	结束时间	降温幅度(℃)
鄞州	2005年3月10日	2005年3月12日	15.6
慈溪	2005年3月10日	2005年3月12日	15.8
余姚	2005年3月10日	2005年3月12日	15.7
奉化	2001年2月23日	2001年2月25日	15.9
北仑	2005年3月10日	2005年3月12日	15.5
宁海	2001年2月23日	2001年2月25日	14.8
石浦	2010年1月20日	2010年1月22日	15.2

寒潮往往与冻害紧密相连。寒潮和强冷空气出现时产生的低温冻害、大风、积雪，不仅使农业受到损害，也给其他行业带来危害。秋季的寒潮及低温，使晚秋作物和牲畜受到冻害；冬季寒潮的大风、积雪使大棚受损；春季的寒潮及低温，冻伤小麦、果树花蕊、作物幼芽。持续低温，冻坏室外的各种设备和自来水管道，酿成事故。寒潮大风不仅影响航运安全，威胁渔业生产，而且毁坏建筑，刮断电线，造成通信传输和电力供应中断，影响人们的正常生活和生产。1998年3月19—21日出现的寒潮，市区48小时降温达13.8℃，全市出现大范围的降雪、雷暴、冻雨天气，受此影响，交通事故突增，部分山区因电线电杆被压断，使供电中断达3天之久，这种接近春分节气的强降温，导致榨菜根茎膨大受阻，竹笋春发困难，油菜结实率下降，樱桃、梨、李、桃等花瓣被冻伤，山区部分毛竹被压断，全市有2000只蔬菜大棚被雪压塌，明前茶损失一半以上。

二、大雪、积雪

雪是天空中的水汽经凝华而来的固态降水，是大气固态降水中最广泛、最普遍、最主要的形式之一。由于天空中气象条件和生长环境的差异，造成形形色色的大气固态降水。降雪量是气象观测者用一定标准的容器，将收集到的雪融化后测量出的量度，以毫米为单位，一般在12小时内，有量但降雪量小于0.1毫米为零星小雪，0.1～0.25毫米为小雪，0.25～3毫米为中雪，3～5毫米为大雪，5毫米以上为暴雪。当日降雪量≥0.1毫米时记为1个降雪日。宁波几乎每年都有降雪发生，出现时间最早可在10月，最迟在4月。降雪日数的年际变化较大，降雪日数的多寡与宁波冬季平均气温的高低呈负相关，20世纪80年代中期之后，降雪日数呈现逐步减少趋势，这种趋势与连续出现的暖冬相对应。

当雪（包括霰、米雪、冰粒）覆盖地面达到四周能见面积一半以上时称为积雪，积雪深度是从积雪表面到地面的垂直深度，雪深≥1厘米的日数称为积雪日数。一般若降雪后日平均气温维持在2℃以下就有积雪。宁波平原积雪多出现在12月至翌年2月，3月偶尔也会出现积雪，最长连续积雪不超过2天。

积雪深度是指在雪尚未融化时一定时间内积雪的厚度，它取决于降雪量和气温。在雪没有融化的情况下，降雪量与积雪深度一般可按照 1∶15 的比例换算，即 10 毫米降雪量约为 15 厘米厚的积雪。观测积雪深度资料，对建筑设计、国民经济建设等都有重要意义。各地观测记录到的最大积雪深度地域差异明显（表 2.5）。

表 2.5 宁波市 1997—2015 年各站最大积雪深度

站点	最大积雪深度（厘米）	出现时间
鄞州	9	2013 年 2 月 9 日
慈溪	19	2008 年 2 月 2 日
余姚	22	2008 年 2 月 3 日
奉化	11	2013 年 2 月 9 日
宁海	10	2010 年 12 月 16 日
北仑	11	2013 年 1 月 5 日
石浦	7	2010 年 12 月 16 日

2008 年 1 月 13 日至 2 月中旬，宁波出现历史罕见的低温雨雪冰冻天气。1 月 13 日—2 月 20 日、2 月 24—28 日海拔高度在 400 米以上的高山均出现持续低温冰冻，2 月 13 日四明山最低气温达－10.0℃，其他海拔较高的山区也在－7℃以下。1 月 28 日夜里到 29 日各地山区出现冻雨，2 月 1—2 日部分山区出现冻雨，各地出现大雪，四明山区积雪深度达 40 厘米，部分地区厚达 1 米，四明山镇冰封达 33 天。此次低温雨雪冰冻灾害影响范围大，持续时间长，破坏的严重程度历史罕见，尤以电力、交通、农业为最。据民政部门统计，全市共有受灾人口 46 万，以山区为主。农作物受灾总面积为 65.8 千公顷，其中成灾 18.6 千公顷，造成农业经济损失达 2.3 亿元。宁波历年主要气象灾害情况详见表 2.6。

表 2.6 2000—2015 年气象灾害年表

公元	灾　情
2000	6 月 21 日，慈溪西北部出现龙卷风，庵东等地 14 个村受灾，25 人受伤，倒塌房屋 287.5 间，鱼塘棚舍 100 余只，农作物受灾 39.2 千公顷，1300 余户用户通信中断。总计直接经济损失超过 2550 万元
	8 月 10 日晚 7 时 30 分，第 8 号台风“杰拉华”于在象山爵溪登陆，南部地区出现大到暴雨，全市有 76 个乡镇的 225 个村受灾，房屋损坏 1516 间，农作物受灾面积 28.1 千公顷，沿海养殖受损面积 8.95 万元，全市直接经济损失 3.3 亿元
	9 月 15 日，第 14 号台风“桑美”紧擦我市沿海北上，风、雨、潮三碰头造成全市直接经济损失达 16.7 亿元，最重的农林牧渔业损失额占 8.89 亿元。台风过后的连续干燥强光天气，使各类作物生理失水，青枯发白，蔬菜等死亡率上升
	10 月 2 日，象山贤庠等地出现狂风、暴雨夹冰雹，影响范围宽 1 千米长 3 千米。天气瞬间如同黑夜，雷电交加，玻璃瓦片满天飞，快成熟的杂交晚稻被夷为平地，受损超过 200 万元
2001	3、4 月雨量偏少旱情露头，春种旱地作物和蔬菜生长受到抑制，杨梅因干旱影响开花授粉
	7 月 15 日宁海县大佳何镇出现短时强风和黄豆大小冰雹

续表

公元	灾　　情
2002	冬春季气温持续偏高，暖冬使冬装、空调销量锐减，春茶提前抽芽，春笋提前萌发，加快病虫害发生流行
	8 月 15 日奉化江口镇周村遭到强风暴袭击。 盛夏期的 7 月 16—22 日、8 月 1—17 日出现连续阴雨，甘蓝类蔬菜育苗差、病虫草害严重、死苗率较高，连作晚稻分蘖缓慢、病害多发，棉花落铃烂桃
	第 5 号台风"威马逊"近海北上，7 月 4 日沿海风力达 12 级，各地普降大到暴雨，局部地区内涝，作物受淹、倒伏，水果落果、塑料薄膜多被吹坏，道路两旁树木受损 60 万株以上，全市直接经济损失 5 亿元
	第 0216 号台风"森拉克"于 9 月 7 日 18 时 30 分在浙江温州苍南县登陆，全市出现大到暴雨，石浦气象站 10 级大风持续时间 13 小时，三江口最高潮位达 4.83 米，全市直接经济损失 2 亿元
2003	高温干旱历史罕见，高温从 6 月 30 日开始，直至 9 月 8 日才结束，高温天数多、极端气温高、持续时间长；干旱从 7 月开始迅速发展，到 11 月 30 日仍未解除，干旱发展快范围广、影响重时间长。出梅后的连日高温造成不少市民发生中暑、急性肠胃炎、上呼吸道感染及尿路结石等疾病，我市各大医院病人爆满。部分养殖品种由于高温缺氧出现死亡现象，其中大黄鱼出现鳃出血、白点偏多、红肿、大面积跳动等症状；黑鲷和鲈鱼也出现鳃微出血、鱼体发黑等症状；高温缺氧导致大批鱼虾发病死亡
	干旱最严重时的 8 月上旬，全市受旱面积达 72 千公顷，其中轻旱 40.7 千公顷，重旱 25.3 千公顷，干枯 6 千公顷，36.65 万人发生饮水困难。不少地区的树木、花卉和经济作物也因缺水大批旱死。象山县缺水断水村庄达 500 个，受灾人口超过 30 万，全县有近 80 个村、4 万多人只能靠外地运水维持
	8 月 31 日下午 3 时许，大风夹着拇指粗的冰雹袭击奉化大堰镇后畈村，造成 5 间民房倒塌，100 多间房屋不同程度受损，所幸没有人员受伤
2004	1 月 1 日，受大雾影响，公路、航空运输受阻严重，航班无法发出造成不少旅客滞留，飞宁波的航班因无法降落只好备降上海、杭州
	5 月 30 日，强雷电、大风、暴雨使宁海梅林塔山村旁的 50 万吨宁海变电所建筑工地合金板屋顶被大风掀翻，并在 6 米高的空中把 2 根 10 千伏的高压线打断；慈溪市范市镇一六旬老汉在田里耕作时，不幸遭雷击身亡
	8 月 25 日，鄞州区高桥镇出现移动方向为东北偏东向西南偏西的龙卷风，宽约 40～50 米、长约 6～7 千米的带状区域，持续时间约 2～4 分钟，造成四个自然村受灾的 124 间楼房、180 间小屋、9.2 公顷农作物、43 档低压线、3200 平方米的钢棚及 1000 只鸡鸭受损，受灾人口 500 人，直接经济损失 185.06 万元
	第 14 号台风"云娜"，于 8 月 12 日 20 时在浙江温岭石塘镇登陆，石浦气象站极大风速 41.9 米/秒，12 级大风持续 10 小时，10 级大风持续 20 小时，8 级大风持续 43 小时，水文站最大过程雨量出现在宁海的王家染，达 280 毫米。全市有 62 个乡镇不同程度受灾，受灾人口 62.94 万人，其中死亡 2 人，失踪 3 人，倒塌房屋 2288 间，农作物受灾面积 48.15 千公顷，直接经济损失 9.89 亿元
2005	出梅后出现连续高温，极端最高气温破历史纪录，水稻虫害高发，不少稻田因无水灌溉，土壤干裂、水稻死亡。持续高温造成用水用电紧张，城市日用水量连创新高，各水库水位不断下降；7 月 1 日我市缺电等级提高到Ⅳ级，7 月 4 日上调到Ⅴ级
	5 月 17 日，慈溪、奉化、宁海、象山等地出现飑线，雷雨大风造成奉化尚田镇下田塔村 80 户民宅受损，几千只鸭子死亡。宁海国华电厂一龙门吊车倾倒，2 座钢管灯塔折断，经济损失 4000 余万元。 第 9 号台风"麦莎"于 8 月 6 日凌晨 3 时 40 分在台州玉环县干江镇登陆，大部地区过程降水 200～300 毫米，局部 600 毫米，风、暴、潮三碰头，使宁波市 98 个乡镇不同程度受灾，受灾人口 76.3 万人，共倒塌房屋（棚屋）6803 间；农作物受灾面积 72.6 千公顷，成灾面积 43.3 千公顷，绝收面积 17.7 千公顷，粮食减收 7.1 万吨；死亡大牲畜 2.2 万只；水产养殖受损面积 13.8 千公顷，损失产量 3.1 万吨；有 4681 家工矿企业停产或半停产；毁坏各类公路 161.2 千米；损坏输电线路 219.7 千米；损坏通信线路 96.8 千米；损坏堤防 543 处 103.1 千米，堤防决口 182 处 26.5 千米，损坏水闸 135 座。全市直接经济损失 26.97 亿元，其中雨量中心北仑损失达 6.18 亿元

续表

公元	灾　　情
2005	第 15 号台风“卡努”于 9 月 11 日下午 2 时 50 分在台州市路桥区金清镇登陆，宁波市西南山区降水普遍在 200 毫米以上，北仑新碶镇雨量最大为 509.2 毫米。中尺度自动站檀头山的极大风速达到 50.9 米每秒。台风导致全市 95 个乡镇不同程度受灾，受灾人口 129.9 万，被困人口 4.5 万，饮水困难人口 4.6 万，直接经济损失达 41.78 亿元。农作物绝收面积 1.13 万公顷，水产养殖损失产量 3.29 万吨。2149 家工矿企业停产或半停产，公路毁坏 212 千米，损坏堤防 527 处，决口 304 处。北仑区有 10 人在洪灾中不幸遇难，3 人失踪；其中 8 人死于山洪暴发。其中象山、宁海损失最大，其次是奉化和北仑
2006	6 月 10 日，宁波市自西北向东南先后出现雷雨大风和局部冰雹天气，受飑线系统影响，114 个中尺度自动站中，有 86 个出现 8 级以上的大风，其中 17 个出现 10 级以上的大风，最大的是余姚芝山，达 32.8 米/秒。余姚、鄞州、北仑等地出现冰雹，直径普遍有黄豆大，个别有鸡蛋大小
	第 01 号台风“珍珠”于 5 月 18 日 2 时 15 分台风在广东省饶平和澄海之间登陆，后穿越浙中南沿海地区，西北部和东南部地区雨量在 100 毫米以上，其他普遍为 70～100 毫米，沿海海面风力 8～9 级，是近 45 年来的首个 5 月份影响我市的台风，为全市 26 座大中型水库增水 4700 万立方米
	9 月 10—12 日市区平均气温连续 3 天在 22℃以下，秋季低温影响到单季晚稻的安全齐穗。另外因这三天的日最低气温降到 20℃以下，风雨和天凉，使得医院急诊病人明显增多，呼吸系统类、胃肠类及心脑血管类疾病发病数量猛增
2007	暖冬明显，冬季平均气温比常年偏高 2.0℃，春花作物生育期明显提前，蔬菜、冬笋、春笋等产量大幅攀升，春茶采摘期提前半个月，暖风机、羽绒服等冬令商品滞销
	3 月 31 日至 4 月 1 日，日平均气温下降 9℃，最高气温下降近 20℃，4 日早晨的低温使茶叶受冻严重，嫩芽一片血红，柿子、油菜、马铃薯等作物也受到不同程度的影响，仅余姚大岚镇全部经济损失就达 760 万元以上，人均减收 590 元左右
	2 月 8 日的大雾覆盖范围广、程度深，进出宁波港域的南、北沿海大通道全部封航，27 日再次遭遇大雾，造成栎社国际机场 37 个进出港航班延误，同三高速、杭甬高速以及甬金高速相继关闭
	4 月 2 日 8 时到 4 月 3 日 2 时宁波市慈溪、北仑和鄞州气象站观测到浮尘天气现象，能见度都在 10 千米内，出现的时段主要集中在 2 日傍晚到上半夜，主要表现为天空呈灰黄色，能见度差，空气也很混浊，白天还下了点“泥雨”，但由于降水较弱没有起到固尘作用，晚上降水停止后，空气质量仍旧很差。市环境监测中心的监测数据显示，4 月 2 日城市空气质量污染指数（API）达到 368，空气质量级别为五级，属于重度污染。受其影响，呼吸道疾病患者明显增多，对杨梅、桃、李、樱桃等的开花授粉有一定影响
	6 月 24、25 日两天，象山县共发生雷击造成供电电路不同程度损失事故 10 余起，其中爵溪北塘工业区 10 千伏高压电线遭雷击起火较为严重，造成附近 15 家企业停电 5 个多小时。另外，24 日下午，墙头镇一家企业遭雷击，造成数台电脑、电视机被烧毁
	7 月 23 日傍晚，冰雹、雷暴、暴雨突袭甬城，导致 10 余处红绿灯瘫痪，电力故障数十起，2 名行人被倒塌的广告牌砸伤，14 个航班延误，停电、进水、着火、道路积水、电器损坏等多发。启文路一办公大楼因雷击起火，五、六两层楼被烧毁，损失巨大。受强对流天气影响，余姚市泗门镇二门堰一段室外电线遭雷击起火，朗霞新新工业区高田新村 113 号一轴承厂因雷击电线造成火灾，5 间车间全部失火，低塘镇历山村供电北路 9 号一塑料厂、马渚镇姚家弄村 20 号等地几乎同时因雷击发生火情

续表

公元	灾　情
2007	8月28日16—19时，受弱切变和副高边缘影响，市六区及宁海先后出现短时暴雨和强雷电，市区出现9级雷雨大风，鄞州站18—19时近1小时降水92毫米，过程降水102毫米，宁海1小时降水58毫米。除象山、奉化外，其他地区均有雷击停电事故发生。全市共有65条10千伏配电线路、9条35千伏送电线路相继遭到雷击跳闸，其中鄞州35千伏梅墟一台主变压器遭雷击受损严重。镇海电视台遭受雷击，30多台光接收机，70多台放大器以及大量的分子分配设备设施等被破坏，直接经济损失达30多万元；当天镇海宁镇路沿线因雷击停电致使半路涨供水泵站停转，招宝山、庄市等片区的供水压力受到明显影响，招宝山供水压力仅为1.8千克，庄市1.3千克，五楼及以上居民的正常用水受到较大影响。宁海县茶院乡鸡笼塘一58岁男子在塘岸被雷击身亡，一市港一61岁男子在塘内撑排遭雷击身亡。受短时强降水影响，市区低洼地段大面积积水，在舟孟北路，积水最深处达一个成年人的膝盖；彩虹北路上的积水也有超过10厘米深；东门口时代广场旁近百米的马路被淹，积水最深达到50厘米。市区很多路口出现暂时拥堵现象，1小时内市110指挥中心就接到交通事故报案51起。当天镇海一民房被雷击后起火，无人员伤亡。一名安徽籍男子在甬江边被雷击中不幸身亡
	第13号台风热带风暴“韦帕”，9月19日2时30分在浙江省苍南登陆，宁波市普遍出现150～250毫米降水，局部达350毫米，全市有76个乡镇不同程度受灾，受灾人口37.6万，倒塌房屋52间，直接经济损失4.59亿元
	第16号台风“罗莎”，10月7日15时30分在浙闽交界处登陆，全市平均面雨量233.9毫米，奉化董家高达497.6毫米，宁波栎社国际机场30个进出港航班延误或取消，大榭至普陀的高速客轮等客运航线停航，市区不少地段积水严重公交临时停开，全市有115个乡镇不同程度受灾，受灾人口38.5万，直接经济损失15.28亿元，其中奉化、宁海受灾较重
	市区日最高气温≥35℃的高温天数达45天，其中7月达28天，超历史同期，因中暑、腹泻等症状到医疗机构治疗的病人数量明显增加，宁波市妇儿医院挂号人数单日首次突破4000人次；用电负荷突破500万千瓦，达到512万千瓦，创下历史最高纪录；7月29日，城市日用水量刷新历史纪录，达106.8万吨
	持续高温少雨天气使我市局部地区旱情日趋严重，象山等地旱情持续时间长、范围广、损失大，部分沿海地区的水稻出现吊咸现象，姚江水位只有1.75米，全市有近20千公顷农作物受害，15.6万群众出现用水紧张
2008	1月13日至2月中旬宁波市出现罕见的低温雨雪冰冻天气，影响时间长、范围广、灾情重。1月13日起四明山区等地出现冻雨，2月1—2日北部地区和山区出现暴雪，最大积雪深度慈溪25厘米，余姚24厘米，四明山区40厘米，全市共有受灾人口46万，以山区为主，期间四明山镇冰封达33天，全市共有6条输电线路发生故障，500千伏倒塔1基，220千伏倒塔5基，低压线路受损91.284千米，低压线路倒（断）杆91基，停电台区315个，停电用户38493户。各类作物遭受严重冻害，毛竹、树木等压弯折断多，生猪、家禽、水产等养殖品种因灾死亡多，设施损毁严重
	4月24日上午，江北洪塘裘市村“绿叶果蔬合作社”农场突刮起一阵威力异常强大的风，不到5分钟时间，1.3公顷葡萄大棚被掀翻，损失达20多万元，数根埋在地下1.5米深的水泥柱被拔起。农场遭遇的大风，可能是强对流小系统天气作怪，在高空形成瞬时大风，之后大风俯冲而下，这种强对流天气形成的大风，瞬间威力巨大，强度类似“龙卷风”
	7月1—6日、21—26日均出现连续6天、最高气温超过38℃的高温，鄞州区集士港的一段公路出现爆裂，其中一处被抬高近20厘米，7月4日宁波日网供电量达到创历史纪录的11692万千瓦时
	7月2日晚的雷雨大风，造成海曙区两处线路相继跳闸，象山港口区域使得造船厂一龙门吊倒塌
	7月7日电网供电负荷创下历史新高达580.7万千瓦，7月24日对超过用电负荷较多的奉化地区实施紧急拉闸限荷2万千瓦
	8月19日，雷击造成鄞江镇多地停电，邱隘出现的冰雹最大直径达2厘米，象山全县共有4条35千伏线路、5条10千伏线路和5座35千伏变电所发生断线、断电故障
	受高空切变线和低涡的共同影响，9月5日个别地区出现短时特大暴雨，最大的北仑区大榭、柴桥达230～270毫米，象山部分地区130～170毫米，宁海东部130毫米，全市直接经济损失2.37亿元
	11月3—4日，受大雾影响，杭州湾跨海大桥开通后首次封桥达9个小时

续表

公元	灾　情
2009	1月20—25日，市区(鄞州站)日最低气温过程降温幅度达13.6℃，25日，鄞州站最低气温达－6.5℃，奉化、镇海等地最低气温达－7.7℃，为1991年后最低。沿海出现8～9级大风，郭巨至六横、大榭至普陀山等22条航线停航。严重冰冻和巨大温差造成水管爆裂现象严重，宁波城市供水服务窗口清泉热线，大年三十到正月初三的4天就接到市民电话6200多个。管裂现象最为严重的北仑区有不少小区楼道的水表、楼顶的水箱被冻坏
	2月24、25日傍晚，宁波市部分地区先后出现冰雹天气，但由于持续时间较短、冰雹个头较小，对农业影响不大。24日晚8时许，突如其来的冰雹把海曙西宏市场近3000平方米的玻璃钢顶棚砸成"马蜂窝"，第2天上午的暴雨让市场变成"水帘洞"，100多个经营户无法正常营业
	6月5日18时20分—22时40分宁波市自北而南出现强雷电、短时强降雨、8～10级雷雨大风，余姚西部阵风11级，余姚、北仑、奉化的部分地区出现冰雹，余姚有10多个乡镇出现冰雹，最大直径2厘米。余姚、鄞州西部及奉化西部雨量普遍在15～45毫米，强对流过程持续近4个半小时，宁波海曙环城西路一条10千伏线路受雷击故障跳闸，宁波机场12个进出航班延误，全市农作物成灾约6.7千公顷，直接经济损失约5000余万元
	7月22日—8月15日，宁波市出现罕见的夏季持续低温阴雨天气，全市平均雨量412.9毫米，达到80年以上一遇标准，鄞州站为357.1毫米，破历史同期最高纪录，日照时数仅为56小时，仅为常年的三分之一，破历史同期最少纪录，达到50年以上一遇标准。导致早稻收割期一再推迟，连作晚稻移栽期也相应推迟。鄞州区早稻损失面积达708公顷，其中143公顷早稻颗粒无收
	8月2日受低空切变线和低涡东移影响，宁波市大部地区出现雷阵雨，鄞州西部及象山中部出现短时大暴雨到特大暴雨，章水镇崔岙村南山电站边上的桥被急流冲垮，鄞西多条溪坑被冲毁，公路发生泥石流，杭甬高速公路上接连发生6起小车失控撞护栏的事故，章水镇的蜜北线公路先后出现山体滑坡与桥梁垮塌，导致交通中断。经初步统计，这次暴雨共造成鄞西9个镇乡(街道)35个村31993人受灾，倒塌房屋155间；农作物受灾面积3656公顷；水产养殖损失面积73.7公顷；21条公路交通中断，发生山体滑坡14处、泥石流7处；损坏山塘水库1座，损坏堤防288处26余千米，堤防决口97处15余千米，损坏护岸421处，损坏灌溉设施255处、水闸1座、水电站1处；直接经济损失11670多万元
	第8号台风"莫拉克"于8月9日16时在福建省霞浦县沿海再次登陆，影响宁波时间长，累计雨量大，全市平均雨量186.5毫米，最大奉化市南溪口500.0毫米、宁海县雷虎462.2毫米，共造成宁波市直接经济损失13.07亿元，有53个乡镇不同程度受灾，尚未收割的早稻基本颗粒无收，11.3千公顷地产水果受灾，奉化江洞桥镇张家垫段堤坝发生溃堤，横扫横张公路，涌进鄞州区洞桥镇，致使该镇沿江的4个村庄变成一片汪洋。
	9月29日至10月1日，受"凯萨娜"台风倒槽和冷空气共同影响，宁波市出现持续三天的强降雨天气，造成全市部分地区涝灾严重，出现水稻倒伏，果蔬等作物大片受淹，农业损失严重。其中象山县经济损失达4035.9万元。石浦站三天内分别出现暴雨(53.3毫米)、特大暴雨(253.0毫米)、大暴雨(110.5毫米)，9月30日的特大暴雨打破该站9月、9月下旬两项累年日降水量最大纪录
	11月8—22日出现低温连阴雨天气，11月13日比常年提前半个月入冬，气温大幅度降低引起危及人类健康的心脑血管疾病高发，仅鄞州二院急诊科就先后接诊6例猝死病人，另外还有不少脑出血、中风、高血压、脑梗病人。连阴雨致使田间积水严重、晚稻严重倒伏，影响收割进度和质量；已收割稻谷由于连续阴雨天气难以晾晒入仓，囤积的稻谷极易发芽变质；大小麦、直播油菜播期延迟，已播作物苗情偏弱，土壤墒情差，部分蔬菜出现渍害，叶片发黄、根部霉烂，日照严重不足造成棚内花卉和瓜果蔬菜等长势偏弱，产量下降，价格上扬；柑橘等未采摘水果因低温阴雨出现烂果现象。连续阴雨(雪)天气还对海上捕捞、电力、生产生活及交通等带来不利影响。连阴雨天气，使交通事故大增，市区道路追尾、刮擦等事故的报警达600多起，比平时高出约20%，高速公路事故也是平时的2倍

续表

公元	灾　情
2010	2月10日，宁波市出现初雷，时间比常年早近1个月，鄞州首南街道、姜山镇等地许多家用电器受损，一村民家屋顶一角被击穿
	4月13—16日出现多年未遇的倒春寒天气，早稻烂种烂秧严重，茶叶再次遭受冻害，出现心肌梗死、脑梗塞、脑出血的老年病人明显增多
	5月2日，鄞州、奉化、宁海局部地区出现冰雹、雷雨大风，部分农业大棚及作物被冰雹砸坏，有200多辆行驶在甬台温高速奉化尚田路段及甬金高速洞桥出口路段的汽车不同程度受损，部分车辆挡风玻璃、天窗被砸破，奉化尚田镇居民反映，冰雹最大的比鸡蛋还大，大棚尼龙全部报废，全镇各项损失达2300多万元，其中损失最严重的方门村鸡鸭死亡近5000只，500台太阳能热水器损坏
	12月14—16日出现寒潮大风，伴有中到大雪局部暴雪，平原最低气温－2～－3℃、积雪深度3～10厘米，农业损失大，道路结冰造成城区交通瘫痪，中小学幼儿园停课一天，全城用电创下冬季历史新高
2011	2月8—12日，强冷空气导致持续低温、冰冻、部分地区大雪，高速公路出现路面积雪和结冰现象，有数十辆汽车相撞，多人受伤
	1—5月全市平均降水量仅221毫米，比常年同期偏少58%，少见春旱致部分地区用水困难，6月4日入梅后出现多次强降水，形成“旱涝急转”，梅雨量南北差异明显，南部偏少，北部接近常年一倍，最大的余姚达568.5毫米，部分山塘和小型水库出现溢洪，持续阴雨造成迟收小麦无法收晒，蔺草收割困难，低洼地块蔬菜茎叶受损，病虫害高发，杨梅异常落果、产量降低，全市农作物受灾面积18.1千公顷
	8月14日，受强对流天气影响，镇海区庄市街道出现冰雹，宁海县大佳何镇溪下王村200多台家用电器遭雷击损坏，奉化市尚界线南溪段的地质灾害点因强降水发生大面积严重山体滑坡，事发路段整条路面被大面积山石覆盖，道路中断
	8月22日，受高空槽以及低层低涡东移影响，宁波市出现强降水、雷暴天气，部分地区达到大暴雨标准。当天下午，奉化市西坞街道尚桥头村一片莲藕基地附近有一名江西籍男子遭雷击身亡，象山县新桥镇有6个人在一个工棚躲雨时被雷电击中，2人当场死亡，另有3人被烧伤，只有1人无恙
2012	2月21日—3月8日，连阴雨导致日照时数不足常年六分之一，气温偏低0.9℃，雨量偏多2倍多，田间普遍积水，大棚蔬菜瓜果生长不良，遭受冻害，作物生育期推迟，病虫害加重，大棚草莓灰霉病多发，慈溪六成存栏蜜蜂受灾，其中8500群全群覆灭，直接经济损失1500余万元
	第11号台风“海葵”于8月8日3时20分在象山鹤浦镇登陆，登陆时中心气压965百帕，近中心最大风力14级（42米每秒），全市出现暴雨到大暴雨，局部特大暴雨，过程最大风力石浦站50.9米每秒，10级大风持续42小时，12级以上持续27小时。全市平均雨量230毫米，超过登陆宁波台风记录，其中最大宁海胡陈540毫米，共有138个乡镇不同程度受灾，受灾人口143.2万人，直接经济损失102亿元
2013	1月1—5日，宁波市连续5天最低气温在0℃以下，其中3—4日平均气温低于0℃，4日最高气温仅为0.3℃，宁波市气象台先后发布道路结冰黄色预警信号、暴雪黄色预警信号、道路结冰橙色预警信号，除象山无明显积雪外，其他各站积雪在5～10厘米，山区8～15厘米，最大北仑茅洋山积雪25厘米，雪后路面冰冻导致象山港大桥、杭州湾跨海大桥以及各条高速公路陆续封桥封道，期间宁波各大医院频频收诊骨折病人，3—4日中小学幼儿园连续停课2天，保险公司接到的报案电话超过3000起，因覆冰发生跳闸故障的输电线路达17条，灾情主要集中在北仑、象山一带

续表

公元	灾　情
2013	7 月 30 日下午市区、宁海西部、鄞州中西部和奉化东北部等地出现雷雨大风、冰雹，共监测到云地闪 4700 余次，有 4 趟高铁 6 个航班延误，老三区有近 30 个红绿灯熄灭，不少大树被风刮倒或吹断树枝；奉化江口街道绿鲜园有机农场上百只钢管大棚的钢管被狂风吹折倾倒，连片的尼龙薄膜被掀翻，有 11 公顷蔬菜浸泡在水中，损失超过 100 万元；宁海黄坛镇下畈溪村 1 人被钢棚砸中身亡
	8 月 25 日，宁波市大部出现强雷电、短时暴雨，最大鄞州区东吴 181.3 毫米，有 12 个站雨量超过 100 毫米，1 小时雨量最大的海曙区信谊小学达 83.5 毫米，造成市区临时积水点 30 多处，有 5 个航班备降外地，部分动车、高铁延误。北仑大榭变电站遭雷击，导致大榭岛大面积停电。宁海县城区广电线路设备雷击损坏，直接经济损失 8 万元；大佳何一企业机器雷击损坏，直接经济损失 2 万元；许多家用电器被雷击坏
	盛夏期高温伏旱严重，全市平均高温日数达 39.5 天，为常年的 2.6 倍，极端最高气温屡创新高，并多次居全国之首，8 月 7 日奉化站极端最高气温达 43.5℃，远超历史最高纪录。8 月份市区平均气温达 30.7℃，比常年偏高 2.7℃，创历史新高。受高温等影响，宁波市用电缺口最大时达 100 万千瓦，医院接诊腹泻、消化不良、肠炎等消化系统疾病、呼吸道感染以及中暑等患者明显增多，儿科更是人满为患；高温导致水产养殖塘塘面和塘底温差增大，发生病害。至 8 月 17 日，大部分地区气象干旱等级达重旱标准，下姚江干流水位降至－1.0 米的特枯水位，全市山区天然径流的溪坑基本断流，拉响夏季罕见的森林防火紧急警报。干旱共造成我市 53 个乡镇、331 个村、14.9 万人饮用水困难，余姚市丈亭镇龙南村姚江大堤坍塌 300 多米。农作物受旱面积超过 45 千公顷，农业经济损失超过 5 亿元，林业受灾面积 73 千公顷，直接经济损失 11.5 亿元，其中果树受灾面积 24.3 千公顷，直接经济损失 3.53 亿元。夏秋茶全部绝收，影响次年春季的名优茶生产
	9 月 14 日下午，北仑九峰山景区"九峰之巅"的一处凉亭顶遭雷电击穿并倒塌，造成 1 死 16 伤
	第 23 号台风"菲特"于 10 月 7 日 1 时 15 分在福建省福鼎市沙埕镇沿海登陆，登陆时中心附近最大风力有 14 级(42 米每秒)，中心最低气压为 955 百帕，该台风强度强，双台风效应较明显，登陆点附近风奇大，弱冷空气助阵，风暴潮三碰头，出现宁波有气象记录后过程雨量最大、雨强最强的台风暴雨，全市过程平均面雨量 357 毫米，有 36 个站≥500 毫米，余姚上王岗、梁辉等地超过 700 毫米，沿海海面普遍出现 10～11 级大风，加之恰逢天文大潮汛，宁波大部分地区出现高潮位，进而影响积水排泄，姚江水位一度达到 5.33 米，超过警戒水位 1.56 米，为中华人民共和国成立后最高，姚江最高水位余姚站 3.40 米，超过历史最高水位 0.47 米，城市内涝十分严重，造成全市 148 个乡(镇、街道)248.25 万人受灾，农作物受灾面积 120 千公顷，成灾 65 千公顷，倒损房屋 2.7 万间，直接经济损失 333.62 亿元，死亡 8 人，失踪 1 人，其中余姚面雨量 561 毫米、最大张公岭水文站 819 毫米、直接经济损失 227.7 亿
	12 月上旬连续多日出现严重空气污染，7 日白天宁波市平均 AQI 指数在 400 以上，达最高等级的六级，为 AQI 指数公布后的最高值，市环保与气象部门首次联合发布大气重污染红色预警
2014	2 月 9 日，大雪、积雪等造成城区主要桥梁、高架等积冰严重、交通事故多发，鄞州、慈溪、余姚、宁海等地山区道路因积雪较深而封道，后轮驱动汽车出现集体"趴窝"现象，跨海大桥封道；5 名大学生四明山赏雪被困住；慈溪、象山等地 80 公顷平阳特早、乌牛早等特早生茶萌芽冻焦
	8 月宁波市出现持续低温阴雨寡照天气，期间除少数时段出现短时间日照外，其余时段多为连阴雨，全市平均降水量 317 毫米，较常年偏多 6.5 成，为 1956 年后第二多，其中鄞州破历史最多纪录；降水日数较常年偏多 5 天，日照时数为历史同期第二少，造成晚稻分蘖偏少，"两迁"害虫和稻瘟病暴发、防治困难

续表

公元	灾　　情
2014	第1416号台风"凤凰"于9月22日19时35分登陆象山鹤浦，登陆时近中心最大风力28米/秒，中心气压985百帕，全市平均降水量129毫米，最多的象山202毫米，造成局部地区发生小流域山洪和山体滑坡等灾害，部分交通、水利、电力、通讯等基础设施受损，沿海地区农业遭受较大损失，受灾人口334476人，农作物受灾面积14551公顷，直接经济损失5.62亿元，其中农业损失4.69亿元
2015	2月20—28日出现持续阴雨寡照天气，降雨量93毫米，较常年同期偏多2.7倍多，破历史同期纪录，春运返程不利影响大，田间积水和土壤过湿造成瓜果蔬菜等开花结果和生长不利，且利于病害滋生，大棚西瓜徒长，早种的马铃薯出现烂种
	第1509号台风"灿鸿"7月11日16时40分前后在舟山朱家尖沿海登陆，受其影响，全市面雨量188毫米，最大余姚221毫米，最大单点雨量余姚丁家畈534毫米，全市受灾乡镇109个，受灾人口60.5万人，倒塌房屋177间，直接经济损失27.37亿元，其中农林牧渔业损失18.4亿元
	7月降水量423.9毫米，较常年偏多1.6倍多，其中余姚、鄞州、北仑、象山破建站后最多纪录，慈溪、奉化列历史第二多。平均气温26.3℃，较常年偏低2℃，其中上旬平均气温22.1℃，偏低5.3℃，各站均破建站后历史同期最低纪录，低温阴雨寡照导致作物生长滞缓，时令蔬果品质下降，产量降低
	第21号台风"杜鹃"9月29日8时50分在福建省莆田市秀屿区沿海登陆，宁波市普降暴雨到大暴雨，局部特大暴雨。全市平均雨量196毫米，最大区域气象站雨量宁海岭口409毫米，受台风环流和强对流共同影响，我市城镇与平原区域多地出现严重内涝，宁波中心城区积水封道路段41处，台风影响雷电强度、地闪次数、影响范围、持续时间均达到近六年来历史同期峰值，持续时间长达10小时，历史同期罕见，分布范围涉及全市大部分地区，受雷击和暴雨积水影响，宁波电网累计跳闸10千伏线路13条，拉停6条，累计停电21232户。全市受灾乡镇123个，受灾人口35.96万人，倒塌房屋83间，直接经济损失16.17亿元
	11月宁波市出现罕见的阴雨寡照天气，全市平均雨日22.2天、降雨量245.4毫米，均破历史同期纪录。其中慈溪、余姚、鄞州、北仑、奉化、宁海、石浦等7站降雨量创建站后同期最多值。持续阴雨，导致晚稻收割进度缓慢，"稻曲病"等病害加重，部分出现倒伏、穗上发芽；油菜、大小麦不能及时移栽、播种；设施作物生长严重受阻，草莓炭疽病、灰霉病等高湿病害发生和加重

第八节　气象灾害风险区划

气象灾害风险是政府制定规划和项目建设开工前需要充分评估的一项重要内容，气象灾害风险区划是风险评估的一项基础性工作，以确定辖区内气象灾害的种类、强度及出现的概率和分布。气象灾害风险区划主要根据气象与气候学、农业气象学、自然地理学、灾害学和自然灾害风险管理等基本理论，采用风险指数法、层次分析法、专家决策打分法、加权综合评分法等数量化方法，在GIS(地理信息系统)技术和遥感技术的支持下对宁波市气象灾害风险进行分析和评价，并绘制出气象灾害风险区划图。

一、台风灾害风险区划

由于宁波市孕灾环境复杂，经济发展情况、人口密度、农业布局等具有一定差异，同时台风暴雨与台风大风也具有局地性，综合考虑影响宁波的台风致灾因子危险性，以及孕灾环境稳定性和承灾体潜在易损性等因素，绘制的宁波市台风灾害风险区划图，其中，象山、宁海、奉化、北仑沿海沿江地区为台风高风险区，鄞州、余姚中部、慈溪风险也较高，镇海、海曙、江北、江东四区台风灾害风险相对较低(图 2.1)。

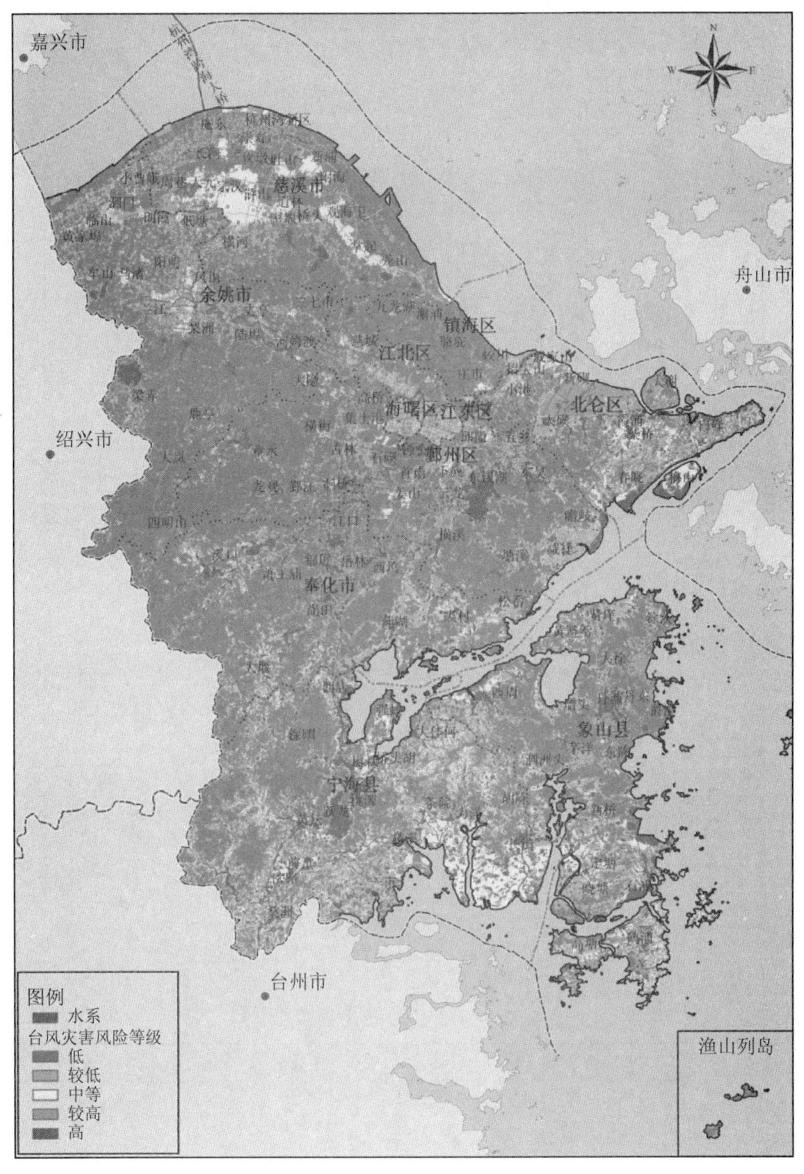

图 2.1　宁波市台风灾害风险区划等级地区分布

二、暴雨洪涝灾害风险区划

由图 2.2 可以看出，海曙、江东、江北和北仑以及镇海部分地区为灾害高风险区，鄞州、余姚和慈溪风险也较高，山区大部分地区人口和 GDP(国内生产总值)密集度小，风险较低。宁波各地暴雨强度公式见表 2.7。

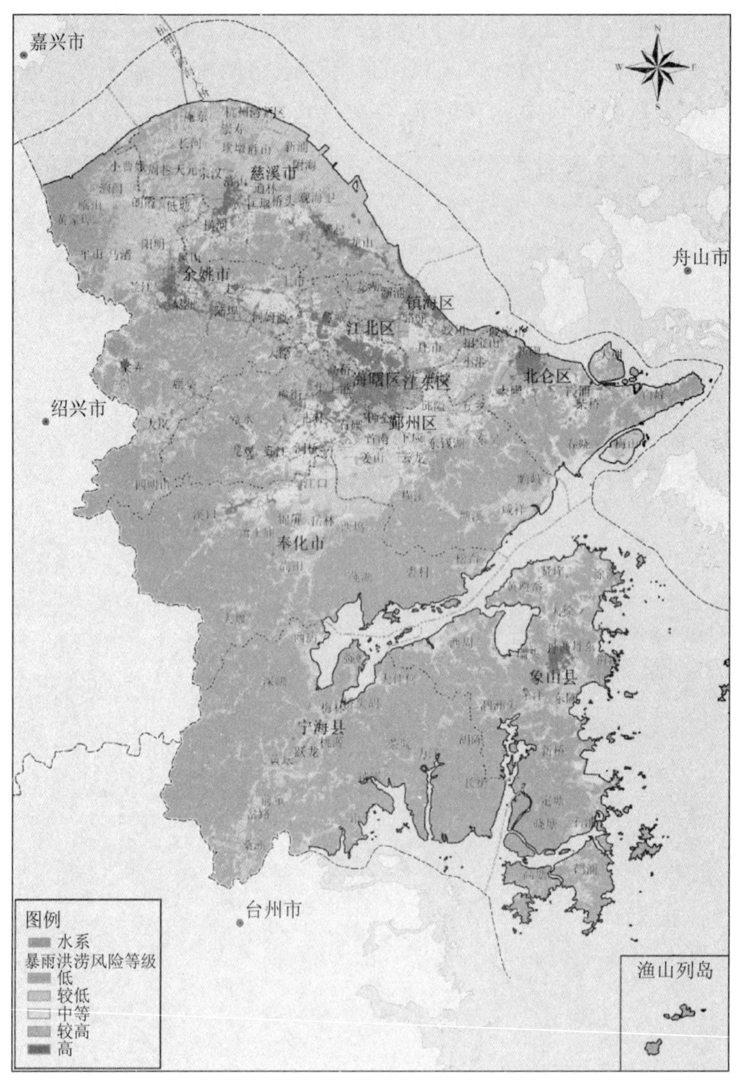

图 2.2 宁波市暴雨洪涝灾害风险区划等级地区分布

表 2.7 宁波各地暴雨强度公式

适用地区	暴雨强度公式
三江片	$q=\dfrac{6576.744\times(1+0.685\lg P)}{(t+25.309)^{0.921}}$
余姚	$q=\dfrac{2293.666\times(1+0.698\lg P)}{(t+9.77)^{0.723}}$
慈溪	$q=\dfrac{3075.584\times(1+0.854\lg P)}{(t+14.466)^{0.781}}$
奉化	$q=\dfrac{799.935\times(1+0.75\lg P)}{(t+2.08)^{0.508}}$
宁海	$q=\dfrac{1287.699\times(1+0.724\lg P)}{(t+4.676)^{0.579}}$
象山	$q=\dfrac{1311.955\times(1+0.698\lg P)}{(t+6.741)^{0.575}}$
鄞州	$q=\dfrac{6576.744\times(1+0.685\lg P)}{(t+25.309)^{0.921}}$
镇海	$q=\dfrac{2710.303\times(1+0.958\lg P)}{(t+15.050)^{0.769}}$
北仑	$q=\dfrac{2664.628\times(1+0.945\lg P)}{(t+13.262)^{0.763}}$

注：暴雨强度公式由宁波市气象局联合市住房和城乡建设委员会、市规划局、市城管局四部门于 2015 年重新修订发布（甬建发〔2015〕216 号）。

三、干旱灾害风险区划

由图 2.3 可以看出，象山由于地处半岛、河网稀疏，为干旱灾害高风险区；海曙、江北、江东、鄞州和奉化地区，干旱风险度较小。

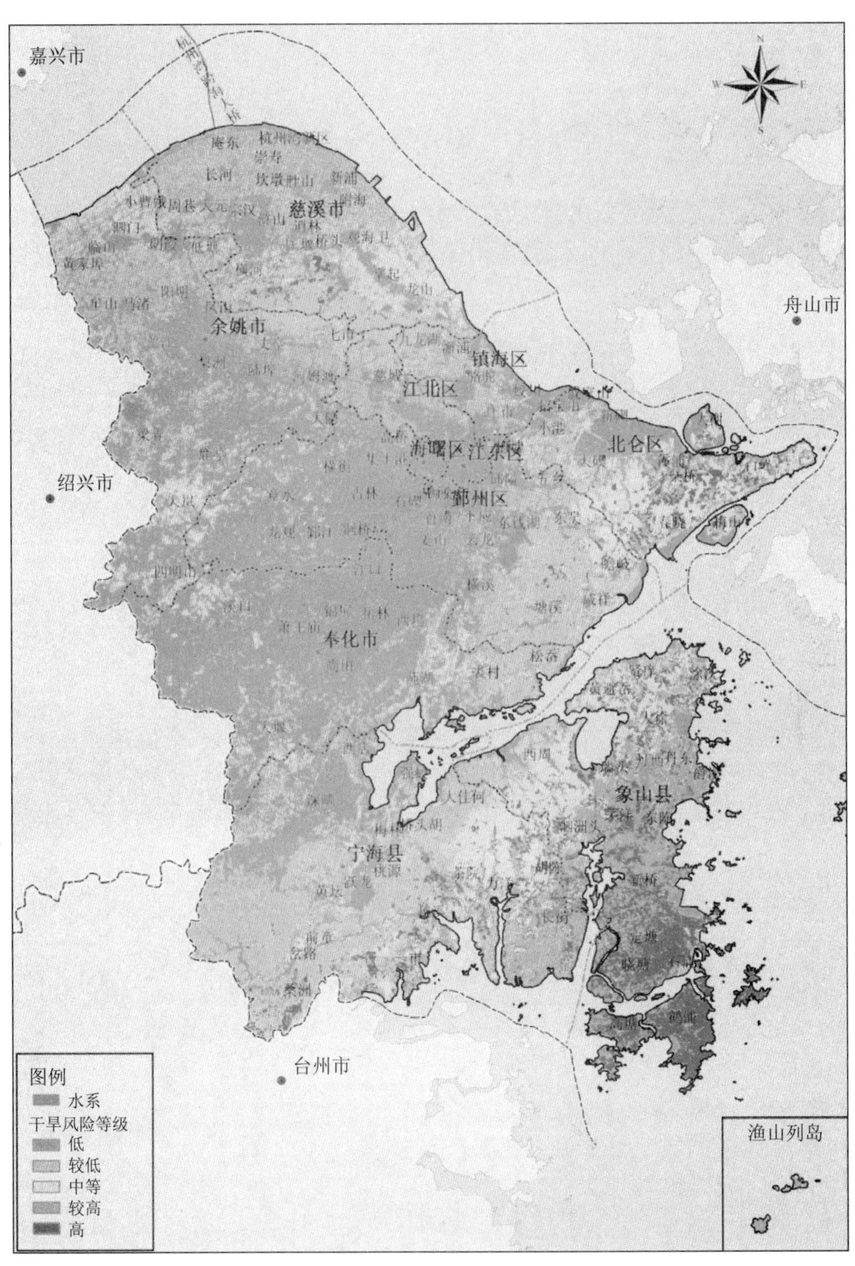

图 2.3　宁波市干旱灾害风险区划等级地区分布

四、大风灾害风险区划

由图 2.4 可以看出，象山和北仑部分地区为大风灾害高风险区，西部山区人口和 GDP 密集度小，大部分地区大风灾害风险较低。

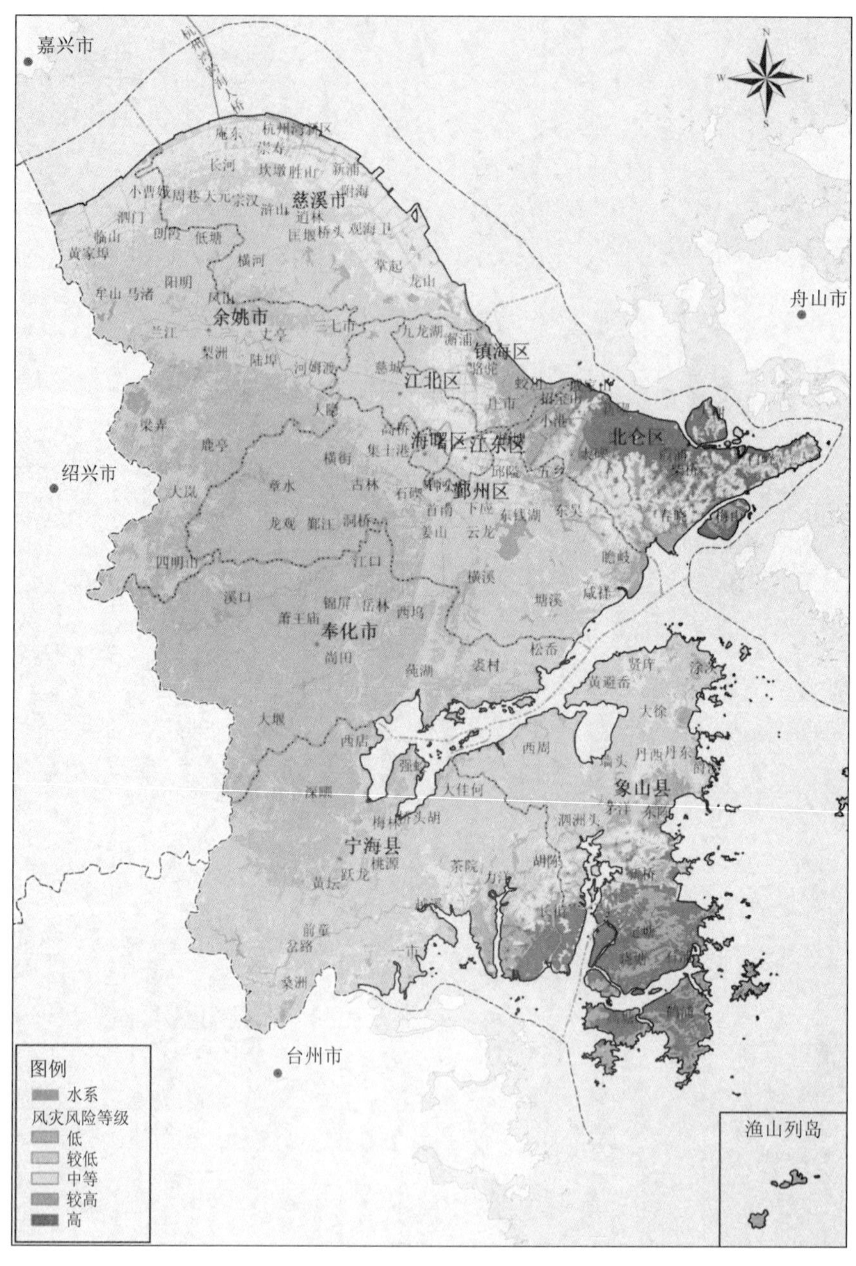

图 2.4　宁波市大风灾害风险区划等级地区分布

五、低温雨雪冰冻灾害风险区划

由图 2.5 可以看出，宁海、奉化、鄞州的西部和余姚南部为高风险区；镇海和北仑部分地区为低风险区。

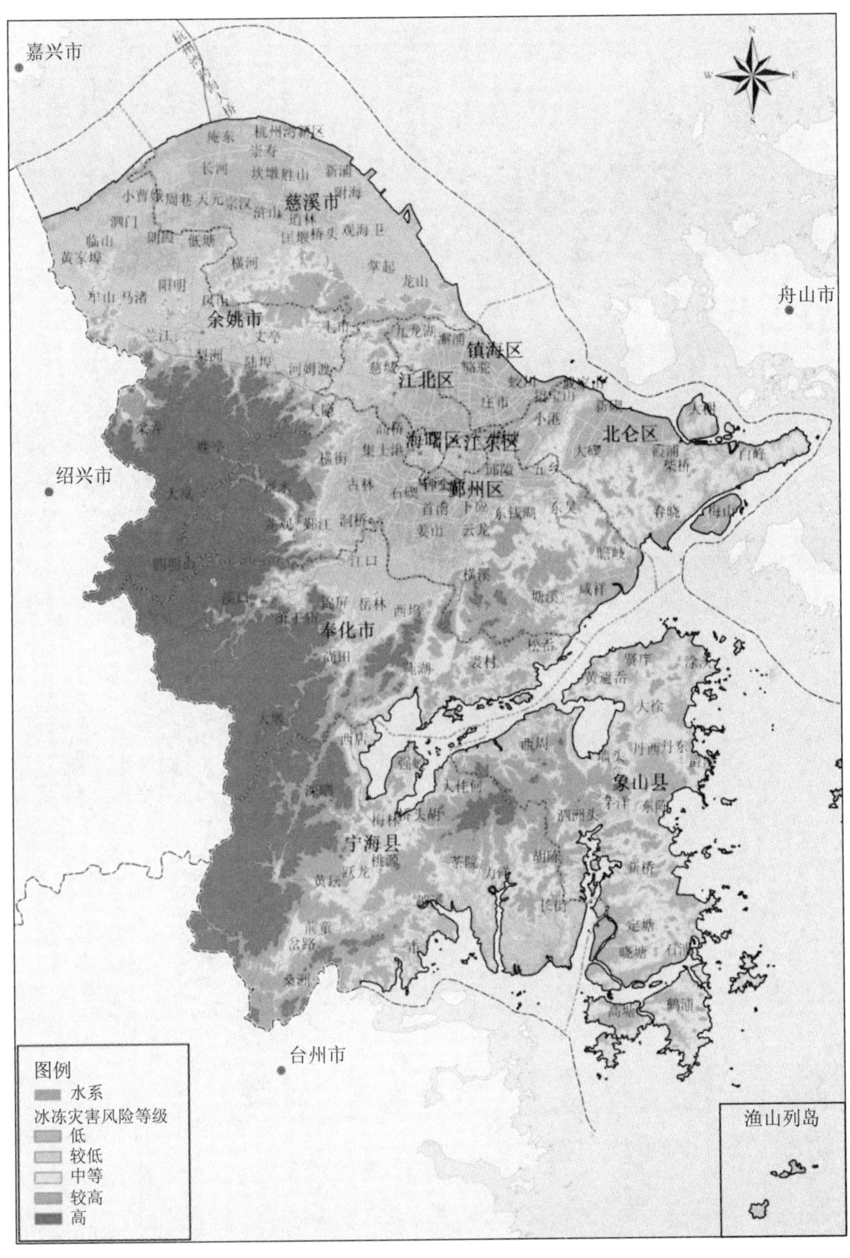

图 2.5　宁波市低温雨雪冰冻灾害风险区划等级地区分布

六、高温灾害风险区划

由图 2.6 可以看出，受海陆风、植被覆盖率、高程和湖泊水体影响，沿海、山区为高温的低风险区；受城市热岛效应影响，海曙、江北、江东、鄞州中心区、余姚和慈溪城区为高温灾害高风险区。

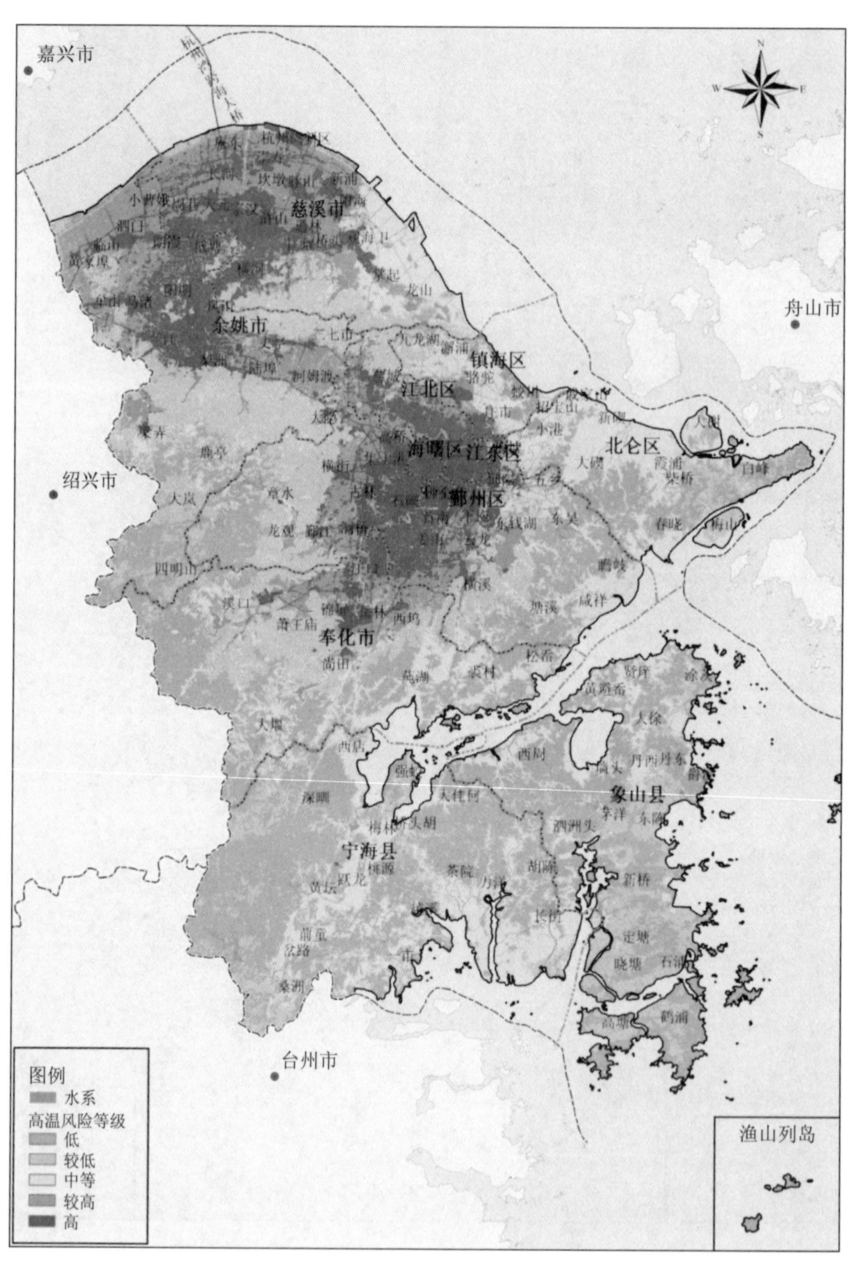

图 2.6　宁波市高温灾害风险区划等级地区分布

七、雷电灾害风险区划

由图 2.7 可以看出，雷电频率发生高、人口密集、经济发展水平较高的海曙、江北、江东、鄞州及慈溪、余姚城区的雷电灾害风险较高。南部地区雷电灾害风险相对较低。

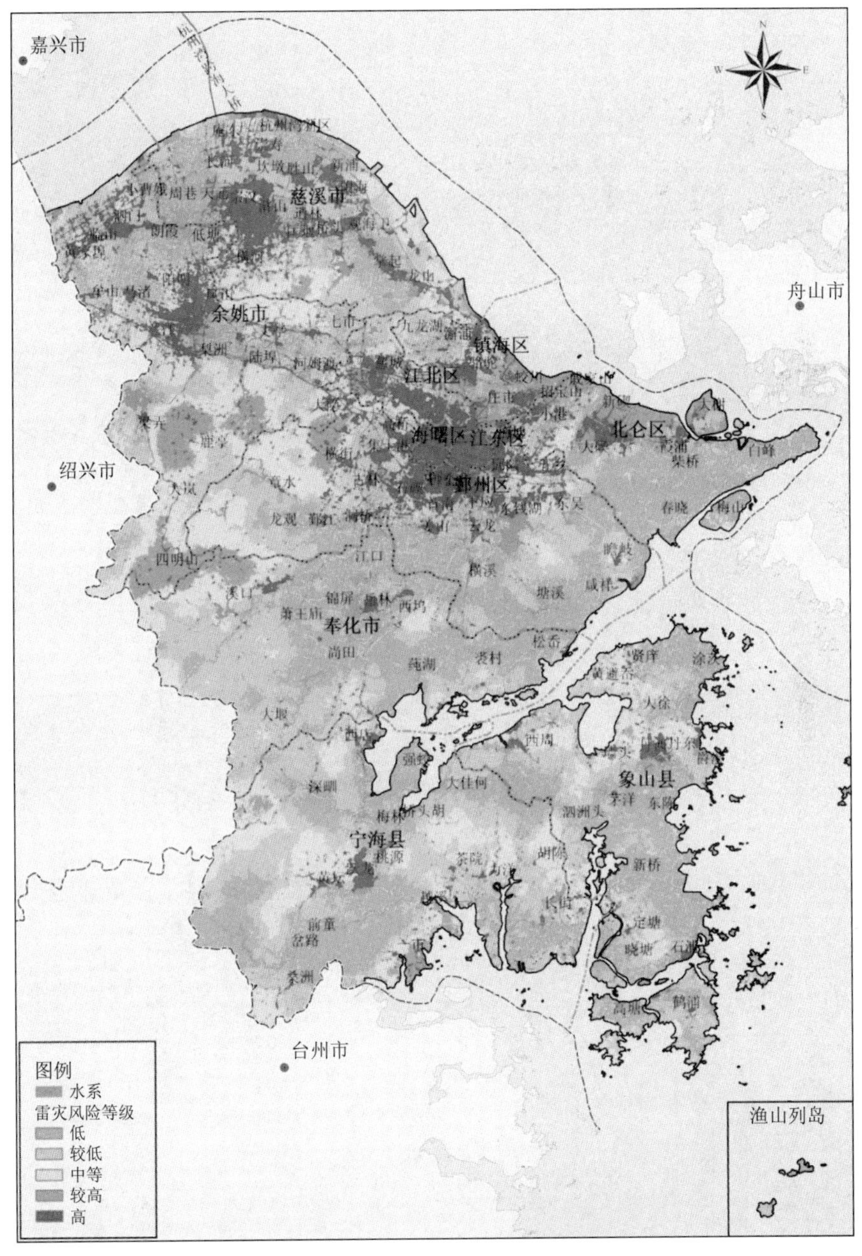

图 2.7　宁波市雷电灾害风险区划等级地区分布

八、冰雹灾害风险区划

由图 2.8 可以看出，宁波市区和西部山区冰雹灾害风险较高。象山南部和余姚北部地区冰雹灾害风险较低。

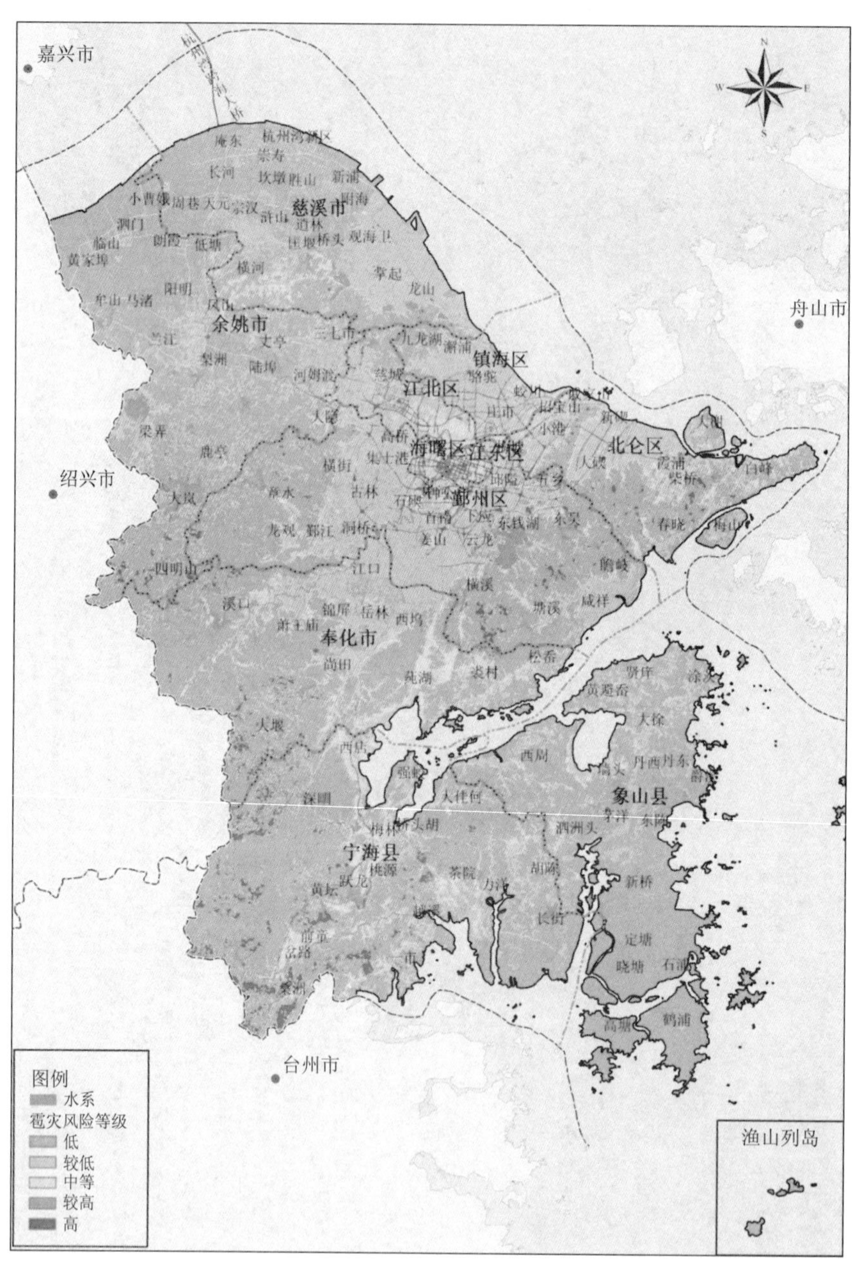

图 2.8　宁波市冰雹灾害风险区划等级地区分布

九、大雾灾害风险区划

由图 2.9 可以看出，宁波市区和周边地区由于路网较为密集，大雾灾害风险较高；奉化和宁海山区灾害风险较低。

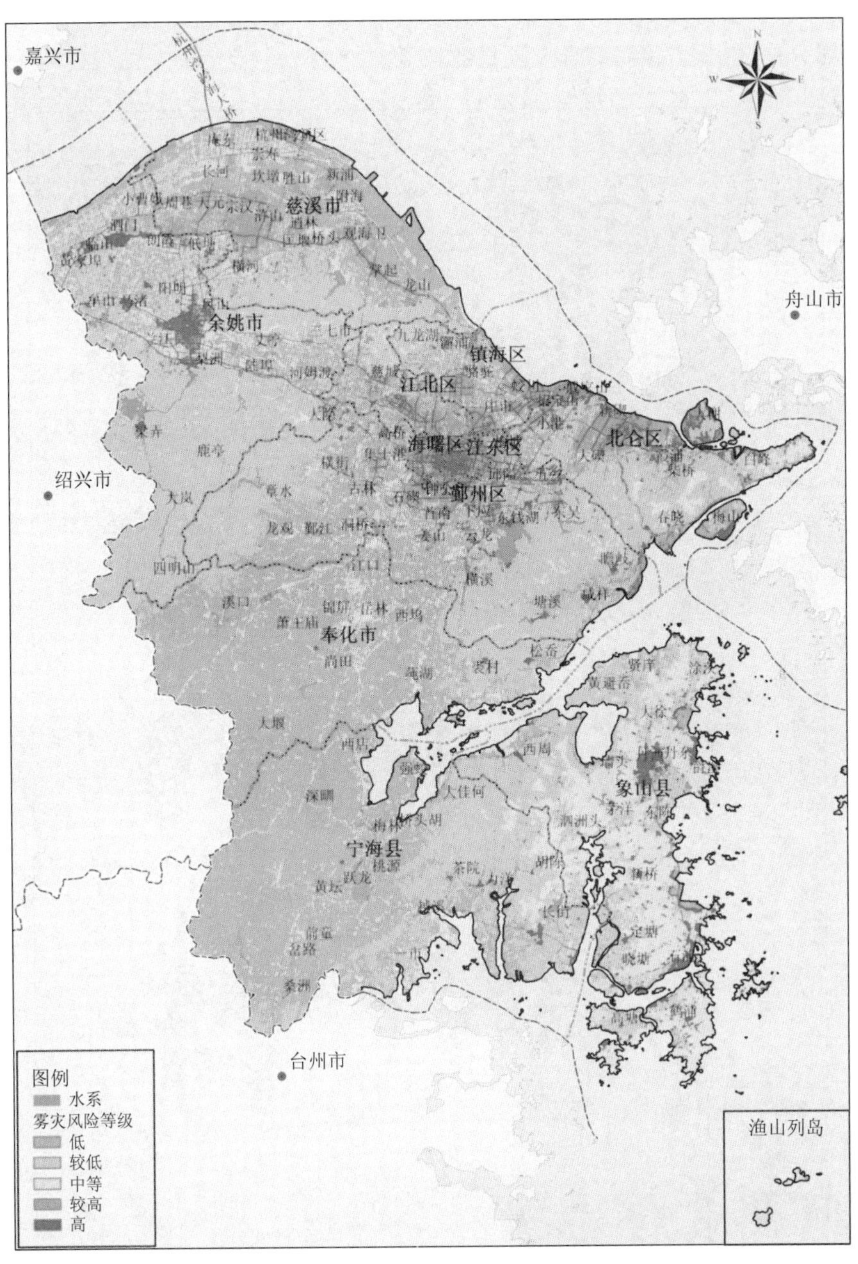

图 2.9 宁波市大雾灾害风险区划等级地区分布

十、气象灾害综合风险区划

根据各气象灾害对宁波市造成的损失确定权重值，其中台风、暴雨洪涝、干旱、大风、低温雨雪冰冻、高温、雷电、冰雹和大雾的权重值分别为 0.75，0.1，0.05，0.01，0.05，0.01，0.005，0.02 和 0.005。将各灾种的风险指数进行叠加后计算综合风险指数，得到宁波市气象灾害综合风险，由图 2.10 可以看出，其中象山、宁海和奉化综合风险指数较高，北仑、鄞州和余姚部分地区次之，镇海综合风险指数较低。

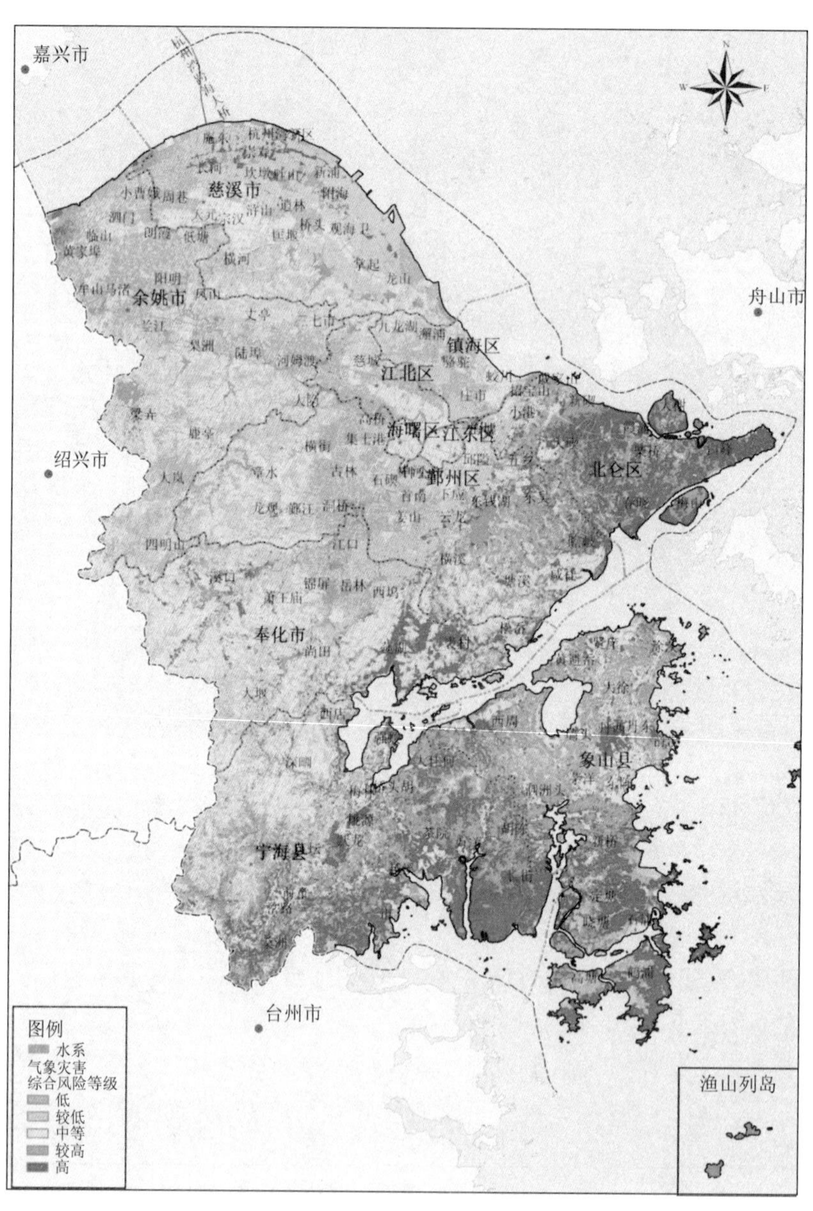

图 2.10 宁波市气象灾害综合风险区划等级地区分布

第三章　综合气象观测

第一节　地面气象观测

2000年以后，随着自动气象观测技术的发展和气象现代化的建设，宁波地面气象观测得到快速发展。到2015年底，全市9个国家气象观测站都升级成新型自动气象观测站，气象观测自动化水平达到90%以上。除国家气象观测站外，全市还有2个国家级无人自动观测站和286个区域自动气象观测站，地面自动气象站平均间距达到5.7公里，重点区域小于3公里。此外，还建有农业气象自动站2个，能见度自动站46个，70米测风塔1个，370米超高跨海梯度观测系统1套。建成雨雪冰冻观测系统和海洋、环境、旅游、交通、电力等13个专业气象监测网。国家级无人自动观测站和区域自动气象观测站实现双模通讯传输。自主研发的国家气象观测站3G通信报警一体机和气象设备智能移动巡检系统均在省内外获得推广应用。

一、国家地面气象观测站

（一）观测站分类

中华人民共和国成立前，宁波气象观测主要为测候所。中华人民共和国成立后，基本建成地面观测台站网，按承担的观测任务和作用分为国家基准气候站、国家基本气象站、国家一般气象站、辅助站。2002年取消辅助站。20世纪90年代，根据中国气象局颁布的《地面气象观测规范》（1980年起施行，2003年修订）和承担的观测任务，鄞州（58562）、石浦（58569）、慈溪（58467）3个站为国家基本气象站；宁海（58567）、余姚（58468）、奉化（58565）、北仑（58563）、象山（58566）5个站为国家一般气象站。其中象山站1990年4月调整为国家辅助站，1996年4月取消测报任务，2007年4月恢复为国家一般气象站。2009年新建镇海（58561）国家一般气象站。此外，根据需要设置无人值守气象站。

2006—2008年根据中国气象局业务技术体制改革要求和省气象局的统一部署，市气象局于2006年底完成“三站四网”调整，2007年1月1日起，慈溪、鄞州、石浦3个国家基本气象站改称国家气象观测站一级站、余姚、北仑、奉化、宁海、象山5个国家一般气象站改称国家气象观测站二级站。2009年1月1日起恢复国家基准气候站、国家基本气象站、国家一般气象站的分类方式。

（二）观测方式

地面气象观测分为人工观测和自动观测两种方式，其中人工观测包括人工目测和人工器测。

2004年以前，全市所有国家气象观测站均为人工观测。1998年1月，在杭州湾王盘山岛安装成功宁波第一个自动气象观测站（Vaisala），用于杭州湾跨海大桥建设气象服务。2000年3月，奉化市气象局正式启用地面有线综合遥测仪。

2004年6—8月，全市8个地面气象观测站和达蓬山、大榭岛陆续安装Vaisala MILOS520型自动气象站。所有站点均含风向、风速、雨量、温度、湿度、气压等要素，其中余姚、奉化、象山含地温、酸雨和日照等，北仑、镇海含能见度，鄞州、慈溪含能见度和紫外线，宁海配有紫外线，大榭岛含能见度等。数据采集处理、编发气象电报和报表制作等使用中国气象局统一下发的测报业务软件（OSSMO-2004版）。2005—2006年，全市地面人工观测与自动观测双轨运行。2004年12月31日21时至2005年12月31日20时，每个定时观测记录以人工站为主，自动观测记录做测试和对比等辅助作用；2005年12月31日21时至2006年12月31日20时观测记录以自动站为主、人工观测为辅。2007年起自动气象站单轨业务运行，保留云、能见度、天气现象、蒸发和日照等项目的人工观测，并在20时开展全要素人工观测以完成每天一次的人工观测和自动观测数据对比。2012年4月1日起所有国家气象观测站取消气压、气温、相对湿度、风向和风速、降水量等人工自记仪器观测任务。2013年7月1日起取消20时的人工对比观测。是年12月1日起，新型自动气象站正式投入业务运行，干湿球温度表、百叶箱最高、最低温度表、地温表、气压表、电接风向风速计等人工观测仪器全部撤销，小型蒸发皿与大型蒸发完成一年对比观测后于2015年1月1日撤销。同时，取消能见度、蒸发、雪深的人工观测，改为自动；取消雷暴、闪电等13种天气现象的人工观测。综合利用自动气象站、闪电定位仪、天气雷达和气象卫星等观测资料，获取雷暴、闪电、飑、龙卷等天气现象。

（三）观测任务和观测项目

地面气象观测的基本工作任务是观测、记录处理和编发气象报告。观测项目分三类，一类是每个台站必须观测的项目，包括：云、能见度、天气现象、气压、空气温度和湿度、风、降水、日照、积雪深度、小型蒸发、地面温度等。二类是由省气象局指定的观测项目，鄞州站承担雪压、电线结冰、大型蒸发、深层（40，80，160，320厘米）和浅层（5，10，15，20厘米）地温；慈溪站承担浅层地温观测、太阳辐射观测；象山和宁海承担浅层地温观测。三类是台站自定的观测项目，主要有：系统云、指示性云、地方性云和天象等项目。2013年12月1日起，一般站取消云的观测，基本站只保留云高、云量观测。所有站的小型蒸发改为大型蒸发，并增加草温和浅层地温观测。石浦站也承担电线结冰观测任务。

（四）观测时间

为积累气候资料按规定时次进行气象观测。自动观测项目每天进行24小时连续观测。人工观测项目，鄞州等3个基本站每日进行02，08，14，20时4次定时观测，05、11、17、23时4次补充观测，昼夜守班；余姚等6个一般站每日进行08，14，20时3次定时观测，夜间不守班（02时用自记记录）。守班期间，天气现象连续观测。2013年12月1日起，基本站的人工定时观测调整为每日5次（08，11，14，17，20时），天气现象保持08时—20时连续观测。

(五)记录处理

地面气象记录月报表是在观测簿、自记记录纸和有关材料的基础上编制而成。配有自动气象站或业务用计算机的人工观测站则是在全月观测数据文件的基础上采用计算机加工处理完成。月报表中除了定时记录、自记记录和日平均、日总量值外，还有经过初步整理的候、旬、月平均值、总量值、极端值、频率和百分率值，以及当月天气气候概况等。

地面气象记录年报表是在地面气象记录月报表的基础上编制而成的。自动气象站或配有业务用计算机的人工观测站则是在各月观测数据文件的基础上采用计算机加工处理完成的。

(六)气象报告

按规定时次进行天气观测，并按规定的种类和电码及数据格式编发各种地面气象报告，以电报或文件形式发送给有关部门使用。包括陆地测站地面天气报告、重要天气报告、加密气象观测报告、航空天气报告、危险天气通报和气象旬月报。

地面天气报告。定时天气观测是为气象台绘制天气图，制作天气预报为目的进行的观测。慈溪、鄞州、石浦等基本站担任此项任务。定时(或补充)天气观测后按“天气报告电码”格式编发天气电报，传递给省级气象通信台，由其转发到中国气象局国家气象信息中心，集中各地电报后再分发给各气象台接收使用。2000年以后电码格式及其具体规定按《陆地测站地面天气报告电码(GD—01Ⅲ)》执行。

重要天气报告。当测站出现大风、暴雨、冰雹、龙卷风、积雪、雨凇等重要天气时，编发重要天气报告。2000年以后，执行国家气象局统一颁发的《重要天气报告电码(GD—11Ⅱ)》。2013年12月1日起，取消大风、降水、雨凇、积雪等重要天气报，保留雷暴、龙卷、冰雹重要天气报，并增加了视程障碍现象(雾、霾、浮尘、沙尘暴)重要天气报。

加密气象观测报告。根据中国气象局要求，浙江省全部地面观测站从1999年5月起试行拍发加密气象观测报告。从2001年4月1日起，在规定时次，所有一般气象站参照《加密气象观测报告电码(GD-05)》《陆地测站地面天气报告电码(GD—01Ⅲ)》，全年上传实时气象资料(即加密气象观测电报，包括天气加密报和雨量报)，原非发报的国家基本站需全年拍发天气报。

当有台风影响或可能影响浙江时，浙江省气象台向有关气象台站发出指令，台站根据指令每小时进行一次加密观测，并按《天气观测报告电码》格式向省气象台发报，为气象台做好台风预报提供实况资料。台风影响范围越过某些台站后，省气象台发出结束观测指令，停止加密观测，恢复正常观测时次。

2012年4月1日起，测报业务改革，国家气象观测站取消天气报、加密天气报的编发和报文上传，用新格式的地面气象要素数据文件(长Z文件)代替。

航空天气报告、危险天气通报。航空天气报告(航空报)和危险天气通报(危险报)，两种观测电报合称为航危报。航危报是为军事、民航、航天以及其他部门提供气象保障任务要求的专门天气报，是气象部门为这些部门服务的主要方式之一，是一项重要观测任务。全市有6个站先后都承担过此任务，1995年后，仍有慈溪、石浦、奉化3个站观测、编发航危报(表3.1)。奉化于2006年起取消航危报，慈溪和石浦于2014年7月1日起取消。2000

年以后电码格式及其具体规定按航空报、危险报电码（GD—21Ⅱ、GD—22Ⅱ）和航危报预约电码执行。

表 3.1　2000—2015 年承担航危报台站的观测时段

台站	固定航危报时段					
	2000—2005 年	2006 年	2007—2011 年	2012 年	2013—2014 年 6 月 30 日	2014 年 7 月 1 日起
慈溪	04—22 时	00—24 时	03—23 时	08—21 时	08—20 时	取消
石浦	04—23 时	00—24 时	03—23 时	08—21 时	08—20 时	取消
奉化	06—20 时	取消	取消	取消	取消	取消

气象旬月报。根据需要部分台站在每旬的 1 日、11 日、21 日的 03 点以前，将上旬（月）的旬平均气温、旬平均气温距平、旬极端气温、旬降水量等气象要素按规定电码编制好，向国家气象中心拍发旬（月）电报，在自动气象站业务系统运行时改用传输报文文件方式。2013 年 12 月 1 日起，慈溪、鄞州、宁海和石浦 4 个承担气象旬月报任务的台站取消气象旬（月）报，慈溪和宁海的农气旬（月）报改由农气测报软件实时资料替代。

业务系统和软件。1986 年开始，鄞州、慈溪、石浦 3 个国家基本站先后用 PC-1500 袖珍计算机编发天气观测电报，其余的一般站使用 PC-1500 进行观测数据处理和各类气象电报编发。1996 年开始全市气象站测报业务配置微型计算机（386），引进安徽 DOS 版的地面测报业务软件（AHDM），观测数据处理、编发报和报表制作全部实现计算机处理，结束依靠人工统计计算制作气象报表的历史，利用宽行打印机打印气象报表。基本站实现了微机自动传报。随着计算机操作系统的更新，2000 年 2 月由市气象局业务处自行开发的 Windows 视窗版测报业务软件（气象测报之星）在全市气象观测站启用，替换了 DOS 版的 AHDM，在全国率先实现在 Windows 操作系统平台上所有地面气象测报业务功能，对气象电报编报“现在天气”和“过去天气”电码实现智能编发功能，减轻测报业务人员的工作强度。2004 年起，台站使用全国统一的地面气象测报业务软件（OSSMO-2004）编发各类气象报告、观测数据处理和年月报表编制等。2013 年起随着新型自动气象站的启用，开始启用台站地面综合观测业务软件（ISOS）。宁波市国家地面气象观测站承担观测项目见表 3.2。

表 3.2　宁波市国家地面气象观测站承担观测项目表（截至 2015 年底）

站名	站号	站类	统一观测项目	非统一观测项目		
				深层地温	电线积冰	雪压
慈溪	58467	基本站	有	—	—	—
余姚	58468	一般站	有	—	—	—
镇海	58561	一般站	有	—	—	—
鄞州	58562	基本站	有	有	有	有
北仑	58563	一般站	有	—	—	—

续表

站名	站号	站类	统一观测项目	非统一观测项目		
				深层地温	电线积冰	雪压
奉化	58565	一般站	有	—	—	—
象山	58566	一般站	有	—	—	—
宁海	58567	一般站	有	—	—	—
石浦	58569	基本站	有	—	有	—

(七)观测站迁建情况

观测场应设在能较好反映本地较大范围气候特点,避免局部地形影响的地方,气象观测数据要有代表性、比较性、准确性。规范要求观测场本身面积为 25 米×25 米(南北走向),如果有辐射观测任务,南侧再扩 10 米;确因条件限制可为 16 米(东西向)×20 米(南北向)。

全市各站初建时,一般都建在四周空旷、视野开阔、符合观测规范技术要求的城(镇)郊,但随着经济社会快速发展和城市的不断扩大,周边气象探测环境遭到不同程度破坏。1991—2014 年,全市 9 个国家地面气象观测站由于周边探测环境变化等原因共迁站 14 站次(表 3.3)。只有石浦站自 1955 年 10 月建站至今未迁移。

表 3.3　全市各国家地面气象观测站基本情况

站名	站号	地址	海拔高度(米)	建站年月	站类	最后迁站年月
慈溪	58467	慈溪市古塘街道明州路 818 号	4.5	1948.1	基本站	1992.1
余姚	58468	余姚市阳明东路 438 号	5.4	1958.8	一般站	2004.1
镇海	58561	镇海区骆驼街道南二西路 555 号	4.0	2009.1	一般站	2009.1
鄞州	58562	宁波市鄞州中心区天童南路 1858 号	5.0	1953.1	基本站	2008.1
北仑	58563	北仑区太河南路 999 号	5.0	1970.5	一般站	2008.1
奉化	58565	萧王庙街道傅家岙村	40.2	1959.1	一般站	2014.1
象山	58566	象山县丹东街道东谷路 69 号	6.0	1979.7	一般站	2008.1
宁海	58567	宁海县气象北路	39.3	1956.12	一般站	1995.4
石浦	58569	象山县石浦镇东门岛炮台山	128.4	1955.10	基本站	1955.10

慈溪气象观测站:1992 年 1 月从庵东镇西头塘"北郊外"迁至慈溪市浒山镇群谊村一灶畈(现慈溪市古塘街道明州路 818 号)。

鄞州气象观测站:1994 年 11 月从百丈东路 83 号"城郊"(现舟孟北路 8 弄)迁到新河路 396 号;2008 年从新河路 396 号迁到鄞州中心区天童南路 1858 号。

宁海气象观测站:1994 年 12 月从宁海城关北门外"郊外"迁到城关北门外跳头村北面"郊外";1998 年 1 月迁到城关镇气象北路与银河路交叉路口"城区";2008 年 1 月迁到桃源

街道新兴村门前山"山顶"。

象山气象观测站：1995 年 4 月观测场改造往东北方向移动 900 米；1997 年 11 月观测场移至三楼平台；2004 年从屋顶平台迁至塔山公园，并建成自动气象站。

奉化气象观测站：2000 年 1 月从奉化市农场路东侧迁至桃源街道牌门村；2014 年 1 月又迁到萧王庙街道傅家岙村(西河路西侧)。

余姚气象观测站：2004 年 1 月从城北公社文山头(现凤山街道子陵路 128 号)迁到阳明东路 438 号。

北仑气象观测站：2008 年 1 月从小港开发区炮台山迁到太河南路 999 号。

二、区域自动气象观测站

2005 年"宁波市中尺度灾害性天气监测预警系统"建设启动，其中气象综合探测分系统包括地面气象、高空气象、卫星遥感气象、城市环境气象、海洋气象、农林气候生态监测子系统。区域自动气象观测网属于地面气象监测子系统。是年 4 月 18 日全市第一个中尺度

图 3.1　宁波地面自动气象观测站分布

区域自动气象站在宁海县一市镇蛇蟠涂完成安装，从此区域自动气象观测站网建设全面启动。至2010年底，全市共建成158个区域自动气象观测站。观测项目为气温、雨量、风向和风速等4要素观测站115个，4要素以上(增加湿度、气压、能见度、地温等要素)观测站42个，单项雨量观测站1个。数据采集10分钟1次，通过GPRS无线移动通信传输，采用太阳能电源供电，最长时间可达15天以上。全市平均布点站间距离约为10公里。其中海曙、江东、江北三城区布点站间距离为3～5公里，共11个4要素观测点。2010年以后继续在全市推进区域自动气象站建设。至2015年底，全市共建成区域自动气象观测站286个(表3.4和图3.1)。从全市的自动气象观测站统计，区域自动气象站加上9个国家站和2个无人站，共计297个，平均站间距离达到5.7公里，重点区域小于3公里。从观测站要素种类分，单雨量观测站1个(袁家岙站)，4要素观测站193个，4要素以上观测站92个。区域自动气象站在各区县(市)布点数量(图3.2)，镇海、江东、江北和海曙站点均在10个以下，其余均在20个以上，宁海站点最多为50个。自动观测设备除达蓬山(K2101)、大榭南(K2102)和炮台山(K2310)3个站为芬兰VAISALA公司生产外，其余均为江苏省无线电科学研究所有限公司生产。起初采用GPRS单通道无线传输观测数据，2013年5月经过双模通信模块改造，采用移动和电信一主一备双通道无线通信传输数据。

表3.4　区域自动气象站一览表(截至2015年12月31日)

站名	站号	所属区域	海拔高度(米)	气压传感器海拔高度(米)	型号	要素数	安装时间
达蓬山	K2101	慈溪	418	419.5	milos520	6	2006-01-05
大榭南	K2102	北仑	3	4.5	milos520	7	2006-01-05
南郊水厂	K2111	海曙	3	—	ZQZ-A	5	2005-05-01
姚江公园	K2112	江北	2	—	ZQZ-A	4	2005-05-01
信谊小学	K2117	海曙	3	—	ZQZ-A	4	2005-05-01
工程学院	K2119	海曙	3	—	ZQZ-A	4	2005-05-01
福明公园	K2153	江东	3	—	ZQZ-A	4	2005-05-01
儿童公园	K2155	江东	8	—	ZQZ-A	4	2005-05-01
软件学院	K2156	江东	3	—	ZQZ-A	4	2005-05-01
日湖	K2211	江北	5	—	ZQZ-A	4	2005-05-01
英雄水库	K2212	江北	21	—	ZQZ-A	5	2008-07-01
慈城	K2214	江北	5	—	ZQZ-A	4	2005-05-01
洪塘	K2216	江北	5	—	ZQZ-A	4	2013-09-11
三勤村	K2217	江北	5	6	ZQZ-A	6	2015-06-01
澥浦	K2252	镇海	11	—	ZQZ-A	4	2005-05-01
汶溪	K2253	镇海	10	—	ZQZ-CII	5	2005-05-01
清水湖	K2254	镇海	4	—	ZQZ-A	4	2005-05-01
庄市	K2255	镇海	10	—	ZQZ-A	4	2005-05-01

续表

站名	站号	所属区域	海拔高度(米)	气压传感器海拔高度(米)	型号	要素数	安装时间
后海塘	K2256	镇海	3	—	ZQZ-CII	5	2010-01-09
新泓口	K2257	镇海	3	—	ZQZ-CII	5	2010-07-31
岚　山	K2258	镇海	3	—	ZQZ-CII-S	5	2012-11-15
九龙湖	K2259	镇海	32	—	ZQZ-CII-S	5	2012-11-18
秦山	K2261	镇海	63	64	DZZ4	6	2015-09-29
茅洋山	K2299	北仑	297	—	ZQZ-A	4	2005-05-02
炮台山	K2310	北仑	25.2	26.2	milos520	8	2004-08-01
新矸	K2311	北仑	15	—	ZQZ-A	4	2005-05-01
南门村	K2312	北仑	22	—	ZQZ-A	5	2010-06-15
柴桥	K2313	北仑	4	—	ZQZ-A	4	2005-05-01
新路村	K2314	北仑	37.5	—	ZQZ-A	4	2010-06-15
梅山	K2315	北仑	5	6.5	ZQZ-CⅡ	6	2005-05-01
春晓	K2316	北仑	24	—	ZQZ-CⅡ	6	2005-05-01
大榭北	K2317	北仑	17	—	ZQZ-CⅡ	4	2005-05-01
大榭二桥	K2318	北仑	3	—	ZQZ-A	5	2012-06-07
鲍家洋	K2319	北仑	4.6	—	ZQZ-A	4	2010-06-15
上阳小学	K2320	北仑	4	5.5	ZQZ-A	6	2011-07-15
远东码头	K2321	北仑	7	—	ZQZ-A	4	2011-07-15
台塑	K2322	北仑	50	51.5	ZQZ-A	6	2011-07-15
石油码头	K2323	北仑	13	—	ZQZ-A	4	2011-07-15
小港实验	K2324	北仑	5	—	ZQZ-A	4	2013-03-19
东盘山	K2325	北仑	260.5	—	ZQZ-A	5	2014-01-07
九峰山	K2326	北仑	47	48.5	ZQZ-A	6	2014-01-08
洋沙山	K2327	北仑	1	2.5	ZQZ-A	6	2014-01-08
杨家山站	K2328	北仑	40	41	DZZ4	9	2014-12-11
峙头	K2390	北仑	46	—	ZQZ-A	4	2005-05-01
大榭东	K2391	北仑	57	58.5	ZQZ-A	6	2011-08-12
高桥	K2411	鄞州	1	—	ZQZ-A	4	2004-07-01
大雷	K2412	鄞州	231	—	ZQZ-A	4	2004-07-01
五乡	K2413	鄞州	14	—	ZQZ-A	4	2004-07-01
古林	K2414	鄞州	6	7.5	ZQZ-A	6	2004-07-01
周公宅	K2415	鄞州	96	—	ZQZ-A	4	2004-07-01
龙观	K2416	鄞州	276	—	ZQZ-A	5	2004-07-01
洞桥	K2417	鄞州	6	—	ZQZ-A	4	2004-07-01

续表

站名	站号	所属区域	海拔高度(米)	气压传感器海拔高度(米)	型号	要素数	安装时间
东钱湖	K2418	鄞州	3	—	ZQZ-A	4	2004-07-01
天童	K2419	鄞州	151	—	ZQZ-A	4	2004-07-01
姜山	K2420	鄞州	4	—	ZQZ-A	5	2004-07-01
横溪	K2421	鄞州	16	—	ZQZ-A	4	2004-07-01
瞻岐镇	K2422	鄞州	23	—	ZQZ-A	4	2004-07-01
咸祥	K2423	鄞州	3	4	ZQZ-A	6	2004-07-01
田陇	K2424	鄞州	95	—	ZQZ-A	4	2004-07-01
童村	K2425	鄞州	60	—	ZQZ-A	4	2004-07-01
福泉山	K2426	鄞州	509.6	510.6	ZQZ-A	6	2004-07-01
鄞州中学	K2427	鄞州	2	—	ZQZ-A	4	2004-07-03
鄞江	K2428	鄞州	5	—	ZQZ-A	4	2010-05-14
樟水	K2429	鄞州	13	—	ZQZ-A	4	2010-05-15
东吴	K2430	鄞州	4	5	ZQZ-A	6	2010-05-16
下应	K2431	鄞州	5	—	ZQZ-A	4	2011-10-10
中河街道	K2432	鄞州	5	—	ZQZ-A	4	2011-10-10
钟公庙	K2433	鄞州	5	—	ZQZ-A	4	2011-10-10
石碶	K2434	鄞州	6	—	ZQZ-A	4	2011-10-11
云龙	K2435	鄞州	6	—	ZQZ-A	4	2011-10-15
塘溪	K2436	鄞州	12	—	ZQZ-A	4	2011-10-15
画龙村	K2437	鄞州	45	46	ZQZ-A	6	2011-10-15
燕玲小学	K2438	鄞州	7	—	ZQZ-A	4	2011-10-16
集仕港	K2439	鄞州	4	—	ZQZ-A	4	2011-10-16
岐阳村	K2440	鄞州	5	—	ZQZ-A	4	2011-10-16
五龙潭	K2441	鄞州	43	—	ZQZ-A	4	2011-12-28
爱中	K2442	鄞州	78	—	ZQZ-A	4	2011-12-28
南头渔村	K2443	鄞州	5	—	ZQZ-A	4	2011-12-29
百梁桥	K2445	鄞州	15	—	ZQZ-A	4	2011-10-21
东南小学	K2446	鄞州	5	—	ZQZ-A	4	2011-10-21
吴徐	K2448	鄞州	280	—	ZQZ-A	4	2013-09-15
皎口水库	K2449	鄞州	32	33	ZQZ-F	6	2013-09-16
薛家	K2450	鄞州	5	—	ZQZ-A	4	2014-10-28
杖锡村	K2451	鄞州	712	713	ZQZ-A	6	2015-01-12
潘火	K2456	鄞州	4.8	5.5	ZQZ-F	6	2010-05-16
实验园	K2457	鄞州	6	7	ZQZ-A	6	2015-06-01

续表

站名	站号	所属区域	海拔高度(米)	气压传感器海拔高度(米)	型号	要素数	安装时间
横河	K2511	慈溪	6	—	ZQZ-A	4	2005-05-01
新区	K2512	慈溪	8	—	ZQZ-A	5	2005-05-01
桥头	K2513	慈溪	4	—	ZQZ-A	4	2005-05-01
掌起	K2514	慈溪	9	—	ZQZ-A	4	2005-05-01
庵东	K2515	慈溪	5	—	ZQZ-A	4	2005-05-01
胜山	K2516	慈溪	6	—	ZQZ-A	4	2005-05-01
长河	K2517	慈溪	10	—	ZQZ-A	4	2005-05-01
周巷	K2518	慈溪	3	—	ZQZ-A	5	2005-05-01
观海卫	K2519	慈溪	7	—	ZQZ-A	4	2005-05-01
附海小学	K2520	慈溪	8	—	ZQZ-A	4	2005-05-01
五磊寺	K2522	慈溪	308	—	ZQZ-A	4	2005-05-01
小施山	K2523	慈溪	12	—	ZQZ-A	4	2006-09-01
道林	K2524	慈溪	6	—	ZQZ-A	4	2009-12-09
新浦	K2526	慈溪	4.2	—	ZQZ-A	4	2010-10-09
崇寿	K2527	慈溪	3	—	ZQZ-A	4	2010-10-09
天元	K2528	慈溪	8	—	ZQZ-A	4	2010-10-10
匡堰	K2529	慈溪	307	—	ZQZ-A	4	2010-10-10
大山	K2530	慈溪	204	—	ZQZ-A	4	2010-10-11
长溪	K2531	慈溪	70	—	ZQZ-A	4	2010-10-12
梅湖水库	K2533	慈溪	11	12	DZZ4	6	2012-06-20
坎墩	K2534	慈溪	15	—	ZQZ-A	4	2012-08-29
浒山	K2535	慈溪	14	—	ZQZ-A	4	2012-09-27
宗汉	K2536	慈溪	5	—	ZQZ-A	4	2012-10-24
上横街	K2537	慈溪	4	5	ZQZ-A	6	2013-09-20
白洋	K2538	慈溪	7	—	ZQZ-A	4	2013-09-20
高家	K2539	慈溪	4	—	ZQZ-A	4	2013-09-17
上林小学	K2540	慈溪	12	13	ZQZ-A	6	2013-09-17
子陵	K2541	慈溪	4	—	ZQZ-A	4	2013-10-22
小安	K2542	慈溪	3	—	ZQZ-A	4	2013-09-19
湿地公园	K2543	慈溪	3	4	ZQZ-A	6	2013-09-18
西二	K2544	慈溪	3	—	ZQZ-A	4	2013-09-19
水云浦	K2545	慈溪	5	—	ZQZ-A	4	2013-09-19
海黄山	K2546	慈溪	4	—	ZQZ-A	4	2013-09-20
郑家浦	K2547	慈溪	3	—	ZQZ-A	4	2013-09-21

续表

站名	站号	所属区域	海拔高度(米)	气压传感器海拔高度(米)	型号	要素数	安装时间
农垦场	K2548	慈溪	4	—	ZQZ-A	4	2013-09-18
龙山	K2549	慈溪	4	—	ZQZ-A	4	2013-10-22
建民	K2611	余姚	7	—	ZQZ-A	4	2005-05-01
横塘	K2612	余姚	8	—	ZQZ-A	4	2005-05-01
青港	K2613	余姚	10	—	ZQZ-A	4	2005-05-01
芝山	K2614	余姚	8	—	ZQZ-A	5	2005-05-01
三七市	K2615	余姚	4	—	ZQZ-A	5	2005-05-01
沈湾	K2616	余姚	9	—	ZQZ-A	4	2005-05-01
沿溪	K2617	余姚	5	—	ZQZ-A	4	2005-05-01
大隐	K2618	余姚	5	—	ZQZ-A	4	2005-05-01
梁弄	K2619	余姚	25	—	ZQZ-A	4	2005-05-01
上王岗	K2620	余姚	600	—	ZQZ-A	5	2005-05-01
上庄	K2621	余姚	138	—	ZQZ-A	4	2005-05-01
丁家畈村	K2622	余姚	450	—	ZQZ-A	5	2005-05-01
棠溪	K2623	余姚	710	—	ZQZ-A	4	2005-05-01
向家弄	K2624	余姚	32	—	ZQZ-A	5	2005-05-01
青龙山	K2625	余姚	120	—	ZQZ-A	4	2005-05-01
泗门	K2626	余姚	3.6	4.6	ZQZ-A	6	2005-05-01
华山	K2627	余姚	674	—	ZQZ-A	4	2005-05-01
黄湖	K2628	余姚	5	—	ZQZ-A	4	2009-12-14
朗霞	K2629	余姚	5	—	ZQZ-A	4	2009-12-14
文山	K2630	余姚	13.4	—	ZQZ-A	5	2005-05-01
森林公园	K2631	余姚	819	820	ZQZ-A	6	2006-12-20
临山	K2632	余姚	5	—	ZQZ-A	4	2009-12-14
马渚	K2633	余姚	5	—	ZQZ-A	4	2009-12-14
丈亭	K2634	余姚	6	—	ZQZ-A	4	2009-12-14
陆埠水库	K2635	余姚	20	—	ZQZ-A	4	2012-01-05
梁辉水库	K2636	余姚	17	—	ZQZ-A	4	2012-01-05
大池墩	K2637	余姚	94	—	ZQZ-A	4	2012-01-05
相岙水库	K2638	余姚	45.5	—	ZQZ-A	4	2012-03-10
海涂水库	K2639	余姚	4	—	ZQZ-A	4	2012-09-25
万家岙	K2640	余姚	250	251	DZZ4	6	2012-06-07
东岗	K2641	余姚	532	—	ZQZ-A	4	2012-06-07
溪山	K2643	余姚	314	315	DZZ4	6	2012-07-31

续表

站名	站号	所属区域	海拔高度(米)	气压传感器海拔高度(米)	型号	要素数	安装时间
五车堰	K2644	余姚	5	—	ZQZ-A	4	2012-09-25
天华小学	K2645	余姚	5	—	ZQZ-A	4	2012-09-26
楝树下	K2646	余姚	22	—	ZQZ-A	4	2012-09-26
江中	K2647	余姚	7	8	ZQZ-A	6	2012-10-23
二六市	K2648	余姚	10	—	ZQZ-A	4	2013-01-12
双溪口	K2649	余姚	75	—	DZZ4	4	2013-05-05
味香园	K2650	余姚	7	—	DZZ4	4	2013-04-20
蜀山大闸	K2651	余姚	5	—	DZZ4	4	2013-04-25
农业园区	K2652	余姚	6	—	DZZ4	5	2013-09-25
郭姆	K2653	余姚	7	—	DZZ4	4	2013-09-28
雪窦寺	K2711	奉化	338	—	ZQZ-A	4	2005-05-01
溪口	K2712	奉化	19	—	ZQZ-A	4	2005-05-01
萧王庙	K2713	奉化	23	—	ZQZ-A	4	2005-05-01
商量岗	K2714	奉化	710	—	ZQZ-A	5	2005-05-01
西坞	K2715	奉化	14	—	ZQZ-A	4	2005-05-01
晦溪	K2716	奉化	226	—	ZQZ-A	4	2005-05-01
塔下	K2717	奉化	61	—	ZQZ-A	4	2005-05-01
九龙	K2718	奉化	149	—	ZQZ-A	4	2005-05-01
金田峙	K2719	奉化	23	—	ZQZ-A	4	2005-05-01
黄贤	K2720	奉化	5	—	ZQZ-A	4	2005-05-01
松岙	K2721	奉化	13	—	ZQZ-A	5	2005-05-01
莼湖	K2722	奉化	18	—	ZQZ-A	4	2005-05-01
南溪口	K2723	奉化	130	—	ZQZ-A	4	2005-05-01
董家	K2724	奉化	361	—	ZQZ-A	4	2005-05-01
岳林	K2725	奉化	12	—	ZQZ-A	4	2006-09-11
龚原	K2726	奉化	84	—	ZQZ-A	4	2006-07-01
方桥	K2727	奉化	7	—	ZQZ-A	4	2006-07-01
袁夹岙	K2728	奉化	181	—	ZQZ-A	1	2006-07-01
剡源	K2729	奉化	136	—	ZQZ-A	4	2012-06-07
石门	K2730	奉化	207	—	ZQZ-A	4	2012-06-07
裘村	K2731	奉化	115	—	ZQZ-A	4	2012-06-07
山门	K2732	奉化	363	—	ZQZ-A	4	2012-06-07
许江岸	K2733	奉化	48	—	ZQZ-A	4	2012-06-07

续表

站名	站号	所属区域	海拔高度(米)	气压传感器海拔高度(米)	型号	要素数	安装时间
升纲	K2734	奉化	117	—	ZQZ-A	4	2013-09-01
岩坑	K2735	奉化	337	—	ZQZ-A	4	2013-09-01
界岭	K2736	奉化	235	—	ZQZ-A	4	2013-09-01
中峰	K2737	奉化	562	—	ZQZ-A	4	2013-09-01
横山	K2738	奉化	64	65	ZQZ-A	6	2013-09-01
塘头	K2739	奉化	5	6	ZQZ-A	6	2013-09-01
余家坝	K2740	奉化	28	—	ZQZ-A	4	2013-09-01
海沿	K2741	奉化	5	6	ZQZ-A	6	2013-09-01
陶坑	K2742	奉化	35	—	ZQZ-A	4	2013-09-01
新桥下	K2743	奉化	6	—	ZQZ-A	4	2013-09-01
慈林	K2744	奉化	50	—	ZQZ-A	4	2013-09-01
塘头周	K2745	奉化	28	—	ZQZ-A	4	2013-09-01
西店	K2811	宁海	12	—	ZQZ-A	4	2005-05-01
峡山	K2812	宁海	30	—	ZQZ-A	5	2005-10-02
深圳	K2813	宁海	195	—	ZQZ-A	4	2005-05-01
茶山	K2814	宁海	676	—	ZQZ-A	5	2006-07-01
望海岗	K2815	宁海	855	—	ZQZ-A	4	2006-07-01
茶院	K2816	宁海	193	—	ZQZ-A	4	2005-05-01
黄坛	K2817	宁海	382	—	ZQZ-A	4	2005-05-01
枇杷山	K2818	宁海	127	—	ZQZ-A	4	2005-05-01
胡陈	K2819	宁海	12	—	ZQZ-A	4	2005-05-01
长街	K2820	宁海	5	—	ZQZ-A	5	2005-05-01
大佳河	K2821	宁海	7	—	ZQZ-A	4	2006-07-01
王爱	K2822	宁海	332	—	ZQZ-A	5	2005-10-07
前童镇	K2823	宁海	20	—	ZQZ-A	4	2005-05-01
蛇蟠涂	K2824	宁海	25	—	ZQZ-A	4	2006-07-01
明港	K2825	宁海	5	—	ZQZ-A	5	2005-05-01
桑州	K2826	宁海	358	—	ZQZ-A	5	2005-05-01
雷虎	K2827	宁海	175	—	ZQZ-A	5	2005-05-01
梅林	K2828	宁海	43	—	ZQZ-A	4	2005-05-01
大壳岛	K2829	宁海	28.5	30	ZQZ-A	6	2006-07-01
蓝田庵	K2830	宁海	612	—	ZQZ-A	5	2006-07-01
鸡垄山	K2831	宁海	3	4.5	ZQZ-A	6	2009-07-21

续表

站名	站号	所属区域	海拔高度(米)	气压传感器海拔高度(米)	型号	要素数	安装时间
洞门	K2834	宁海	3	—	ZQZ-A	4	2011-08-01
杨染	K2835	宁海	602	603.5	ZQZ-A	6	2011-08-01
东岙	K2836	宁海	20	21.5	ZQZ-A	5	2011-08-01
车岙港	K2837	宁海	3	—	ZQZ-A	5	2011-08-01
夏樟	K2838	宁海	254	255.5	DZZ4	6	2012-08-10
南岭	K2839	宁海	200	201.5	DZZ4	6	2012-06-07
宁东	K2840	宁海	2	—	ZQZ-A	4	2012-10-19
柘浦街	K2841	宁海	72	—	ZQZ-A	4	2012-10-19
桥头胡	K2842	宁海	128	—	ZQZ-A	4	2012-10-20
双溪	K2843	宁海	15	—	ZQZ-A	4	2012-10-20
骆家坑	K2844	宁海	37	38	DZZ4	6	2013-09-11
团联	K2845	宁海	28	—	ZQZ-A	4	2013-09-12
下洋陈	K2846	宁海	378	—	ZQZ-A	4	2013-09-12
山上方	K2847	宁海	355	—	ZQZ-A	4	2013-09-13
岭口	K2848	宁海	166	—	ZQZ-A	4	2013-09-13
张韩	K2849	宁海	47	48	DZZ4	6	2013-09-14
联胜	K2850	宁海	18	—	ZQZ-A	4	2013-09-14
欢乐佳田	K2851	宁海	9	—	ZQZ-A	4	2013-09-15
下洋涂	K2852	宁海	10	11	DZZ4	6	2013-09-15
洋溪	K2853	宁海	55	—	ZQZ-A	4	2013-09-16
山洋	K2854	宁海	376	—	ZQZ-A	4	2013-09-16
越溪	K2855	宁海	130	—	ZQZ-A	4	2013-09-17
双盘涂	K2856	宁海	12	13	DZZ4	6	2013-09-17
岔路	K2857	宁海	45	—	ZQZ-A	4	2013-09-18
杜鹃步道	K2858	宁海	296	—	ZQZ-A	4	2013-09-18
仇家	K2859	宁海	79	—	ZQZ-A	4	2013-09-19
百鸟岩	K2860	宁海	741	—	ZQZ-A	4	2013-09-19
里山	K2861	宁海	262	—	ZQZ-A	4	2013-09-20
力洋	K2862	宁海	25	—	ZQZ-A	4	2013-09-16
长山	K2911	象山	32	33	ZQZ-A	6	2006-07-01
黄泥桥	K2912	象山	110	—	ZQZ-A	5	2005-05-01
外高泥	K2913	象山	2	—	ZQZ-A	4	2005-05-01
大徐	K2914	象山	19	19.5	ZQZ-A	6	2011-12-23

续表

站名	站号	所属区域	海拔高度(米)	气压传感器海拔高度(米)	型号	要素数	安装时间
下沈	K2915	象山	2.5	3.5	ZQZ-A	5	2006-07-01
墙头	K2916	象山	7	—	ZQZ-A	4	2005-05-01
银洋	K2917	象山	20	20.5	ZQZ-A	6	2011-12-23
泗洲头	K2918	象山	31	—	ZQZ-A	4	2005-05-01
珠溪	K2919	象山	10	—	ZQZ-A	4	2012-10-16
新桥	K2920	象山	7	—	ZQZ-A	4	2006-07-01
昌国盐场	K2921	象山	7	—	ZQZ-A	4	2006-07-01
定塘中学	K2922	象山	10	—	ZQZ-A	4	2005-05-01
檀头山	K2923	象山	48	48.8	ZQZ-A	6	2006-07-01
高塘	K2924	象山	2.3	3.1	ZQZ-A	6	2005-05-01
杨柳坑	K2925	象山	115	116	ZQZ-A	6	2006-07-01
南韭山	K2926	象山	41.7	42.5	ZQZ-A	6	2006-07-01
北渔山	K2927	象山	23.1	23.9	ZQZ-A	6	2006-07-01
程家屿	K2928	象山	4	—	ZQZ-A	4	2012-10-16
山头王	K2929	象山	56	—	ZQZ-A	4	2005-05-01
泊戈洋	K2930	象山	14	—	ZQZ-A	4	2005-05-01
爵溪	K2931	象山	2	—	ZQZ-A	4	2006-07-01
麦地山	K2932	象山	14.4	15.3	ZQZ-A	5	2006-07-01
蒲湾	K2933	象山	6	—	ZQZ-A	4	2006-07-01
白玉湾	K2934	象山	28	—	ZQZ-A	4	2008-05-21
东陈	K2935	象山	2.5	3.5	ZQZ-A	6	2008-05-22
美人山	K2936	象山	20	—	ZQZ-A	4	2008-05-23
林港	K2937	象山	39	—	ZQZ-A	4	2008-09-11
渔港	K2938	象山	5	6	ZQZ-A	7	2009-08-01
寒山	K2940	象山	36	—	ZQZ-A	4	2012-10-17
土村	K2941	象山	25	—	ZQZ-A	4	2012-10-17
三联农庄	K2942	象山	6	—	ZQZ-A	4	2013-09-01
谢家	K2943	象山	3.6	4.3	ZQZ-F	6	2013-09-28
岙岭下	K2944	象山	11	—	ZQZ-A	4	2013-09-29
九顷	K2945	象山	46	—	ZQZ-A	4	2013-08-30
里岙	K2946	象山	5.4	6	ZQZ-F	6	2013-08-30
双下湾	K2947	象山	13	—	ZQZ-A	4	2013-08-30
丹城四小	K2948	象山	10	—	ZQZ-A	5	2015-04-30

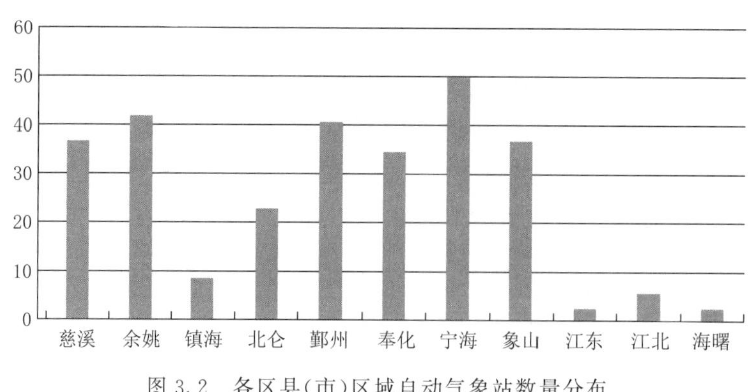

图 3.2　各区县(市)区域自动气象站数量分布

三、国家级无人自动气象站

2010 年,宁海白石山站和象山小东屿站两个海岛区域自动气象站被选定为无人站(表 3.5),按《国家级无人值守自动气象站业务运行管理办法(试行)》(气测函〔2010〕275 号)管理。

表 3.5　白石山站和小东屿站调整前后区站号和档案号

站名	原区站号	中国气象局分配区站号	资料档案号
小东屿	K2939	58574	15128
白石山	K2832	58564	15129

第二节　雷达探测和气象卫星云图接收

一、雷达探测

(一)新一代天气雷达

宁波新一代多普勒天气雷达是全国新一代天气雷达组网站点之一。由中国气象局和宁波市人民政府共同投资建设的省内首部新一代天气雷达。雷达型号为 CINRAD/SA,由北京敏视达雷达有限公司生产。2002 年底建成,2003 年 1 月通过验收,是年 2 月 9 日投入业务试运行,5 月 15 日开始向国家气象信息中心传送雷达资料。雷达站位于慈溪市三北镇海拔 423 米的达蓬山山顶。承担着浙江沿海台风(热带气旋)、暴雨等灾害性天气和雷暴、龙卷、冰雹等局地性中小尺度灾害性天气的监测任务。该雷达建成后,大大增强浙江沿海地区特别是宁波市灾害性天气的监测、预警和预报服务能力,在防灾减灾工作中发挥重要作用。

根据中国气象局《新一代天气雷达观测规定(试行)》(中气函〔2003〕56 号),宁波新一代天气雷达每年 4 月 15 日至 9 月 30 日主汛期进行全天连续立体扫描观测,其他时间(非主汛期)观测时段,严格按照《规定》第二十条进行观测。上传雷达产品包括雷达实时产品、雷达基数据和雷达状态信息,以及每小时一次的雷达拼图产品。其间选择无天气过程的时间进行停机维修保养,以保证雷达稳定可靠运行。

宁波新一代天气雷达有两种体扫模式，即晴空模式和降水模式，降水模式包括 VCP11 和 VCP21 模式。一般情况下采用 VCP21 体扫模式进行观测，其仰角数为 9 个(0.5 度、1.5 度、2.4 度、3.4 度、4.3 度、6.0 度、9.9 度、14.6 度、19.5 度)，从低到高约 6 分钟完成一个体扫，然后回到 0.5°继续下个体扫。每次体扫生成一个雷达基数据，由雷达产品生成子系统 RPG(Radar Product Gereration)最多可以反演生成 30 余类、70 余种气象产品，一般常用生成 40 种雷达产品。雷达运行通常全天候 24 小时运行。

CINRAD/SA 天气雷达产品资料、日志文件、Gif 图形产品和基数据等资料按要求通过高速宽带网实时向中国气象局、上海区域气象中心、浙江省气象局传输。2009 年 3 月底参与上海区域气象中心短时临近预报业务一体化建设，上海、南京、南通、杭州、宁波等五部雷达实现同步观测。每年对雷达基数据和上一年重大天气个例数据定期进行光盘刻录，分别交由雷达站、市气象局档案室、省气象局、中国气象局保存。

宁波 CINRAD/SA 天气雷达系统自出厂运行到 2015 年 12 月 31 日，累计总开机时间达 101080 小时。通过内网或专网，各区县(市)气象局、民航、驻甬海军部队等用户均可获取天气雷达图像资料，实现部门间雷达资料的共享。宁波市委、市政府及市防汛指挥部领导可通过手机 web 方式获取雷达图像信息。互联网用户可通过气象信息网(www.qx121.com)查看实时雷达产品。

2014 年，由浙江省大气探测中心牵头，宁波市气象局对天气雷达系统进行大修和升级。依照中国气象局综合观测司《新一代天气雷达大修及技术升级规范》(气测函〔2010〕184 号)和《各型号雷达大修及技术升级指导方案》(气测函〔2013〕239 号)作为主要技术依据，更新了发射系统、接收系统以及天伺系统，将原来的直流伺服更换为交流伺服，降低伺服系统的故障率。为了不影响汛期雷达正常探测，大修分二期实施，2014 年 10 月 21 至 11 月 30 日一期大修主要对雷达发射机、接收机、配电等系统部分组件更换以及系统调试。2015 年 12 月 1 至 2016 年 4 月 15 日二期大修完成系统组件间所有走线的更换、天线铁塔除锈紧固、天线罩密封、天伺系统更新、发射机组件更换等以及系统调试。新购置安装 1 台 UPS 电源保障雷达机房用电，机房及仓库增设 4 台视频监控，对原有 2 台视频监控进行升级更新并接入统一的监控平台。全面提升雷达及其附属设备的可靠性、稳定性和使用效果。

(二)风廓线雷达

风廓线雷达是以晴空湍流作为探测目标，利用大气湍流对电磁波的散射作用，遥感探测高空风速的设备。在高空风探测方面与常规大气探测设备相比，风廓线雷达在探测精度、垂直分辨率和探测时间间隔等方面是其他观测系统所无法比拟的。具有声探测功能的风廓线雷达(Radio Acoustic Sounding System，RASS)还可以通过电波和声波的相互作用遥感大气温度的垂直廓线。它具有观测频次多、连续获取资料、自动化程度高、业务运行成本低等优势，是加强灾害性天气监测能力、提高短期数值天气预报模式质量的重要探测手段。宁波第一部边界层风廓线雷达 2010 年 3 月在慈溪生态农业示范基地安装，产品为 Vaisala 公司生产的 LAP-3000 型风廓线雷达。能提供底层大气三维风场和温度廓线。该雷达能探测风最高高度在 3 公里以上，最低高度 96 米。探测到的信号噪声比强弱、垂直速度大小、折射率结构常数大小能清楚地反映出降水的开始、结束及降水持续的时间和强度。

风廓线雷达水平风资料提供大气水平运动在垂直方向上的细微结构，可以清楚地展示暴雨过程风场垂直结构，直观地反映出降水过程中的风场变化特征。

二、卫星云图接收

卫星云图（satellite cloud imagery）由气象卫星自上而下观测地球上的云层覆盖和陆地表面特征的图像。利用卫星云图可以识别不同的天气系统，确定它们的位置，估计其强度和发展趋势，为天气分析和天气预报提供依据。在海洋、沙漠、高原等缺少气象观测台站的地区，卫星云图所提供的资料，弥补常规探测资料的不足，对提高预报服务能力起到重要作用。风云系列卫星是我国自行研制发射的气象卫星，用于气象业务的有地球静止轨道风云二号 E、F、G 星，太阳同步轨道风云三号 A、B、C 星等 6 颗卫星在轨运行。

1989 年 5 月市气象局配置日本静止气象卫星云图接收处理设备，1995 年对卫星云图接收系统进行更新。1996 年 6 月至 1998 年 6 月，宁海、慈溪、奉化、余姚、象山、鄞州、北仑 7 个区县（市）局相继建成静止气象卫星接收处理系统。加强对台风、暴雨等灾害性天气监测，提高天气分析、预报能力。2005 年新增中规模卫星接收系统 2 套（MTSAT 和 FY-2C），对原有的 8 套静止气象卫星接收处理系统进行升级改造。

2007 年新增新一代卫星数据广播接收（DVBS）系统，广播资料内容除了常规的气象探测资料和数值天气预报产品等以外，还包括沙尘暴监测数据、大气成分资料、雷达产品、空气质量预报资料、沙尘暴预报模式、海洋预报模式，风云二号 C/D 双星实时观测等资料。风云二号 C/D 双星实时观测卫星云图资料的时间间隔在汛期可以达 15 分钟一次。

2011 年中国气象局卫星数据广播（CMACast）系统投入运行后，各级气象台站都配套有 CMACast 小站接收系统，可以直接接收气象广播数据。广播通道数量和资料下行带宽大幅提升，系统实时接收风云二号 D 星、风云二号 E 星、风云三号 A/B 星、极轨卫星 MODIS 资料等卫星云图产品。卫星云图探测资料在汛期大约间隔 15 分钟左右，非汛期在 30 分钟左右。2012 年 4 月实现 CMACast 小站接收的极轨卫星 MODIS 资料与星地通（shinetek）极轨卫星前端程序的对接。

2015 年 5 月，风云二号卫星业务布局调整，风云二号 G 星漂移至东经 105 度接替 E 星业务运行，E 星漂移至东经 86.5 度接替 D 星业务运行，D 星漂移至东经 123.5 度在轨备份。是年 6 月，对本地卫星天线进行调整，同时更新了卫星云图接收处理程序，原风云二号 E 星接收处理程序改为接收处理风云二号 G 星卫星云图产品。2015 年 7 月，中国气象局卫星数据广播（CMACast）系统下发风云二号 D 星卫星资料更新为风云二号 E 星。

第三节　其他观测

一、闪电和大气电场观测

2009 年推进雷电业务轨道建设，由象山、北仑、余姚、宁海 4 个站点组成全市闪电定位观测网建成，其中宁海闪电定位仪由省气象局统一建设，属于全国组网站点。闪电定位仪选用中国气象局统一定型的北京华云东方探测技术有限公司的 ADTD 型闪电定位仪。另外，在各个区县(市)气象观测站增配10套MEO340型大气电场仪组成的雷电监测系统，为雷电预警预报和防雷技术服务等业务提供了基础探测信息。2013年底，为加强全市的雷电监测和防雷减灾能力，在全市新增20套大气电场仪，增加雷电监测的密度。2014年，对原有的4套闪电定位仪进行升级改造，将象山丹城闪电定位仪迁移至大目涂，站名改为大目涂，另外在杭州湾、石浦新增2套闪电定位仪。由6套闪电定位仪组成覆盖范围更广、探测精度更高的全市闪电观测系统。详见表3.6和3.7所示。

表3.6 大气电场仪布点情况表

区域	站名	站号	区域	站名	站号
镇海	岚山	K2073	慈溪	附海	K2065
	清水湖	K2061		崇寿	K2064
	新泓口	K2050		慈溪	K2040
	镇海	K2048	奉化	雪窦寺	K2060
余姚	芝山	K2072		亭下水库	K2059
	海涂水库	K2063		莼湖	K2058
	横塘	K2062		奉化	K2044
	余姚	K2041	宁海	明港	K2057
北仑	实验小学	K2069		王爱	K2056
	凉帽山	K2051		西店	K2055
	小港	K2049		宁海	K2045
	北仑	K2043	象山	定塘	K2054
鄞州	集士港	K2068		外高泥	K2053
	瞻岐	K2067		象山	K2047
	五乡	K2066		石浦	K2046
	鄞州	K2042	江北	英雄水库	K2052

表3.7 闪电定位仪布点情况表

区域	站名	区域	站名
北仑	北仑	宁海	宁海
余姚	余姚	象山	石浦
慈溪	杭州湾		大目涂

二、大气负氧离子监测

为加强对生态环境监测，2009年在鄞州区五龙潭、北仑区九峰山、奉化市溪口旅游景区及其他各区县(市)气象观测站共建成大气负氧离子监测站10个。实时监测数据入数据库并通过网页显示，为评价风景区和区县(市)的空气质量提供依据。以后又陆续在奉化三隐潭、横山、黄贤、柏坑等旅游景区以及余姚、鄞州、宁海、镇海、北仑等各区县(市)新增了10个，截至2015年底，全市共有20个大气负氧离子观测站。详见表3.8和图3.3

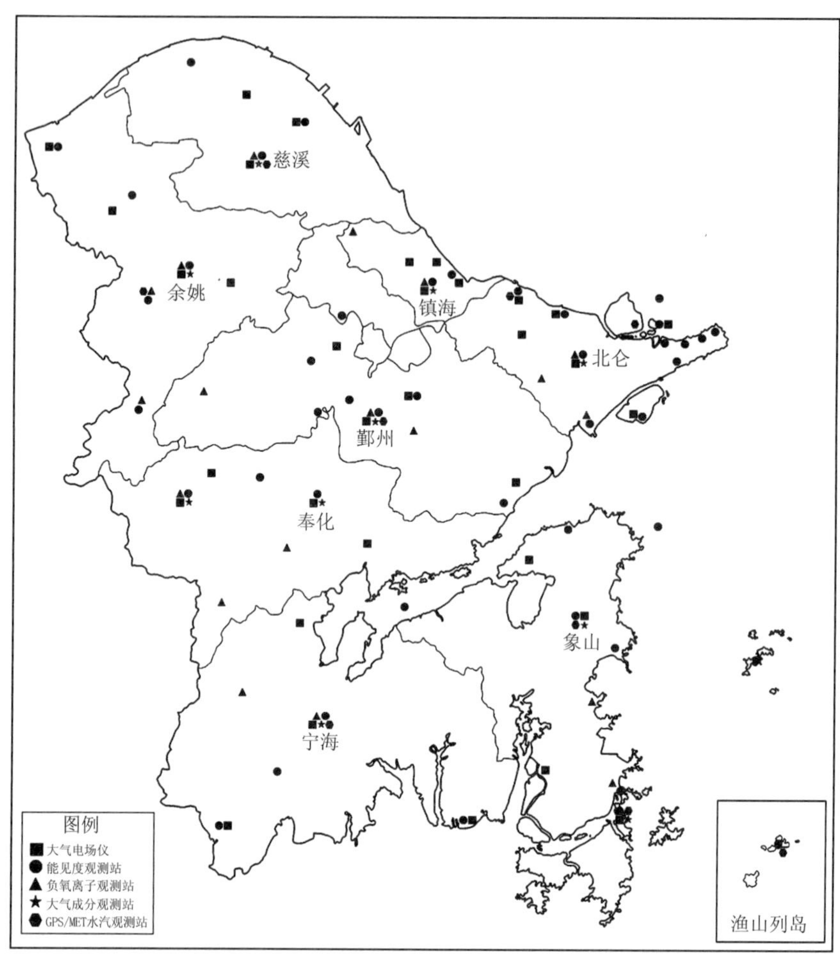

图 3.3　特种观测站点分布示意图

表 3.8　大气负氧离子观测站

区域	站名	站号	区域	站名	站号
余姚	余姚	58468	宁海	宁海	58567
	后黄山	K2609		南溪温泉	K2033
	华山	K2627	奉化	黄贤	K2031
镇海	镇海	58561		柏坑	K2032
	秦山	K2261		三隐潭	K2035
鄞州	鄞州	58562		横山	K2036
	东钱湖	K2030		亭下水库	K2791
	五龙潭	K2441	北仑	洋沙山	K2034
象山	象山	58566	宁海	九峰山	K2392
	石浦	58569		宁海	58567
慈溪	慈溪	58467			

三、二氧化碳观测

2009年在鄞州区和慈溪市建成两个二氧化碳监测站。其中慈溪安装在设施农业的塑料大棚内，对二氧化碳进行24小时连续浓度观测。观测每个时次的平均值、最大值、最小值及出现的时间。观测数据通过移动无线网络上传至服务器。通过监测数据的积累，为二氧化碳浓度变化和农业气象研究提供参考依据。

四、雪深观测和称重雨量观测

2015年12月底，在全市范围内建成雨雪冰冻观测站43个(图3.4)。每个雨雪冰冻观测站包括激光雪深和称重雨量观测。设备采用江苏省无线电科学研究所有限公司的DSS1型雪深观测仪和DSC1型称重雨量计。每个站点采用太阳能电源供电。每5分钟采集1次气象数据，通过GPRS或CDMA无线网络传输。雨雪冰冻观测系统的建成填补主要交通干线和山区的雪深观测空白，弥补翻斗雨量计对固体降水测量误差，大大提升了对雨雪冰冻天气的监测能力。

图3.4　宁波雨雪冰冻观测系统站点分布

五、能见度观测

2012年，开始在全市建立能见度自动观测系统。全市共有14个能见度自动观测站，重点分布在各区县(市)气象观测站和海岛站。能见度实现自动观测既解放人力资源，又可实现连续观测。2014年新建27个能见度自动观测站。主要分布在北仑港沿海一带、高速公路、海岛等对交通和航行影响比较大的区域。能见度自动观测是连续的、实时的，观测的可比性和稳定性较好，观测的精度和时间分辨率高，为业务单位制作能见度的相关服务产品提供基础数据。

六、激光雷达观测系统

为监测垂直大气颗粒物的分布和变化状况，提高对空气污染源的追踪和评估大气污染变化趋势，2014 年本市首次建设激光雷达系统。2015 年 5 月底分别在奉化和镇海建立大气颗粒物激光雷达站。该激光雷达具有 532 纳米和 355 纳米双波段三通道(532 纳米垂直通道、532 纳米平行通道、355 纳米通道)的探测能力，主要产品有：消光系数、退偏振比、光学厚度、边界层、云信息、能见度等。可获取大气颗粒物时空分布特征、污染层时空变化、颗粒物输送和沉降等信息。激光雷达可以清晰地捕获污染物的垂直结构特征，对不同的致霾过程进行立体解析，实现对大气复合污染的监测和机理研判。激光雷达监测系统的建设使大气污染灾害防御和生态环境气象监测评估能力得到提升，为宁波大气污染治理、生态环境综合治理提供科学依据。

七、大气成分观测

2013 年鄞州国家基本气象站作为全国大气成分观测网的布点站，建成大气成分观测系统。是年镇海、余姚、北仑等区县(市)按照当地大气环境监测预报的需求，先后在本级观测站建立大气成分观测站。2014 年宁波市气象局统一部署，在奉化、宁海、象山、慈溪、石浦气象观测站和奉化溪口也建立大气成分观测站并与环保部门实现监测数据共享，通过数据光纤实时获取环保部门 18 个观测站的大气成分数据。详见表 3.9 所示。大气成分观测数据包括气溶胶观测和反应气体观测。气溶胶观测包括 $PM_{1.0}$、$PM_{2.5}$、PM_{10}，反应气体观测包括 O_3、CO、NO_2、SO_2 等。为业务单位做好霾(气溶胶)和空气质量监测预报、预警服务提供支撑。

表 3.9　大气成分观测站位置和设备情况

区域	站名	设备型号	区域	站名	设备型号
奉化	奉化	GRIMM180E	慈溪	慈溪	MP101M
	溪口	MP101M	北仑	北仑	GRIMM180E
宁海	宁海	GRIMM180E	镇海	镇海	GRIMM180E
象山	象山	GRIMM180E	鄞州	鄞州	GRIMM180E
	石浦	MP101M	余姚	余姚	GRIMM180E

八、GPS/MET 水汽观测

2009 年，市规划局与市气象局、市地震局等三个部门共建宁波市连续运行卫星定位服务系统(NBCORS)，其中的 GPS 观测站基本都建在各区县(市)气象观测站(表 3.10)。利用共建系统的 GPS 实时观测资料经过数据处理和计算平台，反演得到 GPS/MET 水汽观测数据，实现对空间水汽变化和分布实时监测，为提高降水预报水平提供了基础资料。

表 3.10 GPS/MET 站点分布

区域	站名	区域	站名
象山	象山	鄞州	鄞州
	北渔山	宁海	宁海
	石浦渔港	慈溪	慈溪
北仑	大榭	余姚	四明山庄
	小港		

九、高塔梯度观测

为充分利用社会资源促进气象综合观测网建设，依据《浙江省气象局和省电力公司战略合作框架协议》，2009 年市气象局借助舟山至大陆联网架空 220 千伏高压输电线路建设工程，利用该工程位于凉帽山岛的 370 米高的输电铁塔建设气象梯度观测系统。该观测系统通过在北京召开专家评审会，并获得中国气象局批准（中气函〔2010〕250 号）。

凉帽山岛位于宁波市北仑区，距离大陆岸约 2 公里，面积约 1 平方公里，最高处海拔约 30 米，为无人小岛，交通依靠船只。气象梯度观测系统直接建在输电铁塔的立柱上，与输电线路同步建设，并于 2010 年 7 月同时启用。整套观测系统包括温度、湿度、气压、二维超声风、三维超声风、水汽、二氧化碳观测等。梯度观测垂直方向有 8 层，每层南北两个方向上的塔柱各有一个观测点。海拔高度分别为 57 米、84 米、116 米、198 米、234 米、285 米、320 米。320 米高的观测高度在当时国内气象部门位居第一，也是首次利用电力塔进行沿海气象梯度观测。系统采用水平方向独特的避雷针，解决塔中部的避雷难点；自行设计国内首创滑轨式仪器支架，并获得国家发明专利。另外，在铁塔附近地面安装 1 套 7 要素的自动气象站，观测项目主要包括气温、湿度、气压、风向、风速、雨量、能见度、二维超声风等。沿海梯度观测系统的建设，为我国东部沿海地区陆-气、海-气相互作用研究提供气象数据；有利于分析近地面（海面）层海面与大气间能量、热量、水汽和物质循环和交换过程；利于改进海陆交界地区地海-气交换过程参数化方案及数值模式；给大气科学研究提供宝贵的基础资料；对近海岸高层建筑物风荷载工程技术研究提供实测数据和为开展风工程技术研究提供实验支撑。实时观测资料实现省级数据共享，为输电线路、跨海大桥运行和航运安全保障提供不同高度测风资料，对提高气象预警服务能力发挥重要作用。

十、船舶观测

2009 年建成宁波市首批船舶自动气象站 2 套。分别安装在北仑“龙盛航运有限公司”的 27 号货船与象山“浙象渔 47047 号”渔船上，全程采集航线上的风向、风速、气温、气压、能见度等 5 个气象要素实况资料，通过北斗卫星通信方式将采集到的数据定时发送到数据接收中心站。船舶自动气象站的建成填补宁波海上气象观测资料的空白，扩展气象探测资料的范围。

第四节　探测业务管理

2000 年以前,全市气象探测业务管理先后由原宁波地区气象台台站组、地区(市)气象局业务科、业务科教处负责。2001 年市气象局业务科教处改称业务科技处;2010 年又由业务科技处改称观测与预报处,负责全市气象探测业务管理工作。探测业务管理的任务主要有:观测场探测环境保护,指导台站迁、建、改造等事宜;制定和落实各项规章制度,推进观测业务发展改革,制定实施方案;开展日常监控、报表审核等工作,保障观测质量;协调管理全市探测设施的建设和运维;组织开展业务培训、业务检查和业务竞赛等工作。

一、观测环境管理

地面气象观测场是取得地面气象资料的主要场所,观测场是否合乎技术要求,直接关系到气象观测资料的内在质量。地面气象观测场必须符合观测技术上的要求。保护观测环境对于保持气象观测资料的正确性、连续性、代表性,提高使用价值有重要的意义。

(一)探测环境保护

2004 年,《气象探测环境和设施保护办法》颁布之后,各区县(市)气象局将气象探测环境和设施的保护范围和标准报送当地建设规划部门备案,由事后弥补转为事前预防。2007 年,市气象局组织对全市 8 个国家气象站的探测环境进行评估。2008 年,市气象局与市规划局联合开展气象台站探测环境保护专项规划编制工作。2008 年起市、县两级气象局主要负责人作为探测环境保护的第一责任人每年与上级气象部门签署气象探测环境保护责任书,做到"守土有责,守土有方"。每月向省气象局报送气象探测环境月报告书。2009 年起市、县两级气象部门与当地规划、建设和国土等部门建立沟通协作关系和定期走访联络机制,制定探测环境保护专项规划并纳入城市总体规划和控制性详细规划,在源头上遏制对探测环境破坏行为。确有因城市规划的历史遗留问题需要建设的,在做好协调工作同时,利用法律法规控制建设行为,并在第一时间逐级上报业务主管部门。2010 年,市气象局业务科技处发文(甬气业函〔2010〕19 号)要求各区县(市)气象局建立探测环境保护定期走访联络机制,对专项规划的落实情况进行动态跟踪检查。各区县(市)气象局在每季度的第一个月,要落实专人走访规划等部门,通过走访宣传探测环境保护政策,了解保护范围内城建规划和项目建设情况。一旦发现或获悉保护范围内可能发生引起探测环境变化的情况,必须按照《中华人民共和国气象法》等法律法规,要求建设单位提前依法申请行政许可,从源头上制止探测环境破坏事件的发生。2013 年,市气象局再次组织对全市 9 个国家气象站和 2 个国家无人站的探测环境进行新一轮评估。组织各区县(市)局完成《气象设施和气象探测环境保护专项规划》的制定(修订)工作,依法报本级人民政府批准后纳入当地城镇规划和土地利用总体规划,并向社会公布。中国气象局《气象探测环境保护规范-地面气象观测站》等四项强制性国家标准颁布实施后,各区县(市)局将其中《气象探测环境保护规范-地面气象观测站》文本送当地发改、城建、规划部门的备案。加强社会气象探测设施管理,站点信息及时向市气象局报备,如北仑区气象局对辖区内台塑集团自建自动气象站进行布点的统筹规划和技术指导。

(二)台站改建管理

2002年,在省气象局指导下,对鄞州、石浦、慈溪3个基本站观测场、值班室和气压室进行"两室一场"改造。2005年再次对基准(本)站的场、室等基础设施进行升级改造。2007年和2008年,鄞州、宁海和镇海3站的新建观测场安装Vaisala Maws301型自动气象站,含风向、风速、雨量、温度、湿度、气压、地温等要素。2009年,对全市9个站的地面气象观测场、值班室,按照《地面气象观测场值班室建设规范》(气发〔2008〕491号)要求进行规范化升级改造。

2012年,在中国气象局《地面气象观测自动化业务综合试点建设指南》(气测函〔2012〕154号)的指导下,开始推进地面观测自动化和改革综合试点工作,开始观测自动化综合试点站观测场布局、硬件设备集成和综合软件平台建设。2013年,根据中国气象局《新型自动气象站安装布局和相关业务规定》和省气象局《浙江省新型自动气象站安装布局和相关业务规定》(浙气测函〔2012〕51号)要求,先后分两批组织开展新型自动气象站建设,其中北仑、奉化、象山为第一批,慈溪、余姚、鄞州、宁海、石浦、镇海为第二批。所有国家气象观测站形成以DZZ4型新型自动气象站为主,原Vaisala自动气象站为辅的"一主一备"的双套自动站模式,其中余姚、慈溪、鄞州和奉化四站为双套新型自动气象站。

2015年,按照省气象局部署,对照中国气象局修订的《2015年地面气象观测场值班室规范化建设整改要求》开展地面气象观测业务专项检查,对全市9个国家气象观测站进行规范化整改,全部达到观测场新标准的要求。

二、规范和制度管理

气象观测是按国家颁发的气象观测规范,全国按统一的规定进行的。气象观测规范对观测工作的组织、观测时间、程序、方法、场地、仪器(含性能和安置要求)以及观测记录的整理、统计等都进行规定,是气象观测工作的依据和准则,目的是使观测记录具有代表性、准确性、比较性。

随着自动气象观测系统正式投入业务运行,2002年开始对自动气象站建设实行统一管理。2003年,中国气象局出台《自动气象站业务规章制度》(气发〔2003〕182号),对岗位职责、工作制度、自动气象站测报质量考核办法做了详细规定,制定自动气象站测报人员创优质竞赛活动办法来提高测报人员的业务技术水平,从而提高业务质量。2004年1月1日起,中国气象局重新颁布执行新的《地面气象观测规范》(新《规范》)。新《规范》对各台站的观测项目分类作出规定:一类是每个台站必须观测的项目:云、能见度、天气现象、气压、空气温度和湿度、风向和风速、降水、日照、积雪深度、蒸发、地面温度(含草温)等;二类是由国务院气象主管机构指定地面气象观测站观测的项目:浅层和深层地温、冻土、电线积冰、辐射、地面状态等;三类是省级气象主管机构指定地面气象观测站观测的项目:雪压等,可根据服务需要增加的观测项目。省气象局制定下发《浙江省地面气象观测业务技术规定汇编》(浙气发〔2005〕117),对新《规范》作了解释和补充。2006年再次修订,下发2006版的《浙江省地面气象观测业务技术规定汇编》(浙气发〔2006〕42号)。

2012年,省气象局根据中国气象局《2012年地面气象观测业务改革调整和试点工作方案》(气发〔2012〕15 号),对地面气象观测业务做部分改革调整(浙气发〔2012〕30 号)。同年,中国气象局下发《关于调整地面气象观测业务相关规定的通知》(气测函〔2012〕26 号),通知包括《地面气象观测业务补充规定》《自动气象站业务规章制度(2012 年)》和《地面气象应急加密观测管理办法》。2013 年,省气象局根据观测业务改革调整相关工作要求,下发《浙江省地面气象观测业务调整技术规定》(浙气测函〔2013〕27 号),对观测时次、项目等做调整。一是人工观测时次调整,将基本站人工定时观测时次调整为每日 5 次(08,11,14,17,20 时),夜间(20—08 时)按照一般站规定执行。二是观测项目调整,一般站取消云量、云高、云状观测;基本站保留云量、云高观测并取消云状观测;开展自动能见度观测,取消人工观测;保留雨、雪、雾等 21 种天气现象的观测与记录;取消雷暴、闪电等 13 种天气现象观测(同时取消相应的现在和过去天气现象电码);降水、蒸发等观测方式也有一定的调整。三是数据文件和报文调整,能自动化的尽量自动化,大幅减少人工输入内容。四是对异常情况处理的调整,市气象局在这两次业务改革调整中严格按照时间节点,组织做好人员学习培训、切换方案制定、问题汇总反馈、台站现场督察和事后总结汇报等工作,确保每次改革调整平稳顺利进行。

三、观测质量管理

1998 年 1 月 1 日,中国气象局颁布实施《地面气象测报质量考核办法》(中气业发〔1997〕46 号)。2003 年印发《自动气象站业务规章制度》(气发〔2003〕182 号)对自动气象站测报质量考核办法进行明确。2012 年 4 月 1 日,中国气象局综合观测司对《自动气象站测报质量考核办法》修订并更名为《地面气象观测质量考核办法(试行)》(浙气函〔2012〕172 号文转发)。2014 年 1 月 1 日,按省气象局制定下发的《浙江省地面气象观测质量考核办法(2014 版)》进行考核管理。

探测质量涉及各个环节,是管理中最经常、最大量的工作。采取的方法主要是三个层次:一是基层气象台站内部的自我监督检查,即气象台站的日常管理和接班工作人员对上一班工作的全面检查、纠正,并由基层台站内部审核纠正月度、年度的各类观测资料,并编制地面气象观测记录月报表、年报表,农业气象观测记录报表等;二是市气象局业务管理部门组织对基层台站的地面气象观测记录月报表、年报表,农业气象观测记录报表等进行审核检查,或业务管理人员到气象台站进行实地工作检查;三是省气象局业务管理部门对各观测站的观测记录报表进行审核检查,从记录中发现问题并进行纠正。对以上三方面发现的问题,业务管理部门定期进行各项业务质量情况的通报,以维护“规范”“制度”的权威性和执行的“严肃性”,确保气象资料的质量。

(一)质量检查评比

2000 年以后,市气象局组织各台站每月报送地面测报质量、农业气象观测质量和土壤水分观测质量,并对个人和台站质量进行季度、半年和年度排名通报,对重大责任性事故绝不姑息,严格按相关规定进行通报批评(表 3.11)。在汛期业务检查或其他不定期的业务检查中抽查台站观测记录,防止出现瞒报现象。市气象网络与装备保障中心负责每日对全市各台站报文传输情况的监控,发现问题及时处理,确保传输率和数据质量。开展地面气象测报业务连续百班无错情劳动竞赛活动，每年组织地面测报连续百班和250班无错情检查验收，百班由市气象局验收通报表彰，250班经省气象局验收由中国气象局通报表彰。2000—2013年，全市气象部门平均每年有23.7人次达到百班无错，其中2013年百班和250班无错情分别达到47人次和14人次（表3.12）。2013年之后，因地面气象观测业务调整及与之配套的《浙江省地面气象观测质量考核办法（2014版）》（浙气测函〔2014〕10号）的实施，中国气象局和省气象局取消百班和250班无错情检查验收。每年组织评选全市和推荐参选全省、全国“优秀质量测报员”“测报质量优秀站”等活动，调动测报人员的工作积极性。

表3.11　2000—2015年全市地面测报质量统计表

年份	年错情率	年份	年错情率		
2000	0.3‰	2008	0.05‰		
2001	0.09‰	2009	0.06‰		
2002	0.29‰	2010	0.05‰		
2003	0.19‰	2011	0.03‰		
2004	0.16‰	2012	0.004‰		
2005	0.15‰	2013	0		
2006	0.19‰	2014	北仑 0.03‰	鄞州 0.02‰	宁海 0.03‰
2007	0.03‰	2015	0		

表3.12　地面气象观测2000—2013年连续百班、250班无错情人次

获奖年度	连续百班无错人次	连续250班无错人员
2000	20	何利德　贺贤康
2001	14	陈亚飞
2002	15	赵益锋　何利德　汪永峰
2003	16	陈亚飞　楼望萍
2004	21	赵益锋　林宏伟　何利德
2005	38	陈小丽　汪永峰
2006	23	邵雪娟　陈灵丹　李福林　林宏伟
2007	12	赵益锋　陈小丽　汪永峰　黄建平　何利德
2008	20	许伟　李福林　陈灵丹　石振文　邵雪娟　赵益锋　钟央　林宏伟　陈亚飞　楼望萍　陈小丽　茅吉峰
2009	22	谢华　钟央　林宏伟　陈亚飞　茅吉峰　楼望萍　汪永峰　黄建平
2010	29	无
2011	30	马丽娜　许伟　李福林　高渊　杨迦茹　林宏伟
2012	26	崔崇　何静　赵益锋（农气）　吴敏（农气）
2013	47	谢华　钟央　吴敏　高渊　崔崇　茅吉峰　张晶晶　林宏伟　李福林　陈迪辉　朱纯阳　孙甦胜　胡晓　许伟

(二)资料审核

鄞州、慈溪、石浦3个国家基本站资料由浙江省气候中心负责审核,市气象局负责余姚、奉化、宁海、象山、镇海、北仑6个国家一般站的资料审核,报送省气候中心复审。市气象局每年年初召开年报表预审会议,集中各站测报业务骨干或测报检查员对年报表进行审核,严把报表审核关。随着计算机在气象观测资料收集整理中的广泛应用,对气象报表审核从原始的人工审核逐步转变为人机结合的方式,气象报表以打印文本和地面气象信息化格式文件两种形式上报。1999年开始,对于气象报表的信息化资料,要求台站在每月10日之前发送到市气候中心服务器中,以便及时审核和上报。市气象局业务管理部门组织编制Windows下的封面封底输入打印程序(QBF1),国家一般站的封面封底实现信息化。2001年,组织开发市、县两级测报业务质量管理软件,建立县级和市级测报质量数据库,实现测报各类业务质量查询、报表统计、打印等微机化,报表传输网络化。软件于当年7月份投入试用,结束测报业务质量报表手工统计查询的历史,实现质量报表无纸化,提高测报质量管理的工作效率。2002年起全市一般站地面报表审核工作由市气象局聘任的测报检查员承担,先后聘任了赵益锋、石振文、何利德、汪永峰、茅吉峰、高渊、李福林等人承担地面报表审核工作。区域自动气象站报表审核由市气象局业务管理人员承担。

四、探测设施管理

2000年,中国气象局下发《关于"对地面自动气象站设备实施使用许可证管理"的通告》,对投入业务使用的自动气象站(含区域自动气象站和进口自动气象站、遥测仪器等)实施使用许可证管理。凡购置自动气象站用于地面气象观测业务工作的,必须具有中国气象局颁发的气象装备许可证。已经安装使用的自动气象站,必须向生产单位索取许可证。凡没有取得气象装备许可证的自动观测设备不得投入业务使用。2001年以后,中国气象局和省气象局相继印发《气象技术装备管理办法》等一系列管理制度。2013年,根据中国气象局推进气象装备社会化保障工作要求,省发改委、省经信委和省气象局联合印发《浙江省气象监测设施规划建设和资源共享协调办法》(浙发改农经〔2013〕972号),成立浙江省气象监测设施规划建设和资源共享协调联络小组,加强和规范自动气象站保障业务,确保自动气象站稳定可靠运行,并在全省开展气象探测设施普查。其他气象技术装备有关文件见表3.13。

表3.13 2000—2015年气象技术装备管理的有关文件

年份	发文单位	文件名	文件号
2001	中国气象局	气象技术装备管理办法	中气测发〔2001〕14号
2004	中国气象局	加密自动气象(雨量)站管理办法	气发〔2004〕344号
2010	中国气象局	国家级无人值守自动气象站业务运行管理办法(试行)	气测函〔2010〕275号
2011	中国气象局	气象装备技术保障手册——自动气象站	气测函〔2011〕100号
2012	中国气象局	自动气象站保障暂行规定	浙气测函〔2012〕45号转
2013	中国气象局	关于推进气象装备社会化保障工作的通知	气测函〔2013〕31号
2004	浙江省气象局	浙江省气象技术装备管理办法(试行)	浙气发〔2004〕18号
		浙江省自动气象站装备保障实施细则(试行)	浙气发〔2004〕19号

续表

年份	发文单位	文件名	文件号
2005	浙江省气象局	浙江省实施〈加密自动气象(雨量)站管理办法〉细则(试行)	
2009	浙江省气象局	关于做好气象探测设施管理工作的通知	浙气发〔2009〕83 号
2010	浙江省气象局	浙江省气象装备保障岗位上岗证管理办法	浙气发〔2010〕67 号
2011	浙江省气象局	浙江省气象探测等设施建设审批细则	浙气函〔2011〕102 号
2012	浙江省气象局	浙江省气象探测等设施建设审批细则	浙气函〔2012〕149
2013	浙江省发改委、省经信委、省气象局	浙江省气象监测设施规划建设和资源共享协调办法	浙发改农经〔2013〕972 号
2014	浙江省气象局	浙江省区域自动气象站运行保障管理办法	浙气测函〔2014〕13 号
2006	宁波市气象局	宁波市自动气象站系统维护(修)操作手册(试行)	甬气发〔2006〕33 号
		宁波市加密自动气象(雨量)站管理办法(试行)	甬气发〔2006〕37 号
2013	宁波市气象局	宁波市气象探测设施保障管理办法(试行)》	甬气预函〔2013〕16 号
2014	宁波市气象局	宁波市气象观测与网络装备优秀表彰办法(试行)	甬气办发〔2014〕4 号

市气象局按照中国气象局和省气象局的规定和工作部署,在做好装备运行保障管理,保障各类探测设施稳定运行的同时,统筹协调做好探测设施的采购、布局和建设等工作。2015 年,市气象局发文明确市、县两级气象探测设施管理和维护职责划分,进一步规范全市气象探测设施管理。是年,市农业区划委员会办公室发文要求加强全市气象监测设施建设管理和资源共享工作。

五、资料业务管理

气候资料是气象台站长年累月观测积累起来的数据记录,是国家重要的信息资源和宝贵财富,气象资料具有高度军事敏感性,事关国家安全。中国气象局和省气象局制定出台一系列涉及气象资料安全管理文件(表 3.14),规范气象资料与外部门共享、应用服务和加强气象资料档案保管工作,维护档案安全。

表 3.14　2001—2011 年气象资料管理的有关文件

年份	发文单位	文件名	文件号
2001	中国气象局	气象资料共享管理办法	第 4 号令
		气象记录档案管理规定	气发〔2001〕130 号
2005		气象资料汇交管理规定	
2006		涉外气象探测和资料管理办法	第 13 号令
		新一代天气雷达灾害性天气过程个例资料整编管理暂行规定(试行)	气测函〔2006〕158 号
2007		涉外提供和使用气象资料审查管理规定	气发〔2007〕430 号
		机读载体气象资料归档管理暂行办法	气预函〔2007〕89 号
2009		关于进一步加强气象资料管理和服务工作的通知	气预函〔2009〕172 号
2011		互联网发布气象资料管理办法	气办发〔2011〕29 号

续表

年份	发文单位	文件名	文件号
2006	浙江省气象局	浙江省气象记录档案保管规定	浙气函〔2006〕129 号
		浙江省气象记录档案保管体制调整工作实施细则	浙气函〔2006〕151 号
2007	浙江省气象局 浙江省国家安全局	关于切实做好新形势下涉及国家安全的涉外气象探测和资料管理工作的通知	浙国安〔2007〕77 号
2010	浙江省气象局	关于进一步加强我省气象资料管理和服务工作的通知	浙气函〔2010〕1 号

市气象局遵照中国气象局和省气象局的各类管理规定执行，落实审批和报备制度，依法依规对外提供气象资料，认真做好气象资料档案的归档和管理工作。按照中国气象局《气象记录档案管理规定》《气象资料汇交管理规定》和省气象局《浙江省气象记录档案保管规定》《浙江省气象记录档案保管体制调整工作实施细则》，气象记录档案由国家、省、市（地）、县四级管理改为国家、省二级管理。2006 年 6 月至 11 月底，市气象局业务科技处协同办公室将全市 8 个地面气象观测站从建站至 2000 年的历史气象记录档案移交市气象局档案室。移交资料包括气簿-1、气簿-2、气簿-33、气压自记、气温自记、相对湿度自记、降水自记、风向风速自记、航气簿、危险观测簿、农气簿、台风加密观测簿和台站历史沿革等。先由鄞州局进行移交试点，鄞州局将气象记录档案清点整理装箱，贴好封条，每箱附装箱清单一份，派专车、专人押送至市气象局档案室。双方按照档案移交规定，按箱逐页清点，办理移交手续。其余 7 站移交工作改为由市气象局的接收小组，上门到各区县（市）局逐本逐页清点装箱，办理交接手续，由专车、专人押运至市气象局档案室。2014 年，市气象局观测与预报处再次组织将全市 9 个（新增镇海站）地面气象观测站 2001—2010 年气象记录档案全部移交市气象局档案室。自记纸类气象记录档案因 2012 年 3 月 31 日取消自记类观测，故只保留到 2012 年 3 月。

在机读载体气象资料备份工作上，严格执行《新一代天气雷达灾害性天气过程个例资料整编管理暂行规定（试行）》《机读载体气象资料归档管理暂行办法》，规范机读载体气象资料归档管理工作。将雷达个例数据和雷达基数据，以及地面气象观测信息化资料每年进行刻录并归档。雷达个例数据和基数据的归档，由雷达站刻录 2006 年以后的逐年灾害性天气个例雷达数据文件以及 2003 年以后的雷达基数据文件，移交市气象局档案室归档。地面气象观测信息化资料的归档，由各气象观测站对 2005 年开展自动观测以后的台站地面气象年报数据（Y 文件）、月地面气象观测数据文件（A 文件）、分钟观测数据文件（J 文件）和自动站正点地面气象要素数据文件（Z 文件），在次年刻盘并在市气象局档案室归档。其中 2005 年和 2006 年因开展平行对比观测，故将人工和自动观测数据均进行刻录，其后年份仅刻录自动观测数据。

六、观测队伍管理

（一）培训考试

为不断提高测报业务人员业务能力，丰富知识储备，解决业务中存在的实际问题，各级气象部门各司其职组织做好从业人员的业务学习培训、岗位练兵和上岗证考试等工作。

国家级培训由中国气象局干部培训学院及其分院组织，省级和市级培训由省、市气象局业务处室组织，县局培训由县气象台长或测报科长组织。培训方式分现场培训和远程培训两种，培训内容包括理论和操作等。

市气象局业务管理部门除了组织做好全市学习培训工作外，还对探测过程中出现的技术问题给予解答，以实现业务技术的统一。定期将技术问题解答汇编成册，如地面气象观测、气象电码技术问题解答汇编等，供台站业务学习。要求台站做到每月1～2次的业务学习和集体观测，以提高业务技能，在业务检查中对学习记录进行检查。组织开展岗位练兵等业务技能测试了解各单位业务状况，及时发现薄弱环节，提高全市气象观测业务水平。

2004年，省气象局制定《浙江省气象测报岗位上岗证管理办法》(浙气发〔2004〕100号)。2011年，中国气象局制定《气象观测员上岗资格管理办法(试行)》(气发〔2011〕95号)。市气象局严格按照中国气象局和省气象局上岗资格管理办法组织开展气象观测员上岗培训和考试管理，所有气象观测员均持证上岗。

(二)业务竞赛

为深入实施科技兴气象和人才兴业战略，加快宁波气象行业技能人才队伍建设，激发广大劳动者学技术练技能的热情，按照省气象局开展行业技能竞赛的精神，市气象局在市人力资源和社会保障局、市总工会的支持下，从2005年起，每年开展以气象观测、预报、防雷为主题的全市气象行业技能竞赛，并选拔人员组队参加全省和全国的行业技能竞赛(表3.15)。

表3.15 参加全省和全国行业技能竞赛情况

年份	组织单位	竞赛名称	宁波市获奖情况
2005	省气象局	第一届浙江省气象行业地面测报技能竞赛	
2006	省气象局、省总工会、省人力资源与社会保障厅	第二届浙江省气象行业地面测报技能竞赛	团体第2名，个人全能第2名
2008	省气象局	全省测报选拔赛	个人全能第2、第5和第11名
2010	省气象局、省总工会、省人力资源与社会保障厅	第三届浙江省气象行业地面测报技能竞赛	个人全能第6名和第8名
2012	省气象局、省总工会、省人力资源与社会保障厅	第四届浙江省气象行业地面测报技能竞赛	团体第5名，个人全能第5名和第13名，其中1人获地面气象观测单项第1名
2014	中国气象局	第九届全国气象行业职业技能竞赛	个人全能三等奖
	省气象局、省总工会、省人力资源与社会保障厅	浙江省气象行业监测预警职业技能竞赛	团体第4名，个人全能第1名和第11名，气象监测与保障单项个人第1名和公共气象服务业务单项个人第2名

第四章　天气预报

天气预报是应用大气变化的规律，根据当前及近期的天气形势，对某一地未来一定时期内的天气状况进行定性或定量的预测。它是利用地面、高空等气象观测资料进行天气图分析，结合雷达、卫星云图等多种气象探测资料和数值模式预报产品，在充分考虑地形和气候特点等综合因素基础上做出的。自20世纪末以来，宁波的天气预报技术得到长足发展，预报准确率逐年提高，在防灾减灾中和保障宁波经济社会发展中发挥着越来越重要的作用。

第一节　天气预报业务

天气预报按时效长短可分为：临近预报（0～2小时）、短时预报（2～12小时）、短期预报（1～3天）、中期预报（4～10天）、延伸期预报（11～30天）、长期预报（1月～1年）、超长期预报（1年以上）等。目前宁波的天气预报业务主要包含短时临近、短期、中期、延伸期和长期预报等常规天气预报，以及森林火险、地质灾害、空气质量、海洋渔场预报等相关业务。

短时临近预报是指对未来0～12小时天气过程和气象要素变化状态的预报，其业务重点是监测预警短时强降水、冰雹、雷雨大风、龙卷、雷电等强对流天气。宁波市气象局自2006年开始制作发布短时临近预报，2010年成立临近预报科，2011年4月开始按照《宁波市短时临近预报业务》规定开展短时临近天气预报业务。宁波市气象台负责制作各区县（市）的短时临近预报指导产品和市区短时临近预报；各区县（市）气象局按气象预报服务属地原则，负责制作和发布本行政区域的短时临近预报。每日05，08，11，14，17，20时（北京时，下同）发布未来3小时天气（20时发布未来9小时天气），遇特殊天气，随时更新预报，预报产品包括天气状况和温度。2013年始增加未来3小时逐时雨量预报、未来24小时短时预报、0～1小时的逐15分钟雷电概率预报、定量降水估测等预报产品。

短期天气预报是宁波市气象部门的日常天气预报，每天早晨、中午和傍晚制作发布，为及时更新最新预报，2013年开始增加每天21时短期天气预报，从一天更新3次增加到4次，中期预报时效从5天延长到7天，2015年再延长到10天，同时不再发布每旬预报。2004年起一直制作一周天气预报决策服务材料，并在2013年增加一周天气提示，将一周内的重要天气以专题材料形式在市气象局内网发布，向全市气象预报人员提示一周内重要天气及相关服务。2013年增加延伸期预报产品，包括延伸期降水预报（5—10月）和延伸期降温预报（11月至翌年4月）。2014年开展空气污染气象条件以及空气质量指数（AQI）预报等。

长期预报包括月预报、1—9月天气展望（9个月）、春播育秧期天气趋势（2个月）、汛期（5—9月）天气趋势（5个月）、秋季低温预报（2个月）、冬季天气趋势（3个月）。2013年起开展延伸期预报和长期预报，包括延伸期降水预报（5—10月）和延伸期降温预报（11月至翌年 4 月)。主要根据亚洲范围内 8 个天气关键区大气低频系统的演变趋势,运用低频天气图预报方法,结合国家气候中心月动力延伸预报和省气候中心预测结果。

地质灾害直接威胁着人民生命财产的安全,做好地质灾害的气象风险预报预警,对维护社会安定和经济社会可持续发展具有十分重大的意义。2004 年尝试开展宁波市地质灾害气象等级预报预警,2005 年正式开展此项业务。突发性地质灾害气象预(警)报采用市国土资源局和市气象局联合开发的预(警)报系统(LAPS)。汛期或符合预报工具启动条件时,每天 14 时前进行一次全市未来 24 小时突发性地质灾害发生概率等级预报。当地质灾害气象预报等级≥3 级或国土资源部门认为可能≥3 级时,当天 14 时 10 分进行会商并得出结论,14 时 45 分前签发并反馈信息。2013 年利用省气象局下发的灾害性天气短时临近预报业务系统(简称 SWAN)相关产品,基于 ArcGis 技术,开发了精细到乡镇、街道一级的中小河流洪水和山洪地质灾害气象风险预报产品。

截至 2015 年宁波市已开展数十项预报预测项目(表 4.1)。

表 4.1　天气预报业务及时效(截至 2015 年 12 月)

短时临近预报	短中期预报内容及时效	延伸期预报(11～30 天)	长期预报
未来 3 小时各区域降水气温预报	72 小时晴雨、温度、风力预报(06 时,11 时,17 时,21 时)	冬半年(11 月至翌年 4 月)降温过程预报	逐月预报
各种灾害性天气预警信号	城镇天气指导预报	夏半年(5—10 月)降水预报	不定期预测(如:春耕秋收天气趋势)
未来 3 小时逐小时雨量预报	3～10 天逐日晴雨预报(06 时,11 时,14 时)	11～15 天的逐日晴雨滚动预报	汛期(5—9 月)长期天气趋势
0～1 小时逐 15 分钟雷电概率预报	每周一的一周天气预报		秋季低温长期预报
定量降水估测等	夏半年的地质灾害预报; 冬半年的森林火险预报		冬季长期天气趋势预报
宁波周边探空站强对流概率监测	海洋渔场风浪预报(06 时,15 时)		下一年 1—9 月长期天气展望等
街区临近降水预报	港口天气预报(06 时,15 时)		
	沿海航线预报(06 时,16 时)		
	空气污染气象条件及 AQI 预报(11 时)		
	体感温度、相对湿度及其他生活指数预报(17 时)		
	大城市精细化预报(06 时,10 时,16 时)		
	乡镇(街道)、社区(村)天气预报		
	决策服务产品		
	雨雪相态预报		

每年 11 月 1 日至次年 4 月 30 日,每天 17 时、21 时通过宁波电视台和宁波广播电台发布森林火险气象条件等级预报。

1998 年成立宁波市海洋气象台,并建立宁波海洋气象业务系统,开展海洋海区气象预报业务，预报内容包括北洋、南洋、外洋三个海区的风力、风向、天气等。2007 年 1 月起，宁波海洋气象预报正式在宁波电视台新闻综合频道和都市文体频道向社会公众发布。2011 年 1 月 1 日开始，宁波市海洋气象台和象山县气象台为海洋渔业捕捞提供更精细化的海区天气预报、渔场气象预报、海岛天气预报等，预报内容包括近外海范围内 13 个渔场未来 120 小时（五天）内的天气现象、风力风向、浪向浪高趋势预报。海岛旅游兴起后，宁波市气象台相继开辟多条航线天气预报，2011 年 11 月开始，每天发布石浦至渔山、爵溪至南韭山两条航线天气预报，至 2015 年航线天气预报扩展到 5 条。是年 7 月开展港口（包括七个港区）预报业务。

第二节　天气预报技术和方法

宁波市气象工作者在天气预报预测的实践中，通过多年的努力，逐步研究总结出一系列预报方法，包括天气图分析和预报，雷达、卫星等资料与产品的分析和预报，数值天气分析和预报以及灾害性天气临近预报等。其中天气图及其辅助图表分析和预报是传统天气预报业务的主导方法，主要依据每隔 12 小时一次的 500，700，850 百帕的欧亚高空等压面图和每隔 6 小时一次的东亚地面天气图及华东、中南区域辅助天气图，运用气团、锋面、气旋等天气学原理；平流动力、涡度、散度等动力气象学原理以及三变量（即 24 小时的气压、温度、湿度等变量）通过预报员的分析比较，结合历史演变经验外推，作出 3 天以内的天气预报。这是气象台长期以来使用的一种最基本的经验定性短期预报方法，现在仍然是天气分析和预报常用的重要工具。随着计算机软件系统的快速发展，2005 年起宁波市气象台彻底取消纸绘天气图，改用 MICAPS 电子天气图。

数值天气预报就是用数值模式从初始场开始进行数值积分预报未来的天气形势和天气。数值天气预报已经成为天气预报业务的基础。目前，对于中短期的预报技术和方法主要依赖于数值预报，以对数值预报的统计释用为主，使用的方法包括模式输出统计方法 MOS（Model Output Statistics Method）、完全预报方法 PP（Perfect Prognostic Method）、支持向量机方法 SVM（Support Vector Machine Method）、神经元网络等。

21 世纪发展的集合预报业务对于延长预报时效和提高灾害性天气概率预报水平已经并将继续发挥重要的作用。集合预报分为多初值、多过程、多模式的集合，技术开发用得最多的是多初值集合预报，预报员用的最多的是多模式集合。预报员利用欧洲（ECMWF）、日本、美国等业务中心的数值分析预报产品以及我国的 T639（由 T213 发展而来）、GRAPES 等模式预报产品，根据多年积累的经验进行主观集成，制作预报产品。

对于强天气和灾害性天气的短期、短时、临近预报，则以多普勒雷达探测、卫星探测、风廓线雷达、GPS/MET、闪电定位、物理量诊断等作为主要依据材料进行综合诊断分析，判断出现某种强天气可能发生的概率和强度。

第三节　天气预报业务系统

现代天气预报业务是建立在海量、实时的观测和分析数据基础上的，因此功能齐全、方便实用、集成度高的预报业务平台是必不可少的工具。市气象局相关部门研究开发出一系列预报业务工作系统，最常用的包括中尺度气象数值预报释用系统（MM5/WRF）和气象预报录入系统，以及结合卫星云图和天气雷达、台风监测、区域自动气象站、闪电定位、GPS/MET 观测和其他观测资料的本地化短时临近监测预报系统。其中，卫星和雷达部分含FY—2E/2G 云图、葵花-8 可见光云图、极轨卫星云图、卫星火情监测、宁波雷达、宁波 1 公里网格雷达降水估测、风廓线雷达、省内雷达拼图、华东雷达拼图等产品。

中尺度气象数值预报释用系统（MM5/WRF）是新一代高分辨率中尺度预报模式，特点是对大尺度背景下的中小尺度天气系统的发生发展具有更好的模拟效果。WRF 模式是一种完全可压非静力模式，采用 Arakawa C 网格，集数值天气预报、大气模拟及数据同化于一体的模式系统，能够更好地改善对中尺度天气的模拟和预报，目前主要应用于有限区域的天气研究和业务预报。宁波市的数值预报释用始于 2001 年，第一个引进的模式是第五代中尺度数值预报模式 MM5。两年之后，引进新一代的天气研究与预报模式 WRF，通过将其本地化，建立宁波市中尺度气象数值预报释用系统，极大地促进本市天气预报业务的发展。

2003 年启用“宁波市气象台预报服务业务流程”平台，内容包括“新一代预报业务流程”“预报产品网页制作”“决策服务”“气象电子信息发布屏（LED）软件”“工作任务巡视”等多个软件模块，各模块之间既相互独立，又以预报产品为纽带，形成相互关联的流水作业体系，这样最大限度地避免重复劳动及预报产品间相互矛盾的问题。从资料分析、天气会商、预报制作到预报质量评定，为预报员提供一个集成化的友好工作平台。

MICAPS（Meteorological Information Comprehensive Analysis and Process System）是中国气象局开发的供全国气象预报员使用的核心预报工作平台，是一个交互式的计算机软件，可以多平台运行，运行的环境可以是 PC-Windows，Linux/Unix，系统设计采用模块化的方式，由核心程序与功能组件构成。它将气象观测、卫星数据、数值预报产品等整合在一起，使预报员能交互式地查看、分析、叠加显示及操作大量的图形，为预报员提供一个分析显示工作平台，通过气象数据的图形和图像，对各种气象图形进行编辑加工，为气象预报和服务人员提供一个中期、短期、短时（临近）天气预报分析制作的工作平台。开放式框架和组件化设计，便于预报员进行适合本地环境的安装定制，可为不同业务提供专业化版本，满足各种业务需求。宁波市气象局 2004 年开始使用 MICAPS2.0 版本，2008 年启用 MICAPS3.0 版本，2016 年启用 MICAPS4.0 版本。

宁波市气象局 2011 年开始启用 SWAN 系统。SWAN（Severe Weather Automatically Nowcast System）是中国气象局开发的基于 MICAPS 的灾害天气短时临近预报业务系统。它具有灾害天气实况监视报警，雷达三维拼图，定量降水估测（QPE），回波移动矢量（CO-TREC 风），定量降水预报（QPF），反射率因子预报，风暴追踪，预报产品实时检验，各种产品数据检索、显示、预警文本制作等功能。

宁波市气象局研发的《宁波市气象台热带气旋业务系统（nbty）》2011 年投入业务应用（热带气旋即台风，下同。中国气象局将热带海上风暴（包括台风）统称“热带气旋”）。该系统集成六大功能模块，包括热带气旋历史资料的收集、热带气旋历史资料的查询、热带气旋路径预报显示、预报回归、误差统计查看、路径图制作功能。借助该系统，预报员可以轻松的通过设定多条件来查询历史热带气旋，以及影响宁波市的热带气旋过程风雨实况和对应大气环流场;预报员还可以轻松查看包括中国中央气象台(CMO)、日本(JMA)、美国关岛(JTWC)、中国台湾(TWB)、中国香港(HKO)、欧洲中心(ECMWF)等不同预报中心对于西北太平洋和南海每个编号热带气旋的主客观定位、定强预报信息,极大提高预报员在台风预报中分析资料的效率。宁波市气象台研发的《海洋气象精细化预报业务平台》是年5月正式投入业务使用,该平台主要由沿海海面大风预报、两湾一港风的精细化预报、沿海地区大雾预报和资料信息共享平台组成。兼具两方面的功能,一是风和雾的预报预警系统的运行,二是历史资料查询。平台集成了多种海洋预报产品,包括沿海大风、海雾预报产品,中尺度数值预报、质量检验系统,概念模型介绍,大风预警系统,海洋天气预报,最新台风路径及气象内参。浙江沿海、外部海域、杭州湾、象山港及三门湾的大风预报客观化、定量化和预警自动化。宁波市气象局研发的《强对流概率监测预报系统》2014年3月开始在宁波市气象预报业务平台逐日业务运行,图形产品通过市气象内网向全市气象台站发布。将预报结果对照自动站实况进行逐次质量检验,预报准确率达到70%以上。该系统能对全市及周边气象台站的强对流预报起到较好的参考作用。

第四节　数值预报释用

数值天气预报是利用大气运动方程组,在一定的初值和边值条件下对方程组进行积分,预报未来的天气。随着计算机技术的发展、观测手段的进步,以及对大气物理过程认识的深入,数值天气预报已取得很大进步。数值天气预报释用成为当前天气预报的主要手段。

21世纪以后,数值预报发展迅速,但由于其分辨率较低,网格较粗,地市级气象台站需要通过主观订正集合释用等方法来运用于业务。为了WRF模式更好的运行,宁波市气象局配备相应的大型计算机。2001年使用的是PC-CLUSTER,当时的模式分辨率为15公里,释用效果较好,特别是对台风的模拟和预报。在此基础上,2005年又在模式中嵌套5公里的网格,计算量急剧增大,为此,2006年购买曙光-4000A高性能集群。至此,模式释用可以满足常规气象要素预报的需求,并在海洋、港口、交通、旅游等预报领域得到广泛应用。2014年再次升级为IBM的HPC集群,进一步提高计算能力,缩短计算时间,更好地服务于天气预报业务。

2011年还引进大气扩散模式,开展空气质量预报,包括 PM_{10} 和 $PM_{2.5}$ 的预报。近几年,随着人们对空气质量的关注,$PM_{2.5}$ 预报的需求越来越高,为此,引进两套模式,一套为WRF-CHEM,是天气与化学过程在线耦合的数值预报模式,结合当代先进的中尺度区域天气WRF模式和大气化学模式各自的优点,从而使预报准确性得到很大提高,另一套为南京大学城市空气质量预报系统,同时开展 $PM_{2.5}$ 预报。

2015年开始推行集合预报。通过对模式初始场进行扰动,得到1个控制成员和10个扰动成员,然后对预报结果进行处理,可以得到集合平均、概率预报、邮票图、箱格图、烟羽图等多种形式的预报产品。

第五节　区县(市)天气预报发展

2000年以前,区县(市)天气预报服务产品主要是短期和中期等常规天气预报。从

2000年起先后增加人体舒适度、紫外线指数、穿衣指数、森林火险等级预报。2003年起中期预报由5天延长至7天，并先后增加发布天气旬报、农气月报和汛期天气预测等针对性服务产品；2006年开始针对灾害性天气发布预警信号；2010年开始，先后增加地质灾害气象风险预报；2011年起增加短临天气预报，逐3小时更新天气和气温等预报，如遇特殊天气及时更新；2012年增加天气周报产品，每周一、五发布未来一周天气形势和重要过程预报，并提供生产和衣食住行等贴心提示。2013年6月，中国气象局印发《关于县级综合气象业务改革发展的意见》(气发〔2013〕54号)，就发展县级综合气象业务、加快建设集约化县级综合气象业务平台、推进县级综合气象业务改革、加大县级气象综合业务科技支撑和人才保障等方面提出要求，实现县级气象机构公共气象服务、气象预报预测、气象观测和综合气象保障等各项业务综合化、集约化。加强灾害性天气和气象灾害的实时监测预警业务，开展有针对性的本地农用天气预报和农业气象灾害预警工作。在上级指导下，开展强对流天气和突发气象灾害的临近预报预警业务，及时发布各类气象灾害预警信号。各地根据实际情况，可基于上级指导产品，开展24小时内灾害性天气落区预报和乡镇精细化气象要素预报的订正业务，开展环境气象预报预警的订正业务。是年起，各区县(市)气象局陆续成立气象台，在宁波市气象台指导下，各区县(市)气象台开展本行政区域内的天气预报业务。天气预报技术和方法主要有天气图分析和预报，雷达、卫星等资料与产品的分析和预报，数值天气分析和预报以及灾害性天气临近预报等。

各区县(市)气象局在开展常规天气预报服务的同时，还结合本地特点，积极开展“一县一品”特色预报服务。如余姚局2009年起开展早稻、晚稻、杨梅全生育期气象预报服务，同时利用经验积累和相关算法开展杨梅始花期预测、杨梅成熟期预测，2014年起增加生态环境监测和生态预报，主要涉及空气质量、下垫面温度、紫外线、土壤墒情等的监测和AQI、中暑指数、地质灾害、景点天气等的预报。慈溪局从2009年初开始发布有针对性的设施农业气象预报服务产品，主要有设施大棚内短期气象要素预报、高温烧苗等大棚内特有气象灾害实况预警以及农技措施建议等多项服务内容，2010年底开始，农气人员进驻宁波北部气象综合探测基地进行设施农业气象的实地观测，实现设施农业气象服务常规化和业务化。北仑局2014年下半年开始发布有针对性的港口0～168小时天气预报，包括天况、气温、降水、风力、能见度等。奉化局2012年开始发布旅游短期天气预报、一周天气预报及“96121”服务产品，2014年起对外发布由多个单一指数合成的综合性适游度指数预报。镇海局2014年7月1日起，开展空气污染气象条件等级预报服务。象山局2014年10月起，新增海洋天气预报、海浪预报、海温及潮汐预报、生活指数预报等内容。宁海局2014年10月起，开始制作海水养殖周年气象服务方案、灾害性天气及气象灾害可能引起的海水养殖病虫害等专题气象服务。鄞州局截至2015年已开展高血压、冠心病、气管炎等多项医疗指数预报。

第六节　天气预报业务管理

天气预报业务管理承担着全市预报业务工作的组织协调；预报业务规范标准的执行和制度制定；预报技术的总结、攻关、推广；预报质量评比、目标考核等重要职责。2000年前，先后由宁波地区(市)气象台台站组、市气象局业务科、业务科教处负责全市气象台站天气预报业务管理工作。2001年市气象局业务科教处改称业务科技处(2010年改称市气象局观测与预报处),负责全市气象台站天气预报业务管理工作。

一、制度管理

20世纪90年代初,省气象局根据国家气象局(现中国气象局)制定颁发的《天气预报工作规范》等预报技术规范和规章制度,结合浙江实际,制定短时、短期、中长期、灾害性天气监测、联防、预报、服务的规定及流程等补充规定,汇编成《气象业务工作手册》,由全省各气象台站贯彻实施。主要内容有预报值守班制度、交接班制度、天气会商制度、预警报发布制度、服务制度、灾情报送制度、总结上报制度、奖惩制度等等。90年代以后,为适应预报预警业务发展,又先后修订岗位职责制度和预报会商工作制度,制定预警信息发布规范、城镇预报业务规范、灾害性天气监测、联防、预报业务规定等。

(一)岗位职责制度

2000年4月,浙江省气象局制定下发《气象业务服务工作重大差错与责任性事故处理办法(试行)》,明确重大差错与责任性事故的分类、处理规定和处理程序等。2005年6月,为进一步加强气象业务工作责任制,省气象局制定下发《关于建立和上传气象业务值班工作日志的通知》,要求全省各级气象台站必须把每日20时(北京时)浏览上下级监测、预报和服务信息的情况作为一项固定内容,进行日志登记,如有突发性、灾害性天气时,相关行政和业务岗位按照值班制度要求,实行全天候到岗跟踪值班,直至影响的天气系统结束,整个值班工作情况同时记入日志内容。2015年6月,市气象局制定印发《宁波市气象局天气预报岗位值班管理办法(暂行)》,对全市天气预报岗位值班工作进行规范。

(二)天气会商制度

天气会商是气象部门讨论沟通预报思路、交流预报技术、提高天气预报准确率的重要手段。日常天气会商和灾害性天气预报的会商分别有不同的规定要求。

20世纪80年代中后期至90年代,省—市(地)气象台、市—县气象台(站)短期天气会商是通过甚高频电话网通信方式。1998年7月起,根据省气象局《关于调整省—市(地)气象台短期天气预报会商方案的通知》要求,中止通过甚高频电话网的省—市(地)气象台短期天气会商方式,改为采用电话会商方式。2002年,省气象局《关于建设浙江省气象部门视频会商系统的通知》,要求自2003年1月份启动全省天气预报视频会商系统建设,并要求在当年汛期前初步完成省—市两级系统的基础部分,并投入业务试运行。2004年,市气象台大屏幕投影系统和省—市、市—县可视会商系统建成,市气象局制定下发市—县可视会商流程。是年3月18日,市—县可视会商系统开始业务试运行。

2003年,中国气象局下发《全国天气预报电视会商工作暂行规范》,规范天气预报会商工作流程和相关技术要求。2003年10月,省气象局制定下发《浙江省气象预报远程视频会商工作暂行办法》,明确规范全省天气视频会商的组织协调、参加单位和人员、会商时间、会商内容和具体流程等,规定短期天气会商时间为每天15时,每天上午09时30分直播省气象台内部会商,每旬旬末的上午进行省、市中期会商。2004年6月,市气象局制定下发《宁波市气象局市县天气预报会商流程》,将市—县会商调整为每天10时至10时30分一次，取消原来14时15分的市级内部会商及15时30分的市—县会商，有特殊情况另外增加会商时次。2007年4月1日起，每天14时30分增加一次市—县会商，由市气象台及市信息中心预报员参加，市台首席预报员将会商结论通过可视会商系统向全市气象台通报，如有重大天气或对上午预报有较大调整时，视情况举行全市会商。

2005年5月，中国气象局预测减灾司下发《关于改进电视天气会商的通知》。2005年6月，省气象局修订下发《浙江省远程视频天气会商工作办法（试行）》，增加短期天气预报会商为一日两次（9时30分和15时），每旬旬末日上午短期会商后举行中期天气预报会商，进一步细化会商流程和相关技术要求。

2008年4月，中国气象局预测减灾司下发《关于进一步做好全国天气会商工作的通知》，强调会商的组织、准备、发言、保障等要求。2008年7月，省气象局制定《浙江省预报服务视频会商工作办法》，将原先每天两次的短期天气会商内容扩充为短时短期天气会商，每日一次，开始时间提前至每天14时45分；全省中期天气预报会商一般为每旬一次，每旬旬末上午10时15分开始；省级内部天气会商每天上午09时30分举行。

2009年5月，中国气象局预报与网络司下发《关于进一步做好全国天气会商工作的通知》，要求提高天气会商的质量，进一步加强会商的组织与准备工作，严格控制会商时间，注重突出会商重点，注意使用预报用语的规范性。省气象局对该文件予以转发。是年8月，中国气象局预报与网络司制定下发《全国天气预报电视会商业务规定（试行）》，规范全国早间天气会商、中期旬天气会商、全国重要天气会商和专题天气会商流程，强调演示文件制作要求等，并开展对全国早间天气会商的检查通报。

2010年9月，省气象局科技与预报处下发《关于调整上午全省视频天气会商部分流程的通知》，规定如果在早上8时的全国天气会商中，省气象台作为指定发言单位时，各市气象台应组织值班人员收看，如无特殊情况，当天9时30分的省级内部天气会商取消。

（三）气象灾害预警信号业务规定

2004年8月，中国气象局下发《突发气象灾害预警信号发布试行办法》。为规范突发气象灾害预警信号的发布工作，2005年6月，中国气象局预测减灾司下发《突发气象灾害预警信号发布业务规范（试行）》。2008年11月，中国气象局下发《气象灾害预警信号发布业务规定》。

2005年3月，省政府办公厅下发《浙江省气象灾害预警信号发布规定（试行）》，明确气象灾害预警信号分类等级及防御指南。2005年4月，省气象局下发《关于贯彻落实〈浙江省气象灾害预警信号发布规定（试行）〉的通知》，要求切实制定部门预警信号业务工作流程，确保预警信号制作与发布工作规范进行。2005年7月，省气象局下发《浙江省气象灾害预警信号发布业务规范（试行）》，规范预警信号发布或变更用语、制作与变更流程和共享方式、质量评价等。

2005年7月27日，《宁波市气象灾害预警信号发布与传播管理办法》经市人民政府第52次常务会议审议通过，并自2005年9月10日起施行。《办法》规定预警信号共分为台风、暴雨、高温、寒潮、大雾、雷雨大风、大风、沙尘暴、冰雹、雪灾、道路积冰等11类，预警信号总体上分为四级（Ⅳ，Ⅲ，Ⅱ，Ⅰ级），按照灾害的严重性和紧急程度，预警信号颜色依次为蓝色、黄色、橙色和红色，同时以中英文标识，分别代表一般、较重、严重和特别严重。2005年8月，市气象局和市文化广电新闻出版局联合印发关于下发《宁波市气象灾害预警信号播发暂行办法》。2008年8月，市气象局印发《宁波市气象灾害预警信号分级发布实施办法(试行)》，明确市县两级气象部门在气象灾害预警信号发布工作中的职责分工。2008年11月，市气象局对《宁波市气象灾害预警信号分类等级及防御指南》中"防御指南"部分进行修改，删除对政府各部门的防御建议，保留并补充公众防御要点。2016年1月11日，市人民政府第226号政府令《宁波市人民政府关于修改部分政府规章的决定》对气象灾害预警信号有关标准进行修订。

二、质量管理

(一)质量考评

天气预报质量从通信、填图到短时、短期、中长期预报以及灾害性天气预报等各个业务环节都实施质量管理。1989年始通信、填图质量评分办法终止。1990年5月中国气象局下发《重要天气预报质量评定办法(试行)(第一次修订)》。1998年中国气象局预测减灾司下发《天气预报业务规定》，其中包括《指导预报评分办法》。2003年6月，中国气象局预测减灾司《关于上报省级气象台指导预报产品质量的通知》要求2003年下半年，省、地级气象台都要将预报产品质量检验纳入预报业务流程，同时下发"指导预报评分系统"。2003年11月，省气象局业务科技处制定下发《浙江省短期天气预报质量评定办法(试行)》，进一步规范全省各级气象台站短期天气预报质量评定工作，评定项目包括降雨降雪、温度、风力、寒潮和雾五项内容。

2005年6月，中国气象局下发《中短期天气预报质量检验办法(试行)》，检验办法适用于检验单站和区域中短期天气预报质量，包括指导预报和公众预报，检验内容包括降水预报(降水分级检验、累加降水量级检验、晴雨(雪)检验)、温度预报(最高、最低气温和定时气温预报误差)、灾害性天气落区预报。省气象局每月10日前报送上月预报质量，每年1月15日前报送上一年度全年预报质量。

2008年8月，省气象局转发中国气象局预测减灾司《关于对全国城镇天气预报新业务流程传输质量考核和预报质量检验的通知》，要求自2008年10月1日起，由省气象台负责对新业务流程每日5次上传的城镇天气预报开展预报质量检验并向中国局提供检验产品。

2009年9月，中国气象局预报与网络司下发《全国城镇天气预报质量国家级检验方案》，增加1～3天以24小时为预报时段的省级预报相对于国家级指导预报的订正技巧作为检验指标。2009年起，省气象局在预报质量管理中增加城镇天气预报订正预报技巧的检验。

2013年12月，省气象局下发《关于调整中短期天气预报降水、气温质量评定(检验)办法的通知》，从2014年1月起对中短期天气预报质量评定(检验)办法部分内容作调整。

市县气象台长中短期天气预报质量指标、重大灾害性天气个例档案和决策服务、优秀服务奖申报、优秀值班预报员评比，重大责任性事故处理，上岗考核、业务项目增减等，通过在目标管理中加大考核力度，实施对市、县气象台的管理。

(二)优秀值班预报员评比

20世纪80年代开始，每年组织重大灾害性天气预报服务评奖活动。1995年，中国气象局颁发《优秀值班预报员奖励办法(试行)》,同年,省气象局下发《浙江省优秀值班预报员奖励办法(试行)》。在全国、全省气象部门开展全国、全省优秀值班预报员评选活动,分设一、二、三等奖。各台站填报重大天气预报服务成败效益事例,对其中事迹突出并获得市气象局一等奖者报送省气象局,同时上报中国气象局参加全省和全国评奖。1995—1999 年,全市气象部门有 11 人获得省优秀值班预报员称号,1 人获全国优秀值班预报员称号。

2003 年 6 月,省气象局制定下发《浙江省优秀值班预报员奖励办法》,办法规定评奖对象为省、市、县三级气象台站中从事日常短、中期天气预报和短期气候预测业务工作的人员,并明确评奖条件、申报程序和评审等要求。2003 年 11 月,中国气象局制定下发《全国优秀值班预报员奖励办法》,评奖对象包括中国气象局所属的地(市、盟)级及以上的各级气象台从事日常预报业务工作的值班人员,每年评选一次。2010 年 12 月,省气象局科技与预报处制定下发《“浙江省优秀值班预报员奖励办法”补充规定》,对《浙江省优秀值班预报员奖励办法》进行细化和补充,明确奖励办法所指的值班预报员范围为:省级的短时、短期、中期天气值班预报员和短期气候预测预报员以及市县级的短时、短期天气值班预报员。除了考核预报员日常值班业务质量外,补充规定还强化对预报员综合素质(包括年度值班数、业务技术总结情况、预报业务系统或预报方法研究成果应用情况和预报竞赛获奖情况等)的量化考核。2004 年 2 月,市气象局下发《关于贯彻执行浙江省气象局优秀值班预报员奖励办法的通知》,明确宁波市气象局优秀值班预报员奖励办法参照《浙江省气象局优秀值班预报员奖励办法》执行。2006—2015 年,全市气象部门有 19 人获得省优秀值班预报员称号,有 6 人获得全国优秀值班预报员称号。

三、技术管理

市气象局业务管理部门对市、县气象台业务技术管理的重点是组织指导预报技术方法的建立和改进。

(一)预报技术管理

2001 年开始启动区域中小尺度天气数值预报模式建设,引进神箭-100 并行机系统和 MM5 区域模式,2003 年 7 月开始调试 WRF 模式,2004 年 4 月投入业务运行,2005 年 3 月,一层嵌套模式投入业务运行,2007 年 3 月 WRF 二层嵌套模式成功移植到曙光高性能计算机上,提高运算能力,每天起报次数由原来的 2 次增加到 4 次,预报时效由原来的 60 小时延长至 120 小时,运行时间由原来的 8 小时缩短为近 2 小时。并与中国科学院大气物理研究所合作,引入新的微物理过程参数化方案,实现 9210 下发常规观测资料(包括地面和探空)和多普勒天气雷达资料的同化,使模式降水预报有明显改进。

短时临近预报水平,尤其是强对流天气的监测和预报能力随着新一代多普勒天气雷达和中尺度自动气象站的建设布点得到提升明显。加上手机气象短信发布手段的应用,使得短时临近天气预报预警服务在时效上明显缩短,并已初步形成一套业务流程。

中期天气预报也从原来的每旬发布一次,发展到每周发布一次,再到每日滚动发布各区县(市)7 天预报。2015 年,改为每日滚动发布各区县(市)10 天预报。

(二)预报技术总结交流

市气象局每年以多种形式组织预报业务技术人员对全年重要天气过程、重大气候事件以及天气预报和气候预测技术、经验开展技术总结和交流活动。在每次灾害性天气过程结束后，及时组织预报技术人员进行详细分析、总结，撰写论文和技术报告，并在交流基础上，评选出优秀论文和技术报告向省气象局推荐参加全省、华东地区或全国重大灾害性天气过程总结和预报技术经验交流会。2011 年 1 月，宁波有 2 篇论文入选参加“2010 年全省预报技术网上交流”活动。2012 年 1 月，有 2 篇论文入选参加“2011 年全省预报技术网上交流”活动，有 1 篇论文被评为 2011 年全省预报技术交流优秀论文。是年 12 月底，全省预报技术优秀论文评比活动中，有 1 篇论文被“第九届全国灾害性天气预报技术研讨会”录用。2013 年 11 月，浙江省气象局优秀预报技术论文评选活动中，宁波有 3 篇论文参加全省交流。2014 年 11 月，浙江省气象局优秀预报技术论文评选活动中，宁波有 1 篇论文被评为“2014 年浙江省气象局优秀预报技术论文”，另有 1 篇论文参加全省交流。2015 年 12 月，浙江省气象局优秀预报技术论文评选活动中，宁波有 1 篇论文被评为“2015 年浙江省气象局优秀预报技术论文，2 篇论文参加全省交流。

（三）预报技能竞赛

2007 年 10 月，由张程明、董杏燕、何彩芬组成的宁波市气象局代表队参加浙江省气象局、省劳动和人事保障厅、省总工会联合举办的首届全省气象行业天气预报技能竞赛，经过为期两天的理论知识、实时天气预报、历史个例天气预报、现场问答四个环节的激烈角逐，获得团体总分第一名。张程明、董杏燕、何彩芬获浙江省气象行业技术能手称号；曹艳艳获浙江省气象行业青年技术能手第一名和历史个例天气预报单项第一名；张程明获实时天气预报单项第一名。

2009 年 10 月，市气象局举行 2009 年全市天气预报竞赛，市气象台曹艳艳、张程明、俞科爱和慈溪市气象局余建明（并列第三名）取得个人成绩前三名。是年 11 月，由曹艳艳、张程明、俞科爱组成的宁波市气象局代表队参加浙江省气象局、省劳动和人事保障厅、省总工会联合举办的第二届全省气象行业天气预报技能竞赛。获团体总分第二名；曹艳艳、张程明获个人全能三等奖；曹艳艳获历史个例天气预报单项第二名。

2010 年 1 月，宁波市气象台曹艳艳作为浙江省气象局代表队成员赴北京参加第二届全国气象行业天气技能竞赛。

2011 年 11 月，由曹艳艳、张程明、何彩芬组成的宁波市气象局代表队参加浙江省气象局、省劳动和人事保障厅、省总工会联合举办的第三届全省气象行业天气预报技能竞赛。获团体总分第二名；曹艳艳获个人全能二等奖；何彩芬、张程明获个人全能三等奖；何彩芬获实时天气预报单项第一名。

2013 年 9 月，由郭建民、王立超、胡晓、顾小丽组成的宁波市气象局代表队参加浙江省人力资源和社会保障厅等 8 部门联合组织、浙江省气象局承办的 2013 年全省气象行业天气预报员职业技能大赛，获团体总分第一名；胡晓获个人全能二等奖，并被省人力资源和社会保障厅授予“浙江省技术能手”称号；顾小丽获个人全能三等奖和历史个例天气预报单项第二名，并被省气象局授予“浙江省气象行业技术能手”称号。是年 11 月，宁波市气象局与宁波市总工会、宁波市人力资源和社会保障局联合举办第四届全市气象行业天气预报技能竞赛。郭建民、张程明获“宁波市技术能手”称号，何彩芬、顾小丽、卢晶晶、吕劲文获“宁波市气象行业技术能手”称号。

2015年9—10月，宁波市气象局与市人力资源和社会保障局、市总工会联合举办第五届全市气象行业天气预报技能竞赛，顾小丽、吕劲文获“宁波市技术能手”称号，朱佳敏、朱宪春、朱纯阳、卢晶晶获“宁波市气象行业技术能手”称号。是年，由朱佳敏、顾小丽、郭建民、朱宪春组成的宁波市气象局代表队参加2015年全省气象行业天气预报员职业技能大赛。

四、联防管理

宁波市气象局为江、浙、沪边界六城市气象联防协作网成员单位之一，包括军民联防、省际联防、省内联防、市内联防。

（一）军民联防

2005年7月18—20日，市气象局与驻甬海军携手赴象山监测台风“海棠”。2006以后，为驻甬海军和海军航空兵气象处（台）和民航宁波栎社国际机场气象台提供包括雷达、卫星和气象自动站资料在内的各类实时气象监测数据，并建立会商交流机制。

（二）省际省内市内联防

2003年5月，由于舟山原713型雷达已拆除、新一代天气雷达尚处于建设阶段，根据省局《关于加强省内天气雷达联防的通知》要求加强宁波新一代天气雷达和温州714雷达的联防工作。

2006年5月，华东六省、三个计划单列市气象局在上海市气象局召开华东地区天气联防会议，研讨华东地区天气联防办法和华东区域气象资料共享方案等事宜。

2008年6月，上海区域气象中心编制下发《区域跨省雷达预警联防办法（试行）》，要求充分利用相邻省市间的新一代天气雷达联防弥补本省雷达探测的空白区或盲区，加强省与省之间气象台站灾害性天气预警和服务工作的协作，规定了联防启动条件、联防通报内容和联防流程等。

2010年3月，上海区域气象中心召开江、浙、沪边界六城市灾害性天气联防工作会议，讨论《江、浙、沪边界六城市灾害性天气联防办法》。是年4月，中国气象局下发《全国短时、临近预报业务规定》，明确省际联防由上游市级气象台向即将受强对流天气影响的下游邻省市级气象台通报监测和预警信息，相关省级气象台也应及时向下游省级气象台通报有关信息；有条件的县级气象台（站）也应按上述方式开展省际联防；区域气象中心在必要时统一组织并协调省际联防工作。同年汛期，根据省气象局《关于进一步落实灾害性天气监测预报、岗位职守和联防工作及加强区域自动站资料在天气联防中应用的通知》，强化灾害性天气预报的联防联动，切实加强省、市、县三级台站灾害天气预警的联动。宁波市气象局与绍兴、舟山市气象局建立紧密的上下游联防。2009年12月底，市气象局制定下发《宁波市国家基本气象站承担夜间灾害性天气实时监测方案（试行）》（甬气业函〔2009〕39号），充分利用鄞州、石浦、慈溪3个国家基本气象站全天候值守优势，加强灾害性天气监测与通报，建立起夜间灾害性天气监测预警联动机制。2011年4月，针对市气象局内设机构和市气象台值班流程的调整，市气象局观测与预报处对夜间灾害性天气联防进行部分调整。

第五章　气象通信网络与装备保障

第一节　气象通信与信息网络

气象通信是一种专业通信。由于气象观测台站高度分散，而气象观测资料的使用又必须高度集中，各种气象信息全靠通信手段来传递、收集、分发，它是气象业务的重要组成部分。随着通信技术的不断进步和发展，气象通信也经历莫尔斯电报通信、有（无）线电传通信、图文传真通信等各历史阶段的通信方式，至20世纪90年代发展到分组交换数据网和卫星通信。功能上由单一的报文传输，向报、话、数据、图像、视频传输方向发展。

一、卫星通信

1992年，中国气象局开始实施"气象卫星综合应用业务系统"（9210工程），依次建设了多媒体卫星系统（PCVSAT）、新一代卫星通信气象数据广播系统（DVBS）和中国气象局卫星广播系统（CMAcast）。宁波气象部门建立对应配套的卫星广播地面接收系统，实现各类气象数据、视频资源的统一接收处理，建成以卫星通信为主结合地面宽带通信的现代化气象信息网络系统。

（一）多媒体卫星系统（PCVSAT）

"气象卫星综合应用业务系统"（9210工程）于1992年10月经国家计划委员会批准立项建设。该工程系租用亚洲2号（ASIT-11）卫星上U波段1/4转发器，由国家级卫星通信枢纽（主站）、区域中心和省级（次站）、地（市）级（小站）及计算机局域网组成。1997年10月，建成卫星综合应用业务系统（VSAT卫星通信小站）。该气象通信网采用美国休斯公司提供的VSAT产品，即卫星综合业务网络系统（ISBN）和电话地球站系统（TES），是当时最大的专用VSAT网络，由一个主站（国家气象中心）、30个次站（区域气象中心）和300多个小站（地市气象台及部分气象雷达站）组成。每个终端站包括一套数据地球站（PES）和一套电话地球站（TES）设备，或者一套TES和PES室内单元共用的一套室外射频单元及一副天线的混合站（HES）。利用电话地球站（TES）设备，全国气象部门之间均可以通话，但有2秒以上的延迟时间。1998年10月20日，气象卫星综合应用业务系统（9210工程）投入准业务运行，中国气象局各类资料下发和城镇天气预报、空气质量报、紫外线预报等报文的上传均通过该系统上传（其中城镇天气报省台备份上传）。通过数据地球站（PES）既可接收卫星广播数据也可通过卫星发送数据，下行速率512千字节，上行速率128千字节。通过PCVSAT可以单向接收卫星广播数据，下行速率为2兆字节。

1999年9210工程正式投入业务运行，采用卫星通信、计算机网络分布式数据库、程控交换等先进技术，建成以卫星通信为主结合地面通信的现代化气象信息网络系统。工程可分为新一代的气象综合通信网和计算机网络两大部分：前者由卫星数据网和话音网构成，以传送天气、气候、农业气象业务所需的信息为主，兼传行政管理、科研等信息。后者是地市级以上各级气象部门分别由微机、小型机和工作站组成的局域网系统，以加强信息的接收、处理和分发能力并与全国建成一个分级管理的计算机广域网络。是年10月底，宁波市气象台和各区县(市)气象局共8套多媒体卫星系统(PCVSAT)单收站安装完成并投入业务运行，9210工程至此实现24小时业务运行，数据接收完好率达到中国气象局要求，基本解决从国家层面到气象台站的自上而下气象数据资料分发问题，为市县两级气象台站提供国内外气象观测资料、卫星云图、数值预报及其指导预报产品。

(二)新一代卫星通信气象数据广播系统(DVBS)

2005年中国气象局开始新一代卫星通信气象数据广播(DVBS)的建设。按照浙江省气象局统一部署，2007年宁波市气象局完成新一代卫星通信气象数据广播系统地面接收站(DVBS)的建设。与PCVSAT共用一副天线，DVBS系统下行传输带宽可达54兆位每秒(Mbps)，与PCVSAT相比，数据吞吐率更高、可靠性更高，主要用于各种卫星观测资料和图像的传输。

(三)中国气象局卫星数据广播系统(CMAcast)

2010年5月，随着现有气象数据卫星广播网(PCVSAT、DVBS、FENGYUNCast)逐渐不能满足气象业务发展需要，中国气象局开始在全国统一建设新一代风云卫星数据广播系统——中国气象局卫星数据广播系统(简称CMAcast)，以替代中国气象局已有的三套卫星广播系统。CMAcast系统使用1个完整的C波段通信卫星转发器(租用亚洲4号通信卫星，东经122.2度；下行水平极化；下行频率3840兆赫兹；上行6565兆赫兹)，采用DVBS2卫星数据广播标准，能够大幅度增加和提高气象资料广播的种类、数量、时效性和可靠性。系统有效利用卫星转发器资源，在36兆赫兹带宽的卫星信道上采用30M符号率，DVBS2技术，8PSK调制，5/6FEC编码方式，可以达到64兆比特每秒左右信息速率。该工程是继“9210工程”后，又一次全国性的卫星广播工程。各级所有接收小站配备1套1.8米的C波段单收天线、1台DVBS2接收机和卫星高频头。省级小站配2台数据接收服务器、1台PC机、1台KVM(Keyboard Video Mouse)交换机；地市级接收小站配2台数据接收服务器、1台KVM交换机；县级接收小站配1台PC机。应用软件主要包括数据文件、多媒体信息播发，网络管理、监控和小站接收软件。2011年，中国气象局卫星数据广播(CMAcast)系统在宁波气象部门(一个市级站和7个县级站)安装部署完毕投入试运行，以后系统又进行数次升级。2012年4月，CMAcast系统正式投入运行，系统下行传输带宽可达70兆比特每秒，新启用的CMAcast实现各类气象数据、视频资源的统一播发，大幅度增加气象资料广播的种类和数量，也提高了数据分发的时效性和可靠性。

CMAcast系统作为国家级气象数据资料和多媒体信息播发主渠道，提供多种气象资料的高速传输。该系统与地面线路构成天地一体的通信网络。CMAcast系统还提供业务运行监控、网络流量实时监测等功能。地市级接收站每天可以接收处理240G的信息量，接近以前三组广播数据量之和的5倍；县级站每天可接收处理30G的信息量，相当于以前三组广播数据量的总和。气象资料的广播时效也比现有广播系统有明显提高：常规资料、国内自定义格式资料、天气雷达产品可以保证在5分钟内完成分发；国内外数值预报产品资料可以在5～30分钟内完成分发；风云三号气象卫星中国周边高时效产品可在30分钟内完成分发。CMAcast系统实现各类气象数据、视频资源的统一播发和国内、国外各入网小站的统一管理，与美国GEONETcast、欧洲中心EUMETcast一起，共同组成全球对地观测信息传播系统。

二、计算机信息网络和通信

计算机通信是现代化信息技术在气象部门的应用。为气象信息的采集、传输处理、分发应用提供高效率、高可靠性的手段，为全国气象数据传输以及气象综合业务和服务能力提升提供有力支撑。计算机通信应用于各区域、流域内资料共享与视频会商，有效提高气象业务和服务自动化、网络化和现代化的水平(图5.1)。

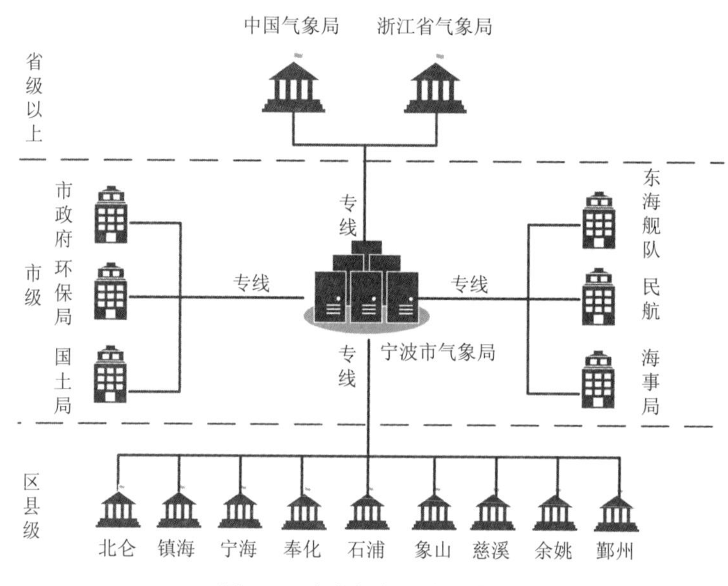

图5.1　全市气象网络示意图

(一)省际和省内计算机通信网

气象信息网络系统的建设分为国家、区域、省、市(地)、县五级。系统建设实行统一规划、统一设计；系统业务运行实行集中管理、分级负责的原则。中国气象局监测网络司负责全国气象网络的统一规划布局，进行全网网络地址分配以及卫星信道资源管理等；各级气象局业务主管部门负责本行政区域内的气象网络建设和业务布局以及业务管理，各级信息网络业务部门按有关的任务及职责划分规定执行。

2003年与浙江省气象局、与各区县(市)气象局之间数据通信采用2兆比特每秒的SDH链路，同时用于视频会商系统的通信。2006年8月，宁波市气象局连接中国气象局的2兆比特每秒速率地面SDH宽带专线开通，上行的气象观测、天气雷达等探测资料和报文及电子公文全部由原来9210工程卫星通信系统传输改为通过此宽带上传，减轻卫星通信的压力。2007 年 8 月，安装连接中国气象局的视频会商系统，视频会商通过 2006 年安装的 SDH 线路传输（数据与视频数据通道比为 2∶3）；2010 年 6 月传输线路升级为 4 兆比特每秒的 MSTP 链路。2009 年，省市之间、市县之间增加一条 2 兆比特每秒的 SDH 链路，专门用于视频会商，改变数据通信与视频通信混用的状况。市气象局与各区县（市）气象局间的数据通信通过 2M 的 SDH 链路，2010 年升级到 10 兆比特每秒的 MSTP 链路；2003—2010 年，雷达站数据传输采用 2 条 2 兆比特每秒的 SDH 链路互为备份。

2013 年，完成全市标清视频会商系统到高清视频会商系统的升级。建成后宁波市气象局与浙江省气象局高清视频会商系统 MCU 互联互通，实现省气象局、市气象局、区县（市）气象局互联，并可支撑与乡镇召开基于软件桌面终端的双流视频会议。系统实现高清视频、高分辨率 PC 信号以及音频信号的双向传输，集音频、视频、图像、文字、数据为一体，实现全方位的实时多媒体会议，满足日常天气预报会商、电视电话会议、学术交流以及技术培训、应急指挥等业务需求。系统能够实现平滑扩容和升级，实现集中控制与管理，提升视频会商系统整体服务能力。

（二）全市气象部门计算机信息与通信网

1990 年 3 月 19 日，宁波市气象局微机填图正式投入业务，实现收报和填图自动化。1992 年 5 月 4 日，市、县共同投资的卫星云图数字传输系统（无线）正式投入业务使用，该系统主要通过甚高频无线数据通信，用于市气象局向各区县（市）气象局数据传输。1993 年 7 月，初步建成以 Novell 网为基础的市级实时预报业务系统，并于 1994 年 5 月局域网得到进一步完善。1994 年 6 月，建成与民航气象台数据共享的程控拨号专线。1995 年 6 月，开通电信部门 DDN 专线通信，用于与市政府信息中心的气象资料传输和气象终端服务。1996 年 11 月 5 日，鄞县（今鄞州区）气象局局域网建成并投入使用。1997 年 7 月，慈溪、余姚气象局局域网建成。

2005 年下半年开始，在宁海王爱、强蛟两个地方安装区域自动气象站，首次利用 GPRS 无线移动通信传输观测资料，对传输可靠性和自动气象站运行情况进行测试。2006 年，在试点的基础上全市区域自动气象站陆续开始布设，到 2010 年间，监测报文的传输均采用 GPRS 无线移动通信方式。

1998 年 6 月，慈溪市气象局建成慈溪市农业综合信息服务网站。2000 年 2 月 1 日，宁波市政府召开组建宁波市农村综合信息网第一次会议，会议明确建立市农村经济信息中心，各区县（市）建立分中心，信息网由市农经委主办，市气象局协办并负责组织实施。是年 8 月，由市农经委主办，市气象局协办的市农村经济综合信息网基本建成，9 月投入试运行，外网出口速率达百兆级。

2000 年开始取消 DDN 专线气象服务资料传送。取而代之的是市政府专网的接入，实现公文系统和视频会议联通。2002 年，市气象局与市政府信息中心之间升级为百兆光纤，中间用天融信防火墙隔离，通过 Web 页面方式为市政府各部门提供相关气象服务。

2008 年，新增接入宁波市政府外网光纤一条，2014 年 12 月开通一条中国移动 100 兆比特每秒外网光纤，作为农经网外网备份线路。至此，市气象局访问互联网有农经网外网、中国移动外网、市政府外网三个出口。2008 年市气象局、市规划局、市地震局联合共建的宁波 GPS 连续位置服务系统(简称 NBCORS),有 10 个 GPS 观测站,其中慈溪、鄞州、宁海、象山、石浦等 5 个建在气象观测站,利用市县之间的 2 兆比特每秒光纤通信传输观测数据,并与市测绘院建立一条 2M 带宽的 SDH 光纤通信,用于部门观测数据的交换。市气象局建立 GPS/MET 计算系统,获取大气中水汽垂直空间分布等数据。2009 年建立两个船舶自动气象站,采集的气象数据采用北斗卫星通信,实时传输至市气象局中心机房。

2011 年初,根据新的预警中心业务楼搬迁计划,启动市气象局网络中心机房搬迁和全市气象网络改造准备工作。按照中国气象局分配给本局的新的网络通信地址段,对全市气象部门地址段和 VLAN 重新进行规划,网络 IP 地址段从 172.21. *. * 改为 10.138. *. * 段。4 月 27 日完成网络、卫星、探测等业务搬迁和通信线路的切割,新的预警中心业务楼网络中心机房正式投入运行。预警中心业务楼无线网络实现全覆盖。新的网络中心机房启用后,全市气象网络从逻辑上主要划分为气象内网、气象外网、气象视频会商网络、农经网、市政府内网、市政府外网六个部分,其中内网核心网络交换设备采用两台华为 9312 三层交换机,利用 MSTP+VRRP 技术实现冗余与链路负载均衡。预警中心业务楼内所有上网终端和机房服务器的接入均使用冗余链路连接至双核心交换机,保证网络通信效率和稳定性。

2012 年 8 月,对全市气象部门内网通信线路进行集中升级改造。市气象局到各区县(市)气象局采用电信和移动 10M MSTP 双线路负载均衡方式通信,任何一条线路中断都不影响网络通信。2013 年 6 月,市气象局到浙江省气象局的数据通信线路升级为电信 20M MSTP 和移动 10M MSTP 双线路负载均衡方式通信。2015 年 7 月到省气象局的电信线路带宽升级至 50M。2011—2015 年期间,为了便于与市内各部门之间数据资料共享和交换,接通民航气象台、驻甬海军和海军航空兵气象台、市国土局、市海事局、市政府应急办等单位的光纤数据通信专线。

2011 年 4 月,市气象局自行研发的“3G 通信报警一体机”和通信软件在全市 9 个国家气象台站测报业务平台投入使用。通信软件替代测报业务软件中的通信模块。该系统主要利用 3G 无线通信技术在有线通信异常情况下,实现应急数据传输和自动气象站运行状态实时监控。主要功能包括有线宽带通信、3G 移动通信、链路监控和自动切换、停电报警、设备故障监控、短信和语音电话报警等功能。2012 年该系统在浙江省所有气象观测台站全面推广使用。

2014 年下半年开始,市气象局向宁波市政务云计算中心陆续申请计算和存储资源,包含资源区和公众区虚拟服务器共计 25 台,主要用于市级互联网气象服务网站、部门资料共享等服务器和存储等资源,包括 WEB 应用、数据库应用、流媒体、消息中间件等业务。是年 12 月开通了到市政务云机房的裸光纤专线,用于数据传输和维护管理。2015 年 6 月,全新改版的“宁波市气象局官方网站(www.nbqx.gov.cn)”正式部署在市政务云计算中心并投入运行。新版网站重点突出气象信息服务和公众交流互动等功能,在原有“问卷调查”的基础上,整合微博、微信互动功能,新增“在线咨询”“在线访谈”“网上办事”等栏目,其中“网上办事”采用“场景导航”服务模式。同年 11 月,新版“宁波市天气网(www.qx121.com)”也部署在市政务云计算中心并投入运行。

(三)新一代智慧气象业务服务系统

2013 年“新一代智慧气象业务服务系统”开始建设，并于 2014 年投入业务使用。该系统是“宁波市气象灾害监测预警信息化平台”的主要项目之一。系统核心硬件部署在市气象局中心主机房，主要包括思科统一计算系统（UCS8108）、刀片服务器集群、EMC VNX5500 光纤存储和 EMC Isilon NL400 网络存储。系统构架采用 VMWARE 虚拟化集群和 ORACLE RAC 数据库集群方式，组成全市气象部门的高可用、高安全、易管理的虚拟化资源信息系统，为气象监测、预警预报以及服务等软件运行和数据存储提供了良好的支撑环境。

“新一代智慧气象业务服务系统”软件由“5＋1”个平台组成，即综合气象监测预警平台、气象业务工作平台、预警信息发布平台、气象应急指挥平台、公共气象服务平台。系统通过在虚拟化环境下构建标准统一、资源集约、市县合一的气象业务服务系统，在监测、预报、服务、保障、应急及县级综合业务平台中以统一数据标准、统一资源管理、统一产品制作、统一信息发布、统一监控预警，全面体现智慧气象特色。“新一代智慧气象业务服务系统”是宁波气象信息化和现代化的重要内容和主要标志。系统首次全面地规范气象信息化基础设施和应用系统，建立开放、规范、高效的气象灾害监测预警信息化平台，对全面推进宁波气象信息化建设，提升信息化应用水平，增强气象业务服务能力起到至关重要作用。该项工作和系统技术设计的先进性走在全国气象部门前列。

(四)高性能计算机

气象高性能计算机系统是气象数值天气预报释用必不可少的计算平台，是现代气象天气业务的重要基础，也是实现气象现代化的重要标志。宁波市气象局自 2001 年购置运算能力为 25 亿次/秒的神箭 SJ-100 并行计算机集群计算机以来，又经历 2 次较大规模的高性能计算机系统升级换代。

2001 年，购置“神箭 SJ-100 区域数值天气预报并行计算系统”（湖州奥利金高性能计算技术有限公司产品），这是宁波市气象局第一套高性能计算机系统。该系统硬件采用以太网和双 CPU SMP 服务器主板构成的集群网络，拥有 16 个英特尔奔腾 8000CPU，浮点峰值运算速度达 256 亿次每秒。并行运行和编程环境建立在 Linux 操作系统上。市气象台利用该系统建立实时区域中尺度数值天气预报系统，并通过国家气象卫星通信网络获取地面、高空气象探测资料和国家气象中心 T106 数值天气预报产品资料，引入北半球海温格点场资料和当地地面观测资料，采用美国 MM5 中尺度模式，三重套网格，最高水平分辨率 15 千米的业务数值预报。该系统提供的全数字化、高分辨率、多要素的客观定时定量定点预报产品，有利于拓宽气象服务领域，并为空气质量预报提供必要的气象信息场。

2006 年，市气象局采购曙光 TC4000A 双核集群。2007 年 3 月通过验收正式投入业务使用。该高性能计算机系统浮点运算峰值速度达到 1.23 万亿次/秒（Tflops），Linpack 计算值为 9882 亿次/秒，运行效率达到 82%。系统由 32 台（R4280AD 服务器）计算节点，1 台管理维护节点，2 台管理登陆服务节点，2 台 I/O 节点组成。其系统内部网络系统采用 InfiniBand 高速交换网络，1000 兆带宽的数据网络和 100 兆带宽的管理网络。TC4000A 双核集群采用 AMD Opteron 800 系列 64 位处理器，CPU 集成双通道内存控制器，支持先进的内存纠错技术和超传输技术，系统还集成双通道千兆网卡控制器、双通道控制器、ATI RAGE XL 8M 图形控制器。该高性能计算机系统主要用于中小尺度数值天气预报模式的实时业务运行和课题研究的科学计算。84 小时预报模式的计算时间从 6 小时缩短到 40 分钟左右，大大提高了模式计算的速度，为宁波市中小尺度灾害性天气预报提供强有力的计算平台支撑。同时高性能计算机系统还为宁波市气象台 WRF 预报模式以及美国风暴研究中心的 ARPS 模式等科研项目提供了支持。

2013 年底，为了提高数值天气预报的计算能力，市气象局再次更新高性能计算机，采购 IBM Flex 高性能计算机集群，于 2014 年 7 月通过竣工验收，正式投入业务使用。该集群系统由 56 台计算节点、1 台管理节点、1 台数据处理节点、1 台登陆节点、2 台 I/O 节点组成，峰值运算速度为 29 万亿次每秒(Tflops)。单个计算节点配置 2 颗 E5-2697v2 的 2.7GHz12 核心处理器，64GB DDR3 内存。集群系统主要用于 WRF 短期、WRF 短时、WRF-CHEM、ARPS 和城市霾天气预报等数值预报模式运算，每日滚动执行 2 到 8 次，输出高空、地面等数值预报释用产品 50 余种，为精细化“无缝隙”预报服务提供丰富的数值预报服务产品，进一步提升宁波气象综合预报和业务服务能力。

(五)手机气象 APP

进入 21 世纪以后，随着移动互联网的快速发展以及智能手机的普及，以智能手机为代表的智能终端逐渐成为人们获取天气信息的重要方式。宁波市气象局自 2007 年开始，通过项目引进、自行研发等方式，先后推出 3 个版本的手机气象 APP，主要用于内部业务应用、移动办公和决策气象服务。

2007 年 8 月，市气象局从江西省气象局引进“掌上气象”手机 APP 系统，主要服务于全市气象部门决策用户，总用户数约 70 余人。“掌上气象”基于诺基亚塞班(Symbian)操作系统的手机应用软件，以及服务端气象信息加工处理、访问支持的平台所组成。提供天气预报、决策服务材料、雷达图、卫星云图、雨量等值线等实况和预报产品，系统同时提供网页 WAP 版供移动终端访问。

2011 年 2 月，市气象局研发完成第一版“气象通”APP。该 APP 基于安卓(Android)操作系统，实现移动智能终端上实时、便捷的移动气象服务。“气象通”APP 以文本、图片、动画、视频等形式为用户提供丰富的实况和预报资料。业务人员通过手机 APP 可以便捷查询到宁波气象台发布的预报、预警和实况信息。“气象通”APP 上线后在宁波市政府防汛部门和全市气象部门得到业务应用，总用户数 150 余人，较好地满足解决当时气象业务人员以及决策用户实时查询气象信息的需求。

2014 年 8 月，市气象局自行设计，委托浙江省公众信息产业有限公司开发的第二版“气象通”APP 上线，并在全市气象部门和政府部门推广使用。该 APP 同样基于安卓(Android)操作系统，基于我国 3G 移动通信的业务应用，支持当时主流的安卓智能手机和平板电脑操作系统，兼容 720P 和 1080P 两种分辨率。新版“气象通”APP 主要面向政府和气象部门决策用户，提供超过 20 个大类共计近百种气象实况和预报服务产品，其中包括台风实况路径和集合预报、实景天气、乡镇预报、数值预报、水库水位、空气质量指数等特色产品。新版“气象通”APP 在总结上一版本经验的基础上，充分考虑气象类产品的多元化展示方式和用户操作便利性，同时利用移动互联网和智能移动终端的最新发展成果，大量采用GIS、图表、曲线等展示方式。新版“气象通”APP总用户200余人，成为宁波气象灾害应急预警决策服务的重要平台。

三、通信与信息网络管理

随着20世纪90年代地面气象宽带网和卫星通信系统的陆续建设，通信与信息网络管理逐渐从较单一的无线电发报管理向无线电、地面宽带、卫星广播等多元化业务管理发展，尤其是进入21世纪，气象通信与网络系统得到快速发展。1997年起，宁波气象通信与网络管理由市气象局业务科教处（相继改称业务科技处、观测与预报处）负责，并承担市气象局无线电管理小组日常具体工作。

（一）通信管理

气象通信管理是在当地无线电管理部门的指导下负责气象部门电台设置定点、设备选用、承办向市无线电管理局申请登记、核查等手续，经批准取得电台执照后投入业务应用的过程。

1988年全省气象甚高频电话组网建设完毕，省气象局无线电管理委员会（简称“省局无管会”）根据中国气象局无线电管理委员会《关于调整超短波气象专用频率的函》（气无发〔1995〕11号）及《超短波气象辅助通信（地—县）网专用频率指配表》的安排，批复同意宁波向当地无线电管理机构办理设台事项。随着甚高频电话网在21世纪初停用，全市气象部门无线电设备主要由天气雷达和广播电台两类设备组成。

宁波新一代天气雷达建设前，由浙江省无线电管理部门的监测站对拟建雷达站址电磁环境进行测试，形成测试报告，作为频点协调和电台执照申请的背景材料。新一代天气雷达则由省气象局无线电管理委员会向中国气象局无线电管理委员会申请，与军队、民航等部门进行频率协调，并向国家无线电管理部门申请天气雷达站工作频率指配。由市气象局向当地无线电管理部门申领雷达电台执照，并每年进行复检。数字化天气雷达、风廓线雷达的频点使用均按照国家无线电频率划分规定，获得无线电主管部门的批准。

（二）网络管理

21世纪初，宁波气象部门信息网络系统形成以地面宽带通信为主，程控拨号方式为备份的市内通信格局。宽带网络（数据网）全部以光纤接入，省市之间网络采用2Mpbs速率的LAN-ATM方式，市县之间网络采用10兆比特每秒速率的IP-VPN方式接入。随着电信骨干网设备老化以及气象业务的飞速发展，该网络的结构和带宽已无法满足气象业务的需求。2005年，市气象局对全市气象内网进行升级，从原来的VPN方式升级到SDH网，改善通信质量。市气象局与中国气象局的通信以卫星通信为主。通过20世纪90年代初的“9210工程”建设，建立卫星VSAT双向站，各区县（市）气象局建有卫星VSAT单向接收站。

2003—2004年，完成省、市、县三级视频天气会商系统（简称视讯网）建设，在日常气象业务中发挥重要作用。从2006年起，电信网络故障增多，网络上数据流量远远超过网络的承受能力，造成网络速度减慢，网络延时并严重不稳定，视频会议质量明显下降。2009年，省市、市县之间增加一条2M的SDH链路，专门用于视频会商。数据网和视讯网互相独立，互为备份，提高省市县宽带网络的稳定性、共享数据传输能力和视频会议的质量，特别是台风季节，提升市和县到北京的图像质量。市气象局与各区县(市)气象局间的数据通信通过2兆的SDH链路，2010年升级到10兆的MSTP链路；2003—2010年，雷达站数据传输采用2条2M的SDH链路同时传输数据。

2010年，市气象局对气象信息系统开展安全等级保护定级工作。宁波市气象局门户网站定级为一级，浙江省气象数据信息网络系统宁波市(县)分系统和浙江省电视天气会商与会议系统宁波市(县)分系统2个内网系统定为二级，并通过宁波市信息产业局的信息安全等级评审。2012年8月，信息系统安全测评机构对市局门户网站和2个内网系统进行安全测评。按照《信息系统安全等级测评报告》提出的整改要求，对网络和信息系统进行全面整改，健全信息系统安全管理制度，增添防火墙、日志审计、准入控制、入侵防御、堡垒机等信息安全基础设施，以及数据库监控、网络监控、万里红等监控软件和涉密监测软件。2014年9月取得宁波市公安局颁发的2个内网信息系统等级保护二级备案证明。2015年6月由专业安全服务公司对宁波市气象网络和信息系统提供全方位安全运维服务和保障。

2012年，对全市气象部门内网通信线路进行集中升级改造，市气象局到各区县(市)气象局采用电信和移动10兆MSTP双线路负载均衡方式通信。2013年6月，市气象局到浙江省气象局数据线路升级为电信20兆MSTP和移动10兆MSTP双线路负载均衡方式通信。2015年7月到省气象局电信线路带宽升级至50兆。

2013年，视频天气会商系统按照省气象局的统一部署，全市完成从标清升级为高清视频会商系统，提升视频会商系统整体效果。

(三)制度管理

中国气象局的基于卫星通信的“9210工程”建成后，全市气象通信从电信部门租用传统的公用电报网转为以公用分组数据交换网为主。2000年，省气象局印发《关于下发气象服务类信息传输有关规定的通知》(气业发〔2000〕5号)、《浙江省气象计算机信息网络业务检查制度》(浙气发〔2000〕273号)、《气象信息网络系统业务管理办法》(浙气发〔2001〕28号)等规章制度，对全省气象信息网络系统和气象资料传输业务，出台了相关业务流程和检查规定。2002年全省气象部门地面宽带网建设完成后，气象数据的上下行能力有了质的提高。省气象局根据中国气象局的有关规定，结合本省实际，印发《〈全国重大突发性天气观测资料的应急传输暂行规定〉实施细则》(气业函〔2005〕20号)、《全国气象宽带网络系统运行管理暂行规定(试行)》等管理规定。要求省气象台必须有24小时在岗的网络值班员，各市气象局应配有专职网络管理员，并明确加密气象观测的资料传输内容、时效和频次，还对气象资料的传输和考核制定新的标准(表5.1)。中国气象局、省气象局通过目标管理，对气象信息网络系统的运行情况进行定期评估通报和年度考核。2004年，市气象局对市气象台网络和市—县通信网络进行升级改造，建设天气预报可视会商系统，印发《宁波市天气预报可视会商系统实施细则(试行)》。2015年下发《宁波市气象局办公室关于进一步做好对外网站管理的通知》(甬气办发〔2015〕7号)、《关于加强气象信息系统安全管理的通知》(甬气预函〔2015〕4号)。

(四)质量管理

自2001年起，省气象局对气象资料传输质量实行年度考核(表5.1)。每年年初由省气象局业务主管部门下发全省气象资料传输及数据质量考核内容，并于次年初对上一自然年度的资料传输质量情况进行通报。至 2015 年，形成了常规气象资料、城镇天气预报、国家级自动气象站、区域自动气象站、雷达等气象资料传输质量的定时通报制度。

表 5.1 2015 年浙江省气象信息产品上行传输时效规定

<table>
<tr><th colspan="2">资料内容</th><th>省级及时报</th><th>省级逾限报</th><th>省级缺报</th><th>备注</th></tr>
<tr><td colspan="2">地面(SM SI SX)</td><td>≤HH+20</td><td>＜HH+350</td><td>≥HH+350</td><td></td></tr>
<tr><td colspan="2">每小时地面(SN)</td><td>≤HH+10</td><td>＜HH+50</td><td>≥HH+50</td><td></td></tr>
<tr><td colspan="2">气象旬月报(AB)</td><td>≤01:40</td><td>＜08:10</td><td>≥08:10</td><td>每月 1、11、21 日发</td></tr>
<tr><td colspan="2">气候月报(CS. CU)</td><td>≤4 日 07:30</td><td>＜5 日 07:30</td><td>≥5 日 07:30</td><td>每月 4 日发</td></tr>
<tr><td colspan="2">台站自动站 1 小时</td><td>≤HH+10</td><td>＜HH+40</td><td>≥HH+40</td><td>每小时 1 次</td></tr>
<tr><td colspan="2">区域自动站 1 小时</td><td>≤HH+10</td><td>＜HH+40</td><td>≥HH+40</td><td>每小时 1 次</td></tr>
<tr><td colspan="2">雷达 6 分钟 25 个产品</td><td>≤HH+10</td><td>＜HH+15</td><td>≥HH+15</td><td>每 6 分钟 1 次</td></tr>
<tr><td rowspan="5">大气成分</td><td>气溶胶吸收特性观测数据</td><td>≤HH+50</td><td>＜HH+110</td><td>≥HH+110</td><td>每小时 1 次</td></tr>
<tr><td>气溶胶质量浓度观测数据</td><td>≤HH+50</td><td>＜HH+110</td><td>≥HH+110</td><td>每小时 1 次</td></tr>
<tr><td>气溶胶数浓度数据</td><td>≤HH+50</td><td>＜HH+170</td><td>≥HH+170</td><td>每 3 小时 1 次</td></tr>
<tr><td>大气成分控制信息</td><td>≤次日 01:30</td><td>无</td><td>＞次日 01:30</td><td>每天 23:30 开始上传，2007 年 10 月 1 日 00 时(UTC)开始正式传输</td></tr>
<tr><td>太阳光度计观测数据</td><td>≤次日 01:30</td><td>无</td><td>＞次日 01:30</td><td>每天 23:30 开始上传，2007 年 10 月 1 日 00 时(UTC)开始正式传输</td></tr>
<tr><td colspan="2" rowspan="5">公众(城镇)预报</td><td>≤20:45</td><td>无</td><td>＞20:45</td><td>杭州、宁波、金华、温州、舟山、衢州 24,48,72 小时预报</td></tr>
<tr><td>≤22:30</td><td>无</td><td>＞22:30</td><td>县级以上城市 24,48,72 小时预报</td></tr>
<tr><td>≤02:15</td><td>无</td><td>＞02:15</td><td>订正后的县级以上城市 24,48,72 小时预报</td></tr>
<tr><td>≤07:15</td><td>无</td><td>＞07:15</td><td>杭州、宁波 24,48,72,96,120 小时预报</td></tr>
<tr><td>≤08:15</td><td>无</td><td>＞08:15</td><td>县级以上城市 24,48,72,96,120 小时预报</td></tr>
<tr><td colspan="2">空气质量监测资料</td><td>≤05:40</td><td>＜06:20</td><td>≥06:20</td><td>每日 1 次</td></tr>
<tr><td colspan="2">空气质量预报资料</td><td>≤07:40</td><td>＜08:20</td><td>≥08:20</td><td>每日 1 次</td></tr>
<tr><td colspan="2" rowspan="2">紫外线指数预报产品</td><td>≤01:40</td><td>＜02:20</td><td>≥02:20</td><td>每日 1 次，当日资料</td></tr>
<tr><td>≤07:40</td><td>＜08:20</td><td>≥08:20</td><td>每日 1 次，次日资料</td></tr>
</table>

注：本表所列时限为气象资料传至省网络中心的时限，各级台站编发的气象电报应按发报时限规定执行，其他产品资料应在观测正点后或收集编辑后立即上传。本表所列时间均为世界协调时(UTC)，HH 为各类资料按规定每次观测的正点时间。

第二节 气象装备保障

2004年以前人工观测编报期间，以及2004—2010年人工和自动并行观测期间，市气象局和各区县(市)气象局都确定相应专职或兼职的仪器管理、维修和维护人员，建立市气象局负责供应和维修，区县(市)气象局(站)负责管理和维护的装备保障体系。各个区县(市)气象局(站)的仪器设备和常规自动站配件的采购分发、维修和送检的职能都在市气象局业务科(1988年后改称业务科教处)。2005年4月市气象局组建宁波市气象监测网络中心(2010年7月改名为宁波市气象网络与装备保障中心，简称"保障中心")，气象装备技术保障任务由该保障中心承担。

一、设备供应与计量检定

全市各气象观测站的人工观测仪器和常规自动站配件、设备维修、仪器送检等工作由市气象局业务管理部门统一配发和实施。每年在征求各区县(市)局意见的基础上，制定下一年度所需采购和备份仪器的计划，统一采购。按需对地面仪器设备和常规消耗器材进行配发，并对所进出的仪器设备进行登记和管理。将临近超检的观测仪器送到省级仪器检定所进行检定，并把年检后的地面仪器及消耗器材及时发送到各观测站，确保仪器备份充足。

2014年浙江省气象计量所宁波分所正式建成。检定所位于宁波市气象灾害应急与预警中心楼，建筑面积76.7平方米，配置基本气象计量检定设备。承担着全市区域自动气象站的气温、气压、湿度、降水、风向风速等观测仪器的定期标校检定。区域自动气象站的传感器实行每2年检定一次。是年6月，开始在全市范围内推广使用自主研发的"气象设备智能移动巡检系统"。该系统包括地图导航、巡检任务、资料查询、设备维修、故障监控、蓝牙串口设备调试、二维码扫描、知识库等功能，利用最新的智能互联网和GIS技术，集气象设备管理、巡检维护过程管理和装备保障管理于一体，不仅规范气象设备的巡检维护流程，而且有效地提高气象设备的巡检工作效率和管理水平。进一步提升气象设备运行的正常率，减少故障率。管理者利用该平台随时掌握各区县(市)气象局对气象设备巡检工作完成情况，并对日常维护和维修派工进行管理。巡检人员利用手机客户端了解设备运行情况和派工情况，及时地维护维修设备，甚至在现场可以直接使用该客户端调试区域自动气象站，无需携带厚重的笔记本电脑。巡检系统对气象设备的管理优势显而易见。2015年开始逐步向省内外推广使用。

二、运行监控与维护修理

随着气象现代化建设的逐步推进，气象网络和装备保障工作的内容和范围大幅增加。网络运行维护等常规工作以外，还需对高性能计算机、机房空调系统、UPS等设备进行巡检维护；对自动气象站、土壤水分、闪电定位、雨雪冰冻、负氧离子、大气电场等10余种探测数据进行监控和质量控制；负责全国、全省高清视频会商系统的维护以及各类视频会议保障；提供驻甬部队和宁波市国土资源局、市环境保护局、宁波海事局、宁波民航机场等部门和单位的数据通信、视频会商、数据共享等技术保障。此外网络维护和保障工作还承担与宁波市智慧政务云计算中心沟通衔接、资源申请、网络安全等工作。

国家观测站的自动气象站设备的日常维护职能在各区县(市)气象局,测报值班人员按规定每天巡视观测场和仪器设备,负责对观测仪进行日常维护;市气象网络与装备保障中心负责维修和应急保障。保障中心接到报修通知后,负责到现场排除故障,保障自动站正常运行。国家站的自动气象站传感器的标校两年一次,由省气象计量检定所到现场检定,出具检定证书。2006年,区域自动气象站开始大批量安装后,市气象局出台《宁波市自动气象站系统维护(修)操作手册(试行)》《宁波市自动气象站系统维护保障管理办法(试行)》《宁波市加密自动气象(雨量)站管理办法(试行)》等自动气象站管理维护制度。对常规自动气象站站级维护、市级维修,以及区域自动气象站台站级维护、市级维修做出相应的规定。区域自动气象站的日常维护由各区县(市)气象局负责,每月按规定的次数进行设备维护,包括通信线路检测、采集器和传感器维护、太阳能板清洁、标校雨量传感器、更换蓄电池、加固区域自动气象站四周的围栏、清除围栏内外杂草、消除潜在的故障和安全隐患等。此外,还包括区域自动气象站出现故障时,第一时间通知维保人员到现场进行确认故障原因并在规定的时限内修复。

新一代天气雷达站的保障工作,按照中国气象局2005年10月下发的《新一代天气雷达业务管理和运行保障职责》,分国家、省两级管理和国家级、省级、雷达站三级运行保障机制。国家级管理主要由中国气象局监测网络司牵头,会同有关职能司承担,省级管理为各省(区、市)气象局。按照国家级、省级和雷达站三级维修维护保障机制,国家级运行保障由中国气象局大气探测技术中心承担,省级运行保障工作由省(区、市)气象局技术装备部门承担,基层由雷达站承担。雷达站的保障任务主要包括:对本站日、周、月、年维护保养、监控和巡视工作;负责雷达系统的故障诊断,要求做到"可更换单元",根据技术说明书自行更换与调整;负责雷达系统运行、维护、故障检修和备件使用情况的统计与上报工作;负责雷达基数据的及时整理和存储;负责雷达产品应用系统的运行,按要求生成相关产品;负责油机、UPS、配电和机房等相关设备和环境的维护、检查和保养,并做好相关记录备查;以及雷达系统设备的备件储备及管理等。

2005年宁波市气象局配备气象应急保障车一辆,安装1套车载6要素自动监测站,含风向、风速、温度、湿度、气压、雨量等。多次参加应急保障和演练,实时监测气象数据,做好气象应急服务保障。先后参加重大演练有:2006年浙江省突发重大化学事故应急演习、2008年市战勤保障消防演习、宁波市反恐演习、奥运火炬传递保障、2009年国家海上搜救桌面演习暨东海搜救演习、2010年市轨道交通工程突发事故应急演练等。2015年全新装备一辆集气象应急保障和现场视频转播为一体的多功能气象应急保障指挥车。配置气象探测与信息处理系统、视频会商系统、网络通信系统以及车载平台与辅助保障系统,包括1套6要素自动观测站、1套便携式自动气象站、车载LED显示屏、气象数据处理终端、单兵移动摄像和视频监控系统、会商系统、灾害现场高清视频转播、供电系统、野外应急设备、工具箱等,可通过卫星和4G通信网络直接连线应急指挥部,能适应多种恶劣条件。

第六章　农业气象

农业是经济发展、社会稳定和国家自立的基础。农业生产与天气、气候息息相关。进入 21 世纪后，随着宁波农业生产结构的调整，农业气象科学的研究应用也在不断发生变化。全市气象部门的基本任务就在于通过观测、试验、调查、研究农业自然资源和农业自然灾害的时空分布规律，经服务中反复验证，制定出符合宁波实际情况的各类农业气象指标，开展农业气象预报和情报服务，对农业生产提供咨询和建议，为农业区划规划、农作物合理布局、人工调节小气候和农作物栽培管理、农业生产趋利避害提供科学依据。

第一节　农业气象观测

一、观测网点

截至 2015 年底，宁波有慈溪、宁海 2 个国家农业气象观测基本站（一级站）。负责农作物的生育期观测、土壤湿度观测和自然物候观测。2007 年 2 月，根据省气象局《关于在全省开展土壤水分测定工作的通知》（浙气函〔2007〕12 号）要求，全市各气象观测站开展土壤水分定点人工测定工作，基于石浦站特殊原因，同年 3 月经省气象局同意取消石浦站土壤水分观测任务。

宁海农业气象观测站：2000—2005 年水稻观测地点设在城关回浦村农民承包田；2006—2015 年搬移迁至越溪乡越溪塘。2004—2015 年柑橘观测地点设在越溪乡越溪塘。2007 年—2013 年 9 月，土壤水分观测地点设在桃源街道门前山北山脚，期间门前山与长街镇青珠村进行交叉和对比观测；2013 年 10 月—2015 年移至长街镇青珠村。物候观测地点设城关方圆 5000 米内植物野生地点。

慈溪农业气象观测站：2000—2009 年，棉花农业气象观测、土壤湿度和自然物候等观测的地址设在慈溪市浒山镇群谊村一灶畈（郊外）。2010 年后特色设施作物草莓、西瓜观测在白沙路街道宁波北部气象综合探测基地观测。2012 年成立浙江省设施农业气象试验站。

二、观测项目

（一）作物生育期观测

农业气象观测的重点是当地主要农作物的生育状况，进行自播种至收获期间作物主要发育期的始期、普遍期、末期的日期及密度等记载，在作物收获时收取样本，进行产量结构各要素的测定和分析；在物候观测同时，进行农业气象灾害、病虫害的观测和调查，记载主要田间工作进度，最后编制农业气象观测报表，向上级气象部门报送。2000年之后，随着种植结构的不断调整，农作物的观测也作相应调整。

慈溪站：2001—2009年作物观测种类为棉花，2009年根据省气象局《关于浙江省农业气象观测站网和观测任务调整的通知》(浙气函〔2009〕183号)取消传统的棉花农气观测，从2010年开始进行探索性特色设施农业气象业务观测。2010年慈溪进行设施西瓜生育期观测，2011年新增加设施草莓生育期观测。

宁海站：2000—2003年双季早稻和双季晚稻，2004—2015年单季杂交稻。2004年5月，根据中国气象局《关于调整宁海农业气象基本站观测任务的函》(气测函〔2004〕49号)，经省气象局《关于同意调整宁海农业气象观测站观测任务的批复》(浙气发〔2004〕60号)，自2004年起宁海农业气象基本观测站的观测任务调整为单季稻观测、柑橘观测和物候观测。柑橘观测方法及农气段旬(月)报的编发，按省气象局《关于同意调整椒江农业气象观测站观测任务的批复》(浙气发〔2004〕2号)文件的相关规定执行。根据省气象局《关于浙江省农业气象观测站网和观测任务调整的通知》(浙气函〔2009〕183号)文件，宁海柑橘观测调整为省特色观测管理项目。

(二)土壤湿度观测

农业气象观测的第二大项是土壤湿度观测。2000年—2013年9月，土壤水分观测为人工观测。2007年2月省气象局决定在全省69个市、县开展土壤水分定点人工测定工作(浙气函〔2007〕12号)。基于石浦站地处海岛，下垫面主要为岩石，且土层薄的情况，同年3月，经省气象局《关于同意取消石浦站土壤水分观测任务的批复》(浙气函〔2007〕30号)同意取消石浦站土壤水分观测任务。2013年10月1日起，根据中国气象局观测司《关于调整部分农业气象人工观测任务的通知》(气测函〔2013〕171号)精神，对应省气象局《关于取消气象旬(月)报和20时对比观测的通知》(浙气函〔2013〕154号)要求，慈溪、宁海等正式投入业务运行的自动土壤水分观测站取消土壤水分人工并行观测和人工土壤水分年报表。2013年10月后，土壤水分观测调整为自动观测，测定数据通过自动土壤水分观测系统每小时传输至省气象局农气数据库。

(三)自然物候观测

第三大项目是自然物候观测，观测某些指示植物、动物生命活动的季节变化和一年中特定时间出现的某些气象、水文现象。是生物节律与环境条件的综合反映。这项观测具体操作起来有诸多困难，特别是观测资料年度差异大，正确率不太高。慈溪观测项目：植物种类(垂杨、葡萄)，动物种类(家燕、蛙)。宁海观测项目：1999—2000年为楝树、车前，2001—2004年为楝树、悬铃木、车前，2005—2015年为楝树、悬铃木、垂杨、车前。

三、观测方法

宁波市的农业气象观测执行中国气象局1993年正式出版发行新的《农业气象观测规范》(上下卷)和省气象局的有关规定。2004年1月省气象局(浙气发〔2004〕2号)规定柑橘观测方法及农气段旬(月)报的编发，并以此执行。2007年4月1日起，全省各气象台站土壤水分观测工作进入业务化运行，为规范全省土壤水分观测工作，保证该项业务的顺利运行，省气象局制定印发《浙江省土壤水分观测规范》《土壤水分观测数据文件格式及传输规定》《浙江省土壤水分观测质量考核办法》(浙气科函〔2007〕5号)。慈溪市气象局农气工作人员根据《国家农业气象观测基本规范》，结合2010年后开展的设施西瓜、草莓两种特色设施作物栽培、观测过程中的实际情况，制定《浙江省设施农业气象试验站观测规范(试行)》，每年按规范制作的年报表通过省、市气象局相关职能管理部门的严格审核。

第二节　农业气象情报和预报

农业气象情报主要包括农业气象月报，年度农业气象条件分析，春粮、早稻、晚稻等全生育期农业气象条件分析，特色农业、设施农业、水产养殖业气象业务服务等农业气象情报和主要农作物生产产前、产中、产后的全程农业气象情报信息分析评价业务。随着宁波农业结构的不断调整和农业气象业务发展的需要，农业气象服务材料和服务形式也在不断变化。2006年，按照中国气象局和省气象局发展多轨道业务的要求，结合宁波经济社会发展对生态与农业气象轨道的业务需求，先后开展每日农业气象灾害监测、农业大户信息服务、农业气象电视会商(每月下旬末月度会商和油菜、早稻、晚稻产量会商)、一周农事关注(每周一)、关键农时季节专题服务(春播、夏收夏种、秋收冬种)等多项定期为农服务情报。至2015年底，市气象台(市气候中心)每年发布的定期农业气象情报有：农业气象月报12期、春粮、早稻、晚稻等全生育期农业气象条件分析3期、年度农业气象条件分析1期、特色农业、设施农业、水产养殖业气象业务服务等农业气象情报1～5期、主要农作物生产产前、产中、产后的全程农业气象情报信息分析评价3～8期，全年合计20～30期。

农业气象预报主要有农用天气预报，春粮、早稻、晚稻等作物产量预报，土壤墒情预报，物候期预报，农林病虫害发生发展气象条件预报等。2006年，随着多轨道业务建设，作物气象预报演变为“农用天气预报”。2010年8月开始，每周一发布农业气象预报周报。到2015年底，市气象台开展的农业气象预报有周报，春粮、早稻、晚稻产量预报，早稻纹枯病、晚稻稻瘟病、稻纵卷叶螟等作物病虫害发生流行趋势的气象预测，春播期农业气象预报、夏收夏种专题预报、秋收冬种专题预报和秋季低温趋势预报等。

第三节　农业气象管理

农业气象实行省和市(地)两级管理。全市农业气象管理职能自1989年2月始划归到市气象局业务科教处，2001年和2011年，改称业务科技处和观测与预报处，负责全市农业气象管理。1992年底省气象局重新明确省、市(地)两级农业气象管理的职责。市(地)气象局农业气象管理的主要职责是：

(1)根据上级部门的要求和本地实际，制定宁波市农业气象事业发展规划；

(2)下达宁波市农业气象工作任务，编写农业气象工作年度总结；

(3)对农业气象业务、服务项目进行跟踪管理；

(4)制定和修改农业气象考核及奖励办法，对发报质量进行抽审和检查，进行连续100班观测无错情验收，评选农业气象(含为农服务)优秀服务单位，并择优向省气象局推荐；

(5)完成上级业务部门交办的其他管理任务。

市级农业气象日常服务工作由直属单位承担，1996 年 12 月增设气候中心（2001 年 11 月改设应用气象室，2005 年 4 月撤销，在市气象台设立应用气象科）。2011 年 3 月，根据省气象局《关于印发宁波市气象局内设机构和直属机构调整方案的通知》（浙气发〔2011〕30 号）成立市气候中心，农气工作由下设农业气象科承担。2013 年 3 月，根据市气象局《关于市气候中心和市气象台合署办公有关事项的通知》（甬气发〔2013〕18 号）市气候中心和市气象台合署办公，市气候中心的工作职责归并到市气象台，农气工作由下设气候与农业气象科（气候变化科）承担。

2012 年 11 月，市气象局决定在慈溪市气象局组建宁波农业气象中心。同时根据省气象局《浙江省气象局关于成立浙江省设施农业气象试验站的通知》（浙气发〔2012〕111 号）决定在慈溪市气象局成立浙江省设施农业气象试验站，隶属于浙江省气象局。

业务考核按照中国气象局《农业气象观测质量考核办法（试行）》和省气象局《浙江省农业气象观测质量考核办法（试行）》《浙江省市级农业气象服务工作质量考核办法》等考核办法和有关规章制度执行。

第七章　海洋气象

宁波全市海域总面积8355.8平方公里，海岸线约占全省海岸线的24%，港湾曲折。岛屿星罗棋布，全市共有大小岛屿614个。海洋捕捞、海水养殖和海洋航运是宁波的传统经济产业。宁波港是著名的深水良港，2015年宁波舟山港货物吞吐量居全球首位，已成为国际大港。海洋气象业务服务是宁波市气象局的重点工作之一。随着宁波海洋经济迅速发展，海洋气象工作逐步引起各级政府的高度重视，宁波海洋气象业务服务能力不断得到提高。海洋气象预报服务从最初单一围绕海洋渔业生产，为渔业捕捞作业提供海上大风、台风预报警报等逐步发展到综合性的海洋气象预报，包括海浪、海雾和海上对流风暴等。服务领域也向海洋航运、港口装卸、海洋捕捞、海洋石油、天然气开采、海水养殖、海岛旅游、海上事故救援等领域发展。

第一节　海洋气象观测

为加强海洋灾害性天气监测，解决海上气象资料缺乏问题，先后在宁波沿海海岛和船舶上建设以自动气象观测站为主的海洋气象监测系统。

一、海岛自动气象站

2006年6月，根据浙江省气象业务现代化和加密自动气象站续建方案要求，在石浦、象山、慈溪、宁海、北仑国家气象观测站内建设自动强风观测仪，采集的数据通过无线网络接入自动气象站数据处理中心站实时上传省气象网络中心实现全省共享。

2007年，借助宁波市政府投资建设石浦避风港的契机，市气象局在避风港内共安装5个自动气象站，为渔民和船舶进港避风提供气象资料。

2009年，依托中国气象局预警工程项目安排，在象山小东屿岛、宁海象山港内白石山岛建成含能见度的多要素自动观测站，新增海上大雾监测项目。

2014年8月开始，在慈溪、余姚、北仑、鄞州、奉化等沿海地区加密布局自动气象站，设备全部采用江苏无线电科学研究所有限公司的DZZ4自动站，通过GPRS方式实时上传气象数据。

二、浮标观测

2009年，在白石山岛建立首套海水温盐观测站，开展海水温盐观测。2015年，针对不同滩涂、浅海、海洋网箱、池塘海水养殖方式，分别在宁海县渔业科技创新基地精品园的水产苗种繁育实验区、池塘高效生态养殖实验示范区、设施化温棚养殖试验示范区、大规格水产种苗培育实验示范区以及辅助功能区内新建 7 个海水养殖观测站点，进行不同要素种类和观测深度的监测，主要提供包含：水温、盐度、电导率、溶解氧、饱和溶解氧、酸碱度、气温、湿度、降水、气压等水体生态环境观测产品。其中，海水养殖观测设备为宁波市气象网络与装备保障中心自主研发的新型水质综合观测设备，该设备通过无线通信与中心站软件进行数据交互。中心站软件承担海水养殖观测数据的采集、分发存储，以及设备监控、水质监测报警等功能。通过中心站软件将各站点观测设备进行组网，形成一套完整的海水养殖观测系统。用户可以从专业网站或手机 APP 上获得各个传感器的工作状态、观测数据、报警信息、预报产品等，甚至可以通过该观测系统后台数据库的开放接口直接查询原始数据，从而对观测数据进行二次开发应用。海水养殖预报是对海水养殖环境监测资料，结合其他相关气象资料进行加工处理，制作生成多种预报产品。主要包括海水养殖实况、海水养殖预警、水体生态环境观测等。其中，海水养殖实况主要包含水温、盐度、电导率、溶解氧、饱和溶解氧、酸碱度、气温、湿度、降水、气压等实况数据。水体生态环境观测主要包含水质参数，温度，滩涂、塘底土质等数据。海水养殖预警包含虾、蟹、蛏子等养殖品种各生育期与气象条件的主要气象指标。这一系列海水养殖环境预报产品能及时地为渔业部门提供主要水产养殖产品的气象监测和预报预警服务，以指导养殖户提前采取预防措施。另外，该观测系统还包括一些常规的气象预报产品，如风向、风速、降雨量、温度、湿度等；还根据台风可能影响程度的不同及时将不同等级的预警防范信息提供给渔业部门和养殖户，提醒做好防范措施。

三、船舶观测

2009 年，宁波市气象局分别在北仑“龙盛航运有限公司”的 27 号货船和象山浙象渔 47047 号渔船上首批安装 2 套船舶自动气象站，收集航线上的气象实况资料，扩展海上气象探测资料范围，提供海洋航线实况资料对比，提升海洋预报服务准确度。

四、沿海风塔观测

2008 年，因开展风能资源详查和评价工作需要，由省气象局、省发改委、省财政厅和华东勘测设计研究院等单位联合组成的“浙江省风能资源详查和评价领导小组”牵头，分别在慈溪、北仑、宁海满山岛曾经建立 3 座 70 米风塔，详查和评价结束后停止业务观测。

第二节　海洋气象预报

宁波市海洋气象预报最初是围绕渔业捕捞开展的，宁波市气象局从建台起便承担海区的风力预报。随着宁波海洋防灾体系和海洋气象预报服务系统的不断完善，海洋预报准确率不断提高，海洋生产安全保障能力也在不断提高，因天气原因造成海损的死亡人数逐年降低。目前，宁波市海洋气象预报业务分为海区天气预报、渔场气象预报、港口天气预报、航线气象预报、海岛天气预报等几个部分。

海洋气象精细化预报业务内容包括海洋短期天气预报、中尺度数值模式预报产品、海洋实况监测及其查询、海洋气象预报质量检验和评价等。2006 年 12 月起，宁波市海洋气象台每天06时和11时在天气广播稿中发布未来48小时(16时发布未来72小时)宁波责任海区及杭州湾、北仑港、象山港和三门湾的风力等级、风向、能见度和晴雨预报。

市气象局不断提高渔场预报的精细化程度，将预报渔场细分为13个(大沙渔场、吕泗渔场、外沙渔场、江外渔场、长江口渔场、舟山渔场、渔山渔场、温台渔场、闽东渔场、舟外渔场、渔外渔场、温外渔场、闽外渔场)，预报时效增加到5天，24小时内最小预报间隔缩短为6小时，大幅提高预报的时间和空间分辨率。2011年3月起，宁波市海洋气象台每天08时30分和15时30分通过象山县气象局发布渔场短期和中期天气预报，内容包括13个渔场未来120小时内风力风向、海浪和天况预报。

2011年7月起，港口精细化预报每天08时和20时通过气象网站对外发布7个港区(镇海港区、北仑港区、大榭港区、穿山港区、峙头、梅山和虾峙)的0～12小时逐3小时短时临近预报、12～48小时逐12小时短期预报和48～168小时逐24小时中期预报，2016年新增石浦港区预报。同时，利用中尺度WRF模式，考虑地理位置、地形、下垫面物理特征等因素调整模式参数，发布针对各港区服务特点的本地化中尺度数值预报产品。

2011年11月起，航线预报业务每天06时30分前和16时前通过象山县气象局制作发布逐12小时的未来48小时航线上的风向风力、0～12小时内对航线有影响的雾的预报。初期开展的航线有石浦至渔山、爵溪至南韭山2条；后增加石浦至檀头山航线；2015年底再次增加石浦至鹤浦、象山台宁至宁海伍山2条航线。

2012年8月起，海岛天气预报每天08时和20时通过气象网站对外发布大榭岛、梅山岛、南韭山、北渔山、南田岛等宁波周边12个重要岛屿0～60小时逐12小时的晴雨、气温、风力风向等预报产品。

第八章　气象现代化

宁波气象现代化建设总体可以分为三个阶段，第一阶段从20世纪80年代中期到1993年，是全市气象现代化建设的起步阶段，主要特点是利用甚高频、天气警报器等科技手段，初步建成覆盖全市的通信网络、观测网络和服务网络；第二阶段从1994年到2011年，是全市气象现代化建设发展阶段，主要特点是以9210工程实施为契机，利用卫星通信和地面高速通信技术、新一代雷达和自动气象探测技术建设气象信息接收、处理、加工分析和分布服务四个子系统；第三阶段从2012年到2015年，是气象现代化建设的高速发展期，主要特点是利用宁波作为全国率先基本实现气象现代化试点建设城市的契机，突出智能化、信息化、集约化，利用互联网、大数据、云和全媒体技术，初步建设新一代智慧气象监测、预报预警、服务和管理系统。

第一节　全面推进气象现代化建设

"七五""八五"期间，按照全国气象事业十年发展纲要的要求，全市气象部门有计划、分阶段开展气象现代化建设，实现地面、高空气象信息的自动接收、自动填图以及分析和预报全过程的自动化；引进气象卫星接收处理系统；建起甚高频气象辅助通信网，沟通省—市—县气象台站之间的通话联络；全市各气象台站建立天气警报发射台，及时向广大用户传播气象信息，提前实现气象工作初级现代化的三项目标。"九五"开始启动宁波新一代天气雷达以及10个雨量校准用雨量站、5个遥测自动气象站和3套闪电定位仪等配套设施建设，配备雷达信息的处理传输设备，提高对天气的监测能力。进入21世纪，又实施"十五""十一五""十二五"规划，相继启动建设宁波中尺度灾害性天气监测预警系统、宁波市气象灾害预警与应急系统一期和二期工程，相继建成综合气象监测、信息网络、信息加工和预警服务4个分系统，气象预报预测、公共气象服务、气象应急、计算机网络和科技创新5个平台和海洋气象监测预警系统、气象为农服务系统和气象灾害监测预报预警信息化平台。

2012年，宁波市气象局被中国气象局列为全国率先基本实现气象现代化试点城市。是年7月，宁波市政府印发《关于加快推进气象现代化建设的通知》（甬政发〔2012〕75号）；同年8月，市政府发文成立气象现代化建设领导小组，由分管副市长马卫光任组长；2013年4月，宁波市政府又召开全市气象现代化建设推进会。气象现代化工作纳入市政府重点工作，气象现代化的工作机制不断巩固完善，做到"成立小组、开会部署、制订方案、立项投入、考核监督"等五个到位，充分发挥宁波市委市政府在气象现代化建设中"政策、组织、规划、投入、监督"等方面的主导作用。"十二五"期间，宁波市、县两级政府对气象现代化投入资金达3.6亿元。在宁波市委市政府的正确领导和有关部门通力协作支持下，通过全市气象部门的共同努力，经过近四年建设，至2015年底，宁波气象现代化水平在业务现代化、信息化、集约化建设等方面都处于全省领先，部分领域处于全国先进行列，科技和人才队伍建设取得丰硕成果，相关法律法规以及应急联动机制建设方面都取得较好成绩，在以特色气象中心建设为抓手的业务服务能力建设方面取得明显成效。整个试点工作严格按照中国气象局的要求完成，并于2016年4月顺利通过中国气象局的验收，标志着宁波在全国率先基本实现气象现代化。

气象现代化涵盖气象业务、科技、人才、法规、保障、管理、文化等多个方面，涉及防灾减灾、预报预测、应对气候变化、气候资源开发利用等各个领域。宁波市气象局按照中国气象局《关于推进率先基本实现气象现代化试点的指导意见》和《关于全面推进气象现代化工作的通知》，在上级有关部门的指导与支持下，准确把握气象工作与宁波经济社会发展、民生服务、城市发展的结合点和着力点，立足宁波实际，探索融入式发展与智慧服务的气象现代化建设道路，扎实推进气象核心业务能力和核心竞争力的建设。紧紧依托上级气象部门无缝隙集约化的气象预报业务体系，强化上级技术和产品在业务服务中因地制宜的应用，进一步提高预报预警的精细化水平。同时，以气象信息化建设为保障，夯实观测基础，提升服务效益。

气象灾害监测实现全覆盖，气象观测自动化水平达到90%。市气象局推进无人值守的自动气象观测站建设，并向边远乡镇、港区、风景名胜区等区域倾斜，实现全市152个乡镇（街道）全覆盖，并将自动站平均密度（间距）缩小到5.7公里，重点区域小于3公里。在此基础上，市气象局组织开展全社会气象监测设施共建共享和普查，共享水文、环保、港务等22个部门的707个自动气象站观测信息，实现社会气象探测设施全共享和气象综合监测显示、应用“一张图”，并将自动站间距进一步缩小至3.39公里。

无缝隙精细化预报产品不断丰富。0～15天预报产品实现业务化，0～10天预报向社会公众发布。乡镇（街道）24小时精细化预报和城市分区域预报进一步完善；10分钟更新1次的“街区临近降水预报”系统投入业务应用。依托SWAN产品体系研发的本地化的自动站格点雨量、山洪地质灾害监测预警、水库流域面雨量等系列监测预警产品，有效提高了强对流天气预警准确率，增加了提前量。

市县一体化的业务服务平台不断完善。建立较完善的与县级综合业务体制相适应的业务流程；市县一体化县级综合业务服务系统投入运行，实现区县（市）气象局观测、预报、预警、公共服务和信息网络监控业务服务平台一体化；市、县两级观测网络、预报预警服务业务流程和市县两级业务服务系统的后台管理、数据库系统均实现一体化。市县一体化平台投入使用后，大大提高工作效率，仅此环节预报员就节省至少15分钟。一个个代表气象新业态的应用平台不断建成，“智慧气象业务服务系统”“气象私有云”业务平台、新版“宁波气象通”、气象信息实时共享平台等相继投入应用。

气象服务效益得到充分发挥。通过部门共建共享等方式，全市共有6781块（个）电子显示屏、大喇叭每天实时滚动发布气象信息，公共场所气象信息接收传播设施普及率达到8.9个/万人。每天向全市350多万个手机用户发送气象信息，每天通过22套电视气象节目和2万多个农村广播发送气象信息，每天为2.5万余个灾害应急平台和决策用户发送气象短信，开展直通式服务。基本全覆盖的气象信息有力地保障城市运行安全和人民生产生活。

第二节 特色气象中心建设

2012年开始，宁波市气象局因地制宜，加快特色发展，建立健全面向气象敏感行业的针对性气象服务体系。根据各区县(市)产业结构布局与经济社会发展需求，成立农业、港口、渔业、旅游、环境、海水养殖、生态、城市八个特色气象中心，并开发推出城市、农业、海洋以及生态环境监测系列等特色服务产品，基本形成满足宁波经济社会发展与保障需求的专业气象服务体系。

一、宁波农业气象中心(浙江省设施农业气象试验站)

该中心2012年11月在慈溪市现代农业示范园区正式成立，挂靠慈溪市气象局，面向全市开展农业气象服务需求调查和服务产品研究；制定设施农业气象服务周年方案并组织实施；牵头开展全市设施农业气象专业服务，向全市提供设施农业气象服务指导产品；负责慈溪区域农业气象灾害预警信息服务。是年，浙江省气象局决定在慈溪市气象局成立浙江省设施农业气象试验站(浙气发〔2012〕111号)。按照省气象局关于“浙江省设施农业气象服务中心”建设要求，开展相关设施农业气象观测、预报和服务。其前身为宁波市北部气象综合探测基地，始建于2008年。2009年下半年正式开展设施农业气象观测。有专职人员2名、兼职人员1名，参与试验站各项工作。

宁波农业气象中心占地总面积约50亩(1亩≈666.7平方米)，主要划为三块功能区块。一是综合气象观测基地(占地20亩)，有1个标准气象观测场，1部风廓线雷达，1套自动土壤水分观测设备，3套包括温度、湿度、光照强度和地温、地湿、盐度等全自动观测设备，1套气溶胶($PM_{2.5}$监测仪)，1套负氧离子观测仪，1套闪电定位仪。二是设施农业气象观测、试验与服务用地，占地总面积7096平方米(约10.6亩)。有标准钢管大棚22个，连体大棚1座，面积560平方米。大棚内有专业农户种植草莓、西瓜、甜瓜、番茄、茄子、辣椒、玉米、葡萄等当地主要大棚作物，还建有1个气象观测果园，种植包括柑橘、文旦、水蜜桃、黄花梨、石榴、李子、枇杷、杨梅等11个品种，涵盖慈溪市可栽培的主要果树。三是青少年科普教育基地及综合业务办公用房。建立农业气象科普长廊，与气象元素相结合的自助种地地块40余块，以及花卉识别和养护知识科普大棚。业务工作房面积约300平方米。

宁波农业气象中心集农业气象观测、科研、服务、科普于一体，主要承担农气观测、服务、科研、新技术新产品的开发和应用示范等诸多任务，同时对宁波全市乃至全省的农业气象服务提供指导产品。

建立起长期稳定的农业气象观测系统，落实专业人员对设施大棚栽培的草莓、番茄、西瓜、茄子、辣椒等多种作物的生育期进行全过程的气象要素观测与试验，对同一作物开展不同生长条件下的对比观测，积累各项观测数据，并建立起作物数据库。通过大棚作物生育的最佳气象要素指标，对全体种植大户提供针对性的预测预报和农事操作服务信息。

宁波农业气象中心加强与南京信息工程大学、慈溪市农业局等单位的科研合作，联合对大棚小气候进行全方位研究，已基本建立大棚草莓、西瓜、番茄等多种作物的生育期指标数据库，通过对生育期气象要素的分析，研究设施小气候的规律以及对农业生产的影响，进而预测大棚作物的产量、品质等。2012 年以后，围绕设施农业小气候变化研究，共有 1 个项目获宁波市科技局科研立项，发表农业气象科研论文 5 篇。2012 年组织 1 次全省设施农业培训班，培训学员 280 余人次。

宁波农业气象中心从田间地头实地了解着手，以实际科研为基础的农业气象预报，更精细化服务指导农户趋利避害，实现农业减灾增效。每年春播、春夏交替时节，按照季节转换规律，确定不同时段的农业气象服务重点，开展草莓、番茄、大棚葡萄、杨梅等作物的气象服务。每年制作两期农业气象服务专题影视片，并通过气象微信、微博等新媒体手段传播农业气象知识，扩大农业气象的社会覆盖面。每半个月 1 次实地调查，每 2～3 天以电话形式与各种植大户进行联系，了解作物种植方面的相关情况。在雨雪冰冻、低温连阴雨、台风、强对流天气等灾害性天气发生后，第一时间赶赴现场了解灾情，深入各地开展走访调查，了解农户需求，指导灾后自救。截至 2015 年底，已开展 2 届杨梅气候品质论证，农业气象服务对象已涵盖全市 4500 多位种植大户，气象服务产品同时在系统内部实现网络共享，为宁波乃至全省设施农业提供参考借鉴。

据不完全估算，在精细化农业气象服务的指导下，慈溪市设施农业每年减灾达 20%以上，在突发强对流天气、雷雨大风、雨雪冰冻等灾害性天气过程发生时，气象信息为农户减灾达到或超过 50%。同时，通过对大棚作物生育期的各类气象数据进行监测分析，得出最佳的气象要素指标，指导农户合理操作，进一步提高作物的品质和产量。2010 年以后，气象为农服务减灾增效每年约 4500 万元。

二、宁波港口气象中心

该中心于 2013 年 10 月在北仑区气象局落户成立。与北仑区气象局实行“两块牌子，一套班子”，业务服务一体化方式运行。负责全市港口专业气象预报预警服务，包括全市港口气象业务发展调研和规划、全市港口气象监测网络规划、港口气象服务产品的制作、宁波港口气象网站的维护、港口气象灾害风险区划和评估以及其他涉及港口气象服务的有关工作。2012 年开始，按照“切实提升海洋(港口)气象服务能力，为海上安全、涉海产业和经济社会发展提供有力气象保障”的目标，北仑区气象局从“八个一”推进宁波港口气象中心建设进度。

完成一份前期调研报告——为使港口气象服务更有针对性，北仑区局开展《港口气象中心建设》重点调研，多次深入宁波海事、宁波港集团一线开展气象服务需求调研，通过走访交流、收集排摸、梳理分析、总结反馈等手段形成调研报告，并积极开展宁波港大风、雾的风险区划特征分析研究，为后续建设打下基础，确立方向。

锻炼一支岗位人员队伍——北仑区局在多年的港口气象服务中造就一支服务意识强、服务需求熟、服务重点明确的港口特色气象服务队伍，在这支队伍基础上培养新预报员进一步向新型港口气象业务服务转型，并实现与宁波市气象服务中心默契配合，形成市、区两支队伍互补的海洋(港口)专业气象服务团队。

建设一套监测系统——加大海洋(港口)气象监测网建设推进力度，在宁波沿海和港口沿线自建 69 个自动气象观测站、27 个能见度测量仪、1 部测雾雷达、2 部激光云高仪等观测设备,并共享宁波海事局、宁波港集团的31个自动气象观测站,整合周边船舶、海洋浮标观测站,建成集风力风向、气温、降水、能见度等气象要素于一体的港口气象监测网。

开发一套业务平台——建设一个海洋气象业务工作平台,纳入县级业务工作平台,依托北仑智慧气象一期建设项目建设一个海洋(港口)专业气象服务网站。并依托宁波市气象服务中心技术力量,成立港航气象台,建成港航气象服务专业平台,形成细化到港区、锚地、航线的精细化气象预报体系。该平台包括网页、手机APP等多个展示模块,旨在满足不同用户不同的需求。

制定一套服务流程——制定港口专业气象服务流程,含日常服务、高影响天气服务、咨询服务、自动预警服务。

开发一批服务产品——开发包括监测产品、分析产品、预报产品、预警产品、海事联合共享等产品在内的产品序列。

制定一套周年服务方案——每年制定一套周年服务方案和服务提升方案。

建立一套合作机制——建立与海事管理、港口作业单位沟通合作机制,开展常态化沟通合作,深化合作共赢、齐抓共管的良好局面。与市气象服务中心、市气象台(海洋气象台)、市气象网络与装备保障中心等相关单位建立分工合理、责任明确、合力推动的宁波海洋(港口)气象服务和技术支撑体系。

三、宁波渔业气象中心

该中心2013年5月开始启动建设,2013年9月建成运行,落地象山县气象局,实行“两块牌子、一套班子”。承担的工作包括全市渔业气象监测网络规划,渔业气象服务产品的制作,宁波渔业气象网站的维护,开展渔业气象灾害风险区划和评估,宁波海洋气象广播电台和大风预警塔的运行维护,其他涉及渔业气象服务的有关工作。

宁波渔业气象中心依托宁波市海洋气象业务平台,面向全市开展渔业气象服务需求调查和服务产品研究,制作发布气象监测、预报和渔业气象服务产品,重点服务宁波海洋渔业捕捞、海洋养殖、海上航运等。通过自建专业广播电台(频率:4658.5千赫兹)、专业服务网页、微博、微信和海岛大风预警风球,并通过声讯电话“96121”、手机气象短信、电视气象节目、LED显示屏等多种渠道发布海上服务产品。中心成立3年多来,致力于增强海上预报精细化、专业化、实用性服务产品的开发应用,陆续开展宁波十三大渔场天气预报,宁波港口、海岛、海区中短期天气预报,5条航线48小时天气预报,宁波24个避风港锚地精细化风力预报,大黄鱼、南美白对虾气象指数预报等。致力于服务宁波重大渔业生产活动及重大海洋灾害性天气预报预警,成功为每年举行的中国象山开渔节、中国国际海钓节保驾护航。近年来,中心积极开展多部门合作共享,推动象山县人民政府牵头,与县海事处、县海洋与渔业局、县港航局、石浦渔港管委会及有关乡镇联合建立海上恶劣天气应急联动工作机制,共筑海上生产、旅游安全保障线。

单边带渔业专业广播电台(频率:4658.5千赫兹):设在石浦气象站,配有一名专职播音员。每天上午09时15分和16时15分播发宁波市海洋气象台、象山县气象台当日9时、16时发布的象山24小时天气预报和江苏南部到福建北部近外海各渔场5天风力趋势预报。当北纬15～33度,东经115～135度海域有台风(热带气旋)活动,按照级别发布渔场台风(热带气旋)消息、警报或紧急警报。当有特殊天气时随时播发天气警报。并将录音内容导入"宁波市渔业气象中心网站"同时发布。

预警风球:在石浦气象站建有1座单管塔,塔顶装有风球,能显示白、黄、红3色代表3个不同档次的风力情况,为全国首个海上预警风球。风球预警塔建立在海拔128米的东门岛炮台山——石浦气象站,面向石浦中心渔港。预警塔的颜色按照气象灾害预警信号的相关规定设置,塔顶圆球颜色变化代表沿海风力情况,提醒渔民注意出海风况。当塔顶圆球呈蓝白色时,意寓平安,表示沿海平均风力小于7级;当塔顶圆球呈黄色时,表示沿海平均风力7级以上或阵风9级以上;当塔顶圆球呈红色时,表示沿海平均风力10级以上或阵风12级以上。并将灯光信息导入"宁波市渔业气象中心网站"同时发布。

宁波渔业气象中心网站:集广播、风球和预报服务内容于一体。其中:

预报服务包括:渔场风浪雾预报、5条航线风浪雾预报、港口(象山港、石浦港、三门湾)天气预报、海岛天气预报、海区天气预报、台风预报、宁波避风港锚地风力预报、大黄鱼和南美白对虾气象指数预报。

实况监测包括:卫星云图、雷达图、沿海区域要素监测(风力、降水、能见度及船舶站、浮标站资料)、温盐资料等。

实况预警包括:当实况监测值达到相关阈值,则立即发布报警。同时附有中央台、上海台、浙江台和舟山台的有关预报。

微信平台:象山气象微信共有3个栏目14个小项,涉及海洋渔业产品有象山沿海大风实况、能见度、海温24小时预报、卫星、雷达产品动画、台风实时路径信息、预报预警信息、宁波13大渔场预报、5条航线预报、海区预报、宁波24个避风港锚地风力预报。

"96121"声讯电话:每天定时更新宁波海洋天气预报、渔场风力预报、海浪预报、海温及潮汐预报,不定时更新海上大风、台风等预警报信息。

预报员主观服务产品:每天下午给宁波海事局、宁波港航局、象山海洋休闲旅游发展有限公司、宁波翔宇海洋休闲度假有限公司传真服务石浦至檀头山、石浦至北渔山、爵溪至南韭山、石浦至鹤浦、台宁至伍山5条航线的48小时风力预报。遇有海上灾害性天气,除紧急电话服务外,还对象山渔供船、水产养殖户等开展直通式的气象短信服务。对海上搜救活动、重大渔业活动以内参、短信、电话等方式开展精细化的专题专项气象服务。

四、宁波旅游气象服务中心

2012年9月27日,宁波市旅游气象服务中心成立暨旅游与气象部门合作签约仪式在宁波市奉化气象局举行,标志着国内首家市级旅游气象服务中心正式成立。宁波市旅游气象服务中心是经地方编委批准成立的公益类事业机构,与奉化市气象局实行"两块牌子,一套班子",业务服务一体化方式运行。承担全市主要旅游景区气象监测、旅游气象服务产品及针对旅游服务的气象灾害预警信息的制作、发布;开展重点旅游景区气象灾害风险评估和旅游气象服务产品开发等工作。

宁波市旅游气象服务中心通过电视气象节目、宁波旅游气象网、微博、微信、短信发布平台和"96121"声讯电话等发布渠道,向旅游管理部门和广大游客提供全市主要旅游景点的短期天气预报、短时天气预报、短临天气预报、灾害性天气预警、一周天气预报和舒适度指数、紫外线指数、空气清新度、综合风险以及旅游城市预报等10余种气象服务产品。

五、宁波市环境气象中心

该中心于2014年在镇海区气象局成立。与镇海区气象局实行“两块牌子，一套班子”，业务服务一体化方式运行。负责承担宁波全市环境专业气象预报服务、环境气象业务发展调研和规划、环境气象监测网络规划、环境气象服务产品的制作、环境气象网站的维护、环境气象灾害风险区划和评估以及其他涉及环境气象服务的有关工作。市气象局各直属单位和各区县(市)气象局分别承担相应的技术支撑和相关协助。

截至2015年，宁波环境气象中心初步建成由数十个自动气象站、44个能见度站、21个负氧离子站、10个大气成分观测站、5个大气辐射站、2个气溶胶激光雷达站、1个酸雨监测站、1个风廓线雷达站等所组成的环境气象监测网，实时监测大气中颗粒物质量浓度变化、能见度、大气辐射、负氧离子浓度、雨水的pH值和电导率、大气气溶胶消光系数和退偏振比等的垂直分布情况及相关气象条件变化情况。

宁波环境气象中心成立以后，环境气象服务产品涉及雾霾和颗粒物监测、环境气象条件、环境气象监测月度和年度以及重要过程分析报告。环境气象信息通过宁波环境气象网、电视栏目、微博、微信、街区显示终端、校园科普终端等渠道发布，向社会公众发布环境气象类监测、预报、预警信息。同时加强与市环保、卫生等部门的合作和信息共享，共享全市28个空气颗粒物监测站产品，加强对大气污染来源、成因分析及对人体影响等环境气象科研项目研究，联合开展大气复合污染防控课题研究和监测分析产品意见交互，主持或参加环境气象相关项目7项；联合开展大气重污染部门联动和应急联防，联合发布空气质量和气象条件监测预警。在环境气象业务服务产品深化、公众生产生活指导建议、城乡建设和社会经济转型发展建议等诸多领域开展成果应用。引入大气污染扩散模式并开展释用研发和日常运行，成立以石化区突发环境事件、重大活动保障、重污染过程等为重点的环境气象应急小组，为突发公共事件提供环境气象决策服务保障。同时，加强环境气象相关科普和法治宣传，多种形式和渠道广泛传播雾霾成因及应对措施，增强公众自我保健意识。

六、宁波海水养殖气象中心

该中心于2014年9月25日在宁海县气象局正式成立，与宁海县气象局实行“两块牌子，一套班子”业务服务一体化方式运行，负责全市海水养殖专业气象预报服务，包括全市海水养殖气象业务发展调研和规划、监测网络规划，海水养殖气象服务产品的制作、气象网站的维护，海水养殖气象灾害风险评估以及其他涉及海水养殖气象服务的有关工作。

宁波海水养殖气象中心于2013年启动建设，包括监测系统、服务平台建设。监测系统包括自动区域站和温盐站，自动区域站对常规气象要素进行观测，温盐站对水环境各项要素进行实时监测，包括海温、盐度、溶解氧、电导率、pH值等要素；监测系统对采集数据进行初步分析，为业务和科研提供数据支撑；服务平台以“宁波海水养殖气象网”为中心，整合进微信、手机APP等新媒介，拓展网络传播渠道，主要实现探测数据查询、海水养殖预报产品制作、预警发布；对业务过程中形成海水养殖指导产品按照分发策略进行实时分发。海水养殖服务产品包括每周一次的海水养殖气象服务专报，不定时发布养殖动态提醒，常规天气预报、精细化预报及重大气象灾害养殖预警。

七、宁波市生态气象中心

该中心于2014年10月17日在余姚市气象局正式挂牌成立。与余姚市气象局实行“两块牌子，一套班子”业务服务一体化方式运行，负责全市生态专业气象预报服务，包括全市生态气象业务发展调研和规划、生态气象监测网络规划，生态气象服务产品的制作、生态气象网站的维护，生态气象灾害风险区划和评估以及其他涉及生态气象服务的有关工作。

2014年初，余姚市气象局根据“一个岗位、一个监测系统、一套业务流程、一个业务平台、一套周年服务方案、一套服务产品”的“六有”标准推进宁波生态气象中心建设。宁波生态气象中心成立以后，在余姚市气象局现有条件基础上，依托宁波市气象局相关直属单位的技术保障和科研能力支撑，共研发5大类21种监测预报服务产品，涵盖生态监测、生态农业、生态环境、生态旅游、生态城市等，通过“宁波生态气象中心网站”向社会公众发布，并根据生态气象业务发展调研，合理规划布局生态气象监测网，每年新增2种及以上覆盖全市的生态气象服务产品，如2015年新增“体感温度”和“中暑指数”两种预报服务产品。

八、宁波城市气象中心

该中心于2013年9月10日成立并正式运行，挂靠鄞州区气象局。主要负责全市城市气象监测网络规划、城市气象服务产品的制作发布、城市气象网站的维护、开展城市气象灾害风险区划和评估、城市两个体系建设先试先行工作和其他涉及城市气象服务的有关工作。

“宁波城市气象网”于2013年10月25日正式上线运行，至2014年底，宁波城市气象网已经为公众提供城市精细化预报、城市气象实况、城市气象生活指数、全国城市天气、城市气象科普等13种相关城市气象服务新产品。2015年又新增道路结冰指数和城市热岛指数。“宁波城市气象网”已成为宁波城市气象中心为全市公众服务的重要门户。

第九章　气象服务

新中国气象工作的宗旨是为国民经济建设、国防建设和保护人民生命财产安全服务。服务是气象工作的出发点和归宿，是气象事业立业之本。气象服务是各级气象部门按照当地政府、人民群众、国民经济各行业和各社会团体等的需要，适时提供气象预报、气象资料、气候分析和气候评价，并根据使用单位的要求，提供气象实用技术、科研成果和技术咨询等服务的总称。气象服务一般分为社会公益服务和专业专项服务两大部分。公益服务主要包括为各级政府提供的决策气象服务和为人民群众提供的一般生活与生产所需的公众气象服务。专业专项服务是根据国民经济各行业、各企事业单位、社会团体或个人对气象服务的特殊需要，为其提供的专门气象服务。宁波全市各气象台站紧紧围绕当地经济社会发展的新需求和人民群众的新期待，千方百计把千变万化的气象信息送到千家万户，在防灾减灾、保障民生中发挥了重要作用。

第一节　公益(社会)气象服务

一、决策气象服务

决策气象服务是气象部门根据天气气候实况及趋势预测进行综合分析，为各级党委、政府及相关部门防灾减灾、应对气候变化等提供重要天气气候信息和对策建议，为防灾减灾、制定国民经济和社会发展规划、组织重大社会活动等科学决策起到重要参谋和助手作用。

宁波经济社会的快速发展对防灾减灾的决策气象服务需求越来越高。2000年以后，服务领域由过去主要针对农业、渔业、水利和交通运输、基本建设，侧重在防台、防汛、抗旱等重大气象灾害预报预警和重要季节气候预测等方面，拓展到包括重大灾害性天气预报预警服务、重点工程建设服务、重大社会活动保障服务和突发公共事件应急气象保障服务等。随着气象现代化建设快速推进，宁波市气象局决策气象服务努力适应当地经济社会发展的需要，决策气象服务产品的科技含量逐步提升，服务水平不断提高。宁波市气象局决策气象服务产品分为《气象呈阅件》《重要天气报告》《气象信息内参》三类。

《气象呈阅件》主要包括国内外和本地发生的重特大气象灾害分析与影响评估报告或决策建议、极端天气气候事件监测分析报告、长期天气气候趋势预测等重大气象信息。

《重要天气报告》主要包括各类警报或以上等级的灾害性天气预警信息及重大关键性、转折性天气预报等重要信息。灾害性天气气候关注要点有强冷空气(寒潮)、雪、冰冻、冷害(春寒、晚霜冻、倒春寒、秋寒)、连阴雨、雾、霾、强对流(雷暴、大风、冰雹、龙卷风等)、暴雨、台风、高温热浪、干旱、气候异常等，以及重大突发公共事件(森林火灾、核应急、化学污染泄漏事件、海上搜救、矿山事故救援、轨道交通工程突发事故等)。

《气象信息内参》主要包括各类天气气候监测分析报告、重大社会活动、重要节假日天气、突发公共气象事件气象保障专题、专项预报等。

宁波市气象部门以重大灾害性天气预报预警服务、重大社会活动服务和重点工程建设服务为核心，主动及时为宁波市委市政府及有关部门提供准确、科学的灾害性天气监测和预报预测信息、重大气象灾害评估及其防御工作决策建议等，努力做好决策气象服务，当好防灾减灾参谋。主要包括本地发生的重大气象灾害分析与影响评估报告，极端天气、气候事件监测分析报告、长期天气气候趋势预测等重大气象信息，各类警报或以上等级的灾害性天气预警信息、重要转折性天气预报等以及各类天气、气候监测分析报告；重大社会活动、重点建设工程、重要节假日天气、突发公共事件应急气象保障等专题或专项服务。市气象局通过政府办公网、传真、短信等方式向宁波市委、市政府及水利、交通、农业、国土、林业、环保、海洋、海事、旅游等部门定期发送《气象呈阅件》《重要天气报告》《气象信息内参》，总计每年平均 100 余期，多的年份达 180 期(图 9.1)。

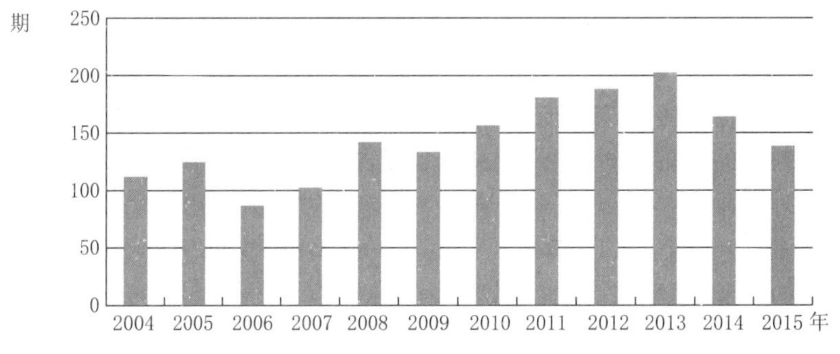

图 9.1　2004—2015 年决策服务材料期数

(一)重大灾害性天气预报预警服务

宁波市气象部门坚持“一年四季不放松，每次过程不放过”，千方百计做好台风等重大灾害性天气的预报预警服务工作。经过多年的实践，市、县气象局形成较完善的防灾抗灾减灾气象服务工作流程。台风、暴雨等灾害性天气多发的汛期季节到来前，分析宁波汛期气候概况、灾害情况、出现频率；预测当年气候特点，可能出现灾害性天气的种类和出现时间、强度及对宁波市影响与危害程度等，为政府确定当年防灾抗灾减灾重点、制定防御措施提供依据。进入汛期后，与市、县政府防汛抗旱指挥部建立定期联系会商制度，遇有重要情况随时通报，使灾害性天气监测预报与决策指挥紧密结合。20 世纪 90 年代始，市、县气象局陆续在当地防汛防旱指挥部建立服务终端，把对灾害的监测、预报、决策、咨询关联成一体，进一步提高快速反应能力。凡遇有重大灾害性天气可能威胁本地区时，市、县气象局提前向当地党政领导和有关部门提供决策服务材料，预测灾害的演变、趋势、预报意见和对本地区的影响时间、危害程度等，建议政府和有关部门及时采取防御措施，为防灾抗灾争取更多时间。关键时刻，市县党政领导还经常亲临气象局，直接了解情况，听取气象人员意见，主持召开防御部署会，争取指挥上的主动。灾害性天气已经影响本地区时，市、县气象局密切监视天气动向并及时收集天气实况，开展跟踪预报和气象情报服务，为适时调整防灾抗灾措施提供服务，争取防灾减灾的最佳效果；灾害结束后，继续监视天气变化，为灾后恢复生产做好服务，把服务贯穿于防灾抗灾减灾的全过程。

21 世纪以后，全市气象部门对 0414 号"云娜"、0509 号"麦莎"、0515 号"卡努"、0608 号"桑美"、0716 号"罗莎"、0908 号"莫拉克"、1211 号"海葵"、1323 号"菲特"、1509 号"灿鸿"、1521 号"杜鹃"等台风和 2008 年初出现的罕见低温雨雪冰冻天气等重大灾害性天气进行了准确预报和及时的决策服务，多次受到省、市党委政府和中国气象局、省气象局的表彰。2005 年宁波先后遭受多个台风影响，全市气象部门准确预报，及时服务，尤其是 8—9 月在第 9 号台风"麦莎"和第 15 号台风"卡努"的服务中，多次组织全市气象台站天气会商，为宁波市委市政府科学制定防台措施发挥重要参谋作用，并通过广播、电视、报纸和手机短信等方式向市民滚动播出最新台风动态。第 9 号台风"麦莎"雨量大、风力强、潮位高、影响时间长、影响范围广。宁波市气象部门对台风"麦莎"的移动路径、登陆时间、登陆地点、风雨强度等预报准确，并利用现代通信工具，以最方便快捷的方法将台风情况向市委市政府领导及有关部门报告，同时，将台风位置及时传真至市防汛抗旱指挥部，使政府和有关部门在第一时间掌握台风动向。宁波市政府根据市气象台预报，及时果断决策：水库和河网放水，腾出库容，并组织转移危险地带人员和 4 千多艘船只进港避风。8 月 6 日凌晨台风登陆后全市出现强降水，市气象局与市国土资源局于当日下午联合发布覆盖全市大部的地质灾害四级预警，市政府决定再次扩大转移安置人数，前后共转移安置 15 万人。受"麦莎"影响，全市仅 1 人死亡，水利设施等损失不到 1997 年 11 号台风的三分之一。台风过后宁波市人民政府致函中国气象局，建议中国气象局对宁波市气象局予以表彰。第 15 号台风"卡努"登陆前 24 小时，市气象台发布台风紧急警报："预计'卡努'台风于 9 月 11 日下午到夜里在温州湾到象山一带登陆"。宁波市委、市政府根据市气象台预报，部署全市各水库开闸泄洪，8 千多艘船只进港避风。紧急转移安置危险地带人员 17 万人，有效减少人员伤亡。市、县气象局还根据《宁波市气象灾害预警信号发布与传播管理办法》，及时发布预警信号，在各个时段、不同的区县(市)及时向公众发布蓝色到红色不同等级的台风预警信号，为各级政府部门组织和全民参与防台抗台提供有力保证。各级政府领导对气象部门的预报服务十分满意，宁波市政府再次致函中国气象局提请对宁波市气象局记功表彰。宁波市气象局、宁海县气象局因此被宁波市委市政府授予抗台救灾先进集体；4 人授予抗台救灾先进个人。2008 年 1 月中下旬至 2 月初，宁波经历一场历史罕见的连续低温、雨雪、冰冻灾害，全市各级气象部门加强监测、打破常规、全面服务。市气象台派专人到宁波电业局应急指挥中心、全市防御暴雪冰冻灾害会议现场开展服务，为科学决策提供依据。优质的预报服务获得各级领导的充分肯定，市气象台被宁波市委、市政府授予"市抗击雨雪冰冻灾害先进集体"；2 人被授予"市抗击雨雪冰冻灾害先进个人"。还有 1 人被浙江省委、省政府授予"省抗击雨雪冰冻灾害先进个人"。

(二)重大社会活动气象保障服务

重大社会活动往往离不开气象服务。从 20 世纪 90 年代开始，全市各级气象部门积极主动地为重大社会活动开展气象保障服务。从1997年起,成功为宁波国际服装节、市人大和市政协年度“两会”、浙江投资贸易洽谈会、中国国际日用消费品博览会、春运、高考等重大社会活动提供气象保障服务。2008年6月,北京奥运火炬接力宁波传递组委会、第十届浙江投资贸易洽谈会组委会、第七届中国国际日用消费品博览会组委会等单位向市气象局发来感谢信,对市气象局在奥运火炬传递和杭州湾跨海大桥通车仪式等多项大型活动期间,提供大量精细的气象保障服务,表示感谢。2010年5月,上海世博会首场主题论坛——“信息化与城市发展”论坛在宁波举行。主题论坛开幕前后,宁波市气象局主动与论坛组委会保持密切联系,及时沟通,了解组委会对气象服务的需求,提前制定气象服务保障方案,对世博论坛的常规气象服务、应急气象服务、气象短信服务等开展的时间、频次、预报要素、服务方式、联系人员等细则均作详细的规定,将宁波接轨世博办公室相关人员纳入气象短信预警平台,开展有针对性的快捷服务。同时,不断加强论坛期间气象预报预测会商,进行反复多次的跟踪预报,市气象局领导靠前指挥把关。4月27日,宁波市气象局向市委、市政府和市接轨世博办公室传真发送“一周天气预测”;5月12日,在《世博论坛天气专报》中预测“近期多阴雨,但论坛期间本市降水较弱,阴天为主”。5月15—16日宁波市区出现了阴天,同时有微量降雨,与预报结果十分吻合,为论坛的开幕式活动争取了主动。截至5月17日,共向宁波接轨世博组委会提供4期《世博论坛天气专报》,发送19条气象服务短信,向所有参加论坛的代表发送三天共6条中英文世博气象服务短信。针对论坛规格高、外宾多的特点,气象短信内容采用中英文双语编发,论坛期间,来自世界各国的600多名代表均收到气象部门提供的短信服务,除了基本预报还包括天气给人的体感以及出行等方面的温馨提示,体现人性化气象服务,当来宾到达或离开宁波时,都加发欢迎及送别短信,并提供宁波至上海沿途交通气象服务。准确、热情、贴心的气象保障服务得到组委会和与会代表的多次称赞。2015年10月下旬,第一届全国危险化学品救援技术竞赛、第19届宁波国际服装节和宁波首届国际马拉松赛在宁波举行,为保障多项重大活动的顺利进行,宁波市气象台全力以赴进行气象保障服务工作。10月21日,由国家安全监管总局、中华全国总工会、共青团中央和浙江省人民政府联合主办、中国石油化工集团公司承办的第一届全国危险化学品救援技术竞赛在宁波市中国石化镇海炼化分公司举行。全国30个省(自治区、直辖市)及相关中央企业共派出34支代表队近400人参赛。针对此次竞赛,市气象台提前一周做好服务计划并提供气象服务,14日起即通过手机短信为竞赛组织方提供竞赛前以及竞赛当天的气象信息,包括天气、温度以及竞赛点附近的风向风力预报,期间共发送决策短信8条次,圆满完成气象保障工作。第19届宁波国际服装节于2015年10月22—25日在宁波举行,基于往年的服务经验,从10月19日就主动展开了服装节的气象保障服务工作,制作《气象信息内参》并传真至服装节组委会。同时,积极为10月24日在杭州湾新区举行的2015宁波国际马拉松赛提供气象服务保障,发送《气象信息内参》、决策气象短信等服务。

各区县(市)气象局都出色完成当地政府举办的“中国开渔节”“5·19中国旅游节”“杨梅节”“水蜜桃节”等具有当地特色的各类文化节和体育赛事活动的气象保障服务。市、县各气象台站每年还开展春节、国庆旅游黄金周等重要节假日的气象服务,通过媒体提前发布节日期间的天气预报,为市民安排节庆活动提供优质服务。

(三)重点工程建设服务

全市气象部门在努力做好防灾减灾气象服务的同时，十分重视和积极主动地为重点工程、重点项目服务。1998 年 1 月，在杭州湾的王盘山岛和大桥两侧专门建立 Vaisala 自动气象观测站，为大桥设计施工进行现场气象监测数据的收集，并为气象服务进行前期准备；1999 年与省气象局科研所共同承接杭州湾大通道预可行性项目的气象条件分析子项目，承担杭州湾跨海大桥两岸的低空环境探测和评价任务。2001 年 12 月起，宁波市华盾雷电防护技术有限公司通过招标承担杭州湾跨海大桥的防雷设施项目设计施工任务。设计人员深入施工现场，解决多个在工程建设过程中遇到的技术难题。2008 年 3 月 20 日完成大桥防雷设施建设项目验收。是年 4 月 17 日，杭州湾跨海大桥竣工验收会议上，大桥验收组一致认为杭州湾跨海大桥工程防雷建设项目工程质量完好，满足设计和规范要求。市气象局还从 2003 年始为宁波杭州湾跨海大桥的建设施工提供全过程服务，每天 3 次通过计算机终端、手机短信、传真等多种服务手段，提供杭州湾区域定点天气预报，未来五天天气预测以及杭州湾自动站、王盘山大风观测资料，保障大桥施工安全。2008 年 11 月，历时 4 年多的象山港大桥气象可行性研究项目完成，经过气象探测、调查研究、科学分析计算，为大桥设计和工程建设提供详实的气象科学依据。象山港地区是我国遭受台风影响最为严重的地区之一，为确保超强台风影响期间大桥的安全，由市气象监测网络中心、市气象台和象山县气象局等单位专家组成象山港大桥气象可行性研究项目组，从 2005 年开始，在象山港两岸建立了风对比观测站和梯度风观测站，首次采用美国进口的三维超声风速仪对桥位附近的风速进行观测。项目组专家还走遍浙江沿海地区，广泛收集大量历史超强台风资料，通过缜密细致的工作和严谨科学的计算分析，将脉动风速分析结果运用到大桥的风洞试验中，按时提交成果报告。这是继杭州湾跨海大桥工程后，宁波气象部门所承担的第二座特大型跨海大桥的气象可行性研究项目。2010 年，市政府推出“9＋X”基本建设重点项目联合办理机制，以市发改委、城建委、规划局、国土资源局、环保局、交警支队、人防办、消防支队、气象局等 9 个与基本建设项目密切相关的部门为主，联合其他相关部门及行业主管部门共同组成的会审协调机制，旨在提高基本建设项目审批效率和部门公共服务水平。是年 3 月，“9＋X”成员单位联合赴海曙区开展重点项目上门服务活动，就 25 个关系民生的重点基本建设项目审批开展联合咨询、现场办公，对近 40 个具体问题及困难进行解决或解答。2015 年是象山县实施“大平台大项目突破年”的计划之年，象山县气象局在气象服务、行政审批、防雷安全管理等方面主动融入相关项目，加强重点工程气象保障服务，专门建立相关工程服务用户组，提供专题特约气象服务；开通行政许可绿色服务通道，为大项目提供更加迅捷的气象审批服务；加强项目建设中的防雷安全监督管理，提供及时优质的服务。北仑、鄞州、宁海等区县(市)气象局为春晓油气田、周公宅水库、国华电厂等工程建设提供保障服务都取得显著效益。

(四)应急气象保障服务

据不完全统计，宁波市政府部门已颁布的各类突发公共事件应急预案，有近六成以上涉及气象部门，主要是负责事故现场天气监测，提供相关气象参数和应急处置对策等应急气象保障服务。2003 年以后，市气象局相继制定各类突发公共事件应急气象保障服务预案。2005年配备气象应急保障车，车上安装风、雨、温、湿、压等6要素自动监测设备。2006—2015年先后多次参加国家海上搜救桌面演习暨东海搜救、浙江省突发重大化学事故应急、宁波市战勤保障消防、宁波市轨道交通工程突发事故应急等演习、演练，以及北京奥运火炬传递等重大活动的实时气象数据监测，做好气象保障服务。北仑区气象局在参与处置"亚洲纸业"重大火灾应急气象保障服务中，派员第一时间到达现场，经过现场监测和天气形势分析作出"今天全天维持东风"的预报结论，为指挥部准确决定扑火方案、保证人员和物资安全，及时扑灭火灾起到非常关键的作用。2008年上半年，市气象局参加宁波消防战勤保障等多个实战演习。气象应急小分队和气象监测车按照指挥部的指令及时到达集结地，对事故现场周围进行气象状况的监测，并将气象资料迅速发送至"气象应急保障中心"，用于火情分析和救灾决策。"气象应急保障中心"利用自动站、雷达、卫星等气象探测数据，监测火灾事故等事件现场周围的气象环境状况，预测气象条件变化趋势，为指挥部提供决策依据。演练目的在于提高宁波处置突发公共事件的应急救援能力。

二、公众气象服务

2000年以后，随着通讯、互联网的迅猛发展，气象服务产品形式从纸质文本到电子信息、从文字到图片、从声音到影像一应俱全；服务载体涵盖广播、电视、报纸、互联网、手机短信、电话声讯、电子显示屏、公交移动电视等多种传播媒体和传播渠道，服务内容也不断丰富且更加贴近社会公众的生产生活。

(一)电视气象服务

20世纪80年代始，随着市、区县(市)电视台相继建立，全市气象部门天气预报不仅继续通过广播电台(站)、报纸等媒体传播，并且开始在电视媒体发布。宁波市气象局自行制作的电视天气预报节目在宁波有线电视台播出起步于1995年底。1996年始，慈溪、余姚、宁海、鄞州等区县(市)气象局自行制作的电视天气预报陆续在当地电视台播出。2000年，通过电视等媒体向社会发布气象生活指数预报、降水概率预报、舒适度指数预报、日出日落指数预报、城市火险等级预报、城市紫外线预报、健康气象指数预报、商品仓储气象预报等。2001年6月开始向社会发布宁波空气质量预报，并在中央电视台城市天气预报节目中播出。2003年与宁波电业局联合发布缺电指数预报服务。2006年4月1日起与市国土联合发布地质灾害预警信息。同年5月开始，承制宁波市水文潮位预报节目。

1999年1月1日，在宁波有线电视台推出有主持人的电视天气预报节目。2001年，有主持人的《天气预报》《生活气象》电视气象节目分别在宁波电视台新闻综合频道、经济生活频道与广大观众见面。2003年1月1日，宁波电视台新开播《旅游气象》节目。2004年1月1日，通过全新改版，气象电视节目由原先的3套增加至5套，分别为《宁波气象》《旅游气象》《县市气象》《生活气象》《城市气象》，其中《宁波气象》《生活气象》《旅游气象》节目为有主持人节目。2005年3月，气象影视节目调整为《宁波气象》《气象谭》《旅游气象》，其中《宁波气象》《气象谭》为有主持人节目。2006年1月1日，慈溪市气象局在全市各县局率先推出有主持人的电视天气预报节目并在慈溪电视台开播；宁波电视台新增有主持人《天气预报》节目，《宁波气象》改为无主持人节目。是年10月，在宁波国际服装节期间首次在宁波电视台的《天气预报》和《气象谭》节目中推出英语播报。2007年1月1日起，通过电视气象节目向社会发布海洋气象预报。是年全新的《看看看》天气预报节目突破传统模式以新闻连线方式在宁波电视台新闻综合频道播出，深受广大市民欢迎，无主持人节目《宁波气象》随后停止播出。2010年9月，《早间气象》《午间气象》在宁波电视台新闻综合频道开播。是年12月，《第五气象站》在宁波电视台少儿体育频道与小朋友们见面。宁波电视台包括新闻综合频道、经济生活频道以及都市文体频道播出的所有气象节目均为宁波气象影视中心制作，现有的气象预报节目有《看看看》之天气连线、《天气预报》《早间气象》《午间气象》《气象谭》《旅游气象》等。节目形式越来越趋多样化，有气象台现场报道、野外实景拍摄、访谈等等，使观众有身临其境之感，气象节目的收视率已在各档电视节目中处领先位置。节目覆盖全市11个区县(市)和绍兴、舟山、台州邻近的部分县(市)等地区，直接受众人口近1000万。

2008年市气象局开展重大事件气象保障服务现场直播探索，开创气象服务的新形式。是年5月，北京奥运圣火在宁波传递期间，市气象局派出小分队在杭州湾大桥上对火炬传递首次进行现场直播报道。2012年8月“海葵”台风严重影响宁波期间，影视中心首次派出追风小组对台风进行30多个小时不间断的报道。2015年7月，台风“灿鸿”严重影响宁波，影视中心派出追风小组首次全程现场直播连线北京，在中国气象频道播出8条视频直播报道和3条电话直播报道。从此，每年重大气象事件期间，市气象局的气象应急直播车都开往现场进行现场直播报道。

2008年9月29日市代县制作全新的有主持人的《鄞州气象》电视节目正式在鄞州电视台率先播出，标志宁波市代县集约化制作天气预报节目正式启动。2009年6、7月，有主持人的《北仑气象》《镇海气象》电视气象节目也相继在北仑、镇海电视台开播；是年，市气象影视中心被宁波市委组织部授予“课件制作基地”，为农村党员干部远程教育网制作提供气象科普片系列和气象专题片系列。2011年市代县制作的有主持人节目《奉化气象》和《鄞州午间气象》《鄞州早间气象》电视节目分别于7月和11月在当地电视台开播。2012年，市代县制作《余姚气象》《象山气象》和《宁海气象》节目分别于10月和11月在当地电视台开播，并完成《慈溪气象》的节目备份，标志着市代县集约化制作节目全覆盖。2014年4月，为大榭岛开发区管委会独立制作的《大榭气象》在大榭电视台正式开播。2015年10月，《北仑气象》中手语主持人与观众见面，为全省县级电视台天气预报节目的首创；首档高清市代县节目《鄞州气象》《鄞州午间气象》《鄞州早间气象》在鄞州电视台开播。

2009年12月25日，中国气象局华风气象影视信息集团、宁波市气象信息中心与宁波数字电视有限公司正式签订合作协议，2010年1月15日，中国气象频道正式落地宁波，将宁波数字电视95频道作为公众免费频道供市民收看。2011年4月，宁波市气象影视中心全新300平方米的气象影视演播厅及迪乐普虚拟演播室系统、VIZRT在线包装系统、大洋非编网和4台摄像机等正式启用。是年10月18日，中国气象频道宁波本地节目开始制作播出，每天6档节目(5档图文和1档有主持人)播出33次。2013年再增加《气象帮农忙》周播节目，本地化共有7档节目播出。2012年5月10日，中国气象频道宁波本地信息双行横屏正式播出。同月18日，中国气象频道(宁波应急)正式开通。2013年6月，为强化公共服务和突发信息的传播，市政府有关部门决定将中国气象频道(宁波应急)的频道号由原来的95频道改为10频道，位于CCTV-1之前，这在全国是绝无仅有的。2014年3月，中国气象频道（宁波应急）正式纳入宁波市政府新闻办新闻发布采访媒体名录。是年10月，与移动电视公司签署气象信息准确和及时发布协议，至此，气象信息在公交、轨道等交通的移动电视媒体上也开始正式发布。与宁波华数电视有限公司合作，借助华数机顶盒民生平台，推出气象信息和气象预警的发布服务。2015年11月，由宁波市政府应急办牵头，通过中国气象频道（宁波应急）成功召开全市应急部门联席会，标志防灾减灾频道初步建成。是年，市气象局配合宁波海事局、市农业局等6个部门全力做好相关预警信息在国家突发事件预警信息发布系统发布工作，这也是宁波多部门应急预警信息在"国突平台"上首次发布。

电视气象节目已成为全市公众气象服务的重要手段，是最受公众欢迎的电视节目之一。在历年全国、全省电视气象影视节目观摩评比中获奖颇丰。2006年10月，市气象局精心制作的《约会新气象》获得第六届华风杯全国电视气象节目观摩评比"主持艺术二等奖""解说词"奖，2013年9月，《气象投诉站》获得全国气象影视业务竞赛天气预报创意类三等奖。

（二）电台（含有线）广播和报纸服务

广播天气预报仍受广大人民群众的欢迎，仍然不失为公众气象服务的一种重要方式。20世纪60年代至70年代，宁波老市区（海曙、镇明、江东、江北区）通过宁波广播电台和市区广播站接收市气象台发布的每日早、中、晚气象预报3次；春播期间增加3～5天的趋势预报；遇台风等重大灾害性天气时随时增发增播。80年代初至90年代，宁波日报、晚报等报刊及各区县（市）报刊陆续开始每日刊登天气预报，适时刊登灾害性天气预报和警报。2000年以后，市气象台每天的06时、11时、17时3次通过有线和无线广播网向社会公众发布短期的晴雨、风、气温等天气要素的预报；遇台风、寒潮等重大灾害性天气时增发增播消息、警报等内容；气象部门还通过宁波广播电台，从早晨6时起每小时对公众滚动播报，直至当日广播节目结束。加强与《宁波日报》《宁波晚报》《东南商报》等报刊媒体合作，每天刊登宁波市气象台发布的2～3天的天气预报信息。2005年开始进行深度合作，分别与《宁波晚报》《现代金报》《东南商报》签署气象服务合作协议，通过专门网页等方式为3家报刊媒体提供未来3天宁波市区天气预报，以及第2天的周边城市、旅游景点和直航城市天气预报。报刊还会不定期的采访气象专家，对有影响的天气或者一些热点进行报道。2010年以后，《宁波日报》《宁波晚报》等报刊媒体开始通过直接获取宁波天气网的各种气象信息向公众传递气象信息。2014年1月1日开始，新增21时天气预报，并在宁波天气网、"96121"声讯平台和宁波气象官方微博上发布，是年6月同步在宁波气象官方微信上发布，这样就使公众天气预报从每天3次增加到每天4次。2014年8月4日《今日镇海》头版刊登题为《我区筑牢气象水利安全防线》的报道，详细介绍镇海区气象局在各农业园区、企业聚集地安装气象信息大喇叭，通过短信、微博等方式及时发送气象信息，不断完善气象灾害信息传播网络，开展各项贴近民生气象服务的事迹。2015年7月，第9号台风"灿鸿"影响期间，宁海县气象局主动对接县广电部门，首次应用农村应急广播系统实时发布台风动态及预报预警信息，村民在家即可收听到有关台风"灿鸿"的最新动态及防御建议，有效减少此次台风带来的损失。

（三）声讯电话服务

声讯电话服务也是各级气象台站常用的服务方式。20世纪90年代后期，市气象局与市邮电局合作开展电话答询气象服务，1998年4月20日联合下发《关于做好"121"电话答询气象服务的通知》。是年5月1日宁海县气象局率先开通"121"气象自动答询电话，市气象局在宁海局召开现场会，提出年底前全市要全部开通"121"的目标。当年8月20日市气象台开通"121"气象自动答询电话，其他各区县（市）气象局在年底前全部开通。公众通过"121"自动答询电话获知48小时、3～4天、双休日和海洋旅游景点及直航城市等天气预报；灾害性天气来临时，还通过"168"电话咨询平台、电信及社会寻呼台向公众提供各种天气预报信息。2000年始，市气象局与移动、联通合作开通"121"气象信息服务电话，移动、联通手机用户通过手机即可了解最新的气象信息。2005年起电信"121"和移动、联通"121"统一调整升位为"96121"和"12121"。2006年3月开通未来3小时天气预报分信箱。2007年1月1日起向社会公众发布海洋气象预报。2008年开通"天气实况"分信箱，信息内容10分钟更新一次。2010年，开通全省异地拨打"96121"电话气象咨询服务。到2015年，"96121"常年设置1个顶级信箱和10个分信箱，顶级信箱为"天气预警提醒""当前实况"和"宁波市区7天天气预报"，10个分信箱分别为未来3～7天天气预报、未来3小时天气预报、天气实况、今日提醒、双休日节假日天气预报、旅游天气预报、高速公路路况信息、生活气象指数、海洋天气及环境预报、各区市（县）详细天气预报。2014年10月底建成声讯、短信全市集约平台，全市新老声讯平台完成切割，全市各区县（市）声讯均通过集约平台向公众提供服务。

（四）气象短信服务

21世纪初随着手机的普及，手机气象短信的问世为公众气象服务又增添新的途径。2003年开始与移动、联通等通讯商合作开展手机气象短信息服务。移动、联通手机以及小灵通用户随时随地可以获知当地气象信息。2005年，手机气象短信的覆盖面继续扩大，逐渐成为公众获取天气预报内容的重要渠道。2008年全市决策气象短信用户已增加到1万多个，公众短信用户超过40万户，2010年后，用户最多时接近300万户，一时成为向公众推送气象信息的重要手段。随着公共气象服务渠道的不断拓宽，发布渠道的增多，公众短信用户在达到最高峰后呈逐年下降趋势。

（五）互联网服务

20世纪末随着社会经济发展，网络已经成为信息传播的最便捷平台，气象信息传播也从平面、广电媒介向互联网媒介转变。21世纪初全市各气象台站开始陆续建立专门的气象网站，通过互联网传播气象信息。

2000年，"宁波气象信息网"（www.qx121.com）开通运行。是年9月由宁波市农经委主办，市气象局协办并组织实施的宁波市农村经济综合信息网基本建成并投入试运行。2008年对宁波气象信息网进行改版，2010年1月1日新版气象信息网正式运行，网站的表现方式灵活多样，信息内容丰富翔实，开辟咨询栏目，增强与网民互动性，因此网站的关注度越来越高。气象信息网网站各网页浏览总量达769万次，日最高访问量达16.47万次。

2015年11月宁波气象信息网改版为“宁波天气网”(www.qx121.com)重新上线,包括“天气预报”“乡镇预报”“灾害预警”“气象探测”“旅游气象”“交通气象”“城市天气”“海洋天气”“宁波气候”“专业气象”“生活指数”“气象科普”等信息,为社会公众提供更及时、更丰富、更精确、更实用的气象服务,该网站年访问量达到3600万人次,成为公众主动获取气象信息的主渠道。

各区县(市)气象局根据当地服务需求,建立起更有针对性有当地特色的气象网站。宁波旅游气象中心于2012年9月开通“宁波旅游气象网”(www.nblyqx.net),2015年网站精简后并入宁波气象业务网子项目(http://bak.qx121.com/lyqx/)。网站设有9个子栏目,包括景区天气、一周旅游天气、旅游城市天气、天气监测、负氧离子、景区天气对比、交通天气、旅游活动、旅游百科等。网站显示的景区天气预报覆盖整个宁波全市的16个重要景点,包括大桥生态农庄旅游区、河姆渡遗址博物馆、四明山国家森林公园、达蓬山旅游区、九龙湖旅游区、保国寺风景区、梁祝文化园、天一阁博物馆、雅戈尔动物园、九峰山旅游景区、滕头生态旅游区、溪口风景区、黄贤森林公园、松兰山海滨旅游度假区、宁海温泉旅游区、石浦渔港古城等。

“宁波气象”官方微博2011年8月18日正式对外发布微博气象信息。由日常天气预报、每日天气提醒、气象信息发布会、旅游气象预报、生活指数预报、高速交通气象访谈节目、气象信息发布会、预警信号、气象科普等服务产品组成,并可供用户留言、互动、实时了解天气资讯。“宁波气象”微信于2014年6月2日正式向社会公众发送气象信息。不仅包括常规天气预报、预警信号、台风信息、天气最新实况、卫星云图、雷达回波图、空气质量指数、气象生活指数以及全国主要城市天气预报等信息查询服务,还可以采用菜单和指令结合的方式,实现用户自助查询,满足用户随时随地查询天气信息的需求。

2013年与“中国宁波网”合作,在中国宁波网民生问政论坛开设“每日提醒”发布天气信息。

(六)电子显示屏

2006年8月18日,宁波市第一个气象信息电子显示屏(LED)在宁海建成。2007年,在全市各城区人流密集点建成21个气象信息电子显示屏,发布各类实时监测及预警预报信息。以后陆续在全市各主要城区的街头巷尾和人流密集点建设了400余个气象信息电子显示屏(LED),发布气象预警信号、天气警报、天气预报、生活指数等各类实时监测及预警预报信息。2013年与电信部门合作,通过全市共享3000个左右电信LCD显示屏发布气象信息;与市交通指挥中心合作,通过交通LED屏发布灾害性天气预警信号和节假日天气出行预报。电子显示屏已成为气象信息发布的又一重要渠道,进一步扩大气象预警信息的覆盖面。

广播和电视天气预报服务以及“96121”声讯电话、手机和气象专业网站、气象信息电子显示屏(LED)等组成覆盖全市的公众气象服务网,每天及时地把天气告诉老百姓。

(七)国家突发事件预警信息发布平台

国家突发事件预警信息发布系统(以下简称“国家预警发布系统”)是国家突发事件应急体系的重要组成部分,也是国务院应急平台唯一的预警信息发布系统。系统从立项到建成历时4年,2014年系统投入业务试运行,2015年国家预警信息发布中心成立,系统正式开始业务运行,并制定下发系统管理办法。

国家预警发布系统依托中国气象局现有业务系统,建设国家、省、地(市)三级预警信息发布管理平台。采集来自各级政府应急指挥部门、预警发布责任单位的预警信息,实现国家、省、市、县四级传输应用,建立起权威、畅通、有效的突发公共事件预警信息发布渠道;建立国家级网站、预警信息发布反馈系统。搭建国家、省级短信平台,充分利用社会公共资源形成快速发布机制。系统建成后具备对自然灾害、事故灾难、公共卫生事件、社会安全事件四大类突发公共事件信息的接收、处理、及时发布能力,使突发公共事件预警信息公众覆盖率达到82%以上,系统发出灾害预警信息后公众能够在10分钟之内接收到预警信息,确保有关部门和社会公众能够及时获取预警信息,最大限度地保障人民群众生命财产安全。

全市气象部门2014年开始国家预警发布系统业务试运行,期间进行系统升级,2015年5月系统正式投入运行。目前宁波气象部门的预警信息可自动生成文件通过网站(http://www.12379.cn/)及短信渠道上传至国家的预警信息发布网站。市政府应急指挥部各成员单位的预警信息发布工作也在不断推进中,已有海事局、交通局、教育局等20余个市级单位,在平台上建立发布账号,区县(市)的多个平行单位也开通发布账号。2015年"灿鸿"台风严重影响期间,配合宁波海事局、农业局等6个部门全力做好相关预警信息在"国家预警发布系统"上的发布工作,各单位纷纷启动各种应急预案,其中,海事、农业等6个部门通过国家突发事件预警信息网发布黄色、橙色、红色等多种预警信息,这也是本市多部门集体应对灾害事件时首次共同在国家预警发布系统上发布预警信息。

第二节　专业专项气象服务

专业专项气象服务的特点是从各行各业生产和经营活动的实际需求出发,对各类通用气象信息进行深加工,或者根据需要开发新的气象信息产品,提供针对性的气象信息情报,加强生产经营的预见性,以便趋利避害,提高经济效益。21世纪以后,专业专项气象服务领域进一步拓宽,宁波市的专业专项气象服务已涉及农业、林业、工业、渔业、能源、电业(电力)、石油及天然气、建筑、港口、交通(包括高速、轻轨、高铁及道路、桥梁建设等)、旅游、金融保险、商业仓储等各行各业。服务方式上也逐步更新换代,20世纪90年代主要的服务方式为信函、电话、BB传呼机和天气警报器。其中BB传呼机服务到2002年为止,天气警报器也在2004年退出历史舞台。21世纪以后的服务方式主要为邮件、传真、电话、短信和气象专业网站等。

一、农业气象服务

宁波市、县两级气象部门在为农服务工作中,结合当地农业和农村经济发展实际,开展针对性服务。市气象局业务人员经常深入田间地头,调查了解白茶、小麦、油菜、早稻、杨梅生长情况,与种植户、养殖户面对面交流,以农户的需求为牵引开展业务和科研工作,为特色农业种植养殖及早提供有针对性的气象服务,探索在当地天气气候背景下,帮助农业经营户寻找适合的特色作物,在不同季节摸索适合的种植养殖技术,指导帮助农业经营户规避天气灾害和气候变化带来的损失。制作发布农业气象月报、作物全生育期气象条件分析、年度农业气象条件分析，以及连阴雨、春播育秧期、倒春寒、霜冻害对农业生产的影响及农事建议等，涵盖天气气候信息、农业气象灾害预警、病虫害预警、产量预报等各方面内容，为政府指导农业生产提供科学依据，为农民增产增收提供保障。

1996年慈溪市气象局在全省率先组建农业综合信息服务网。1997年开始，奉化市气象局根据当地领导意见，多方位做好气象为农服务工作，定时、定期、无偿向当地部分种粮大户提供中期天气预报信息，以帮助种粮大户了解天气趋势，合理安排生产。宁海县气象局为宁海白枇杷基地提供气象预报服务、气象对比观测和气候分析；进行高山与平原的夏季温度对比分析，为高山蔬菜基地提供低温预报服务。2000年9月，由宁波市农经委主办、市气象局承办的宁波市农村经济综合信息网建成。2002年1月起，省气象局《浙江省市级农业气象服务工作质量考核办法》，进一步规范全市农业气象服务工作，转变农业气象服务工作重点，努力适应农业从增产战略向增效战略转变，农业结构从适应性向广泛性调整转变。

发展设施农业是农业现代化的重要标志。2007年初，宁波市委、宁波市人民政府1号文件《关于加快发展现代农业扎实推进新农村建设的若干意见》提出：努力发展设施农业。慈溪市气象局根据当地由传统农业向现代农业转变的现状，积极开展设施农业气象服务。通过气象短信服务平台免费为2300余个农业种植大户提供中短期天气预报、一周天气趋势、突发灾害性天气警报及相关防御措施等气象信息；从2006年下半年开始与当地农业科技人员合作开展"农业气象要素在大棚栽培中的变化规律与配套应用研究"的课题研究。通过新建一个农业气象实验室，安装多套自动气象观测仪器，对大棚内外光照、大棚内不同部位气温、湿度、土壤温度和湿度以及大棚内二硫化碳（CO_2）浓度等要素的变化规律进行观测、分析和研究，并将研究成果及时发布到全市设施农户手中，指导农户开展大棚作物的管理。2008年底开始在中国气象局立项进行"杭州湾围垦区设施农业大棚小气候综合监测系统"项目建设。2010年开始与南京信息工程大学应用气象学院合作开展设施大棚内小气候研究，是年3月正式向种植大户推出包括大棚内温湿度短期预报和相应农技措施的农用预报服务产品。到2010年4月底已在宁波北部气象综合探测基地内建设综合监测系统，以建立长期连续的农业气象要素观测点，对不同管理水平的大棚进行气象要素的观测，同时在大棚内种植当地普遍种植的主导作物和品种，雇用熟练农民工进行大棚管理，同步进行大棚内作物的全生育期观测，逐步探索大棚设施内农业气象观测规范，并利用课题中期成果对农户进行点对点的气象服务，取得一定的社会经济效益。定期组织农业气象科技人员下乡调查走访，对种植大户进行现场指导，并通过电视天气预报节目和气象网站等介绍气象信息和农事相关知识。

2009年，根据精细化为农服务要求，全市气象部门积极探索，结合"三农"实际需求，拓展气象为农服务覆盖面，为全市众多涉农用户免费提供气象短信，建立为农服务联系卡制度，面向农业大户开展一对一的"保姆式"气象专项服务。构建以新闻媒体、公共网络、短信、声讯为主要方式的农村气象信息发布平台。以"一县一品"为切入点，深化气象为农服务，努力打造特色服务亮点，慈溪气象局开展大棚内草莓生育期、气象要素与CO_2监测，推出棚内气象要素预报与大棚作物农业气象灾害预警服务。余姚、奉化等地开展杨梅、茶叶、葡萄、花卉苗木、海水养殖等专业专项气象服务。宁波市农办《农村工作情况》专版刊登气象为农服务的主要做法，依托宁波农经网开展的“信福兴农项目”获国家发改委表彰并被授予“国家信息化试点工程”称号。是年起，市气象台(市气候中心)结合宁波市农业气象服务需求，编制“农业气象周年服务方案”，并与省气候中心进行农业气象电视会商，制作发布各类情报预报产品，开展关键农事季节、生态农业、设施农业的动态气象服务和有针对性的预报服务、专题服务；与市农业技术推广总站进行联合会商、联合发布《气象信息内参》、联合召开气象信息发布会；市农业技术推广总站也针对当前的天气状况及后期天气预测提出农业上的应对措施，发布会信息在电视、广播、报纸等各新闻媒体进行全方位报道。2010 年 5 月，省气象局决定在慈溪市气象局宁波北部气象综合探测基地建立浙江省设施农业气象服务分中心，将慈溪大棚设施农业气象要素的实时数据实行全省共享，根据慈溪市大棚气象要素的预警预报，与各地市局开展设施大棚气象要素和气象灾害联防，为各地市气象局开展大棚气象要素预警预报服务提供依据。

2012 年，市气象局在慈溪市成立农业气象中心(省设施农业气象服务分中心)。配备专职工作人员 5 名，并从外部门农业技术人员中选聘或聘请有经验、有技术的成熟设施农户兼职设施农业技术人员。建立和完善大棚气象服务预报平台、预警信息发布平台，各种相关软件系统；同时优化现有的设施农业实时气象观测系统，完善设施农业气象观测内容、业务流程和服务标准，开展相关试验，开发各种服务产品，并投入实际应用，评估各种服务产品的实际效果等。

2012 年，农产品气候品质认证工作在全市逐步展开，主要依据农产品品质与气候的密切关系，通过数据采集整理、实地调查、实验建模、对比分析等技术手段，为气候对农产品品质影响的优劣等级做出综合评定。2012 年 12 月 30 日，市气象局在全省率先开展“红颊”草莓的气候品质认证工作，并向慈溪市万亩畈“红颊”草莓种植大户颁发《气候品质认证报告》和气候品质认证标志，2013 年气候品质认证基本做到了“一县一品”，到 2015 年，已相继开展慈溪草莓、“宁海白”枇杷、鄞州“八戒”西瓜、余姚和慈溪杨梅、北仑和镇海葡萄、奉化水蜜桃、宁海和象山蜜柑等 8 类特色农产品的气候品质认证工作。

2009—2013 年市气象局连续五年推出气象为农服务“十件实事”(表 9.1)，受到宁波市委市政府领导和农村干部群众的好评。浙江省委常委、宁波市委书记王辉忠两次批示肯定气象为农服务“十件实事”，2012 年 1 月在市气象局报送的“2011 年气象为农服务‘十件实事’情况汇报”上批示：“‘十件实事’办得很实，很好！”

表 9.1　2009—2013 年气象为农服务“十件实事”

年份	气象为农服务十件实事
2009	1. 实现 90%农村在第一时间接收到灾害预警信息 2. 全市 5 亩以上种(养)植户手机短信覆盖率达到 90%以上 3. 升级象山海洋气象广播电台 4. 全市新建 15 块农村气象信息电子显示屏 5. 每个区县(市)气象局联系 1 个种(养)植大户(基地) 6. 每区县(市)建设不少于 1 个农村防雷示范学校 7. 建设 7 支火箭增雨小分队 8. 对每个乡镇分管领导和协理员进行一次专题培训 9. 为每个农村气象信息员订阅一本气象知识杂志 10. 每区县(市)气象局开展一次气象科技下乡活动，赠送气象灾害防御科普材料(图、卡、册子)5 万册

续表

年份	气象为农服务十件实事
2010	1. 建设一个设施农业气象服务示范点(站)(慈溪) 2. 建设一个渔业捕捞气象服务示范点(站)(象山) 3. 建设一个海洋养殖气象服务示范点(站)(宁海) 4. 继续扩大为农服务短信发布平台用户数,将每个村委有关人员和农业大户纳入为农服务短信发布平台 5. 新增 10 个自动气象站,减少农村气象灾害监测盲区 6. 在电视气象节目中发布农用天气预报,服务农业生产 7. 指导建设 6 个气象防灾减灾示范乡镇,提高基层防灾抗灾能力 8. 向农民发放雷电灾害防御知识卡片或手册,提升农民防雷安全意识 9. 制作农业气象服务科教科普片 5 部 10. 组织 50 场气象科普活动,送气象科普进农村、进基层。
2011	1. 新建 8 个省级气象防灾减灾示范乡镇 2. 新建农村气象电子显示屏 50 套 3. 新增为农服务短信发布平台用户 2000 人,新发放联系卡 1000 户 4. 开展 100 所农村中小学校防雷装置安全性能专项检测 5. 提高渔区天气预报能力 6. 加强重要农事季节天气预报服务。 7. 建设现代农业园区、粮食功能区气象信息服务站 2 个 8. 组织气象协理员(信息员)气象科普培训班 10 次,制作农业气象服务科普片 2 部 9. 参与政策性农业保险服务 10. 实施循环农业气象服务实验区
2012	1. 推进农村基层防灾减灾体系建设,新建省级气象防灾减灾标准化乡镇 30 个 2. 开展农村防雷减灾“十百千”工程,为 40 个村 200 个公共建筑免费巡检,发放《农村房屋防雷设计施工使用图集》等 1000 份防雷科普资料 3. 加强农村气象科技服务,开展气象科技下乡 50 场(次),制作农业气象科技专题片 3 部 4. 加强农村气象科技人员培训,组织气象协理员(信息员)气象科技知识培训班 10 次 5. 减少农村气象灾害监测盲区,在农村山洪地质灾害易发区新建自动气象站 10 套,新建农村气象电子显示屏 10 套 6. 深化海洋渔业服务,滚动发布渔场海区预报,开展海水养殖特种气象观测 7. 推进石浦渔港气象服务,建设预警风球系统 8. 强化农业气象预报预警服务,在关键农事季节每天发布农用天气预报 9. 推进“两区”农业气象服务,开展特种农产品品质气象条件观测、气候品质认证和精细化气象服务 10. 加强森林防火和生态气象服务,开展森林火险气象等级分区域预报,适时开展人工增雨作业
2013	1. 建设气象灾害预警广播系统,在村、社区布点 800 个 2. 增加夜间(21 时)短期天气预报 3. 增加电视天气预报节目播出频次,在中国气象频道(宁波应急)上开通农事气象节目 4. 增加“宁波气象”官方微博信息量,提供短时临近预报预警和实况信息服务 5. 加快推进农村气象信息服务,为“家庭农场”提供直达式气象信息服务,建设农村气象服务站 600 个 6. 开通气象灾害证明便民渠道,在互联网和服务中心窗口同步受理,免费办理 7. 推进农村防雷安全工作,免费赠送农村民房建设防雷设计图集 500 套 8. 实施“气象百村科普”活动,开展气象灾害防御科普知识进村(社区)、企业、校园 9. 丰富旅游气象服务内容,新增两类服务产品 10. 加强生态和环境气象服务,适时开展人工增雨作业

二、林业气象服务

每年 11 月至次年 4 月为森林防火期,这段时间的空气比较干燥且风力较大,极易发生森林火灾。因此，从11月1日至次年4月30日，宁波市气象台加强森林火险气象条件等级预报和服务，并不断研制和改进预报方法，列入业务日程，每天17时和21时通过宁波电视台和宁波广播电台发布森林火险气象条件等级预报服务，必要时由宁波电视台直接用字幕显示。对于预报有3级以上森林火险，通过电话及时向市政府森林防火指挥部办公室进行服务。林业部门根据森林火险气象条件等级预报，重点加强火灾高发期的火源管理，特别是清明节前后，有效地减少森林火灾的发生率。

2006年，市政府办公厅印发《宁波市森林火灾事故应急预案》(甬政办发〔2006〕248号)，明确预案启动、处置程序和实施标准，并明确市气象局负责：及时提供森林火灾事故发生地天气预报和天气实况服务，适时实施人工增雨作业，同时做好火险预报，高火险警报和卫星林火监测的发布工作。2006年起，通过DVBS卫星数据对宁波630万亩森林林区火险开展卫星遥感监测工作，每逢清明节前后森林火灾高发期，专门安排两位工作人员轮班负责火情监测，同时与市森林防火指挥部办公室加强联系，制作《气象卫星火情报告》，一旦发现险情迅速传递给相关部门，为他们及时扑灭火情提供情报服务。例如，2006年3月30日下午，宁波市森林防火指挥中心接到市气象局通报，气象卫星监测到象山县凤村某山林有一处热源点，当地有关部门立即赶到现场，阻止了村民在山林里烧山整地，排除火险隐患。2010年起，每年清明节前，宁波市人影办(设在市气象局)根据需要，抓住有利天气条件，适时组织开展人工增雨作业，缓解森林火灾风险。2011年初，全市降水持续偏少，3月降水较常年同期偏少近六成。临近森林火灾易发期，4月2日—3日上午，市人影办在驻军、民航空管等部门的支持配合下，在宁海黄坛、奉化大堰、溪口、莼湖、慈溪横河、象山西周和晓塘等主要林区，组织实施7个批次的人工增雨作业，共发射人工增雨火箭弹47枚。据全市中尺度区域自动气象站显示，人工增雨作业后，宁波中北部地区雨量普遍达到15～20毫米，南部地区5～15毫米。有效增加降水量，降低森林火险等级。2005年市气象台获得“宁波市森林防火先进单位”，2015年获得“浙江省森林消防工作先进单位”；2012年有1人获得“宁波市森林消防工作先进个人”。

三、“港、桥、海”气象服务

宁波市委、市政府提出“港桥海”经济发展战略，加快海洋资源的开发，海上交通、渔业、水产养殖、港口贸易和海岛旅游业等海洋特色产业蓬勃发展。加强海上安全气象服务，为渔、港、航、油及旅游等海洋经济提供气象保障服务，具有十分重要的社会和经济价值。

(一)港口气象服务

港口作业与气象关系紧密，气象保障对于港口安全生产越来越重要。港区货物装卸过程中需要准确的晴雨和风力预报，尤其是外轮装卸货物的时间订有合同，气象服务的及时准确不仅仅是经济效益，也直接关系到港口的竞争力。宁波北仑港一带因海岸呈西北——东南向，尤其是要防御台风引起的东北大风、大潮、暴雨和强对流天气，造成海水倒灌危害港口停船安全。宁波港口作业气象服务主要是为港区提供各种天气预报和灾害性警报，除常规的长、中、短期天气预报外，还需要针对港口的特点开展短时灾害性天气预报、临近预报和专业预报服务，以保证港区正常装卸。宁波气象部门的港口气象服务由粗放型向精细化转变，以港口用户需求为着眼点，从技术和理念两个角度着手重新设计、规划、实施港口气象服务。首先，对模式预报历史资料和港区参考指标站的数据建立预报风力和实况观测数据集，通过深度研究，构建出模式风力预报订正数字化参数模型，进而实现0～72小时的逐3小时风力客观订正预报产品，以满足各港区和海事管理部门调度、作业的实际需要，大大延长港口可作业时间，有效提高港口的作业效率和经济效益。

2013年8月，港口气象中心在北仑区气象局落户成立。宁波市气象局以港口气象中心为载体，大力加强港口气象监测网建设，在宁波港沿海及舟山海域建成自动气象观测站69个，并共享宁波海事局监测站点15个，宁波港集团气象监测站点16个；推动港区专业专项气象服务的转型升级，建立港口气象服务创新团队，加强精细化气象服务产品研发，开发建设海洋、港口类信息化气象预报业务和服务平台，有力提升港口气象服务水平。2015年市气象局联合宁波海事局，依据历史封航、解封信息，联合设计规划针对港口的专业气象预警指标以及重大影响天气下的联动防御机制。开发定制式的港区专业服务手机APP和港口专业服务网页平台，实现港口、海事、气象三方观测数据的融合，实时显示港区的精细化实况，预报和预警信息。在具体服务上，设立24小时全天候的气象专家服务热线，从调度中心船舶调度到码头吊装作业，针对港口不同生产环节，做好针对性气象服务。为宁波舟山港集团及下属企业提供一对一"保姆式"的气象咨询服务，设立港口气象服务值班岗位，专职负责分港区大风、能见度预报，通过模式数据与实况的对比分析对模式进行初步的人工订正，并建立预报质量评估机制，预报结论与实况实时对比分析，及时修正预报结论。

(二)跨海连岛大桥气象服务

杭州湾气象条件复杂多变，台风、龙卷风、雷暴及突发性小范围灾害性天气时有发生。宁波市气象部门根据大桥建设不同施工阶段对现场气象条件需求，确定不利气象条件报警阈值，制定防御对策：五天天气趋势预报为大桥建设部门的一周施工安排科学参考；每天3次定时提供48小时常规天气预报短信；当有危险天气时，随时提供短时临近天气预报，发布预警信息，以便大桥建设部门及时采取防御措施，有效规避不利气象因素对大桥建设的影响，合理调度施工进度，确保大桥安全施工和建设质量。在杭州湾跨海大桥建设服务过程中，2007年7—11月的桥面铺装时期尤为关键。大桥桥面混凝土铺装是一种新型的路面结构，既有耐高温、抗车辙、寿命长的优点，又有表面粗糙、防滑耐磨的特点，有利于提高行车的安全性和舒适性，还可以起到有效的防水作用，更好地保护大桥的结构主体，因此施工条件非常严格，要求铺装时不能有点滴雨水渗入，否则将严重影响工程质量，需要全部报废，损失巨大。7—9月份是台风、雷阵雨多发季节，为保证工程进度，市气象局加强值班，落实专人紧盯天气雷达，开展全时段、无缝隙的跟踪服务，为保障大桥顺利竣工作出气象贡献。大桥通车之后，通过向高速交警杭州湾大桥支队提供气象服务的方式，在大桥通车运营期间提供气象保障。

2008年后，市气象局又相继完成为象山港跨海大桥、大榭岛一桥和二桥、梅山岛大桥等重大建设工程项目的气象保障服务。

(三)海洋气象服务

海洋气象服务是向海上或岸上的用户提供其所需要的海洋气象信息和有关的地球物

理情报信息，保障海上运输和生产安全，促进海洋经济发展。海洋气象服务的原则是满足用户对海洋环境条件和气象情报的要求，在保障海洋作业安全的条件下，提高海洋作业效率和减少费用开支。

1. 海洋渔业气象服务

市气象台从建台起便开始承担为宁波海洋渔业捕捞服务任务。20 世纪 60 年代至 70 年代，为保障海洋渔业捕捞安全，每年冬季渔汛，还派出由预报员、报务员、填图员等技术人员组成的海上流动气象台（组）随宁波地区渔业指挥部深入渔场，提供现场气象保障服务。20 世纪 80 年代末，由于近海渔业资源衰竭，海洋捕捞向外海远洋发展，作业区远离大陆，加上通信技术的发展等原因，1989 年起不再派出流动气象台（组）到渔场现场服务。为适应渔业生产对气象服务的需要，组织研发冬季冷空气以及海洋预报系统并在业务中得到应用，海上大风预报能力有一定提高，预报范围扩大。服务手段主要有广播电台、电视台、报纸等媒体和自动答询电话、甚高频天气警报网时效也由 24 小时延伸到 48 小时。1998 年 1 月成立宁波市海洋气象台，建立并逐步完善宁波海洋气象业务系统，增强海上航运、渔业、海水养殖、港口作业及海洋和滩涂开发等气象服务能力。象山是个渔业大县，渔业气象服务一直是象山气象局的一项重要任务，利用单边带海洋气象广播为外海捕捞渔民提供海上风力等预报警报服务已开展多年。21 世纪初（“十五”期间），为解决海洋气象监测资料缺乏的难题，象山县气象局在出海渔船上安装手持测风仪，积累第一手海上观测资料。2011 年 1 月 1 日开始，宁波市海洋气象台和象山县气象台通过设在象山石浦气象站的单边带渔业专业广播电台（频率：4658.5 千赫兹），每天 09 时 15 分、16 时 15 分两次向海上渔船播报北纬 26～38 度、东经 128 度（江苏南部到福建北部）近外海范围内的 13 个渔场未来 120 小时的天气现象、风力风向、浪向浪高趋势预报和象山 24 小时天气预报。当北纬 15～33 度，东经 115～135 度海域遇有台风活动时，按其级别发布渔场台风（热带气旋）消息、警报或紧急警报。遇到特殊天气时随时播发天气警报。

因海洋渔业资源逐年衰退和海水养殖的迅速发展，并逐步认识到海水养殖业的丰歉与气象条件关系密切。宁波气象部门 20 世纪 80 年代中期开始为海水养殖部门提供长、中、短期天气预报，并配合水产研究部门开展试验研究对虾“嚎头”（死亡）和紫菜采苗期及花蛤、大黄鱼、蟹类等生长的气象指标，为养殖业提供服务。2009 年宁海、象山等县气象局针对三门湾等海水养殖业，开展海塘养殖气象保障系统建设和服务。象山县气象局还开展科技结对活动，为两个渔业养殖大户提供咸、淡水渔业养殖气象服务，根据不同季节和渔业生产的特点提供大黄鱼越冬、捕捞期和台风影响期的气象服务，使养殖户增产增收。宁海县气象局为大佳何香鱼育苗越冬提供气象保障服务。

2. 海洋开发气象服务

宁波市海洋开发气象服务主要有海岸带风能资源普查、海上石油钻探及海岛旅游等。2004 年“韩国重工”在东海铺设油气管道施工期间，市气象局专门提供东海区域天气-海浪预报服务，这是首次为涉外企业用全英文进行气象预报服务工作。象山县的鹤浦、檀头山等海岛风力资源十分丰富，风电场的开发前景广阔。2006 年、2007 年先后完成象山县风能发电场工程可行性研究——总装机容量 15 万千瓦的檀头山、鹤浦风电场风能资源评估和象山花岙大佛山风电场气象评估，为项目建议书、可行性研究报告和后期风机选型、布局、规模及设计建设施工提供现场风资源探测和环境气象参数。宁波市气象台和象山县气象局组织技术骨干成立项目研究专题组，多次对测风点及工程区域进行详细的外场考察，并对测风资料进行质量审核和序列订正，分析计算工程区域的气候背景和有关风能参数，历时 4 个月，完成风电场风能资源评估工作。2006 年 6 月 28 日，《象山县风力发电场工程可行性研究—檀头山、鹤浦风电场气象评估报告》通过专家评审。来自中国气象局风能太阳能资源评估中心、华东勘测设计院、广东省气象局和浙江省发改委、省气象局、省能源研究所、省电力设计院等有关单位的领导和专家出席评审会。评审专家组认为报告采用的分析技术方法符合目前我国有关风能资源评估方法和标准规范，成果合理可信，两风场具有良好的开发利用价值。2008 年，按照中国气象局和国家发改委的要求，在省气象局统一规划和省气候中心的指导下，在慈溪、北仑、象山各建 1 个风能资源测风塔，开展沿海风能资源普查。

海岛旅游兴起以后，宁波市气象部门开辟多条旅游航线气象服务业务。每年一度的象山中国开渔节、国际海钓节等海上旅游活动气象保障服务工作都非常成功。2008 年 9 月 13—16 日第十一届“中国开渔节”适逢“森拉克”台风影响期间，同时海峡两岸还将联合举办“明月共潮升”中秋晚会。因开幕式时间正是预报中“森拉克”肆虐最严重的时期，经市、县气象台值班预报员多次会商后，准确预测 9 月 14 日 09 时前下雨可能性较小，开幕式可如期举行的预报意见。象山县气象局在宁波市气象台的指导下均提前 5 小时向组委会提供决策服务，在活动开始前 3 小时，每小时至少提供 1 次临近服务，保证系列活动的正常举行。象山渔山列岛称“亚洲第一钓场”，2015 年 5 月 29—31 日，第六届中国象山国际海钓节暨国际海钓邀请赛期间。象山县气象局提前调研需求，制定服务方案，针对此次活动的局地精细化预报服务需求，从 5 月 22 日起，象山局每日通过内参及短信为海钓节组委会提供渔山列岛及相关海域天气趋势预报；24 日专门提醒主办方，从 27 日起渔山列岛海域多间歇性阵雨，其中 30 日较明显，沿海可能伴有 6～8 级大风；27 日至 29 日又连续向组委会跟进服务信息。象山局领导专门致电组委会工作人员，强调 29、31 日天气和风力都对活动影响不大，30 日的雷雨大风可能对赛事造成一定影响，为组委会相关防范准备工作预留充分时间。通过北渔山区域自动站监测数据得知，30 日 11 时北渔山出现 8 级短时大风，当天下午前累计降水量 15.5 毫米，29 日至 31 日其他时段无大风，与预报基本吻合。

四、电力、石化与轨道交通气象服务

电力生产、电网调度和石化冶炼、轨道交通与气象关系密切。尤其是电力生产、电网调度、石油储罐和冶炼设施、轨道交通运行的每个环节，都需要应用气象科技防灾减灾、保护环境，提高经济效益，以利于经济建设的可持续发展。

（一）电力行业气象服务

电力生产和电网调度与天气变化有着密切的关系。电力行业对气象服务的主要需求是：负荷预测、计划检修安排，电网设备监测、电网应急事故预案等需要提供一般性降雨、气温、风力、闪电雷暴、降雪、电力线路覆冰等；提前监测线路覆冰情况需要提供山区连续冻雨预报；提前做好防台、防雨、防风、防冻准备，需要提供台风、暴雨、大风、寒潮的预报警报服务；及时掌握电力设备运行环境变化，针对性地安排生产任务需要提供短时临近突发性天气预报警报。2000年以后，宁波气象部门为提高用户的经济效益和生产建设，开展全方位、多层次的电力专项气象服务。主要为国电浙江北仑第一发电有限公司、浙江镇海发电有限责任公司等火电生产企业和宁波电业局电力运行管理各有关单位提供气象服务。2003年宁波严重缺电，市气象局专门研究开发缺电指数预报系统。该系统根据宁波市负荷变化的特点，以最大负荷和人体舒适度的相关性为基础，对次日的最大负荷进行预报，并得出缺电指数。通过该系统预报当日的最大负荷和用电紧缺程度，有效帮助电力部门提前安排避峰错峰方案，也为指导用户采取合理的节电和限电措施提供科学依据。

2008年1月中下旬至2月初，宁波接连出现寒潮（强冷空气）、大风、冰冻、雨雪等灾害性天气，影响范围大，持续时间长，破坏的严重程度历史罕见。由于冰灾共造成北仑春晓5410线等10条线路严重故障跳闸，四明山区水泥柱杆子倒掉250多根。全市气象部门加强监测，对极端低温、大风天气、电线覆冰、山区积雪和道路结冰等天气现象，通过短信、电话等及时向电力部门汇报，并滚动提供专业专项预报产品。从1月26日至2月3日，市气象台共计发布预警信号11次，并首次发布红色等级预警信号；向市、县、乡政府有关领导及相关部门人员发送决策手机短信18条，同时派专人到宁波电业局应急指挥中心开展现场服务。

2012年1月2日起，宁波出现连续8天低温雨雪冰冻灾害天气。受持续低温、雨雪和高湿度影响，宁波电网用电负荷持续高位运行，部分山区线路因覆冰产生跳闸。市气象局对此加强全市气温24小时实时监测，密切关注输变电设备覆冰严重的山区低温，为电网安全提供针对性决策服务，并以专题决策气象短信和主动电话服务的形式，确保天气预报信息和防御意见及时准确送到相关人员手中。市气象局连续召开4场低温雨雪冰冻天气信息发布会，向新闻媒体发布滚动气象信息，通过报纸、电视、广播、互联网等渠道对用电安全、输变电线路覆冰等提出建议。根据气象预测，宁波电网于1月8日中午将防御雨雪冰冻灾害升级至Ⅱ级橙色响应，及时启动相关应急预案有序调度，抢修队伍进驻抢修现场。截至1月9日，全市未出现拉限电现象。

2013年与市电业局进一步加强合作，根据对方需求增设专业气象网站，提供符合相关规定的气象数据和详细有规划的特别气象专题服务；提供10天详细的天气要素预报和未来11～15天天气趋势预报的《电力气象专报》，专报在2013年的高温热浪以及2014年8月近60年来同期罕见的多雨寡照凉爽天气中发挥重要作用，为电力设备安全稳定运行提供气象保障。

（二）石化冶炼行业气象服务

石化冶炼对气象的需求同样迫切，尤其是低温冰冻、强雷电和强降水天气。2009年1月初，面对2008年国际金融危机，宁波市委、市政府作出部门联系服务企业的部署安排。市气象局领导亲自带领相关职能处室负责人，走访调研市局对口联系服务企业——宁海金海雅宝化工有限公司，了解该企业当前生产经营状况、职工到岗情况以及需要帮助解决的突出问题，并深入各车间了解生产情况。宁海县气象局每年为该企业的防雷设施免费进行安全性能检测，并根据需要有针对性地提供气象服务。

早在20世纪90年代，市气象部门就开始为镇海炼化（镇海石化总厂）提供服务，服务方式主要为警报器和气象旬报，后增加计算机网络终端气象服务，手机短信服务也逐步取代警报器服务。在低温冰冻天气来临前，气象部门一般会提前24小时做出较为准确预报。在雷雨天气加强监测，随时通报天气状况，预报近半小时内在用户需求范围内有无影响的强雷电发生，最大限度地确保石油储油罐区和冶炼设施的安全。2015年开始，采用标准化的气象服务接口为镇海炼化公司提供气象信息服务。用户可将气象观测、预报和预警数据信息直接接入内网，根据生产需要自行重组和设定产品阈值；同时，用户在获取数据后可以在内部的网站、短信、手机APP等业务系统上灵活使用气象产品，自行定制与生产流程相关的复合型预报产品，以便更加快速、有效地安排生产生活。2015年9月29日，正是第21号台风“杜鹃”严重影响期间，当天镇海炼化公司来电询问雨量和未来降水情况，值班预报员经过认真仔细分析判断认为29日傍晚到30日早晨将有强降水，并可能发生灾害性天气，立刻主动电话告知镇海炼化公司“晚上将有大暴雨，建议加强值班”。30日凌晨对方来电询问“大暴雨还要多长时间，快顶不住了”，值班预报员果断要求对方至少要坚持到早晨。30日7点多时雨量明显减小，卫星云图显示未发现有后续降水云团跟进，告知对方强降水结束。

（三）轨道交通气象服务

台风、大风、暴雨、大雪、低温冰冻、大雾、雷电等气象灾害都直接影响着列车的正常运行。2014年下半年，随着宁波轨道交通气象服务专网的建成使用，在轨道交通的气象服务中开始形成精细化的雏形。以用户需求为中心，以气象科技为支撑，逐步由精细化气象预报向精细化气象服务转变，由基础的框架平台建设转变为建设专业性更强的精细化专业服务平台，逐步由单纯的预报信息服务转为融合专业服务背景知识的复合型专业预报服务。专门建设的轨道交通专网平台——轨道交通气象监测预警平台系统，通过轨道网站的大型显示屏提供站点气象预报和实况信息，让用户随时随地了解天气实况，同时也全时效、无缝隙地为用户提供天气预报和预警。2015年第9号台风“灿鸿”影响严重，至7月10日23时，沿海海面已出现阵风11～14级，内陆地区阵风普遍达7～9级、沿海地区8～10级，同时全市普降暴雨已经在全市全面铺开。市局及时向轨道交通通报天气实况，预计“灿鸿”11日凌晨到中午前后在台州到宁波一带沿海登陆，影响严重，建议关闭轨道交通。为保证运营安全，7月11日起暂停宁波轨道交通1号线一期高架区段运营。2016年6月20日傍晚雷雨交加，17时40分左右向轨道交通发布预警信号，并告知未来1～2小时内将影响到北仑一带，接下来跟进服务，不时通报雷电实况。18时30分，轨道交通1号线宝幢站至邬隘站设备系统自动启动保护性动作，虽然运营秩序受到影响，但保证了列车运行安全。

五、军事气象服务

市气象局与东海舰队、东海舰队航空兵等驻甬军事部门始终保持紧密合作联系。遇到部队训练、演习时，市气象台提供天气预报、气象情报和气候资料等服务，需要时市气象局的首席预报员还会应邀参加会商。

第三节　生态环境气象服务

生态环境与气象因素相互影响，与人类活动息息相关。大气环境监测与评价是保护生态环境，造福子孙后代，关系到人民根本利益的大事，目的是把经济效益、社会效益和环境效益很好结合起来，大力保护和合理利用各种自然资源，加强生态环境的保护。因此，生态环境气象服务也是气象部门的一项重要任务。

2001 年 11 月，成立宁波市应用气象室，内设气候科，承担气候分析、气候预测、气候影响评价和气候资源开发等业务。2005 年 4 月应用气象室撤销，气候科成建制转入市气象台；2011 年 3 月，成立宁波市气候中心，是年 5 月经专家评审获得中国气象局颁发的《气候可行性论证确认书》；2013 年 3 月，宁波市气候中心与宁波市气象台合署办公，相关工作职责归并到宁波市气象台，市气象台设立生态环境科，开展气候和生态环境监测、预测、反演、分析、影响评价及气候资源开发等业务。2014 年 10 月，分别在余姚、镇海建立生态气象中心和环境气象中心。2002 年起市气象台开展空气质量预报服务。各级地方政府和社会公众对空气质量的关注度越来越高，特别是重视雾霾等高污染天气对人体健康的影响，为此，市气象局与市环保部门合作开展霾监测预警服务等工作。

一、环境气象服务

（一）空气质量预报服务

空气质量预报是通过新闻媒介向社会发布未来的空气质量等级、污染物浓度及其潜势等预报信息，提高社会公众对环境的关注度，增强环保意识。2000 年 11 月，中国气象局与环境保护总局联合下发《关于开展环境保护重点城市空气质量预报工作的通知》（环发〔2000〕231 号），决定 2001 年 6 月 5 日起，在中央电视台共同发布 47 个环境保护重点城市（浙江省是杭州、宁波）环境空气质量预报，其他有条件的城市，也可以在当地媒体上发布各市的环境空气质量预报。浙江省气象局《关于加快发展环境气象业务服务工作的意见》明确提出，要求重点开展城市空气污染气象条件和空气质量预报，包括空气质量污染指数、首要污染物、空气质量等级。2002 年起，市气象局与市环保局合作，联合发布宁波市空气质量预报，包括空气质量等级和首要污染物。2007 年，市气象局与市环保局进一步加强合作，由市环保局环境监测中心提供信息，市气象台开发空气污染气象条件预报、空气质量指数（AQI）预报、霾等级预报等预报服务产品，每日 17 时通过电视和无线（有线）广播向社会发布。

（二）生态环境监测服务

2014 年开始，面向党委政府和有关部门开展霾天气监测服务业务。每年共发送 19 期霾天气监测报告。包括月度报告 12 期、季度报告 4 期、半年度报告 2 期和年度报告 1 期。报告的内容主要是地方党委政府和社会公众关注的 $PM_{2.5}$ 浓度，并结合降水、风速、能见度和相对湿度对当期的霾天气状况给出综合评价。

2015 年开始开展生态环境监测业务。主要监测内容包括植被覆盖、地表温度。通过对 MODIS 卫星植被指数（NDVI）的监测来对植被覆盖情况进行分析，并与常年同期状态进行对比，分析得到植被指数的时间、空间等相关变化信息。通过对宁波市地表温度(LST)的监测来对宁波的城市热岛效应进行监测。

(三)日常业务产品的开发应用

目前已开展的遥感业务应用产品包括静止卫星云图实时显示(风云2号、葵花-8号)、海雾监测(风云2号和葵花-8号)、吸收性气溶胶指数(AAI)、气溶胶光学厚度(AOD)、遥感反演$PM_{2.5}$、雾霾监测、海面风矢量产品、海表温度(SST)、云导风、积雪监测、地表温度、森林火险、归一化差分植被指数(NDVI)和土地利用、土地覆盖变化等。

二、气候业务服务

气候业务服务包括气候分析监测、气候影响评价、气候诊断、气候预测、气候应用、气候资源开发利用和应对气候变化等。随着气象业务现代化建设的不断推进，气候业务服务取得长足进展。宁波市气象台(市气候中心)目前承担的气候业务主要有月、季、年及更长时间尺度的气候与气候变化分析、诊断预测、气候影响评价和应用服务、气候资料分析评价和应用业务、气候变化及其影响评估，为政府部门提供气候决策服务，为社会提供气候专项保障服务；开展气候可行性论证和气候区划及气候资源综合调查、开发利用和保护工作。

(一)气候统计整编

历史气候资料统计整编是气象部门的一项日常性的基础业务，按照世界气象组织(WTO)规定，取某气象要素的最近三个整年代的平均值或统计值作为该要素的气候平均值，即每隔10年需对气候平均值进行一次更新。气候统计整编是将各种气象要素的多年原始观测记录按不同方式进行深层次的加工处理过程，分为日常性统计整编和阶段性统计整编、专业性统计整编。日常性统计整编是由各气象站编制各种气象记录月报表、年报表和气压、气温、相对温度、雨量等基本气象要素以及灾害性天气、地面气候年鉴定期进行单项气候资料整编；阶段性统计整编一般以10年或20年、30年为一个周期，将各气象站积累的各种气象记录资料进行统计整编，既可为天气预报、科学研究提供依据，又可为经济建设、社会发展和国防提供服务；专业性统计整编是根据使用部门的特殊需要，按用户提出的项目进行专业统计整编。

1. 阶段性统计整编

地面气象资料的阶段性统计整编项目、统计方法及有关技术规定按照中国气象局统一规定，由省气象局具体组织实施。统计整编的气象要素主要有14大类共79个项目：气压(5项)，气温(16项)，空气湿度(4项)，云量云状(6项)，降水(9项)，天气现象(15项)，能见度(1项)，蒸发(1项)，积雪(2项)，积冰(2项)，风向风速(7项)，地温(7项)，冻土(1项)，日照(3项)。各项一般均进行历、累年值的统计，个别只作相应的历年或累年的项目；凡统计月值或旬值的项目均进行年值的统计。统计时段包括(1)日：日照用真太阳时，以00时为日界；其他项目用北京时，以20时为日界。(2)月：按公历法各月由28～31天组成，1年分为12个月。(3)旬：十日为1旬，一个月分为3旬，第3旬为21日～月底。(4)候：5日为1候。一个月分为6候，第6候为26日～月底。(5)年：按公历法1年由365～366天组成。(6)年度：由7月1日至下一年6月30日为一年度。(7)降雪、积雪、霜日数，最大积雪深度、最大冻土深度等按“年度”统计，其他项目按“年”统计，如有特殊说明，则以特殊说明为准。基本统计方法：日平均值由四次定时值（北京时间02、08、14、20时）平均求得；月（旬、候）平均值由日值（日平均值或日极值）平均求得；年平均值由12个月平均值平均求得；累年某日平均值由历年逐日平均值平均求得，但是资料必须具有连续20年以上的数据，且闰年取前365天；累年某月（旬、候）平均值由历年该月平均值平均求得；累年年平均值由累年月平均值平均求得；某年（月、旬、候）某气象要素总量值是指该年（月、旬、候）该气象要素日总量值的总和；某年（月）某现象的日数是指该年（月）该现象出现的日数；累年平均年日数为累年平均各月日数之和。在进行气候资料统计整编前，必须对所使用的资料进行质量控制。对原始观测资料的质量控制方法有要素允许值范围检查、气候学界限值检查、极值检查、内部一致性检查、时间一致性检查、空间一致性检查等。整编用数据应是具有质量控制标识的数据，其中标识为正确和可疑的数据参加整编统计，对标识为错误的数据进行订正，无法订正时，按缺测处理。质量控制的具体方法可参考相关的材料。1995年以前已进行过5次阶段性统计整编。2009年3月，由刘爱民等人编著的《宁波气候和气候变化》由气象出版社正式出版。该书以“基于3S技术的宁波市气候、气候资源及其变化研究”课题成果为依据，对宁波40多年的气候观测事实进行较系统的统计分析，阐述宁波市各地气温、降水、日照和云、风和风能资源、影响宁波的热带气旋以及主要气象灾害等的气候特征和分布特点，分析在全球气候变暖大背景下这些气候要素的年际变化情况和变化趋势，重点阐述宁波市各地自20世纪80年代初期开始各气候要素发生明显变化的事实，得出宁波气候的变化规律和变化趋势。还简要分析气候变化对宁波经济社会发展、粮食、城市、能源、生态安全及百姓生活健康等方面可能产生的影响，并提出应对气候变化的对策建议。

2. 专业性统计整编

20世纪90年代，“宁波气候变化影响分析及对策建议”为宁波市发改委做好“十五”规划提供参考；进入21世纪，市气象局继续深入研究，2011年开展“宁波市农业热量资源对气候变化的响应特征”的研究，其成果参加宁波市第52期科协沙龙“宁波市气候变化特征及其对农业发展的影响”，2011—2013年完成世界银行项目“气候适应性城市”之“宁波气候及气候变化情景研究”，2013年末完成市政府课题“宁波气候变化与发展低碳经济研究”。

（二）气候影响评价

气候影响评价是气象部门一项始于20世纪80年代初期的基本业务。气象部门针对政府和社会关注的热点和焦点问题，根据气候资料分析研究气候特征及其变化规律，开展气候、气候变化以及极端气候事件对经济社会发展的影响和评估，在各级政府制定经济发展规划、组织防灾减灾、生态环境保护以及提高社会公众的气候意识发挥积极的作用。宁波市气象局从1985年开始制作发布年度气候影响评价，1999年起增加发布上半年度气候影响评价。《气候影响评价业务规定》（气发〔2004〕253号）和《浙江省气候影响评价业务规定》（浙气发〔2004〕174号）分别于2004年11月1日和2005年1月1日起正式实施。两级《规定》都对气候影响评价业务的职责分工、产品内容、评价指标和业务流程作出规定，明确“各地（市）、县级气候影响评价业务单位负责收集本地区气候影响情报和资料，制作和分发所属区域的气候影响评价产品”。《浙江省气候影响评价业务规定》还提出“对气候特征进行仔细分析，深入调查收集相关信息，评价重大气候事件如台风、干旱等天气对农业、旅游、交通、健康、能源等行业的影响”，并“与当地渔业、林业、交通、旅游、防汛指挥部等部门加强联系，加强沟通，及时获取气候事件对相关行业影响的信息和数据，使资料来源多元化，资料获取及时准确。使气候影响评价产品更好地为政府决策服务、为社会经济发展服务”等具体要求。2005 年起，气候评价业务调整为每月、每季和年度气候影响评价，同时开始发布年度气候公报等定期服务产品。2006 年开始发布年度七大天气气候事件，2008 年起调整为发布年度十大天气气候事件（表 9.2）。并不定期制作发布台风、干旱、暴雨洪涝等重大天气气候事件公报等服务产品。气候评价服务产品增加彩色图表，气象要素分析、灾情的反映更加直观。2010 年 8 月开始，市气象台与市农技推广总站开展联合会商；2013 年 7 月 11 日起，市气象台与种植业管理总站针对连阴雨、高温、台风、低温冰冻等联合发布气象内参 9 期。2015 年 7 月起，增发月度气候公报。

表 9.2　2006—2015 年度天气气候事件

年度	十大天气气候事件（2006 年、2007 年为七大天气气候事件）
2006	一、年平均气温破纪录　二、寒潮大雪 三、大雾多发　四、枯梅 五、强对流天气　六、夏季高温 七、秋季干旱
2007	一、气温攀升创新高　二、初春寒潮农林损 三、雷暴频发损失大　四、梅时雨少不解渴 五、夏季高温又干旱　六、台风晚来涝灾重 七、雾霾影响交通事故频
2008	一、年初冰雪历史罕见　二、梅雨时节暴雨频繁 三、夏季依然高温肆虐　四、雷电频发伤人损物 五、台风路径诡异多变　六、突发暴雨损失严重 七、秋季阴雨农业受损　八、秋冬大雾影响交通 九、海上大风肆意呼啸　十、年末寒潮频频光顾
2009	一、年初寒潮冰冻突袭　二、春雨连绵历史罕见 三、高温早到入夏提前　四、梅中有伏降水过少 五、雷暴频发险情屡现　六、伏季阴雨重创农业 七、八号台风损失严重　八、冰雹纪录两被打破 九、连日大雾交通受阻　十、气温突降最早入冬
2010	一、阴雨接连月有余，冬末遇早汛　二、雷暴频发早又强，损物还伤人 三、沙尘暴变身南下，漫天降尘沙　四、倒春寒多年未遇，早稻烂秧重 五、5 月冰雹大且猛，砸车又毁物　六、台风影响少而弱，高温热浪长 七、三江暴雨倾盆下，甬城水浸街　八、夏冬两季迟迟到，人宜农事误 九、初冬大雪加冰冻，公众出行难　十、大雾来临封道忙，海空也停航
2011	一、1 月气温异常低，病患增多车趴窝　二、年初大雪降两场，交通运输受影响 三、1-5 月雨水少，春末夏初旱情显　四、6 月梅雨补半年，旱涝急转满江河 五、夏季高温依然多，用水供电创新高　六、梅花台风来势汹，路径异常擦肩过 七、盛夏雷电威力大，伤人毁物损失重　八、短时暴雨频频发，强度历史属少见 九、大雾时发碍交通，灰霾影响引关注　十、气象灾害总体轻，农业生产获丰收

续表

年度	十大天气气候事件(2006 年、2007 年为七大天气气候事件)
2012	一、海葵登陆台风连袭　二、梅季短促暴雨汹汹 三、寒潮突袭雪阻交通　四、冬末春初阴雨连绵 五、4 月突现罕见狂风　六、出梅之后高温持续 七、夏季雷灾伤人毁物　八、7 月骤雨猛袭鄞西 九、雾霾日数同比减少　十、年降水量历史第一
2013	一、菲特肆虐,暴雨洪涝重创宁波　二、酷暑热浪,高温强度屡创新高 三、雾霾频繁,甬城首发红色预警　四、伏旱严重,农业用水拉响警报 五、大雪冰冻,年初两度封桥阻路　六、气候干燥,相对湿度创下新低 七、雷暴频发,造成多地伤人损物　八、短时暴雨,扰乱正常生活秩序 九、局地狂风,连续两天殃及无辜　十、台风接力,潭美康妮带来甘霖
2014	一、年初降雪冰冻,交通阻旱茶伤　二、降水时间分布不均,年中丰头尾枯 三、春秋阶段性气温破同期纪录　四、梅雨形势典型,梅期略短 五、凉夏寡照不寻常,8 月罕见无台风　六、雷暴频发,局地暴雨多 七、台风连年袭我市,"凤凰"再次登象山　八、霾日仍多,程度轻于上年 九、寒潮突降,一夜入冬　十、气候年景正常,气象灾害轻
2015	一、厄尔尼诺强,气候年景差　二、1 月暖意恍若春,四月再遇倒春寒 三、2 月阴雨连绵,春运返程难　四、强对流来势汹,强风毁物雷灾频 五、梅季遇"灿鸿",雨量创历史　六、7 月现夏凉,雨多气温低 七、"杜鹃"暴雨猛,多地受淹重　八、连阴雨历史罕见,秋收冬种遇麻烦 九、强寒潮席卷,气温骤降冬来早　十、霾日有减少,形势仍严峻

(三)气候可行性论证

气候可行性论证,是指与气候条件密切相关的规划和建设项目,应当进行的气候适宜性、风险性以及可能对局地气候产生影响的分析、评价活动。宁波市气象局从宁波经济社会发展需求出发,积极为大中型工程项目提供气象设计参数,为各类开发项目提供气候环境条件可行性论证(表 9.3)。

1994 年起,宁波市气象局就主动参与杭州湾两岸地形、地质和气象条件的勘测、调查等前期工作。为做好资料的采集、分析工作,专门成立杭州湾气候条件研究小组,并于 1997 年开始在杭州湾内的王盘山岛上筹建自动气象观测站,该站采用芬兰 MILOS-500 型遥测仪,观测项目有温压湿风及降水、日照等各要素,1998 年 3 月该站正式投入使用,并通过无线电波每小时将数据发送到慈溪市气象局,进入市气象局服务器。由于王盘山自动气象站缺乏 10 分钟平均风速观测项目,1999 年 5 月,该站又增设 EN2 型测风仪,并与省气象局科研所共同承接杭州湾大通道预可行性项目的气象条件分析子项目,承担杭州湾跨海大桥两岸的低空环境探测和设计风速计算任务。为了解桥位大气边界层内自然风特征,掌握桥位区的风的规律,当年 7 月,在桥位南北两岸各设置一个气球测风点,在典型气象条件下用测风经纬仪进行气球测风,了解桥位区域风速随高度的变化情况,初步建立桥位风垂直变化模式。

为开展杭州湾跨海大桥工程可行性研究气象专题,2001 年 1 月,在慈溪市庵东镇丰收闸附近海塘里侧 50 米处,建设一座塔高 13 米的自立塔测风站;在海盐市海塘乡郑家埭村海塘外距海塘 800 米处建设一座塔高 65 米的拉线塔结构梯度风观测站。两站测风仪均为

EN2 型。能见度观测站于 2001 年 3 月建成并开始观测，观测点离地高约 4.5 米，采用仪器为芬兰 VAISALA 公司的 FD12P 型。

此后，相继承担象山檀头山、鹤浦风能资源评价，观海卫气象评估，镇海炼化乙烯工程厂区风压计算分析，慈溪风电场一期、二期工程风能资源评价，梅山港大桥及接线气象专题研究，大榭对外第二通道气候背景和桥位风环境特性研究一期、二期，大榭石化厂区近地面大气流场模拟，象山港大桥及接线工程梯度风观测和风速研究，象山港口风能资源评价，宁波东钱湖旅游度假区气候舒适度研究等项目。

为更好、更规范组织气候可行性论证工作，市气象局重视提高从业技术人员的业务素质和专业水平，认真贯彻落实《中华人民共和国气象法》《浙江省气象条例》《宁波市气象灾害防御条例》《气候可行性论证管理办法》(中国气象局第 18 号令)等有关规定，严格按照《〈气候可行性论证管理办法〉实施细则(试行)》(浙气发〔2009〕193 号)执行，确保气候可行性论证分析报告内容的可行性、科学性和规范化。

表 9.3 市气候中心(市气象台)承担的大型工程气候可行性论证项目

序号	项目名称	获奖类型及等级	成果水平	完成时间	颁奖机构或审查机构
1	杭州湾交通通道工程预可行性研究气象专题		市级	2000	宁波市气象局
2	杭州湾交通通道工程可行性研究——桥位梯度风速观测、设计风速计算	宁波市气象科技工作奖二等奖	市级	2002	宁波市气象局
3	中石化镇海炼化分公司乙烯工程厂区基本风压研究		省级	2006	项目专家组
4	檀头山风能资源评价	宁波市气象科技工作奖三等奖	市级	2006	宁波市气象局
5	梅山大桥及接线工程气候背景和风参数研究		市级	2006	项目专家组
6	慈溪观海卫场址气象评估		市级	2007	项目专家组
7	慈溪风电场一期工程风能资源评价		省级	2007	项目专家组
8	慈溪风电场二期工程风能资源评价		省级	2008	项目专家组
9	象山港大桥及接线工程梯度风观测和风速研究		省级	2008	项目专家组
10	大榭对外第二通道气候背景和桥位风环境特性研究一期		市级	2008	项目专家组
11	大榭对外第二通道气候背景和桥位风环境特性研究二期		市级	2009	项目专家组
12	大榭石化馏分油综合利用项目近地面大气流场模拟	宁波市气象科学技术奖三等奖	市级	2009	宁波市气象局
13	梅山岛梅东陆岛连通及连接线工程气象专题研究		市级	2009	宁波市气象局
14	区域自动站资料控制和系统优化	宁波市气象科学技术奖一等奖	市级	2010	宁波市气象局

续表

序号	项目名称	获奖类型及等级	成果水平	完成时间	颁奖机构或审查机构
15	宁波东钱湖旅游度假区气候舒适度研究		市级	2010	宁波市气象局
16	宁波三菱化学改扩建项目风环境评估	宁波市气象科学技术奖三等奖	市级	2011	宁波市气象局
17	宁波镇海动力中心一期工程气候评估		市级	2011	项目专家组
18	宁波气候及气候变化情景研究		市级	2011	项目专家组
19	宁波市气象灾害防御规划技术研究	宁波市气象科学技术奖三等奖	市级	2012	宁波市气象局
20	奉化市阳光海湾气候条件评估		市级	2012	项目专家组
21	春晓大桥气候背景和桥梁风环境研究		市级	2013	项目专家组
22	象山县爵溪街道新建小区基本风压计算报告		市级	2013	项目专家组
23	奉化市方桥地区风玫瑰图报告		市级	2013	项目专家组
24	江北绿荟现代农业园区农业气候条件论证		市级	2013	项目专家组
25	宁波典型台风降水形态分析		市级	2014	项目专家组
26	宁波东钱湖旅游气候舒适度精细化分析		市级	2014	项目专家组
27	城区及各县(市、区)暴雨强度公式编制		市级	2015	项目专家组

(四)气象保险服务

2014 年 11 月起，宁波正式建立公共巨灾保险制度，这是通过现代金融保险手段提高应对重大灾害风险能力的一个创新举措。2015 年 3 月市政府又建立巨灾基金，当保险机构累计赔偿超过年度保额时，政府还可以通过巨灾基金对灾民进行救助。市气象局作为技术支持和第三方认证机构，为政府制定有关巨灾保险的政策及费率厘定、灾后定损、赔付等工作提供科学依据及技术支撑。

(1)融入巨灾保险试点工作，制定相关地方标准。一是结合宁波气象灾害风险特点，为建立和完善符合市情的巨灾保险指数提供基础数据和技术支持；二是全力做好台风、洪涝等气象灾害鉴定和报告工作，成功申报宁波市地方标准规范项目“巨灾保险理赔暴雨判定规范”的编制任务；三是在防灾防损方面发挥气象力量，继续完善精细化灾害风险数据库及阈值集、山洪及中小河流洪水灾害风险评估预警系统、城市内涝风险预警系统等，做好台风、洪涝巨灾风险的分析、评估和预测，及时发布预警报信息。

(2)强化保险行业合作，推进气象指数保险。与太平洋保险、人寿保险宁波分公司联合开发政策性气象保险指数，为费率厘定提供技术依据。完成茶叶低温霜冻、杨梅降水、柑橘种植、南美白对虾台风风力等气象指数保险；继续开展协作交流，集中技术力量开展水蜜桃产量指数保险、宁海白枇杷低温霜冻气象指数保险等特色农业保险研究。作为第三方认证机构提供气象指数保险事故定责理赔依据，提高农业保险赔付效率、理赔的透明度和时效性。

(3)开展相关项目研究,提升科技支撑能力。参与巨灾保险课题研究,积极探索建立符合宁波的巨灾保险模型和巨灾保险体系。联合保险公司,开展农业气象指数保险项目研究,承担"梭子蟹养殖气象指数保险研究""枇杷、杨梅气象指数保险产品设计"等,提升保险气象服务的科技支撑能力。

第四节 人工影响天气

宁波降水的季节性、区域性差异较为明显,通过人工影响天气(人工增雨),在水库增蓄水、降低森林火险等级和改善生态环境等方面发挥积极作用。2000 年市政府启动人工影响天气工作,2003 年首次实施人工增雨作业,之后每年都会根据需求,适时组织开展人工影响天气(人工增雨)作业。

一、基本情况

1998 年 8 月,落实宁波市人大代表议案,根据市政府要求,由市气象局副局长徐文宁率市防汛防旱指挥部、市财政局及市气候中心等有关部门到云南等地进行人工影响天气考察,2000 年 5 月 6 日,市气象局向宁波市政府报送《关于要求成立宁波市人工影响天气领导小组和宁波市人工影响天气领导小组办公室的请示》(甬气发〔2000〕7 号),是年 8 月 25 日,市长办公会议专题听取市气象局关于人工影响天气的汇报,并就具体事项作出决定:(1)成立以郭正伟副市长为组长的人工影响天气领导小组,办公室设在市气象局,办公室人员编制从气象局内部调剂;(2)原则同意市气象局提出的人工影响天气作业试验方案;(3)人工影响天气工作要按照"政府适当补贴与市场运作相结合"的原则进行,所需指挥工程车与现"三防"指挥车合用,指挥通信设备、专用火箭发射架等一次性设备投入和试验作业费及办公室运行经费由市气象局商市财政局确定。标志着宁波市人工影响天气工作启动。2001 年 4 月 18 日,宁波市政府下发《关于成立宁波市人工影响天气领导小组的通知》(甬政发〔2001〕53 号),决定由副市长郭正伟任组长,市政府副秘书长虞云秧、市气象局局长徐文宁和市水利局局长杨祖格任副组长,成员包括气象、水利、财政、公安和武警等部门。人工影响天气领导小组办公室(市人影办)设在市气象局,徐文宁兼任办公室主任。是年起,各区县(市)也都相继成立政府分管领导任组长的区县(市)人工影响天气领导小组,成员单位有发改、财政、武警、气象、水利等部门,人影办设在当地气象局。市、县两级财政每年安排专项经费保障人工增雨作业。是年 8 月,市气象局行文向浙江省气象局请示要求在宁波开展人工影响天气试验工作。之后,市人影办着手组织人工影响天气各项前期准备,先后完成空域协调、作业点勘查、作业系统等建设。

二、能力建设和保障措施

《中华人民共和国气象法》规定各级人民政府对人工影响天气的责任和义务。2002 年 3 月 13 日国务院 56 次常务会议通过,3 月 19 日第 348 令颁布《人工影响天气管理条例》,并于当年 5 月 1 日起施行。2003 年中国气象局印发《人工影响天气安全管理规定》(气发〔2003〕56 号)。是年开始,宁波市和慈溪、余姚、奉化、宁海、象山和鄞州先后购置 13 套人工增雨火箭作业设备。截至 2015 年，全市已相继更新 10 套陕西中天 WR-98 型火箭作业设备。宁波的人工影响天气作业得到空域管制部门——驻甬海军东航航管处的积极支持配合。市人影办每年定期组织召开空域协调会，制定人影作业的空域协调规定流程，选定 6 个固定作业点和 13 个临时作业点，并根据作业需求情况每年调整。2012—2014 年，奉化、鄞州、宁海和余姚创建人影常态化服务示范区。为规范人工影响天气火箭作业分队专业化建设标准，确保火箭作业安全，2006 年起，市人影办按照《浙江省人工影响天气火箭作业分队建设规程(试行)》，开展人工影响天气火箭作业分队建设，在各区县(市)建立 9 支以气象部门为主，当地武警或森林公安参加的人工增雨作业小分队。每年定期组织对人工增雨作业人员进行培训和上岗考试，同时对火箭增雨发射装备进行检定，以保障作业安全。2007 年，根据省气象局《人影业务系统建设指南》，从系统设计思路、业务功能、产品需求等方面推进全市人影综合业务能力建设，规范人工增雨业务流程，提高人工增雨作业科学指挥决策能力，建设形成一套由新一代天气雷达资料、卫星云图、区域自动气象站等现代化监测设备组成的人影作业系统。

2014 年，市人影办相继制定《宁波市人工影响天气作业组织管理规定》《人工影响天气作业装备和火箭弹管理规定》《人工影响天气作业指挥管理规定》《宁波市人工影响天气作业公告制度》等管理制度。规定要求人工增雨作业的操作人员和指挥人员必须通过市级及以上人影办组织的专业培训，取得作业上岗资格，每年定期参加市人影办组织的年度培训和审核；人工影响天气火箭发射装备应定期进行维护保养，实施人影作业的装备必须经市人影办核准，严禁使用未经年检或年检不合格的装备进行作业；实施人影作业的增雨火箭弹由市人影办统一购置，人影作业火箭弹必须存放在武警弹药仓库或人武部等专用仓库内统一保管，并由专人管理，弹药出入库填写领用或收回单据，严格履行弹药出入库手续，弹药进出库必须认真登记，每次作业结束应核对出库数、作业数与余量数是否相符。严禁使用过期弹或破损、锈蚀的火箭弹，人影火箭弹的报废由市人影办统一组织销毁；市人影办和区县(市)人影办在计划实施人影作业前 24～48 小时向社会和公众发布作业公告。同时还组织编制《宁波市人工影响天气安全事故应急处置预案》和《宁波市人工影响天气安全事故应急处置程序》。

三、实施作业和效益

2003 年 7 月 19 日，为抗击持续高温干旱，市人影办组织在奉化枫树岭进行人工增雨火箭实弹演练，首次作业试验获得成功，这是宁波乃至全省首次采用新型火箭弹进行人工增雨作业。是年 7 月下旬开始，人工增雨作业在全市展开。市委副书记、市长金德水对全市人工增雨工作给予高度评价："市气象局人工影响天气工作做得好，市政府给你们记功。"同年下半年起，人工增雨作业成为一项民生重点工作。市人影办每年都会根据需求，适时组织实施人工增雨作业，开发利用空中云水资源，对防灾减灾、有效缓解部分地区旱情、降低森林火险、改善生态环境等起到积极作用。

据统计，2003—2015 年全市共实施人工增雨作业 208 次，发射火箭弹 908 枚(表 9.4)。增雨作业带来的效益明显，据估算，其中 2004 年增雨面积达 700 平方公里，增水约 6000 万立方米；2013 年增雨受益面积达 108 平方公里，增水约 6200 万立方米。

表 9.4　2003—2015 年人工增雨作业情况表

年份	作业次数	发射火箭增雨弹(枚)	年份	作业次数	发射火箭增雨弹(枚)
2003	75	225	2010	0	0
2004	35	198	2011	11	102
2005	13	80	2012	2	10
2006	5	23	2013	26	79
2007	12	86	2014	2	7
2008	4	12	2015	19	68
2009	4	18	合计	208	908

第五节　防雷技术服务

防雷技术服务是指具有防雷技术服务相应资质的机构接受委托，有偿为委托人提供的防雷相关技术性服务，主要内容包括雷电灾害风险评估，新、改、扩建建(构)筑物防雷装置设计技术评价、施工跟踪检测和竣工验收检测，防雷装置定期检测，防静电接地检测、电磁环境评估以及雷电灾害调查鉴定评估等。

一、防雷技术服务机构

1991 年 11 月，宁波市劳动局、宁波市气象局和中国人民保险公司宁波分公司联合发文，授权宁波市气象局开展对全市避雷针装置的安全检测。是年，市气象局成立避雷装置检测中心。1996 年 7 月，经市编委批准正式成立宁波市防雷设施检测中心(1999 年 12 月改称宁波市防雷中心)。是年始，各区县(市)政府或有关部门也相继出台政策同意各区县(市)气象局组建防雷机构，截至 1997 年底，7 个区县(市)气象局都经当地编委批准成立防雷技术服务机构，机构性质属事业法人单位，主要任务是承担本行政区域内的雷电监测预警、雷电灾害调查鉴定、防雷科研和指导、防雷科普宣传等基本公共服务和雷电灾害风险评估、防雷设计技术评价、防雷工程跟踪(竣工)检测、防雷装置定期检测等技术服务。未成立防雷技术机构的海曙、江东、江北三区由宁波市防雷中心派出机构承担防雷业务服务，镇海区由北仑区防雷机构承担。市县两级防雷技术服务机构按照防雷法规、技术标准、服务规范和物价标准开展防雷技术服务，并提供包括雷电监测预警、雷灾调查鉴定、防雷科普宣传和技术推广等公益性服务。

1996 年选派人员参加省气象局避雷检测专业上岗培训、考核，获得上岗证书。1997 年通过省、市技术监督局的计量认证。2002 年《浙江省防雷装置检测资质管理办法》出台后，全市有 9 家防雷技术服务机构取得防雷装置检测资质(其中镇海区防雷中心于 2009 年 8 月成立后取得防雷装置检测资质)。

二、防雷技术服务

1999 年《中华人民共和国气象法》颁布后，全市防雷技术服务工作蓬勃发展，服务面不断扩大，社会效益和经济效益同步增长。

(一)防雷装置定期检测

防雷装置定期检测是指对已投入使用的防雷装置,按规定期限进行的防雷装置安全性能检测。雷暴是宁波主要灾害性天气之一,雷击事故时有发生,破坏交通、电信、电力、建筑(构筑)物等设施,导致人员伤亡和财产损失。2000 年 6 月《防雷减灾管理办法》(中国气象局令第 3 号)颁布实施,为防雷装置实行定期检测提供法律依据。2001 年后,宁波化工企业逐年增多,安全生产形势也越来越严峻,防雷检测成为安全生产的措施条件之一,检测范围不断拓展到金融、石油气、建筑(构筑)等各个领域。特别是化工企业等易燃易爆场所防雷安全检测进一步加强,如 LG、中金石化、浙江巨力石油化工、岚山储油库、阿克苏诺贝尔化学品公司等企业,均按照技术标准规定进行防雷检测。2004—2015 年全市防雷装置检测报告统计见表 9.5 所示。2005—2013 年,中国气象局对《防雷减灾管理办法》进行三次修改,并于 2005 年 2 月中国气象局令第 8 号、2011 年 7 月第 20 号和 2013 年 5 月第 24 号重新颁布实施,使防雷装置检测更趋规范。2015 年开始对宁波轨道交通 1 号线、2 号线进行常规防雷检测。

表 9.5　2004—2015 年全市防雷装置检测报告统计表

序号	检测单位	定期检测报告	竣工检测报告
1	宁波市防雷中心	3762	1512
2	宁海县防雷设施检测所	2049	1705
3	慈溪市防雷设施检测所	3664	4024
4	余姚市防雷设施检测所	1947	2109
5	奉化市防雷设施检测所	1138	1143
6	鄞州区防雷中心	1611	4370
7	北仑区防雷设施检测所	3368	1598
8	镇海区防雷中心	2346	1646
合计		19885	18107

(二)防雷装置设计技术评价、跟踪检查和竣工检测

防雷装置设计技术评价是按照防雷有关法律法规和设计标准、规范对防雷装置设计图纸进行审查评价,并出具评价结果的一种防雷技术服务行为。防雷装置跟踪检测是指在防雷工程施工过程中,根据工程设计和相关要求对防雷装置施工安装相关工序所涉及的施工方法、质量及其安全性能等进行跟踪检查、测试等监督活动,包括竣工检测。2000 年实施的《防雷减灾管理办法》规定防雷装置的设计实行审核制度并由当地气象主管机构授权的单位承担;防雷工程的施工单位应当按照审核同意的防雷工程专业设计方案进行施工,并接受当地气象主管机构授权的单位监督管理;新建、扩建、改建的防雷装置必须经当地气象主管机构委托的单位进行验收。2005 年 4 月,《防雷装置设计审核和竣工验收规定》(中国气象局令第 11 号)颁布实施后,防雷装置设计技术评价、跟踪(竣工)检测作为防雷装置行政审批的前置中介服务正式开展。《宁波市防御雷电灾害管理办法》(宁波市政府 2002 年 3 月第 97 号政府令,2006 年 11 月第 142 号政府令重新颁布),对防雷装置设计审核、施工监督和竣工检测验收也都作了明确规定。

全市气象部门所属的各防雷中心(所)受委托陆续开始开展防雷装置设计审核和监督验收业务,实施防雷行政审批和监管职能。2013年9月市气象局进驻市行政服务中心,专设审批与服务窗口,截止同年年底,所有区县(市)防雷技术机构全部进驻,防雷装置设计技术评价、跟踪检测、竣工检测全面成为防雷装置设计审核与竣工验收审批事项的前置技术服务。

(三)雷电灾害风险评估

雷电灾害风险评估(原称雷击风险评估,简称雷评)是指为降低实体和活体等防护对象的雷电灾害风险,以气象、地质、地理等环境资料为基础,根据不同环境分布状况和建筑特点,运用科学的原理、方法和手段,对评估对象所在区域的雷击情况,可能遭受雷击的概率以及雷击后产生后果的严重程度等进行科学系统的计算与分析,确定风险总量,并从安全和经济合理性出发,提出综合防雷对策措施的专业技术工作。做好雷电灾害风险评估是保证防雷设计科学可靠、技术先进、经济合理的重要环节,是预防和减少雷电灾害损失的重要手段。

宁波市2010年开始启动雷击风险评估工作,按照《宁波市气象灾害防御条例》及相关法律法规,对全市范围内的重大基础设施、人员密集的公共建筑、爆炸危险环境场所等建设项目,按照《浙江省雷击风险评估技术规范》要求进行雷击风险评估,确保建设项目不留下雷电灾害隐患。2015年10月根据《国务院关于第一批清理规范89项国务院部门行政审批中介服务事项的决定》(国发〔2015〕58号)要求,此项工作不再作为行政审批前置条件。

(四)雷电防护技术服务

宁波市华盾雷电防护技术有限公司于2000年6月28日经工商注册成立。经营范围为雷电防护装置设计、安装、技术咨询(简称"防雷工程")及计算机软硬件及配件、通信器材等。2001年1月2日取得中国气象局雷电防护管理办公室的防雷工程专业设计和施工甲级资质证书。是年6月,承接宁波市公安局指挥中心机房综合防雷装置的设计、安装,这是市华盾雷电防护技术有限公司成立后首个防雷工程。2002年3月,又承接镇海民用爆破器材专营公司综合防雷工程等。直至2015年,市华盾雷电防护技术有限公司承接的防雷装置设计和施工项目90余个,涉及全市各行各业。其中两个防雷工程具有特别重要的典型意义。

宁波保国寺防雷保护工程。保国寺是国家级重点文物保护单位,1973—1999年曾多次遭到雷击,建筑物遭到损坏,并危及人身安全。1999年对保国寺进行工程勘察,根据古文物特性及所处环境特点,提出宁波保国寺防雷保护工程设计方案,并邀请关象石、蔡振新、包炳生等国内资深防雷专家进行论证,是年12月,宁波保国寺防雷保护工程设计方案经国家文物局批复同意(物博〔1999〕687号),于2002年5月完成竣工验收。经过多年的运行,防雷效果明显,至今没有遭到雷击,有效地保护古文物,保证游客安全。

杭州湾跨海大桥雷电防护工程。2003年1月,承担杭州湾跨海大桥全长36公里防雷设计与施工,根据大桥建设指挥部提出"施工决定设计"的要求,结合大桥施工的实际情况,创新桥梁的防雷设计理念,从桥上的接闪器设置到打入大海底部的接地体都设计到位,特别是对大桥的等电位设计及桥梁伸缩缝的处理更是有所创新,同时解决了一些防雷技术难题，从2003年6月开始施工建设至2008年4月竣工及大桥通车后，大桥的防雷装置运行良好，保护过往车辆、人身及大桥设备的安全，达到防雷设计施工标准与规范的要求。

三、防雷安全服务

（一）雷电监测、预警

2002年12月始，市气象局分两次陆续在余姚、北仑、象山等地增设6套闪电定位仪和30套大气电场仪，加上各个观测站的10套大气电场仪，与浙江省气象局在宁海布点建设的闪电定位仪，组成全市雷电监测网络系统，增加雷电监测的密度，使观测到的雷电数据更加准确，及时掌握雷电的大气电场变化情况与雷击时的准确位置、强度和极性，为雷电预警预报和防雷技术服务等业务提供依据。2009年开始，利用闪电定位系统采集到的闪电数据应用于雷灾调查、雷电灾害区域分类、雷电灾害的评估、建设项目的选址等。每年编发年度雷电监测公报。公报内容包括全市雷电监测统计数据、雷电活动特征分析、雷电灾害的个例以及防雷知识等。对于雷电高发季节，当有强雷暴发生或由因雷电造成灾害时，及时编发重大雷电过程监测公报。雷电公报成为地方各级政府和相关单位在防雷设计与规划及部署安全生产时的参考依据。市气象台通过天气图分析、数值预报的释用和强对流天气预报工具的应用及雷达回波的分析监视，辅助使用闪电定位仪的资料，综合作出雷电预测预报预警，并及时发布雷电预警预报，同时通过广播、电视、短信、互联网等手段，发布雷电预警信号，提醒有关部门及时采取应急避险措施，部分区县（市）局还开展针对重点用户的专项雷电预警服务，取得积极成效。

（二）雷电灾害调查鉴定

雷电灾害调查鉴定是指对雷电灾害事故现场情况、背景情况的勘察、取证、鉴定、评估以及作出结论的全过程。《防雷减灾管理办法》规定各级气象主管机构负责组织雷电灾害调查、统计与鉴定工作。2000年始，全市各级防雷中心（所）积极配合气象主管机构，严格按照《雷电灾害调查技术规范》（QX/T103—2009）和《浙江雷电灾害调查与鉴定技术规范》等要求做好雷电灾害调查鉴定工作，提供给受灾方或政府部门作为评估灾害或调查原因的依据，并对雷电灾害发生原因进行深入、细致的分析，及时总结经验教训，发现防雷薄弱环节和薄弱地区，为防雷减灾管理工作提供业务技术支撑。

雷电灾害的调查是防雷技术服务机构的基本职责，宁波市防雷中心负责宁波市老三区（海曙、江东、江北）的雷电灾害调查，并负责指导、协助或参与各区县（市）防雷中心（所）的相关雷电灾害调查。如2001年8月29日宁波农药厂雷击火灾爆炸事故的调查；2011年8月市水利局防汛防旱指挥部会议室雷击事故；2013年5月江北慈城镇三联村村民罗女士家遭“雷电袭击”事件；2013年8月某部队建筑物、电源、监控、路灯、信号塔雷电灾害等调查。协助区县（市）开展雷电灾害调查的有2012年7月鄞州区万兴工贸雷击事故；2012年9月北仑区霞浦街道上傅村雷灾；2012年9月白沙路街道长春村雷灾；2013年3月宁海县溪下王村雷灾现场；2013年9月14日北仑区新碶街道备碶村九峰山景区17名游客遭遇雷击致1死16伤事故；2013年11月奉化松岙镇街二村雷击事故调查；2015年4月宁海县强蛟港埠有限责任公司码头雷击变压器损坏等调查,并提出调查意见及雷电防护建议。

(三)防雷科普宣传

全市各级气象部门注意加强防雷科普宣传,利用"世界气象日""防灾减灾日""防雷减灾宣传月"和"安全生产月"等,以及雷雨季节、重大雷暴天气和雷灾事件,通过广播、电视、报纸、短信、气象电子显示屏、互联网等媒体,广泛宣传普及防雷科普知识和有关的法律法规,并通过开展防雷科普进单位、进企业、进学校、进社区、进农村、进工地活动,建立防雷科普示范点,举办培训班,发放防雷宣传资料,建立咨询热线,举办展览展示,开设防雷科普微信、微博,现场解答,推广《农村房屋防雷设计施工实用图集》等多种形式,加强防雷安全政策法规、雷电防护、灾情处置、安全知识、安全技能等方面的宣传、教育和普及,提高全社会科学防雷意识。据不完全统计,2001—2015 年全市共发放防雷科普资料约 12 万份。2009—2015 年防雷科普部分讲座培训情况见表 9.6。

表 9.6 防雷科普部分讲座培训情况

培训日期	地点	参加人员	培训内容	组织单位
2009.4.8	慈溪市育才中学	初中生	气象及防雷电防台风知识	慈溪市气象局
2012.7.3	宾馆	企业负责人及安全员	化工企业防雷安全讲座	北仑市气象局
2012.8.17	范江岸边社区	中小学生	防雷知识讲座	范江岸边社区
2012.9.4	镇海宾馆	镇海区企业负责人	企业防雷安全讲座	镇海区气象局
2012.9.12	镇海宾馆	镇海区社区安全员	雷电安全防护知识讲座	镇海区气象局
2013.3.25	镇海成人学院	镇海区后备干部	防雷知识讲座	镇海区气象局
2013.12.19—20	余姚	电气设计师	防雷设计与施工	宁波市建筑电气学会
2015.3.20	沧海路幼儿园	全体儿童	防雷知识讲座	幼儿园

第六节 气象科技服务

宁波气象科技服务经历了从无到有、从小到大的发展过程。作为气象服务于当地经济社会发展的重要举措,从最初以弥补事业经费不足和人员分流为目的,到改善职工的工作生活条件,再到成为气象事业的重要组成部分,不仅在缓解宁波气象部门经费不足、改善气象部门职工生活水平等方面提供重要支持,也在宁波气象事业的改革发展,扩大气象工作的社会影响、提高气象部门的社会地位中起到了重要作用,并且在顺应经济社会发展和科学防灾减灾,把气象科技推向市场,实现气象科技向现实生产力转化等方面作出重要贡献。

一、气象科技服务的发展历程

宁波气象科技服务(始称气象有偿专业服务)经历 30 多年的艰难创业和探索,服务领域不断拓宽,内容不断丰富,手段不断创新,经济效益和社会效益显著,也为宁波气象事业的改革和发展提供了有力的支撑。宁波气象科技服务发展历程大致可分为三个阶段。

(一)初期发展阶段(1982—1992 年)

1982 年,宁波市气象台根据省气象局《气象专业服务收费范围及标准的试行办法》,在宁波砖瓦二厂等企业试行有偿气象科技咨询服务，试图通过气象科技信息有偿使用，扩大气象服务的领域。初始的服务方式以电话、信函和手抄资料为主，但是未取得多大进展，年收益仅 0.2 万元。市气象台还从预报组、雷达组临时抽调 2 名预报员(短期、中期预报)和 1 名雷达观测员，由 3 人组成有偿气象专业服务调查小组，走访梅山盐场、砖瓦厂和建设中的北仑港矿石转运码头等，了解气象信息的行业需求和实行有偿服务的可行性。时至 1985 年 7 月市气象局成立科技咨询服务公司气象分公司(1986 年 10 月撤销)，气象有偿专业服务还处于尝试阶段。1985 年 3 月，国务院办公厅以国办发(85)25 号文同意气象部门开展有偿专业服务和综合经营。同年 8 月，国家气象局与财政部联合出台了《关于气象专业服务收费及财务管理的规定》。全市各气象台站在做好公益气象服务的前提下，积极以各种形式开展不同行业的气象有偿专业服务，把气象科技推向市场，引入竞争机制，推动全市气象有偿专业服务发展。1986—1988 年，气象有偿专业服务引进气象警报接收器，改变传统服务方式，使气象服务变得快速便捷。市气象局和鄞县、慈溪、余姚、象山、宁海 5 个县(市)局(站)组建 6 个天气警报服务网，定时、不定时为天气警报接收机用户提供短期、短时天气预报、警报以及森林火险等级预报、停电预告等专业气象服务。1993 年奉化市气象局建立该系统，慈溪市气象局将天气警报网延伸到村镇，深受农户信赖。1988 年象山县气象组建盐业气象服务甚高频电话网，通过甚高频电话开展点对点或点对面的气象有偿专业服务。是年起，庆典气球服务逐步发展起来，市气象局应用气象室开始为市内企事业单位或大型社会活动提供庆典气球施放服务。1991 年 11 月，市气象局与市劳动局、中国人民保险公司宁波分公司联合印发《关于对全市避雷装置进行安全检测的通知》(甬气发〔1991〕第 21 号)，授权市气象局开展对全市避雷装置的安全检测。是年，市气象局成立避雷装置检测中心，挂靠局应用气象室，并抽调专人负责避雷检测。但由于检测人员技术素质、心理因素和设备条件限制以及社会认可等种种原因，防雷安全定期检测等防雷技术服务进展缓慢，开始几年防雷检测面窄量少，成效不明显。

(二)快速发展阶段(1993—2004 年)

1992 年 4 月，市气象局开展贯彻中共中央〔1992〕2 号文件，开展“加快事业结构调整，促进气象事业发展”大讨论。是年 5 月 21 日，市气象局召开结构调整、组建气象服务中心大会，通过“自愿投标、会上演讲，群众推荐，党组审定”的原则，确定气象服务中心负责人。5 月 30 日，市气象局气象服务中心成立。服务中心下设专业气象服务、庆典气球施放和防雷检测、综合经营三支专业队伍，为全市各种活动提供庆典气球施放服务，起初由市气象局气象服务中心独家经营，1993 年开始逐步推向条件成熟的区县(市)气象局，到 1994 年已经在全市各区县(市)气象局全面铺开。宁波气象科技服务从单一的专业气象服务发展到天气警报网、庆典气球两大支柱。全市气象部门与工业、农业、林业、电力、建筑、交通、邮电、商业仓储、金融保险、文体广电等国民经济各门类和行业建立专业气象服务关系。

1994 年 8 月 18 日，国务院 164 号令颁布我国第一部综合性气象行政法规——《中华人民共和国气象条例》，2000 年 1 月，《中华人民共和国气象法》颁布实施，气象科技服务开始转入依法发展阶段。市气象局于 1994 年底再次实施事业结构调整，终止气象科技服务由气象服务中心统一运作方式，组建新的气象台和应用气象室。天气警报网等专业服务由市气象台承担、庆典气球施放服务和防雷(安全检测和工程设计施工)由市气象局应用气象室(对外仍称气象服务中心)承担。推动了以信息服务为重点的"新三样"气象科技服务快速发展。

1.电视气象节目、"121"声讯电话和手机气象信息服务得到快速发展

1995年12月1日,市气象局自行制作的电视天气预报节目在宁波有线电视台播出。1996年3月,全国气象部门第一次产业工作会议提出要依托气象基本业务系统,发展以气象信息产业为重点的高新技术产业。是年始,全市各区县(市)气象局自行制作的电视天气预报陆续在当地电视台播出。1997年市气象台成立"气象风云信息传播有限公司"。1999年1月1日推出有主持人的电视天气预报节目。2000年开始,相继与环保、国土、电力等部门合作,通过电视等媒体向社会发布气象生活指数、空气质量、降水概率、地质灾害、舒适度指数、日出日落指数、缺电指数、城市火险等级、城市紫外线、健康气象指数及旅游气象等预报预警服务。为满足市民对天气预报的需要,2003年市气象局向宁波市政府上报了关于要求增加电视天气预报频道的请示并得到落实,宁波电视台四个频道分别开辟5档天气预报节目。2004年,为进一步提高电视气象节目制作水平,市气象局对气象影视制作设备进行改造升级。电视天气预报节目取代广播天气预报节目成为全市公众气象服务的第一手段和最受公众欢迎的节目之一。气象影视节目制作和背景广告经营逐步占据气象科技服务的主要地位,约占50%左右,成为支柱项目。

1998年5月1日,宁海县气象局率先开通"121"天气预报自动答询系统。至当年10月,全市"121"电话气象信息服务开通率达到100%。2000年市气象台开通移动和联通手机电话拨打"121"气象信息服务。2002年,顺应气象信息的传播途径逐渐增多形势,开发新的信息服务手段,与当地移动公司达成协议,自建平台,开展手机气象短信息服务。2003年,按照省气象局统一部署,全市开通联通手机短信气象信息服务。2004年与电信部门合作对"121"平台进行升级改造,更新服务系统,升级相关软件,除48小时预报外,还开设每日专家提醒、5天预报、海洋预报、双休日预报、旅游景点预报、综合气象指数预报、生日历史查询、天文黄历农历和气象科普知识9个信箱,计费方式也由原来的按分钟收费改为按信箱收费。是年7月"121"改号为"96121"。到2004年底,全市气象信息服务已经形成固定、移动、联通"121"声讯电话和气象短信息服务两大部分,规模已占气象科技服务规模的48%。2011年达到最高,占据气象科技服务总规模达80%以上。

随着专业气象服务的发展,原有的气象警报器已经不能适应社会需要。1996年开始,正式启动计算机网络终端气象服务,各区县(市)气象局也为行政区域内的水库、电力、防汛等部门提供计算机网络终端气象服务。2000年开始,各区县(市)气象局为专业用户安装气象信息电子显示屏,气象警报器逐步退出舞台。北仑区气象局结合当地实际,为港口作业提供港区各种天气预报和灾害性警报,除常规的长、中、短期天气预报外,还针对港口的特点开展短时灾害性天气预报、临近预报和专业预报服务,以保障港区正常运行和装卸作业。

2.防雷技术服务全面铺开

1992年5月,宁波市气象局与市物价局、市财政税务局联合下发《关于避雷检测费核定标准和财务规定的通知》,使得防雷安全检测合法化。社会各行业对防雷减灾的认识和

防雷技术服务需求日益增加，全市气象部门开始把防雷减灾作为气象为民服务的重要工作之一。1995年开始，市气象局积极争取市政府和公安消防等有关部门的支持，易燃易爆场所的防雷、防静电安全检测业务实现了零的突破。1996年7月市编委批准成立"宁波市防雷设施检测中心"(1999年12月13日经市编委批准改称宁波市防雷中心)，各区县(市)政府也同意区县(市)气象局组建防雷机构，并出台政策授权或委托当地防雷机构实施防雷安全检测。是年始，全市各防雷机构都选派人员参加全省防雷检测专业上岗培训、考核，领取检测上岗证；购置检测设备。1997年4月，宁波市防雷设施检测中心通过省技术监督局和省气象局计量认证(终审)。是年始，各区县(市)防雷机构也相继通过计量认证(终审)。同年10月，市政府办公厅以甬政办〔1997〕175号文印发《关于加强防雷设施建设和管理工作的通知》，市公安局与市气象局联合下发甬公计〔1997〕28号《关于我市计算机系统防雷安全工作的通知》，两个文件都明确防雷设施安全工作归口市气象局管理，具体工作由防雷设施检测中心承担。这一系列的努力促进了宁波防雷技术服务的发展，防雷设施安全检测面不断扩大。到2000年，防雷装置设计审核、施工监督、竣工验收、防雷装置安全性能检测以及防雷工程的设计、施工等防雷技术服务各项工作开始全面铺开。

3.庆典气球施放向系列化服务发展

1994年以前，庆典气球施放服务虽然得到发展。但因缺乏管理经验，服务手段和服务形式单一，加上市场争夺激烈，服务效益位居全省气象部门后位。1995年，全市气象部门加强庆典气球管理和施放技术培训力度，并从服务宗旨、技术手段和优势等方面积极争取各级政府和公安消防部门理解、信任和支持，市、县公安消防部门授权当地气象局为庆典气球专业施放单位，并负责现场消防安全。1997年7月，市气象局应用气象室和鄞县气象局、北仑区气象局3个单位按利益共享、风险共担的原则成立庆典气球施放服务联合体(2001年8月解散)，实现宁波老三区、北仑区、镇海区和鄞县区域的庆典气球施放和礼仪服务统一经营。各施放单位不断拓宽庆典服务领域，由单一施放庆典气球发展成庆典系列服务。到20世纪末，已基本形成庆典策划，标语制作，联系乐队、礼仪，现场布置，气球施放并组织管理飞艇施放安全等综合服务。综合效益明显提高，成为当时全市气象部门重要产业。

全市气象影视节目广告、"121"声讯电话和手机气象短信、防雷检测和防雷工程设计施工等得到快速发展。气象科技服务从"老三项"发展开拓成以信息服务为重点的"新三样"。

(三)高速发展阶段(2005—2013年)

2006年11月，修改后的《宁波市防御雷电灾害管理办法》(市政府第142号政府令)颁布实施，全市各防雷中心(所)受委托陆续开始开展防雷装置设计审核、施工监督和竣工验收业务。2007年，加大农村防雷技术服务的力度，防雷减灾技术服务逐渐向农村延伸。2010年起开展重大工程等建设项目的雷击灾害风险评估。自2003年起，全市防雷技术服务效益和规模超过气象信息服务，防雷技术服务规模在气象科技服务中占据主要位置，部分区县(市)气象局防雷技术服务效益达到80%以上，全市达到70%以上。

在加快推进全市防雷技术服务的同时，大力发展气象信息服务业。2005年，市气象局进行机构调整，成立宁波市气象信息中心，对外开展气象信息服务。与电信部门召开"96121"专题研讨会，通过宣传推广，实现从"121"到"96121"的平稳过渡。新增高速公路路况信息信箱。与浙江联通宁波分公司合作，建立联通气象短信合作平台。2011年，新增电信C网TTQ2J业务，开展电信96121包月业务推广、C网外呼业务、联通短信推广工作。新增港口气象服务专用网页，研制港口气象短时临近服务发布系统并投入使用。2012年，完成声讯电话“12121”和“96121”提示音的更新升级。同年9月，与高速交警宁波支队合作建设高速公路沿线自动气象站和交通气象业务服务平台，推出安全行车等级指数和高速公路的雨量预报。2013年，与移动合作开发移动手机“社区通”软件。加强“96121”声讯产品建设，对“96121”首信箱内容进行调整，推出“整点天气”，以及异地手机直接收听基站服务区属地气象预报信息。

2003年起，全市气象科技服务规模继续保持增长，到2014年，每年增长率都在19%左右。防雷技术服务、气象信息服务和气象影视广告逐渐成为全市气象科技服务三大支柱。产业结构、服务手段不断优化，科技含量进一步提高，手机短信、信息网络显现发展潜力，寻呼机、警报器逐步退出历史舞台，管理理念趋于科学化，运行机制趋于市场化，气象科技服务已成为宁波气象事业发展强劲的支撑和动力。2015年后期起，由于受宏观经济形势、经济增速放缓、新媒体兴起、防雷改革等多方面因素影响，防雷技术服务和声讯电话、手机气象短信受到不同程度影响，气象信息服务面临转型升级，全市气象科技服务规模出现下滑趋势。2015年5月，市气象局下发《宁波市气象专业服务改革实施方案》，完成专业气象服务的市县集约，形成更为整体的全市专业气象服务市场。启动港区专业专项服务平台建设，开展港区气象服务手机客户端APP与港区气象服务网页平台建设，着力从“专”字上下功夫，推动专业气象服务的转型升级。

二、气象科技服务相关概念的演变

（一）气象有偿专业服务

1985年3月，国务院办公厅以国办发〔1985〕25号文转发《国家气象局关于气象部门开展有偿服务和综合经营的报告》，明确指出：“为了使气象工作能更好地适应各行业企事业单位和个人发展商品经济需要，气象部门在继续做好无偿的公益服务的同时，要逐步推行有偿专业服务，并围绕气象事业的发展需要，因地制宜地开展综合经营。”并对无偿的公益服务和有偿专业服务的内涵首次进行明确的界定，“有偿专业服务包括为农业、工矿、城建、交通运输、海洋开发、水利电力、环境保护、财贸、旅游以及文化教育等行业的企事业单位和个人提供的各种专业专项服务”（即2000年后所称的“专业气象服务”或“专业有偿气象服务”）。

（二）气象科技服务

1992年，国家气象局提出气象事业由基本气象系统、科技服务和综合经营构成的“三大块”战略思路，有偿专业服务的内涵和领域进一步拓展和延伸，并形成“气象科技服务”的初步定义，即“公益气象服务以外的，依托基本系统的专业气象有偿服务科技开展、咨询服务等”。“综合经营”的内涵也进一步得以明确，即“科技服务之外的科技开发、经贸、生产、加工、服务等经营项目”。

（三）气象科技服务与产业

1994年，国家气象局按照国务院机构改革方案更名为中国气象局。是年，中国气象局提出“气象科技产业”的概念。其内涵包括气象仪器代购安装等社会化服务和一些气象应用技术市场化、企业化的气象科技服务以及与气象科技有关的综合经营。由此，“综合经营”的概念逐步被“产业”取代。1999 年 10 月，中国气象局提出建立由行政管理、基本系统、科技服务与产业“三部分”组成的气象事业发展新格局。至此，以气象影视广告服务、专业气象服务、声讯气象服务、施放气球服务、防雷工程与检测服务、房地产开发与宾馆等支柱项目为主体的，涵盖气象科技服务和气象科技产业两部分内容的“气象科技服务与产业”概念正式形成。

（四）公共服务、专业服务与市场化服务

2005 年全国气象局长会议上提出要在战略研究成果的指导下，应用“三个气象”发展理念，对气象科技服务与产业进行深化和重新认识。给新时期的“气象科技服务”赋予新的内涵，即依托气象科技业务和资源，应公共需求和市场需求，面向社会公众或特定用户所开展的信息咨询、技术开发和综合评估等服务。根据其运行机制、服务主体的不同大致可划分为公共服务、专业技术服务以及综合服务三类。

2008 年起，随着国家有关事业单位改革及加快发展服务业政策的出台，进一步深化“气象科技服务”的内涵。2009 年 7 月，中国气象局在《关于进一步加强气象科技服务的意见》中，提出要建立与公共气象服务发展相协调、与国家发展服务业政策相一致的气象科技服务运行机制，把气象科技服务分成公众服务、专业气象服务和市场化的气象服务三类，将利用气象信息资源开展的气象影视服务、气象信息电话服务、手机短信气象服务、网络气象服务、新媒体气象服务归为公共服务；将利用专业技术资源开展的气象灾害风险评估、气候可行性论证、防雷装置检测等向特定用户提供的个性化服务归为专业服务；将按照市场需求，运用市场机制开展的防雷工程、施放气球服务等归为市场化服务，并逐步建立管理体制和运行机制，分类进行管理。

三、气象科技服务的运行机制

（一）组织形式

1985 年前，市气象局以气象台预报组内设服务小组的形式开展预报服务，服务人员基本由值班的预报员兼任。1985 年起，随着气象科技服务的兴起，全市气象部门相继设立经营实体，配备专职人员，按行政区域属地化开展气象科技服务。1985 年 7 月市局成立宁波市科技咨询服务公司气象分公司（1986 年 10 月撤销），1986 年 5 月市气象局成立服务部（1987 年 5 月改称服务科，10 月改称应用气象室），承担专业有偿气象服务的开拓、发展、服务及大气环境评价、气象仪器代购、维修等任务。继后，各区县（市）气象局也相继建立专业服务组织，人员配置一般控制在 2～3 人，开展气象影视、气象声讯、防雷、庆典气球等项目服务。1992—1993 年和 1995—1997 年两个时期，又根据结构调整、机构改革需要，全市气象部门分别对气象科技服务组织进行调整。2001 年底，市局完成气象事业结构调整，成立宁波市防雷中心和宁波市气象广告有限公司（内设影视制作中心）两个气象科技服务单位，将防雷技术服务和气象信息服务分别划归这两个直属单位经营。2006 年 7 月，根据《宁波市国家气象系统机构编制调整方案》，组建宁波市气象信息中心。2010 年 2 月，为进一步

加强公共气象服务，将宁波市气象信息中心改建为宁波市气象服务中心。是年开始，市、县两级气象局以防雷中心(所)、气象服务中心两个下属单位对外开展气象科技服务。

(二)人员队伍建设

气象科技服务要求从各行各业生产、经营活动的需要出发，对各类通用气象信息进行深加工，或者需要开发新的技术产品，为此要有专门的队伍从事这方面的工作，随着气象专业服务的深入开展，队伍也不断扩大。

1985 年，气象事业结构调整之初，全市气象部门建立和完善“三制一体”(即岗位责任制、考核制、奖惩制)管理办法。同时，通过实施“三制一体”，奖勤罚懒，奖优罚劣，把业务岗位富余的人员分流到气象科技服务岗位。1985 年起，陆续有职工分流到气象科技服务岗位，但分流的人员中，除极少数具有一定的市场营销或技术开发能力外，多数是由于年龄偏大或对原专业技术不适应而参与分流的，因而从事该项工作人员很少，整体素质不高。

1992 年起，全市气象部门加快气象事业结构调整步伐，经过定岗、定编、定职责，单位与职工双向选择，逐步建立起由气象行政管理、气象基本业务、气象科技产业三大块工作组成的气象事业结构格局，并形成相应的三支队伍。

2001 年，根据《全市气象部门深化事业结构调整的实施意见》，全市气象事业结构调整按照政、事、企分开原则，分类管理，气象科技服务进入新的发展阶段，气象科技服务人才的重要地位逐步显露出来。气象科技服务归入业务范畴，其队伍建设也纳入气象基本业务范畴。一批在预报、测报等岗位的业务骨干进入气象科技服务队伍，全市气象科技服务队伍整体素质得到大幅度提升，队伍逐步稳定。2001 年起，由于防雷业务、气象影视以及气象信息服务的总量不断扩大，对新技术和市场需求的不适应以及人员不足等问题，市、县局开始招录聘用合同工，充实防雷、气象信息服务队伍。到 2004 年，全市气象部门从事气象科技服务的编外合同工达到 28 人。是年始，根据省气象局《关于非气象编制人员专业技术职务任职资格纳入统一评审的通知》，将编制外聘用人员专业技术职务任职资格的认定和评审工作纳入全市统一评审。到 2015 年，全市气象科技服务队伍具有本科以上学历 94 人，高级以上职称 31 人，工程师以上职称 4 人，基本形成一支掌握现代气象科技知识、懂经营、善管理、守法廉洁的气象科技服务管理人才和技术人才队伍。

第七节　气象服务管理

气象服务按其属性，属于公共服务范畴。按气象服务对象划分，可划分为决策气象服务、公众气象服务、专业气象服务和科技服务，其中决策气象服务、公众气象服务、专业气象服务都属于公益性服务。决策气象服务是为各级政府和有关部门决策提供的气象服务；公众气象服务是为公众提供的日常气象服务；专业气象服务是为各行各业提供的针对行业需要的气象服务；科技服务是为专门用户提供的特殊需要的气象服务。这四者构成覆盖全社会全方位的气象服务网。

一、公益性气象服务管理

全市公益性气象服务管理(公众气象服务、决策气象服务和专业气象服务)由宁波市气象局观测与预报处承担。主要任务是负责拟订相关业务服务发展规划和计划;行使宁波市气象灾害防御指挥部办公室职能,组织管理本行政区域突发公共事件应急气象保障服务和重大气象灾害的预警预报及重大自然灾害应急救助的气象保障工作;组织实施为宁波市委、市政府及有关部门的重大社会活动提供气象保障服务;组织对各行各业的专业气象服务及重点工程的气象服务;组织服务效益和满意度评估;行使宁波市人工影响天气领导小组办公室职能,管理本行政区域人工影响天气工作。

(一)公共气象服务管理

向社会公开发布天气预报是国家赋予各级气象部门的职责。早在20世纪50年代,国务院的关于加强灾害性天气预报、警报和预报工作的指示中就有明确规定。然而进入80年代以后,特别是气象信息可以有偿提供,为争取用户,有的非气象部门或个人无视这项规定,擅自公开或在内部刊物发布天气预报,在社会上引起不良后果。1994年8月18日颁布实施的《中华人民共和国气象条例》和2000年1月1日实施的《中华人民共和国气象法》,对公开发布天气预报做出明确规定。从根本上、立法上解决向社会公开发布气象预报和灾害性天气警报的统一归口管理问题,气象预报发布走上科学有序的轨道。2015年3月12日,中国气象局第27号令公布《气象信息服务管理办法》,自2015年6月1日起施行。《办法》第四条规定:“国务院气象主管机构负责全国气象信息服务活动的监督管理工作。地方各级气象主管机构在上级气象主管机构和本级人民政府的领导下,负责本行政区域内气象信息服务活动的监督管理工作。”宁波市政府根据《气象法》明确要求,“国家对公众气象预报和灾害性天气警报实行统一发布制度”“其他任何组织或者个人不得向社会发布公众气象预报和灾害性天气警报”,并发文强调全市公众气象预报和灾害性天气警报发布归口宁波市气象局管理。归口管理的具体事务由市气象局业务科教处(现观测与预报处)承担。

2009年,市气象局印发《宁波市气象局决策服务周年方案》(甬气发〔2009〕12号),对决策气象服务的工作原则、重点工作方向和产品分类、发送方式作了规定,决策气象服务产品分为《气象呈阅件》《重要天气报告》和《气象信息内参》,具体工作由市气象台、市气候中心承担。为方便公众知晓气象信息服务渠道,及时获取气象信息,了解气象服务产品内容,提高公众气象信息应用效益,更好应用于防灾减灾与日常生活。2010年市气象局编印《宁波市气象局公共气象服务白皮书》,公众气象服务分为四大类产品:气象灾害预警类包括台风、暴雨、冷空气、高温等;常规气象预报类包括短期天气预报、今日天气特别提醒、各类生活气象指数预报、旅游气象及主要城市天气预报等;常规气象监测实况类产品包括雨量监测、气温监测、卫星云图、台风专题等;与百姓相关的专业气象服务类产品包括节假日气象服务、气候评价等。2012年,公共气象服务纳入宁波市政府“六个加快”战略的“加快提升生活品质行动”和“加快建设生态文明行动”计划,并全部纳入公共服务均等化、生态市和新农村建设(幸福美丽新家园)等考核,市气象局均列入行动推进工作领导小组成员单位。

(二)公共气象服务效益社会抽样调查

1987年9月和1994年4月,中国气象局组织各省、市、自治区气象部门开展公众天气预报服务社会抽样调查,目的在于通过直接访问观众听众,了解他们收看收听天气预报情况,对天气预报的评价意见与建议,并作为改进公众气象服务的依据。1994年4月,根据中国气象局《关于开展气象服务效益评估工作的通知》，宁波市气象局参与第二次公众天气预报服务社会抽样调查。《公众气象服务效益评估方案》要求各省、市、自治区气象局和计划单列市气象局按照统一设计的调查表进行抽样调查，调查样本数不少于500个，调查对象为年满16周岁以上的中国公民。第二次社会抽样调查收回的有效问卷调查表中按职业分类统计排在前3位的是干部（占22%）、工人（占20%）、农牧民（占15%）；按地域分类城镇居民（占78%）、乡村居民（占20%）。问卷调查表共提出10个问题，反馈结果归纳在6个方面：一是电视天气预报节目是城乡居民获取天气预报的第一渠道，平均每人每天收看收听1次以上；二是本地天气预报依然是大多数人最感兴趣的节目，渔民船员比较注重收看台风和寒潮警报节目，且有64%的公众认为电台、电视台播报的天气预报内容合适，但仍有25%的观众认为需要增加内容；三是大多数公众认为每天收看收听天气预报节目最理想的时间是晚上7时30分，其次是早晨；四是对天气预报的准确性评价和满意度，认为准确和基本准确占85%，不准确或不稳定的占15%，对公众天气预报服务表示满意和基本满意的占80%，一般或不满意的占20%；五是收看收听天气预报的主要用途，城镇居民用于日常生活安排（50%）和了解天气变化（21%），乡村居民则用于工作安排（45%）和减少损失（13%）；六是公众气象服务效益，69%的人认为天气预报每年可为家庭节省一定的费用，且以农牧民最多，占83%，其次是个体人员和渔民船员，分别占78%，63%的人愿意为获得天气预报付费，农牧民、个体人员和渔民船员三类人员付费获取天气预报意愿较其他职业人群高，分别为67%、70%和67%。为更好地、有针对性地开展公众气象服务，2010年开始，宁波市气象局利用每年的“3.23”世界气象日开展向市民开放日活动，进行问卷调查，抽样了解公众气象服务满意度，以提高服务水平。2010年发放调查问卷302份，共提出13个问题，结果可归纳在5个方面：一是对天气预报的关注程度，非常关注和比较关注的占83%，一般了解和不太关注的占17%；二是最关注的气象信息是今明短期预报，其次是未来5天逐日天气预报；三是获取气象信息的主要渠道是电视和报刊，比较关注的是19:30的天气预报；四是对公众气象服务总体评价，认为满意和比较满意的占90%，一般的占10%；五是对天气预报准确性的评价，认为准确和比较准确的占84%，一般的占15%。2011年发放调查问卷193份，提出13个问题与2010年基本相同，结果显示：对天气预报的关注程度、最关注的气象信息和获取气象信息的主要渠道等没有明显变化，但公众对气象服务总体评价和天气预报准确性评价不断提升，认为满意和比较满意的占94%，较2010年提高4%；认为准确和比较准确的占90%，比2010年提高6%。

2006年4月开始在宁波市气象局门户网站上设立气象服务“在线调查”网页，实行常态化的问卷调查，问卷共提出14个问题。2015年6月始在原有问卷调查的基础上，整合微博、微信互动功能，增设“在线咨询”“在线访谈”“网上办事”等内容。调查统计结果有较多变化。一是已经很少有人从报刊上获取气象信息，居民获得气象信息的主渠道除电视外，网络也成为重要渠道之一，其次是“96121”声讯电话、手机短信和村镇宣传栏；二是日常除了早晨和晚上关注气象信息外，更多的是随时了解气象信息；三是网民日常主要关注的是气温高低、阳光（紫外线）强度、降雨（雪）及风等气象信息；四是除目前已有的气象服务外，网民还想从气象服务中了解生活气象指数、专家讲解以及气象科普、气象新闻等气象信息，关心的气象指数主要是雨伞指数、感冒指数、穿衣指数，其次是紫外线指数和中暑指数；五是平常最关注的气象信息是灾害性天气预报警报和未来0～12小时临近天气预报，并且对气温实况和24小时雨量实况比较感兴趣；六是对气象服务的满意度也在不断提升，有80%的网民对电视天气预报提供的气象服务实用性表示满意；七是有66%的网民对天气预报和天气实况的偏差出现后表示能够理解，天气的情况变化太快，很难预测，也有少部分网民表示不理解，认为气象部门应该加强公共服务的能力。

另外，为提高天气预报质量，2002年8月起，市气象台向全市公开聘请20名天气预报质量义务监督员，并颁发聘书。义务监督员来自社会各个领域，有教师、厂长、船长，他们每天通过电视、广播等方式收看收听天气预报，对天气预报质量进行打分，反馈社会公众天气预报服务需求。市气象台每年召开1次天气预报质量义务监督员会议，回顾总结一年工作情况，通过座谈了解公众的需求，不断改善气象服务。2012年在聘任满十周年之际，举办义务监督员评优活动。在2013年度天气预报质量义务监督员会议上举行颁奖仪式，通报表彰2012年度优秀义务监督员。截至2015年，这些监督员已经义务为宁波气象预报质量服务14个年头，由于年龄、身体等原因人数减到15个，他们十几年如一日，仍然坚持每日打电话到市气象台报告天气预报准确率，时刻督促气象预报质量的提高，一路见证宁波气象事业的发展历程。

二、气象科技服务管理

强化气象科技服务管理、推动气象科技服务的规范化发展，是宁波气象科技服务发展的一项长期和重要任务。30多年来，全市气象部门坚持规范化发展，进一步理顺关系，调整结构，通过加强组织领导、完善运行机制、注重队伍建设、强化监督管理等措施，不断适应深化改革要求，保障气象科技服务协调、健康、持续、规范发展。初步建立了与公共气象服务发展相协调、与国家改革取向相一致，多制并存、分类管理的气象科技服务运行体制和机制，形成气象基本业务与气象科技服务相互促进、共同发展的局面。

(一)管理体制

1988年以前，全市气象科技服务管理由市气象局服务科承担，1988年宁波市气象局实行计划单列后，市气象局设立计划物资处(1996年12月改称计财产业处)，全市气象科技服务的管理职能由计划物资处(计财产业处)承担。

2001年下半年，市气象局按照政、事、企分开，分类管理原则开展事业单位结构调整，设立宁波市气象局政策法规处(2010年7月改称减灾与法规处)，气象科技服务管理职能相应转入政策法规处。政策法规处牵头负责气象科技服务的管理工作，承担气象科技服务政策研究、管理指导和咨询、法规制定、标准归口管理以及执法监督等。

(二)制度建设

2001年前，气象科技服务制度建设以建立运行机制、完善财务管理制度、分配机制等为主。2001年底市气象局政策法规处成立后，加强了制度建设，逐步完善气象科技服务的管理。从2002年起，每年组织召开全市气象科技服务工作会议、定期通报全市气象科技服务运行情况；多次组织到省内外进行气象科技服务调研、学习和座谈。明确全市气象科技服务发展方向，围绕发展气象信息产业，大力推进气象影视广告服务业、气象信息电话和网络服务业、雷电防御等支柱性项目的发展。对市气象信息中心、市防雷中心实行经营目标责任制管理，按照物质、精神文明两手抓，以经济效益为中心的原则确定年度目标，按确定的年度目标实施管理、考评和奖惩。同时对各区县(市)气象局也实行经营目标责任制管理。

2002年起，市气象局制定下发防雷、气球服务资质、资格管理办法等一系列管理办法，同时加强与市公安局、城乡建委、市技术监督局、省移动公司宁波分公司等10多家单位合作，加强电视天气预报、气象信息、防雷等服务，联合制定管理办法。每年开展气象影视节目、防雷技术服务、气象信息服务质量评比，提升气象科技服务质量。全市气象科技服务发展方向的明确及管理体制的调整，促进全市气象科技服务持续增长。

(三)推进管理规范化

2003年起，市气象局全面推进气象科技服务的规范化管理，制定气象信息服务、防雷技术服务等各类管理办法、技术规范10余个，规范气象信息传播、媒体气象信息传播、公众气象短信服务、气象声讯服务等的业务流程和质量管理；规范防雷服务行为，全面加强农村、中小学校和重点单位的防雷管理；结合落实“平安浙江”建设要求，加强防雷安全监管工作。

2004年，为促进全市防雷工作的一体化、规范化，市气象局组织研发防雷业务管理系统。防雷业务管理系统涵盖当前气象部门防雷管理与技术服务的所有工作环节，实现数据计算自动化、报告编制自动化、流程监控自动化、数据统计自动化。2006年该系统正式运行，全市各防雷技术服务机构所有的防雷技术服务工作均在该系统操作完成。2013年10月对系统进行升级，增加防雷各环节的廉政风险防控功能，嵌入防雷检测数据现场采集操作系统，实现市、县两级远程联网监控，推进防雷廉政风险防控工作的信息化、电子化与规范化。新版系统包含防雷审批、防雷技术服务、防雷廉政管理三大工作平台，通过防雷廉政风险防控平台，实现对全市各防雷审批与技术服务机构的实时风险监控，进一步规范防雷管理及技术服务工作。该系统的投入使用，使本市的防雷工作效率提高约60%，工作差错率大为降低。是年还组织研发防雷信息现场采集操作系统并投入运行，该系统具有施工监督进度、检测报告原始资料、整改通知、数据上传四大功能模块，基本满足防雷业务对现场数据采集的需求。该系统的投入运行，不仅规范全市防雷服务的业务操作流程，还增强廉政风险防控能力，强化防雷技术服务市场监管。

为提高全市防雷技术人员业务水平，2014年7月，市气象局组织开展全市防雷业务竞赛，并选拔出选手参加全省防雷检测技能竞赛。是年10月，宁波市气象局代表队在全省防雷检测技能竞赛中获得团体第二的成绩，2人荣获个人全能三等奖，1人荣获“报告编审”单项三等奖。

第十章　气象机构

在1999年底，宁波市气象局有办公室、人事政工处、业务科教处、计财产业处等4个职能处室；有市气象台、应用气象室（气象服务中心、防雷设施检测中心）、气候中心、培训中心等4个直属事业单位；辖8个区县（市）气象局（站）。2000年1月1日《中华人民共和国气象法》实施，赋予气象部门社会管理职能。面对新的任务要求，宁波市气象局在1992—1999年间三次力度较大的事业结构调整和机构改革基础上，2000年后又经历三次调整和优化，事业结构更趋合理。

第一节　气象事业结构改革调整

根据中国气象局、省气象局的总体部署，结合宁波气象工作实际，宁波市气象局分别于2001年11月、2006年7月和2010年7月三次对全市气象事业结构进行改革调整。通过改革调整，强化气象灾害防御、应急气象服务、气象信息发布等社会管理和公共服务职能，加强气象防灾减灾和应对气候变化工作。

一、以气象事业结构战略性调整为目标的气象事业机构改革

1998年10月19日，经国务院批准，国务院办公厅印发《中国气象局职能配置内设机构和人员编制规定的通知》，明确中国气象局是经国务院授权、承担全国气象工作政府行政管理职能的国务院直属事业单位。是年11月27日，中国气象局下发《气象部门事业结构战略性调整的指导性意见》。1999年山东青岛全国气象局长工作研讨会上，中国气象局又进一步提出建立由气象行政管理、基本气象系统、气象科技服务与产业“三部分”组成的气象事业结构新思路。

宁波市气象局根据中国气象局批复的《宁波市国家气象系统机构改革方案》（气发〔2001〕168号），2001年底至2002年上半年完成全市气象部门机构改革和事业结构调整工作。此次改革调整取得四方面的成效。一是按照政事分开的原则，理顺市气象局机关与直属事业单位的关系。同时按照资源优化重组，调整直属单位职能。调整后的全市气象部门形成以气象行政管理、基本气象系统、气象科技服务与产业三部分组成的新型事业结构。二是根据《中华人民共和国气象法》赋予的社会管理职能，授权履行本行政区域内气象工作的社会管理职责。防雷行政审批工作逐步法制化、规范化。三是集约资源，市气象局本级实行大后勤服务和财务集中管理。四是建立基本工资、岗位津贴、绩效奖励“三元工资”制度，职工的收入水平总体上有较大提高。

此次机构改革调整撤销市气象局业务科教处、计财产业处，改设业务科技处、计划财务

处，增设政策法规处。成立宁波市气象广告有限公司，负责电视气象节目制作和广告经营，实行企业化管理，市气象台不再承担电视气象节目制作任务。市气象局直属事业单位和各区县(市)气象局全面实施事业单位聘用制。通过竞争上岗选拔一批年轻骨干走上领导岗位。

二、以业务技术体制改革为核心的气象事业机构改革调整

2005 年，为落实《国务院关于加快气象事业发展的若干意见》(3 号文件)和中国气象事业发展战略研究成果，中国气象局要求通过业务技术体制改革，建立基本满足国家需求、功能先进、结构优化的“多轨道、集约化、研究型、开放式”的业务技术体制。2005 年 4 月至 2006 年 7 月，为进一步巩固 2001 年机构改革成果，完善行政管理体制和业务服务体制，按照中国气象局《关于宁波市气象局部分机构调整的批复》(气发〔2005〕77 号)和《宁波市国家气象系统机构编制调整方案》(气发〔2006〕188 号)，再次实施机构调整。此次调整，强化多轨道预报预测业务工作以及气象灾害防御应急服务和气象公共服务职能，加强探测技术、装备、网络等方面的技术支持和保障。市气象局 5 个内设机构名称基本保持不变。宁波市气象局雷电灾害防御管理办公室更名为宁波市雷电灾害防御管理办公室。宁波市人工影响天气领导小组管理办公室牌子加挂在市气象局业务科技处。对 5 个直属事业单位“撤二建二”，撤销宁波市应用气象室和市气象局财务结算中心，组建市气象监测网络中心和市气象信息中心，重组市气象台。通过这次调整，初步形成气象综合观测、预报预测和公共气象服务三大系统的事业布局。

三、以强化社会管理和公共服务职能为重点的气象事业机构调整

2010 年 7 月，为贯彻落实党的十七大提出“健全政府职责体系，完善公共服务体系，强化社会管理和公共服务”的要求，根据中国气象局《关于同意宁波市气象局部分内设机构和直属单位调整的批复》(中气函〔2010〕180 号)和浙江省气象局《浙江省市级气象局内设机构和直属机构调整方案》(浙气发〔2010〕96 号)、《关于印发宁波市气象局内设机构和直属机构调整方案的通知》(浙气发〔2011〕30 号)，宁波市气象局对内设机构和部分直属单位进行调整。加强社会管理、公共气象服务和气候变化工作职能。业务科技处更名为观测与预报处(科技发展处)，政策法规处更名为减灾与法规处，根据宁波市行政审批制度改革提出的集中行政审批事项的要求，减灾与法规处加挂行政审批处牌子，强化气象行业标准化工作和气象社会管理工作职责，同时承担市雷电防御管理办公室职责。人事教育处更名为人事处。市气象台加挂市气候中心牌子。宁波市气象信息中心更名为宁波市气象服务中心。

四、管理体制调整

气象部门 1981 年开始实行上级气象主管部门与当地政府双重领导，以上级气象部门为主的管理体制。国家气象局(现中国气象局)1988 年起对宁波市气象局实行计划单列(包括业务、科教、人事、劳资、基建、财务、物资等)，并赋予相当省局一级的管理权限，但在业务、服务工作上继续接受浙江省气象局的领导并承担省气象局交办的各项任务。2008 年以前，宁波市气象局以中国气象局领导为主；2008 年 11 月，中国气象局对大连、青岛、厦门、宁波四个计划单列市气象局的管理方式进行了调整，除计划财务工作外，其他工作按照

副省级市气象局进行管理，以浙江省气象局领导为主。宁波市气象局既是上级气象主管部门的下属单位，又是宁波市人民政府领导下的工作部门。区县(市)气象局归宁波市气象局和当地人民政府双重领导。市、县气象部门所需经费实行中央和地方双重计划财务体制，属全国性气象事业由中央财政拨款，为地方经济建设服务的气象事业的事业经费、基建投资及地方性的人员津贴、补贴经费，纳入当地社会经济发展规划和财政预算。在气象部门内部则实行统一领导，省、市、县气象局分级管理，统一规划、统一建设、统一管理。对其他部门的气象工作，实施行业管理。

第二节　市气象局内设机构

2001 年 11 月，根据中国气象局《宁波市国家气象系统机构改革方案》(气发〔2001〕168 号)，宁波市气象局按照政事企分类管理原则进行机构调整，增设政策法规处。市气象局共内设 5 个职能处(室)：办公室、人事教育处(党组纪检组、监察审计室与其合署办公)、业务科技处、计划财务处、政策法规处(宁波市气象局雷电灾害防御管理办公室)。2005 年 4 月，根据中国气象局《关于宁波市气象局部分机构调整的批复》(气发〔2005〕77 号)，宁波市气象局雷电灾害防御管理办公室更名为宁波市雷电灾害防御管理办公室，在政策法规处加挂牌子；宁波市人工影响天气领导小组办公室挂靠市气象局业务科技处；成立宁波市气象局财务核算中心(机构规格正科级)，挂靠市气象局计划财务处管理。

2006 年 7 月，按照中国气象局建立“多轨道、集约化、研究型、开放式”业务技术体制改革要求，市气象局机关增加气候变化、生态气象等新增轨道业务管理职能，加强气象依法行政管理职能，对部分处室的职能进行调整，根据中国气象局批复《宁波市国家气象系统机构编制调整方案》(气发〔2006〕188 号)，在人事教育处加挂监察审计室牌子，在业务科技处加挂宁波市人工影响天气领导小组管理办公室牌子。党组纪检组与人事教育处(监察审计室)合署办公。2008 年 6 月，根据中国气象局《关于同意宁波市气象局政策法规处加挂行政审批处牌子的批复》(气发〔2008〕259 号)，在政策法规处增挂行政审批处牌子。

2010 年 7 月，根据中国气象局《关于同意宁波市气象局部分内设机构和直属单位调整的批复》(中气函〔2010〕180 号)，宁波市气象局业务科技处机构名称调整为观测与预报处(科技发展处)；政策法规处(宁波市雷电灾害防御管理办公室，行政审批处)机构名称调整为减灾与法规处(行政许可处，宁波市雷电防御管理办公室)；人事教育处(监察审计室)机构名称调整为人事处(监察审计室)，与党组纪检组合署办公。2011 年 3 月，为强化社会管理和公共服务职能，加强气象防灾减灾和应对气候变化工作，根据浙江省气象局《关于印发宁波市气象局内设机构和直属机构调整方案的通知》(浙气发〔2011〕30 号文件)，原设无级别机构的宁波市气象行政执法支队挂靠减灾与法规处。

2001—2011 年市气象局内设机构设置情况见表 10.1。

表 10.1　2001—2011 年市气象局内设机构设置情况

时间	内设机构
2001 年 11 月	办公室、人事教育处(党组纪检组、监察审计室与其合署办公)、业务科技处、计划财务处、政策法规处(宁波市气象局雷电灾害防御管理办公室)

续表

时间	内设机构
2005年4月	办公室、人事教育处(党组纪检组、监察审计室与其合署办公)、业务科技处(宁波市人工影响天气领导小组办公室)、计划财务处、政策法规处(宁波市雷电灾害防御管理办公室)
2010年8月	办公室、观测与预报处(科技发展处)、减灾与法规处(行政审批处、宁波市雷电防御管理办公室)、计划财务处、人事处(监察审计室)

第三节 市气象局直属事业单位

2000年以后,为深化业务技术体制改革,强化气象防灾减灾和公共服务工作,优化直属事业单位职能配置,根据国家气象系统机构改革和编制调整方案,市气象局直属事业单位经历组建、撤销、改组或重组,到2015年底,属中国气象局建制的宁波市气象局直属事业单位有6个(宁波市气象台和市气候中心合署办公)。

2001年11月,根据中国气象局气象事业结构战略性调整的总体要求和《宁波市国家气象系统机构改革方案》(气发〔2001〕168号),市气象局下设宁波市气象台(宁波市海洋气象台)、宁波市应用气象室(宁波市人工影响天气领导小组办公室)、宁波市防雷中心、宁波市气象局财务结算中心、宁波市气象局后勤服务中心5个直属处级事业单位。同时成立宁波市气象广告有限公司、宁波华盾雷电防护技术有限公司两个经营服务性企业。2002年2月,宁波市气象局建成新一代天气雷达并投入业务正式运行,2003年3月,宁波市气象局下发《关于建立"宁波市气象雷达站"的通知》(甬气发〔2003〕23号),成立宁波市气象雷达站(机构规格正科级)。同年7月,宁波市气象局下发《关于成立宁波市气象科普中心的通知》(甬气发〔2003〕68号),成立宁波市气象科普中心(机构规格正科级)。

2005年4月,为贯彻落实中国气象发展战略,优化机构设置,根据中国气象局《关于宁波市气象局部分机构调整的批复》(气发〔2005〕77号),撤销宁波市应用气象室和宁波市气象局财务结算中心,组建宁波市气象信息中心和宁波市气象监测网络中心。同年6月,宁波市气象局下发《关于印发宁波市气象局本级机构调整实施方案的通知》(甬气发〔2005〕43号),重组宁波市气象台(宁波市海洋气象台)和宁波市防雷中心;成立宁波市气象局财务核算中心(机构规格正科级),挂靠市气象局计划财务处管理。

2006年7月,根据业务技术体制改革提出的"加强天气、气候、气候变化、生态与农业气象、大气成分、人工影响天气、雷电等多轨道业务的组织管理"的要求,中国气象局批复《宁波市国家气象系统机构编制调整方案》(气发〔2006〕188号),宁波市气象局直属处级事业单位5个,其中宁波市气象台加挂宁波市气候中心牌子,加挂宁波市海洋气象台牌子,宁波市气象监测网络中心加挂宁波市气象技术装备保障中心牌子。

2011年3月,为加强气象防灾减灾、应对气候变化和业务装备保障工作,根据浙江省气象局《关于印发宁波市气象局内设机构和直属机构调整方案的通知》(浙气发〔2011〕30号文件),成立宁波市气候中心,宁波市气象台不再加挂宁波市气候中心牌子。2013年3月,根据《宁波市气象局关于市气候中心和气象台合署办公有关事项的通知》(甬气发〔2013〕18号),宁波市气候中心与宁波市气象台合署办公,宁波市气候中心的工作职责归并到宁波市气象台，原核定两单位的领导职数、中层领导职数及岗位数合署后保持不变。

2002—2011 年市气象局局直属单位设置情况见表 10.2。

表 10.2　2002—2011 年市气象局直属单位设置情况

年份(年.月)	直属单位
2001 年 11 月	宁波市气象台(宁波市海洋气象台)、宁波市应用气象室(宁波市人工影响天气领导小组办公室)、宁波市防雷中心、宁波市气象局财务结算中心、宁波市气象局后勤服务中心
2005 年 6 月	宁波市气象台(宁波市海洋气象台)、宁波市气象信息中心、宁波市气象监测网络中心、宁波市防雷中心、宁波市气象局后勤服务中心
2006 年 7 月	宁波市气象台(宁波市气候中心、宁波市海洋气象台)、宁波市气象信息中心、宁波市气象监测网络中心(宁波市气象技术装备保障中心)、宁波市防雷中心、宁波市气象局后勤服务中心
2011 年 3 月	宁波市气象台、宁波市气象服务中心(宁波市海洋气象台)、宁波市气候中心、宁波市防雷中心、宁波市气象网络与装备保障中心、宁波市气象局后勤服务中心

2002 年 1 月至 2011 年 3 月，为深化业务技术体制改革，强化直属单位的公共服务管理职能，优化职能配置，根据《宁波市气象局直属事业单位改革实施方案》(甬气发〔2002〕7 号)、《宁波市气象局本级机构调整实施方案的通知》(甬气发〔2005〕43 号)、《宁波市气象局直属事业单位机构编制调整方案》(甬气发〔2010〕44 号)、《宁波市气象部门内设机构和直属机构调整实施细则》(甬气发〔2011〕17 号)，对直属单位职责和内设机构进行了调整。

一、宁波市气象台(宁波市气候中心)

宁波市气象台主要承担为国家建设和社会生活提供气象预报服务。负责行政区域内中期、短期、短时和灾害性天气、气象灾害预报预警信息以及地质灾害等级、空气质量、紫外线、森林火险气象等级等预报产品的制作、发送、发布；为当地政府提供决策服务，为重大活动提供气象保障服务；负责灾害性天气预报区域联防，重大灾害性天气预报服务的实时组织指挥；提供农业气象、气候及应对气候变化等决策服务；负责政策性农业保险气象服务；承担农业气象预报服务产品的制作、提供与发布；承担卫星遥感业务及应用开发任务，卫星遥感资料接收处理和应用，并发布相关服务产品；承担人工影响天气和气象灾害应急、突发公共事件应急气象保障业务；承担重大气象灾害的灾前预估、灾中跟踪评估和灾后评估，全市气象灾害信息收集、普查和调查及气象防灾减灾宣传等；承担相关业务技术研究和开发、相关业务系统的维护；对区县(市)气象台提供技术指导，发布指导预报产品。

二、宁波市气象服务中心

宁波市气象服务中心主要承担为国家建设和社会生活提供专业气象服务和气象科技服务。负责气象声讯、气象短信、市级报刊、专业专项等预报服务；负责生活指数产品的制作、开发、发布；负责市级电视气象节目、栏目和专题的策划、采编、制作、传送，电视气象节目、气象载体广告业务的承揽和制作，拓展相关广告业务；承担中国气象频道落地运行和市级电视气象节目插播任务，代区县(市)电视气象节目制作，宁波气象信息网页面制作、改版及相关开发；负责天气预报监督员上报信息的收集、统计等日常工作；负责公共气象服务效益评估、社会需求和满意度调查；根据业务服务需求，承担相关业务服务技术、服务产品研发与试验和相关业务服务系统的建设、运行、维护，相关服务媒体的拓展和新技术开发应用，党员远程教育网课件制作基地的有关任务；负责对区县(市)气象局提供相关气象服务的技术指导，发布服务指导产品。宁波市气象信息中心于2005年4月根据中国气象局《关于宁波市气象局部分机构调整的批复》(气发〔2005〕77号)开始组建，并于同年6月成立，同时将市气象广告有限公司归并到宁波市气象信息中心。2011年3月，在宁波市气象信息中心基础上，整合相关部门的公共服务职能，成立宁波市气象服务中心。

三、宁波市防雷中心

宁波市防雷中心主要承担为国家建设和社会生活提供防雷技术服务。负责雷电灾害防御技术服务，承担对所辖范围内新建建筑物、构筑物防雷设计图纸的技术评价、跟踪检测、竣工检测，防雷装置的定期检测，雷电监测、灾害调查和鉴定等工作；雷击风险评估等相关雷电防护技术服务；负责开展相关业务技术研究，雷电防护工程设计、施工和技术咨询；负责对全市气象部门防雷工作的技术指导；负责雷电灾害知识的科学普及和宣传工作。

宁波市防雷技术服务机构最早属地方建制，由宁波市机构编制委员会批复设立。2001年11月，根据中国气象局《宁波市国家气象系统机构改革方案》成立宁波市防雷中心。宁波市华盾雷电防护有限公司挂靠管理，内设工程部。

四、宁波市气象网络与装备保障中心

宁波市气象网络与装备保障中心主要承担全市气象监测设备(装备)及气象信息网络系统建设、运行管理、维护保障；承担气象业务现代化建设项目的实施和运行保障；负责自动气象站标校保障工作；负责各类气象资料的收集、处理、传输、质量控制、存储工作，确保各类气象资料的连续和完整；负责对区县(市)气象局、有关直属单位提供相关业务技术指导；承担市级气象通信网络、数据库、高性能计算机的运行、维护和管理；承担宁波市气象雷达站新一代天气雷达的运行维护、标校和管理；负责市级各类气象网站的技术服务、运行、维护；承担宁波市农村经济综合信息网的运行、维护和技术服务工作；承担除宁波气象信息网外市级各类气象网站的页面制作、改版及相关开发工作；承担全市气象远程教育平台、电子政务系统、气象信息共享平台、气象信息综合显示平台、综合信息发布系统等的建设、管理和维护；组织开展相关业务服务技术研发和成果推广应用。

2005年4月，中国气象局《关于宁波市气象局部分机构调整的批复》(气发〔2005〕77号)，批复成立宁波市气象监测网络中心。2006年7月，根据中国气象局《关于印发〈宁波市国家气象系统机构编制调整方案〉的通知》(气发〔2006〕188号)，宁波市气象监测网络中心加挂宁波市气象技术装备保障中心牌子，下设机构不变。2011年3月，根据《宁波市气象部门内设机构和直属机构调整实施细则》(甬气发〔2011〕17号)，更名为市气象网络与装备保障中心，宁波市气象雷达站隶属宁波市气象网络与装备保障中心管理。

五、宁波市气象局机关服务中心

宁波市气象局机关服务中心主要承担市气象局授权的国有资产的运营管理；负责局本级基本建设工作；承担局机关对外接待服务保障工作；负责局本级相关单位的车辆管理及公务业务用车保障服务工作；负责市气象局大院、宁波市气象雷达站的后勤保障服务和日常物业管理；承担气象科普馆的日常管理、运营及与当地有关部门的联系协调等日常工作；承担新一代天气雷达的供电保障、安全保卫工作，协助有关单位做好雷达运行的相关工作；参与气象应急保障任务。

2001年11月，根据中国气象局《宁波市国家气象系统机构改革方案》组建成立宁波市气象局后勤服务中心。2003年7月成立的宁波市气象科普中心（为市气象局直属科级事业单位）隶属市气象局后勤服务中心管理。2013年5月，根据《浙江省气象局关于同意宁波市气象局后勤服务中心更名的批复》（浙气发〔2013〕52号），宁波市气象局后勤服务中心更名为宁波市气象局机关服务中心。2015年10月，宁波市气象科普中心撤销（甬气发〔2015〕11号）。

2002—2011年各直属单位内设机构情况详见表10.3。

表10.3 2002—2011年各直属单位内设机构情况

年份(年/月)	直属单位	各内设机构
2002年1月	宁波市气象台	办公室、决策服务中心、预报科、网络科
	宁波市应用气象室	气候科
	宁波市防雷中心	检审科(办公室)、检测科
	宁波市气象局财务结算中心	行政结算科
	宁波市气象局后勤服务中心	接待保障科、后勤管理科
2005年6月	宁波市气象台	预报一科、预报二科、应用气象科
	宁波市气象信息中心	信息服务部、影视制作部
	宁波市气象监测网络中心	网络运行科、监测保障科(气象雷达站)
	宁波市防雷中心	审核检测科、防雷工程科
	宁波市气象局后勤服务中心	接待保障科、后勤管理科
2010年5月	宁波市气象台	短时临近预报科(强天气预警中心)、中短期预报科(办公室)、决策服务科(台风预警中心)(市气候中心内设农业气象科、应用气象科、气候与气候变化科)
	宁波市气象信息中心	市场发展部(办公室)、气象服务部、服务首席室、气象影视中心
	宁波市气象监测网络中心	网络运行科、装备保障科(办公室)、技术开发科
	宁波市防雷中心	技术评价科(办公室)、检测一科、检测二科
	宁波市气象局后勤服务中心	后勤管理科、接待保障科、宁波市气象局财务核算中心
2011年3月	宁波市气象台	预报服务科(办公室)、决策服务科(海洋气象科)、技术开发科
	宁波市气象服务中心	综合业务部、专业服务部、气象影视中心
	宁波市气候中心	农业气象与应用气象科(办公室)、气候与应对气候变化科
	宁波市防雷中心	技术评价科(办公室)、检测一科、检测二科
	宁波市气象网络与装备保障中心	网络运行科、装备保障科(办公室)、技术开发科
	宁波市气象局后勤服务中心	后勤管理科、接待保障科、宁波市气象局财务核算中心

第四节 区县(市)气象局

截至2008年底,宁波市气象局下辖8个区县(市)气象局,9个气象观测站。2002年以前,各区县(市)气象局内设机构大多设办公室、气象台或科技服务部、防雷检测所(中心),内设机构名称及职能均不统一。2002年5月,宁波市气象局印发《宁波市县(市)区国家气象系统机构改革方案》(甬气发〔2002〕66号),统一设置办公室(防雷减灾管理办公室)、气象台、防雷中心三个内设机构(表10.4)。三个国家基本气象站中,象山石浦气象站单独设立,由象山县气象局管理,鄞州区气象局和慈溪市气象局增设大气监测科。宁海县气象局、奉化市气象局、余姚市气象局、北仑区气象局四个国家一般气候站实行测报、预报合一。2002年2月鄞县撤县设区,是年4月鄞县气象局更名为宁波市鄞州区气象局,由原来的正科级事业单位升格为正处级事业单位。镇海区气象局(站)于2007年12月根据中国气象局《关于同意成立镇海区气象局(站)的批复》(气发〔2007〕472号),实行局站合一,2009年1月1日正式开始业务运行。2008年12月,根据宁波市镇海区机构编制委员会《关于建立镇海区气象局(站)等机构的通知》(镇编委〔2008〕11号),镇海区气象局下设办公室(防雷办)、预报服务科、行政许可科。2011年2月,根据宁波市气象局《关于调整象山县气象局内设机构的批复》(甬气函〔2011〕4号),象山县气象局设办公室、行政许可科、象山县气象台、大气探测科四个内设机构。同时局办公室加挂象山县雷电灾害防御管理办公室牌子。

表10.4 2002年各区县(市)气象局机构设置情况

单 位	内设机构
余姚市气象局	办公室(防雷减灾管理办公室)、气象台、防雷中心
慈溪市气象局	办公室(防雷减灾管理办公室)、气象台、大气监测科、防雷中心
奉化市气象局	办公室(防雷减灾管理办公室)、气象台、防雷中心
宁海县气象局	办公室(防雷减灾管理办公室)、气象台、防雷中心
象山县气象局	办公室(防雷减灾管理办公室)、气象台、防雷中心,石浦气象站
北仑区气象局	办公室(防雷减灾管理办公室)、气象台、防雷中心
鄞州区气象局	办公室(防雷减灾管理办公室)、气象台、大气监测科、防雷中心

2012年5—11月,宁波市气象局批复各区县(市)气象局机构设置实施方案,区县(市)气象局设立办公室、气象减灾科(雷电防御管理办公室)、行政审批科、气象台四个内设机构(表10.5)。其中鄞州区气象局增设气象观测站,象山县气象局增设大气探测科(气象观测站),慈溪市气象局在原内设机构结构中增设气象减灾科,镇海区气象局在原内设机构结构中增设气象减灾科,与行政许可科合署办公。

表10.5 2012年各区县(市)气象局机构设置情况

单位	内设机构
余姚市气象局	办公室、气象减灾科(雷电防御管理办公室)、行政审批科、气象台
慈溪市气象局	办公室、气象减灾科(雷电防御管理办公室)、行政审批科,气象台、大气监测科、防雷中心
奉化市气象局	办公室、气象减灾科(雷电防御管理办公室)、行政审批科、气象台

续表

单位	内设机构
宁海县气象局	办公室、气象减灾科(雷电防御管理办公室)、行政审批科、气象台
象山县气象局	办公室、气象减灾科(雷电防御管理办公室)、行政许可科、气象台、大气探测科(气象观测站)
北仑区气象局	办公室、气象减灾科(雷电防御管理办公室)、行政审批科、气象台
鄞州区气象局	办公室、气象减灾科(雷电防御管理办公室)、行政许可科、气象台、气象观测站
镇海区气象局	办公室(雷电防御管理办公室)、预报服务科、行政许可科(气象减灾科)

2013 年 7 月,为更好履行社会管理职能,提升气象服务能力,根据浙江省气象局《浙江省县级气象局主要职责和机构设置的意见》(浙气发〔2013〕59 号),宁波市气象局制定《宁波市县级气象局主要职责和机构设置方案》,经省气象局备案后下发。方案进一步规范区县(市)气象局内设机构,各区县(市)气象局设(雷电防御管理办公室)、气象减灾科(人工影响天气领导小组办公室、气象灾害防御指挥部办公室)、行政许可科(或行政审批科)三个内设机构,下设气象台(气象观测站)、防雷中心(或防雷减灾中心)两个直属事业单位。其中在慈溪市气象台加挂气象影视中心牌子;石浦气象站单独设立,保持管理体制不变。详见表 10.6。

表 10.6 2013 年各区县(市)气象局机构设置情况

单位	内设机构	直属事业单位
余姚市气象局	办公室(雷电防御管理办公室)、气象减灾科(人工影响天气领导小组办公室、气象灾害防御指挥部办公室)、行政审批科	余姚市气象台(气象观测站)、余姚市防雷减灾中心
慈溪市气象局	办公室(雷电防御管理办公室)、气象减灾科(人工影响天气领导小组办公室、气象灾害防御指挥部办公室)、行政审批科	慈溪市气象台(气象观测站)(气象影视中心)、慈溪市防雷中心
奉化市气象局	办公室(雷电防御管理办公室)、气象减灾科(人工影响天气领导小组办公室、气象灾害防御指挥部办公室)、行政审批科	奉化市气象台(气象观测站)、奉化市防雷中心
宁海县气象局	办公室(雷电防御管理办公室)、气象减灾科(人工影响天气领导小组办公室、气象灾害防御指挥部办公室)、行政审批科	宁海县气象台(气象观测站)、宁海县防雷中心
象山县气象局	办公室(雷电防御管理办公室)、气象减灾科(人工影响天气领导小组办公室、气象灾害防御指挥部办公室)、行政许可科	象山县气象台(气象观测站)、象山县防雷中心,石浦气象站
北仑区气象局	办公室(雷电防御管理办公室)、气象减灾科(人工影响天气领导小组办公室、气象灾害防御指挥部办公室)、行政审批科	北仑区气象台(气象观测站)、北仑区防雷中心
鄞州区气象局	办公室(雷电防御管理办公室)、气象减灾科(人工影响天气领导小组办公室、气象灾害防御指挥部办公室)、行政许可科	鄞州区气象台(气象观测站)、鄞州区防雷减灾中心
镇海区气象局	办公室(雷电防御管理办公室)、气象减灾科(人工影响天气领导小组办公室、气象灾害防御指挥部办公室)、行政许可科	镇海区气象台(气象观测站)、镇海区防雷减灾中心

第五节　地方气象事业机构

全市气象部门根据地方气象事业发展需要，从1996年起，新增雷电灾害防御、海洋气象服务和气象防灾减灾等地方气象服务内容，宁波市县两级政府相继设立防雷检测、气象防灾减灾等地方气象事业机构，并由当地气象主管机构管理。2000—2015年，经宁波市县两级编委批准设立的地方建制直属事业单位10个。其中属公益一类的1个、编制数2人；属公益二类的8个、编制数69人；属自收自支的1个、编制数4人。

一、宁波市气象灾害应急预警中心（宁波市海洋气象台、宁波市旅游气象服务中心）

1998年1月，宁波市机构编制委员会办公室下发《关于同意宁波市气象台增挂宁波市海洋气象台牌子的批复》（甬编办事〔1998〕1号），同意宁波市气象台增挂宁波市海洋气象台牌子。

2010年3月，根据宁波市机构编制委员会办公室《关于宁波市海洋气象台牌子改挂在宁波市气象信息中心并核增人员控制数的函》（甬编办函〔2010〕1号），同意宁波市海洋气象台牌子改挂在宁波市气象信息中心，核增人员控制数30名，经费预算形式为自收自支。2011年1月，根据《宁波市海洋气象台机构编制实施方案》（甬气发〔2011〕2号），宁波市海洋气象台内设办公室、预报服务科、装备保障科、网络运行科、技术开发科五个科级机构。

2011年6月，根据宁波市机构编制委员会《关于建立宁波市气象灾害应急预警中心的批复》（甬编〔2011〕13号），成立宁波市气象灾害应急预警中心。宁波市气象灾害应急预警中心为从事公益服务的事业单位（公益二类），将原批准增挂在宁波市气象服务中心的宁波市海洋气象台牌子及30名人员控制数连同在编人员一并划入该中心，机构规格相当于行政正处级。内设办公室、应急预警科、海洋服务科、运行保障科、科研开发室。核定人员编制35名。经费预算形式为财政部分补助。2012年6月，根据宁波市机构编制委员会《关于宁波市气象灾害应急预警中心增挂牌子的函》（甬编办函〔2012〕73号），宁波市气象灾害应急预警中心增挂宁波市旅游气象服务中心牌子，增加人员编制3名，内设机构增设旅游气象科。

二、鄞州区防雷中心

1997年4月，根据鄞县机构编制委员会《关于同意建立鄞县避雷检测所的批复》（鄞编〔1997〕7号），成立鄞县避雷检测所，核定人员编制4名，经费自收自支。2000年3月，根据鄞县机构编制委员会办公室《关于同意鄞县避雷检测所更名为鄞县防雷中心的批复》（鄞编办〔2000〕2号），同意将鄞县避雷检测所更名为鄞县防雷中心。2002年2月，鄞县撤县设区，鄞县防雷中心更名为宁波市鄞州区防雷中心。2011年12月，根据宁波市鄞州区机构编制委员会《关于明确区气象局所属事业单位分类类别的通知》（鄞编办〔2011〕88号），宁波市鄞州区防雷中心为公益二类财政差额补助事业单位。

三、鄞州区公共气象中心

2012年，根据宁波市鄞州区机构编制委员会《关于同意设立区公共气象中心的批复》

(鄞编〔2012〕33 号),成立宁波市鄞州区公共气象中心,为公益一类全额拨款事业单位,核定人员编制 2 名。

四、北仑区防雷设施检测所(北仑区气象灾害应急预警中心)

1997 年 10 月,根据宁波市北仑区机构编制委员会《关于区气象局要求成立区防雷设施检测所的批复》(仑编〔1997〕14 号),同意宁波市北仑区气象局挂北仑区防雷设施检测所牌子(为自收自支集体事业单位),定编 5 名。2012 年 11 月,根据宁波市北仑区机构编制委员会办公室《关于明确区防雷设施检测所分类类别的函》(仑编办函〔2012〕25 号),明确北仑区防雷设施检测所为公益二类财政差额补助事业单位。2013 年 9 月,根据宁波市北仑区机构编制委员会《关于调整区气象局机构编制等事项的批复》(仑编〔2013〕16 号),同意将原设在宁波市北仑区气象局的北仑区防雷设施检测所调整为单独设置,挂北仑区气象灾害应急预警中心牌子,为公益二类财政差额补助事业单位,机构规格相当于行政正科级,核定人员编制 3 名。

五、镇海区气象灾害预警中心

2008 年 12 月,根据宁波市镇海区机构编制委员会办公室《关于建立镇海区气象局(站)等机构的通知》(镇编委〔2008〕11 号),成立宁波市镇海区防雷中心,机构规格相当于行政正科级,核定事业编制 6 名,经费形式为财政定额补助。2012 年 2 月,根据宁波市镇海区机构编制委员会《关于镇海区气象局及其所属事业单位清理规范和分类方案的批复》(镇编委〔2012〕43 号),宁波市镇海区防雷中心为公益二类财政差额补助事业单位。2012 年 6 月,根据宁波市镇海区机构编制委员会《关于同意核增区防雷中心事业编制的批复》(镇编委〔2012〕62 号),核增宁波市镇海区防雷中心事业编制 1 名(总编制 7 名)。2013 年 12 月,根据宁波市镇海区机构编制委员会《关于同意区防雷中心更名的批复》(镇编委〔2013〕32 号),宁波市镇海区防雷中心更名为宁波市镇海区气象灾害预警中心。

六、余姚市气象灾害预警中心(余姚市防雷中心)

1997 年,根据余姚市机构编制委员会《关于同意建设余姚市防雷设施检测所的批复》(余编〔1997〕11 号),成立余姚市防雷设施检测所,编制 5 名,经费自收自支。2013 年 4 月,根据余姚市机构编制委员会《余姚市机构编制委员会关于同意设立市气象灾害预警中心的批复》(余编发〔2013〕18 号),成立余姚市气象灾害预警中心(加挂余姚市防雷中心牌子),为公益二类财政差额补助事业单位。余姚市气象灾害预警中心核定人员编制 5 名(从余姚市防雷中心划转)。

七、慈溪市气象灾害预警中心(慈溪市防雷所)

1997 年 6 月,根据慈溪市机构编制委员会《市编委关于同意建立慈溪市防雷设施检测所的批复》(慈编委〔1997〕12 号),成立慈溪市防雷设施检测所,自收自支,定编 5 名。2013 年 7 月,根据慈溪市机构编制委员会《市编委关于设立市气象灾害预警中心等有关事项的批复》(慈编委〔2013〕58 号),成立慈溪市气象灾害预警中心(加挂慈溪市防雷设施检测所牌子)，为公益二类财政差额补助事业单位，核定事业编制 5 名(从慈溪市防雷所划转)。

八、奉化市气象防灾减灾中心(奉化市防雷所)

1997 年 7 月，根据奉化市编制委员会《关于同意建立奉化市防雷设施检测所的批复》(奉编〔1997〕19 号)，成立奉化市防雷设施检测所。2002 年 9 月，根据《奉化市编制委员会关于市防雷设施检测所更名的批复》(奉编〔2002〕33 号)，奉化市防雷设施检测所更名为奉化市防雷所。2012 年 12 月，根据奉化市机构编制委员会《关于同意设立气象防灾减灾中心和市防雷所由单设调整为在市气象防灾减灾中心挂牌的批复》(奉编〔2012〕46 号)，成立奉化市气象防灾减灾中心(加挂奉化市防雷所牌子)，核定事业编制 3 名，为公益二类财政差额补助事业单位。

九、宁海县气象防灾减灾中心(宁海县防雷所)

2000 年，根据宁海县机构编制委员办公室《关于同意设立宁海县防雷所的批复》(宁编办〔2000〕2 号)，成立宁海县防雷所，为自收自支事业单位。2012 年 10 月，根据宁海县机构编制委员会办公室《关于明确县防雷所分类类别的函》(宁编办函〔2012〕12 号)，确定宁海县防雷所为公益二类事业单位。2013 年 3 月，根据宁海县机构编制委员会《关于同意县防雷所定编和增挂牌子的批复》(宁编〔2013〕25 号)，宁海县防雷所核定事业编制 4 名，挂宁海县气象防灾减灾中心牌子。2015 年 6 月，根据宁海县机构编制委员会《关于同意调整县防雷所(县气象防灾减灾中心)名称和经费形式的批复》(宁编〔2015〕29 号)，将宁海县防雷所(县气象防灾减灾中心)名称调整为宁海县气象防灾减灾中心(县防雷所)，为公益二类财政差额补助事业单位。

十、象山县气象防灾减灾中心(象山县避雷检测所)

1998 年 5 月，根据象山县机构编制委员会《关于同意建立县避雷检测所的批复》(象编委〔1998〕5 号)，成立象山县避雷检测所，人员编制 3 名，经费自收自支。2012 年 8 月，根据象山县机构编制委员会《关于同意增加县避雷检测所事业编制的批复》(象编〔2012〕9 号)，同意增加象山县避雷检测所自收自支事业编制 1 名。增编后，象山县避雷检测所共计自收自支事业编制 4 名。2014 年 9 月，根据象山县机构编制委员会办公室《关于同意县避雷检测所更名的批复》(象编办〔2014〕25 号)，象山县避雷检测所更名为象山县气象防灾减灾中心，挂象山县避雷检测所牌子，为公益二类财政差额补助事业单位。原核定的 4 名自收自支事业编制不变。

第六节　其他部门设立的专业气象台站

民航、盐业等有关部门根据工作或生产需要，自行管理投资建立专业气象台站，进行定时地面气象观测，并根据国家各级气象台发布的天气预报，结合本站的观测实况，分析作出当地的天气预报，为本部门工作或生产提供服务。

一、民航宁波空管站气象台

位于宁波栎社机场。1987 年 10 月，民航宁波站庄桥机场气象台经民航华东管理局批准正式成立。气象台设预报组、观测组、填图组，总人数为 10 名，开展常规供航观测。1990 年，宁波航站迁址栎社机场，气象台归属民航栎社机场航气处，正式开始 13 小时每小时一次的定时地面气象观测。配有自动填图、711 型气象雷达和卫星云图接收设备、气象观测自动遥测系统。主要担任定时、供航气象观测和航站天气预报，编制气象观测月报表等任务。2002 年 1 月，宁波栎社国际机场实施空管体制改革，航管机构从机场划出，成立民航宁波空中交通管理站，气象部门划归到空管站的航务管理部，气象服务室和综合技术设备室为航务管理部的下设机构，气象服务室下设气象预报室和气象观测室。气象服务室负责提供 13 小时观测、定时或不定时机场天气预报和危险天气机场警报；为机组、空中交通管制人员提供气象情报并讲解天气；监视服务区内航线上的天气演变等。2003 年 5 月，综合技术设备室划归技术保障部。2010 年 10 月，原航务管理部气象服务室、原技术保障部综合技术设备室合并组建气象台。气象台内设综合办公室、预报室、观测室、设备信息室。2014 年 10 月，气象台技术室成立。

二、盐业气象站

1958 年，梅山盐场建立气象室，配有专职气象人员 1 名。建有气象观测场并配备主要观测仪器，为梅山盐场盐业生产承担气象观测和天气预报。2007 年，梅山盐场转制，盐场气象室同时撤销停止观测。2008 年 2 月，梅山岛经国务院批准设立宁波梅山保税港区。

1980 年 1 月，省盐业公司购买一套 711 型测雨雷达，在慈溪庵东盐场建立“庵东盐场气象雷达站”，为盐业生产提供服务，1986 年 7 月因庵东盐场盐田大幅度减少，测雨雷达调拨给三门盐场使用。

三、军事系统

驻甬海军和海军航空兵部队，在宁波设立一些气象台站，为军事活动提供气象保障。

第十一章　气象队伍

进入 21 世纪，宁波市气象局坚持把人才工作作为气象事业发展的根本动力，更加重视人才队伍的协调发展，抓住培养、引进和用好人才三个环节，不断深化人事制度改革，根据不同时期气象事业发展对人才队伍的需求，制定出台加快选拔、培养、引进优秀人才的一系列政策措施。人才结构发生显著变化，一批批优秀人才脱颖而出。同时积极推行干部人事制度改革，建立干部民主评议制度、干部交流制度以及后备干部培养管理制度，健全选拔任用干部的竞争机制。不断完善人才和教育培训体系，锻炼、培养一支思想政治素质高、适应气象事业发展的人才队伍，为宁波气象事业发展提供强有力的智力支持和人才保障。

第一节　人员编制

1996 年底，中国气象局下达宁波市气象局人员编制数 176 名。2001 年 11 月，全国气象系统机构改革，精简人员，中国气象局下发《关于印发〈宁波市国家气象系统机构改革方案〉的通知》(气发〔2001〕168 号)，宁波市气象局国家气象系统人员编制数核减至 164 名，其中参照公务员法管理的机关人员编制数 25 名，事业编制数 139 名。2002 年 12 月，因宁波新一代天气雷达投入业务运行，中国气象局《关于增核新一代天气雷达站人员编制的通知》(气发〔2002〕442 号)，增核宁波气象雷达站事业编制 1 名。2007 年 12 月，中国气象局《关于同意成立镇海区气象局(站)的批复》(气发〔2007〕472 号)，增核事业编制 2 名。至此全市气象部门国家气象系统人员编制数 167 名。2013 年 2 月，基层气象机构进行综合改革，实行政事分开，浙江省气象局核定宁波市气象局县级气象管理机构参照公务员法管理编制数 35 名，后又核增 1 名。宁波市气象局县级气象管理机构参照公务员法管理编制数 36 名，事业编制相应减少，编制总量保持不变。截至 2015 年底，全市气象部门国家气象系统人员编制数 167 名，其中参照公务员法管理编制数 61 名。2001—2015 年全市气象部门国家气象系统人员编制详细情况见表 11.1。

表 11.1　2001—2015 年全市气象部门国家气象系统人员编制

年份	宁波市气象局											余姚市气象局	慈溪市气象局	奉化市气象局	宁海县气象局	象山县气象局	北仑区气象局	鄞州区气象局	镇海区气象局	合计
	市局机关	气象台	服务中心	信息中心	气候中心	防雷中心	保障中心	后勤中心	应用气象室	培训中心	结算中心									
2001	25	28				7		8	4		4	10	15	11	11	17	10	14		164
2002	25	28				7		8	5		4	10	15	11	11	17	10	14		165
2003	25	28				7		8	5		4	10	15	11	11	17	10	14		165
2004	25	28				7		8	5		4	10	15	11	11	17	10	14		165

续表

年份	宁波市气象局											余姚市气象局	慈溪市气象局	奉化市气象局	宁海县气象局	象山县气象局	北仑区气象局	鄞州区气象局	镇海区气象局	合计
	市局机关	气象台	服务中心	信息中心	气候中心	防雷中心	保障中心	后勤中心	应用气象室	培训中心	结算中心									
2005	25	13		10		10	6	13				10	15	11	11	17	10	14		165
2006	25	13		10		10	6	13				10	15	11	11	17	10	14		165
2007	25	13		10		10	6	13				10	15	11	11	17	10	14		165
2008	25	15		11		9	7	13				9	14	9	10	16	9	13	7	167
2009	25	15		11		9	7	13				9	14	9	10	16	9	13	7	167
2010	25	10		12	5	9	7	12				9	14	9	10	16	9	13	7	167
2011	25	13	9		5	9	7	12				9	14	9	10	16	9	13	7	167
2012	25	13	9		5	9	7	12				9	14	9	10	16	9	13	7	167
2013	25	13	9		5	9	7	10				9	14	9	10	16	9	13	9	167
2014	25	13	9		5	9	7	10				9	14	9	10	16	9	13	9	167
2015	25	13	9		5	9	7	10				9	14	9	10	16	9	13	9	167

1997 年开始，各地编制管理部门分别批准设立防雷检测所（或避雷检测所）等地方机构，为各区县（市）气象局下属自收自支地方事业单位，人员编制为部分调剂或调剂数量 3～5 名不等。2012 年起，为进一步加强气象防灾减灾工作，提升气象灾害突发公共事件处置能力，各地编制管理部门分别批准设立气象灾害预警中心等形式的地方气象事业机构，并核定相应编制数或从原防雷检测所（避雷检测所）划转入编制数。至 1997 年底，全市气象部门共有地方编制 19 名。2010 年，宁波市机构编制委员会办公室下发《关于宁波市海洋气象台牌子改挂在宁波市气象信息中心并核增人员控制数的函》（甬编办函〔2010〕1 号），核增宁波市海洋气象台人员控制数 30 名。2011 年 6 月，宁波市机构编制委员会下发《关于建立宁波市气象灾害应急预警中心的批复》（甬编〔2011〕13 号），原宁波市海洋气象台 30 名人员控制数划入，并核定编制数 35 名。2012 年 6 月，宁波市机构编制委员会办公室发文批准，宁波市气象灾害应急预警中心增挂宁波市旅游气象服务中心，增加编制数 3 名，增加后宁波市气象灾害应急预警中心编制数达到 38 名。各区县（市）气象局也通过调整、核增以及编制数转划的方式增加地方编制数 18 名。至 2015 年底，市县两级地方气象机构编制数达 75 名。1997—2015 年全市气象部门地方编制数详情见表 11.2。

表 11.2　1997—2015 年全市气象部门地方编制数

年份	宁波市气象局		余姚市气象局	慈溪市气象局	奉化市气象局	宁海县气象局	象山县气象局	北仑区气象局	鄞州区气象局	镇海区气象局	合计
	市气象灾害应急预警中心	市海洋气象台									
1997			5	5				5	4		19
1998			5	5			3	5	4		22
1999			5	5			3	5	4		22

续表

年份	宁波市气象局		余姚市气象局	慈溪市气象局	奉化市气象局	宁海县气象局	象山县气象局	北仑区气象局	鄞州区气象局	镇海区气象局	合计
	市气象灾害应急预警中心	市海洋气象台									
2000			5	5			3	5	4		22
2001			5	5			3	5	4		22
2002			5	5			3	5	4		22
2003			5	5			3	5	4		22
2004			5	5			3	5	4		22
2005			5	5			3	5	4		22
2006			5	5			3	5	4		22
2007			5	5			3	5	4		22
2008			5	5			3	5	4	6	28
2009			5	5			3	5	4	6	28
2010		30	5	5			3	5	4	6	58
2011	35		5	5			3	5	4	6	63
2012	38		5	5	3		4	5	6	7	73
2013	38		5	5	3	4	4	3	6	7	75
2014	38		5	5	3	4	4	3	6	7	75
2015	38		5	5	3	4	4	3	6	7	75

第二节　队伍结构

改革开放前，气象队伍结构较为单一，以气象基本业务为主。随着改革开放和社会主义市场经济建立，气象新业务、新领域不断拓展，新技术、新装备不断升级，对人力资源的配置和人员素质、专业结构提出新的要求。宁波市气象局从20世纪90年代初开始，全市气象部门在控制总量，保持动态平衡前提下，以专业机构调整为龙头，进行多次结构调整，不断优化提升气象人员队伍。专业机构和队伍结构的调整促进气象事业由单一的公益服务向公益服务为主，专业有偿服务和气象科技经营服务相结合的服务体系转化，实现向公共气象、安全气象、资源气象的转变。

一、人员规模

随着宁波气象事业的快速发展，全市气象人才队伍规模不断壮大，建立起一支以国家气象事业编制人员为主，地方编制人员和编外人员为补充的多元化人才队伍。

2000—2015年，全市气象部门国家编制人员数变化幅度不大，总体保持相对稳定。2000年起全市气象部门开始招录编制外人员，并随着事业发展的需要，编外人数有所增加，到2015年编制外人员队伍规模趋于稳定。2009年起全市各地方气象机构开始陆续招录地方编制人员，主要从事气象观测和预报服务、气象技术保障、办公管理、财务管理等各项工作，并成为宁波气象部门人才队伍的重要组成部分。截至2015年底，全市气象部门共有在职人员360人，其中国家编制人员158人(含参公人员52人)，地方编制人员56人，编制外人员164人，比例约为3∶1∶3，人才队伍规模适中，结构合理，保障了宁波市气象事业的快速、稳定发展。2000—2015年全市气象部门国家系统人员数见表11.3，地方编制人员数见表11.4，编制外人员见表11.5。

表11.3　2000—2015年全市气象部门国家气象系统人员

年份	宁波市气象局											余姚市气象局	慈溪市气象局	奉化市气象局	宁海县气象局	象山县气象局	北仑区气象局	鄞州区气象局	镇海区气象局	合计
	市局机关	气象台	服务中心	信息中心	气候中心	防雷中心	保障中心	后勤中心	应用气象室	培训中心	结算中心									
2000	25	31	12		4					1		12	14	10	11	20	8	15		163
2001	20	30				6		8	3		4	12	15	10	11	20	8	15		162
2002	22	30				7		8	3		4	12	12	10	10	17	9	15		159
2003	21	25				7		11	6		4	12	13	10	10	17	9	15		160
2004	22	27				8		11	5		3	11	13	10	10	17	10	14		161
2005	24	13		11		10	6	13				9	13	10	10	17	11	15		162
2006	24	16		11		11	7	13				10	13	10	10	17	9	13		164
2007	24	16		11		11	7	12				10	13	10	10	17	7	13		161
2008	22	21		11		11	7	12				9	14	10	10	16	8	13		164
2009	20	22		11		12	7	12				9	14	11	9	16	8	12	3	166
2010	19	20		13		11	7	14				9	13	11	9	15	9	13	3	166
2011	18	18	10		4	10	7	15				9	13	11	9	16	8	12	5	165
2012	21	16	10		5	10	7	13				9	12	9	10	16	9	12	5	164
2013	21	14	9		4	9	7	12				9	12	12	10	16	9	12	5	161
2014	22	13	7		4	9	6	12				9	12	11	10	14	9	12	7	157
2015	22	13	7		4	8	6	12				9	12	11	10	14	10	12	8	158

表11.4　2009—2015年全市气象部门地方编制人员

年份	宁波市气象局		余姚市气象局	慈溪市气象局	奉化市气象局	宁海县气象局	象山县气象局	北仑区气象局	鄞州区气象局	镇海区气象局	合计
	市气象灾害应急预警中心	宁波市海洋气象台									
2009										3	3
2010		4					2		1	5	12
2011	12						2		2	6	22
2012	15			2			3		2	6	28
2013	23			2		2	4		5	7	43
2014	26			3		2	4		5	7	47
2015	32		1	2	1	3	4	1	5	7	56

表 11.5　2011—2015 年全市气象部门编制外人员

年份	市局本级	余姚市气象局	慈溪市气象局	奉化市气象局	宁海县气象局	象山县气象局	北仑区气象局	鄞州区气象局	镇海区气象局	合计
2011	47	14	20	10	14	15	13	11	6	150
2012	46	16	20	10	11	12	12	13	5	145
2013	46	15	18	9	11	10	11	12	5	137
2014	41	15	17	9	10	10	11	12	6	131
2015	46	18	18	9	11	15	13	10	6	146

二、学历结构

至 2000 年底，具有中专学历人员所占比例降到了 31.3%，具有大学本科学历人员为 45 人，所占比例提升至 27.6%。2010 年底，具有中专学历人员所占比例已经降到了 10.2%，而具有大学本科学历人员所占比例已经达到了 54.8%，具有研究生学历人员为 15 人，占职工总人数的 9%。2008 年、2015 年分别引进具有博士研究生学历人员各 1 人。截至 2015 年底，全市气象部门国家气象事业编制人员 158 人，其中具有大学本科学历人员所占比例已经达到 66.5%，具有研究生学历人员为 24 人，占总人数的 15.2%。2000—2015 年，具有大学专科以上学历人员所占比例由 54.0%提高到 91.1%，增加 37.1 百分点（表 11.6）。

表 11.6　2000—2015 年全市气象部门国家气象系统人员学历

年份	研究生	大学本科	大学专科	中专	高中以下
2000	1	45	42	51	24
2001	1	46	40	51	24
2002	3	55	39	40	22
2003	3	60	36	39	22
2004	3	63	39	35	21
2005	4	66	42	29	21
2006	7	72	38	28	19
2007	7	75	37	24	18
2008	13	85	28	22	16
2009	14	90	27	19	16
2010	15	91	28	17	15
2011	15	102	22	12	14
2012	15	105	22	10	12
2013	17	105	20	8	11
2014	20	102	20	5	10
2015	24	105	15	5	9

因全市气象部门地方编制人员队伍组建时间短，对人员招录的学历、素质等方面起点高。截至2015年底，所有地方编制人员均具有大学本科及以上学历，其中具有研究生学历（含1名博士学历）人员有23人，已占总人数的41%（表11.7）。

表11.7　2009—2015年全市气象部门地方编制人员学历

年份	研究生	大学本科	大学专科	中专	高中以下
2009	1	1	1		
2010	4	7	1		
2011	7	14	1		
2012	11	17			
2013	16	27			
2014	17	30			
2015	23	33			

全市气象部门编外人员队伍整体学历情况与国家编制、地方编制人员有一定差距，但通过人员新老更替以及在职函授教育等方式，编外人员队伍整体学历层次有较为明显地提升。截至2015年底，具有大学本科学历人员已达到88人，占编外总人数的60.3%（表11.8）。

表11.8　2011—2015年全市气象部门编制外人员学历

年份	研究生	大学本科	大学专科	中专	高中以下
2011	1	50	63	4	32
2012	1	69	48	3	24
2013	1	67	42	3	24
2014		78	39	2	12
2015		88	42	3	13

三、职称结构情况

截至2015年底，全市气象部门国家编制人员中具有高级专业技术资格人员32名（其中正研级2名），具有中级专业资格人员80名，具有初级专业技术资格人员（含员级）32名，见习期（初期、试用期）及无职称人员10名，工勤人员4名（表11.9）。2000至2015年期间，全市气象部门国编人才队伍中具有高级专业技术资格人员比例由4.3%增加到20.3%，增加了16个百分点，具有中级专业技术资格人员比例由35.6%增加到50.6%，增加了15个百分点。专业技术职务结构不断优化，具有中高级职称比例不断提升。一方面是因为2000年以来招录人员的学历层次在逐年提升，获得中高级专业技术资格的起点也整体提高。另一方面，宁波市气象局一直以来都十分注重人才队伍建设，通过各种方式为人才队伍的发展创造条件，促进个人职称的提高。

表 11.9　2000—2015 年全市气象部门国家气象系统人员专业技术资格

年份	高级	中级	助级	员级	工勤	见习(初)期或无职称
2000	7	58	78	9	5	6
2001	7	58	77	7	5	8
2002	13	55	74	4	4	9
2003	12	58	76	2	4	8
2004	14	57	73	2	4	11
2005	14	57	74	1	4	12
2006	17	56	73	1	4	13
2007	16	58	75	1	4	7
2008	19	63	65	1	4	12
2009	21	63	69	1	4	8
2010	24	77	51	1	4	9
2011	26	80	44	1	4	10
2012	27	82	42	1	4	8
2013	27	85	34	1	4	10
2014	29	86	28	1	4	9
2015	32	80	31	1	4	10

截至 2015 年底，全市气象部门地方编制人员队伍中具有中级专业技术资格人员为 22 人，占总人数的 39.3%(表 11.10)。其他为具有初级专业技术资格或见习(初)期人员。

表 11.10　2009—2015 年全市气象部门地方编制人员专业技术资格

年份	中级	助级	见习(初)期
2009	2		1
2010	3		9
2011	3	15	4
2012	5	20	3
2013	8	28	7
2014	14	30	3
2015	22	29	5

2010 年前，全市气象部门编制外人员队伍中具有专业技术资格人员不多，取得的方式主要是通过地方人事局评审或参加专业技术资格考试取得。2011 年起，编制外人员可参加宁波市气象部门气象专业的职称评审。在 2011—2015 年，通过职称评审取得专业技术资格人员明显增加。截至 2015 年底，具有中级专业技术资格人员有 12 人，占总人数的 8.2%，具有初级(含员级)专业技术资格人员 88 人，占总人数的 60.3%(表 11.11)。

表 11.11　2011—2015 年全市气象部门编制外人员专业技术资格

年份	中级	初级(含员级)	无职称
2011	3	25	122
2012	4	42	99
2013	5	64	68
2014	8	78	45
2015	12	88	46

四、年龄结构

2000 年全市气象部门国家编制人员 35 岁及以下为 62 人，占总人数 38.0%，36～45 岁为 62 人，占总人数 38.0%，46～55 岁为 27 人，占总人数 16.6%，56 岁及以上为 12 人，占总人数 7.4%。至 2015 年底，全市气象部门国家编制人员 35 岁及以下为 45 人，占总人数 28.5%，36～45 岁为 45 人，占总人数 28.5%，46～55 岁为 46 人，占总人数 29.1%，56 岁及以上为 22 人，占总人数 13.9%。从表 11.12 中可见，2000—2015 年宁波气象部门国家编制人员平均年龄呈现逐步上升趋势，在未来 5～10 年内将出现一个退休高峰期。

表 11.12　2000—2015 年全市气象部门国家气象系统人员年龄结构

年份	35 岁及以下	36～45 岁	46～55 岁	56 岁及以上	平均年龄
2000	62	62	27	12	39.06
2001	61	62	31	8	39.31
2002	53	62	36	8	39.75
2003	52	56	43	9	40.39
2004	50	54	47	10	40.61
2005	51	46	55	10	40.85
2006	54	42	60	8	40.98
2007	51	37	63	10	41.91
2008	54	39	62	9	41.68
2009	48	42	66	10	42.32
2010	48	44	62	12	42.66
2011	48	44	61	12	42.75
2012	46	41	60	17	43.06
2013	43	44	54	20	43.21
2014	45	40	51	21	43.00
2015	45	45	46	22	42.44

截至 2015 年，全市气象部门地方编制人员平均年龄为 29.4 岁，人员主要集中在 35 岁及以下这个年龄段，共有 53 人，占总人数的 94.6%(表 11.13)。

表 11.13　2003—2015 年全市气象部门地方编制人员年龄结构

年份	35 岁及以下	36～45 岁	46～55 岁	56 岁及以上	平均年龄
2009	3				28.0
2010	12				25.5
2011	22				26.4
2012	27	1			26.8
2013	42	1			27.9
2014	45	2			28.8
2015	53	3			29.4

全市气象部门编制外人员队伍中主要以 40 岁以下人员为主。截至 2015 年,40 岁及以下人员为 120 人,占总人数的 82.2%(表 11.14)。41 岁及以上人员主要从事后勤保障工作。

表 11.14　2011—2015 年全市气象部门编制外人员年龄结构

年份	30 岁及以下	31-40 岁	41-50 岁	51 岁及以上	平均年龄
2011	95	31	18	6	30.5
2012	86	34	21	4	31.3
2013	68	43	23	3	32.6
2014	63	43	20	5	33.1
2015	69	51	21	5	33.1

五、岗位结构

2000 年底,全市气象部门国家编制在职人员总数 163 人,其中管理岗位 42 人,占总人数 25.8%,专业技术岗位人员 116 人,占总人数 71.2%,工勤人员 5 人,占总人数 3.0%。截至 2015 年底,全市气象部门国家编制在职人员总数 158 人,其中管理岗位 67 人,占总人数 42.4%,专业技术岗位人员 87 人,占总人数 55.1%,工勤人员 4 人,占总人数 2.5%。岗位变动的主要原因是因为部分原专业技术岗位人员身份转换为参照公务员法管理单位工作人员,使得管理岗位人员增加,专业技术岗位人员减少。

六、层级结构

2000 年底,全市气象部门国家编制在职人员总数 163 人,其中市气象局本级队伍(市局机关和直属单位)73 人,区县(市)气象局队伍 90 人,市、县两级气象部门队伍人数分别占队伍总量的 44.8%和 55.2%。截至 2015 年底,全市气象部门国家编制人员总数 158 人,市气象局本级队伍(市局机关和直属单位)72 人,区县(市)气象局队伍 86 人。市、县两级气象部门队伍人数分别占全市气象队伍总量的 45.6%和 54.4%。2000—2015 年,市、县两级气象部门队伍人数整体保持平稳,未出现大幅度的波动。

第三节　队伍建设与管理

宁波市气象队伍建设，以高层次人才队伍建设为重点，通过多种途径和措施，扎实努力，逐步形成了一支以气象专业为主，电子、通信、遥感、农林、环境生态等多种专业为辅的气象专业技术人才队伍和一支结构合理、运转高效、勤政廉洁的气象行政管理队伍。

一、队伍建设

2000年以后，全市气象部门围绕宁波经济社会发展和气象事业发展需要，注重加强高层次人才队伍建设。根据中国气象局和宁波市委市政府一系列人事人才政策，紧紧抓住培养、吸引、使用三个环节，全面推进实施人才强局战略，市气象局坚持突出人才能力本位，着力将人才资源优势转化为部门发展优势、竞争优势，按照分层次、递进式培养业务人才工作思路，制定新入职人员成长计划，实施"气象新苗"培养计划和导师制度，促进人才队伍整体素质的提升。从1999年开始，宁波气象系统新进国家编制人员均达到大学本科及以上学历。2000—2015年，共接收大学本科及以上毕业生50名，其中硕士研究生18名，博士研究生2名。2002年10月从海南省气象局引进2名硕士研究生(高级工程师)到市气象台工作。市气象局2007年7月制订出台《关于进一步加强"十一五"期间人才工作的意见》(甬气党发〔2007〕12号)，2010年3月制定出台《宁波市气象局关于加强气象人才体系建设的实施意见》(甬气发〔2010〕28号)，是年7月出台《宁波市气象局"612"人才工程实施办法(试行)》(甬气发〔2010〕55号)，2013年3月又下发《宁波市气象局612人才工程经费管理办法(试行)》(甬气发〔2013〕21号)等文件，明确人才工作目标，制定出多项人才发展举措。推进业务骨干进入宁波市"4321"人才工程第一、二层次人选，浙江省"151"人才工程第三层次人选和中国气象局"323"人才工程第二层次人选等各类人才的选拔工作，努力为人才成长创造条件。2003年有4人入选宁波市"4321"人才工程第二层次；2007年有2人入选浙江省151人才工程第三层次；2014年有2人入选省气象局"百人工程"科技骨干人才；2014年、2015年各有1人入选中国气象局"百名首席预报员"；2015年有4人入选宁波市领军和拔尖人才工程。2014年有2人、2015年有1人获正研级高级工程师专业技术资格，实现宁波气象史上零的突破。通过融入地方人才培养体系，2012—2015年共有3名处级干部参加宁波市"三重三跨"挂职锻炼。2011年5月至2014年3月，共组建10个气象科技业务创新团队，团队核心成员达到30人。

(一)专业技术队伍建设

1.综合观测队伍

根据《国家气象局关于实施〈气象台站人员编制标准(试行)〉的暂行办法》(国气人发〔1987〕1号)文件，1989年省气象局统一调整地面观测任务，按照是否承担探空、辐射等特种观测业务配置相应的人员编制。2000年，全市气象部门综合观测队伍人数为28人，其中具有专科及以上学历人员7人，具有中级专业技术资格人员3人。2013年基层综合改革后，逐步取消人工观测，推行观测自动化，同时推进观测人员队伍转型。截至2015年底，除石浦气象站3人仍主要从事气象观测业务外，其他原综合气象观测人员均已转为从事综合气象业务岗位。

2.气象预报和服务队伍

气象预报和服务队伍随着天气预报新技术、新方法的应用，尤其是雷达、卫星资料在天气预报中的应用和数值天气预报的发展，预报和服务人员的数量、学历结构和专业知识结构都发生很大的变化。早期气象预报和服务队伍主要是天气预报员和农业气象服务人员，预报员兼做一些气象服务工作。随着气象对国民经济和社会发展服务任务不断增强，预报和服务队伍逐步分离，专业气象服务队伍逐步建立，气象服务队伍不断壮大。1985 年开始设立专业气象服务岗位，2000 年全市共有专业气象服务人员 34 人，占职工总数的 20.9%。截至 2015 年底，全市气象部门共有预报员 36 人，其中具有本科及以上学历人员占 86.1%，高级职称占 25%；公共气象服务人数为 19 人，其中具有本科及以上学历人员占 89.5%，高级职称占 26.3%。

3.综合保障队伍

随着气象现代化建设进程，气象探测仪器设备种类、数量和自动化装备、设备及网络系统都大幅度增加。气象通信技术由莫尔斯通信、电传通信、传真通信、自动填图发展到气象通信网络的过程中，通信队伍的数量、知识结构、能力要求也发生了巨大变化。至 1995 年取消填图岗位，报务员、填图员和通信机务员也逐渐退出历史舞台，并通过新业务知识培训调整到其他岗位。2005 年组建宁波市气象监测网络中心(2011 年改称宁波市气象网络与装备保障中心)，表明原工作重点已转向加强探测技术、装备、网络等方面的技术支持和保障工作。宁波市气象监测网络中心配备电子、通信、遥感等学科毕业的专职人员 6 人，学历均为大学本科，其中具有高级专业技术资格人员 1 人，具有中级专业技术资格 3 人。日常工作内容为负责维护和保障全市气象技术装备、计算机和信息网络运行，并逐步形成包括器材供应、计量检定、运行监控、维护维修、应急保障和市、县两级负责维护、维修的装备保障体系。

4.气象科技服务队伍

随着气象科技服务的发展，气象科技服务队伍也在不断扩大。在气象科技服务(时称有偿专业气象服务)初始阶段，这支队伍除极少数具有一定的市场营销或技术开发能力人员外，多数为因年龄偏大或对原专业技术不适应而分流下来的业务岗位富余人员。20 世纪 90 年代，全市气象部门加快了事业结构调整步伐，通过定岗、定编、定职责，单位与职工双向选择，逐步建立起气象基本业务、科技服务、科技产业的气象事业结构格局，并形成相应的三支队伍，一批在预报、测报等岗位的业务骨干充实到气象科技服务和科技产业队伍，队伍整体素质得到大幅度提高。2001 年起，由于防雷业务、气象影视和气象信息服务的迅速发展，对市场需求和新技术的不适应以及人员不足等问题日益显现，开始通过招录编外人员的方式充实气象科技服务队伍。截至 2015 年，随着国家政策的调整以及气象科技服务市场的萎缩，除保持正常的气象科技服务工作外，部分编制外人员也通过业务培训转型从事其他岗位工作。

(二)行政管理队伍建设

1997 年 2 月，中国气象局印发《各省(区、市)气象局依照公务员制度管理实施方案》，明确各省(区、市)气象局及计划单列市气象局机关编制限额内的工作人员(不含工勤人员)依照国家公务员制度进行管理。是年始,市气象局机关管理人员以转岗等形式陆续进入公务员队伍。2001 年 5 月 8 日中国气象局同意宁波市气象局首次录用 2 名国家公务员。2002 年起,开始有计划地公开招录国家公务员。经中国气象局人事司委托,宁波市人事局对宁波市气象局机关工作人员进行依照公务员制度过渡工作管理。2003 年 2 月,宁波市气象局经宁波市人事劳动局批准,局机关 21 人依照公务员制度管理。2006 年 1 月,《中华人民共和国公务员法》施行,2007 年宁波市气象局有 24 人纳入参照公务员法管理范围。2001—2015 年,全市气象部门共招录 9 名公务员,其中具有本科学历人员 7 人,具有研究生学历人员 2 人。2013 年,宁波市气象部门县级气象管理机构 34 人进行参照公务员法管理单位工作人员登记,进入参照公务员法管理单位工作人员队伍。截至 2015 年底,全市气象部门管理人才队伍 67 人,其中参照公务员法管理人员 52 人,占总人数 77.6%,具有本科及以上学历人员 60 人,占总人数 89.6%。行政管理队伍的学历层次和知识水平都有明显提高。

二、队伍管理

(一)依照(参照)公务员制度管理

宁波市气象局属于国家气象事业单位。1996 年 5 月始,市气象局机关依照公务员条例管理,中国气象局核定宁波市气象局依照公务员条例管理编制 25 个。2003 年 2 月完成市气象局机关工作人员(工勤人员除外)依照国家公务员制度管理的过渡工作。2006 年 11 月,国家人事部批复并同意将中国气象局机关和 30 个省级气象局、14 个副省级市气象局、323 个地(市)级气象局机关中除工勤人员之外的工作人员纳入参照公务员法管理范围。是年起,经中国气象局审核并报人事部备案,宁波市气象局机关编制限额内工作人员(工勤人员除外)纳入参照公务员法管理范围。

2013 年 2 月 1 日,国家公务员局批准气象部门所属县级气象管理机构参照公务员法管理。浙江省气象局核定宁波市气象局县级气象管理机构参照公务员法管理编制 36 个。是年 10 月,宁波市气象局根据浙江省气象局《浙江省县级气象管理机构参照公务员法管理实施细则》(浙气发〔2013〕60 号),对下属 8 个区县(市)气象局管理机构参照公务员法管理,完成 34 人予以参照公务员法管理单位工作人员登记。截至 2015 年底,宁波市县两级气象局参照公务员法管理的工作人员 52 人。

市气象局机关实行公务员制度管理后,除了市气象局处级干部可直接进机关工作,其他职位增员必须通过国家公务员统一录用,公布招收岗位、报名条件等,经笔试、面试后择优录取。新录用的公务员,需要经岗前初任培训、气象知识培训和基层锻炼,使其了解基层情况,尽快适应岗位。

(二)事业单位人员管理

1. 全员聘用制管理

2001 年底至 2002 年上半年,根据中国气象局《气象部门事业单位聘用合同制暂行办法(试行)》《气象部门待岗人员管理暂行办法(试行)》和《气象部门分流人员安置暂行办法(试行)》等文件部署，结合机构改革调整，市气象局下发《宁波气象部门事业单位实行聘用制暂行办法》(甬气发〔2002〕49号)，全市气象部门推行全员聘用合同制为主要内容的事业单位人事制度改革。全市气象部门事业单位及其人员实行全员聘用制管理，市气象局直属单位、区县(市)气象局与其工作人员签订《宁波市事业单位聘用合同》。事业单位法定代表人、行政副职或领导班子其他成员在任职期间，由任免机关任职文件替代聘用合同。2006年，《事业单位公开招聘人员暂行规定》开始实施，全市气象部门新进事业单位人员都向社会公开招聘，并实行人事代理。

2. 岗位设置管理

2008年7月，根据中国气象局《关于印发〈气象部门事业单位岗位设置管理实施意见(试行)〉的通知》和省气象局《浙江省气象部门事业单位岗位设置管理实施细则(试行)》，气象事业单位岗位分为管理岗位(6个等级)、专业技术岗位(13个等级)和工勤技能岗位(6个等级)三种类别。全市气象部门除参照《中华人民共和国公务员法》管理人员外，其余人员均纳入岗位设置管理。2008年10月，市气象局下发《宁波市气象部门事业单位岗位设置管理实施办法(试行)》，共设置岗位140个(其中管理岗位28个，专业技术岗位109个，工勤岗位3个)，完成首次岗位聘任。2012年，省气象局根据中国气象局气人函〔2012〕274号文件对宁波气象部门岗位设置情况进行调整，核定宁波气象部门岗位142个(其中管理岗位28个，专业技术岗位111个，工勤岗位3个)。2014年11月，省气象局人事处下发《人事处关于下达县级高工岗位五至七级聘用指标的通知》(浙气人函〔2016〕21号)文件，下达宁波市气象部门县级气象局综合气象业务高工岗位聘用指标8个，作为仅用于县局综合气象业务高工的聘任指标。截至2015年底，市气象局直属单位和区县(市)气象局实施事业单位岗位设置管理的工作人员106人(其中管理岗15人，专业技术岗87人，工勤岗4人)。

第四节　干部任免与管理

一、领导干部队伍建设

随着宁波气象事业的快速发展，气象干部队伍建设和培养选拔优秀年轻干部也呈现出新的发展趋势。在气象预报服务、行政管理等岗位上，涌现出一大批素质高、业务能力扎实的年轻优秀干部。2000年以后，为加快宁波气象事业发展步伐，根据气象现代化建设需要，结合事业结构调整，促进年轻干部培养使用，按照德才兼备的原则，适时选拔一批懂业务、善管理的优秀年轻干部充实到市气象局机关、直属单位和区县(市)气象局的领导干部队伍中，改善中层干部队伍的文化知识结构和年龄层次。中层领导干部平均年龄明显下降，学历水平大为提高。2000年，市气象局本级处级领导干部平均年龄为47.7岁，45岁以下占31.3%，本科及以上学历人员占12.5%，具有中、高级专业技术资格人员占50.0%，其中具有高级专业技术资格人员占12.5%。区县(市)气象局领导干部平均年龄为43.0岁，45岁以下占69.2%，具有大专及以上学历人员占69.2%，其中具有大学本科学历人员为7.7%，具有中、高级专业技术资格人员占53.8%。2015年，全市气象部门中层领导干部的平均年龄为45.4岁，具有大学本科及以上学历人员占95.2%，具有中、高级专业技术资格人员占90.5%，其中具有高级专业技术资格人员占28.6%。

市气象局制定《中层干部考核暂行办法》和《任前公示制度》，规范中层干部的选拔任用和考核工作。通过自荐、群众推荐、组织考察等一系列流程，增加选拔干部工作的透明度和公认度。运用竞争上岗、双向选择、择优聘用等方式选拔干部，充分体现干部任用“公开、平等、竞争、择优”的原则。2001 年起，建立市气象局内设机构、直属单位和区县（市）气象局主要负责人集中述学述职述廉制度，实行领导干部作述职报告、群众进行评议测评、反馈群众意见、制定整改措施等一整套评议考核制度。

2005 年起，建立干部交流制度。市气象局通过选拔干部上挂下派，赴西藏、新疆、青海等地开展援外挂职，参与宁波市政府重大工程项目、重要工作任务、重点开发领域和跨条块、跨领域、跨体制的横向交流挂职锻炼等，推进优秀管理人才的培养。宁波市气象局共选派 6 批业务或管理骨干支援西藏、新疆、青海气象工作和“三重三跨”挂职锻炼，加大干部交流力度（表 11.15）。艰苦环境磨砺了援外干部的意志、增长了能力和素质、增强了政治觉悟和责任担当，也进一步密切了宁波气象部门与藏、疆、青三地气象部门的交流与联系。2004—2015 年有 8 人担任宁波市农村工作指导员进驻象山县鹤浦镇樊岙村和奉化市大堰镇山门村（表 11.15）。

表 11.15　援疆、援藏、青海交流及“三重三跨”挂职锻炼

时间	姓名	挂职单位	挂职职务
2005 年 8 月至 2006 年 7 月	徐俭	西藏自治区气象台	副台长
2010 年 3 月至 2011 年 2 月	赵益峰	青海省海西州乌兰县气象局	副局长
2011 年 1 月至 2013 年 12 月	何利德	新疆维吾尔自治区阿克苏地区库车县气象局	副局长
2014 年 5 月至 2015 年 4 月	胡利军	市审管办重大工程项目	代办
2015 年 5 月至 2016 年 4 月	徐进宁	宁波市财政局农业处	副处长
2015 年 6 月至 2016 年 5 月	陈俊	青海省玉树州玉树市气象局	副局长

时间	姓名	农村工作指导员驻点村
2003 年 3 月至 2004 年 5 月	张红博	象山县鹤浦镇樊岙村
2005 年 6 月至 2006 年 6 月	祝旗	奉化市大堰镇山门村
2006 年 7 月至 2007 年 6 月	徐进宁	奉化市大堰镇山门村
2007 年 10 月至 2008 年 9 月	鲍岳建	奉化市大堰镇山门村
2009 年 1 月至 2009 年 12 月	汪玲玲	奉化市大堰镇山门村
2010 年 1 月至 2012 年 12 月	朱冬林	奉化市大堰镇山门村
2013 年 1 月至 2014 年 12 月	徐俭	奉化市大堰镇山门村
2015 年 1 月至 2016 年 12 月	牛忠华	奉化市大堰镇山门村

二、领导干部任免和管理

全市气象部门领导干部任免和管理随着管理体制变化而作相应的调整。宁波市气象局实行计划单列后，1988—2008 年，市气象局领导班子成员由中国气象局直接任免管理。市气象局内设机构、直属单位处级领导和区县（市）气象局领导任免权从 1985 年下放给市气象局，由市气象局任免管理（人事处处长需经省气象局和中国气象局审批）。2009 年始，中国气象局对计划单列市气象局管理体制进行了调整，除计划财务工作外，其他工作按照副省级市气象局要求进行管理。是年始，市气象局领导班子成员正职仍由中国气象局直接任免管理；局级副职报中国气象局备案后由浙江省气象局任免管理；内设机构、直属单位正处级领导和市辖区气象局领导正职由浙江省气象局任免管理；市气象局内设机构、直属单位副处级领导和市辖区气象局领导副职及县(市)局领导由宁波市气象局任免管理，报省气象局备案。2000—2015 年宁波市气象局领导班子更迭情况见表 11.16。2000—2015 年市气象局内设机构和直属单位负责人详情见表 11.17。

表 11.16　2000—2015 年宁波市气象局领导班子更迭情况

<table>
<tr><th>单位名称</th><th>职务</th><th>领导人姓名</th><th>任职时间</th></tr>
<tr><td rowspan="16">宁波市气象局</td><td rowspan="4">局党组书记、局长</td><td>李秀玲</td><td>1993.12—2000.10</td></tr>
<tr><td>徐文宁</td><td>2000.10—2008.08</td></tr>
<tr><td>薛根元</td><td>2008.08—2011.08</td></tr>
<tr><td>周福</td><td>2011.08—</td></tr>
<tr><td rowspan="2">局党组成员、副局长</td><td rowspan="3">国良和</td><td>1992.09—2012.04</td></tr>
<tr><td>1993.08—2002.09(兼纪检组长)</td></tr>
<tr><td>局党组副书记、纪检组长</td><td>2012.04—2013.12</td></tr>
<tr><td>局党组成员</td><td rowspan="2">徐元</td><td>2001.10—2002.09</td></tr>
<tr><td>局党组成员、纪检组长</td><td>2002.09—2012.04</td></tr>
<tr><td rowspan="4">局党组成员、副局长</td><td>刘爱民</td><td>2002.09—2009.10</td></tr>
<tr><td>顾骏强</td><td>2009.10—2013.02</td></tr>
<tr><td>陈智源</td><td>2013.02—</td></tr>
<tr><td>唐剑山</td><td>2012.04—</td></tr>
<tr><td>局党组成员</td><td rowspan="2">葛敏芳</td><td>2012.04—2013.12</td></tr>
<tr><td>局党组成员、纪检组长</td><td>2013.12—</td></tr>
</table>

表 11.17　2000—2015 年宁波市气象局内设机构和直属单位名称及负责人

<table>
<tr><th>年份(年.月)</th><th>机构</th><th>职务</th><th>姓名</th><th>任期(年.月)</th></tr>
<tr><td rowspan="14">—2001.11</td><td rowspan="2">办公室</td><td>主任</td><td>张克玺</td><td>1994.09—2001.12</td></tr>
<tr><td>副主任</td><td>李玉敏</td><td>1995.01—2001.12</td></tr>
<tr><td rowspan="2">人事政工处</td><td>处长</td><td>王培利</td><td>2000.03—2001.12</td></tr>
<tr><td>纪检组副组长、副处长</td><td>应惠芳</td><td>2000.04—2001.12</td></tr>
<tr><td>业务科教处</td><td>处长</td><td>秦慰尊</td><td>1996.12—2001.12</td></tr>
<tr><td rowspan="2">计财产业处</td><td>处长</td><td>顾炳刚</td><td>1996.12—2001.12</td></tr>
<tr><td>副处长</td><td>朱冬林</td><td>1995.01—2001.12</td></tr>
<tr><td rowspan="2">气象台</td><td>台长</td><td>徐元</td><td>1994.12—2003.05</td></tr>
<tr><td>副台长</td><td>陈有利</td><td>1996.08—2002.02</td></tr>
<tr><td rowspan="2">应用气象室</td><td>主任</td><td>周伟军</td><td>1996.12—2001.12</td></tr>
<tr><td>副主任</td><td>胡余斌</td><td>1996.12—2001.12</td></tr>
<tr><td>气候中心</td><td>主任</td><td>石人光</td><td>1996.12—2001.12</td></tr>
<tr><td>培训中心</td><td>主任</td><td>娄根龙</td><td>1996.12—2001.12</td></tr>
</table>

续表

年份(年.月)	机构	职务	姓名	任期(年.月)
2001.11—2005.4	办公室	主任	顾炳刚	2001.12—2005.04
		副主任	陈有利	2002.02—2003.05
	人事教育处（监察审计室）	处长	王培利	2001.12—2005.06
		纪检组副组长	应惠芳	2001.12—2005.06
		副处长	葛敏芳	2001.12—2005.06
	业务科技处	处长	石人光	2001.12—2005.06
		副处长	叶卫东	2001.12—2005.09
	计划财务处	副处长(主持工作)	闫建军	2001.12—2005.06
		副处长	朱冬林	2001.12—2005.06
	政策法规处(市雷电灾害防御管理办公室)	处长	张克玺	2001.12—2005.06
	气象台（市海洋气象台）	台长	陈有利	2003.05—2005.04
		副台长	徐俭	2001.12—2005.06
	应用气象室(市人工影响天气领导小组办公室)	主任	黄思源	2001.12—2005.06
	防雷中心	主任	周伟军	2001.12—2005.06
		副主任	沈一平	2001.12—2005.04
	财务结算中心	副主任(主持工作)	唐剑山	2001.12—2004.09
	后勤服务中心	副主任(主持工作)	陈荣侠	2001.12—2005.04
2005.4—2006.7	办公室	主任	顾炳刚	2005.04—2006.07
		副主任	祝旗	2005.06—2006.06
	人事教育处(监察审计室)	处长	葛敏芳	2005.06—2006.07
	业务科技处(市人工影响天气领导小组办公室)	处长	叶卫东	2005.09—2006.07
	计划财务处	处长	闫建军	2005.06—2006.07
		副处长	徐进宁	2005.06—2006.07
	政策法规处(市雷电灾害防御管理办公室)	处长	周伟军	2005.06—2006.07
		副处长	徐俭	2005.06—2006.07
	气象台(气候中心)	台长	陈有利	2005.04—2006.07
		副台长	唐剑山	2004.09—2005.06
	气象信息中心	主任	唐剑山	2005.06—2006.07
	气象监测网络中心(气象技术装备保障中心)	主任	黄思源	2005.06—2006.07
	防雷中心	副主任	沈一平	2005.04—2006.07
	后勤服务中心	副主任(主持工作)	陈荣侠	2005.04—2006.07

续表

年份(年.月)	机构	职务	姓名	任期(年.月)
2006.7—2010.7	办公室	主任	顾炳刚	2006.07—2010.07
		副主任	祝旗	2006.06—2013.12
	人事教育处	处长	葛敏芳	2006.07—2010.07
		副处长	陈灵玲	2006.04—2010.07
	业务科技处	处长	叶卫东	2006.07—2010.07
	计划财务处	处长	闫建军	2006.07—2010.07
		副处长	徐进宁	2006.07—2010.07
	政策法规处	处长	周伟军	2006.07—2010.07
		副处长	徐俭	2005.06—2010.07
	气象台(气候中心)	台长	陈有利	2006.07—2010.07
		副台长	姚日升	2005.06—2010.03
	气象服务中心	主任	唐剑山	2006.07—2010.07
		副主任	廉亮	2005.06—2011.04
	防雷中心	主任	胡余斌	2005.06—2010.07
		副主任	沈一平	2006.07—2010.07
	气象网络与装备保障中心	主任	黄思源	2006.07—2010.07
		副主任	胡利军	2005.06—2010.07
	后勤服务中心	副主任(主持工作)	陈荣侠	2006.07—2010.07
2010.7—	办公室	主任	顾炳刚	2010.07—2013.12
			祝旗	2013.12—
		副主任	祝旗	2006.06—2013.12
	人事处	处长	葛敏芳	2010.07—2014.01
		副处长(主持工作)	张红博	2014.01—2014.11
		处长		2014.11—
		副处长	陈灵玲	2010.07—
	业务科技处	处长	叶卫东	2010.07—
		副处长	姚日升	2010.03—2012.07
			鲍岳建	2012.07—
	计划财务处	处长	闫建军	2010.07—
		副处长	徐进宁	2010.07—
	政策法规处	处长	周伟军	2010.07—
		副处长	徐俭	2010.07—2015.08
			黄晶	2015.08—
	气象台(气候中心)	台长	陈有利	2010.07—
		副台长	俞科爱	2010.05—2015.08
			刘建勇	2012.07—
			钱燕珍	2015.05—
		气候中心副主任(主持工作)	姚日升	2011.04—2012.07
		气候中心主任		2012.07—

续表

<table>
<tr><th>年份(年.月)</th><th>机构</th><th>职务</th><th>姓名</th><th>任期(年.月)</th></tr>
<tr><td rowspan="17">2010.7—</td><td rowspan="4">气象服务中心</td><td>主任</td><td>唐剑山</td><td>2010.07—2011.04</td></tr>
<tr><td>副主任(主持)</td><td>廉亮</td><td>2011.04—2012.06</td></tr>
<tr><td>主任</td><td>廉亮</td><td>2012.06—</td></tr>
<tr><td>副主任</td><td>胡亚旦</td><td>2011.09—</td></tr>
<tr><td rowspan="2">防雷中心</td><td>主任</td><td>胡余斌</td><td>2010.07—</td></tr>
<tr><td>副主任</td><td>沈一平</td><td>2010.07—2015.03</td></tr>
<tr><td rowspan="3">气象网络与装备保障中心</td><td>主任</td><td>黄思源</td><td>2010.07—2015.12</td></tr>
<tr><td>副主任(主持)</td><td>胡利军</td><td>2015.12—</td></tr>
<tr><td>副主任</td><td>胡利军</td><td>2010.07—2015.12</td></tr>
<tr><td rowspan="5">后勤服务中心</td><td>副主任(主持工作)</td><td>陈荣侠</td><td>2006.07—2010.09</td></tr>
<tr><td>主任</td><td>钟孝德</td><td>2011.06—</td></tr>
<tr><td rowspan="3">副主任</td><td>张红博</td><td>2010.05—2014.01</td></tr>
<tr><td>邱颖杰</td><td>2014.02—</td></tr>
<tr><td>沈一平</td><td>2015.03—</td></tr>
<tr><td>市气象灾害预警中心</td><td>副主任(主持工作)</td><td>廉亮</td><td>2011.07—</td></tr>
</table>

三、区县(市)气象局党组建设

1992年之前,区县(市)气象(站)未设立党组,领导班子仅有正、副局(站)长或加上党支部书记组成,多数局(站)长还兼任支部书记。1992年3月,中共宁海县委《关于建立县气象局党组的通知》(县委干〔1992〕8号),决定建立中共宁海县气象局党组,由国良和、金儒才、彭马传组成,国良和任党组书记。宁海县气象局是全市气象部门最早建立党组的县级气象局。1997年7月,中共象山县委《关于建立中共象山县气象局党组及张荣飞等同志任职的通知》(县委干〔1997〕45号),决定建立中共象山县气象局党组,由张荣飞、黄裕火、卢崇园等同志组成,张荣飞任党组书记。1998年5月,中共慈溪市委《市委关于建立市气象局党组的通知》(市委〔1998〕22号),决定建立中共慈溪市气象局党组,由符国槐、张友飞、谢良生等同志组成,符国槐任党组书记。

2003年5月,中共宁波市气象局党组下发《关于健全县(市)区气象局党组和领导班子、完善纪检网络的通知》(甬气党发〔2003〕6号),要求各区县(市)气象局建立党组,健全领导班子。2012年5月至2015年10月,中共宁波市气象局党组先后发文建立中共镇海区气象局党组、中共奉化市气象局党组、中共鄞州区气象局党组、中共宁海县气象局党组、中共余姚市气象局党组、中共北仑区气象局党组。截至2015年10月,实现全市区县(市)气象局党组建设全覆盖。

表 11.18 2000—2015 年各区县(市)气象局领导班子更迭情况

单位名称	职务	姓名	任职时间
余姚市气象局	局长	李满雷	1993.08—2002.05
		万宁姚	2002.05—2003.11(副局长主持工作)
			2003.11—2014.03
		刘建勇	2014.03—2014.10
	局党组书记、局长		2014.10—
	副局长	万宁姚	1997.08—2002.05
		谢良生	2002.05—2008.11
		龚涛峰	2009.09—
		邬立辉	2014.02—2014.10
	局党组成员、副局长		2014.10—
	局党组成员	陈俊	2014.10—
慈溪市气象局	局长	符国槐	1988.04—1998.05
	局党组书记、局长		1998.05—
	副局长	张友飞	1994.06—1998.05
		骆亚敏	2009.09—2010.01
		赵益峰	2012.07—2013.04
		汪永峰	2013.12—2014.02
	局党组成员、副局长	张友飞	1998.05—2014.09
	党组成员、纪检组长	张友飞	2014.09—
	局党组成员、副局长	骆亚敏	2010.01—2012.07
		汪永峰	2014.02—
奉化市气象局	局长	胡海国	1995.01—2013.12
	局党组书记、局长	姚日升	2013.12—
	副局长	王武军	2002.05—2003.05
		鲍岳建	2009.09—2012.07
		朱万云	2012.07—2013.12
	局党组成员、副局长、纪检组长	朱万云	2013.12—
	局党组成员、副局长	曹艳艳	2013.12—
宁海县气象局	局党组书记、局长	国良和	1992.03—1992.09
		金儒才	1992.12—2011.04
		唐剑山	2011.04—2012.04
		骆亚敏	2012.04—2012.07(副局长主持工作、党组副书记)
			2012.07—2015.08
		徐俭	2015.08—

续表

单位名称	职务	姓名	任职时间
宁海县气象局	副局长	钟孝德	1992.12—2002.05
		戴里平	2002.05—
	党组成员、副局长	金儒才	1992.03—1992.12
		应建存	2012.07—2014.07
	局党组成员、副局长、纪检组长	应建存	2014.07
	党组成员	彭马传	1992.03—1997.11
		潘宝芬	2011.04—2014.04
		王立超	2014.10—
象山县气象局	局党组书记、局长	张荣飞	1997.07—2014.03
		蔡春裕	2014.03—2014.10（副局长主持工作、党组副书记）
		蔡春裕	2014.10—
	副局长	何彩芬	2013.12—2014.10
	局党组成员、副局长	黄裕火	1997.07—2014.10
		卢崇园	1997.07—1999.09
		蔡春裕	2009.09—2014.03
		何彩芬	2014.10—
	局党组成员、副局长、纪检组长	石振文	2014.10—
宁波市鄞州区气象局	局长	厉亚萍	1998.06—2013.03
		胡春蕾	2013.02—2013.11（副局长主持工作）
		胡春蕾	2013.11—2014.03
	局党组书记、局长	胡春蕾	2014.03—至今
	副局长	陈灵玲	1997.03—2006.04
		胡春蕾	2009.09—2013.02
		骆后平	2013.11—2014.03
	局党组成员、副局长、纪检组长	万宁姚	2014.03—
	局党组成员、副局长	骆后平	2014.03—
宁波市北仑区气象局	局长	李满雷	2002.05—2014.03
		全彩峰	2014.03—2015.10（副局长主持工作）
	局党组书记、局长	骆亚敏	2015.10—
	副局长	陈与杰	1988.04—2002.05
		钟孝德	2002.05—2011.01
		全彩峰	2011.04—2014.03
		张荣飞	2014.03—2015.08
	局党组成员、副局长、纪检组长	张荣飞	2015.08—
	副局长、党组成员	俞科爱	2015.10—

续表

<table>
<tr><th>单位名称</th><th>职务</th><th>姓名</th><th>任职时间</th></tr>
<tr><td rowspan="7">宁波市
镇海区气象局</td><td rowspan="2">局长</td><td rowspan="3">谢良生</td><td>2008.11—2011.07
（副局长主持工作）</td></tr>
<tr><td>2011.07—2012.05</td></tr>
<tr><td rowspan="2">局党组书记、局长</td><td>2012.05—2015.08</td></tr>
<tr><td>全彩峰</td><td>2015.08—</td></tr>
<tr><td>副局长</td><td rowspan="2">袁登峰</td><td>2011.02—2012.05</td></tr>
<tr><td>副局长、党组成员</td><td>2012.05—</td></tr>
<tr><td>局党组成员</td><td>陈善国</td><td>2012.05—</td></tr>
</table>

第五节　技术职务评聘

1998 年 10 月，中国气象局人事劳动司批复同意宁波市气象局成立中级专业技术职务评审委员会。宁波市气象局中级专业技术职务评审委员会主要从事宁波市气象专业中、初级专业技术资格评审，以及气象专业高级专业技术资格评审推荐排名。2001 年 9 月，经中国气象局人事劳动司同意宁波市气象局中评委换届产生第二届中级专业技术职务评审委员会，由徐文宁任主任。至 2015 年底，中评委已进行了六次换届，中级专业技术资格评定情况详见表 11.19。

表 11.19　1999—2015 年宁波市局中评委中级专业技术资格评定情况

年份	取得中级专业技术资格人员
1999 年	徐迪锋、余建明、李越敏、潘身行
2000 年	胡利军、郑铮
2001 年	张程明、何彩芬、庄科旻
2002 年	石振文、潘宝芬
2003 年	胡亚旦、黄新
2004 年	骆亚敏、陈蕾娜、鲍岳建、郑其通
2005 年	全彩峰、金艳慧
2006 年	赵益峰、陈小丽、何利德、邱颖杰
2007 年	蔡春裕、王玲萍、应建存、王武军、丁烨毅
2008 年	汪永峰、高宁霞、骆后平、梁才
2009 年	孙军波、邬立辉、厉亚萍、石湘波、杨哲天、何国平、张友飞、钟孝德、鲍斯耀
2010 年	黄旋旋、陈俊、韩海轮、林宏伟、娄建民
2011 年	朱万云、张晨晖、童千秋、陆峰毅
2012 年	邬方平、忻明祥、高益波
2013 年	仇小平、陈亚云、吴敏、叶佩芬、沈一平、郑玲、熊雪清、杨敏敏
2014 年	王立超、朱建军、张晶晶、郑仁良、黄剑平、吕兴标、吕家诚、许可、许栋伟、林彬、胡君、傅江、廖桉桦
2015 年	朱纯阳、赵伍杰、周承、陈鹏飞

第十二章　社会管理

气象工作是政府工作的重要组成部分，气象服务是政府公共服务的重要内容，各级气象主管机构经国务院授权担负气象社会管理职责。宁波市气象局既是科技型、基础性社会公益事业单位，也是法律授权承担社会管理职责的主管机构。长期以来，气象部门与其他部门相比，气象社会管理职能一直较弱，气象部门履行社会管理职能的意识和能力相对不强，但比较重视气象业务技术规范标准和业务工作制度的执行，并严格进行监督检查，促使气象业务质量不断提高。改革开放后，逐步打破多年形成的半封闭状态，不断转变管理理念和方式，通过解放思想、开阔视野，拓展领域、开放业务，增强自身发展能力，有力地促进气象现代化建设，推动气象业务、服务工作的发展，提高气象工作的经济效益和社会效益，在业务技术、科研、服务以及人事、计划财务管理方面积累了许多有益的经验。尤其是《气象法》颁布实施后，宁波市气象部门认真履行气象法等相关法律法规赋予的气象社会管理职能，依法规范全社会的气象活动，加强对气象防灾减灾、应对气候变化、气候资源开发利用、气象信息发布与传播、气象设施和探测环境保护、雷电灾害防御、人工影响天气、施放气球的管理。较好实现由部门管理向社会管理转变，由微观管理向宏观管理转变。

第一节　气象法规建设

宁波气象部门和市、县政府历来都比较重视气象法规建设，为保障和推动宁波气象业务和服务较快发展做了大量工作。尤其是宁波市 1987 年 2 月实行计划单列，次年 1 月宁波市气象局经市政府和国家气象局批准实行计划单列后，宁波地方气象法制建设稳步推进，出现了前所未有的崭新局面。1992 年以后，宁波市人民政府先后下发《关于加强气象工作有关问题的通知》《转发市计委等单位关于进一步落实地方气象计划财务有关问题意见的通知》《关于进一步落实地方计划财务体制有关问题的意见》《关于加快宁波气象事业发展的实施意见》《贯彻落实国务院办公厅关于进一步加强气象灾害防御工作意见的通知》等政策性文件。2002 年 3 月 20 日，《宁波市防御雷电灾害管理办法》以宁波市人民政府第 97 号政府令发布，同年 5 月 1 日起施行，这是宁波市第一部气象政府规章，标志着宁波气象法制建设正式起步。2009 年 8 月 28 日，《宁波市气象灾害防御条例》经宁波市第十三届人民代表大会常务委员会第十八次会议审议通过，并于是年 11 月 27 日经浙江省第十一届人民代表大会常务委员会第十四次会议批准，于 2010 年 3 月 1 日起正式施行，这是宁波市气象立法工作上又一重大突破。2002—2015 年，宁波气象法制建设走上法制化轨道，依据《中华人民共和国气象法》和

《浙江省气象条例》等相关法律法规，结合宁波实际，逐步形成以《宁波市气象灾害防御条例》为主，配套规范性文件为辅的气象法规体系，并根据气象法律法规赋予气象主管机构的社会管理职能，建立健全市、县两级气象法制工作机构和行政执法队伍，加强气象法规宣传，加大执法力度，初步形成“市县相互配合、加强联动、机构健全、制度完善、管理规范”的气象行政执法体系。

一、地方气象法制建设

2000—2015 年，宁波共出台和颁布地方性气象政策法规 25 个。其中地方性气象法规颁布 1 部、立法进行中 1 部，气象政府规章 3 部，宁波市政府及有关部门先后制定出台 19 个与气象工作有关的配套规范性文件，全市气象法制建设不断完善。

（一）地方性气象立法

1.《宁波市气象灾害防御条例》

2009 年 8 月 28 日，《宁波市气象灾害防御条例》（简称《条例》）经宁波市第十三届人民代表大会常务委员会第十八次会议审议通过，并于是年 11 月 27 日经浙江省第十一届人民代表大会常务委员会第十四次会议批准，2010 年 3 月 1 日起正式施行。该条例包括总则、防御规划与预防措施、监测、预报与信息发布、应急处置、人工影响天气与雷电灾害防御、法律责任及附则共七章 40 条，适用于宁波市行政区域内气象灾害的预防、监测、预警和应急处置等防御活动。《条例》从启动立法准备工作到颁布实施，历时近五年，是宁波市第一部地方性气象法规。

2005 年 11 月，市气象局向市人大上报了《关于报送〈宁波市气象灾害管理条例（暂名）〉立法计划建议的请示》，建议将《宁波市气象灾害管理条例（暂名）》列入市人大 2006 年二类立法计划。2006 年 6 月，市气象局启动《宁波市气象灾害防御条例》的立项论证工作；10 月，市局向市人大上报《关于〈条例〉立法计划建议的说明》，正式提出《条例》立法建议；11 月，市人大常委会下发《关于印发宁波市人大常委会 2007 年立法计划实施方案》（市人大常〔2006〕51 号），正式将《条例》列入市人大 2007 年度立法论证调研项目，并列入市人大“十一五”立法项目库。2007 年 1 月，市气象局成立《宁波市气象灾害防御条例》立法起草工作小组；8 月，向市人大上报调研报告和起草工作计划。2008 年，《宁波市气象灾害防御条例》正式列入市人大 2009 年一类立法计划。2009 年 1 月，市气象局起草完成《宁波市气象灾害防御条例（送审稿）》；5 月，经立项、调研、论证、起草、座谈、修改等多个立法步骤，形成《条例（草案）》上报宁波市人民政府；6 月 1 日，市政府第 55 次常务会议审议通过《条例（草案）》；6 月 25 日，《条例（草案）》经市人大常委会第十七次会议一审通过；8 月 28 日，《条例（草案）》经市人大常委会第十八次二审通过。是年 11 月 27 日经浙江省十一届人大常务委员会第十四次会议审议批准通过，于 2010 年 3 月 1 日正式施行。

2.《宁波市气候资源开发利用和保护条例》立法进程

2012 年 7 月，市局向市人大常委会提出关于《宁波市气候资源开发利用和气象探测环境保护条例（暂名）》（以下简称《条例》）的立法计划建议。同年 9 月，《条例》列入市人大常委会“十二五”立法项目库。同年11月，市气象局成立《条例》立法工作起草小组。2013年4月，市人大农业与农村工委赴广西进行立法前期调研。同年11月，《宁波市气候资源开发利用和气象探测环境保护条例(暂名)》列入市人大常委会2014年二类立法(调研)项目。2014年7月，由市人大农工委、法工委和市气象局组成调研组赴吉林、黑龙江进行立法调研。调研组向市人大常委会上报了调研报告，建议将名称改为《宁波市气候资源开发利用和保护条例》。同年10月底完成《条例》初稿。2015年11月11日，市人大农业与农村工委召开《宁波市气候资源开发利用和保护条例》立法论证会，市人大法工委、市法制办与市气象局参加论证，一致肯定立法的重要性和必要性，取得立法工作的重要阶段性成果，为该立法2016年提交市人大常委会审议打下了坚实基础。2016年8月29日，宁波市十四届人大常委会第三十四次会议(一审)通过《宁波市气候资源开发利用和保护条例(草案)》(以下简称《条例(草案)》)，市气象局周福局长代表市政府向大会作《条例(草案)》立法说明的报告。同年12月26—27日，宁波市十四届人大常委会举行第三十六次会议审核(二审)《条例(草案)》，并高票表决通过。

(二)政府规章

2002—2015年，宁波共制订颁布与气象有关的政府规章3部，分别是《宁波市防御雷电灾害管理办法》《宁波市气象灾害预警信号发布与传播管理办法》《宁波市特殊天气劳动保护办法》。

1.《宁波市防御雷电灾害管理办法》

2002年3月8日，宁波市人民政府第三十次常务会议审议通过《宁波市防御雷电灾害管理办法》，3月20日以宁波市人民政府第97号政府令发布，同年5月1日起施行。该办法共分26条，对该市行政区域内涉及防雷减灾活动的单位和个人进行规范。《浙江省雷电灾害防御和应急办法》颁布实施后，为进一步加强宁波市的防雷工作，适应防雷发展新形势。2006年市政府对该办法进行修订。修订后的《宁波市防御雷电灾害管理办法》2006年11月9日经宁波市人民政府第87次常务会议审议通过，11月20日宁波市人民政府第142号政府令发布，2007年1月1日起施行，2002年3月8日市人民政府发布的《宁波市防御雷电灾害管理办法》(市政府令第97号)同时废止。修订后的办法共有23条。

2.《宁波市气象灾害预警信号发布与传播管理办法》

2005年7月27日，《宁波市气象灾害预警信号发布与传播管理办法》经宁波市人民政府第52次常务会议审议通过，是年8月3日以宁波市人民政府第131号政府令发布，9月10日起施行。该办法共分15条，主要对宁波市气象灾害预警信号的发布与传播进行规范。2015年8月，根据市法制办开展政府规章清理工作的要求，结合工作实际，对《宁波市气象灾害预警信号发布与传播管理办法》进行修改，2016年1月11日以市人民政府第226号政府令《宁波市人民政府关于修改部分政府规章的决定》公布。

3.《宁波市特殊天气劳动保护办法》

2014年12月19日，《宁波市特殊天气劳动保护办法》经宁波市人民政府第54次常务会议审议通过，2015年1月16日以宁波市人民政府第217号政府令发布，同年5

月1日起正式实施。该办法针对八类特殊天气对劳动者职业健康安全和合法权益进行有效保障，是国内首部针对特殊天气劳动保护方面的地方规章。2015年11月10日，宁波市安全生产委员会办公室下发《关于贯彻落实〈宁波市特殊天气劳动保护办法〉进一步加强特殊天气劳动保护工作的通知》，要求各地各部门切实提高气象灾害防御能力，各区县(市)和乡镇(街道办事处)要将特殊天气应急处理和防雷安全等纳入政府年度安全生产目标管理责任书。对《宁波市特殊天气劳动保护办法》中有关气象术语进行详细解释。

(三)规范性文件

1. 市政府下发的规范性文件

2003年，根据国务院《通用航空飞行管制条例》和中国气象局《施放气球管理办法》(中国气象局第9号令)，结合宁波的实际情况，市气象局起草《宁波市施放气球管理办法》，以市政府规范性文件形式颁布实施。

2014年8月，市气象局与市政府应急办、教育局联合起草《宁波市应对极端天气停课安排和误工处理实施意见》，8月28日至9月8日在市气象局和市教育局官网上公开征求意见。9月17日至22日经市法制办合法性审查，9月29日经市政府第51次常务会议审议通过，10月22日以市政府(甬政发〔2014〕92号)文件颁发，于12月1日正式实施，属全国少有的几个省、市之一。

2. 部门规范性文件

2005年12月，为加强对施放气球资质的管理，促进市场有序竞争，市气象局制定《宁波市施放气球资质管理办法》并报市法制办备案，以规范性文件形式下发，于2006年1月1日实施。《宁波市施放气球资质管理办法》已于2010年废止。

3. 市气象局制订印发的社会管理文件

2000年以后，随着《中华人民共和国气象法》及有关法律法规的实施，根据《中华人民共和国气象法》《浙江省实施〈中华人民共和国气象法〉办法》《浙江省气象条例》《宁波市气象灾害防御条例》以及中国气象局规章，宁波市气象局先后制定面向社会的管理文件16件(表12.1)。

表12.1　宁波市地方性气象法规、政府规章及规范性文件

分类	序号	名称	出台年月	备注
地方性法规	1	《宁波市气象灾害防御条例》	2010年3月	
政府规章	2	《宁波市防御雷电灾害管理办法》	2002年5月	
	3	《宁波市防御雷电灾害管理办法(修改)》	2006年11月	
	4	《宁波市气象灾害预警信号发布与传播管理办法》	2005年9月	
	5	《宁波市气象灾害预警信号发布与传播管理办法》	2015年8月	修改重新颁布
	6	《宁波市特殊天气劳动保护办法》	2015年5月	
规范性文件	7	《宁波市施放气球管理办法》	2003年12月	
	8	《宁波市施放气球资质管理办法》	2005年12月	2010年废止
	9	《宁波市应对极端天气停课安排和误工处理实施意见》	2014年12月	

续表

分类	序号	名称	出台年月	备注
市气象局制定印发的社会管理文件	10	《关于进一步加强防雷安全工作的通知》	2006年6月	
	11	《关于进一步加强防雷安全管理工作的通知》	2007年5月	
	12	《关于进一步做好防雷减灾工作的紧急通知》	2007年6月	
	13	《宁波市2008年度防雷设施安全隐患排查治理工作实施方案和指导意见》	2008年3月	
	14	《关于加强和规范防雷减灾工作的实施意见》	2008年7月	
	15	《关于做好我市中小学校舍防雷安全排查工作的通知》	2009年8月	
	16	《关于做好防雷安全示范村建设工作的通知》	2009年9月	
	17	《关于进一步加强和规范防雷减灾工作的通知》	2010年2月	
	18	《关于推进宁波市防雷检测机构规范化建设的意见》	2010年9月	
	19	《宁波市防雷装置设计技术评价分级审核办法》	2010年10月	
	20	《关于做好宁波栎社机场净空保护区内施放气球审批工作的通知》	2011年5月	
	21	《关于进一步加强防雷减灾工作的通知》	2012年7月	
	22	《宁波市化工企业防雷检测操作规程》	2012年10月	
	23	《宁波市防雷减灾体制改革实施方案》	2015年8月	
	24	《宁波市易燃易爆场所防雷安全专项治理实施方案》	2015年9月	
	25	《关于贯彻落实〈宁波市特殊天气劳动保护办法〉进一步加强特殊天气劳动保护工作的通知》	2015年11月	

二、气象技术标准

2007年，起草完成宁波市气象局首个气象行业标准——《临近预报检验方法》初稿，2008年上报送审稿，2009年征求专家意见，2010年上报中国气象局审查。2011年，通过全国气象防灾减灾标准化技术委员会组织召开的专家审查会审查，于2014年2月1日正式实施。2012年10月，市气象局组织编写《宁波市化工企业防雷检测操作规程》，为各检测机构对化工企业进行防雷检测提供规范的操作规定，属全国首部化工行业防雷检测的制度标准。

第二节　气象应急管理

2003年"非典"事件后，各级政府开始启动突发事件应急体系建设。中国气象局下发通知要求加强基层气象应急管理工作。气象应急工作是一项关系到经济社会发展大局，关系到人民生命财产安全的重要工作。随着气候变暖，极端天气气候事件多发频发，气象应急管理工作显得越来越重要。气象应急管理主要包括建立气象应急管理组织和预案体系，建立健全应急管理工作机制，加强气象应急监测预报能力建设，提高气象预警信息覆盖面，并与政府相关部门建立有效的信息沟通及互动机制，加强演练和科普宣传，同时根据需要适时组织人工影响天气作业，为应急处置提供气象支持和服务。宁波市气象应急管理工作，在全面加强应急管理体系建设，落实完善应急措施上，紧紧围绕“一案两制”和提高应急能力建设，取得了一定的效果。2003年起，市气象局与宁波市政府突发公共事件应急管理办公室建立气象灾害应急联动机制，气象保障列入宁波市政府数个专项预案。2007—2008年，参与《宁波市“十一五”期间突发公共事件应急体系建设规划》编制工作，气象监测预警、应急指挥和应急队伍建设纳入建设规划。完成规划重点建设项目“预警信息发布系统”实施方案编制。

2003年以后，按照《宁波市突发公共事件总体应急预案》和中国气象局相关应急预案的要求，市气象局相继制订《宁波市气象局处置恐怖袭击事件气象保障应急预案(试行)》《宁波市重大气象灾害预警应急预案》《宁波市气象局突发公共事件气象保障工作预案》和《宁波市重大气象灾害预警业务服务应急流程》。《宁波市重大气象灾害预警应急预案》和《宁波市重大气象灾害预警业务服务应急流程》主要适用于宁波市气象业务服务责任区内(包括行政区域内及其管辖海域内)气象灾害及其衍生灾害的应急预警业务服务工作。《宁波市气象局突发公共事件气象保障工作预案》主要针对宁波市行政区域内发生的火灾、危险化学品泄漏、核扩散污染和生态破坏、重大交通、航海、航空事故等需要提供气象保障服务的突发公共事件。市气象局还结合宁波实际制订《宁波市气象局气象灾情收集上报调查和评估试行规定》。2010年12月宁波市政府办公厅以甬政办发〔2010〕273号文印发《宁波市气象灾害应急预案》。预案适用于全市范围内特别重大、重大、较大气象灾害的防范和应对，已上升为政府应急预案。为提高预案的可执行度，2013年又进行修订完善。积极推动各区县(市)和乡镇、街道气象灾害应急预案编制工作，到2011年底，全市所有8个区县(市)发布气象灾害应急预案。为有效预防和及时处置由高温气象条件引发的中暑事件，指导和规范高温中暑事件的卫生应急工作，2014年8月，市气象局又与市卫生局联合发布《高温中暑应急预案》。2014年完善“党委领导、政府负责、部门联动、社会参与”的气象防灾减灾工作机制，建立台风、暴雨、雨雪冰冻、大气重污染等重大气象灾害应急预案和气象灾害预警社会应急联动响应机制。截至2015年底，基本形成涵盖台风、雨雪冰冻等重大灾害性天气应急预案和反恐怖袭击、危化事故等突发公共事件紧急处置应急气象保障服务等较为完善的气象应急预案体系。

2006年成立宁波市气象局气象服务应急响应指挥部，市气象局主要领导任指挥长，分管业务的副局长任副指挥长，市气象局业务管理职能处室、办公室和各直属业务单位等部门主要负责人为成员。下设秘书组、业务管理组、现场保障组、监测网络组、预报预警组和后勤保障组。2007年8月成立宁波市气象局应急管理领导小组，由局长任组长，气象业务、行政后勤分管副局长为副组长，各职能处室和直属单位主要负责人为成员，并明确各成员单位的职责。各区县(市)气象局根据各自实际也相继成立应急响应机构。

与此同时，市局建立健全应急值守、紧急重大情况信息报送和处理等工作制度。除市气象台等直属业务单位长期保持24小时值班外，市气象局机关工作人员长年坚持轮流夜间值守，完善《宁波市气象局政务值班工作制度》，行政值班室配置计算机、传真机、录音电话等专用设备，值班员熟练掌握中国气象局、省气象局和宁波市政府有关重大突发事件信息报送标准和处理规定，及时向宁波市委、市政府和中国气象局、省气象局以及相关部门报送重要气象信息。

应急处置队伍和应急能力建设是突发公共事件应急响应工作的基本保障。宁波作为华东地区重要的重化工基地，境内从事危险化学品生产、储存、运输和经营的各类企业单位较多。市气象局在认真做好台风等重大气象灾害的监测和预报服务的同时，把重点放在危险化学品事故等重大突发公共事件应急气象保障上。在市气象监测网络中心(现市气象网络技术与装备保障中心)、市气象台、后勤服务中心等单位抽调气象探测、预报、计算机网络通信等专家和技术人员组成气象应急小分队，承担全市公共突发事件现场的气象服务和保障工作。配置应急指挥车辆，并加强相关危险化学品事故扩散模式研究，多次参加省、市、县组织的反恐、突发重大化学事故等各类应急演练，并开展形式多样的气象灾害防御知识科普宣传。2008 年在北京奥运会火炬宁波接力传递期间进行跟踪气象保障服务，按照当地政府的要求，做好应急气象保障工作。气象应急小分队协助省、市体育局两次到达杭州湾跨海大桥，利用移动气象监测车进行火炬抗风测试，确保在大风天气进行火炬安全接力。2007 年年初，在参与全省突发重大化学事故应急演习中，宁波市气象局被中共宁波市委、市政府授予先进单位称号，另有 1 人被授予先进个人。2009—2015 年宁波市气象类政府专项应急预案如表 12.2 所示。

表 12.2 宁波市气象类政府专项应急预案

序号	预案名称	颁布时间	文件号
1	宁波市气象灾害应急预案	2010 年 12 月	甬政办发〔2010〕273 号
2	宁波市雨雪冰冻灾害应急预案	2009 年 1 月	甬政办发〔2009〕11 号
3	余姚市气象灾害应急预案	2007 年 4 月	余政办发〔2007〕39 号
4	余姚市雨雪冰冻灾害应急预案	2009 年 3 月	余政办发〔2009〕32 号
5	慈溪市雨雪冰冻灾害应急预案	2009 年 4 月	慈政办发〔2009〕47 号
6	奉化市雨雪冰冻灾害应急预案	2009 年 3 月	奉政办发〔2009〕18 号
7	宁海县雨雪冰冻灾害应急预案	2009 年 5 月	宁政办发〔2009〕50 号
8	象山县雨雪冰冻灾害应急预案	2009 年 7 月	象政办发〔2009〕158 号
9	鄞州区雨雪冰冻灾害应急预案	2009 年 6 月	鄞政办发〔2009〕123 号
10	镇海区气象灾害应急预案	2010 年 9 月	镇政办发〔2010〕94 号
11	镇海区雨雪冰冻灾害应急预案	2009 年 12 月	镇政应急办〔2009〕15 号
12	北仑区气象灾害应急预案	2009 年 1 月	仑政办〔2010〕180 号
13	北仑区雨雪冰冻灾害应急预案	2009 年 12 月	仑政办发〔2009〕192 号
14	慈溪市气象灾害应急预案	2011 年 3 月	慈政办发〔2011〕29 号
15	鄞州区气象灾害应急预案	2011 年 5 月	鄞政办发〔2011〕87 号
16	奉化市气象灾害应急预案	2011 年 6 月	奉政办发〔2011〕73 号
17	奉化市防汛防台应急预案	2011 年 7 月	奉政办发〔2011〕92 号
18	象山县气象灾害应急预案	2011 年 11 月	象政发〔2011〕186 号
19	宁海县气象灾害应急预案	2011 年 12 月	宁政办发〔2011〕130 号
20	北仑区气象灾害应急预案	2012 年 5 月	仑政办〔2012〕84 号
21	余姚市气象灾害应急预案	2012 年 9 月	余政办发〔2012〕125 号

续表

序号	预案名称	颁布时间	文件号
22	镇海区防台风应急预案	2012 年 11 月	镇政办发〔2012〕162 号
23	镇海区气象灾害应急预案	2012 年 12 月	镇政办发〔2012〕204 号
24	镇海区雨雪冰冻灾害应急预案	2012 年 12 月	镇政办发〔2012〕196 号
25	象山县防汛防台应急预案	2013 年 7 月	象政发〔2013〕132 号
26	北仑区防台风应急预案	2013 年 7 月	仑政办〔2013〕87 号
27	宁海县气象灾害应急预案	2013 年 12 月	宁政办发〔2013〕145 号
28	余姚市大气重污染应急预案(试行)	2014 年 1 月	余政办发〔2014〕17 号
29	奉化市大气重污染应急预案(试行)	2014 年 3 月	奉政办发〔2014〕19 号
30	奉化市防御台风应急预案	2014 年 5 月	奉政办发〔2014〕64 号
31	慈溪市防汛防台应急预案	2014 年 5 月	慈政办发〔2014〕89 号
32	北仑区防汛防台抢险救灾预案(试行)	2014 年 7 月	仑政办〔2014〕93 号
33	宁海县大气重污染应急预案(试行)	2014 年 9 月	宁政办发〔2014〕67 号
34	象山县大气重污染应急预案(试行)	2014 年 11 月	象政办发〔2014〕206 号
35	宁海县雨雪冰冻灾害应急预案	2014 年 12 月	宁政办发〔2014〕101 号
36	余姚市雨雪冰冻灾害应急预案	2015 年 1 月	余政办发〔2015〕4 号

第三节　气象防灾减灾体系建设

气象灾害防御工作关系千家万户，关系经济建设和社会发展稳定全局。市气象局牢固树立“防灾就是维稳，减灾就是增效”的理念，全力以赴做好气象防灾减灾工作，层层落实“责任到人、纵向到底、横向到边”的气象防灾减灾责任制，有效应对“云娜”“麦莎”“卡努”“桑美”“罗莎”“莫拉克”“海葵”“菲特”“灿鸿”“杜鹃”等强台风以及低温雨雪冰冻等重大灾害性天气，发挥气象作为防灾减灾第一道防线的重要作用。

气象灾害监测预警能力建设。“九五”期间新一代天气雷达建成，“十五”期间组建中尺度灾害性天气监测网，“十一五”期间建设宁波市应急预警信息发布系统、宁波市气象灾害预警与应急系统。到 2015 年，全市基本建成由卫星云图接收处理系统、多普勒天气雷达系统、中尺度区域自动气象站系统、雷电监测系统、GPS/MET 垂直大气水汽监测系统、视频监测系统组成的灾害天气监测网络。基本建立以现代化气象探测信息为基础，以区域数值模式应用为主要手段的灾害性天气预报预测业务体系。开展预报时效为 120 小时(5 天)的宁波区域天气数值预报业务，并在此基础上开展乡镇预报、地质灾害气象条件等级预报等工作。

气象信息发布和接收能力建设。2005 年 9 月，《宁波市气象灾害预警信号发布管理实施办法》(市政府第 131 号令)颁布实施。是年 9 月 10 日，在“卡努”台风服务中，首次正式向社会发布台风预警信号，发挥灾害预警和防御指南作用，引起社会公众的广泛关注。通过电视、广播、报纸、互联网、“96121”声讯电话、手机短信、电子显示屏等渠道发布气象信息。特别是手机气象短信服务在每一次气象灾害来临时(如台风)，协同宁波电信、宁波移动及宁波联通公司向全市小灵通、手机用户免费发送各类气象预报预警信息，每次都在百万人次以上。开发掌上气象信息系统，及时了解和掌握气象信息。宁波气象信息网每天的点击量最多达 3 万以上。

基层农村防灾减灾体系建设。2008 年以后，以编制气象灾害防御规划和应急预案、创建气象防灾减灾示范乡镇(社区)、开展气象灾害应急准备认证、建立气象协理员、信息员和联络员队伍、争创群众满意审批窗口与基层防雷所、推进基层防雷所标准化建设等活动为载体，整合社会资源和社会力量，合力推进覆盖城乡居民的基本公共气象服务体系建设，建立基层气象防灾减灾工作体系。按照基层气象防灾减灾体系建设“五有标准”：有乡镇分管领导、有气象协理员、有气象灾害应急预案、有自动气象站、有气象灾害预警接收设施，建立乡、村两级气象服务与防灾减灾网络，在村级服务站中充实气象服务职能。

2009 年起，气象工作纳入新农村建设、平安浙江、生态文明三项考核和基本公共服务均等化计划，实现部门和政府对气象工作的双重目标考核。与教育部门联合开展中小学校舍防雷安全排查和防雷安全工程建设，开展防雷设施安全隐患排查治理、防雷安全示范村建设等防雷减灾管理活动，在管理中推进气象服务，切实保障防雷公共安全。按照《浙江省气象防灾减灾示范乡镇标准》，围绕“有气象工作站、有气象灾害应急预案、有气象监测设施、有气象信息接收平台、有气象科普活动”的标准，在全市推进气象防灾减灾示范乡镇(社区)建设。此项工作由乡镇政府申请创建，当地气象部门负责初审，省气象局验收并公布结果。2010 年 4 月，省气象局授予象山县新桥镇等全省 11 个乡镇为首批“浙江省气象防灾减灾示范乡镇”。截至 2015 年底，全市共创建成功全国标准化农业气象服务县 1 个(慈溪市)、全国标准化气象灾害防御乡(镇)4 个、浙江省气象防灾减灾示范乡镇(街道)153 个、浙江省气象防灾减灾示范社区(村)242 个(表 12.3 和表 12.4)。

表 12.3 全国标准化气象灾害防御乡(镇)名单

辖区	年份	全国标准化气象灾害防御乡(镇)	
鄞州区	2013	姜山镇	1
奉化市	2014	溪口镇	2
慈溪市		掌起镇	
慈溪市	2015	周巷镇	1

表 12.4 浙江省气象防灾减灾标准乡镇(街道)和示范社区(村)名单

辖区	年份	标准乡镇(街道)		示范社区(村)	
海曙区	2010			段塘街道南都社区	1
	2011			白云街道安泰社区	1
	2012			江厦街道郡庙社区、白云街道联南社区、望春街道泰安社区、西门街道芝红社区	4
	2013	白云街道、段塘街道、西门街道、江厦街道、鼓楼街道、南门街道、月湖街道、望春街道	8	月湖街道平桥社区、孝闻街道孝闻社区、江厦街道新街社区、白云街道白云庄社区	4
	2014			鼓楼街道苍水社区、西门街道翠南社区	2
	2015			南门街道尹江岸社区、西门街道永丰社区、月湖街道梅园社区、白云街道牡丹社区、段塘街道华兴社区、望春街道清风社区、望春街道新星社区、望春街道徐家漕社区	8

续表

辖区	年份	标准乡镇(街道)		示范社区(村)	
江东区	2010			百丈街道潜龙社区	1
	2011			白鹤街道黄鹂社区	1
	2012			明楼街道常青藤社区、福明街道福城社区、百丈街道演武社区、东胜街道樱花社区	4
	2013	东胜街道、东柳街道、东郊街道、百丈街道、白鹤街道、明楼街道、福明街道、新明街道	8	百丈街道华严社区、东柳街道幸福苑社区	2
	2014			东柳街道东柳坊社区、福明街道福明家园社区	2
	2015			白鹤街道丹顶鹤社区、东胜街道王家社区、明楼街道徐家社区、百丈街道朱雀社区、福明街道新城社区、东郊街道宁丰社区、东柳街道中兴社区	7
江北区	2010			孔浦街道文竹社区	1
	2011			孔浦街道孔浦二村社区	1
	2012			孔浦街道百合社区、慈城镇宝峰社区、甬江街道湖西社区、白沙街道正大社区、中马街道盐仓社区	5
	2013	庄桥街道、孔浦街道、中马街道、文教街道、甬江街道、白沙街道、慈城镇、洪塘街道	8	孔浦街道白杨社区、文教街道育才社区	2
	2014			文教街道大闸社区、慈城镇黄山村、白沙街道白沙社区	3
	2015			孔浦街道怡江社区、文教街道翠东社区、慈城镇金沙村、慈城镇五湖村、庄桥街道费市社区、庄桥街道天沁社区、洪塘街道和塘雅苑社区、甬江街道朱家社区	8
鄞州区	2010	横溪镇	1		
	2011	东吴镇、塘溪镇、姜山镇、五乡镇、洞桥镇、云龙镇、下应街道、中河街道、横街镇	9		
	2012	钟公庙街道、石碶街道、首南街道、高桥镇、古林镇、集士港镇、邱隘镇、咸祥镇、鄞江镇、瞻岐镇、章水镇、龙观乡	12	望春街道春城社区、五乡镇石山弄村	2
	2013	东钱湖镇、潘火街道、梅墟街道	3	横溪镇大岙村、五乡镇钟家沙村、钟公庙街道都市森林社区、潘火街道星苑社区、下应街道东兴社区、石碶街道石碶村	6

续表

辖区	年份	标准乡镇(街道)		示范社区(村)	
鄞州区	2014			首南街道格兰春天社区、邱隘镇方庄社区、集士港镇万众村、鄞江镇它山堰村、古林镇三星村、云龙镇上李家村、洞桥镇宣裴村、塘溪镇北岙村、龙观镇后隆村、高桥镇石塘村、东吴镇三塘村、姜山镇董家跳村、咸祥镇南头村、瞻岐镇南一村、章水镇杖锡村、横街镇万华村、东钱湖高钱村、东钱湖东村	18
	2015			横街镇水家村、钟公庙街道凌江社区、洞桥镇三李村、姜山镇姜山社区、潘火街道金桥花园社区、高桥镇芦港村、姜山镇南林村、章水镇崔岙村、首南街道三里村	9
镇海区	2010	庄市街道	1		
	2011	九龙湖镇、澥浦镇	2		
	2012	蛟川街道、骆驼街道、招宝山街道	3	招宝山街道车站路社区、蛟川街道迎周村、九龙湖镇九龙湖村、贵驷街道东钱村、澥浦镇岚山村、庄市街道光明村	6
	2013			蛟川街道棉丰村、九龙湖镇长宏村、骆驼街道朝阳村、澥浦镇余严村、招宝山街道后大街社区、招宝山街道西门社区、庄市街道万市徐村	7
	2014			招宝山街道海港社区、蛟川街道临江社区、骆驼街道兴丰村、庄市街道勤勇村、澥浦镇十七房村、九龙湖镇长石村	6
	2015			招宝山街道白龙社区、庄市街道永旺村、蛟川街道南洪村、澥浦镇汇源社区、九龙湖镇中心村、骆驼街道里洞桥村	6
北仑区	2010	梅山乡	1		
	2011	柴桥街道、白峰镇、大碶街道、霞浦街道、新碶街道、戚家山街道、小港街道、春晓镇	8		
	2012			高河塘社区、新碶街道牡丹社区、大碶街道学苑社区	3
	2013	大榭街道	1	柴桥街道后所社区、大榭街道海城社区、梅山乡梅东村、白峰镇官庄村、春晓镇昆亭村、霞浦街道陈华浦社区	6
	2014			白峰镇大涂塘村、小港街道东岗碶村、大碶街道九峰山社区、柴桥街道瑞岩社区、霞浦街道上傅村、新碶街道迎春社区	6
	2015			小港街道竺山社区、小港街道枫林社区、白峰镇新峰村、白峰镇阳东村	4

续表

辖区	年份	标准乡镇(街道)		示范社区(村)	
余姚市	1010	兰江街道	1		
	1011	凤山街道、临山镇、小曹娥镇、黄家埠镇、丈亭镇、鹿亭乡	6		
	2012	低塘街道、梨洲街道、阳明街道、朗霞街道、河姆渡镇、大岚镇、大隐镇、梁弄镇、陆埠镇、马渚镇、牟山镇、三七市镇、四明山镇、泗门镇	14	鹿亭乡东岗村	1
	2013			黄家埠镇十六户村、鹿亭乡龙溪村、鹿亭乡石潭村、梁弄镇贺溪村、梁弄镇正蒙社区	5
	2014			梨洲街道学弄社区、梨洲街道花园社区、马渚镇金马社区、阳明街道富巷社区、兰江街道舜南社区、凤山街道季卫桥社区、牟山镇牟山村、阳明街道北郊村、临山镇兰海村、梁弄镇明湖村、低塘街道姆湖村、低塘街道西郑巷村、黄家埠镇回龙村、三七市镇幸福村	14
	2015			临山镇汝东村、陆埠镇袁马村、河姆渡镇罗江村、兰江街道三凤桥村、丈亭镇凤东村、泗门镇万圣村、朗霞街道天中村、马渚镇沿山村、黄家埠镇杏山村、大岚镇丁家畈村	10
慈溪市	2010	道林镇	1		
	2011	周巷镇、桥头镇、龙山镇	3		
	2012	白沙路街道、古塘街道、宗汉街道、浒山街道、坎墩街道、庵东镇、崇寿镇、附海镇、观海卫镇、横河镇、匡堰镇、胜山镇、天元镇、新浦镇、长河镇、掌起镇	16		
	2013			桥头镇五姓村、古塘街道西洋寺社区、新浦镇六塘南村、掌起镇陈家村	4
	2014			坎墩街道清水湾社区、匡堰镇倡隆村、掌起镇任佳溪村、道林镇福合院村	4
	2015			龙山镇方家河头村、掌起镇洪魏村、胜山镇镇前村、横河镇大山村、浒山街道虞波社区、白沙路街道西华头社区、长河镇沧南村、崇寿镇健民村、宗汉街道桃园江社区	9
奉化市	2010	尚田镇	1		
	2011	西坞街道、大堰镇、岳林街道	3		
	2012	萧王庙街道、江口街道、锦屏街道、莼湖镇、裘村镇、松岙镇、溪口镇	7		
	2013			松岙镇海沿村、锦屏街道奉中社区、尚田镇方门村	3

续表

辖区	年份	标准乡镇(街道)		示范社区(村)	
奉化市	2014			莼湖镇河泊所村、松岙镇后山村、溪口镇西岙村、岳林街道秀水社区、锦屏街道阳光社区、西坞街道西坞村、大堰镇南溪村、裘村镇黄贤村、溪口镇茗山社区、萧王庙街道林家村、尚田镇桥棚村、江口街道横里埭村	12
	2015			溪口镇许江岸村、尚田镇印家坑村、江口街道蒋葭浦村、萧王庙街道青云村	4
宁海县	2010	茶院乡	1		
	2011	一市镇	1		
	2012	梅林街道、桥头胡街道、桃源街道、跃龙街道、岔路镇、大佳何镇、黄坛镇、力洋镇、前童镇、强蛟镇、桑洲镇、深甽镇、西店镇、长街镇、越溪乡、胡陈乡	16		
	2013			桃源街道华庭社区、强蛟镇下蒲村、桃源街道下洋顾村、跃龙街道怡惠社区	4
	2014			茶院乡柘浦王村、岔路镇白溪村、大佳何镇民主村、胡陈乡联胜村、黄坛镇永联村、力洋镇力洋村、梅林街道凤潭村、前童镇官地严家村、强蛟镇王石岙村、桥头胡街道丁家村、桑洲镇上叶村、深甽镇大里村、桃源街道兴海社区、西店镇岭口村、一市镇缆头村、跃龙街道滨溪社区、越溪乡下湾村、长街镇月兰村	18
	2015			岔路镇湖头村、前童镇双桥村、桃源街道阳光社区、大佳何镇葛家村、桥头胡街道桥头胡村	5
象山县	2010	新桥镇、鹤浦镇	2		
	2011	石浦镇、西周镇、墙头镇、大徐镇、晓塘乡、泗洲头镇、高塘岛乡	7		
	2012	丹东街道、丹西街道、爵溪街道、定塘镇、涂茨镇、贤庠镇、东陈乡、黄避岙乡、茅洋乡	9	丹东街道丹峰社区、丹西街道瑶琳社区	2
	2013			丹东街道文峰社区、鹤浦镇樊岙村、贤庠镇碶头陈村	3
	2014			丹东街道东门外村、爵溪街道龙溪社区、晓塘乡西边塘村、黄避岙乡高泥村	4
	2015			东陈乡红岩村、茅洋乡溪东村、晓塘乡里塘村、泗洲头镇后王村	4
合计	395		153		242

2012 年，宁波市、县两级政府在全省率先成立气象灾害防御指挥部，政府分管领导担任总指挥，分管副秘书长（副主任）和市、县气象局局长任副总指挥，市发改委、住建委、交通委等 23 个政府相关部门为指挥部成员，加强气象防灾减灾的组织领导，充分发挥市、县两级政府在气象防灾减灾体系建设中的主导作用和各部门职能联动作用。宁波市气象灾害防御指挥部由马卫光副市长任总指挥、市政府副秘书长陈少春和市气象局局长周福任副总指挥。2011 年，市编委批复成立宁波市气象灾害应急预警中心。截至 2015 年底，有 6 个区县（市）局经当地编委批准成立防灾减灾实体机构，并落实编制和经费。

市气象局与民政部门加强合作，共同推进社区防灾减灾工作，在建立联席会议制度、信息共享机制、信息发布平台、灾害信息员建设、共同开展科技备灾技术合作等方面作了积极探索；联合组织部门全面实施“千镇万村”气象科普培训计划，将气象知识纳入乡镇领导干部综合素质培训和农村教育内容；联合市防指办在市三区（江东、海曙和江北）所有街道建立起气象协理员队伍，气象协理员、信息员覆盖率达 100%，截至 2015 年，全市共有乡镇（街道）气象协理员 153 名，村（社区）信息员 4050 名，市气象局及各区县（市）局组织气象协理员、信息员培训共 130 余次，参加培训的人数达 9543 人次（表 12.5）。在历次台风、暴雨、雷电等气象灾害服务过程中，协理员、信息员在接收到气象部门发送的预警短信后，以各种方式第一时间通知村民，成为基层气象灾害防御的骨干力量。在 2008 年初的雨雪冰冻天气中，气象协理员、信息员和联络员实地测量积雪深度，为预报服务及灾后评估提供重要依据。2011 年 9 月，宁波市政府发文并召开会议，通报表彰 11 个气象工作先进单位、16 名优秀气象协理员、27 名优秀气象信息员、16 名优秀气象联络员和 13 名优秀气象工作者。

表 12.5　2009—2015 年全市气象协理员和信息员培训情况

年份	举办单位	次数(次)	人数(人)	年份	举办单位	次数(次)	人数(人)
2009	宁波市气象台	1	83	2013	宁波市气象台	1	90
	镇海区气象局	1	36		镇海区气象局	2	150
	北仑区气象局	1	23		北仑区气象局	1	23
	鄞州区气象局	5	337		鄞州区气象局	5	296
	奉化市气象局	1	20		奉化区气象局	2	155
	余姚市气象局	3	375		余姚市气象局	4	399
	慈溪市气象局	2	50		慈溪市气象局	2	80
	宁海县气象局	1	100		宁海县气象局	1	40
	象山县气象局	1	18		象山县气象局	1	18
	合计	16	1042		合计	19	1251
2010 年	宁波市气象台	1	80	2014	宁波市气象台	1	117
	镇海区气象局	2	142		镇海区气象局	2	150
	北仑区气象局	1	22		北仑区气象局	1	22
	鄞州区气象局	7	426		鄞州区气象局	6	378
	奉化区气象局	1	11		奉化区气象局	2	115
	余姚市气象局	3	372		余姚市气象局	4	397
	慈溪市气象局	2	50		慈溪市气象局	2	80
	宁海县气象局	1	30		宁海县气象局	1	18
	象山县气象局	1	18		象山县气象局	1	18
	合计	19	1151		合计	20	1295

续表

年份	举办单位	次数(次)	人数(人)	年份	举办单位	次数(次)	人数(人)
2011 年	宁波市气象台	1	90	2015	宁波市气象台	1	98
	镇海区气象局	2	200		镇海区气象局	1	130
	北仑区气象局	1	21		北仑区气象局	1	23
	鄞州区气象局	6	398		鄞州区气象局	5	305
	奉化区气象局	1	18		奉化区气象局	2	103
	余姚市气象局	3	377		余姚市气象局	4	401
	慈溪市气象局	2	60		慈溪市气象局	2	60
	宁海县气象局	1	18		宁海县气象局	1	18
	象山县气象局	5	1068		象山县气象局	1	18
	合计	22	2250		合计	18	1156
2012 年	宁波市气象台	1	92				
	镇海区气象局	2	200				
	北仑区气象局	1	24				
	鄞州区气象局	5	314				
	奉化区气象局	1	30				
	余姚市气象局	4	402				
	慈溪市气象局	2	80				
	宁海县气象局	1	18				
	象山县气象局	2	238				
	合计	19	1398				
总　计						133	9543

建立完善气象灾害防御和避险知识科普宣传教育机制，充分发动社会力量，开展气象灾害防御知识科普宣传活动，推进气象科普知识进农村、进社区、进企业、进学校，提高全社会气象灾害防御意识和能力。将气象灾害防御知识纳入学校教学内容和各级领导干部综合素质培训的重要内容，提高领导干部指挥气象防灾减灾能力和公众防灾减灾意识。加强全社会尤其是农民、中小学生的防灾减灾宣传教育，建立中小学气象灾害防御科普长效机制。继续推进台风登陆地标志物建设，提升公众防台减灾意识。

第四节　气象行政执法

一、依法行政组织机构建设

2001 年起，市气象局依据有关法规建立健全法制工作机构和执法机构。是年 11 月，根据中国气象局《宁波市国家气象系统机构改革方案》，市气象局进行机构改革，调整内设机构和直属单位，内设机构中增设政策法规处（雷电灾害防御管理办公室），负责气象依法行政的综合协调及归口管理，并在《宁波市及市以下国家气象系统机构改革实施方案》中明确各区县（市）气象局依法行政归口管理的责任科室，各区县（市）气象局也将相应职责落实到人。2008 年 6 月，经中国气象局批准，政策法规处加挂行政审批处牌子。2010 年 7 月，根据省气象局《浙江省市级气象局内设机构和直属机构调整方案》，经中国气象局批复同意，政策法规处更名为减灾与法规处(行政许可处，宁波市雷电防御管理办公室)。

2002年起，市气象局将依法行政工作纳入各区县(市)气象局的目标管理考核；2007年起，市气象局列入市人民政府依法行政评议考核部门之一。是年3月，市气象局成立依法行政工作领导小组及其办公室，落实执法责任制，办公室设在政策法规处。其后，各区县(市)气象局也相继成立依法行政工作领导小组，加强依法行政工作。到2010年，市、县两级依法行政组织机构基本建立并全面开展工作。

二、行政执法队伍建设

2003年6月，根据省气象局《关于统一组建全省气象行政执法队伍的意见》，市气象局起草制订《宁波市气象行政执法队伍实施方案》，经省气象局和宁波市法制办同意，组织成立宁波市气象行政执法支队和各区县(市)气象行政执法大队。市、县两级执法人员以兼职为主，从在编人员中调剂解决。

加强行政执法能力建设，注重加强行政执法人员法律知识培训，通过集中培训、网上课件、自学等方式，切实提高行政执法人员的素质。2000—2015年，共举办8期行政执法人员培训班，先后邀请中国气象局法规司、市法制办等单位法律专家前来授课，着重讲解执法案例和气象行政执法程序，详细分析执法过程中的程序性问题和执法文书填写规范，以提高全市的气象执法水平。到2015年，全市共有持证执法人员77名，其中市本级执法人员19名，县级执法人员58人。通过考核、培训，市、县两级气象行政执法队伍基本建成。

三、执法制度建设

2000年以后，随着气象法律法规体系的建立，市气象局加强了执法制度建设，规范气象执法行政行为，使全市气象行政执法工作有制可依，有章可循。

2003年10月，市气象局制定下发《宁波市气象局行政执法错案追究制度》《宁波市气象局行政执法公示制度》《宁波市气象局规范性文件制定管理制度》《宁波市气象局行政执法责任制》等依法行政制度，并报市法制办备案，接受群众监督。

2006年4月，对宁波市气象局的执法主体资格、执法职权、执法依据、执法内容、执法程序等进行了一次全面梳理，将各项执法职权分解到具体岗位，制定《宁波市气象局行政执法责任制实施方案》报市法制办备案，全面推行行政执法责任制。

2008年，制定《宁波市气象局行政执法责任制评议考核制度》，建立健全行政执法责任制，成立行政执法责任制评议考核小组。同年12月，制定《宁波市气象局行政许可运行规定》和《宁波市气象局行政许可程序规定》，建立审批、监管、执法互相分离和制约的运行机制。

2009年8月，市气象局制定《宁波市气象局行政处罚自由裁量权行使规则》，并报市法制办备案，进一步规范气象行政处罚行为。

2010年，根据宁波市政府办公厅《关于开展行政规范性文件清理工作的通知》(甬政办发〔2010〕69号)的要求，对现行部门行政规范性文件进行清理。废止《宁波市施放气球资质管理办法》(甬气发〔2006〕9号)。

2011年8月，按照宁波市监察局统一部署，开展网上行政执法暨电子监察系统建设，2012年建成投入试运行。

2014 年 5 月，按照中共宁波市委和宁波市人大、市法制办开展“查找不适应全面深化改革要求的法规规章条文”的主题活动的统一部署。对市气象局负责实施的 1 部地方性法规、2 部政府规章的所有条文进行一次全面梳理，以书面形式分别上报市人大常委会与市法制办。

2007 年起，每年组织开展全市行政执法案卷评查，根据浙江省气象局和市法制办的案卷评查要求，对各单位执法案卷从主体、程序、归档等方面开展现场评查，认真查找存在问题。经评查，各单位案卷质量有了进一步提高。市局和余姚、鄞州、慈溪、北仑、象山等局的许可案卷多次获得当地法制办“十佳案卷”表彰（表 12.6）。

表 12.6　2010—2015 年“十佳案卷”表彰情况

年度	“十佳案卷”获得单位
2010 年	鄞州区气象局、镇海区气象局
2011 年	余姚市气象局
2012 年	余姚市气象局、鄞州区气象局
2013 年	余姚市气象局、鄞州区气象局、慈溪市气象局
2014 年	北仑区气象局、余姚市气象局、鄞州区气象局
2015 年	宁波市气象局、余姚市气象局、象山县气象局、鄞州区气象局、慈溪市气象局

到 2015 年，围绕气象法规体系建设，市气象局共制订出台 21 项制度、程序（表 12.7），规范气象行政工作程序，加强气象执法行政监督。

表 12.7　2000—2015 年出台的气象社会管理政策

年份	管理政策名称
2003 年	《宁波市气象局行政执法错案追究制度》 《宁波市气象局行政执法公示制度》 《宁波市气象局规范性文件制定管理制度》 《宁波市气象局执法责任制》
2004 年	《宁波市气象局实施行政许可工作制度》
2005 年	《宁波市气象局窗口工作人员考核办法》
2006 年	《宁波市气象局行政执法责任制实施方案》
2007 年	《宁波市气象局行政审批职能归并改革实施方案》
2008 年	《宁波市气象局行政执法责任制评议考核制度》 《宁波市气象局行政许可运行规定》 《宁波市气象局行政许可程序规定》
2009 年	《宁波市气象部门行政审批工作手册（2009 年版）》 《宁波市气象局行政处罚自由裁量权行使规则》
2010 年	《宁波市气象局行政审批服务标准化建设实施方案》 《宁波市气象局行政审批标准指南》
2012 年	《气象资料证明事项办理指南》
2013 年	《宁波市气象局培育发展和规范管理工程建设领域防雷中介机构工作方案》 《宁波市气象部门行政审批工作手册（2013 年版）》
2014 年	《宁波市气象局权力清单和责任清单指导目录》
2015 年	《宁波市气象部门行政审批制度改革实施方案》 《关于做好第一批取消中央指定地方实施行政审批事项和清理规范第一批行政审批中介服务事项有关工作的通知》

四、行政执法检查

(一)服务市场监督管理

服务市场监管着重于气球、气象信息传播等方面。

1. 气球施放安全监管

20 世纪 90 年代开始,庆典气球被广泛应用于社会团体和群众节庆活动。由于氢气球施放具有极其危险性,宁波市气象局先后与市公安局和公安消防支队等单位联合下发通知,加强经营性施放广告气球(飞艇驾驭自由气球或者系留气球活动)的安全监督管理。2003 年 12 月,制定《宁波市施放气球管理办法》。2005 年 12 月制定《宁波市施放气球资格管理办法》(2010 年废止)。加强对施放气球活动的安全监督管理,建立施放气球资质和作业申报审批制度,每年对持有《施放气球资质证》的单位组织年检,有效期满进行换证,对气球施放作业进行申报和审批。2004 年 4 月,市气象局与市安全生产监督管理局、民航宁波空管站、驻甬海军东航飞行管理等部门召开全市施放气球管理座谈会。与公安、消防等部门联合开展气球施放活动监督检查,加强对气球施放活动日常执法巡查和大型活动执法检查,尤其是浙洽会、消博会、服装节等大型会展活动期间,抽调人员在市区范围内开展气球施放安全专项执法检查,加强对人员密集场所气球施放活动的巡查,加大对违法施放气球活动的查处力度,接到电话举报立即进行执法。每年查处违法案件十余起,较好地规范气球市场,保障航空飞行和人民生命财产安全。2011 年 5 月,市气象局与民航空管站联合下发《关于做好宁波栎社机场净空保护区内施放气球审批工作的通知》,进一步加强施放气球活动的监管。

2. 气象信息传播监督管理

2000 年起,根据《中华人民共和国气象法》等法律法规,加强对报纸、广播、电视以及公共场所气象信息传播的监督管理。随着互联网、3G 手机等新技术、新媒体的发展,气象信息传播出现了一些新情况,传统媒体传播气象信息的行为较为规范,而电子显示屏、互联网、手机等为代表的新媒体违规传播气象信息现象比较突出。2005 年,为规范气象预报信息的统一发布与刊播,市气象局发布《关于依法刊播和使用气象预报信息的公告》,根据《中华人民共和国气象法》第二十二条、第二十四条、第二十五条、第二十六条的规定,凡需刊播和使用气象预报信息的各媒体、有关单位和个人,均应与当地气象主管机构所属的气象台站签订气象预报信息刊播与使用协议。未签订协议,擅自刊播、转播、更改、使用气象预报信息的,当地气象主管机构将依据《中华人民共和国气象法》相关条款予以查处。一些气象行政执法典型案例如表 12.8 所示。

表 12.8 气象行政执法典型案例

2005 年 7 月 6 日	市气象局接匿名电话举报称宁波日报社某展会有施放氢气球现象,执法人员立即赴现场进行调查询问,通过对展会主办方的调查,确定系宁波某广告有限公司施放了 8 个氢气球。经调查询问,该公司承认明知《宁波市施放气球管理办法》不允许施放氢气等易燃易爆气体,但因氦气价格较高而违法施放了氢气球。考虑到该违法行为并未造成重大后果,情节较轻,7 月 12 日,市局作出罚款 1000 元的行政处罚决定,该公司收到处罚决定书后 15 日内缴纳了罚款

续表

2005年10月19日	市气象局接匿名电话举报称宁波开元大酒店有无资质施放气球现象，执法人员立即赴现场进行调查询问，经向酒店方调查，查明系宁波某服务有限公司无资质从事施放气球活动。执法人员积极向酒店负责人员宣传《施放气球管理办法》《宁波市施放气球管理办法》的规定，酒店方表明愿主动协助调查和接受相应处罚，并督促施放方接受调查，鉴于酒店方使用无施放气球资质的单位施放气球，但违法行为情节较轻，危害不大，市局对该酒店作出《行政现场处罚决定书》，决定罚款900元，该酒店收到处罚决定书后15日内均缴纳了罚款
2006年9月	第六届车博会在宁波国际会展中心举行。由于此次车博会规模较大，参观人数较多，市气象局十分重视此次展会期间的施放气球安全，在该项目报送行政许可时就要求施放单位必须严格遵守《施放气球管理办法》的规定，加强专人值守，同时按照《宁波市施放气球管理办法》的规定，不得施放氢气球。9月8日，执法人员对展会现场进行执法检查，检查中经仪器测试发现施放的气球中有2个氢气球。经调查询问，施放单位承认了违法事实，考虑到其情节较轻，且未造成严重后果，市局现场作出警告的行政处罚，责令其立即停止违法行为
2007年6月19日	市气象局接匿名电话举报称南苑饭店有无资质单位施放气球现象，执法人员立即赴现场进行调查询问。经向南苑饭店业务负责人调查，查明施放方为宁波海曙某服务公司，经调查询问，该公司承认违法无施放气球资质施放气球。考虑到该违法行为并未造成严重后果，情节轻微，6月28日，市局作出警告和400元罚款的行政处罚决定，该公司收到处罚决定书后15日内缴纳了罚款
2008年9月12日	市气象局接匿名电话举报称宁波市某服务有限公司在国美电器东门口店施放了若干氢气球。市局执法人员立即对国美电器东门口店进行现场执法检查，发现现场施放的8个气球中有2个是氢气球，经过调查询问、行政处罚告知等程序，对施放单位作出罚款1000元的处罚决定，该公司收到处罚决定书后15日内缴纳了罚款
2009年5月13日	市气象局接匿名电话举报称宁波某公司在宁波万豪大酒店施放了若干氢气球。在现场检查过程中，执法人员发现施放现场20个氢气球中有7个为氢气球。经调查询问，该公司承认违反法律规定施放了氢气球。市局决定给予该公司罚款1600元的处罚决定，该公司收到处罚决定书后15日内缴纳了罚款
2011年	宁波南盛广场项目拟在鄞州区气象局观测场东北偏北方向约200米距离位置建设高度约65米的综合楼，经核查，距该局大气探测场围栏距离未达到10倍以上的要求，根据《中华人民共和国气象法》《气象设施和气象探测环境保护条例》等相关规定，属于破坏气象探测环境的行为。鄞州区气象局先后多次开展行政执法，通过立案、调查询问、行政处罚告知等一系列行政执法程序，数次出具《责令停止违法行为通知书》，同时将此案报告当地政府和上级气象部门
2013年12月	宁波市气象窗口在办理防雷装置竣工验收审批时，发现某建设单位提供的“浙江省防雷产品备案证明”（浙雷备2012137）加盖的印章与真实印章不符，涉嫌伪造。12月20日，市气象局执法人员先后对建设单位项目负责人方某、防雷产品供货商王某进行了调查询问，方某在询问中指出项目使用的防雷产品全部由王某负责安装。后王某承认该项目的防雷产品由其负责安装，采用的是无锡某电器有限公司生产的防雷产品，本人知晓防雷产品需要备案证明这一规定，但由于该批防雷产品采购于2012年采购，时间过长导致备案证明遗失，为了工程进度，通过网络购买了虚假备案证明。综合考虑该案件的严重程度，市局最终对建设单位作出了不予受理行政许可的决定，予以警告；对于防雷产品供货商予以警告，并责令改正，要求其在规定期限内更换全部防雷产品
2015年10月	鄞州区气象局在安全生产检查中发生宁波某化工有限责任公司未按规定进行防雷装置定期检测，经过执法人员的调查询问，该公司承认自2006年起未依照规定进行定期检测，并且伪造了2015年3月29日签发的“鄞雷检字〔2015〕第（0045）号”防雷装置检测报告。考虑到情节较重，10月22日鄞州区气象局作出行政处罚决定，给予警告，并处1.2万元罚款。该公司收到处罚决定书后15日内缴纳了罚款。是年10月，鄞州区气象局在安全生产检查中还发现宁波市高桥某石油液化气有限责任公司未按规定进行防雷装置定期检测，经过执法人员的调查询问，该公司承认自2007年起未按规定进行防雷装置定期检测，并且伪造了2015年1月28日签发的“鄞雷检字〔2015〕第（202）号”防雷装置检测报告。考虑到情节较重，10月22日鄞州区气象局作出行政处罚决定，给予警告，并处1万元罚款。该公司收到处罚决定书后15日内缴纳了罚款

(二)防雷安全监督管理

平安浙江建设是浙江省发展的一大亮点。全市气象部门认真落实"平安浙江"防雷安全考核各项工作,积极开展防雷综合治理,做好中小学校舍安全工程防雷管理工作。

1. 落实"平安浙江"防雷安全考核,开展防雷综合治理

2003—2004年,宁波市气象局与市安全生产监督管理局连续两年联合下发《关于开展全市防雷安全检查的通知》,对市区和有关区县(市)重点企业防雷安全开展联合检查,并将检查结果上报省气象局。2006年7月,市气象局与市安全生产监督管理局等有关部门就贯彻实施国务院办公厅《关于进一步做好防雷减灾工作的通知》(国办发明电〔2006〕28号)进行积极沟通,按照职责分工,加强协调配合,共同做好相关工作。组织开展防雷安全工作检查,发现安全隐患,及时督促落实整改,并利用广播、电视、报纸、网络等各类媒体,广泛宣传《中华人民共和国气象法》、《浙江省雷电灾害防御和应急办法》(省政府令190号)和《宁波市防御雷电灾害管理办法》(市政府令97号)等防雷减灾法律法规和雷电防护、灾情处置常识等防雷减灾知识。7月13日宁波日报、宁波晚报分别刊登《雷电,甬城夏天的一大灾害》《雷电接连夺人性命—正值雷电高发季节,你注意防雷了吗?》等宣传文章。

2007年5月,针对重庆市开县兴和村小学雷击事件,中国气象局召开防雷减灾气象服务工作紧急电视电话会议,与教育部联合下发《关于加强学校防雷工作的紧急通知》(气发〔2007〕152号)。是年6月,针对我国南方出现大范围雷暴天气,部分地区雷电灾害频繁,其中江西、浙江两省共有29人遭雷击死亡,全国因雷电灾害造成人员死亡人数比上年同期多78人。中国气象局下发《关于再次下发加强防雷减灾工作的紧急通知》。市气象局与市安监局联合印发《关于进一步加强防雷安全管理工作的通知》,要求各单位加大对防雷安全工作的监督管理力度,坚决纠正和查处影响防雷安全的违规、违法行为。全市防雷装置设计审核和竣工验收事项进入基本建设项目联合办理流程,将防雷装置设计核准和竣工资料作为建设工程必需的安全资料。同年开始每年向市政府报送《宁波市防雷减灾工作报告》。

2008年,市气象局被市政府列为易燃易爆场所和学校、图书馆、博物馆、影剧院等人员密集场所防雷设施安全隐患排查治理的牵头部门,在全市开展防雷设施安全隐患排查治理工作。先后起草了《宁波市2008年度防雷设施安全隐患排查治理指导意见》和《宁波市2008年度防雷设施安全隐患排查治理工作实施方案》《宁波市气象部门防雷安全百日督查专项行动实施方案》,与市环保局、市教育局、市文广局等单位对学校、旅游景点、影剧院、图书馆等人员密集场所以及易燃易爆场所的防雷设施安全开展隐患联合排查。

2009年,防雷安全工作第一次纳入"平安浙江"考核体系,市气象局和各区县(市)气象局都列入当地"平安浙江"建设领导小组办公室(平安办)成员单位,分管领导为当地平安办成员。市县两级防雷装置设计审核、竣工验收项目全部纳入规划、建设项目管理审批流程,审批文件纳入规划、建设项目审批必备资料。市、县两级气象部门在全市范围内认真开展"平安浙江"防雷安全考核工作。定期组织对全市"平安浙江"防雷安全考核工作情况进行抽查,促进平安考核防雷安全各项工作顺利开展。是年起每年发文公布防雷重点单位名单,检查督促重点单位进一步落实和完善防雷措施,尤其加强对易燃易爆和危化行业的防雷安全管理,建立安全长效机制。推进重点单位防雷安全隐患排查和整治。健全防雷安全

重点单位管理机制，提高防雷安全定期检测覆盖率和隐患整改率。

2011年，市气象局组织开展百村防雷安全巡检服务活动，共组织500多名农村信息员、协理员、施工员和电工参加防雷减灾知识培训，免费发放《农村房屋设计施工使用图集》500多份。

2012年，市气象局组织开展农村防雷减灾“十百千”工程。

2013年，推进防雷中介机构培育发展和规范管理，开展中介机构“四清理”工作。在全市范围内加强防雷安全监管，推进雷电灾害防御示范单位创建活动。编印《农村房屋防雷设计施工使用图集》，向社会发布《雷电灾害防御白皮书》。

2015年，市气象局下发《宁波市易燃易爆场所防雷安全专项治理实施方案》，组织开展防雷安全隐患整治工作，对各区县（市）气象局进行防雷安全专项治理督查，印发3期防雷安全专项治理情况通报。共排查全市易燃易爆场所906个，发出安全隐患整改通知单192份。

2. 中小学校舍安全工程防雷管理

中小学校舍安全工程的主要任务是从2009年开始，用三年时间，在全国中小学校开展抗震加固、提高综合防灾能力建设，使学校校舍达到重点设防类抗震设防标准，并符合对山体滑坡、崩塌、泥石流、地面塌陷和洪水、台风、火灾、雷击等灾害的防灾避险安全要求。是年7月，按照宁波市中小学校舍安全工程建设办公室（市校安办）的统一部署，市气象局承担中小学校舍防雷安全排查工作，全市各级防雷检测机构对全市所有中小学校舍进行全面的防雷安全排查，做到“县不漏校，校不漏幢”，并在排查基础上，由防雷检测机构对学校已有建（构）筑物防雷装置的安全性能状况进行实地检测，并将存在问题及初步整改意见及时反馈至当地教育局。

2010年，市、县两级气象部门继续配合当地校安办进一步做好校舍防雷安全整改的检测验收工作。在前期中小学校舍防雷安全排查工作的基础上，市气象局与市教育局联合开展中小学校舍防雷示范工程，共同完成防雷示范工程项目的可研报告和论证，积极向中国气象局争取专项资金和地方教育部门匹配资金共100余万元，在全市范围内开展中小学校防雷示范工程建设。

2011年，参与市校安办对海曙、奉化、宁海等地校安工程的督查。联合各县（市）区教育管理部门做好中小学校舍安全工程防雷管理工作，重点做好现有校舍防雷工程的隐患整改与工程验收。直至2012年底，中小学校舍安全工程防雷管理工作方告一段落。

（三）人大和政府的监督检查

2013年9月，浙江省人大执法检查组对宁波市及所辖奉化市开展“一法两条例”贯彻实施执法检查，9月4—6日，检查组与当地人大、政府及气象、水利、发改、财政、农林、海洋渔业局等部门进行座谈，先后视察宁波市气象灾害预警中心、奉化市气象局业务平台和旅游气象服务中心，并深入溪口镇许江岸村、江北区白杨社区进行调研。9月23—24日，宁波市人大执法检查组对象山、北仑开展“一法两条例”贯彻执行情况检查。检查组实地查看石浦气象站、象山县气象灾害防御决策指挥平台、北仑区气象监测预报预警平台，与当地人大、气象、发改、财政、农林、水利、海洋渔业等相关部门进行座谈。在检查过程中，省、市执法检查组高度评价宁波市在加强气象防灾减灾体系建设、提高气象服务能力、全方位服务社会民生所做出的成绩，充分肯定气象工作对宁波经济社会发展所发挥的重要保障作用，并对下一步气象事业的可持续发展提出建设性意见。各县(市)区人大也相继开展了执法检查，如慈溪市人大常委会把开展《中华人民共和国气象法》执法检查作为2015年度重点工作，并制定为期8个月的详细执法检查方案，重点围绕"一法三条例"的宣传贯彻情况、气象防灾减灾、气象依法履职与公共服务以及气象工作存在的困难和问题等方面内容开展，整个执法检查分前期准备、自查自纠、检查调研、听取审议和整改落实等五个阶段进行。2015年5月19日，慈溪市人大常委会召开专题会议，听取和审议《中华人民共和国气象法》贯彻落实情况的报告。

五、普法教育

2000年起，随着《中华人民共和国气象法》的颁布实施以及气象法律法规的不断完善，市气象局加大气象普法教育力度，普法教育工作纳入各单位的目标管理考核，向社会大众宣传普及气象法律法规成为普法教育的内容之一，到2015年，全市气象部门普法教育体系不断完善，全社会气象法制意识进一步增强。

(一)普法教育工作体制机制

全市气象部门普及法律常识教育工作起步于1992年，根据中国气象局《气象部门开展法制宣传教育第二个五年计划》和宁波市委《宁波市在公民中开展法制宣传教育的第二个五年规划》，市气象局制定下发《关于开展法制宣传教育的第二个五年规划》，同时成立以分管局长为组长、各职能处室主要负责人为成员的"二五"普法领导小组，领导小组办公室设在市局办公室，负责普法日常工作。每年年初部署全市气象部门"二五"普法教育工作，把中国气象局、省气象局的普法工作和宁波市委下达的普法任务相结合，做到协调同步。

1999年10月31日，《中华人民共和国气象法》颁布后，市气象局专门成立以一把手为组长的学习宣传《气象法》活动领导小组，陆续开展气象法律法规的学习宣传贯彻系列活动，此后又先后组织《气象法》颁布一周年、五周年纪念活动。2001年后，市气象局政策法规处负责"组织学习、宣传、普及法律法规"等工作，2002年4月，市气象局调整普法领导小组及其办公室，办公室由原设在市局办公室改为设在政策法规处，此后，根据人员变动及机构调整需要，领导小组进行了多次调整。2006年起，普法教育工作正式列入各单位年度综合考核，同时纳入气象科普宣传活动、岗前培训、基层领导竞争上岗考试以及对气象协理员、基层干部、企事业单位安全员等气象培训的内容。到2015年，市气象局相继组织了"一五""二五""三五""四五""五五""六五"共6次法制宣传教育，开展气象法律法规的宣传教育系列活动，并全部通过省普法办组织的普法考核验收。

(二)历次普法教育的内容

1986—2015年，共组织六次五年普法教育活动。

"一五"普法教育活动从1986年至1990年，主要开展法律常识的普及和教育工作。

"二五"普法教育活动从1991年至1996年，教育工作坚持"统一管理、分别实施、条块结合，以块为主，分类指导"的原则进行，将气象部门的普法与市委下达的普法任务结合起来。普法内容的安排上以基本法为核心,专业法为重点。基本法重点学习邓小平同志法制思想和依法治国原理,了解党和国家在新时期的法制建设基本方针政策。1994年8月18日颁布的《中华人民共和国气象条例》(以下简称《气象条例》)是专业法学习的重点。1994年起,全市气象部门以刊发文章、上街宣传、广播讲话等形式向社会广泛宣传《气象条例》。

“三五”普法教育活动从1996年至2000年,以“宪法、基本法和社会主义市场经济和维护社会稳定的法律法规”为主要内容,《中华人民共和国气象法》(以下简称《气象法》)及有关加强气象工作的文件是专业法学习的重点,同时,对一般干部职工、担任科级以上的干部、机关从事管理工作人员以及从事气象科技服务和经营管理人员提出了不同的普法教育任务。“三五”普法期间,全市各地都开展了《气象法》颁布实施宣传活动。

“四五”普法教育工作从2001年至2005年,以宪法、基本法律和《气象法》《浙江省实施〈中华人民共和国气象法〉办法》《宁波市防御雷电灾害管理办法》等法律法规规章为学习教育的主要内容,开展气象行政执法人员的培训和教育,同时有针对性地开展我国加入世贸组织将涉及的相关法律知识的宣传教育。全省气象部门的普法教育实现条块结合,以块为主,分级管理,分类指导的原则。公共法的学习以“块”为主,即按照当地普法办的要求部署开展。气象相关的专业法的学习,以“条”为主,按照上级气象部门的要求进行。总体目标是通过“四五”普法教育活动的实施,实现由增强职工的法制观念向增强职工整体法律素质的转变,由注重依靠行政手段管理向注重运用法律手段管理的转变。

“五五”普法教育活动从2006年至2010年,主要内容是按照建设“法治浙江”的要求,开展气象法制宣传教育,推进气象部门依法行政。目的是通过第五个五年法制宣传教育和法治实践,提高领导干部的依法行政能力、行政执法人员的执法水平、气象科研、技术推广、科技服务等单位工作人员依法服务的能力、管理相对人的依法经营观念等。

“六五”普法教育活动从2011年至2015年,主要内容是全面深刻理解和把握全面深化改革的指导思想、总体目标和基本原则,围绕全面推进气象现代化,切实把思想和行动统一到全面深化气象改革的总体部署上来。采取有效措施贯彻落实《全面推进依法行政实施纲要》《国务院关于加快推进法治政府建设的意见》《全面推进气象依法行政规划(2011—2015年)》,组织开展“加强法制宣传教育,服务全面深化改革”等主题活动。深入学习宣传中国特色社会主义法律体系及各项法律法规,深入学习宣传社会主义法治理念,大力弘扬社会主义法治精神,推进全市气象系统学法遵法守法用法良好氛围的形成,深入学习宣传与气象事业发展密切相关的法律法规,深入推进“法律六进”和重点对象学法用法工作。积极创新载体和形式,推动气象法制宣传教育工作创新发展,做好各类宣传日、宣传周、宣传月的法制宣传教育活动。

(三)气象普法教育的形式

2013年起,全市气象部门参加市委组织的普法教育活动,每年每位干部职工学法不少于40学时,参加全市统一组织的普法考试,合格率均达到100%,按要求完成历次普法教育任务,并通过市普法办组织的考核验收。1994年8月《气象条例》颁发后,气象部门同时承担气象法律、法规的学习宣传和普及教育的任务，气象普法教育成为全市气象部门普法教育的重要内容。是年起，市气象局多形式、多渠道宣传普及气象法律法规，组织气象普法教育活动，增强全社会气象法律意识，保障气象法律法规的顺利实施。

1.部门内的气象普法教育

(1)纳入单位和个人考核

纳入年度综合考核。1996年12月，市气象局印发《宁波市气象局关于开展法制宣传教育的第三个五年规划》，明确将普法工作列入目标管理责任制，纳入各区县(市)气象局、市局各直属单位目标管理考核。2006年起，列为年度考核目标，将普法教育工作目标任务层层分解落实到各单位。

纳入个人业绩考核范畴。2000年起，气象普法教育纳入对新进毕业生的岗前培训内容，同时，每年举办公职人员和气象行政执法人员培训班，气象法律法规是培训考核的重要组成部分。2001年起，气象法律法规列入基层领导和业务岗前培训的内容，成为业务上岗证资格考试的一部分。

(2)搭建普法平台

建立查询平台。2003年，市气象局在宁波气象政务网站上开设气象法规宣传专页，建立气象法律法规查询平台，此后定期更新包含气象在内的法律法规。

举办气象法律法规知识竞赛。2009年是《中华人民共和国气象法》颁布实施10周年，市气象局开展一系列形式多样的法制宣传活动，组织全体干部职工参加包括气象法知识竞赛、网上答题等各种形式的学习活动，并加大《气象行政处罚办法》《气象行政复议办法》《防雷减灾管理办法》《施放气球管理办法》等法律法规宣传力度，深入宣传《浙江省气象条例》《宁波市防御雷电灾害管理办法》《宁波市气象灾害预警信号发布与传播管理办法》等地方气象规章。不断创新法制宣传形式，通过广播、电视、报纸、网络、手机短信和街区电子显示屏等各类媒介，深入开展对广大公民的气象法制宣传。

印制普法宣传册。2012年，结合“百村防雷安全巡检服务活动”，市县两级首次向社会发布雷电灾害防御白皮书，组织印制《农村房屋设计施工实用图集》。动员和组织全局防雷技术人员，积极开展“进村入企、助推发展、强化服务”大走访活动。在活动中，防雷技术人员分别赴当地偏远山村夹塘村开展防雷安全调查，并向当地村委会赠送《农村房屋设计施工实用图集》以及防雷安全相关科普宣传资料，指导提高农村防雷避雷意识和能力。2012年共组织气象协理员(信息员)培训17次，到镇乡开展气象防灾减灾培训13次，到有关学校开展气象防灾减灾讲座22次，发放《防雷避险常识》《农村房屋防雷设计施工实用图集》等防雷科普读本和宣传册7000多册，接受防雷咨询10000多人次。

2.面向社会的气象普法教育形式

(1)气象法制宣传教育主题活动

1999年以后，先后组织4次大型的气象法律法规专项宣传活动。是年12月下旬，《气象法》正式实施前，市气象局成立《气象法》宣传活动领导小组及其办公室，全市开展《气象法》宣传周活动。通过召开贯彻实施《气象法》座谈会、新闻发布会、发表电视讲话、上街开展现场咨询、邀请媒体进行集中采访报道等形式，进行《气象法》普法教育活动。是年12月24日，宁波市人大主持召开贯彻实施《气象法》座谈会。市人大常委会副主任陈泰声主持会议并作重要讲话。市委常委、副市长郭正伟，市政协副主席尹礼虎，市政府副秘书长虞云秧出席会议并讲话；市气象局局长李秀玲作关于《气象法》颁布的意义、作用及实施建议的讲话；市计委、农经委、财政局、市政府法制局、乡镇企业局、水利局、司法局、物价局、东海舰队司令部航保处等单位领导到会并发言。同年 12 月 26 日，市气象局在阳光广场举行贯彻实施《气象法》宣传活动。活动中发送宣传材料 1000 多份，标有《气象法》宣传字语小气球 1800 余只。这次活动市局领导亲自参加气象咨询服务。

2009 年 8 月，《宁波市气象灾害防御条例》经宁波市第十三届人民代表大会常务委员会第十八次会议审议通过，是年 11 月 27 日经浙江省第十一届人民代表大会常务委员会第十四次会议批准，2010 年 3 月 1 日起正式施行，同年 12 月 19 日《宁波日报》全文刊登《条例》。全市气象部门统一部署，集中行动，上下结合，采取开放气象台站、上街现场咨询展示，举办气象法规知识竞赛讲座、布置彩虹门、拉横幅、气球挂标语、在报纸上办专版、发放宣传资料，通过电视气象节目及利用网络等形式，开展宣传活动。

2000 年起，在每年"3.23"世界气象日、5 月科普活动周和 6 月安全生产月等活动期间，通过组织市民参观气象台、驻甬媒体座谈会、参与广场咨询、赠送宣传手册及挂图、分发气象法制宣传材料、刊登法制宣传橱窗等形式加大了对气象法制宣传的力度。2001 年起增加"12.4"法制宣传日的气象普法宣传活动，2009 年起，在每年的"5.12"防灾减灾日，全市各地也组织气象法律法规宣传活动。

(2)纳入各类普法教育范畴

列为全市气象科普宣传的主要内容。2001 年起，全市各地开展气象科普场馆建设，市气象局和各区县(市)气象局充分利用气象科普馆以及各气象台站等科普阵地，将气象专业法律知识普及作为科普的一项重要内容，在接待学生、市民和社会各界人士参观的同时，普及气象法律法规。

纳入气象工作会议及气象协理员(信息员)、企事业单位安全员等气象专题会议的内容。全市各级政府部门召开的气象防灾减灾会议、气象工作会议、防雷安全工作会议等，宣传贯彻气象法律法规是其中的重要内容。2008 年起，全市气象部门先后组建气象协理员、信息员等队伍，气象法规纳入了气象协理员、各企事业单位安全员、旅游服务人员气象专题培训或专题讲座的内容。

纳入气象执法活动的宣传。结合气象行政许可、行政执法和安全检查活动，面向有关行政相对人，积极开展气象专业法律、法规、规章和相关行政类法规文件的宣传教育工作。每年结合防雷安全大检查和施放气球执法巡查等活动，直接向有关单位负责人和气球施放人员、庆典活动举办方等宣传气象法律法规，发放气象法律法规宣传册。

第五节　气象行政审批

《气象法》及配套的地方规章颁布实施后，气象部门从单一的气象服务转向有社会管理职能的部门。全市气象部门认真履行气象法赋予的社会管理职责。2001 年 11 月，慈溪市气象局在全市气象部门率先进驻当地行政服务中心。至 2004 年 5 月，市、县两级气象局全部进驻当地行政服务中心。截至 2015 年底，全市气象部门在当地行政服务中心设气象窗口9个，分中心设气象窗口8个，窗口职能也从最初单一办理行政许可事项拓展为现在集行政审批管理、气象资料证明、技术咨询、科普宣传于一体的全方位服务功能。

2004年6月，按照行政许可事项清理要求，制定《宁波市气象局实施行政许可工作制度》等六项制度报市法制办备案，规范行政许可工作；2005年9月，制定《宁波市气象局窗口工作人员考核办法》，规范气象窗口人员审批服务工作。

2007年，全市气象部门开展行政审批职能归并工作，实现“两集中两到位”。对行政许可事项按照项目名称、法律依据等要求进行全面梳理，制定《宁波市气象局行政审批职能归并改革实施方案》并报市行政审批职能归并改革办公室。同年6月7日，经中国气象局批复同意市气象局政策法规处加挂行政审批处的牌子，基本完成行政许可职能归并工作。2008年，按照“撤一建一”的原则，各区县(市)气象局内设机构中设立行政审批科(或行政许可科)或增挂牌子。

2009年，为了在全市范围内建立统一规范的审批运行机制，提升行政服务效能，市气象局整理收集与行政审批有关的法律、法规、规章与规范性文件，对现有全部行政许可事项的办理指南、许可流程和有关法律法规依据进行归纳，编印《宁波市气象部门行政审批工作手册(2009年版)》。

2010年，根据宁波市政府《关于深化行政审批制度改革推进行政审批服务标准化建设的实施意见》(甬政发〔2010〕45号)要求，市气象局在全市范围内大力推进气象行政审批服务标准化建设，对每一个审批事项的法律依据、审批条件、审批资料、审批流程进行梳理，下发《宁波市气象局行政审批服务标准化建设实施方案》，成立宁波市气象局行政审批服务标准化建设领导小组。是年10月底，市、县两级气象部门全部完成审批标准化工作。同年11月编制完成2个资质认定事项的审批标准，对近三年来未发生的审批事项予以冻结。12月整理汇编《宁波市气象局行政审批标准指南》。

2011年是“群众满意基层防雷所、办事窗口”创建年。按照《浙江省气象系统创建“群众满意基层防雷所、办事窗口”先进单位和示范单位实施细则》，市气象局制订下发全市气象系统创建活动实施方案。成立市县两级“群众满意基层防雷所、办事窗口”创建活动领导小组。是年3月，编制完成偶尔发生审批事项和非行政许可事项的审批标准；同年6月全省气象系统创建工作试点会在宁波召开，市气象局召开全市气象系统创建活动专题会议；7月，结合新的《防雷减灾管理办法》《防雷装置设计审核和竣工验收规定》《防雷工程专业资质管理办法》3个中国气象局令，修改行政审批标准。积极服务重点建设工程，参与建设项目“9＋X”联合审批机制，参加投资项目联合咨询会和扩初会议，为企业提供上门服务；8月市气象局对各单位创建方案、实施计划和工作进展进行督查，编发创建活动简报；12月市气象局对各防雷所和办事窗口进行综合考评和审核，并向省气象局推荐。同时，全市气象部门主动融入当地政府组织的创建活动，市气象窗口和慈溪、余姚、镇海等区县(市)气象窗口向当地“纠风办”申报群众满意先进单位。是年底，慈溪市气象窗口获浙江省“群众满意办事窗口”先进单位，余姚市防雷所获余姚市“群众满意基层站所”先进单位。2013年新增地方先进单位1家(北仑区气象窗口)，行业示范单位1家(慈溪市气象窗口)，行业先进单位2家(余姚市气象窗口、奉化市防雷所)；2014年新增地方示范单位1家(镇海气象灾害预警中心)，行业先进单位2家(鄞州区气象局办事窗口，宁海县防雷所）。

2012 年，气象资料证明事项办理指南作为服务事项纳入行政服务中心操作系统。完善气象行政审批窗口的规范、便民服务，组织做好单个行政审批标准运用工作，并在政务网上公布。

2013 年 6 月，根据宁波市政府深入推进行政审批制度改革精神，推进防雷中介机构培育发展和规范管理，完善气象窗口的规范、便民服务，参与审批事项及中介机构改革，组织做好所有行政审批标准的运行工作。按照市政府培育发展和规范管理工程建设领域中介机构的要求，多次召开专题会议进行研究部署，成立领导小组，制定《宁波市气象局培育发展和规范管理工程建设领域防雷中介机构工作方案》。培育支持 1 家雷击风险评估中介机构进入市场，建设完成防雷中介机构信用信息平台并与共享专栏对接，研究制定中介机构等级评价、奖惩制度。12 月，在《宁波市气象局行政审批工作手册（2009 版）》基础上，重新编印《宁波市气象局行政审批工作手册（2013 版）》。

2014 年 3 月，落实省、市政府开展部门职权清理推行权力清单制度工作要求，对本部门主要职责进行全面梳理，将每一项职责细化为具体的权力事项，编制完成全市气象部门权力清单。

2015 年 6 月，制定下发《宁波市气象部门行政审批制度改革实施方案》，全面完成“三张清单一张网”，实现所有行政许可事项在“浙江政务服务网”受理、办结与查询。是年 6 月 1 日起，取消雷电灾害风险评估、防雷产品测试等行政审批涉及的中介服务事项，相关材料不再作为行政审批事项申报条件。同年 10 月，落实国务院清理规范第一批行政审批中介服务事项，在开展行政审批时，不再将已清理规范的中介服务事项作为受理条件。同年 11 月，市局下发《关于做好第一批取消中央指定地方实施行政审批事项和清理规范第一批行政审批中介服务事项有关工作的通知》，将防雷装置设计技术评价转为受理后的技术性服务，在开展防雷行政审批时，不再将防雷设计技术评价报告作为行政审批的前置条件。至 2015 年底，全市气象窗口进驻率和现场办结率均达 100%，窗口实际办理时间提速至 1.9 个工作日，防雷设计审核平均审批时间比法定提速 88.5%；防雷竣工验收平均审批时间比法定提速 85%，重大工程项目提前办结率均为 99%以上。2000—2015 年，全市气象窗口共荣获当地“先进窗口”“优胜窗口”“文明窗口”等表彰 140 余次，80 人次荣获“服务标兵”“服务之星”“优质服务标兵”称号。

第十三章　部门管理

第一节　管理职责

一、市气象局管理职责

宁波市气象局的管理任务主要是贯彻执行党和政府关于气象工作的方针政策，落实中国气象局、浙江省气象局和宁波市委市政府的工作部署，领导全市气象部门完成国家和地方交给气象部门的任务，为建设现代化国际港口城市搞好气象服务。制定宁波气象事业发展规划、计划并组织实施；对本行政区域内的气象活动进行指导、监督和行政管理。管理本行政区域内的气象监测网络、公益气象预报、灾害性天气警报以及农业气象预报、城市环境气象预报等专业气象预报的发布；及时提出气象灾害防御措施，作出重大气象灾害评估，为政府组织防御气象灾害提供决策依据。制定人工影响天气作业方案并组织实施；组织管理雷电灾害防御工作，开展防雷技术服务。提出利用、保护气候资源和推广应用气候资源区划等成果的建议；组织对气候资源开发利用项目进行气候可行性论证。监督有关气象法规的实施，对违反《气象法》等有关法规的行为进行处罚，承担有关行政复议和行政诉讼。贯彻执行气象业务技术规范、规定和业务服务工作流程、规章制度、检查考核办法等；组织管理全市气象台站日常业务和气象服务工作，保证气象业务和服务质量的稳定提高。

二、区县(市)气象局管理职责

过去县级气象部门一直是以气象观测、预报和服务为主的业务部门，没有被赋予行政管理职能。20 世纪 90 年代初开始，各区县(市)气象站先后改称区县(市)气象局，实行局站合一。既是当地政府的工作部门，又是市气象局的下属单位。它的主要任务除地面气象观测、农业气象观测任务外，还要做好本行政区域内天气预报，开展公众服务和为当地党委、政府防灾抗灾、发展经济进行决策服务，开展气象科技服务。2000 年后，在市气象局的指导下，开展防雷安全、气象灾害防御、预报发布、探测环境保护等社会管理职能。2012 年 9 月，中国气象局印发《中共中国气象局党组关于推进县级气象机构综合改革的指导意见》，进一步明确县级气象机构作为同级政府气象工作主管机构，强化县级气象机构组织开展气象基础业务、公共气象服务和气象社会管理的职能。2013 年 2 月，国家公务员局批复同意县级气象管理机构参照公务员法管理，社会管理的职能才被列入职责范畴。区县(市)气象局的管理任务主要有：(1)负责本行政区域内气象事业发展规划的制定及组织实施；对本行政区域内的气象活动进行指导、监督和行业管理。(2)组织指导本行政区域内气象灾害防御工作;组织实施本行政区域的气象灾害防御规划;组织气象灾害防御管理和重大气象灾害的调查和评估工作;组织指导城乡气象防灾减灾和公共气象服务体系建设工作,指导乡镇(街道)气象工作站和人员队伍建设。(3)管理本行政区域人工影响天气工作,指导和组织人工影响天气作业。(4)组织管理本行政区域内雷电灾害防御工作;组织本行政区域内雷灾事故的调查、评估和鉴定工作;负责本行政区域内雷电灾害防护装置的设计审核和竣工验收。负责管理本行政区域内的施放气球活动。(5)组织本行政区域内气候资源调查和区划,指导气候资源的开发利用和保护,组织并审查重点建设工程、重大区域经济开发项目和城乡建设规划的气候可行性论证和气象灾害风险评估。(6)负责本行政区域内的各类气象观测站网的规划和组织管理;负责管理本行政区域内气象探测资料的采集、传输和汇交工作;依法保护气象设施和探测环境;负责建设项目大气环境影响评价所使用的气象资料的审查工作。(7)组织管理本行政区域内的气象监测、预报预警、公共服务等工作;组织管理本行政区域内气象信息的发布和传播;负责重大活动、突发公共事件气象保障工作;负责重大突发公共事件预警信息发布系统的管理。(8)组织开展气象法制宣传教育,负责监督有关气象法律法规的实施,对违反《中华人民共和国气象法》等法律法规有关规定的行为依法进行处罚,承担有关行政诉讼;组织宣传、普及气象科普知识。(9)管理本级气象部门的人事劳动、计划财务、教育培训、业务建设、党风廉政建设、精神文明和气象文化建设;负责气象部门双重计划财务体制的落实工作。(10)承担上级气象主管机构和本级人民政府交办的其他事项。

第二节　行政管理

宁波市、县两级气象行政管理机构通过理顺机构设置,明确机构职责,建立财务体制、人事制度、绩效管理等多个方面的工作决策机制、流程,推动行政管理科学决策的执行和目标的实现,较好发挥气象行政管理职能。

一、制度建设

宁波市气象局自1977年成立,历来重视制度建设,尤其是实行计划单列以后,不断建立完善管理制度和工作流程。2002年以后,陆续制定或修订《全市性会议管理办法》《局长接待日工作制度》《领导干部请假报告规定》《党风廉政谈话制度》《政务公开制度》《机关公文处理规范》《公文处理实施细则》《印章使用管理规定》和《干部政治理论学习、培训制度》等50余项制度。2002年汇编成册,并在宁波市气象局内网上设立"规章制度"栏目。2002年5月、2009年7月、2013年7月,市气象局先后3次修订下发《中共宁波市气象局党组工作规则》和《宁波市气象局工作规则》。1987年开始,市气象局每年至少召开一次全市气象局(站)长会议,并通过共青团、妇委会、技术人员和离退休老干部座谈会等多种形式广泛听取意见和建议,实行民主决策和科学管理。

二、目标管理与综合考评

全市气象部门不断探索适合本市气象事业发展的科学管理方法和方式,逐步建立起以年度工作目标为中心的系统管理方式。宁波市气象局于1988年开始对区县(市)气象局(站)实行目标管理。1995年开始对区县(市)气象局(站)和市气象局直属单位的年度工作任务实行目标考核和评价机制,考核结果在下一年年初进行通报。为进一步规范对各区县(市)气象局和市气象局直属单位实施目标管理,2004年1月,市气象局制定下发《宁波市气象局目标管理实施办法》(甬气发〔2004〕3号),建立重点工作目标和常规工作目标等考核指标体系。2012年4月,为全面客观评价各区县(市)气象局(站)和市气象局直属单位的年度工作成效,市气象局制定下发《宁波市气象部门综合考评办法(试行)》(甬气发〔2012〕25号),对各单位的年度工作考评内容增设地方政府评价和社会评价等指标进行综合考评。2011年4月,市气象局印发《宁波市气象局机关工作效能考核办法》(甬气发〔2011〕22号),同时加大督促检查工作的力度,推动领导决策的执行和重点工作任务的落实。

1998年始,中国气象局在全国气象部门实行目标管理,对省(区、市)、计划单列市气象局实行目标管理考核。2006年,中国气象局进一步提出目标管理创新要求和评定办法,包括创新责任体系、创新管理指标体系、创新评审程序、建立奖惩机制等。是年始,中国气象局将"计划单列市气象局的目标任务纳入所在省进行考核"(气办发〔2006〕78号),考核情况报中国气象局,再由中国气象局评定结果。2008年始宁波市气象局全部纳入省气象局目标管理序列。1998年始,宁波市政府对政府部门实行目标管理考核,宁波市气象局纳入市政府目标管理。1998—2015年上级气象部门对宁波市气象局目标管理考核结果见表13.1,各区县(市)气象局、市局直属单位历年目标管理考核情况见表13.2。

表13.1 上级气象部门对宁波市气象局目标管理考核结果

年代	综合考评等次	创新项目评比	
		等次	创新工作内容
中国气象局考核			
1998	优秀达标单位		
1999	优秀达标单位		
2000	达标单位		
2001	优秀达标单位		
2002	优秀达标单位		
2003	达标单位		
2004	达标单位		
2005	优秀达标单位		
2006	达标单位		
2007	达标单位		
2008年开始由省气象局考核			
2008	优秀单位	二类创新	慈溪气象为农服务找准切入点
2009	特别优秀表彰单位(第一名)	二类创新	《宁波市气象灾害防御条例》实现七方面政策性突破
2010	特别优秀表彰单位(第一名)	二类创新	推进气象行政许可规范化,强化社会管理
2011	优秀单位(第三名)	第十名	市级气象灾害应急预警中心编制全面落实
2012	特别优秀单位(第一名)	第二名	政府(市县)都成立气象灾害防御指挥部
2013	特别优秀单位(第一名)	第二名	"建立乡村气象服务站600个"被列为市政府十大民生实事

续表

年代	综合考评等次	创新项目评比	
		等次	创新工作内容
2014	特别优秀单位(第二名)	第一名	推动宁波市政府出台以气象灾害预警为先导的社会响应机制,建立应对重大气象灾害的停课停工制度
2015	优秀单位(第一名)	第三名	积极推进编外用工经费纳入地方财政预算,成效明显

表 13.2　各区县(市)气象局、市局直属单位历年目标管理考核情况

年份	优秀表彰单位(或特别优秀单位)	优秀达标单位	达标单位
1999		宁海局、鄞县局	慈溪局、象山局、余姚局、北仑局、奉化局、市气象台、应用气象室
2000		慈溪局	鄞县局、北仑局、余姚局、奉化局、象山局、宁海局、市气象台、应用气象室
2001		慈溪局、象山局、余姚局、宁海局、奉化局、市气象台	鄞县局、北仑局、应用气象室
2002	慈溪局、鄞州局	市气象台、应用气象室	象山局、余姚局、奉化局、北仑局、宁海局、防雷中心、结算中心、后勤中心
2003	鄞州局、慈溪局、应用气象室	宁海局、奉化局、余姚局、象山局、北仑局、市气象台、结算中心、防雷中心、后勤中心	
2004	慈溪局、宁海局、结算中心	北仑局、鄞州局、象山局、奉化局、余姚局、防雷中心、市气象台、应用气象室、后勤中心	
2005	余姚局、宁海局	奉化局、象山局	北仑局、鄞州局、慈溪局
2006	余姚局、慈溪局、信息中心	宁海局、奉化局、监网中心、市气象台	北仑局、鄞州局、象山局、防雷中心、后勤中心
2007	余姚局、鄞州局、防雷中心、市气象台	慈溪局、信息中心	奉化局、宁海局、象山局、北仑局、镇海局、防雷中心、后勤中心
2008	慈溪局、宁海局、市监网中心	余姚局、防雷中心、信息中心、市气象台、后勤中心	象山局、鄞州局、北仑局、奉化局
2009	慈溪局、象山局、信息中心	宁海局、余姚局、奉化局、鄞州局、北仑局、镇海局、监网中心、市气象台、防雷中心、后勤中心	
2010	慈溪局、余姚局、监网中心	鄞州局、宁海局、象山局、奉化局、镇海局、北仑局、市气象台、后勤中心、防雷中心、信息中心	
2011	镇海局、象山局、保障中心(余姚局、服务中心、市气象台为优秀表扬单位)	慈溪局、奉化局、宁海局、鄞州局、北仑局、气候中心、防雷中心、后勤中心	
2012	鄞州局、奉化局、保障中心(镇海局、慈溪局为优秀表扬单位)	余姚局、宁海局、象山局、北仑局、市气象台、服务中心、气候中心、防雷中心、后勤中心	

续表

年份	优秀表彰单位（或特别优秀单位）	优秀达标单位	达标单位
2013	余姚局、慈溪局、保障中心	北仑局、奉化局、象山局、鄞州局、宁海局、镇海局、市气象台、后勤中心、服务中心、防雷中心	
2014	慈溪局、余姚局、宁海局、防雷中心	鄞州局、北仑局、奉化局、镇海局、象山局、后勤中心、市气象台、保障中心、服务中心	
2015	慈溪局、鄞州局、余姚局、服务中心	镇海局、宁海局、奉化局、象山局、北仑局、保障中心、防雷中心、后勤中心	

三、办公自动化

宁波市气象局根据中国气象局的统一规划，结合本市实际，把办公自动化建设纳入年度工作目标管理考核，市、区县（市）气象局办公室具体主管。市、县两级气象局多渠道筹集资金，积极争取地方政府对气象部门办公自动化建设的支持，加入地方政府办公自动化建设规划，保证办公自动化建设的顺利进行。

网络与内部电子邮件系统建设。1998 年始，中国气象局信息报送工作全部实行网上报送，同时气象工作信息、内部情况通报等信息刊物也通过网上进行传递。2000 年中国气象局到省级（含计划单列市）气象部门的 Notes 电子邮件系统建成，成为气象部门内部各种政务、业务管理信息快速交换的平台。2001 年起，中国气象局 Notes 邮件系统从省级全面延伸到各区县（市）气象局，2002 年，全市气象计算机宽带网建设完成，市县各级气象部门之间均开通了 2～10 兆光缆宽带专线。2003 年对市本级（计划单列市）Notes 电子邮件系统进行了扩容和完善，2004 年起将中国气象局 Notes 邮件系统从市气象局全面延伸到各区县（市）气象局。2005 年 Notes 系统从卫星网转移到全国气象宽带上，传输速度明显提高。2006 年，中国气象局“省级气象办公系统”建成并下发各省（区、市）、计划单列市气象局试运行。是年 7 月，市县气象局互通的办公电子邮件系统建成，加快了市、县两级气象部门办公信息的传递速度，工作效率得到提升。此后，市气象局分别于 2007 年 3 月、9 月、12 月以及 2008 年 7 月完成对“省级气象办公系统”的多次更新。2008 年 12 月 Notes 系统全面改造，从 6.0 跃升为 8.0 版本，相应推进全市气象部门所有用户端软件的升级。2009 年 11 月，Notes 系统新增所有副处级以上个人用户信箱，拓展系统的使用范围和使用频度。

本地办公内网建设。2000 年建成宁波市气象系统办公内网，把系统内部的通知、公告、公文搬上网络平台，大大提升信息发布和传送的速度，向办公无纸化迈出了第一步。此后办公内网历经多次改版，不断完善各项功能。2016 年 3 月完成最新一次改版，增加“内设机构”信息公布，实现各部门工作内容的透明公开。

办公网络安全管理制度建设。2003 年初，市气象局下发《宁波市气象局机关办公网络终端管理规则》，对网上信息（通知）接收发布和软硬件及配套设施的维护更新、防（消）病毒、技术指导等方面作出明确规定，以确保办公网络高效、畅通、便捷、保密、安全。

四、公文与保密管理

2002—2013年，市气象局先后下发《宁波市气象局公文处理实施细则》（甬气发〔2002〕133号）《宁波市气象局机关公文处理规范》（气办发〔2002〕14号）、《宁波市气象局印章使用管理规定》（甬气发〔2013〕19号）和《关于重新规范机构简称和发文字号的通知》（甬气发〔2011〕24号）、《宁波市气象局文印工作制度》（甬气办发〔2014〕6号），对公文种类、公文格式、行文规则、公文办理、公文管理、印章使用等作了明确规定。2002年12月，市气象局实现与宁波市政府的无纸化电子公文传输专网双轨试运行。2003年底，市气象局建成公文无纸化加密传输系统，实现与中国气象局和各省级气象部门之间绝密级以下公文的无纸化交换，完全替代原有纸质公文传输模式。公文无纸化加密传输系统的单轨运行，提高公文传输速度，缩短公文传输时间，节约公文印发和邮寄成本。2006年11月，市气象局印发《电子公文传输流转管理试行办法》，2009年7月修订下发《宁波市气象局工作规则》，又对电子公文传输流转工作进一步作了明确规定。

健全保密管理制度，强化保密教育，加强对计算机信息系统的技术防范和管理。2002—2015年，市气象局陆续制定下发《宁波市气象局保密工作规定》（甬气发〔2002〕119号）、《宁波市气象局密码通信网络系统使用操作管理细则》、《宁波市气象局秘密载体的制作、使用、流转、保管和销毁制度》、《宁波市气象局计算机信息系统保密管理规定》（气办发〔2003〕3号）、《宁波市气象局机关办公网络终端管理规则》、《宁波市气象局机关、直属单位涉密移动储存介质保密管理办法》（甬气发〔2008〕43号）、《宁波市气象局保守国家秘密工作实施办法》（甬气办发〔2014〕9号）、《宁波市气象局计算机信息系统保密管理办法》（甬气办发〔2014〕10号）等规章制度，促使保密工作更趋制度化、规范化，从源头上杜绝失泄密隐患，保障气象部门各种信息系统和国家秘密的安全。根据市气象局机构改革调整和人员变动情况，及时调整市气象局保密工作领导小组成员，以确保保密工作不因工作人员工作职责变动而受到影响。2009年，市气象局领导班子成员和工作中已经涉密或可能涉密的人员（包括离岗但未过脱密期的退休、调离、辞职、辞退等涉密人员）签订保密承诺书。宁波市政府电子公文传输专网和中国气象局、省气象局的公文无纸化传输系统两套电子公文系统，严格按照有关规定另辟专用机房，单机专用，专人负责，密码设备使用环境安全，有较好的防护措施。

五、气象档案管理

1990年12月，市气象局建立综合档案室，归口办公室管理。2000—2015年，根据上级气象部门和宁波市档案局有关档案工作业务建设规范及本局档案管理要求，市气象局先后制定修订《宁波市气象局气象工作档案管理办法》（甬气发〔2003〕78号）、《宁波市气象局机关文件材料归档范围》（甬气发〔2007〕34号）和《宁波市气象局综合档案室若干常规管理工作制度》（甬气办发〔2014〕7号），准确划分档案保管期限，使所保存的档案既能反映机关主要职能活动情况，维护其历史面貌，又便于保管和利用。2002年3月，市气象局成立档案管理升级工作领导小组和实施小组，开展档案管理达标升级工作。是年8月7日，经中国气象局和宁波市档案局专家联合评审，以92.5分成绩晋升为科技事业单位国家二级档案管理单位。

2011年6月，综合档案室搬迁至气象灾害应急预警中心楼，位于预警中心楼的一、二两层，总面积约500平方米。一层分设文书档案、会计档案、人事档案、防雷技术服务档案、行政审批许可档案、图书资料及实物档案7个库区，由各职能处室负责管理；二层分设气象科技档案两间库房和1间阅档室兼办公室。库房安装档案密集架407.3平方米，配有中央空调、除湿机、温湿度仪、灭火器、报警器和计算机、打印机、缝纫机等专用设备。

（一）气象科技档案管理

1982年7月，国家气象局正式明确各级气象部门在业务技术和科学研究等项工作活动中直接形成的、具有保存价值的，并按归档制度集中保管起来的气象科学技术文件材料（包括原始记录、加工资料、图表、文字材料、照片、纸带、磁带、缩微品、录像带等形态的历史记录文献）都称为气象科学技术档案（简称“气象科技档案”）。气象科技档案是国家八大专业档案之一。按国家气象局1986年制定的《气象科技档案分类法》，气象科技档案分为气象科技管理档案、气象记录档案、气象业务技术和服务档案、气象科学研究档案、气象仪器设备档案、气象教育档案和气象基本建设档案等7大类。气象科技档案和气象科技资料一直分国家、省、市（地）、县四级保管。市（地）、县气象局（站）主要负责收集本地、县形成产生的气象科技档案和与本地有关的科技资料。

宁波市气象局气象科技档案管理始于1978年，地区气象台成立气象资料室，并建立专用库房和设立专职资料管理人员。2005年6月以前，气象资料室虽然先后归属市气象局业务处（科）、市气象台、应用气象室、市气候中心等不同单位，但气象资料室始终设1名专职资料管理人员，负责对气象资料的收集、整编、保管和提供利用。有些年份安排2人，其中1人负责资料审核、气候分析和评价。2005年6月，市局机构编制调整，不再专设气象资料管理岗位，与文书档案归并，划归市气象局办公室，由办公室兼管，只是单纯负责气象资料的接收、保管和提供查询。各区县（市）气象观测站的气象报表审核和收集工作由市局业务科技处（观测与预报处）负责；气象资料的整理加工、统计分析，并为经济建设、社会发展提供服务由市气象台（市气候中心）负责。

宁波市气象局综合档案室收集、整理、保管的气象科技档案有：

气象记录档案　综合档案室收集、保管的气象记录档案包括市气象局所属9个国家级气象观测站建站至2010年12月的地面气象观测各类原始记录、月报表（即气表-1）、年报表（即气表-21）及整编资料。2006年以前各类气象观测记录簿、自记纸和观测记录报表等原始资料，由所在区县（市）气象局负责收集存档自行保管。根据中国气象局《气象记录档案管理规定》（气发〔2001〕130号）和省气象局《浙江省气象记录档案保管体制调整工作实施细则》（浙气函〔2006〕151号）的要求，2006年始，气象记录档案保管体制由四级管理调整为二级管理。市气象局业务科技处按规定定期组织基层气象台站上交常规性及非常规性气象资料至市气象局档案室代管。2006年和2014年，市气象局业务科技处（观测与预报处）两次组织全市各区县（市）气象局将永久和长期保存的气象记录档案（建站至2010年）全部移交到宁波市气象局档案室保管。2011年6月，气象记录档案、历史天气图搬迁至预警中心楼新档案室二楼专用库房。并建立了8个（不含镇海站）国家级气象观测站气象记录数据库，其中鄞州、慈溪、石浦和象山目录全部录入数据库。

气象科研档案　科研项目的技术资料归档是项目管理过程中的重要环节，对技术资料档案进行规范化管理，在科研成果查阅和应用中具有重要作用。省气象局《关于加强科研项目技术资料归档管理的通知》（浙气科函〔2013〕1 号），明确要求全省气象部门承担的各级各类科研项目在项目验收（结题）后 15 日内，需将技术资料进行归档。截至 2015 年底，市气象局档案室共接收、保存各类科研项目科研档案 67 卷。

天气图　分为手工绘制天气图和历史天气图二类。手工绘制天气图是由市气象台根据填图资料分析绘制的 1970—2005 年 5 月东亚地面天气图和 850、700、500 百帕的欧亚高空天气图，保存期为永久保存。1997 年 6 月资料室迁至新业务楼时，根据有关资料保管年限规定并考虑到部分资料因纸张破损严重，无法使用，经有关人员鉴定后，报市局党组同意作销毁处理。销毁处理的资料包括 1969 年以前自绘的地面天气图和高空天气图，711 型测雨雷达回波素描图和各类传真图。历史天气图是自 1961—2000 年由中国气象局下发的历史天气图、地面和高空气候图，每月 2 份。

特种观测记录　2008—2012 年雷达探测数据光盘资料、红外线地形图资料光盘（秘密级）。

气象行政许可档案　2011 年 5 月起，气象行政许可档案实行归档。参考档案馆建档方式，借鉴宁波各县（市）区建档及整理方式，分为施放气球行政许可、防雷装置设计许可及防雷装置竣工许可三个不同类别进行整理。所有档案均按照办理结果在前、相关申请材料在后的顺序整理，实现气象许可案卷一案一卷的建档形式。截至 2015 年，共归档 4107 卷审批案卷。

防雷技术服务档案　存有 2010—2015 年防雷检测报告、技术评价报告、雷击风险评估报告和 SPD 测试报告等 4000 余卷，其中检测报告约 2500 余卷，占 60%。

各类整编出版资料　由中国气象局、省气象局业务主管部门下发和各省（区、市）气象部门以及与气象有关部门整理出版的各种科技资料。主要有：台风年鉴，浙江台风、全国地面、高空气象记录月报表、太阳辐射资料、中国气温、降水、日照、天气现象日数等资料、全国灾害性天气气候分析材料等。市气象局订阅或购买的与气象有关及其他类别的具有一定参考价值的杂志、书刊等出版物。如《气象学报》《大气科学》《灾害学》以及大专院校的学报、地球物理资料、建筑设计规范、海洋、水文和地震等方面资料。

（二）气象行政管理工作档案

气象行政管理工作档案是指全市气象部门在职能管理（包括党务、行政、人事、劳动、计划、财务、审计、业务、服务、科研、教育、法规、物资、装备、产业、宣传、出版、外事）和业务技术、科学研究、工程建设、气象服务等活动中形成的具有参考利用价值的不同载体的文件材料和图书资料以及实物等。

文书档案　2006 年，国家档案局《机关文件材料归档范围和文书档案保管期限规定》（第 8 号令）要求，机关文书档案的立卷方式从 2007 年开始实行“一文一件”方法整理归档，保管期限也由永久、长期、短期调整为永久、定期（30 年、10 年）两种。宁波市档案局就执行第 8 号令下发甬档〔2007〕4 号文件，明确指出市直各机关 2006 年的档案原则上按照 8 号令要求整理，2007 年的档案一律按 8 号令要求整理。市气象局的文书档案从 2006 年起实行“一文一件”形式立卷归档，引进安装了档案管理软件，将文书档案目录全部输入，并进行了原文链接，方便查阅和利用。存有 2001—2014 年文书档案共 411 卷，其中永久 219 卷、长期70卷、短期5卷、30年71卷、10年10卷。

人事档案 主要是指宁波市气象局按照党的干部政策，在培养、选拔和任用干部等工作中，形成的记载干部个人经历、政治思想、品德作风、业务能力、工作表现、工作实绩等内容的文件材料，是历史、全面考察了解和正确选拔使用干部的重要依据。宁波市气象局人事处保管的人事档案为国家编制人员（含离退休人员）、宁波市气象灾害应急预警中心人员人事档案。

会计档案 会计档案是指会计凭证、会计账簿和会计报表等会计核算专业材料，它是记录和反映经济业务的重要史料和证据。1998年，财政部根据《中华人民共和国会计法》和《中华人民共和国档案法》的规定，制定《会计档案管理办法》（财会字〔1998〕32号）。各种会计档案的保管期限，根据其特点，分为永久、定期两类，定期保管期限分为三年、五年、十年、十五年、二十五年5种。宁波市气象局会计档案按照科学管理、妥善保管、存放有序、查找方便的要求，整理立卷并装订成册。现存有1963—2015年会计档案共4344卷，其中永久247卷、三年4卷、五年184卷、十年1卷、十五年3707卷、二十五年201卷。

特种载体档案 主要有照片、录音录像、实物三部分组成，内容包括本单位各类会议、领导视察、重要活动等形成的录音录像和照片，奖状、奖牌、锦旗和证书等。

基本建设档案和设备档案 基建档案包括原办公楼和职工宿舍楼图纸、气象科技大楼基建施工档案、职工售房材料、市气象灾害预警与应急系统一期工程基建施工档案；设备档案主要是大型重要设备相关材料。

六、劳动工资管理

1987年8月，国家气象局《关于对宁波市气象局实行计划单列有关问题的通知》（国气计发〔1987〕191号），是年起，对宁波市气象局的各项计划（包括业务、科教、人事、劳资、基建、财务、物资等）实施单列。市气象局根据通知"宁波市气象局和局机关职能单位领导干部，执行当地政府同级干部的工资标准和待遇。"要求，做好市、县两级气象机构的工资待遇核发。1993年完成宁波市气象局机关人员的职级工资制改革和事业单位人员的职务（岗位）等级工资制改革。2001年，执行基本工资、岗位津贴、绩效奖励"三元工资"制度。2007年4月，按照2006年工改精神，完成参公人员的职务、级别工资的套改调整和事业单位人员的岗位、薪级工资的套改调整。2010年7月，宁波市气象局制定下发《关于进一步加强在职人员收入分配管理的通知》（甬气发〔2010〕49号）和《县（市）区气象局按"属地原则"方案执行津贴补贴的有关规定》（甬气人函〔2010〕13号），要求在职人员个人收入总量根据"属地原则"方案按照当地同级或相当的公务员标准执行。

按照宁波市事业单位实施绩效工资要求，宁波市气象局本级同步推进直属事业单位单位绩效工资实施工作，2012年12月制定下发《宁波市气象局直属事业单位实施绩效工资指导意见》（甬气发〔2012〕88号），完成对市气象局直属事业单位绩效工资的实施，强化市气象局本级直属单位内部考核工作，充分发挥绩效工资分配的激励导向作用。是年6月，根据中共宁波市委办公厅（甬党办〔2012〕80号）文件精神，宁波市气象局机关参公人员从8月开始实行车改补贴。2011年2月，根据中国气象局人事司、计财司要求，对市气象局参公人员津贴补贴进行规范；2015年9月，对县级气象管理机构参公人员津贴补贴进行规范。

1996年1月起，宁波市气象局机关事业单位在职人员实行机关事业单位工作人员基本养老保险；2001年4月根据宁波市统一部署，机关参公人员退出基本养老保险，事业单位及事业在职人员继续缴纳养老保险。2001年1月1日起，宁波市气象局实行基本医疗保险，职工医疗费用由原来的单位结算调整为社会统筹结算。

七、推进后勤服务社会化

后勤服务社会化是指将机关的后勤服务职能和人员从机关分离到社会或行业，通过引入市场竞争机制，依靠专业化和市场化的服务资源来提供优质、高效的后勤保障，从而摆脱机构编制、经费超支的压力，最大限度地发挥人、财、物的综合效益。

2001年以后，宁波市气象局通过成立后勤服务中心和财务结算中心、对外招标等形式，积极探索后勤服务集约化、社会化。建立新型的后勤服务保障体系，努力推进机关后勤服务改革，实行机关后勤“管办分离”，由“自己养人搞服务”向“市场购买服务”转变，依靠专业化和市场化的服务资源来提供优质、高效的机关后勤保障，减少了后勤服务人员编制，节约了财政经费支出，有利于更好地加强机关内部管理，提高工作效率。

2001年12月市气象局成立后勤服务中心和财务结算中心两个直属事业单位。达蓬山新一代天气雷达站于2001年10月启动建设，2003年6月竣工，是年成立相应的宁波市气象科普中心，为自收自支独立法人科级事业单位，隶属市气象局后勤服务中心管理(2015年7月撤销)。一是推进后勤服务保障集中统管，对市气象局本级资产管理、基本建设、公务用车、公务接待、公共机构节能、安全管理、后勤服务管理以及机关内部物业等服务保障实行由后勤服务中心集中统一管理、统一调度，统一服务标准。二是推进财务集中统一管理，对各结算单位的财务实行财务核算中心“集中管理、分户核算”的财务保障模式，变分散管理为集中统一管理，对各结算单位的银行账户、资金核算、凭证制作、会计核算、报表编制和财务档案管理及对其财务活动进行监督。提高了服务保障水平，提升了保障效益，标志着机关后勤服务向集约化、社会化、企业化转变开始起步。

2011年5月，市气象局首次通过服务外包公开招标，与美屋物业公司签订服务合同，将市气象局大院和气象灾害预警与应急保障中心物业管理、设施设备维管、卫生保洁、消防安保、会务保障、绿化养护等引入专业化服务公司，实行社会化服务保障。在服务外包单位的选择上，全面实行招投标机制，凡政府资金购买服务的均通过市财政局采购中心招标比选服务商，并采用合同管理的方式，提高社会化服务的规范性。在招投标中，市气象局纪检监察贯穿采购活动全过程，保证采购公开、公平、公正与透明。各区县(市)气象局也都积极推进机关后勤服务社会化管理。截至2015年底，已有宁海、慈溪、鄞州等区县(市)局通过招标的形式，对物业管理等服务项目实行社会化保障。

第十四章　财务管理与规划

第一节　财务管理

一、双重计划财务体制的健全和完善

1992年5月，国务院《关于进一步加强气象工作的通知》(国发〔1992〕25号)文件明确提出各级地方政府要建立与现行气象管理体制相适应的计划体制和相应的财务渠道，对于气象部门来说，就是建立双重计划财务体制和相应的财务渠道。是年12月10日，宁波市政府就贯彻落实国务院《通知》精神下发《关于加强气象工作有关问题的通知》(甬政发〔1992〕301号)，文件中明确"各地要把涉及地方的气象事业发展规划，纳入地方国民经济发展的总体规划，对主要为当地经济建设服务的气象事业项目，要根据需要和财力可能予以安排。有关事业经费以及除工资、全国性补贴、津贴以外的经费，由各地财政部门纳入财政预算"。市气象局积极开展工作，与市计划委员会、市财政局等政府相关部门商洽国务院《通知》精神和市政府文件精神的落地，下基层与区县(市)政府负责人商谈建立财政户头。1993年以后，在市财政预算收支科目中增列"地方气象事业"支出科目。1995年以后，市政府及有关部门相继出台一些配套的政策和规定，推进双重计划财务体制的落实。

1995年3月31日，宁波市政府办公厅转发市计委、市财政局《关于进一步落实地方气象计划财务体制有关问题意见的通知》(甬政办发〔1995〕52号)，提出各区县(市)政府要全面检查落实气象计划财务体制建立完善情况，要关心、重视、支持气象工作，帮助解决气象部门存在的实际困难和问题，区县(市)政府出台的各项增资、津贴、补贴及各地在公费医疗改革中，应将气象部门与当地其他行政事业单位同等对待。

1999年1月27日，宁波市计划委员会与市气象局联合下发《关于进一步落实气象基本建设计划体制的通知》(甬计农〔1999〕38号)，提出各区县(市)计委在制定当地基本建设投资计划时，要充分考虑当地气象事业发展的需要，安排好气象基本建设投资和专项投资，保证气象现代化和气象基础设施、气象职工工作生活条件的正常建设、维护和改善，切实把气象事业发展计划和气象基础设施建设计划列入当地国民经济和社会发展计划。

2006年6月20日，宁波市发展与改革委员会向各区县(市)人民政府和有关部门印发《关于印发宁波市气象事业发展规划的通知》(甬发改农经〔2006〕265号)，提出气象规划是今后一段时期我市发展气象事业工作的主要文件，列入的建设项目是规划期(2006—2010年)审批气象事业项目的主要依据，要求各区县(市)政府和有关部门要将气象规划中的建

设项目与城市总体规划、土地利用总体规划和相关专项规划相衔接，在各自的职责范围内，认真组织实施；要在土地计划安排和资金筹措方面给予优先考虑，在资金投入方面要积极加大公共财政的支持力度，努力形成气象事业发展的新局面。是年 9 月 11 日，宁波市政府下发《关于加快宁波气象事业发展的实施意见》（甬政发〔2006〕74 号），要求各区县（市）政府和有关部门要充分认识加快我市气象事业发展重要性和紧迫性，提出要加快综合气象观测系统建设、完善气象预报预测系统、建立气象灾害预警应急体系、健全公共气象服务体系、推进气象信息共享平台建设、强化气象为建设社会主义新农村服务、完善海洋气象服务、做好交通气象保障、加强城市气象服务、积极拓展气象服务领域、加强人工影响天气工作、做好气候资源开发利用等十二个方面工作，明确要求将气象事业纳入国民经济和社会发展规划，切实加大对气象事业的投入力度，把增强气象能力建设纳入各级财政预算，建立健全气象事业发展公共财政投入机制，按有关规定做好气象部门职工的医疗、养老、失业等社会保障工作。

2007 年 10 月 18 日，宁波市政府下发《贯彻落实国务院办公厅关于进一步加强气象灾害防御工作意见的通知》（甬政发〔2007〕102 号），要求各区县（市）政府和有关部门要进一步完善气象灾害防御投入机制，加大对气象灾害监测预警、信息发布、应急指挥、灾害救助及防灾减灾等方面的投入力度，推进宁波市灾害性天气监测预警与应急系统工程等重点项目建设。

2012 年 7 月 30 日，宁波市政府下发《关于全面加快推进气象现代化建设的通知》（甬政发〔2012〕75 号），提出各地各部门要高度重视气象现代化建设工作，要把气象现代化建设所需经费及项目维持经费纳入各级财政预算，切实加大对重大气象工程、气象科学研究及技术开发项目的投入力度，建立健全财政投入稳定增长机制，为全面推进气象现代化建设提供有力保障。

二、深化财政体制改革

全市气象部门根据财政预算体制改革的要求，积极参与中央和地方各项财政改革，认真落实各项财政改革措施，先后推行部门预算、政府采购、会计集中核算、国库集中支付等各项改革。

（一）进入地方财务核算中心，接受地方财政的监督和管理。

2001 年，市气象局根据宁波市委、市政府《关于改革市直机关资金管理方式的通知》精神，积极参与宁波市级机关资金管理方式改革，按照银行单一账户、资金集中收付、统一办理结算和核算网络监督管理的要求，2001 年 7 月 1 日以后，市气象局本级所有资金全部纳入到市财政会计核算中心，接受财政的监督和管理。至 2015 年，全市气象部门所属区县（市）气象局基本纳入当地财政会计核算中心。

（二）完善国库集中支付管理，规范集中支付操作。

2002 年 5 月 17 日起，市气象局本级率先推行国库集中支付，2004 年 7 月 1 日，全市气象部门全面推行国库集中支付，经过几年的磨合和适应，通过精心培训、明确要求、解决问题、监督检查、总结经验和加强沟通交流等，全市气象部门国库集中支付工作进入正常化、规范化的运行，各单位能严格执行相关制度，规范使用财政资金。

(三)深化部门预算改革,科学合理安排使用资金。

2000 年全市气象部门开始部门预算管理改革,通过预算编制、分配、批复和执行,改变传统的预算资金分配机制,预算做到从最基层单位编起,逐级汇总,所有开支项目都落实到具体的单位。实行综合收支预算将各单位全部收入纳入预算管理,明确各单位预算外资金实行收缴分离;支出预算将部门所有支出划分为基本支出和项目支出,分别采取定员定额和项目库管理工作的方式进行编制。

(四)落实政府采购工作,提高资金使用的安全性。

1998 年,市气象局开始实行政府采购工作,先后制定《宁波市气象局政府采购管理实施细则》和《宁波市气象部门政府采购领域治理商业贿赂专项工作实施方案》,并成立政府采购监管小组,对政府采购行为进行监督管理,政府采购监管和执行工作的职能分工明确,岗位设置合理,职责落实到位。2006 年进行政府采购领域治理商业贿赂专项工作,成立政府采购领域治理商业贿赂专项工作小组,明确目标和任务、治理的范围和重点,设立监督举报电话,接收各方面的监督。随着全市气象事业的快速发展和业务技术体制改革的不断推进,气象现代化建设任务繁重,设备、工程和服务的采购数量和金额不断增多,通过综合协调,按照政府采购的各项规定,严格执行政府采购程序,把好质量关、验收关和资金付款关,确保采购质量和效益。

(五)成立财务结算中心,实行集中核算和管理。

2002 年 3 月,市气象局组建成立宁波市气象局财务结算中心,加强对本级所属单位的财务管理,推进会计管理体制改革,适应财政支出管理改革的需要。局机关、直属事业单位、企业实体和社会团体等单位财务收支由财务结算中心统一审核、统一收付、统一核算、统一管理。各单位的自律观念和遵守财政纪律的意识增强,铺张浪费、乱支滥花现象基本杜绝,可控费用明显降低,民主理财氛围进一步浓厚。

第二节　事业发展规划

宁波实行计划单列前,气象事业发展规划基本按照浙江省气象局所列的规划项目执行。1988 年实行计划单列后,从"八五"起,气象事业发展五年规划开始单独编制,并于 2006 年正式列入《宁波市国民经济和社会发展五年规划纲要》。20 世纪 90 年代以来,在宁波各级政府和中国气象局、省气象局领导关怀支持下,全市气象现代化建设力度逐年加大,速度逐年加快,档次不断提高,宁波气象事业进入了一个新的发展时期。

"九五"期间,1996 年中国气象局发文同意宁波新一代天气雷达布点,市气象台实时业务系统进一步完善,增加了数据传输内容,无线传输扩展为无线有线相兼。建成市气象局与中国气象局远程通信,引进电视天气预报制作系统;1997 年 6 月底,市气象局迁入新业务楼,10 月卫星综合应用业务系统(即 VSAT 小站)建成;是年 6 月,慈溪市气象局在全省率先建成慈溪市农业综合信息网;1999 年,全市各区县(市)气象局都建成卫星单收站(PCVSAT)。完成台站综合改造,慈溪、余姚、鄞州、宁海、象山、奉化等 6 个区县(市)气象局迁建新的气象业务用房或观测站。

“十五”期间，宁波市中尺度灾害性天气监测预警系统全面启动建设，完成全市114个中尺度自动站的布点建设和静止卫星接收系统更新改造。新一代多普勒天气雷达系统建成并投入业务运行；建成全市气象信息宽带网，对主干网和中心机房进行升级，完成市台的业务平台改造；中尺度数值预报模式投入运行；建设可视会商系统和大屏幕显示系统，实现省—市、市—县的可视会商；建成由芬兰维萨拉公司生产的全市气象台站多要素自动气象站网；建设以市气象台为中心站，由余姚、北仑、宁海、象山组成的闪电定位系统。

“十一五”期间，通过宁波市气象灾害预警与应急系统一期工程建设，气象业务现代化水平明显提升。初步建成由新一代天气雷达、156个地面自动气象观测站、4个闪电定位仪、10套大气电场仪、16套能见度、10套负氧离子、3个二氧化碳、4个太阳辐射、8个GPS/MET水汽、2个土壤墒情、15个实况天气监视、2套海洋船舶自动气象观测站和卫星地面接收系统组成的区域中尺度天气立体监测网；建设由1.23T峰值运算能力的高性能计算机和85T海量存储组成的区域数值预报模式系统，由卫星通信、移动通信和地面宽带通信组成的气象信息网络，由气象电视、气象声讯电话、气象短信、气象电子显示屏、网站等组成的气象信息发布网络。初步形成由0～2小时临近预警系统、2～12小时短时预报模式和12～120小时短期预报模式组成的中小区域客观指导预报系统，灾害性、关键性、转折性天气的预报预测能力，灾害性天气的预警时效性、针对性都有所加强。全市气象部门共开播13套电视气象节目，建设7个专业气象网站、400多块气象信息电子显示屏。市民可以通过电视、广播、“96121”气象自动答询电话、手机气象短信、报纸等渠道广泛获取气象信息。完成宁波市气象预警中心业务用房建设，新（迁）建鄞州、北仑、镇海3个区县（市）气象局气象业务用房或观测站。

“十二五”期间，通过宁波市气象灾害预警与应急系统二期工程建设，全面开展监测预警全覆盖县建设，建成气象灾害防御示范（标准）乡镇和气象防灾减灾示范村（社区），建立气象协理员、信息员和联络员等队伍。初步建立旅游、城市、环境、农业、渔业、港口、海水养殖和生态等“八大特色气象中心”。深化城市气象服务和农村气象服务“两个体系”建设，推进融入式公众气象服务，通过电话、短信、电视、网站、电子信息屏等多种渠道发布气象信息，信息覆盖面不断扩大，气象监测预报预警信息发布与传播能力不断提升，气象服务公众满意度达到83.1%。初步形成由国家级自动气象站、区域气象站、船舶气象站、风廓线雷达、激光雷达、大气成分观测系统、负氧离子仪、酸雨观测系统、观测风塔、闪电定位仪、大气电场仪等组成的综合气象观测系统，全市自动站密度达到5.7公里。建立区域数值预报集合预报系统，引进峰值浮点运算速度在10T以上的高性能计算机和200T海量储存系统。初步形成0～240小时精细化、网格化、数字化预报预测产品体系，建成高速信息传输网络及备份系统、视频会商和气象数据处理系统。通过率先提前基本实现气象现代化试点，宁波气象现代化水平继续保持全省领先。慈溪、余姚、鄞州、宁海、象山、奉化6个区县（市）气象局新（迁、扩）建气象业务用房或观测站。启动了石浦气象站全面综合改造。同期，《宁波市气象灾害防御规划》（2011—2020年）颁布实施，对防御和减轻全市气象灾害，增强气象防灾减灾能力和应对气候变化能力，促进经济社会和谐发展意义重大。

2000—2015年宁波气象事业费收支情况详见表14.1。

表 14.1　2000—2015 年宁波气象事业费收支情况　　(单位:万元)

事业经费收入					事业经费支出							资产总额
五年规划	年份	合计	中央	地方	合计	人员经费		公用经费		业务经费		
						支出	占经费比例	支出	占经费比例	支出	占经费比例	
“九五”	1996	1040.74	584	456.74	1040.74	644.20	61.90%	265.00	25.46%	131.54	12.64%	1174.99
	1997	908.13	304.8	603.33	908.13	476.92	52.52%	221.41	24.38%	209.80	23.10%	1388.16
	1998	1021.81	304.7	717.1	1021.81	523.20	51.20%	333.86	32.67%	164.75	16.12%	2053.96
	1999	942.10	307.4	634.7	942.10	479.56	50.90%	303.50	32.22%	159.04	16.88%	2478.53
	2000	1714.57	390.5	1324.1	1714.57	624.66	36.43%	947.03	55.23%	142.88	8.33%	4031.04
“十五”	2001	1725.30	396.5	1328.8	1725.30	854.62	49.53%	703.10	40.75%	167.58	9.71%	4638.72
	2002	1271.00	529.2	741.8	1271.00	581.46	45.75%	390.62	30.73%	298.92	23.52%	5490.67
	2003	1588.03	684.6	903.4	1588.03	667.47	42.03%	375.53	23.65%	545.04	34.32%	6437.63
	2004	2366.07	1074.0	1292.1	2366.07	813.11	34.37%	582.22	24.61%	970.75	41.03%	6852.87
	2005	2198.91	876.9	1322.0	2198.91	1053.49	47.91%	582.54	26.49%	562.88	25.60%	7743.95
“十一五”	2006	4256.40	1017.8	3238.6	4256.40	1933.70	45.43%	1547.36	36.35%	775.34	18.22%	8799.82
	2007	5272.72	1085.6	4187.1	5272.72	2326.79	44.13%	1128.67	21.41%	1817.26	34.47%	8811.19
	2008	4793.78	1631.0	3162.8	4793.78	2376.73	49.58%	1357.89	28.33%	1059.16	22.09%	9385.25
	2009	6422.63	2264.2	4158.4	6422.63	2838.85	44.20%	1926.22	29.99%	1657.56	25.81%	11337.57
	2010	6704.77	1934.8	4770.0	6704.77	3296.06	49.16%	2392.43	35.68%	1016.28	15.16%	12326.55
“十二五”	2011	6898.84	2129.6	4769.2	6898.84	3744.75	54.28%	2431.83	35.25%	722.26	10.47%	17249.50
	2012	9310.65	2428.97	6881.68	9310.65	3964.30	42.58%	3009.36	32.32%	2336.99	25.10%	18889.40
	2013	9536.96	2921.47	6615.49	9536.96	4515.38	47.35%	2855.98	29.95%	2165.60	22.71%	38775.19
	2014	10734.03	3178.58	7555.45	10734.03	4929.62	45.93%	3721.55	34.67%	2082.86	19.40%	49509.95
	2015	12046.32	3352.86	8693.46	12046.32	4928.45	40.91%	3892.41	26.78%	3225.46	26.78%	57219.0

第三节　基本建设

气象部门的基本建设项目主要有两大项:一是业务(工作)用房建设,二是大型设备的购置。宁波气象部门基本建设项目,1960 年以前主要是建立气象台站的建设费和小额维修费。20 世纪 60 年代以后,全市气象部门基本建设项目逐步增多,投资逐年增加。基建项目与投资,1984 年以前由上级主管部门审批拨给,1985 年开始,项目由主管部门审批,上级气象部门和当地政府匹配投资。

1996—2015 年,全市气象部门基础设施建设总资金累计为 40554.72 万元,其中,中央投资为 7057.29 万元,占 17.4%;地方投资为 33497.43 万元,占 82.6%。“九五”期间投资 1100.5 万元;“十五”期间投资 2475.59 万元,比“九五”增加 1375.09 万元,增长率 125.0%;“十一五”期间投资 15768.63 万元,比“十五”增加 13293.04 万元,增长率 537.0%;“十二五”期间投资 21260 万元,比“十一五”增加 5491.37 万元,增长率 34.8%;累计完成建筑面积 35530.59 平方米(表 14.2、表 14.3、表 14.4、表 14.5)。

1996 年,宁波新一代天气雷达站启动建设,站址位于慈溪市三北镇海拔 423 米的达蓬山,规划用地总面积 7100 平方米,建筑用地 1138 平方米,建筑总面积 4075 平方米,总投资 3700 万元。建设项目包括雷达主楼、生活楼、科普厅和上山公路最后 1.5 公里、专用通讯光缆、专用供电供水设施、防雷设施、安全监控设施以及相配套的 10 个雨量校准用雨量站、5 个遥测自动气象站和 3 套闪电定位仪等。

2002 年,宁波中尺度灾害性天气监测预警系统启动建设,由 4 个分系统组成:综合气象监测分系统、信息网络分系统、信息加工分系统和预警服务分系统。

2006 年,宁波市气象灾害预警与应急系统一期工程启动建设,主要建设包括气象灾害预警与应急保障中心业务用房以及配套气象预报预测平台、公共气象服务平台、气象应急平台、计算机网络平台和科技创新平台等。

2012 年,宁波市气象灾害预警与应急系统二期工程启动建设,主要建设海洋气象监测预警系统、气象为农服务系统和气象灾害监测预报预警信息化平台等。是年,奉化市气象探测基地审批立项,位于奉化萧王庙街道傅家岙村,规划(含长期使用)用地 36 亩(1 亩≈666.7 米^2),建设内容包括标准化气象观测站、特种气象观测和业务管理用房等,项目总投资 2522 万元。象山县气象灾害预警中心工程启动建设,总投资 1040 万元,工程坐落在象山县滨海工业园区金海大道东侧地块,用地面积 10020 平方米,主要建设业务用房以及室外道路场地、围墙、景墙、水池、给排水、供电、绿化等附属配套工程。

2013 年,宁波气象综合探测试验基地启动建设,规划总用地 23267 平方米,新建观测试验场 7435 平方米,新建试验用房总建筑面积 2043.66 平方米,配套建设污水处理、雨水收集、供电、供水、绿地和道路等基础设施。是年,鄞州区农业与生态气象综合探测基地进入工程建设前期准备,工程概算总投资 6165 万元,项目建设地点位于鄞州区石碶街道联丰村,新建国家标准大气观测场、设施农业气象观测站、温室气体梯度监测站、大气成分观测站,并配备观测站相关仪器设备,同时建设配套实验、监控、管理及生活辅助用房。总用地面积 6134 平方米,总建筑面积 3267 平方米。宁海气象科技中心工程动工新建,建筑面积 4500 平方米,总投资 3563 万元。

2014 年,慈溪市气象局气象灾害预警业务用房启动建设,占地面积约 750 平方米,建筑面积约 2100 平方米,总投资 1003 万元(不含业务设备)。主要包括气象灾害预警平台、天气预报会商室、农业气象服务平台、电视天气预报制作演播室、气象信息连线直播台、气象业务研发中心、人工增雨指挥平台以及气象科普馆等建设内容。

2015 年,宁波市雨雪冰冻观测系统启动建设,在现有气象观测站网的基础上,通过遴选代表站点,改造和增配雨雪冰冻自动观测设备,建设雨雪冰冻观测站 52 个。是年,宁波市气象雷达站综合改善工程项目启动。主要建设对建筑面积 3752.6 平方米的雷达站业务用房外墙面改造、重铺屋面层,更换所有门窗;对室内外消防、水电、监控、护栏等进行维修改造;对现有绿化及道路路面进行维修改造。

表 14.2　宁波气象部门"九五"期间基本建设投资一览表　(单位:万元、平方米)

建设单位	建设名称	建筑面积	1996 年		1997 年		1998 年		1999 年		2000 年		投资合计
			中央	地方	中央	地方	中央	地方	中央	地方	中央	地方	
宁波市气象局	科技楼(续)		400	175	115								690
奉化市气象局	征地建房								40	168	10		218
	台站综合改造											15	15

续表

建设单位	建设名称	建筑面积	1996 年		1997 年		1998 年		1999 年		2000 年		投资合计
			中央	地方	中央	地方	中央	地方	中央	地方	中央	地方	
宁海县气象局	迁站补助		5		5	51							61
象山县气象局	迁站建设			101.5	10	5							116.5
总计			405	276.5	130	56			40	168	10	15	1100.5

表 14.3 宁波气象部门“十五”期间基本建设投资一览表 （单位：万元、平方米）

建设单位	建设名称	建筑面积	2001 年		2002 年		2003 年		2004 年		2005 年		投资合计
			中央	地方	中央	地方	中央	地方	中央	地方	中央	地方	
余姚市气象局	办公楼	1234.64	31	80									111
奉化市气象局	观测场综合改造						30						30
鄞县气象局	附属用房	3740									60	45	105
慈溪市气象局	业务用房	1977.61			50							356.27	406.27
	附属用房	998.86										213.32	213.32
宁波市气象局	雷达站							300	230	480		600	1610
总计		7951.11	31	80	50		30	300	230	480	60	1214.59	2475.59

表 14.4 宁波气象部门“十一五”期间基本建设投资一览表 （单位：万元、平方米）

建设单位	建设名称	建筑面积	2006 年		2007 年		2008 年		2009 年		2010 年		投资合计
			中央	地方	中央	地方	中央	地方	中央	地方	中央	地方	
北仑区气象局	业务用房	2492.82	20	150	20	200	20	350	20	400		50.2	1230.2
石浦气象站	业务用房	1222				80		57		0.4	300		437.4
鄞县气象局	附属用房			310			150	1445					1905
慈溪市气象局	业务用房	285								492.99			492.99
宁海县气象局	业务用房	4498			580	2482.59							3062.59
宁波市气象局	雷达站（续）		1393.29	600		600		280					2873.29

续表

建设单位	建设名称	建筑面积	2006年		2007年		2008年		2009年		2010年		投资合计
			中央	地方	中央	地方	中央	地方	中央	地方	中央	地方	
宁波市气象局	预警中心业务用房				150	400	150	647.94	50	1242.06	250	2280.16	5170.16
宁波市镇海区气象局	业务用房改造								300	297			597
总计		8497.82	1413.29	1060	750	3762.59	320	2779.94	370	2432.45	550	2330.36	15768.63

表 14.5　宁波气象部门“十二五”期间基本建设投资一览表　(单位:万元、平方米)

建设单位	建设名称	建筑面积	2011年		2012年		2013年		2014年		2015年		投资合计
			中央	地方	中央	地方	中央	地方	中央	地方	中央	地方	
象山县气象局	预警中心业务用房	3700		300	440	300							1040
北仑区气象局	梅山气象站	171						390					390
宁海县气象局	科技中心	4500					500	3063					3563
奉化市气象局	探测基地	600					550	1972					2522
余姚市气象局	黄山观测站	200								800			800
慈溪市气象局	预警业务用房	2100							403	600			1003
余姚市气象局	预警中心	2500							120		155	500	775
象山县气象局	石浦观测场维修										100		100
后勤服务中心	雷达站综合维修										450		450
鄞州区气象局	综合探测基地	3267						1849		400		3916	6165
宁波市气象局	气象综合探测试验基地	2043.66										4452	4452
总计		19081.66		300	440	300	1050	7274	523	1800	705	8868	21260

第十五章　科技教育与合作交流

第一节　职业培训与教育

2000年以后，宁波市气象局职业培训和教育紧紧围绕气象现代化建设，努力提升气象队伍文化知识和业务素质，进一步加强学历教育和业务技术培训，由单纯短期培训以及文化、技术补课发展到通过文化考试或选派参加大中专脱产学习，以及在职研究生培养等较高层次的继续教育，由单一院校学习发展为提倡职工以电大、函授、自学考试等多种形式结合的继续教育。2003年5月，市气象局制定出台《宁波市气象部门专业技术人员继续教育管理制度》（甬气发〔2003〕54号），对参加学历教育的干部职工予以支持。是年8月又出台《宁波气象部门职工继续教育管理办法》（甬气发〔2003〕77号），对职工继续教育费用报销等事项作出规定，规范职工继续教育管理，以加快全市气象部门高层次、复合型人才培养，促进在职职工教育的制度化、规范化。全市气象部门在职继续教育实行统一规划，分工负责，分级管理。2014年4月，制订《宁波市气象局关于进一步加强教育培训和人才培养工作的实施意见》（甬气发〔2014〕29号）文件，积极促进教育培训和人才培养工作的进一步完善。据统计，2000—2015年，全市气象部门参加脱产或函授学历教育的干部职工有178人，其中取得硕士研究生学位有11人，取得本科学历107人，取得大专学历58人，取得中专学历2人（表15.1）。同时，结合气象现代化建设进程，以新业务、新技术、新方法和现代管理为主要内容，通过多种途径加强教育培训工作，拓展人才培养渠道。一是“送出去”。沟通理顺与地方组织人事部门的培训渠道，把机关工作人员培训纳入地方公务员培训范畴。参加地方组织人事部门举办的公务员任前培训、公共科目培训和考核、综合素质专题讲座和专业技术人员更新知识讲座。每年选派2～3名处级干部参加宁波市委党校（或市行政学院）的处级干部培训班。每年选派业务和管理人员参加中国气象局、省气象局举办的以现代气象业务体系、防雷检测和防雷工程等新技术、新知识及人事、计财、法规、公文和新闻报道等为主题的培训班。二是“请进来”。根据业务发展需要，自行举办计算机普及、开发应用、预报、测报、雷达资料和卫星云图识别及新装备应用等各类业务培训班。2003年以后，每年根据年度短期培训计划，各职能处室邀请有关专家和院校老师来局授课。2005—2008年，连续四年举办为期一周的市气象局中层干部综合培训班，邀请上级气象部门和地方相关部门专家对市气象局党组管理干部及直属单位副高职称以上人员进行培训，取得较好的效果。2007年起，增加气象社会管理的培训职能，每年举办气象防灾减灾培训班，对乡镇气象协理员和信息员、部门联络员及重点用户进行气象防灾减灾知识培训，并根据省气象局要求，配合协调辖区各区县（市）政府分管领导、乡镇政府分管防灾减灾的乡镇长参加全省气象灾害应急防御培训班。2006—2015年全市气象职工短期培训情况如表15.2所示。

表 15.1 2000—2015 年全市气象职工学历教育统计表

年份	硕士研究生	本科	专科	中专	年份	硕士研究生	本科	专科	中专
2000	—	1	—	—	2008	—	11	6	—
2001	—	1	1	—	2009	1	9	6	—
2002	—	2	4	—	2010	1	12	5	—
2003	—	3	2	—	2011	1	5	—	—
2004	—	2	6	1	2012	2	13	3	—
2005	—	4	7	—	2013	1	8	—	—
2006	—	5	9	—	2014	2	15	3	—
2007	3	10	6	1	2015	—	6	—	—

表 15.2 2006—2015 年全市气象职工短期培训情况

年份	人数(次)	时间(天)	培训内容
2006	50	1	行政执法人员培训
	33	1	防雷业务管理系统推广应用培训
	8	1	气象记录档案管理工作远程培训
	21	1	气象信息电子显示屏系统应用培训
	38	1	中层干部综合素质培训
	200	3	业务知识专题讲座
2007	40	7	中层干部综合素质培训
	50	1	海洋预报培训
	40	2	风廓线仪资料应用培训
	40	2	GPS/MET 资料应用培训
	40	2	特种观测资料应用培训
	40	2	WRF 数值预报产品应用
	35	2	防雷技术培训
	35	1	项目管理培训
	15	1	预算编制培训
2008	20	1	电子公务系统培训
	40	7	中层干部综合素质培训
	50	2	WRF 区域数值预报模式产品及雷达应用培训
	90	3	MICAPS3.0 应用培训
	20	2	地面仪器、自动气象站维护培训
	20	1	气象灾害普查培训
	35	1.5	项目管理培训
	15	1.5	出纳实务培训
	45	2	气象行政执法培训
2009	16	1	人事实务培训
	40	1	GPS/MET 培训
	40	1	风廓线培训
	40	2	特种观测培训
	40	2	雷达实用技术培训
	20	2	测报新技术培训
	25	1.5	公务卡改革培训
	35	2	项目管理培训
	16	1	预算编制培训
	16	1.5	会计业务培训
	40	1	防雷技术培训

续表

年份	人数(次)	时间(天)	培训内容
2010	35	2	业务平台培训
	35	2	业务讲座
	10	2	气象灾害防御规划编写培训
	12	1	年报表预审培训
	10	1	省局探测资料质量控制软件培训
	20	2	特种观测资料使用培训
	25	1.5	会计业务培训
	17	1	预算编制培训
	35	1.5	项目管理培训
	50	2	行政执法培训
2011	60	1	大气电场、风廓线雷达应用培训
	60	1	卫星及 GPS 资料应用培训
	40	1	县级业务平台培训
	60	1	短时临近预报系统、区域数值产品释用技术培训
	40	1	自动站等资料的分析与对比评估技术观测仪器维护培训
	50	2	防雷技术培训
	17	1	部门预算培训
	46	2	财务管理培训
2012	20	1	公文信息写作培训
	40	1	农业气象预报培训
	70	1	新地面测报业务规范和技术培训
	40	2	实用预报技术及决策服务材料制作培训
	40	2	新型观测资料及 WRF 产品应用技术培训
	50	1	行政执法培训
	20	1	部门预算培训
	40	1.5	财务管理培训
2013	20	1	测报集成平台培训
	20	1	新型自动站培训
	10	0.5	土壤水分自动站维护培训
	30	0.5	MICAPS3 培训
	20	0.5	灰霾系统维护培训
	30	1	信息化平台培训
	20	0.5	区域自动站维护培训
	20	0.5	巡更系统启用培训
	20	0.5	区域站标校培训
	20	0.5	新观测资料应用培训
	20	0.5	SWAN、山洪平台使用培训
	20	0.5	新技术新产品使用培训
	50	1	防雷培训
	20	1	影视培训
	28	2	事业单位会计准则与制度培训
	28	2	会计基础规范整治培训
	20	1	2014 年预算布置工作培训
	20	1	项目管理培训
	30	1	党务干部培训

续表

年份	人数(次)	时间(天)	培训内容
2014	20	1	通讯员培训
	20	1	媒体气象素质培训
	30	3	地面观测业务新技术培训
	50	1	人工影响天气作业培训
	30	1	预报新业务系统培训
	40	1	防雷技术培训
	28	1	财务基础与内控规范培训
	20	1	2015 年预算布置工作培训
	50	1	项目与财务管理培训
	28	1	纪检监察业务培训
2015	30	1	电子公文培训
	30	2	信息宣传培训
	50	1	人工影响天气作业人员上岗培训
	40	1	雨雪冰冻系统运维培训
	50	1	业务新技术系列培训(一)
	50	1	业务新技术系列培训(二)
	40	2	防雷技术培训
	40	1	行政执法培训
	28	1	财务基础与内控规范培训
	20	1	2016 年预算布置工作培训
	50	1	项目与财务管理培训
	30	0.5	全市气象部门党务干部培训
	30	0.5	全市气象部门纪检监察干部培训

第二节 气象科技创新

宁波市气象局围绕业务服务需求,着力加强科技创新团队建设,开展针对性的气象科研工作。2010 年 7 月,市气象局下发《宁波市气象部门科技业务创新团队实施方案》(甬气发〔2010〕83 号),2011 年 5 月,组建宁波市气象部门首批 5 个气象科技业务创新团队。2013 年 3 月 22 日市气象局又下发《宁波市气象局创新团队管理办法》(甬气发〔2014〕60 号)。2014 年 3 月对原 5 个创新团队进行调整,再组建 5 个创新团队,使创新团队达到 10 个,团队核心成员达到 30 人。通过每年专项经费支持和创新团队集中攻关,对提高科技创新能力发挥积极作用,在气象业务服务中的应用效益也逐步显现。在推进气象科技创新过程中,市气象局与教育、科研及相关行业单位建立密切合作关系。2005 年 3 月 30 日,宁波市气象局与浙江大学签订局校合作协议,市气象台确定为浙江大学大气科学实习教学基地、大气科学科研基地。2005 年 9 月 29 日,市气象局与中科院大气物理研究所、国家卫星气象中心签订科技合作协议,2006 年 9 月 29 日,中国科学院大气研究所宁波市气象局“海洋与中尺度天气科研基地”正式揭牌。2010 年 6 月 29 日,慈溪市气象局与南京信息工程大学应用气象学院建立开展设施大棚内小气候科研和成果应用服务长期合作,并建立人员交流、培训平台。

一、组织管理

宁波市气象局观测与预报处,作为市气象局科研管理机构,负责全市气象部门的科研管理工作。包括组织地方和上级部门的科研项目申报,发布本局科研项目的申报指南,负责立项审查、组织申报、自立项目审批、组织项目实施等管理工作;负责气象科学研究与技术开发项目的组织管理和科研成果及新技术、新业务的推广工作;承办国际、国内相关的气象业务技术合作与交流等。

为加强气象科技计划项目规范管理,完善运行管理机制,宁波市气象局对科研项目进行分类管理。申请立项的地方科技项目执行宁波市科技局出台的管理办法;申请立项的中国气象局或浙江省气象局科技项目,执行中国气象局或浙江省气象局出台的管理办法;此外宁波市气象局根据自身科技业务发展需要,制订一系列的科技项目管理办法(表 15.3)。

表 15.3　宁波市气象局有关科技项目管理文件

年份	文件名称	发文号
2004	宁波市气象部门学术交流、论文发表管理办法(试行)	气发〔2004〕64 号
	宁波市气象局科学技术研究项目管理办法(试行)	甬气发〔2004〕46 号
2010	宁波市气象科技工作奖励办法(试行)	甬气发〔2010〕50 号
	宁波市气象局科技项目管理办法(试行)	甬气发〔2010〕85 号
2014	宁波市气象局科技计划项目管理办法	甬气办发〔2014〕31 号(甬气发〔2010〕85 号废止)

二、科研项目

宁波气象部门无独立的气象科研机构,在职的广大干部和科技人员主要都是从事天气预报、测报、服务和管理工作,尽管如此,多年来,广大科技人员为了提高气象监测预报服务能力,提高管理效益,积极开展各类气象科技研究。

2000—2015 年,全市气象部门气象科研项目累计立项 186 个。其中,中国气象局科技项目 4 个、浙江省气象局和宁波市科技局科技项目 30 个(表 15.4)。

表 15.4　宁波市气象部门 2000—2015 年省局级以上科研项目

项目名称	项目负责人	项目承担单位	立项单位	项目编号
基于 GIS 平台的气象探测信息综合显示系统	黄思源	宁波市气象监测网络中心	中国气象局	2008ZD15
气象站观测业务集成平台	黄思源	宁波市气象网络与装备保障中心	中国气象局	CAMGJ2012M22
城市脆弱性分析与综合风险评估技术与系统--宁波应用示范	姚日升	宁波市气候中心	科技部国家重点科技支撑计划项目子项目	2011BAK07B02-05
基于光纤传感原理的自动站新技术研究	黄思源	宁波市气象网络与装备保障中心	中国气象局	GYHY201306147-3

续表

项目名称	项目负责人	项目承担单位	立项单位	项目编号
宁波市引发突发性地质灾害的主要气象条件研究及预报预警	陈有利	宁波市气象台	宁波市科技局	2005C100101
应用GIS技术建立宁波市洪涝灾害预警预报模型	庞宝兴	宁波市气象台	宁波市科技局	2006C100102
影响宁波台风的风雨精细化预报研究	刘建勇	宁波市气象台	宁波市科技局	2009C50031
GPS水汽资料应用研究	姚日升	宁波市气象局	浙江省气象局	2010YB03
基于3G网络的宁波气象信息服务平台	钱铮	宁波市气象局	浙江省气象局	2010YB04
宁波数值模式产品释用研究	涂小萍	宁波市气象局	浙江省气象局	2010YB05
宁波市港口精细化天气预报服务保障技术研究	陈有利	宁波市气象台	宁波市科技局	2011C50016
有效改善农业大棚栽培中小气候环境的研究与预报服务模式的开发	符国槐	慈溪市气象局	宁波市科技局	2011C50020
低碳生态循环养殖气象观测研究	蔡春裕	象山县气象局	宁波市科技局	2011C6015
宁波市霾的时空分布及其演变研究	徐迪峰	宁波市气象台	浙江省气象局	2011YB11
三门湾海水养殖气象条件研究	唐剑山	宁海县气象局	浙江省气象局	2011YB12
航线预报关键技术研究	钱燕珍	宁波市气象台	浙江省气象局	2012YB10
基于LBS的气象服务平台研发	钱峥	宁波市气象服务中心	浙江省气象局	2012YB11
宁波市现代农业气象智能决策支撑技术研究	黄鹤楼	宁波市气候中心	宁波市科技局	2011C50078
宁波近海大雾和大风精细化预报技术研究	涂小萍	宁波市气象台	宁波市科技局	2012C50044
宁波市霾天气形成机制及预报预警技术研究	俞科爱	宁波市气象台	宁波市科技局	2013C51013
宁波雷达新型杂波识别和滤除技术研究	姚日升	宁波市气象台	宁波市科技局	2013A610124
短期气候预测中一种新的降尺度预报方法研究	顾思南	宁波市气象台	浙江省气象局	2014ZD06-3
冷空气影响下宁波沿海边界层气象要素特性研究	蒋璐璐	宁波市气象局	浙江省气象局	2014QN13
宁波市森林火险精细化预报及风险区划研究	丁烨毅	宁波市气象台	宁波市科技局	2014C50020

续表

项目名称	项目负责人	项目承担单位	立项单位	项目编号
宁波城市内涝预报预警技术研究	刘建勇	宁波市气象局	宁波市科技局	2014F10024
设施草莓气候品质模型构建与应用	李清斌	宁波市气象局	浙江省气象局	2014QN24
宁波旅游气象预报服务技术研究	姚日升	宁波市气象局	浙江省气象局	2014YB06
雷电灾害预报模型及应用系统研发	何彩芬	象山县气象局	宁波市科技局	2014C6019
大气边界层对浙江沿海地区霾影响分析及霾预报技术研究	俞科爱	宁波市气象台	浙江省科技厅	2015C33226
宁波港口运行高影响天气预报服务平台	陈有利	宁波市气象台	宁波市科技局	2015F1020
PM2.5 与气象因素交互作用对宁波人群上呼吸道系统疾病的影响评估及预警技术研究	俞科爱	宁波市气象台	宁波市科技局	2015C50056
宁波夏季对流云人工增雨作业技术研究	胡亚旦	宁波市气象服务中心	宁波市科技局	2015C50054
欧洲中心细网格模式对浙江沿海 10 米风预报性能评估	方艳莹	宁波市气象服务中心	浙江省气象局	2015QN04
北仑港海雾监测预警新技术研究	黄思源	宁波市气象网络与装备保障中心	宁波市科技局	2015C50060

三、获奖成果

2000 年以后，根据中国气象局、浙江省气象局和宁波市科研管理有关规定，宁波市气象局积极组织申报各类科研成果奖。据不完全统计，累计有 8 个科研项目获得奖励。其中获宁波市科学技术进步奖 3 项，获浙江省气象科技研究开发与成果转化奖 5 项(表 15.5)。

表 15.5　宁波市气象部门 2000—2015 年获省局级奖励科研项目

成果名	获奖类别	获奖单位或人员	年份
宁波市引发突发性地质灾害的主要气象条件研究及预报预警	省气象科技三等奖	朱龙彪、朱晓曦、崔飞君、何彩芬、陈有利	2008
基于 3S 技术的宁波市气候、气候资源及其变化研究	省气象科技三等奖	刘爱民、涂小萍、黄鹤楼、胡春蕾、姚日升	2009
基于 3S 技术的宁波市气候、气候资源及其变化研究	宁波市科学技术奖二等奖	宁波市气象台、刘爱民、涂小萍、黄鹤楼、胡春雷、姚日升、丁烨毅、庄科旻	2009

续表

成果名	获奖类别	获奖单位或人员	年份
区域自动站质量控制和系统优化	省气象科技三等奖	宁波市气象监测网络中心；黄思源、傅伟忠、胡利军、陈瑜	2011
宁波突发灾害性天气精细化预报技术研究	省气象科技三等奖	宁波市气象台；姚日升、徐迪峰、何彩芬、黄旋旋、朱龙彪	2012
宁波突发灾害性天气精细化预报技术研究	宁波市科学技术进步奖二等奖	宁波市气象台；姚日升、徐迪峰、阿彩芳、黄旋旋、朱龙彪、曹艳艳、卢晶晶	2013
影响台风的风雨精细化研究	宁波市科学技术进步三等级	宁波市气象台；刘建勇、张程明、徐迪峰、庞宝兴、王毅	2015
私有云在气象业务的实现与应用	省气象科技三等奖	宁波市气象服务中心、宁波市气象台；钱峥、何彩芬、曹艳艳、石湘波、赵科科	2015

四、推广应用

为适应气象服务经济社会发展需要，宁波市气象部门积极推广科技研究成果，其中“宁波市梅汛期暴雨专家系统”“宁波地区强对流天气短时预报系统”“影响宁波台风的风雨精细化预报研究”“宁波突发灾害性天气精细化预报技术研究”“宁波城市内涝预报预警技术研究”等天气预报技术研究成果为提高全市天气预报准确率和防灾减灾发挥了积极作用。“宁波市农业气象服务系统”“宁波市现代农业气象智能决策支撑技术研究”等农业气象服务科技成果的推广应用，提高了农气服务水平。“大气边界层对浙江沿海地区霾影响分析及霾预报技术研究”“宁波港口运行高影响天气预报服务平台”“宁波旅游气象预报服务技术研究”等科研成果有效提升了专业气象服务能力。“基于 3S 技术的宁波市气候、气候资源及其变化研究”“基于光纤传感原理的自动站新技术研究”“私有云在气象业务的实现与应用”等科研成果在业务服务中应用，促进了宁波气象现代化水平的提升。

第三节　部门合作与国际(地区)交往

一、部门合作

从 20 世纪 60 年代初开始，本市各级气象台站就与农业生产指挥部门合作，提供天气预报和气象观测资料，重点是在农业生产关键时期提供转折性、灾害性天气预报服务，为农民增产增收当好气象参谋。80 年代起，开始与林业、国土、建设、保险等部门合作，相继开展森林火险气象条件等级预报、地质灾害气象条件预报预警。进入 21 世纪以后，随着“政府主导、部门联动、社会参与”的气象灾害防御机制的逐步建立和完善，市县两级气象部门不断拓展合作领域，丰富合作内涵。结合当地实际，与农业、林业、水利、国土、交通、环保、旅游、民政、广电等部门和电信、移动、联通等运营商，在信息共享、沟通交流、调查评估、技术研究、科普宣传等领域建立起合作关系。各部门专业领域的职能和优势得到充分发挥。气象与林业、环保、农业、国土等部门联合开展森林火险预报、生态植被监测、大气环境质量监测预报、农业(设施农业)气象灾害预报预警、地质灾害监测预警等工作;与交通、高速交警联合推进交通气象监测设施建设,深化高速公路气象预报服务;与电力部门合作推进冰雪等灾害的电力气象保障服务;与公安、城乡建委、技术监督、安全生产监督管理及省移动公司宁波分公司等部门和单位合作,加强防雷、电视天气预报、气象信息等服务。部门合作机制为进一步促进气象灾害防御体系建设、提高气象灾害防御能力奠定良好的基础。

(一)建立联合会商和预报预警信息发布机制

市气象局与市三防(水利局)、农业、林业、国土和环保等部门在汛期服务、农业生产、森林防火、地质灾害防御和空气质量预报等方面加强部门合作。与市三防加强信息交流和沟通,根据汛期需求和灾害性天气发生情况,双方联合开展不定期汛情分析会商。当重大灾害性天气发生时,市气象局通过多种渠道及时向市三防发送预测预报预警信息,并提供灾害发生地天气实况及天气预报信息,为全市防汛防旱提供科学决策依据。市三防也适时向市气象局通报水情,双方加强灾害信息的交流和沟通。与市农业局建立农业和气象信息共享机制,气象、农情、灾情、农作物产量会商制度,加强农业气象灾害监测与病虫害预报信息联合发布,建立农业气象灾害应急联动机制。在关键农事季节和灾害性天气来临前进行定期与不定期会商,加大农情和气候趋势分析和判断,提高生产指导的科学性。根据本地农业生产与天气状况,适时合作开展对主要农作物不同时期灾害气象条件影响的研究,制定相应的措施。与市国土资源局共同开展地质灾害气象预报预警服务,通过网络传输等方式将各自所需资料进行交换,共同完成预报会商和预报区域、预报等级的划分、预报警报发布标准的制定及检验、完善等技术工作。地质灾害气象预报预警由市国土资源局和市气象局共同签署。与林业部门合作开展森林火险等级预报。与环保部门合作开展环境空气质量预报。

2005年,市气象局与高速公路交警部门合作,在“96121”声讯电话信箱中开通高速公路路况信息查询服务。

2009年,在年初的寒潮低温天气过程、日全食观测和入秋以后的冷空气过程中,市气象局与市政府应急办、城管局、疾病防控中心等部门数次联合发布应急信息;市气象台与市农业技术推广总站开展会商,联合向市政府和有关部门报送《气象信息内参》。慈溪市气象局与当地疾病控制中心、水利局合作在电视天气预报栏目分别开设“气象与健康”“气象与三防”栏目。

2010年3月5日,市气象局与农业部门进行联合会商,联合向市政府和有关部门报送《注意连阴雨及低温对农林的影响》气象信息内参。同年,与市国土部门对当年地质灾害进行联合会商。

2011年,市气象局与市国土局合作发布地质灾害预报警报共145次。镇海区气象局联合民政部门为所有残疾人免费发送气象信息。

2012年,市气象局与市环保部门联合在全省率先实现每小时实时发布PM2.5等监测数据,共享实时资料;市气象局与相关部门联合会商125次。

(二)建立气象防灾减灾合作联动机制

2003年,市气象局配合市电信部门对全市气象网和农村综合经济信息网进行普查,以保证网络的正常运行。

2008年，市气象局与市政府应急办联合推进公共突发信息发布平台建设；与市科技局合作开展公共安全保障实施方案；与市发改委联合开展全国风资源普查项目；与市规划局合作开展探测环境保护工作。

2009年，象山县气象局与县三防合作开展基层防汛防灾体系建设试点，为宁波基层气象防灾减灾体系建设进行探索。宁海、慈溪、余姚、奉化、鄞州、镇海、北仑与当地组织部等有关部门合作开展基层气象防灾减灾体系建设。是年，市县两级防雷检测机构配合当地中小学校舍安全办公室（校安办），对全市所有中小学校舍进行全面的防雷安全排查，并对学校已有建（构）筑物防雷装置的安全性能状况进行实地检测。

2010年，市气象局与市民政局合作开展综合减灾社区建设，建立联席会议制度和信息共享机制；与水利、国土、农业、海洋、民政等相关部门建立经常性的会商机制，完善部门联络员队伍，建立部门联络员手机短信决策用户群。与市教育局联合开展中小学校舍防雷示范工程。是年1月，市气象局召开首次部门联络员会议，农业、水利、环保、交通、林业等10多个部门联络员参会。

2011年，市气象局联合市新农村办公室、市政府应急办和市民政局等部门，在全市40个街道（乡镇）、社区继续开展省级气象防灾减灾标准乡镇和示范社区创建活动；与水利部门合作进行山洪灾害防治非工程性措施项目建设，联合编制规划方案。

2012年，市气象局与教育、环保、民政、旅游等部门分别签署合作备忘录；与国土局建成可转播至乡镇的地质灾害视频会商系统；当年全市新增部门合作协议15个。

2014年，市气象局作为技术支持和第三方认证机构，由市气候中心与太平洋保险、人寿保险宁波分公司联合研发政策性气象保险指数，为政府制定有关巨灾保险的政策及费率厘定、灾后定损、赔付等工作提供科学依据及技术支撑。

2015年，市气象局与市住房和城乡建设委员会、市规划局、市城管局联合开展暴雨强度公式修订工作。市气象台专门成立暴雨公式修订项目团队，按照《室外排水设计规范》（GB50014-2006，2014年版）和《城市暴雨强度公式编制和设计暴雨雨型确定技术导则》，系统开展数据收集、分析整理、暴雨强度公式修订及报告编制等工作。修订后的宁波暴雨强度公式已由宁波市住房和城乡建设委员会、市规划局、市城管局和市气象局四部门组织审定，并联合行文发布（甬建发〔2015〕216号），为宁波“五水共治”、海绵城市建设和指导城市排水、排涝设计、防洪减灾等工作提供可靠数据和技术支撑。

（三）建立信息共享机制

2005年7月，市气象局与驻甬海军气象台和宁波民航气象台签署资料共享合作协议，启动建设信息共享平台，开通网络连接，并安装相关业务系统。

2006年，市气象局与市海事局就“宁波中尺度灾害性天气监测预警系统”项目中的地面自动气象站网系统在市海事局岐头雷达站内布设1套自动气象站事宜达成协议。

2009年，慈溪市气象局与公安局实现视频实况信息的资源共享，与当地防汛防旱指挥部、国土资源局等相关部门合作，对全市山区小流域分布、易涝地区、地质灾害易发区域村庄布局情况开展摸底排查。

2010年，市气象局与市国土资源局达成关于共建、共享、共研的可行性方案初步意向。双方议定每年有计划地在全市地质灾害易发点建立5～10个地面自动雨量气象观测站。各区县(市)气象局均实现水利水文资料、国土地质灾害点资料、农林相关信息、公安视频信息的共享，其中全市近6000个公安视频信息实现共享，余姚局实现环保空气质量信息、慈溪局实现农业水产养殖信息、北仑局实现港口气象监测信息的共享。

2012年，市气象局与海洋渔业部门共享全市近7000艘渔船的具体位置和动态信息。与市高速交警建立交通实时信息共享机制。与海事部门建立信息共享和信息通报制度。

2013年，与水利、海洋、国土、林业、环保、民航、测绘、广电、海事、港口、交通、旅游、民政、教育、电信、移动等18个部门交换气象信息，联合开展防汛抗旱、地质灾害防御、城市空气质量预报、航空保障、GPS/MET观测、预警广播、海上气象服务、陆上高速交通、旅游、社区防灾减灾等多方面合作。与海洋局、市电信、市广电集团等部门签署合作备忘录。为驻甬部队提供多种实时探测信息和数值预报产品，多方面开展技术合作和交流。气象部门共享水文、环保、港务等部门的470多个自动气象站观测信息。与国土局建成可转播至乡镇的地质灾害视频会商系统。镇海、奉化、北仑局与当地环保和农林部门分别签署合作备忘录。

2014年，整合市气象局、水利局、环保局、国土局等部门的资源，打造统一的资料共享平台，建立由22个部门参加的全市气象灾害防御联络员会议制度和9个部门参加的气象监测设施规划建设和资源共享机制。与环保、水利、国土等22个部门实现信息共享，与18个部门签订合作协议，新增环保大气成分、杭州湾大桥监控视频和自动气象站、宁波港风监测点和能见度、水利部门自动雨量站资料、海洋局海洋观测浮标站资料和海事局船讯实时信息的共享。全市707个气象探测设施普查站点全部实现共享。

2015年，在前两年设施普查和部门间共建共享的基础上，继续推进观测设施建设协调与共享机制。加强与环保部门的数据共享，完善共享平台，全市所有环保监测点环境气象数据规范化入库与上传省气象局数据库，调试并完善与市环保局之间高清视频会商系统。与北仑港务局共享其14套风向风速自动监测点和4套能见度自动监测点气象监测资料。与城管局和轨道交通集团联合统筹规划观测设施布点。民航1个自动站(编号K2498)纳入全市气象站网系统，实现数据共享。与水利、环保、港口、大桥指挥部等部门共享资料“一张图”显示页面，动态更新部门和共享数据信息。

(四)建立科研合作机制

2004年，市气象局与国土资源局合作开展地质灾害气象条件研究。

2005年，市气象局与中科院大气物理所、中国气象局国家卫星气象中心、浙江大学理学院签订局校合作协议，建立科研项目和人才培养双轨合作机制。

2006年，市气象局与市国土资源局、环保局、林业局、水利局、农业局、海洋与渔业局和浙江大学、中国科学院大气所、国家卫星气象中心等单位共签署10个业务和科研合作项目。

2009年，市气象台与市环科院合作开展大榭石化馏分油综合利用项目近地面大气流场模拟；与市电业局联合开展山地电线积冰相关项目。

2010年，慈溪市气象局与南京信息工程大学应用气象学院建立长期的合作关系，整合双方的资源优势，共同开展设施大棚内的科研项目和研究成果的应用服务方面的合作，并建立人员交流、培训平台。

(五)建立互利共赢机制

随着手机信息技术的迅速发展，全市气象部门与移动、联通、电信三大通信运营企业建立合作关系，通过手机短信开展气象信息服务。市气象信息中心(气象服务中心)联合通信运营企业优化气象灾害预警信息发布流程和工作机制，优化完善气象预警短信发送平台，建立气象灾害预警信息快速发布“绿色通道”，实现预警信息在气象灾害影响区域的手机免费“全网发布”。联合开展农村偏远地区预警信息接收终端和传输网络建设，最大程度消除基层气象灾害预警信息发布和传播的信息死角。

二、国际(及我国港、澳、台地区)交往

随着我国改革开放的不断深入，宁波气象部门与国际及我国香港、澳门、台湾地区气象科技合作与交流也在上级气象部门和宁波市政府外事(对台)工作的总框架下逐步展开，范围也在不断扩大。为适应宁波经济社会发展和城市化进程不断推进的需要，尤其是城市气象防灾减灾，加强气象现代化建设，建立现代气象业务体系，提高精细化天气预报水平的需求，市气象局与市政府外事办等相关管理部门和上级气象主管部门积极沟通，对外交往相关手续办理程序逐步理顺。地方政府及相关部门在因公出国(境)组团立项、审批、政审、颁发护照、签证和外事接待等方面将市气象局视予政府同级部门。通过上级气象主管部门与外交部的积极沟通，外交部2009年8月11日专门致函宁波市外办(包括杭州、温州市外办)，委托宁波市外办代为其所属宁波市气象局因公出国(境)人员办理护照、签证等事宜。到2015年，宁波市气象部门与20多个国家及港、澳、台地区开展气象科技合作和交往。通过各种途径和渠道派出去和请进来，注意学习国外先进经验和管理方法，引进国外气象科学先进技术，为宁波气象现代化服务，推动宁波气象事业的发展，缩短宁波气象科技与国际(地区)间的差距。

(一)国际(及我国港、澳、台地区)合作

宁波气象部门先后两次参加世界气象组织(WMO)台风委员会组织的国际台风业务试验等活动。第一次是1981—1983年的国际台风业务试验；第二次是1990年的国际热带气旋特别试验。

1.参加国际台风业务试验

台风业务试验是亚太地区台风委员会的一项重要的业务活动。浙江地处沿海，是承担国际台风业务试验任务的重要省区之一，也是参加各种国际性业务试验活动中投入力量最多、涉及面最广、历时最长的一次活动。试验工作涉及观测、通信、资料、预报等业务和科研、气象科普宣传以及后勤等工作。鄞县、石浦、慈溪、余姚、镇海(现北仑)、奉化、宁海、象山8个地面气象站(全省共有75个地面站、大陈、衢州、杭州3个探空站参加)和宁波市气象台雷达组(温州洞头、杭州、湖州、金华、舟山等全省6部测雨或测风雷达均参加)参加加密观(探)测活动。

1981年为预试期，共选择3个台风进行试验（台风编号为8107、8111、8116）。1982年与1983年为正式试验期间，各选择4个台风进行试验（台风编号为8211、8212、8213、8217和8305、8309、8310、8311）。每个台风跟踪试验时间为5天，但由于每个台风的强度与生命史不同，有的台风试验时间不足5天。在11个试验台风中，浙江参加10个试验台风的加强观(探)测，共增加地面、高空加强观(探)测总时数为5459次，拍发地面、高空加强报3077份，编制地面、高空加强观测报表324份，拍发天气雷达加强探测报告1068份，取样拍摄天气雷达回波照片454张，增收卫星云图照片59张。参加加密地面观测气象站见表15.6。

表15.6　加密地面气象观测站

分区	加强观测、发报、报表	加强观测、报表
浙江一区 (29°00′N以南)	衢州、丽水、龙泉、括苍山、温州、海门、大陈、坎门、南麂、常山、江山、永康、遂昌、仙居、缙云、乐清、青田、临海、温岭、云和、庆元、文成、平阳、洞头	泰顺、北麂、瑞安、永嘉、武义
浙江二区 (29°00′N以北)	杭州、天目山、平湖、慈溪、嵊泗、嵊山、舟山、金华、嵊县、鄞县、石浦、长兴、安吉、昌化、富阳、湖州、绍兴、德清、海盐、开化、桐庐、淳安、建德、诸暨、上虞、义乌、天台、镇海、奉化、宁海、普陀	龙游、三门、兰溪、东阳、浦江、象山、新昌、余姚、萧山、临安、衢山、海宁、桐乡、嘉兴、嘉善

2. 参加热带气旋国际特别试验

1990年8月9日—9月22日，浙江参加国际热带气旋特别试验活动。这是继1981年和1983年台风业务试验之后又一次重要国际性台风业务试验活动。选择9011、9012、9015、9018、9019、9020和9021号7个热带气旋，其中9012、9015号热带气旋国家气象局还进行了国内延伸试验。鄞县、石浦、慈溪、余姚、镇海(北仑)、奉化、宁海、象山8个地面气象站（全省共有66个地面站和大陈、衢州、杭州3个探空站）和4部天气雷达（宁波天气雷达未参加）参加此项试验。其间，探空加密探测发报119次，天气雷达加密探测314次，地面加密（每小时1次）观测发报6217次。

(二)国际(地区)交往

1996年9月，市气象局局长李秀玲以宁波市政府农业考察团团长的身份带队赴日本考察，这是宁波市气象局首次走出国门。1997年9月13—14日，宁波气象部门首次接待西南太平洋地区多国别气象考察团一行17人来访，由中国气象局副局长颜宏陪同考察，这是宁波气象部门首次接待国外宾客来访。2001年12月，市气象局局长徐文宁率宁波市气象应用新技术考察团赴美国考察气象现代化技术，这是宁波市气象局首次自行组团出国考察交流访问。到2015年，由中国气象局或省气象局安排10批次共20多个国家气象专家学者到本市气象部门交流访问（表15.7）。先后有35批次共94人次到日本、韩国、泰国、以色列、土耳其、阿联酋、南非、埃及、德国、英国、法国、俄罗斯、瑞典、芬兰、希腊、西班牙、美国、加拿大、古巴、澳大利亚、新西兰等20余个国家工作考察、培训、进修或出席国际学术交流会议（表15.8）。其中2000—2015年共有30批次89人次。2000—2015年，经中国气象局或浙江省气象局批准，向宁波市政府外事管理部门申报立项组团赴国外考察交流9次，其他为随团考察。主要考察农业气象现代化、气象业务服务、灾害防御、事故应急等。通过中国气象局批准组团或宁波市人事局（宁波外国专家局）选派人员赴国外学习培训13批次，主要培训内容包括气象观测新技术设备、农业气象、防灾减灾、公共气象服务等。参加学术交流 3 人次。另通过宁波市政府“台湾”事务办公室申报立项组团赴台湾、香港地区参观访问交流 3 批次共 24 人，随团参访 1 人次(表 15.9)。

表 15.7　各国气象专家到宁波访问交流情况

时间	国家、地区人员
1997.9.13—14	西南太平洋地区 13 国气象考察团代表一行 17 人到宁波考察
2001.11.25—26	哈萨克斯坦水文气象局外事官由中国气象局外事司司长沈晓农、浙江省气象局副局长徐霜芝陪同来宁波考察市气象台、气象影视制作中心及宁波农经网，并赴北仑港参观
2008.11.9	美国卡罗莱纳州立大学海洋—地球与大气科学系教授，中国海洋大学环境科学与工程学院特聘教授谢立安来甬作“国际上先进的海洋风场预报和风暴潮预报方法”为主要内容的学术报告
2009.10.24	世界气象组织官员、资深飓风专家 Nanette Lomarda 一行 3 人，在中国工程院院士陈联寿的陪同下考察宁波市气象局
2009.11.24	联合国工业发展组织、世界银行东亚和太平洋地区可持续发展局有关负责人，由宁波市发改委总经济师王光旭陪同，专程到市气象局调研气候变化对宁波有关地区、行业等的影响问题。市局向来宾详细介绍宁波在气候变化等方面的最新研究成果。世界银行拟将宁波作为试点，在“气候应对性城市”等方面开展专题研究
2010.10.29	以尹王晨为团长的韩国釜山地方气象厅 2 名专家由省气象局相关人员陪同考察达蓬山气象雷达站。专家还参观河姆渡博物馆
2012.10.26	韩国釜山气象厅 3 名专家由省气象局相关人员陪同考察达蓬山气象雷达站，并参观河姆渡博物馆
2013.6.29	世界著名热带气旋专家、美国科罗拉多大学教授比尔·格雷先生一行在中国工程院院士陈联寿教授的陪同下访问宁波市气象局
2014.9.19	美国国家大气研究中心(NCAR)气象专家美籍华人杜钧博士受邀到市气象局作“集合预报”专题讲座
2015.1.21	出席高影响天气国际研讨会的近 60 位专家代表参观市气象局

表 15.8　宁波气象部门出国考察或培训进修等活动情况

时间	出访者	出访国家	出访任务
1996.9.22—10.1	李秀玲	日本	以宁波市农业考察团团长身份赴日本考察农业。为期 11 天
1997.8.6—8.24	国良和	加拿大	随市农经委组团赴加拿大培训，为期 18 天
1997.9.23—10.8	徐文宁	芬兰	随中国气象局组团赴芬兰气象自动站新技术培训，为期 15 天
1997.12	徐元	泰国	经宁波市外国专家局选派赴泰国培训防灾减灾
1999.11.4—11.22	徐文宁	日本	随中国气象局组团赴日本考察学习，为期 20 天
2000.5.22—6.22	叶卫东	以色列	参加世界气象组织区域气象培训中心第 26 期基础农业气象培训班，为期 30 天
2000.2.18—3.11	李秀玲	美国	随市政府农业考察团，为期 22 天
2000.4.12—4.27	符国槐	法国	随慈溪市广电部门考察团
2000.7.22—8.15	厉亚萍	西欧	参加国家农业部组织的中国国际经济技术交流中心农村经济调查培训团赴西欧培训，为期 25 天

续表

时间	出访者	出访国家	出访任务
2001.11	国良和	德国、法国	随宁波市政府考察团(虞云秧副秘书长带队)赴德国、法国考察
2001.12.25—2002.1.6	徐文宁	美国	市气象局组团考察气象现代化。同行的有徐元、顾炳刚、黄思源、胡海国、李满雷、张祖安(市扶贫办)、郭振华(市财政局)、周煜中(市农委)等8人
2002.11	张克玺	德国	参加宁波市农办组团赴德国考察
2003.9.16—27	王培利	日本、韩国	随宁波市农办组团赴日本、韩国考察
2003.9.16—27	胡余斌	西班牙	随国家标准化委员会组团赴西班牙帕尔马考察
2003.11.23—12.6	徐文宁	澳大利亚 新西兰	市气象局组团考察交流气象服务。同行的有徐文宁、叶卫东、陈有利、周伟军、厉亚萍、符国槐、张荣飞、袁国文(市计委)等8人
2004.3.15—3.27	刘爱民	芬兰	市气象局组团气象自动站应用技术培训。同行的有石人光、胡利军、张友飞、黄裕火、谢良生等5人
2004.10.25—11.6	国良和	澳大利亚、新西兰	市气象局组团考察交流气象业务服务。同行的有应惠芳、庞宝兴、金儒才、万宁姚、钟孝德5人
2004.12.13—25	徐文宁	古巴、墨西哥	随宁波市政府陈炳水副市长率队的考察团赴古巴考察
2005.3—7	涂小萍	澳大利亚	随北京奥运会气象服务团组赴澳大利亚天气预报培训。为期5个月
2005.10.31—11.11	刘爱民	日本、韩国	市气象局组团考察交流气象业务服务。同行的有徐元、闫建军、唐剑山、胡海国、陈灵玲、李玉敏、陈荣侠7人
2006.6.12—6.24	徐文宁	南非、埃及	随宁波市政府海洋与渔业经济考察团(柴利能副秘书长带队)赴南非、埃及考察海洋与渔业经济
2006.11.8—11.19	国良和	俄罗斯、瑞典	市气象局组团考察交流人工影响天气。同行的有石人光、张荣飞、张友飞、胡余斌、戴里平、姚日升、万宁姚7人
2007.11.23	徐文宁	埃及、以色列、希腊	随市政府农业农村考察团陈炳水副市长率团考察
2008.4.19—4.26	徐文宁	韩国	随浙江省气象局黎健局长率队组团赴韩国釜山气象厅执行双边访问
2008.6.4—6.16	国良和	美国	市气象局组团考察交流应急管理。同行的有葛敏芳、祝旗、胡春蕾、杨伯梅、钱燕珍、厉亚萍、符国槐、万宁姚、黄裕火9人
2009.3.2—3.22	薛根元	英国	随中国气象局团组赴英国执行“气象现代化业务管理骨干培训”项目
2009.10.18—12.19	胡亚旦	日本	经宁波市外国专家局选派赴日本培训
2010.10.12—11.21	何彩芬	日本	经宁波市外国专家局选派赴日本培训
2010.12.9—12.18	顾骏强	美国、加拿大	市气象局组团学术访问。同行的有俞科爱、朱冬林、沈一平、皇甫方达、鲍万峰(市府办)5人
2011.11.1—11.10	徐元	澳大利亚、新西兰	市气象局组团考察与交流城市防御气象灾害等方面的技术。同行的有胡海国、朱龙彪、徐俭、徐进宁、顾炳刚5人

续表

时间	出访者	出访国家	出访任务
2012.8.23—12.14	胡利军	日本	经宁波市外国专家局选派赴日本培训系统管理
2012.12.16—12.27	国良和	南非、土耳其、迪拜	市气象局组团考察与交流气象灾害防御应急联动机制。同行的有厉亚萍、李满雷、蔡春裕、廉亮、张红博等5人
2013.11.18—12.10	周伟军	德国	随市政府行政服务中心组团培训政府服务与采购
2014.10.21—11.2	刘建勇、徐迪峰	美国	赴美国北卡罗来纳大学教堂山分校参加排放源模型培训、第13届社区模式与分析系统年会等
2014.91.4—9.20	钱燕珍	巴西	参加第六届国际洪水管理大会

表 15.9　宁波气象部门赴港、澳、台地区参观访问交流情况

时间	参访者	参访地区	参访内容摘要
2006.2.7—18	徐文宁	台湾、香港	宁波市气象学会组团徐文宁、葛敏芳、陈有利、周伟军、厉亚萍、符国槐赴台湾、香港参访交流
2009.3.13—20	刘爱民	台湾	应台湾中国文化大学邀请，宁波市气象学会组团刘爱民、叶卫东、徐俭、黄思源、黄鹤楼、张荣飞、胡海国、廉亮赴台湾访问交流
2010.7.7—14	董杏燕	台湾	应台湾中国文化大学邀请，随浙江省气象局组团赴台湾参访气象工作，先后参访了台湾气象局、灾害防救科技中心、花莲气象站、中国文化大学
2014.12.5—11	陈智源	台湾	应高雄市防灾减灾协会邀请，宁波市气象学会组团，陈智源、闫建军、钟孝德、龚涛峰、朱万云、骆亚敏、何彩芬、袁登峰、全彩峰等9人赴台访问交流

(三)承办国际气象会议

2015年1月19—21日，由世界气象组织WMO与中国气象科学研究院灾害天气国家重点实验室联合组织的高影响天气研究国际研讨会在宁波召开。中国工程院院士陈联寿主持开幕式，中国气象局副局长宇如聪出席会议。宁波市副市长林静国代表市政府对参加国际研讨会的专家表示欢迎与感谢；此外，WMO/WWRP代表Nanette Lomarda、WMO/WWRP高影响天气研究计划代表Brian Golding博士、中国气象科学研究院副院长兼灾害天气国家重点实验室主任赵平也分别在开幕式上致辞。本次国际研讨会邀请到来自美国、印度、菲律宾、孟加拉国以及国内的高校、研究机构以及业务单位代表近百人进行学术与科学前沿报告。同时，气象专家也围绕着热带气旋研究、南方季风暴雨试验、高影响天气研究相关观测和外场试验、青藏高原对天气气候的影响，以及高影响天气的动力机制、数值预报和可预报性研究等方面进行口头及墙报学术交流。高影响天气研究是世界气象组织的高优先研究领域，也是中国气象科研的重点和难点。此次研讨会旨在为各国科学家提供一个介绍和讨论高影响天气研究相关的新思路、新发现和观测、预报技术进展的平台。主要目的是加深对高影响天气事件的了解，增强对高影响天气事件的预报能力，加强预报精细化水平，强化风险管理等。

第十六章　党建与气象文化建设

第一节　党的建设

一、基层党组织建设

气象部门实行“双重领导，部门为主”的领导管理体制之后，各级气象部门都在地方党委和党工委的领导下抓基层党组织建设。1994 年，党的十四届四中全会《关于加强党的建设的几个重大问题的决定》发表，是年 11 月，中国气象局制定下发《加强和改进气象部门思想政治工作的意见》，对进一步加强气象部门党的基层组织建设、发挥党支部的战斗堡垒作用、发挥党员的先锋模范作用提出明确要求。规定在 2～3 年内实现“站站有支部、科室有党员”的目标，进一步促进气象部门党的基层组织建设。截至 1994 年底，全市气象部门共有在职中共党员 63 名，占职工总数的 36.2%，基层台站除奉化外其他 7 个区县(市)气象局(站)都建立了党支部。20 年间，组织建设不断完善，中共党员队伍不断壮大，截至 2015 年底，全市气象部门共有在职党员 182 名，占职工总数的 50.6%，8 个区县(市)气象局(站)都建立党支部。

中共宁波市气象局机关党支部建立于 1960 年，时称中共宁波专员公署气象局(站)党支部，共有在职党员 5 名。1998 年经中共宁波市直属机关工作委员会批准，成立中共宁波市气象局机关总支部，下设局机关支部、直属单位支部、离退休干部支部等 3 个基层党支部，共有在职党员 40 名。2004 年更名为中共宁波市气象局直属机关总支部，共有在职党员 82 名，占职工总数的 50.9%。2007 年机关党总支下分设机关支部、直属第一支部、直属第二支部、离退休干部支部等 4 个基层党支部，共有在职党员 97 名，离退休党员 43 名，在职党员占职工总数的 60.2%。2012 年 12 月初，经中共宁波市直属机关工作委员会批准，成立中共宁波市气象局直属机关委员会和直属机关纪律检查委员会，党委下设机关支部、气象台支部、气象服务中心支部、防雷中心支部、网络与装备保障中心支部、后勤服务中心支部、离退休干部支部等 7 个基层党支部，共有在职党员 71 名，离退休党员 25 名，在职党员占职工总数的 60.2%。历届中共宁波市气象局机关党总支部书记、纪检检检查委员会书记见表 16.1。

表 16.1　历届中共宁波市气象局机关党总支部书记、纪检检查委员会书记

姓名	职　务	届次	任职年限
国良和	中共宁波市气象局机关总支部委员会书记	第一届	1998.02—2001.04
国良和	中共宁波市气象局机关总支部委员会书记	第二届	2001.04—2004.05

续表

姓名	职　务	届次	任职年限
徐　元	中共宁波市气象局直属机关总支部委员会书记	第一届	2004.05—2007.08
徐　元	中共宁波市气象局直属机关总支部委员会书记	第二届	2007.08—2010.10
徐　元	中共宁波市气象局直属机关总支部委员会书记	第三届	2010.10—2012.11
国良和	中共宁波市气象局直属机关委员会书记	第一届	2012.11—
陈灵玲	中共宁波市气象局直属机关纪律检查委员会书记	第一届	2012.11—

二、党风廉政建设

1990 年 2 月，国家气象局印发《气象部门廉政建设的若干规定》，明确指出，气象部门廉政建设实行行政领导负责，分级管理；选任干部要严格执行党和国家有关人事制度规定；严格执行国家关于出访、外派政策；按计划和国家标准进行基本建设；严禁公款请客送礼和超标准配备车辆；认真查处贪污、受贿、投机倒把等经济案件，坚持纪律、法律面前人人平等原则等。2005 年，宁波市气象局制定下发《中共宁波市气象局党组关于落实〈中国气象局建立健全教育、制度、监督并重的惩治和预防腐败体系实施纲要的具体意见〉的实施办法》；2008 年，市气象局制定下发《宁波市气象部门建立健全惩治和预防腐败体系 2008—2012 年实施细则》，全面加强全市气象部门惩治和预防腐败体系建设。

（一）纪检监察网络建设

1. 市气象局党组纪检组建设

1984 年市气象局成立中共宁波市气象局党组纪律检查组（表 16.2）。

表 16.2　历届中共宁波市气象局党组纪律检查组领导人

姓名	任职时间	备注
国良和	1993.08—2002.09	副局长兼纪检组长
徐　元	2002.09—2012.04	
国良和	2012.04—2013.12	
葛敏芳	2013.12—	

2. 县气象局党组纪检组建设

1995 年组建全市气象部门纪检监察网络，各区县（市）局配备兼职纪检监察员。2003 年 5 月，市气象局党组发文要求各区（市）局配备纪检监察员，完善纪检网络。2009 年根据中共浙江省气象局党组《关于下发〈县（市、区）气象局纪检监察员管理办法（试行）〉的通知》（浙气党发〔2009〕3 号）》，各区县（市）气象局聘任纪检监察员。

2003 年 9 月，中共象山县委下发《中共象山县委关于调整县直属各单位纪委书记纪检组长和纪检员的通知》（县委发〔2003〕25 号）》，黄裕火任纪检组长。2013 年 12 月，中共宁波市气象局党组发文建立中共奉化市气象局党组和奉化市局党组纪检组；2014 年 3—12 月，中共宁波市气象局党组先后发文建立中共宁波市鄞州区气象局党组和鄞州区局党组纪检组、中共宁海县气象局党组纪检组和宁海县局党组纪检组、中共慈溪市气象局党组纪检组和慈溪市局党组纪检组、中共余姚市气象局党组和余姚市局党组纪检组;2015 年 10 月,中共宁波市气象局党组发文建立中共北仑区气象局党组和北仑区局党组纪检组。截至 2015 年 10 月,除镇海局外的区县(市)气象局相继建立了党组纪检组、配备纪检组长,同时纪检监察员先后解聘(表 16.3)。

表 16.3 各县(市、区)气象局党组纪检组、纪检组长

单 位	纪检组长	任职时间	备 注
中共象山县气象局党组纪检组	黄裕火	2003 年 9 月	县委发〔2003〕25 号
中共奉化市气象局党组纪检组	朱万云	2013 年 12 月	甬气党发〔2013〕18 号
中共鄞州区气象局党组纪检组	万宁姚	2014 年 3 月	甬气党发〔2014〕4 号
中共宁海县气象局党组纪检组	应建存	2014 年 4 月	甬气党发〔2014〕6 号
中共慈溪市气象局党组纪检组	张友飞	2014 年 3 月	甬气党发〔2014〕12 号
中共余姚市气象局党组纪检组	邬立辉	2014 年 3 月	甬气党发〔2014〕15 号
中共北仑区气象局党组纪检组	张荣飞	2015 年 10 月	甬气党发〔2015〕13 号

(二)党风廉政宣传教育

1999 年 3—8 月,按照中共宁波市委统一部署,市气象局开展以"讲学习、讲政治、讲正气"为主要内容的"三讲"教育。在省气象局"三讲"教育巡视组和宁波市农经委指导下,中共宁波市气象局党组坚持开门整风精神,充分发扬民主,广泛征求意见,认真开展批评与自我批评,从严剖析,找出党性党风方面存在的主要问题,制定切实可行的整改措施,并按照整改方案狠抓落实,绝大多数群众比较满意。是年,"三个代表"重要讲话发表,全市气象部门采用参观、座谈会、讨论会、知识竞赛、征文等各种形式进行深入学习。从 2002 年起每年 4 月开展全市气象部门"党风廉政宣传教育月"活动,围绕一个主题组织开展廉政学习、廉政宣传、警示教育等活动。

2005 年 2—6 月,市气象局开展保持共产党员先进性教育活动。根据中共宁波市委关于保持共产党员先进性教育活动实施意见,中共宁波市气象局党组针对一些党员中存在的理念信念不坚定、全心全意为人民服务宗旨不明确、组织纪律观念淡薄和精神萎靡不振等问题,开展新时期保持党员先进性要求大讨论。全体党员逐一认真开展批评与自我批评,从宗旨观念、群众观念、工作作风、廉洁自律、思想境界等方面入手认真开展"照一照、比一比、查一查"活动。

2013 年下半年和 2014 年上半年,按照中国气象局统一部署,市气象局和各区县(市)气象局分两批开展党的群众路线教育实践活动。中共宁波市气象局党组制定《深入开展党的群众路线教育实践活动的实施意见》(甬气党发〔2013〕6 号)和《深入开展党的群众路线教育实践活动实施方案》(甬气党发〔2013〕7 号)。在浙江省气象局党的群众路线教育实践活动督导组的指导下,认真学习习近平总书记系列重要讲话精神,围绕"为民务实清廉"主题,聚焦"四风"问题,市气象局党组以座谈会、个别谈心谈话等多种形式,广泛征求全市气象部门干部职工的意见和建议,撰写查摆"四风"问题对照检查材料。党组领导班子召开专题民主生活会,对照贯彻落实中央"八项规定"精神、扎实推进作风建设情况,党组成员逐一进行对照检查、批评和自我批评,并制定整改措施、工作任务书和完成时间表,开展整改落实各项工作。各区县(市)气象局第二批党的群众路线教育实践活动，也都按照统一步骤和要求进行了深入学习、广泛听取意见、对照查摆“四风”问题、制订整改措施并认真落实整改。由于各单位第一责任人思想重视，认识到位，组织工作做得细，坚持高标准严要求，全市气象部门第一批和第二批教育实践活动取得预期效果。

2015 年 5—12 月，市气象局根据中共浙江省气象局党组统一部署，开展“三严三实”专题教育。各级党组(领导班子)深入学习贯彻习近平总书记系列重要讲话精神，对照“严以修身、严以用权、严以律己，谋事要实、创业要实、做人要实”的要求，认真查找本部门、本单位和领导干部个人存在的“不严不实”问题，并以多种形式在一定范围内征求意见建议。市气象局党组书记周福联系全市气象部门党员干部思想、工作和作风实际，带头作“三严三实”专题党课报告。组织开展“严以修身、严以用权、严以律己”三个专题的学习研讨，并以践行“三严三实”为主题，召开各级党组(领导班子)专题民主生活会和党支部组织生活会。

坚持立说立行、边学边改，把整改贯穿活动始终，对查找梳理的“不严不实”问题进行切实整改。

(三)执行党纪情况

2003 年 5 月，市气象局主要责任人首次与各区县(市)气象局和市气象局直属单位主要责任人签订《党风廉政建设责任书》。2004 年 3 月，中共宁波市气象局党组下发《宁波市气象部门领导干部报告个人重大事项的实施办法》(甬气党发〔2004〕29 号)。从总体上看，全市气象部门党的基层组织较好地发挥了双重领导体制的优势，各级党组织经受住改革开放和建立社会主义市场经济体制的考验，较好地发挥了政治核心作用、战斗堡垒作用和党员先锋模范作用，有力地保证党的路线、方针、政策在气象部门贯彻执行，各级基层党组织成为带领干部职工开拓创新、改革开放、推动气象现代化建设和开展气象业务服务工作的坚强领导核心，有力地推动全市气象事业持续、快速、健康发展，涌现一大批先进基层党组织、优秀共产党员和党务工作者。2000—2015 年全市气象部门无人受党纪政纪处分。

三、群团组织建设

(一)工会组织建设

1986 年 10 月，宁波市总工会下发《关于应惠芳等同志任职的通知》(宁总干(86)17 号)文件，同意成立宁波市气象局工会和首届工会委员会，相继由应惠芳、国良和、徐元、葛敏芳任工会主席。市气象局机关工会充分发挥工会组织的“桥梁和纽带”作用，围绕中心、服务大局，引导和带动干部职工为推进宁波气象事业科学发展作出贡献。2011 年，被市直机关工委评为 2010—2011 年度“先进职工之家”。

(二)共青团组织建设

宁波市气象局团支部成立于 1973 年，时称宁波地区气象台团支部，林彩仙首任团支部书记，后有蒋瑞忠、徐文宁继任团支书，有团员青年 7 名，1975 年底增至 17 人。1977 年成立地区气象局，改为地区气象局团支部。1982 年 4 月，宁波市气象局成立共青团支部委员会，由朱龙彪、牛忠华、黄鹤楼、唐剑山、祝旗、张红博、黄晶、丘晖相继任书记。市气象局共青团支部委员会成立后，认真履行“组织动员青年、教育引导青年、关心服务青年、代表维护青年合法权益”四项职能，按照“凝聚青年、服务大局、当好桥梁、从严治团”的要求，准确把握全局青年的迫切需求，紧紧围绕市气象局党组中心工作，积极开展青年思想道德建设，努力用社会主义核心价值观武装青年，充分发挥青年在宁波气象现代化建设中的生力军和突击队作用。2009 年，被共青团宁波市委授予市直机关“三星”团组织。

(三)妇女委员会组织建设

2003 年前，市气象局妇女组织称为妇女小组。2003 年 10 月，市气象局发文成立妇女委员会(甬气党发〔2003〕13 号)。由王晓露任副主任，吴瑞华、陈蕾娜、骆亚敏、董杏燕任委员。2009 年 5 月起，由陈灵玲任市气象局妇委会副主任。2012 年 5 月起，调整市气象局妇委会委员，由金艳慧、陈蕾娜、赵科科、顾思南、黄飞君、董杏燕任妇委会委员。市气象局妇委会结合部门实际和女干部职工的特点，着力在提高队伍素质、岗位建功立业、丰富文化生活上下功夫，不断提升机关妇女工作的整体水平，带动和引领女干部职工为气象事业科学发展作贡献。2001 年，被宁波市委市政府授予“三八”红旗集体荣誉称号。2012 年被宁波市直机关妇女工委评为 2010—2011 年度先进机关妇委会。至 2015 年已经五次换届。

第二节　内部审计与监察

内部审计的主要目的是强化执行财务纪律、加强内控和督查，使财务工作规范化，促进廉政建设，提高资金的使用效益，维护本部门、本单位的合法权益。1990 年，根据中国气象局和省气象局关于加强气象部门财务管理内部审计工作的要求，市气象局设专职审计人员 1 名，标志着宁波市气象部门内部审计工作开始起步。随着审计人员落实和机构逐步健全，市气象局建立起一整套内审工作程序和规则。2002 年起，全市气象部门内审工作由单位财务收支、基建工程、综合经营、经费管理等专项审计为主转变为以领导干部经济责任审计(表 16.4)为重点，到 2015 年，全市气象部门审计工作“人、法、技”建设进一步加强，内审工作的监督和服务功能得到有效发挥。

一、审计监察队伍及机构建设

1989 年 9 月，国家气象局下发《关于加强监察审计工作的通知》(国气人发〔1989〕131 号)，要求各地迅速建立监察审计机构，配齐监察审计人员。1990 年，市气象局设专职审计人员 1 名，对所属直属单位和区县(市)气象局开展内部审计，加强内部监督管理。1995 年，为加强内部审计工作，在市气象局人事政工处增设专职处级审计员 1 名。2001 年 11 月，在市气象局人事教育处增挂监察审计室牌子，启用宁波市气象局监察审计室印章，配备监察员 1 名、专职审计人员 1 名，与人事教育处合署办公。到 2015 年，市气象局机关内设机构虽然又经两次调整，但监察审计室仍作为职能处室与人事处合署办公，且审计类型不断增多，审计范围逐年扩大，较好地履行监察审计职能。

二、审计工作管理

(一)制度建设

2002 年，宁波市气象局制定出台《宁波市气象部门领导干部任期经济责任审计暂行规定实施细则》，作为宁波市气象部门干部任期经济责任审计的指导性文件。

（二）审计业务建设

2002 年起，宁波市气象局监察审计室开始进行领导干部任期经济责任审计工作。2010 年，宁波市气象部门根据省气象局要求，开始参加气象系统省内交叉审计。截至 2015 年底，宁波市气象部门已形成以干部经济责任审计（表 16.4）为重点、同时注重财务收支审计及专项审计，以宁波市气象部门内部审计为主、交叉审计和委托中介机构审计为辅的审计模式。

表 16.4　2002—2015 年领导干部经济责任审计情况表

年　份	被审计对象名单	备　注
2002 年	李满雷	余姚市气象局局长离任审计
2003 年	傅承涛	北仑区气象局局长离任审计
2004 年	厉亚萍	鄞州区气象局局长期间审计
2005 年	黄思源	宁波市应用气象室主任期间审计
	周伟军	宁波市防雷中心主任离任审计
2006 年	胡海国	奉化市气象局局长期间审计
2007 年	万宁姚	余姚市气象局局长期间审计
2008 年	胡余斌	华盾公司法人代表期间审计
2009 年	李满雷	北仑区气象局局长期间审计
2010 年	符国槐	慈溪市气象局局长期间审计（省局交叉审计）
2011 年	张荣飞	象山县气象局局长期间审计（省局交叉审计）
	金儒才	宁海县气象局局长离任审计
2012 年	唐剑山	宁海县气象局局长离任审计（省局监审处审计）
	钟孝德	宁波市气象局后勤服务中心负责人期间审计
	廉　亮	宁波市气象服务中心主任期间审计
2013 年	厉亚萍	鄞州区气象局局长离任审计
	胡海国	奉化市气象局局长期间审计（省局交叉审计）
	符国槐	慈溪市气象局局长期间审计（委托中介机构审计）
	徐文宁	宁波市气象学会会长离任审计
2014 年	胡海国	奉化市气象局局长离任审计
	李满雷	北仑区气象局局长离任审计
	皇甫方达	广告公司法定代表人离任审计
	张荣飞	象山县气象局局长离任审计
	万宁姚	余姚市气象局局长离任审计（省局交叉审计）
2015 年	黄思源	宁波市气象网络与装备保障中心主任离任审计
	谢良生	镇海区气象局局长离任审计

第三节　气象文化建设

气象文化建设贯穿于宁波气象工作的全过程，是气象工作软实力的重要组成部分。多年来，宁波市气象部门立足于丰厚的宁波文化底蕴，大力推进先进气象文化建设，形成具有一定特色的宁波气象文化，为提升部门软实力提供强大的精神支撑。

一、精神文明建设

1997 年 1 月，全国气象部门精神文明建设工作会议总结了“八五”以来精神文明建设的成绩和经验，制定《中国气象局党组关于加强精神文明建设的若干意见》，提出用 10 年左右的时间建成全国文明行业。全国气象部门开展“铸造气象精神，树立气象人形象”活动，大力倡导艰苦奋斗的创业精神、勤奋爱岗的敬业精神、严谨求实的科学精神、团结共事的协作精神、大公无私的奉献精神。是年 8 月，市气象局制定下发《宁波市气象部门社会主义精神文明建设实施意见》，提出创建文明单位、文明行业的总体目标。

1999 年，中国气象局在安徽召开“创建文明气象行业研讨会”。2000 年初，中国气象局又制定下发《中国气象局精神文明建设指导委员会关于创建省级文明气象系统的若干意见》，对创建工作的基本要求、申报条件、命名方式、表彰奖励及管理进行明确规定。是年起，全市气象部门开展创建文明行业（系统）活动，将精神文明建设纳入宁波气象事业发展“十五”规划，明确目标、任务和保障措施。并从 2001 年开始，将创建文明行业列入年度目标管理考核，为文明创建提供制度保障。

1998 年，宁波市气象局被宁波市委市政府授予首批宁波市级文明机关称号。到 2015 年，宁波市气象局已连续九轮（1995—1997 年，1998—1999 年、2000—2003 年、2004—2005 年、2006—2007 年、2008—2009 年、2010—2011 年、2012—2013 年、2014—2015 年）获得市级文明机关称号。

2003 年 4 月，宁海县气象局被浙江省委、省政府命名为“省级文明单位”（浙委发〔2003〕42 号）。2006 年 12 月，慈溪市气象局被中国气象局授予“全国气象部门文明台站标兵”称号。2008 年 9 月，宁海县气象局被中国气象局授予“全国气象部门文明台站标兵”称号。2009 年 2 月，慈溪市气象局被浙江省委省政府命名为“省级文明单位”；2009 年，慈溪市气象局获全国精神文明建设先进单位称号。2011 年 1 月，余姚市气象局被浙江省委省政府命名为“省级文明单位”。2014 年，宁波市气象台被浙江省委省政府命名为“省级文明单位”。

2001 年 12 月，宁波市气象局被中国气象局和宁波市精神文明建设委员会授予文明系统称号。2003 年 2 月，浙江省气象局被浙江省委省政府命名为浙江省首批省级文明行业，11 个市（地）气象局实行荣誉共享。2005 年宁波市气象局被宁波市委市政府命名为文明行业。

二、职业道德教育

从 1988 年起，每年汛期到来之前的 3 月份，按照浙江省气象局统一部署，全市气象部门开展“职业道德教育月”活动，此间，系统地进行气象职业道德教育，把职业道德教育寓于气象业务服务工作要求当中，每次活动都有计划、有部署、有检查、有总结，通过道德示范、建章立制、创先争优以及气象人精神培育，形成“敬业爱岗、科学求实、准确及时，优质服务”的职业道德新风范，对树立严谨的工作作风、提高业务工作质量和气象服务的经济社会效益发挥了积极作用。

三、结对帮扶共建活动

2004 年始，中共浙江省委全面实施农村工作指导员制度，促进城乡融合发展，建设幸福美丽新家园，密切机关与农村、干部与群众联系，夯实农村基层组织基础，维护农村和谐稳定。是年 3 月，按照中共宁波市委部署，市气象局首次选派张红博为农村工作指导员进驻象山县鹤浦镇攀岙村。2005 年驻点村改为奉化市大堰镇山门村，是年 6 月，市气象局选派祝旗为奉化市大堰镇山门村驻村农村工作指导员。2013 年起，市派农村工作指导员驻村任职时间由 1 年轮换延长为 2 年轮换。截至 2015 年底，又相继选派徐进宁、鲍岳建、汪玲玲、朱冬林、徐俭、牛忠华等七批农村工作指导员进驻奉化市大堰镇山门村。八个批次的派驻农村工作指导员认真履职，服从乡镇党委、政府的领导和管理，积极参加村“两委”的工作。积极走门串户，倾听民声，重点走访村民代表、党员骨干和困难户家庭，虚心向农村干部群众学习，热心为群众办实事、解难题，赢得了驻村农民群众的欢迎和好评。3 人被宁波市委市政府授予优秀农村工作指导员，祝旗、徐进宁被浙江省委省政府授予第二、三批优秀农村工作指导员。10 余年来，市气象局始终把支持驻村农村工作指导员工作作为一项重要任务来抓，市气象局主要领导每年到驻点村调查指导工作，亲自听取派驻村指导员的工作汇报，分管领导经常到驻点村督促检查指导员驻村工作，为农村工作指导员提供切实有力的后盾支持。中共宁波市气象局机关直属党委和宁波市气象学会把派驻村作为部门工作的联系点、村情民意的观察点、工作创新的试验点，与驻村基层党组织建立结对共建活动，为结对村办实事，办好事。市气象局出资为结对村改造小学校舍、老年活动室和饮用水源，与旅游公司联合在结对村创建生态野外拓展基地及绿色军营训练基地，每批次可接待 60 名左右青少年，增加村集体经济收入；帮助结对村接入宁波市农村党员干部现代远程教育网终端及宽带网，为村民脱贫致富提供信息和实用技术，并提供电脑、电视机等终端设备及技术；宁波市气象学会与结对村委会建立“村会结对”，邀请宁波市林业、农业、气象等部门专家深入山村，共同探讨利用山高水冷自然和气候条件，加快发展特色农业、林果业、旅游业的新途径；组织机关党员走访慰问结对村生活困难党员，了解家庭近况和生产生活困难，力所能及帮助解决一些实际困难；利用暑假期组织结对村中小学生参观气象科普馆，开阔农村青少年的眼界，接受气象科普知识。2007 年 6 月，市气象局被宁波市委市政府授予农村指导员工作先进集体。

市气象局多次组织干部职工开展“慈善一日捐”和“捐衣被，送温暖”等结对帮困送温暖活动。向四川汶川、青海玉树、甘肃省舟曲泥石流等灾区和遭受“莫拉克”台风灾害的台湾同胞及东南亚海啸灾区捐款。2004 年以后，市气象局开展结对帮扶困难家庭活动已持续多年，每逢“七一”、春节等节日前夕，市气象局各支部党员自愿募捐筹集慰问金和慰问品，走访慰问鄞州区石碶街道和栎社镇结对困难群众，力所能及地帮助他们解决一些实际困难。2007 年开始，全局干部职工共结对 21 名贵州等省贫困地区学生，连续 3 年开展“和谐宁波·万人助学”活动。

各区县(市)气象局都根据当地党委的部署，向结对村派驻农村工作指导员，多种形式组织结对帮扶共建活动。如中共象山县气象局机关支部与晓塘乡美礁契村开展联村活动，全体党员和结对村党员共过组织生活，走访慰问困难老党员。抓实抓好群众普遍关注最急、最盼的事，出资为结对村改造自来水管网，安装防灾减灾体系服务终端(LED 显示屏)。余姚市气象局与四明山镇悬岩村建立“双百共建”结对活动。余姚局干部职工经常主动深入山村，走访村干部、村民和困难户，通过召开座谈会等方式开展互讲党课、联谊活动，形成良好互动。充分利用自身的优势，通过余姚电视气象栏目和网络渠道帮助悬岩村推销花木、茶叶、樱桃、板栗等农产品，增加村民收入。在悬岩村村口安装气象自动观测站和气象电子显示屏，提供针对性气象服务。余姚市局还与鹿亭乡晓云村建立扶贫结对活动，每年春节等节日前，都要走访慰问鹿亭晓云村贫困户，送上生活必需品和慰问金。2010 年 6 月，余姚市气象局被中共宁波市委宣传部和市文明办通报表彰，获“城乡结对、共建文明”先进单位称号。

三、文化体育活动

全市气象部门以文体活动为载体，寓教于乐，丰富干部职工文化生活。从 1992 年起，本着“小型多样，就地广泛，业务为主”的原则，开展职工运动会、书法绘画摄影比赛等大量丰富多彩、深受职工欢迎的文体活动，既增强了气象队伍的凝聚力，又使职工在健康与美的享受中潜移默化地受到教育。1992—2014 年，共举办 19 届全市气象部门职工运动会，参加人数最多一届达 320 人。2007 年 8 月，第二届上海区域“气象人精神”演讲比赛在宁波市气象局举行，市气象局参赛作品《让气象科技武装新农民》(由祝旗撰稿、李维莹演讲)获二等奖。

四、荣誉和人物

每年都有相当数量的单位和个人获中国气象局、省气象局和宁波市委市政府或政府部门表彰(表 16.6、表 16.7)。据不完全统计，2000—2015 年全市气象部门有 280 余人(次)获得省局级以上先进个人。有 12 人在当地被选为省、市、县人大代表和政协委员(表 16.5)。2005 年 12 月，象山县气象局石振文被国家人事部、中国气象局授予全国气象先进工作者，享受省级劳动模范待遇。2007 年 4 月，宁波市气象台陈有利被宁波市委授予 2004—2006 年度宁波市级劳动模范称号。2015 年，宁海县气象局王立超被浙江省总工会、浙江省人力资源和社会保障厅授予省级“五一劳动奖章”。

表 16.5　2000—2015 年当选省、市、县人大代表和政协委员名单

姓名	性别	职务	届次	任职年限
秦慰尊	男	宁波市政协常委	第十一届	1998—2002
俞科爱	女	海曙区人大代表	第八、九届	2002—2011
戴里平	男	宁海县政协委员	第十三、十四届	2002—

续表

姓名	性别	职务	届次	任职年限
涂小萍	女	宁波市政协委员	第十三届	2007—2011
黄鹤楼	男	宁波市政协委员	第十二、十三届	2003—2012
		宁波市政协常委	第十四届	2013—2017
钟孝德	男	北仑区政协委员	第七、第八届	2007—2012
陈美春	女	余姚市政协委员	第十一届	2007—2012
陈光师	男	慈溪市政协委员	第九、十届	2007—
董杏燕	女	海曙区人大代表	第十届	2011—
张晨辉	男	北仑区政协委员	第八届	2012—
龚涛峰	男	余姚市政协委员	第十二、十三届	2012—
钱燕珍	女	浙江省人大代表	第十二届	2013—

表 16.6　2000—2015 年获省局级以上奖励的先进集体

单位名称	荣誉称号	授予单位	授予年月
业务服务类			
宁波市气象局	宁波市“两大军事活动”先进单位	宁波市政府、宁波军分区	1999 年 11 月
慈溪市气象局	浙江省气象科技服务先进单位	浙江省气象局	1999 年 12 月
宁波市气象局	第三届全国发明展览会先进单位	宁波市政府	2000 年
余姚市气象局	浙江省气象科技服务先进单位	浙江省气象局	2001 年 2 月
慈溪市气象局			
宁海县气象局	1999 年度重大气象服务先进集体	浙江省气象局	1999 年 12 月
慈溪市气象局	2001 年重大气象服务先进集体		2001 年 12 月
象山县气象局	2002 年重大气象服务先进集体		2002 年 12 月
宁波市人影办	2003 年重大气象服务先进集体		2003 年 12 月
宁波市气象台	2005 年重大气象服务先进集体		2005 年 12 月
慈溪市气象局	2006 年重大气象服务先进集体		2007 年 1 月
宁波市气象台	2007 年重大气象服务先进集体		2008 年 1 月
市气象监网中心	2008 年重大气象服务先进集体		2008 年 12 月
象山县气象局	2009 年重大气象服务先进集体		2010 年 1 月
慈溪市气象局	2010 年重大气象服务先进集体		2010 年 12 月
宁海县气象局	2011 年重大气象服务先进集体		2011 年 12 月
宁波市气象台	2013 年重大气象服务先进集体		2014 年 1 月
象山县气象局	2014 年重大气象服务先进集体		2014 年 12 月
鄞州区气象局	2015 年重大气象服务先进集体		2016 年 2 月

续表

单位名称	荣誉称号	授予单位	授予年月
宁波市气象局	第四届浙洽会、首届消博会优秀组织奖	宁波市政府	2002年8月
	第五届浙洽会、第二届消博会先进集体		2003年7月
	第六届浙洽会、第三届消博会先进集体		2004年7月
	第七届浙洽会、第四届消博会先进集体		2005年7月
	第八届浙洽会、第五届消博会先进集体		2006年8月
	第九届浙洽会、第六届消博会先进集体		2007年8月
	第十届浙洽会、第七届消博会先进集体		2008年12月
	第十一届浙洽会、第八届消博会先进集体		2009年8月
	第十二届浙洽会、第九届消博会先进集体		2010年8月
	第十三届浙洽会、第十届消博会先进集体		2011年8月
	2012年"两会一坛"宁波团先进单位		2012年10月
宁波市气象局	人工影响天气先进单位	宁波市政府	2003年7月
宁波市气象台	第三届宁波国际服装节先进集体	宁波市政府	2000年
宁波市气象局	第七届宁波国际服装节先进集体		2003年10月
	第八届宁波国际服装节先进集体		2004年10月
	第九届宁波国际服装节先进集体		2005年9月
	第十届宁波国际服装节先进集体		2006年12月
	第十一届宁波国际服装节先进集体		2007年12月
	第十二届宁波国际服装节先进集体		2008年11月
	第十三届宁波国际服装节先进集体		2009年11月
	第十四届宁波国际服装节先进集体		2010年11月
慈溪市气象局	2002年度气象科技服务和产业先进集体	浙江省气象局	2002年
慈溪市气象局	2003年度气象科技服务和产业先进集体	浙江省气象局	2003年
慈溪市气象局	2004年度气象科技服务和产业先进集体	浙江省气象局	2004年
宁波市气象台	2004年台风气象服务先进集体	浙江省气象局	2004年
慈溪市气象局	2004年人工降雨工作先进集体	浙江省气象局	2004年
宁波市气象局	浙江省抗台救灾先进集体	浙江省委省政府	2004年11月
宁波市气象局	宁波市抗台救灾先进集体	宁波市委市政府	2005年10月
宁海县气象局			
慈溪市气象局	2005年度气象科技服务和产业先进集体	浙江省气象局	2006年2月
慈溪市气象局	全国气象科技服务先进集体	中国气象局	2006年11月
气象信息中心	2006年度气象科技服务先进集体	浙江省气象局	2007年1月
宁波市气象局	省突发重大化学事故应急演习先进单位	宁波市政府	2007年2月
宁波市气象局	宁波市海上搜救工作先进集体	宁波市政府	2007年12月
慈溪市气象局	2007年度气象科技服务先进集体	浙江省气象局	2008年1月

续表

单位名称	荣誉称号	授予单位	授予年月
宁波市气象台	市抗击雨雪冰冻灾害先进集体	宁波市委市政府	2008年4月
慈溪市气象局	抗击低温雨雪冰冻灾害气象服务先进集体	浙江省气象局	2008年4月
宁波市气象局	全市奥运安保反恐工作先进集体	宁波市委市政府	2008年11月
市防雷中心	2008年度气象科技服务先进集体	浙江省气象局	2009年2月
宁海县气象局	2009年“莫拉克”台风气象服务先进集体	浙江省气象局	2009年9月
宁波市气象台	2011年梅汛期气象服务先进集体	浙江省气象局	2011年7月
慈溪市气象局	2011年梅汛期气象服务先进集体	浙江省气象局	2011年7月
象山县气象局	气象防灾减灾服务工作先进单位	浙江省气象局	2011年8月
余姚市气象局	全市服务“三农”工作先进单位	宁波市委市政府	2011年9月
气象服务中心	2011年公共气象服务先进集体	浙江省气象局	2012年1月
镇海区气象局	2011年度浙江省防雷减灾工作先进集体	浙江省气象局	2012年2月
宁波市气象台 余姚市气象局	2011年度地质灾害防治工作先进集体	宁波市政府	2012年8月
宁波市气象局 慈溪市气象局 象山县气象局 余姚市气象局	宁波市抗台救灾先进集体	宁波市委市政府	2012年10月
象山县气象局 宁海县气象局 宁波市气象台	“海葵”强台风气象服务先进集体	浙江省气象局	2012年10月
宁波市气象局	2012年市新农村建设先进单位	宁波市委市政府	2013年2月
余姚市防雷所	2012年度浙江省防雷减灾工作先进集体	浙江省气象局	2013年2月
气象服务中心	抗洪救灾先进集体	宁波市委市政府	2013年11月
鄞州区气象局 余姚市气象局 市气象网络与装备保障中心	“菲特”强台风重大气象服务先进集体	浙江省气象局	2013年12月
宁波市气象局	2013年市新农村建设先进单位	宁波市委市政府	2014年2月
宁波市气象局	2014年市新农村建设先进单位	宁波市委市政府	2015年1月
市防雷中心	2015年度浙江省气象系统防雷减灾工作先进集体	浙江省气象局	2016年2月
综　合　类			
市气象局党总支	1998—1999市直机关先进基层党组织	中共宁波市委	2000年6月
市局妇女组织	“三八”红旗集体	宁波市委市政府	2001年3月

续表

单位名称	荣誉称号	授予单位	授予年月
宁海县气象局	市级文明单位	宁波市委市政府	2001 年
慈溪市气象局	市级文明单位	宁波市委市政府	2001 年
宁波市气象局	文明系统	中国气象局市文明委	2001 年 11 月
宁波气象学会	2001—2002 年度先进学会	宁波市科学技术协会	2002 年 12 月
学会科普委员会	第六届全国气象科普工作先进集体	中国气象学会	2002 年　月
宁波市气象局	2000—2003 年度市级文明机关(第三轮)	宁波市委市政府	2003 年 12 月
	2004—2005 年度市级文明机关(第四轮)		2006 年 1 月
	2006—2007 年度市级文明机关(第五轮)		2007 年 12 月
	2008—2009 年度市级文明机关(第六轮)		2010 年 2 月
	2010—2011 年度市级文明机关(第七轮)		2012 年 1 月
	2012—2013 年度市级文明机关(第八轮)		2013 年 12 月
	2014—2015 年度市级文明机关(第九轮)		2015 年 12 月
宁海县气象局	省级文明单位	浙江省委省政府	2003 年 4 月
慈溪市气象局	全国气象法制工作先进集体	中国气象局	2004 年 9 月
宁波气象学会	2003—2004 年度先进学会	宁波市科学技术协会	2004 年 12 月
宁波市气象台	“五一”文明岗	宁波市总工会	2005 年 10 月
宁波市气象局	文明行业	宁波市委市政府	2005 年 10 月
宁波市气象台	全国气象部门局务公开先进单位	中国气象局	2005 年 10 月
慈溪市气象局			
宁海县气象局	市级文明单位(第九批)	宁波市委市政府	2006 年 1 月
象山县气象局			
慈溪市气象局			
余姚市气象局			
奉化市气象局			
宁海县气象局	浙江省气象系统先进集体	浙江省人事厅、省气象局	2006 年 1 月
宁波市气象局	农村指导员工作先进集体	宁波市委市政府	2007 年 6 月
学会科普宣传委员会	第七届全国气象科普工作先进集体	中国气象学会	2006 年 10 月
慈溪市气象局	全国气象部门文明台站标兵	中国气象局	2006 年 12 月
宁波市气象局	2006 年度市级文明行业	宁波市委市政府	2007 年 1 月
宁波气象学会	“杭州湾气象服务电视片”浙江省气象科普作品二等奖;“气象灾害避险指南系列挂图”浙江省气象科普作品三等奖	浙江省气象局	2007 年 1 月

续表

单位名称	荣誉称号	授予单位	授予年月
宁海县气象局	市级文明单位(第十批)	宁波市委市政府	2007年11月
象山县气象局			
慈溪市气象局			
余姚市气象局			
奉化市气象局			
宁海县气象局	全国气象部门文明台站标兵	中国气象局	2008年9月
慈溪市气象局	全省精神文明建设先进集体	浙江省委省政府	2008年
宁波气象学会	全国气象科普工作先进集体	中国气象局	2008年11月
慈溪市气象局	浙江省文明单位	浙江省委省政府	2009年2月
市气象台预报科	三八红旗集体	宁波市妇联	2009年3月
	工人先锋号	宁波市文明办、市总工会	2009年5月
	省级青年文明号	省青年文明号组委会	2009年5月
慈溪市气象局	第四届全国精神文明建设工作先进单位	中央文明办	2009年
市气象服务中心	全省气象系统先进集体	浙江省人事厅、省气象局	2010年1月
宁波市气象局	2009年度气象宣传信息工作先进集体	浙江省气象局	2010年2月
余姚市气象局	城乡结对共建文明单位	宁波市委市政府	2010年4月
慈溪市气象窗口	全省气象部门优秀气象窗口	浙江省气象局	2010年6月
市气象信息中心	全国气象科普工作先进集体	中国气象局	2010年9月
余姚市气象局	局务公开示范点	浙江省气象局	2010年11月
余姚市气象局	浙江省文明单位	浙江省委省政府	2011年1月
宁波市气象局	2010年度气象宣传信息工作先进集体	浙江省气象局	2011年3月
宁波市气象局直属机关党总支	全省气象部门先进基层党组织	浙江省气象局	2011年6月
宁波市气象局直属机关党总支	先进基层党组织	中共宁波市委	2011年6月
奉化市气象局	宁波市气象工作先进集体	宁波市政府	2011年11月
象山县气象局			
市气象局工会	2010—2011年度市直机关工会先进职工之家	宁波市总工会	2011年12月
市气象局直属机关党总支	2011年度机关党建信息工作先进单位	宁波市直机关党工委	2012年1月
慈溪市气象窗口	浙江省“群众满意基层站所(办事窗口)”创建先进单位	浙江省纪委、省监察厅、省纠风办	2012年1月

续表

单位名称	荣誉称号	授予单位	授予年月
慈溪市气象局	2012年度全省气象系统首批创建“群众满意基层站所(办事窗口)”创建先进单位	浙江省气象局	2012年2月
宁波市气象局			
镇海区防雷中心	创建群众满意基层防雷所先进单位	浙江省气象局	2012年2月
宁波市气象局	2011年度全市社会管理综合治理工作先进集体	宁波市委市政府	2012年2月
宁波市气象局	2011年度气象宣传信息工作先进集体	浙江省气象局	2012年3月
宁波市气象台	宁波市文明单位	宁波市委市政府	2012年3月
北仑区气象局			2012年3月
镇海区气象局			2012年3月
市气象局直属机关党总支	2010—2012年市直机关创先争优“双强”示范点	宁波市直机关党工委	2012年6月
余姚市气象局	“之江气象先锋”创先争优活动先进单位	浙江省气象局	2012年6月
市气象局机关妇委会	2012年度机关妇委会信息工作先进单位	宁波市妇联	2012年12月
市气象局机关工会	2012年度市直机关工会信息工作先进单位	宁波市总工会	2013年1月
宁波市气象局	2012年度全市党委系统信息工作先进单位	宁波市委办	2013年1月
慈溪市气象局	创建“群众满意办事窗口”示范单位	浙江省气象局	2013年2月
余姚市气象局			2013年2月
市气象影视中心	市级“巾帼文明岗”	宁波市妇联	2013年5月
鄞州区气象窗口	创建群众满意办事窗口先进单位	浙江省气象局	2014年2月
慈溪市气象局	2014年全省气象部门廉政文化示范点	浙江省气象局	2014年11月
鄞州区气象局			
余姚市气象局	2014年全省气象部门局务公开示范点	浙江省气象局	2014年11月
鄞州区气象局	全国气象科普工作先进集体	中国气象局	2014年11月
宁波气象学会	评估为3A级社会组织	宁波市民政局	2014年11月
市气象局直属机关纪委	市直机关先进基层纪检组织	宁波市委市政府	2015年6月
市气象局机关妇委会	2015年度市直机关妇委会信息工作先进单位	宁波市委市政府	2015年12月
宁波市行政服务中心气象窗口	2009年度先进单位	宁波市行政审批管理办公室、公共资源交易管委会办公室、效能(廉政)96178投诉中心	2010年1月
	2012年度先进单位		2013年1月
	2013年年度先进单位		2014年1月
	2014年年度先进单位		2015年1月
	2015年度示范窗口		2016年2月

续表

单位名称	荣誉称号	授予单位	授予年月
宁波市气象局	2002 年度部门决算工作先进单位	中国气象局	2002 年
	2003 年度部门决算工作先进单位	中国气象局	2003 年
	2008 年度国库集中支付工作先进单位	中国气象局	2009 年 3 月
	2008 年度部门决算工作先进单位	中国气象局	2009 年 12 月
	2009 年度国库集中支付工作先进单位	中国气象局	2010 年 3 月
	2010 年度国库集中支付工作先进单位	中国气象局	2011 年 3 月
	2010 年度部门决算工作先进单位	中国气象局	2011 年 11 月
	2011 年度部门决算工作先进单位	中国气象局	2012 年 12 月
	2013 年度国库集中支付工作先进单位	中国气象局	2014 年 3 月
	2013 年度部门决算工作先进单位	中国气象局	2014 年 12 月
	2014 年国库集中支付先进单位	中国气象局	2015 年 4 月
	2015 年度部门决算工作先进单位	中国气象局	2016 年 11 月

表 16.7　2000—2015 年获省局级以上奖励的先进个人

姓名	工作单位	荣誉称号	授予单位	授予时间
业务服务类				
何利德	鄞州区气象局	2000 年度全国质量优秀测报员	中国气象局	2001 年 3 月
贺贤康	北仑区气象局			
陈亚飞	慈溪市气象局	2001 年度全国质量优秀测报员	中国气象局	2002 年 3 月
赵益锋	慈溪市气象局	2002 年度全国质量优秀测报员	中国气象局	2003 年 3 月
何利德	鄞州区气象局			
汪永峰	石浦气象站			
陈亚飞	慈溪市气象局	2003 年度全国质量优秀测报员	中国气象局	2004 年 3 月
楼望萍				
何利德	鄞州区气象局	2004 年度全国质量优秀测报员	中国气象局	2005 年 3 月
赵益锋	慈溪市气象局			
林宏伟				
陈小丽	慈溪市气象局	2005 年度全国质量优秀测报员	中国气象局	2006 年 2 月
汪永峰	石浦气象站			
邱颖杰	市气象监测网络中心	2007 年度优秀维护和开发员	中国气象局	2007 年 1 月
邵雪娟	石浦气象站	2006 年度全国优秀质量测报员	中国气象局	2007 年 2 月
李福林				
陈灵丹				
林宏伟	慈溪市气象局			

续表

姓名	工作单位	荣誉称号	授予单位	授予时间
业务服务类				
赵益锋	慈溪市气象局	2007年度全国质量优秀测报员	中国气象局	2008年3月
陈小丽				
何利德	鄞州区气象局			
黄剑平	石浦气象站			
汪永峰	石浦气象站			
许　伟	象山县气象局	2008年度全国质量优秀测报员	中国气象局	2009年5月
李福林				
陈灵丹				
石振文				
邵雪娟				
赵益锋	慈溪市气象局			
陈小丽				
钟　央				
陈亚飞				
林宏伟				
楼望萍				
茅吉锋				
谢　华	北仑区气象局	2009年度全国质量优秀测报员	中国气象局	2010年3月
钟　央	慈溪市气象局			
陈亚飞				
林宏伟				
楼望萍				
茅吉锋				
黄剑平	象山县气象局			
汪永峰				
钱　峥	市气象网络与装备保障中心	全国优秀网络管理员	中国气象局	2010年4月
马丽娜	象山县气象局	2011年度全国质量优秀测报员	中国气象局	2012年4月
许　伟				
李福林				
高　渊				
杨迦茹	鄞州区气象局			
林宏伟	慈溪市气象局			
崔　崇	象山县气象局	2012年度全国质量优秀测报员	中国气象局	2013年4月
何　静	鄞州区气象局			
赵益锋	慈溪市气象局			
吴　敏				

续表

姓名	工作单位	荣誉称号	授予单位	授予时间
业务服务类				
颜宗华	市气象网络与装备保障中心	全国气象信息网络和资料工作优秀业务人员	中国气象局	2013 年 8 月
陈迪辉	北仑区气象局	2013 年度全国质量优秀测报员	中国气象局	2014 年 4 月
谢　华	北仑区气象局	2013 年度全国质量优秀测报员	中国气象局	2014 年 4 月
张晶晶	北仑区气象局	2013 年度全国质量优秀测报员	中国气象局	2014 年 4 月
林宏伟	慈溪市气象局	2013 年度全国质量优秀测报员	中国气象局	2014 年 4 月
钟　央	慈溪市气象局	2013 年度全国质量优秀测报员	中国气象局	2014 年 4 月
吴　敏	慈溪市气象局	2013 年度全国质量优秀测报员	中国气象局	2014 年 4 月
茅吉锋	慈溪市气象局	2013 年度全国质量优秀测报员	中国气象局	2014 年 4 月
高　渊	象山县气象局	2013 年度全国质量优秀测报员	中国气象局	2014 年 4 月
崔　崇	象山县气象局	2013 年度全国质量优秀测报员	中国气象局	2014 年 4 月
许　伟	象山县气象局	2013 年度全国质量优秀测报员	中国气象局	2014 年 4 月
李福林	象山县气象局	2013 年度全国质量优秀测报员	中国气象局	2014 年 4 月
朱纯阳	镇海区气象局	2013 年度全国质量优秀测报员	中国气象局	2014 年 4 月
孙甦胜	镇海区气象局	2013 年度全国质量优秀测报员	中国气象局	2014 年 4 月
胡　晓	镇海区气象局	2013 年度全国质量优秀测报员	中国气象局	2014 年 4 月
叶佩芬	北仑区气象局	2002 年度气象测报优秀个人	浙江省气象局	2002 年月
汪永峰	象山县气象局	2005 年度气象测报优秀个人	浙江省气象局	2006 年 2 月
何利德	鄞州区气象局	2005 年度气象测报优秀个人	浙江省气象局	2006 年 2 月
应建存	宁海县气象局	2005 年度气象测报优秀个人	浙江省气象局	2006 年 2 月
应建存	宁海县气象局	2006 年度气象测报优秀个人(地面)	浙江省气象局	2007 年 1 月
何利德	鄞州区气象局	2006 年度气象测报优秀个人(地面)	浙江省气象局	2007 年 1 月
郐立辉	余姚市气象局	2006 年度气象测报优秀个人(地面)	浙江省气象局	2007 年 1 月
林宏伟	慈溪市气象局	2006 年度气象测报优秀个人(地面)	浙江省气象局	2007 年 1 月
赵益锋	慈溪市气象局	2006 年度气象测报优秀个人(农气)	浙江省气象局	2007 年 1 月
邱颖杰	市气象监测网络中心	2006 年度气象信息网络优秀个人	浙江省气象局	2007 年 1 月
赵益锋	慈溪市气象局	2007 年度气象测报优秀个人(农气)	浙江省气象局	2008 年 1 月
陈　瑜	市气象监测网络中心	2007 年度天气雷达业务优秀个人	浙江省气象局	2008 年 1 月
林宏伟	慈溪市气象局	2008 年度气象测报优秀个人(地面)	浙江省气象局	2009 年 1 月
应建存	宁海县气象局	2008 年度气象测报优秀个人(地面)	浙江省气象局	2009 年 1 月
郐立辉	余姚市气象局	2008 年度气象测报优秀个人(地面)	浙江省气象局	2009 年 1 月
黄旋旋	市气象信息中心	2008 年度天气雷达业务优秀个人	浙江省气象局	2009 年 1 月
茅吉锋	慈溪市气象局	2009 年度气象测报优秀个人(地面)	浙江省气象局	2010 年 2 月
马丽娜	石浦气象站	2009 年度气象测报优秀个人(地面)	浙江省气象局	2010 年 2 月
陈亚云	象山县气象局	2009 年度气象测报优秀个人(地面)	浙江省气象局	2010 年 2 月

续表

姓名	工作单位	荣誉称号	授予单位	授予时间
业务服务类				
赵益锋	慈溪市气象局	2009 年度气象测报优秀个人(农气)	浙江省气象局	2010 年 2 月
钱　峥	市气象信息中心	2009 年度气象信息网络优秀个人	浙江省气象局	2010 年 2 月
高益波	余姚市气象局	2010 年度气象测报优秀个人(地面)	浙江省气象局	2011 年 2 月
李福林	石浦气象站			
孟巍峰	奉化市气象局			
何　静	鄞州区气象局	2011 年度优秀测报员(地面)	浙江省气象局	2012 年 2 月
陈灵丹	镇海区气象局			
茅吉锋	慈溪市气象局			
吴　敏	慈溪市气象局	2011 年度优秀测报员(农气)	浙江省气象局	2012 年 2 月
杨　豪	市气象网络与装备保障中心	2011 年度天气雷达业务优秀个人	浙江省气象局	2012 年 2 月
何彩芬	象山县气象局	2005 年度全国优秀值班预报员	中国气象局	2006 年 4 月
董杏燕	宁波市气象台	2006 年度全国优秀值班预报员	中国气象局	2007 年 4 月
罗　林	宁波市气象台	2007 年度全国优秀值班预报员	中国气象局	2008 年 5 月
朱龙彪	宁波市气象台	2008 年度全国优秀值班预报员	中国气象局	2009 年 5 月
涂小萍	宁波市气象台	2012 年度全国优秀值班预报员	中国气象局	2013 年 8 月
何彩芬	宁波市气象台	2005 年度优秀值班预报员	浙江省气象局	2006 年 2 月
董杏燕	宁波市气象台			
骆后平	鄞州区气象局			
董杏燕	宁波市气象台	2006 年度浙江省优秀值班预报员	浙江省气象局	2007 年 1 月
朱万云	奉化市气象局			
罗　林	宁波市气象台	2007 年度浙江省优秀值班预报员	浙江省气象局	2008 年 1 月
郑　铮	市气象服务中心			
邬立辉	余姚市气象局			
朱龙彪	宁波市气象台	2008 年度浙江省优秀值班预报员	浙江省气象局	2009 年 1 月
张晨晖	北仑区气象局			
朱建军	余姚市气象局	2009 年度浙江省优秀值班预报员	浙江省气象局	2010 年 2 月
朱万云	奉化市气象局			
庞宝兴	宁波市气象台	2010 年度全省优秀值班预报员	浙江省气象局	2011 年 5 月
张晨晖	北仑区气象局			
顾小丽	宁波市气象台	2011 年度全省优秀值班预报员	浙江省气象局	2012 年 6 月
涂小萍	宁波市气象台	2012 年度全省优秀值班预报员	浙江省气象局	2013 年 8 月
胡　晓	镇海区气象局	2013 年度全省优秀值班预报员	浙江省气象局	2014 年 9 月
钱燕珍	宁波市气象台	2014 年度全省优秀值班预报员	浙江省气象局	2015 年 5 月
郭宇光	宁波市气象台	2015 年度全省优秀值班预报员	浙江省气象局	2016 年 2 月

续表

姓名	工作单位	荣誉称号	授予单位	授予时间
业务服务类				
叶卫东	宁波市气象局	全市农业科技先进工作者	宁波市政府	2001年10月
俞科爱	宁波市气象台	第四届浙洽会、首届消博会先进个人	宁波市政府	2002年8月
何彩芬	宁波市气象局	第五届浙洽会、第二届消博会先进个人	宁波市政府	2003年7月
庞宝兴	宁波市人影办	2003年重大气象服务先进个人	浙江省气象局	2003年
胡余斌	市防雷中心	2003年度气象科技服务和产业先进个人	浙江省气象局	2003年
金儒才	宁海县气象局	2004年台风气象服务先进个人	浙江省气象局	2004年
黄大通	宁波市气象台	2004年重大气象服务先进个人	浙江省气象局	2004年
皇甫方达	市气象信息中心	2004年度气象科技服务和产业先进个人	浙江省气象局	2004年
陈有利	宁波市气象台	浙江省抗台救灾先进个人	浙江省委省政府	2004年11月
金儒才	宁海县气象局	宁波市抗台救灾先进个人	宁波市委市政府	2005年10月
骆后平	鄞州区气象局			
万宁姚	余姚市气象局			
杨柏梅	宁波市气象台			
胡春蕾	宁波市气象台	2005年重大气象服务先进个人	浙江省气象局	2005年12月
唐剑山	市气象信息中心	2005年度气象科技服务和产业先进个人	浙江省气象局	2006年2月
钟孝德	北仑区气象局	全国气象科技服务先进个人	中国气象局	2006年11月
钟孝德	北仑区气象局	2006年度气象科技服务先进个人	浙江省气象局	2007年1月
骆后平	鄞州区气象局	2006年重大气象服务先进个人	浙江省气象局	2007年1月
黄思源	宁波市气象局	省突发重大化学事故应急演习先进个人	宁波市政府	2007年2月
黄鹤楼	宁波市气象台	十二届宁波市政协参政议政积极分子	宁波市政协	2007年2月
庞宝兴	宁波市气象台	2007年重大气象服务先进个人	浙江省气象局	2008年1月
唐剑山	市气象信息中心	2007年度全省气象科技服务先进个人	浙江省气象局	2008年1月
杨柏梅	宁波市气象台	省抗击雨雪冰冻灾害先进个人	浙江省委省政府	2008年3月
余建明	慈溪市气象局	市抗击雨雪冰冻灾害先进个人	宁波市委市政府	2008年4月
谢良生	余姚市气象局			
骆后平	鄞州区气象局	抗击低温雨雪冰冻灾害气象服务先进个人	浙江省气象局	2008年4月
应建存	宁海县气象局			

续表

姓名	工作单位	荣誉称号	授予单位	授予时间
业务服务类				
黄思源	市气象监测网络中心	全市奥运安保反恐工作先进个人	宁波市委市政府	2008年11月
涂小萍	宁波市气象台	奥运会、残奥会气象服务先进个人	中国气象局	2008年12月
符国槐	慈溪市气象局	2008年重大气象服务先进个人	浙江省气象局	2008年12月
徐文斌	象山县气象局	2008年度气象科技服务先进个人	浙江省气象局	2009年2月
涂小萍	宁波市气象台	“莫拉克”台风气象服务先进个人	浙江省气象局	2009年9月
涂小萍	宁波市气象台	2009年全国重大气象服务先进个人	中国气象局	2010年1月
黄璇璇	市气象信息中心	2009年重大气象服务先进个人	浙江省气象局	2010年1月
卢晶晶	宁波市气象台	上海世博会“信息化与城市发展”主题论坛先进个人	中共宁波市委	2010年6月
贺文杰	宁海县气象局	2010年重大气象服务先进个人	浙江省气象局	2010年12月
符国槐	慈溪市气象局	全国三农科技服务“金桥奖”	全国科学技术协会	2011年3月
顾人颖	鄞州区气象局	2011年梅汛期气象服务先进个人	浙江省气象局	2011年7月
王立超	宁海县气象局			
黄鹤楼	宁波市气象局	宁波市优秀气象工作者	宁波市政府	2011年9月
王　焱				
谢　华	北仑区气象局	2011年重大气象服务先进个人	浙江省气象局	2011年12月
孙军波	慈溪市气象局	2011年度公共气象服务先进个人	浙江省气象局	2012年1月
熊雪清	余姚市气象局	2011年度防雷减灾工作先进个人	浙江省气象局	2012年2月
黄鹤楼	宁波市气象台	十三届宁波市政协参政议政积极分子	宁波市政协	2012年2月
鲍岳建	宁波市气象局	全国人工影响天气工作先进个人	人力资源和社会保障部、中国气象局	2012年8月
腾丽丽	宁波市气象台	2011年度地质灾害防治工作先进个人	宁波市政府	2012年8月
余建明	宁波市气象台			
金儒才	宁海县气象局			
厉亚萍	鄞州区气象局			
黄裕火	象山县气象局	宁波市农业科技创新创业奖	宁波市政府	2012年8月
陈有利	宁波市气象台	宁波市抗台救灾先进个人	宁波市委市政府	2012年10月
任美洁	气象服务中心			
傅伟忠	装备保障中心			
顾人颖	鄞州区气象局			
骆亚敏	宁海县气象局			
孙甦胜	镇海区气象局			
全彩峰	北仑区气象局			

续表

姓名	工作单位	荣誉称号	授予单位	授予时间
业务服务类				
王 燚	宁波市气象台	“海葵”强台风气象服务先进个人	浙江省气象局	2012年10月
石振文	象山县气象局			
全彩峰	北仑区气象局			
张程明	宁波市气象台	2012年重大气象服务先进个人	浙江省气象局	2013年1月
乐益龙	宁波市气象局	2012年度公共气象服务先进个人	浙江省气象局	2013年2月
陈光师	慈溪市气象局	2012年度浙江省防雷减灾工作先进个人	浙江省气象局	2013年2月
孙军波	慈溪市气象局	菲特强台风气象服务先进个人	浙江省气象局	2013年11月
钱燕珍	宁波市气象台	抗洪救灾先进个人	市委市政府	2013年11月
张晶晶	余姚市气象局	抗洪救灾先进个人	市委市政府	2013年11月
俞科爱	宁波市气象台	“菲特”强台风重大气象服务先进个人	浙江省气象局	2013年12月
高益波	余姚市气象局			
邬方平	奉化市气象局			
孙军波	慈溪市气象局			
娄建民	宁海县气象局	2013年度重大气象服务先进个人	浙江省气象局	2014年1月
许栋伟	慈溪市气象局			
钱 峥	市气象服务中心	2013年公共气象服务先进个人	浙江省气象局	2014年1月
张晶晶	北仑区气象局	2015年公共气象服务先进个人	浙江省气象局	2016年2月
高益波	余姚市气象局	2015年重大气象服务先进个人	浙江省气象局	2016年2月
陈鹏飞	北仑区气象局	2015年度浙江省气象系统防雷减灾工作先进个人	浙江省气象局	2016年2月
综 合 类				
符国槐	慈溪市气象局	有突出贡献的优秀青年拔尖人才	浙江省气象局	1998年
葛敏芳	宁波市气象局	省气象部门优秀青年科技、管理人才	浙江省气象局	1998年
祝 旗	宁波市气象局	纪念十一届三中全会20周年征文比赛一等奖	浙江省气象局	1998年11月
徐迪锋	宁波市气象台	省气象部门优秀青年科技、管理人才	浙江省气象局	2000年
葛敏芳	宁波市气象台	全国气象部门双文明建设先进个人	中国气象局	2000年12月
应惠芳	宁波市气象局	全国气象部门精神文明先进工作者	中国气象局	2003年月
薛炼奇	宁波市气象局	创建国家卫生城市先进个人	宁波市政府	2004年月
张克玺	宁波市气象局	全国气象法制工作先进个人	中国气象局	2004年9月
陈德霖	宁波市气象局	全国气象部门离退休老同志“四好”先进个人	中国气象局	2005年11月
石振文	象山县气象局	全国气象先进工作者	国家人事部 中国气象局	2005年12月

续表

姓名	工作单位	荣誉称号	授予单位	授予时间
综　合　类				
贺贤康	北仑区气象局	浙江省观天卫士	浙江省气象局	2005年12月
石振文	象山县气象局	浙江省气象系统先进工作者	浙江省人事厅 浙江省气象局	2006年1月
金儒才	宁海县气象局	优秀共产党员	中共宁波市委	2006年4月
陈有利	宁波市气象台	优秀共产党员	中共宁波市委	2006年4月
祝　旗	宁波市气象局	宁波市优秀农村工作指导员	市委市政府	2006年5月
何利德	鄞州区气象局	浙江省技术能手	省劳动与社会保障厅	2006年6月
祝　旗	宁波市气象局	浙江省第二批优秀农村工作指导员	浙江省委省政府	2006年7月
何利德	鄞州区气象局	浙江省气象行业技术标兵	浙江省气象局	2006年7月
顾炳刚	宁波市气象局	2006年度全市社会治安综合治理先进个人	中共宁波市委	2007年1月
陈有利	宁波市气象台	2004—2006年度宁波市劳动模范	中共宁波市委	2007年4月
徐进宁	宁波市气象局	农村工作先进个人	宁波市委市政府	2007年6月
徐进宁	宁波市气象局	浙江省第三批优秀农村工作指导员	宁波省委省政府	2007年8月
洪志芬	宁波市气象局	全市档案系统先进工作者	中共宁波市委	2007年9月
胡春蕾	宁波市气象局	2007年度生态市建设工作先进个人	中共宁波市委	2008年6月
汪永峰	象山县气象局	全省气象部门“十佳青年”	浙江省气象局	2009年5月
胡春蕾	宁波市气象局	2008年度生态市建设工作先进个人	中共宁波市委	2009年5月
徐文宁	宁波市气象局	2006年度生态市建设工作先进个人	中共宁波市委	2009年5月
黄裕火	象山县气象局	全省气象系统先进个人	省人事厅、气象局	2010年1月
李越敏	鄞州区气象窗口	全省气象部门优秀气象窗口工作人员	浙江省气象局	2010年6月
应建成	宁海县气象局	2009年度生态市建设工作先进个人	中共宁波市委	2010年6月
邬立辉	余姚市气象局	2010年度生态市建设工作先进个人	中共宁波市委	2011年6月
赵益锋	慈溪市气象局	全省气象部门优秀共产党员	浙江省气象局	2011年6月
蔡春裕	象山县气象局	全省气象部门优秀党务工作者	浙江省气象局	2011年6月
符国槐	慈溪市气象局	省农业科技先进工作者	浙江省农业科学技术厅、人保厅、省农办	2011年8月
陈灵玲	宁波市气象局	2010-2011年度优秀工会工作者	市总工会	2011年12月
厉亚萍	鄞州区气象局	创建全国文明城市“三连冠”工作先进个人	中共宁波市委	2012年1月
乐益龙	宁波市气象局	2011年度生态市建设工作先进个人	中共宁波市委	2012年4月

续表

姓名	工作单位	荣誉称号	授予单位	授予时间
综　合　类				
孙军波	慈溪市气象局	全省气象部门“十佳青年”	浙江省气象局	2012 年 5 月
丁　丽	奉化市气象局	浙江省气象行业技术能手	浙江省气象局	2012 年 5 月
黄思源	市装备保障中心	宁波市优秀科技工作者	中共宁波市委组织部、人社局、市科协	2012 年 6 月
黄　晶	市气象局	2010-2012 年市直机关“创先争优”优秀共产党	中共宁波市直机关党工委	2012 年 6 月
陈灵玲	宁波市气象局	2012 年度市直机关党建信息工作先进个人		2013 年 1 月
胡　晓	镇海区气象局	浙江省技术能手	浙江省气象局	2013 年 9 月
		浙江省“巾帼建功标兵”	浙江省巾帼建功和双学双比活动协调小组	2013 年 12 月
		2013 年度浙江省青年岗位能手	共青团浙江省委	2013 年 12 月
符国槐	慈溪市气象局	全省优秀县(市、区)气象局局长	浙江省气象局	2014 年 1 月
何利德	宁波市气象局	公务员三等功	浙江省气象局	2014 年 4 月
王立超	宁海县气象局	第三届全省气象部门“十佳青年”	浙江省气象局	2015 年 5 月
王立超	宁海县气象局	第九届全国气象行业职业技能竞赛个人全能三等奖	中国气象局	2015 年 1 月
王立超	宁海县气象局	省级五一劳动奖章	浙江省总工会	2015 年 4 月
骆亚敏	北仑区气象局	全省优秀县(市、区)气象局局长	浙江省气象局	2016 年 1 月
顾人颖	鄞州区气象局	2014 年度“五水共治”工作先进个人	宁波市委市政府	2015 年 1 月
杜　坤	市气象局办公室	2014 年市级社会管理综合治理工作先进个人	宁波市委市政府	2015 年 4 月
俞科爱	市气象台	2014 年生态市和生态文明建设工作先进个人	宁波市委市政府	2015 年 5 月
胡利军	市装备保障中心	市直机关优秀共产党员	中共宁波市直机关党工委	2015 年 6 月
郑　玲	市防雷中心			
顾小丽	市气象台	市直机关优秀党务工作者		
陆峰毅	宁波市行政服务中心气象窗口	2011 年度优质服务标兵	宁波市行政审批管理办公室、公共资源交易管委会办公室、效能(廉政)96178 投诉中心	2012 年 1 月
刘　琦		2012 年度优质服务标兵		2013 年 1 月
陆峰毅		2013 年年度优质服务标兵		2014 年 1 月
刘　琦		2014 年年度优质服务标兵		2015 年 1 月
周伟军		2015 年市行政审批和公共资源交易服务系统服务标兵		2016 年 2 月
刘　琦				

续表

姓名	工作单位	荣誉称号	授予单位	授予时间
综　合　类				
石湘波	市防雷中心	2015年度轨道交通工作先进个人	宁波市委市政府	2016年3月
姚日升	奉化区气象局	2015年度生态市和生态文明建设工作先进个人	宁波市委市政府	2016年5月
祝　旗	宁波市气象局	2005年度宁波市农村工作优秀调研报告二等奖	宁波市委农指办	2006年6月
祝　旗	宁波市气象局	全省气象部门宣传画册设计比赛二等奖	浙江省气象局	2006年10月
沈铭劼	宁波市气象局	2006年度气象宣传信息工作先进个人	浙江省气象局	2007年2月
汪玲玲	宁波市气象局	2007年度优秀通讯员	中国气象报	2007年5月
汪玲玲	宁波市气象局	2008年度气象宣传信息工作先进个人	浙江省气象局	2009年1月
沈铭劼	宁波市气象局	2009年度优秀通讯员	中国气象报	2010年7月
汪玲玲	宁波市气象局	2010年度气象宣传信息工作先进个人	浙江省气象局	2011年3月
汪玲玲	宁波市气象局	2012年度全市党委系统信息工作先进个人	中共宁波市委	2013年1月
邱颖杰	宁波市气象局	2013年度全市党委系统信息工作先进个人	中共宁波市委	2014年1月
杜　坤	宁波市气象局	2014年度优秀通讯员	中国气象报	2015年5月
虞　南 杜　坤	宁波市气象局	2015年度优秀通讯员	中国气象报	2016年5月
石人光	市气象学会	优秀学会工作者	中国气象学会	2002年
石人光	市气象学会	优秀学会干部	市科学技术协会	2004年12月
钱燕珍	宁波市气象台	全国第六届优秀青年气象科技工作者	中国气象学会	2006年5月
石人光	市气象学会	优秀学会工作者	中国气象学会	2006年10月
陈永庆	市气象科普中心	2006年度年度科普教育基地先进个人	市科学技术协会	2007年1月
石人光 叶卫东	市气象学会	2005—2006年度优秀学会干部	市科学技术协会	2007年1月
徐文宁	市气象学会	民间组织工作先进个人	中共宁波市委	2007年1月
徐文宁	市气象学会	优秀学会工作者	中国气象学会	2010年9月
何利德	鄞州区气象局	市级气象学会优秀会员	浙江省气象局	2010年9月
叶卫东	市气象学会	全市科协系统先进工作者	市科学技术协会	2012年6月

第四节 气象宣传

气象宣传工作是党的宣传思想文化工作和气象事业的重要组成部分，在增进全社会对气象工作的了解和重视，扩大气象事业的影响，促进公共气象服务效益提升，提高公众气象灾害防御的自觉性等方面发挥着积极的作用。

气象宣传工作开展初期，主要通过报刊、广播，撰写气象科普文章等形式向社会普及气象知识，解答群众关心的天气或气候问题等。党的十一届三中全会以后，随着改革开放的不断深入，气象部门由相对封闭向开放型转变。随着气象事业的迅速发展，全市气象部门对气象宣传工作日益重视，开始将气象宣传列入重要工作议事日程。宁波市气象局自1988年实行计划单列起，组建气象宣传机构，配备宣传人员，明确工作职责，并建立计划与考核机制。全市气象宣传工作围绕上级气象部门和宁波市委市政府各阶段的工作重点，积极宣传全市气象业务服务、现代化建设、科技创新、领域拓展、法制建设、文明创建等方面取得的成绩和经验。宣传手段也日益丰富，从传统媒体向影视、网络、手机、电子显示屏等各种新兴媒体扩展，做到“屏幕上有形、报刊上有文、广播中有声”。一方面，通过中国气象局《要情摘报》和浙江气象综合内网、《浙江气象信息》等内部刊物的信息宣传，及时传递全国、全省气象发展与改革的新信息，做好政策解读和阐释，交流工作经验，加深干部职工对气象事业发展战略研究成果等新思想、新成果的认识，有力推动中心工作的贯彻落实。另一方面，充分利用《中国气象报》、中国气象局门户网站等专业媒体和《宁波日报》《宁波晚报》、宁波电视台、宁波电台以及新兴网络媒体甬派等社会大众传媒资源，形成气象宣传合力，提高气象宣传向社会宣传的辐射力，为宁波气象事业发展营造良好的舆论氛围。

一、宣传机构与队伍建设

气象宣传工作由宁波市气象局、市局直属单位和各区县(市)气象局办公室归口管理，宣传工作纳入办公室的职责范围，明确一位单位领导分管宣传工作，一名办公室负责人具体部署相关工作，市局办公室与各单位共同协商确定1～2名基本素质好、事业心强、思想敏锐、政策水平高、熟悉全局工作以及文字写作能力较强的同志担任兼职通讯员，负责本单位的日常宣传工作，形成较完善的市、县两级宣传管理体制和宣传报道网络。

1989年4月，《中国气象报》宁波记者站成立，由宁波市气象局和中国气象报社双重领导。宁波记者站挂靠在市气象局办公室，有记者1名，在局机关各处室、各直属单位和各区县(市)气象局设兼职通讯员，金林森兼任记者站站长，继后由应惠芳、张克玺、顾炳刚、祝旗兼任，自1995年至今，祝旗一直任《中国气象报》记者。记者站主要工作是贯彻落实上级气象部门及当地宣传管理部门的宣传工作方针、计划和部署，结合当地实际制定本单位宣传工作具体计划并组织实施；组织协调、指导和监督检查本单位的宣传工作；组织本单位重大活动、重要工作的宣传报道，负责审核和推荐向上级气象部门和当地新闻媒体的重要宣传文稿。2004年，中宣部新闻管理部门对各报刊媒体驻地方记者站进行归并，每省仅可设一个记者站。是年5月，宁波记者站与浙江记者站合并，但在中国气象报社仍旧作为独立报道单位存在，以宁波通讯组的形式继续参加报社各项活动。

二、制度建设与管理

2002年，宁波市气象局制定下发《宁波市气象宣传工作管理办法》(甬气发〔2002〕81号)和《宁波市气象政务信息工作实施办法》(甬气发〔2002〕82号)，气象宣传管理开始进一步走向正常化、规范化和制度化。2003年，出台《宁波市气象新闻发布实施办法》(甬气发〔2003〕24号)。2005年，出台《宁波市气象局重大气象信息发布实施细则》(甬气发〔2005〕46号)。

2006年12月，市气象局成立大宣传工作领导小组。2007年3月，市气象局召开大宣传工作领导小组第一次会议和全市气象部门大宣传工作座谈会，讨论通过《宁波市气象局关于全面推进气象大宣传工作的实施意见》。2008年7月，全市气象宣传工作会议召开。会议传达贯彻全国气象宣传工作会议精神，提出今后一段时间全市气象宣传工作的指导思想和主要任务。2009年，市气象局下发《宁波市气象局关于加强信息宣传工作的意见》，进一步明确每年开展全市气象宣传信息工作先进集体、先进个人和"十佳信息"的评选及标准。2012年，修订印发《宁波市气象宣传工作管理办法》《宁波市气象政务信息工作实施办法》和《宁波市气象新闻发布实施办法》等，进一步加强和规范气象新闻和重大气象信息的发布、在各类媒体及党政部门信息简报的气象信息宣传报道，以及气象宣传工作的交流、培训和考评等。市气象局每年召开2～3次信息宣传工作例会，围绕全市气象部门中心工作和重大活动，明确年度宣传工作要点；不定期组织通讯员深入基层开展联合采访活动或举办信息宣传培训班，邀请专家授课，讲授新闻报道、新闻摄影、政务信息等采访、写作(拍摄)技巧等知识，提高通讯员的业务素质。

三、气象新闻宣传管理

随着气象宣传工作在气象事业发展中的重要作用日益突显，气象新闻工作受到了宁波各主流媒体的高度关注。市气象局加强与媒体的沟通、互动、合作，每年邀请报社、电视台、广播电台、新闻网站等市级以上主流媒体召开新闻报道研讨会，不定期举办面向媒体记者的气象知识培训活动。策划气象新闻宣传方案，重大宣传活动做到事前采访沟通、策划，事中组织采访、提供通稿，采访后严格审稿。充分利用社会媒体资源广泛宣传气象工作，与市局保持密切联系的在甬新闻媒体有10余家，各区县(市)局也与当地的新闻媒体建立良好的合作关系，为宁波气象宣传工作创造良好的外部环境。2001年7月，中国气象报社新闻研讨班在宁波举办，社长林完红出席会议，宁波市政府副秘书长虞云秧参加开幕式并致词，来自全国各省市(区)记者站、中国气象局办公室、中国气象报社相关人员共50余人参加会议。

(一)气象新闻发布

宁波气象部门在气象新闻宣传管理中，坚持及时发布信息、普及知识，解疑释惑、正确引导舆论的原则来进行新闻发布。气象新闻发布的内容有：对宁波经济社会和人民生活产生重大影响的气象热点问题，气象相关社会重大突发事件；需要向社会公布的重要气候事件和重大气象灾害的监测预报预警信息，重大气象科技成果、气象现代化建设成就和改革发展情况，气象服务举措和成效等；汛期、梅汛期前后和重要节假日、重要活动期间的天气预测预报等；气象政策法规和行使社会管理涉及的重大问题；其他需要向社会公布的气象新闻和重大气象信息。

宁波气象新闻发布组织工作由市气象局办公室归口管理，在遇到重大气象信息发布时，如重大灾害性天气过程的预测预警、梅汛期和重要节假日、重要活动期间天气预测预报时，由观测与预报处组织发布材料及安排业务服务领域专家参会、主持、接受采访、审稿等相关工作；局办公室负责媒体邀请、记者接待、宣传报道等工作；市气象台根据新闻发布会主题及内容配合提供资料。2009 年始，建立宁波市气象部门接受媒体采访专家库。按照天气、气候、人工影响天气和社会管理等专业领域确定 1～2 名专家接受记者采访。

(二)建立新闻发言人制度

2003 年开始，国家、省、市各级党委政府开始推行新闻发言人制度。为规范和加强宁波气象新闻发布管理，2005 年，宁波市气象局开始实施新闻发言人制度，由市气象局分管副局长、各区县(市)气象局分管副局长为本单位新闻发言人。新闻发言人必须全面、准确、及时地对新出台的重要政策、气象工作、措施和成效、重要的气象监测预报预警信息和相关气象知识等代表本单位对外发布，回答记者提问；同时针对气象相关突发事件或社会热点问题，做好重要政策法规解读、妥善回应公众质疑、及时澄清不实传言、科学权威发布信息。宁波市气象局副局长国良和、刘爱民担任市气象局第一任新闻发言人，继后有顾骏强、陈智源、唐剑山担任。2005 年 3 月 23 日，宁波市气象局首次举行气象信息发布会，《人民日报》宁波记者站、《浙江日报》宁波分社、《宁波日报》、宁波电视台等 9 家媒体出席发布会。向媒体通报 2004 年天气、气候情况回顾及 2005 年天气、气候情况预测。2005—2015 年，宁波市气象局共举行气象信息发布会 150 余次。2009 年开始，借助宁波市委市政府新闻发布平台发布气象工作信息。是年 7 月 2 日，宁波市政府新闻办在宁波饭店召开“气象与夏季用水”新闻发布会，通报 2009 年上半年宁波天气气候情况及今夏天气气候预测，并就有关问题解答记者提问。自设立新闻发言人后，顾骏强、陈智源都多次受邀出席市政府新闻发布会。

(三)策划宣传工作重点

全市气象宣传工作依托《中国气象报》宁波记者站，围绕宁波气象防灾减灾、应对气候变化和全市气象部门贯彻落实重点工作、重要会议、重大活动以及出现的先进事迹进行及时宣传。策划宣传基层气象防灾减灾体系建设以及台风、强降水、雷电、雨雪冰冻等重大灾害性天气过程的气象预报预警服务；宣传全市气象工作会议，尤其在每年“3·23”世界气象日和“5·12”防灾减灾日等重大活动期间，采取召开记者座谈会、组织记者赴区县(市)气象局采访等形式在市级以上主流媒体进行专题报道。2003 年 7 月 26 日，宁海、象山两地首次成功实施人工增雨作业，杭州、宁波两地近 10 家新闻媒体跟踪采访报道。2009 年 9 月，结合中华人民共和国成立 60 周年庆祝活动，与《宁波日报》记者合作采写“观风测雨 60 年”专版，并配发“风雨变迁话气象”专题宣传文章。2012 年 7 月 15 日，《人民日报》第六版以“杨梅有了气候品质‘身份证’”为题，详细报道宁波市气候中心开展杨梅气候品质认证工作，这是继 2011 年以来《人民日报》第四次报道宁波气象为农服务工作。是年 8 月 17 日，《宁波日报》在头版以“不见硝烟的战场——市气象部门决战‘海葵’的分分秒秒”为题长篇刊发全市气象部门抗击强台风“海葵”的纪实报道。同年10月11日,《人民日报》又刊发记者刘毅的文章《宁波建成全国首个现代海岛气象风塔》,这是《人民日报》年内第二次报道宁波气象工作。10月30日,《宁波晚报》以“出海渔船上建起了移动气象站——象山渔民能收听越来越精准的海洋天气预报”为题刊登象山县海洋气象预报服务工作,人民网、中国宁波网等分别进行转载。2013年10日13日,《人民日报》以“宁波提升渔业气象服务能力”为题,报道宁波气象部门为提升渔业气象服务能力所采取的多项举措。是年12日21日,《人民日报》又以“宁波建成气象灾害预警广播系统”为题,报道宁波市气象灾害预警广播系统的建设情况。2013年,《人民日报》3次报道宁波气象工作。同年6月14日,《鄞州日报》头版用500余字篇幅以“‘八戒’”西瓜有了气候品质“身份证””为题,详细报道市气候中心和鄞州区气象局开展西瓜品质认证工作情况。2015年3月,市气象局办公室组织市级以上主流媒体记者赴宁波舟山港采写港口气象服务。主流媒体还积极刊发人工增雨作业、军民合作抗击雨雪冰冻灾害等有影响的气象工作宣传稿件。其中1篇反映军民合作气象宣传稿件获全国气象部门第一届华风杯优秀宣传作品二等奖;另一篇反映防御台风的稿件获全国气象部门第二届华风杯优秀宣传作品三等奖。在宁波记者站的精心策划下,2012年10月9日,《宁波日报》刊发市气象局局长周福的署名文章《主动融入宁波“两个基本”建设,全面推进率先基本实现气象现代化》;2014年6月22日,《宁波日报》再次刊发周福局长的署名文章《发挥气象科技支撑作用,助推“五水共治”》。

十五年来,宁波记者站采写的稿件在《中国气象报》录用数量逐年提高,质量不断提升。为贯彻落实中国气象事业发展战略研究成果,宁波记者站组织策划在《中国气象报》上发表郭正伟、陈炳水副市长的署名文章;2011年11月14日,在《中国气象报》的气象事业发展论坛版块刊登徐明夫副市长的署名文章《大力发展民生气象,提升公共气象服务水平》;2013年2月26日,《中国气象报》领导之声栏目刊登马卫光副市长的署名文章《加快气象现代化建设实现宁波“两个基本”》;2014年8月18日,《中国气象报》发表林静国副市长的署名文章《大力加强气象现代化建设,全面提升气象灾害防御水平》。据不完全统计,仅2003—2007年,在《中国气象报》和中国气象局网站发稿200余篇。其中有5篇稿件分获全国气象优秀宣传作品三等奖、中国气象报好新闻三等奖和好标题奖。2人获优秀通讯员称号。2012年3月21日,《中国气象报》在二版头条位置刊发了宁波记者站通讯员赵爱文采写的文章“气象局就像咱家的亲戚”,详细报道慈溪局群众满意创建工作情况。是年4月23日,《中国气象报》在一版显著位置刊发宁波记者站记者祝旗采写的长篇报道“慈溪气象局服务‘三农’工作‘心与农民朋友贴得更近’”。2013年5月21日,《中国气象报》一版头条刊发了宁波记者站记者祝旗采写的以“用智慧和汗水带给百姓幸福感”为题长篇报道,报道了宁波市气象现代化建设成效。是年9月24日,《中国气象报》三版刊发了宁波记者站记者祝旗采写的以“服务接地气,科技作支撑——慈溪市气象局创新为农服务侧记”为题,以较大篇幅报道慈溪市气象局近年来以科技创新为支撑,积极开展公共气象服务工作的有关情况。2009—2011年市气象局连续三年被浙江省气象局评为宣传工作先进集体,祝旗多次被中国气象局评为优秀政务联络员。

2006年,宁波气象政务网开通,作为宁波气象门户网站及时向社会刊发当日的气象新闻，宣传宁波气象工作。2011 年至今，宁波市气象局的重要信息被中国气象局《要情摘报》录用数一直名列计划单列市气象局前茅，其中 2013 年录用数达 89 条，处于各省市（区）气象局前六。2009—2011 年，宁波市气象局连续三年被浙江省气象局评为气象信息宣传工作先进集体，有 3 人获先进个人。2003—2007 这五年，宁波记者站还编发《宁波气象信息》内部刊物近 100 期，刊出《气象宣传窗》60 余期（表 16.8）。2007 年起，在市气象局内网设立“气象要闻”栏目，平均每年编发市局机关各处室、各直属单位和各区县（市）气象局的工作交流信息稿件约 550 篇。至此，《宁波气象信息》内部刊物不再编发。

表 16.8　2000—2015 年获奖的信息宣传报道文章

年　份	文章标题	作　者	获奖名称
2002 年	《天海情深》	祝旗	中国气象报“大视角新闻竞赛”三等奖
2003 年	《为了长虹卧波时》	祝旗	中国气象报社“2003 年好标题”奖
2006 年	《铺就多彩农业》	祝旗、汪玲玲、沈铭劼	2006 年度中国气象报好新闻三等奖
2007 年	《长虹卧波气象情》	祝旗	2007 年度中国气象报好新闻三等奖
2008 年	《绿叶对根的情义》	祝旗、沈铭劼	2008 年度中国气象报社好新闻三等奖
2008 年	《万艘渔船如何应对超强台风》	王量迪、黄章伟、祝旗	中国气象局第二届“华风杯”中国气象优秀作品三等奖
2008 年	《总理对我说》	汪玲玲	市直机关党工委“人民公仆”原创网络征文大赛金奖
2010 年	《全面驶向数字化时代—浙江象山防汛救灾体系建设侧记》	祝旗、纪家梅、汪玲玲	2010 年度中国气象报好新闻三等奖
2011 年	《全面驶入数字化时代—浙江象山防灾减灾体系建设侧记》	祝旗	第 21 届中国气象报好新闻奖
2012 年	《宁波气象服务从陆地走向海洋》	祝旗	2012 年度中国气象报好新闻通讯类三等奖
2012 年	《筑牢“第一道防线”—浙江防御台风“海葵”气象服务纪实》	赵小兰、祝旗	2012 年度中国气象报好新闻通讯类三等奖
2013 年	《浙江余姚：“孤城”中的坚守》	祝旗、陈俊	2013 年度中国气象报好新闻通讯类二等奖
2014 年	《与“凤凰”共舞》	祝旗、虞南、杜坤等	2014 年度中国气象报好新闻通讯类三等奖
2015 年	《渔舟唱晚满载航—探讨象山县渔业气象服务工作》	吴越、祝旗、杜坤等	2015 年度中国气象报好新闻通讯类一等奖

第十七章　气象学会

宁波市气象学会是宁波市气象科学技术工作者的学术性群众团体，挂靠在宁波市气象局，受宁波市科学技术协会和市气象局的双重领导，为市科协团体成员，受省气象学会指导。宁波市气象学会成立以后，本着积极主动、独立负责的精神开展活动，以服务宁波经济建设和社会发展为中心，积极发挥"桥梁、纽带"作用，为推动气象科技普及，提高全社会的气象意识，增强社会公众的科学素养，开展扎实成效的工作。

第一节　沿　革

宁波市气象学会一般每隔 2～3 年召开一次会员代表大会进行换届选举，至 20 世纪末共召开 8 次会员代表大会。截至 2013 年底，宁波市气象学会已召开 11 届会员代表大会(表 17.1)，其中第十届、第十一届会议因市气象局领导班子调整等因素间隔时间较长。会员人数由成立时的 57 名增至 297 名。团体会员单位 13 个，分别是宁波市气象局机关及各直属单位，各区县(市)气象局、驻甬海军和海军航空兵气象处(台)、中国民用航空宁波空中交通管理站气象台等。

表 17.1　宁波市气象学会 9～11 届理事会及专业委员会主要负责人

<table>
<tr><th>届别及换届时间</th><th>理事人数</th><th>理事长</th><th>副理事长</th><th>秘书长</th><th>副秘书长</th><th>专业委员会</th><th>主任</th></tr>
<tr><td colspan="7">第 1～8 届理事会组成情况在《宁波气象志》(2001 年版)已有记载</td><td></td></tr>
<tr><td rowspan="4">第 9 届
2002.5.9</td><td rowspan="4">18</td><td rowspan="4">徐文宁</td><td rowspan="4">王鹤祥、江大德</td><td rowspan="4">石人光</td><td rowspan="4">叶卫东</td><td>天气动力专业委员会</td><td>陈有利</td></tr>
<tr><td>大气探测专业委员会</td><td>袁观春</td></tr>
<tr><td>科普委员会</td><td>石人光</td></tr>
<tr><td>信息技术专业委员会</td><td>葛敏芳</td></tr>
<tr><td rowspan="4">第 10 届
2005.8.19</td><td rowspan="4">18</td><td rowspan="4">徐文宁</td><td rowspan="4">刘爱民、王鹤祥、祝建国</td><td rowspan="4">石人光</td><td rowspan="4">叶卫东</td><td>天气动力专业委员会</td><td>陈有利</td></tr>
<tr><td>大气探测专业委员会</td><td>袁观春</td></tr>
<tr><td>科普委员会</td><td>石人光</td></tr>
<tr><td>信息技术专业委员会</td><td>葛敏芳</td></tr>
<tr><td rowspan="4">第 11 届
2013.5.23</td><td rowspan="4">18</td><td rowspan="4">陈智源</td><td rowspan="4">陈昊、缪明、郑毓</td><td rowspan="4">叶卫东</td><td rowspan="4">乐益龙</td><td>天气与减灾专业委员会</td><td>陈有利</td></tr>
<tr><td>气象探测网络与装备专业委员会</td><td>黄思源</td></tr>
<tr><td>雷电防护专业委员会</td><td>胡余斌</td></tr>
<tr><td>科普委员会</td><td>乐益龙</td></tr>
</table>

2002 年 5 月 9 日，在宁波召开第九次会员代表大会，选举产生 18 人组成的第九届学会理事会。下设 4 个专业委员会。

2005 年 8 月 19 日，在宁波召开第十次会员代表大会，选举产生 18 人组成的第十届理事会。下设 4 个专业委员会。

2013 年 5 月 23 日，在宁波召开第十一次会员代表大会，选举产生 18 人组成的第十一届理事会，并决定将原天气动力、大气探测、科普和信息技术 4 个专业委员会改为天气与减灾、气象探测网络与装备、雷电防护、气象科普 4 个专业委员会。

宁波市气象学会多次被评为市科协系统先进学会。2006 年 5 月，学会秘书长被市科协推选为浙江省科协第八次代表大会代表；有 4 名会员当选为宁波市科协第八次代表大会代表，1 人当选为第八届市科协委员。2012 年市气象学会有 3 名会员当选为市科协第九次代表大会代表，1 人当选为第九届市科协常委。

第二节　学术活动

开展学术交流活动是学会主要任务之一，通过研讨会、报告会、讲习班、培训班、专题讲座、学术沙龙等学术交流方式来提高气象科技人员的业务水平。

一、学术交流

学会成立后经常开展学术交流活动。2000 年以后，综合性学术交流分别在 2002 年、2005 年、2013 年学术年会上进行。专题学术交流主要由各专业委员会组织。2009 年 8 月 14 日，天气与减灾专业委员会与市气象台首次举办主题为“台风路径预测”气象学术沙龙，邀请省气科所正研级高工钮学新作学术报告，重点分析历年台风灾害及台风预报等内容。全体专业技术人员围绕“台风路径预测”这一主题，立足于当年的“莫拉克”台风预报服务过程中遇到的路径预报、降水预测等问题展开讨论。此类主题式学术沙龙活动为广大气象专业技术人员提供了一个互相交流、答疑解惑的平台。截至 2015 年，天气与减灾专业委员会与市气象台共举办 14 期气象学术沙龙(表 17.2)。2000 年开始，市气象学会每年举行一次军地气象会员联谊日活动。

表 17.2　天气与减灾专业委员会(市气象台)历年举办气象学术沙龙

举办时间	沙龙主题	主讲人
2009.8.14	台风路径预测	省气科所正研级高工钮学新
2010.1.8	强天气预报技术与服务	朱龙彪、董杏燕高工
2010.10.19	遥感及相关新技术的研究与应用	广西壮族自治区气象局孙涵研究员
2011.6.28	非常规资料在气象预报中的应用和天气分析方法——强对流天气和沿海平流雾的分析	上海市气象局首席预报员戴建华
2011.12.5	定量降水、数值预报检验与订正、中长期延伸预报业务	中央气象台林建首席
2013.3.15	海洋气象预报精细化	上海台风研究所秦曾灏教授和李永平博士
2013.8.30	突发性强对流灾害天气预报与服务	南京大学雷达气象学专家赵坤教授

续表

举办时间	沙龙主题	主讲人
2014.5.15	气象科技论文的写作与投稿	《浙江气象》编辑部侯翠香主编
2014.6.3	台风与海洋气象服务中心业务简介	国家气象中心台风和海洋室聂高臻
2014.12.12	基于多模式的降水量统计降尺度预报研究	南京信息工程大学智协飞教授 宁波大学理学院缪群副教授
2015.4.29	海雾的监测与数值模拟	中国海洋大学高山红教授
2015.7.20	Community Modeling and Analysis System Center	北卡罗来纳大学修艾军教授
2015.8.21	MESIS 功能介绍及应用操作	中国气象局国家气象中心的郑卫江高工
2015.12.10	气象卫星天气应用进展报告	国家卫星气象中心吴晓京、高浩和高玲

学会多次选送论文或派员参加全国、华东区域、全省、全市组织的各类与气象科学有关的学术交流活动。有 1 篇论文被国际会议录用并进行书面交流。

2001 年 10 月 9—12 日，第二届浙江省青年科技论坛“社会与气象发展分论坛”在宁波举办。宁波市气象学会共报送论文 29 篇，其中 3 篇文集在大会上交流，6 篇分组交流，9 篇摘要进文集。同时参加市科协组织的年度优秀论文评选，1 篇论文被评为三等奖，2 篇被评为优秀论文奖。

2002 年，1 篇论文入选市第二次学术大会论文集。12 篇论文参加第三届青年学术论坛“科学减灾与防灾”分论坛，其中大会全文发言 1 篇、分会场交流 1 篇、摘要 2 篇。

2002 年 4 月 8—13 日，市气象学会承办中国气象学会在甬召开的第十二届全国热带气旋科学讨论会，2 名会员分别在主会场和分会场作报告。

2003 年 11 月 3—5 日，第三届浙江省青年科技论坛“科学减灾与防灾”分论坛在杭举行，宁波市气象学会共有 12 篇论文参加大会交流。2003 年有 1 篇论文获市政府二等奖、2 篇获市科协自然科学优秀论文奖。

2004 年，1 篇论文被在澳大利亚召开的国际会议上录用并进行书面交流。有 12 人次参加 5 月在上海举行的“国际防雷技术论坛”，10 月在深圳举行的“全国雷电防护研究委员会和第三届中国防雷论坛”、在杭州举办的“首届长三角科技论坛——气象科技发展论坛”、在北京举办的中国气象学会 2004 年学术年会交流会，11 月在杭州召开的国际季风会议。有 6 篇文章分别被编入年会和论坛论文集，其中 1 人在“长三角论坛”上作大会发言。邀请中国海洋大学、海洋二所、上海台风研究所等 8 位专家作水文气象、卫星遥感技术、热带气旋、数值预报等专题报告。

2005 年，2 篇论文分别被评为宁波市自然科学优秀论文三等奖、优秀奖。2 篇论文入选 9 月 28—30 日在上海召开的第二届“长三角气象科技论坛”论文集。11 月 7—8 日在绍兴市召开的浙江省第二届“中国浙江学术节 · 平安浙江气象保障学术论坛”上，宁波市气象学会有 7 篇文章被录用，其中 1 人 1 篇参加大会交流、6 人 6 篇分会场交流，7 篇论文全部被收录论文集。

2006 年，10 篇论文参加 2006 年中国气象学会年会（成都）交流，其中 2 篇分会场交流发言；2 篇文章入选第五届中国国际防雷论坛（成都）文集；7 篇论文被第三届“长三角气象科技论坛”（南京）录用，3 名会员参加交流；1 篇论文入选宁波市第四届学术大会论文集。

2007 年推荐 6 篇论文参加市科协优秀论文评选，1 篇获优秀奖。7 篇论文入选中国气象学会年会（广州）论文集，2 篇论文分会场交流发言；2 篇文章入选第六届中国国际防雷论坛（广州）论文集；7 篇论文入选第四届“长三角气象科技论坛”（台州）论文集。

2008 年，5 篇论文参加中国气象学会年会交流；6 篇论文参加在上海举办的第五届长三角论坛；1 篇论文参加市科协第五届学术大会“生态农业与宁波生态文明建设”分会场报告交流。

2009 年，市气象学会推荐 10 篇论文参加市科协优秀论文评选；2 篇论文获宁波市科协自然科学优秀论文奖；7 篇论文参加 26 届年会交流；7 篇论文参加在江苏举办的第六届长三角论坛。

2010 年，市气象学会与舟山气象学会联合举办甬舟海洋气象学术论坛，邀请中央气象台台风与海洋气象预报中心首席预报员许映龙和上海台风研究所李永平研究员分别作台风预报与海洋气象的学术报告。有 30 篇论文发表，22 位代表进行学术交流。

2011 年，每年一次的浙北五市（宁波、舟山、嘉兴、湖州、绍兴）气象科技论坛（原为浙北四市，宁波首次加入）在舟山举行，宁波有 10 篇文章入选文集，4 篇文章参加大会交流。组织推荐宁波市青年科技奖和优秀论文评选，1 篇文章获优秀论文奖。

2012 年 7 月和 11 月，学会分别承办中国工程院陈联寿院士、徐祥德院士的两次全国性学术会议，有近百名国内知名专家参加会议。是年还承办第五届浙北五市气象科技论坛，会议共收录论文 98 篇，出版论文集，其中 20 篇进行大会交流，范围涉及天气预报、气候变化、大气探测、雷电防御和应用气象等气象工作的各个领域。举办第二届甬舟气象科技论坛，宁波舟山两地近 30 名气象专业人员参加交流。

2013 年，10 篇文章入选浙北五市气象科技论坛文集，4 篇文章在大会上进行交流，并举办宁波市科协第 71 期科技沙龙“突发性强对流灾害天气预报与服务”，邀请南京大学雷达气象学专家赵坤教授、海洋气象学专家房佳蓓副教授和数值预报专家朱科峰博士前来授课。

2014 年，浙北五市气象科技论坛更名“气象科技学术交流会”，并在湖州举行更名后的首次学术交流。会议邀请《浙江气象》编辑部负责人和省气科所首席专家作题为《气象科技论文的写作》和《大气成分观测应用及大气扩散技术方法简介》的学术报告，会议出版论文集，有 30 篇学术论文全文刊登，32 篇作摘要刊登，评选出 20 篇优秀论文，内容涉及气象灾害监测预警、气象探测、雷电研究及雷击防护、气象服务等各个领域，并联合嘉兴、湖州、绍兴、舟山气象学会，与浙江大学理学院合作出版《浙江大学学报（理学版）》增刊一期，共收集论文 26 篇。是年还选派会员参加宁波市学术大会、中国气象学会年会、长三角气象科技论坛、浙北五市和第八届雨雪冰冻灾害论坛学术交流。《宁波地区大气能见度长期变化特征和成因分析》获宁波市第八届学术大会第二分会场论文一等奖。与市老年科协合作开展《宁波市中小城镇气象致灾状况及防御》科课研究；与市科协、博士联谊会、市环保局等合作撰写《宁波空气分阶段达标及相应措施研究报告》。

2015年1月20—23日，市气象学会协助市气象局参与由世界气象组织(WMO)与中国气象科学研究院灾害天气国家重点实验室联合组织的高影响天气研究国际研讨会会务工作。是年还承办1期主题为防灾减灾的“天一论坛”讲座。并选派会员参加宁波学术大会、中国气象学会年会、长三角气象科技论坛、浙江省气象学会年会和浙北五市气象科学学术交流等学术活动以及第七届“海峡论坛·海峡两岸民生气象论坛”。推荐4篇论文参加市科协开展的优秀论文奖评选。

二、学术报告或专题讲座

为使会员了解国内外气象科学研究动态，了解新技术新方法，学会还经常邀请国内外著名气象专家来甬作学术报告或专题讲座。

2002年分别邀请解放军理工学院陆汉诚教授来甬作动力气象学原理专题讲座；邀请《建筑物防雷规范》编写人林维勇先生来甬作建筑防雷设计知识讲座；邀请中国气象科学院张纪淮研究员等专家到甬举办人工影响天气上岗培训。

2008年11月4日邀请中国工程院院士陈联寿作题为“热带气象灾害及其预测科学”的学术报告。11月9日，邀请美国卡罗莱纳州立大学海洋—地球与大气科学系教授，中国海洋大学环境科学与工程学院特聘教授谢立安来甬作“国际上先进的海洋风场预报和风暴潮预报方法”为主要内容的学术报告。

2012年7月17日，陈联寿院士应邀做客“宁波气象论坛”，作题为《登陆台风结构和强度变化研究概论》的科学报告。

2014年12月12日邀请“天气在线”联合创始人、南京信息工程大学智协飞教授和宁波大学理学院缪群副教授分别作学术报告。智教授就如何解决降尺度预报模式中的小雨空报、大雨预报量级偏小以及空间相关性丢失等实际问题作题为《基于多模式的降水量统计降尺度预报研究》的报告，缪群副教授通过他参与的机载雷达试验进行介绍。

三、承担政府职能转移工作

学会承担政府职能转移中的部分社会服务职能，是新时期学会的一项新的职能。根据中国气象局有关文件精神，从2004年7月开始，原由市气象局主管部门负责的防雷专业技术、施放庆典气球作业资格审批和培训的管理职能转移到宁波市气象学会承担，市气象学会先后制定资格管理办法、资格考试办法和办理程序、工作人员守则等制度。学会于2014年被认定为具备承接政府职能转移和购买服务资质的社会组织，并通过市民政局3A级社会组织评估。2010年7月8—9日举办首期施放气球资格证培训班，共有64人参加培训和资格考试，61人考试合格并取得《施放气球资格证书》，此后每年根据需要开展培训、换证等工作。2011年与慈溪气象学组联合举办一期施放气球资格证培训班，共有12人参加；2012年举办一期施放气球资格证培训班和年检、换证工作；2015年对来自北仑、象山、奉化等地4个广告公司的18名从业人员进行施放气球资格考试，根据考试成绩和相关规定颁发了资格证书，并对37个到期资格证进行换发。

第三节 科普活动

气象科普工作是公共气象服务的重要组成部分，普及和宣传气象科学和防灾减灾知识是气象学会的又一主要任务。宁波市气象学会从成立以后，始终设立科普学组或科普委员会，通过组织“气象夏令营”、纪念“3·23”世界气象日等活动和建设气象科普馆、科普基地等方式把气象防灾减灾、应对气候变化等知识向社会各界人士广泛地普及宣传，增强社会公众气象意识和防灾避灾能力，有效避免或减少灾害损失。

一、科普基地建设

2000年以后，全市气象部门积极争取部门和社会资源，利用气象台站综合改造，把科普元素融入气象文化建设中，开展气象科普教育基地建设。2003年，气象科普馆在达蓬山气象雷达站启动建设，于2004年建成。该馆包括四厅一馆一场，即仿真模型厅、图片厅、展示演示厅、虚拟影视厅、天象馆和气象观测场，因场地原因，该馆对外气象科普功能于2015年移至鄞州(宁波)气象科技馆。2010年，鄞州(宁波)气象科技馆开始建设，2012年3月23日正式对外开放。展馆总建筑面积520平方米，包括蓝色家园、气象万千、科技测天、人与气象、和谐发展五个展区，运用沙盘、悬浮、小球投影，全方位展示气象站网的分布、探测内容、设备和手段，集科学性、知识性、趣味性和互动性于一体，并配备专职讲解员。截至2015年，全市先后有4个开放性的气象科普教育基地被中国气象局和中国气象学会命名为“全国气象科普教育基地”，接待社会公众的参观学习，社会效益显著。2003年，宁波市气象台被中国气象局和中国气象学会命名为第一批国家级气象科普教育基地；2008年，宁波市气象科普中心(达蓬山气象科普馆)被中国气象局和中国气象学会命名为第二批国家级气象科普教育基地；2014年鄞州(宁波)气象科技馆被中国气象局和中国气象学会命名为第四批国家级气象科普教育基地。

气象科普进入校园是普及气象防灾减灾知识的重要形式。21世纪以后，校园气象站建设出现新的局面。宁波市鄞州区高桥镇中心小学以气象观测基本知识和技能为切入点，以学生喜闻乐见的气象实践、体验活动为依托，以提高学生的生命安全意识、探究精神和科学素养为目标，探索构建基于一体(立足气象探秘校本课程的开发实施这一主体)、二翼(依托鄞州区气象局等气象专业部门和学校少年气象研究院等组织的力量)、三支撑(一站：梁祝红领巾气象站；一室：启明星气象探究室；一长廊：气象科普长廊)、四结合(坚持普及与提高相结合、校内与校外相结合、课内与课外相结合、理论与实践相结合四个原则)、五模块(重点开发气象知识、气象活动、气象观测、天气预报、气象实验)的小学气象科普教育校本化实施模式，藉此推动学校内涵发展，塑造学校教育品牌。高桥镇中心小学是浙江省第一个探索气象科普教育的小学，以气象科普等为主体的科技特色教育日渐鲜明，先后被命名为全国综合实践活动课程先进实验学校、浙江省校园气象科普教育基地、宁波市气象科普教育示范学校、宁波市雷电灾害防御示范学校、鄞州区科技教育示范学校、鄞州区特色项目学校(气象科技)、鄞州区科技校园工程示范学校等。先后获得全国第二届中小学生研究性学习成果评选一等奖、2011浙江省青少年科技创新大赛三等奖、2010宁波市中小学综合实践活动成果评选一等奖、2010 宁波市青少年科技大赛一等奖、宁波市气象酷派绿色校园行动大赛三等奖等 20 余项荣誉。《中国气象报》《教育信息报》《钱江晚报》《宁波晚报》《东南商报》等新闻媒体 20 余次报道该校的气象科普特色教育情况。2012 年被中国气象局命名为第三批国家级气象科普教育基地——示范校园气象站。2014 年新增宁波市北仑区小港实验学校为国家级气象科普教育基地——示范校园气象站。2013 年北仑区江南教育集团小港实验学校被浙江省气象局授予"浙江省校园气象科普教育基地"。2015 年 9 月，由象山县气象局和象山县科协、教育局联合建设的象山县首家省级校园自动气象站——"临溪气象苑"在象山县第四小学落成，是象山县首个学校气象科普教育基地，也是象山县首个气象自动监测设备和人工监测设备齐全的校园气象站。

二、普及气象防灾减灾知识

每年围绕"3·23"世界气象日、"5·12"防灾减灾日、全国科技活动周、科普节、防雷宣传月等活动主题，通过气象台站开放、主题讲座、体验、竞赛问答和部门合作演练等多种形式，微博、微信、短信、网站、电视等多种渠道，开展气象科技进讲堂、进社区、进校园、进企业和送下乡等活动，广泛宣传气象灾害预警信号、应急预案等防灾减灾知识，引导公众关心气象、理解气象和应用气象(表 17.3)。

表 17.3　1961—2015 年世界气象日主题

年份	主题	年份	主题
1961	气象对国民经济的作用	1980	人类和气候的变化
1962	气象应用于农业和粮食生产	1981	作为一种发展手段的世界天气监视网
1963	运输与气象	1982	从太空观测天气
1964	气象——经济发展的一个因素	1983	天气观测员
1965	国际气象合作	1984	气象为农业服务
1966	世界天气监视网	1985	气象与公共安全
1967	天气与水	1986	气候变化与干旱、沙漠化
1968	气象与农业	1987	气象——国际合作的一个典范
1969	气象服务的经济效益	1988	气象与宣传媒介
1970	气象教育与训练	1989	气象为航空服务
1971	气象与人类环境	1990	气象和水文为减少自然灾害服务
1972	气象与人类环境	1991	地球和大气
1973	气象国际合作 100 年	1992	天气和气候为稳定发展服务
1974	气象与旅游	1993	气象与技术转让
1975	气象与电讯	1994	观测天气与气候
1976	气象与粮食生产	1995	公众与天气服务
1977	天气与水	1996	气象与体育服务
1978	气象与今后的研究	1997	天气与城市水问题
1979	气象与能源	1998	天气、海洋与人类活动

续表

年份	主题	年份	主题
1999	天气、气候与健康	2009	天气、气候和我们呼吸的空气
2000	气象服务五十年	2010	世界气象组织——致力于人类安全和福祉的六十年
2001	天气、气候和水的志愿者		
2002	降低对天气和气候极端事件的脆弱性	2011	人与气候
2003	关注我们未来的气候	2012	天气、气候和水为未来增添动力
2004	信息时代的天气、气候和水	2013	监视天气,保护生命和财产——庆祝世界天气监视网50周年
2005	天气、气候、水和可持续发展		
2006	预防和减轻自然灾害	2014	天气和气候:青年人的参与
2007	极地气象:认识全球影响	2015	气候知识服务气候行动
2008	观测我们的星球,共创更美好的未来		

1999年3月27日,宁波市气象台首次向社会开放,前来参观的市民达1000余人。1999—2011年,每年"3·23"期间市气象台平均接待1000余位市民前来参观。其中2005年3月20日上午,市气象台半天接待2000余位。2009年3月22日上午,近5000位市民前来参观市气象台和气象影视中心制作室,达开放以来最多。

2004年3月22日,结合"3·23"世界气象日主题,市气象局、气象学会与水利局联合举办纪念"3·22"世界水日和"3·23"世界气象日座谈会,市人大、市政协、市农业局、市环保局、驻甬海军和海军航空兵气象处、民航华东空管局宁波空管站气象台及新闻媒体等部门应邀参加座谈会,就天气、气候和水资源问题进行探讨。

2005年3月27日宁波市气象科普中心(达蓬山气象科普馆)首次推出"科普一日游"活动,120名市民参加。据不完全统计2005年共接待参观者110余批、2500余人次。是年专门编印《宁波市气象灾害预警信号及防御指南》1万册,以图文并茂的方式宣传市政府第131号令《宁波市气象灾害预警信号发布与传播管理办法》,对各类气象灾害预警信号的含义及其防御方法进行解读。

2006年3月23日,市气象学会与市政府应急办、市安委会、国土局、海洋渔业局、民政局、水利局、环保局等单位联合召开"预防和减轻自然灾害"学术报告会,首次邀请20位市民旁听。3月25—26日,连续两天开展宁波市气象科普中心(达蓬山气象科普馆)"科普一日游"活动,组织120名市民参加该项活动,同时还接待散客300多人。"五一"和"十一"两个黄金周也有1000余人参观。据不完全统计,2006年达蓬山气象科普馆共接待各类参观者5000余人次,其中学生近千人。

2006年、2008年、2009年,市气象学会与市科协等部门联合编制《防御台风系列挂图》(1套9张)、《气象灾害避险指南系列挂图》(1套10张)和《宁波市中小学生气象灾害避险手册》科普读物。

2008年5月8日,与《宁波晚报》民情直通车栏目共同携手,邀请市民代表、政协委员参观市气象台,召开"气象与民生"座谈会。

2009年5月,配合天文爱好者协会组织300年一遇的日全食宣传观测活动。

2010年3月1日,《宁波市气象灾害防御条例》正式施行,利用"3·23"世界气象日、"5·12"防灾减灾日、科普周等活动,广泛开展气象防灾减灾知识培训讲座和科普宣传工作。在市科协第二期科普大讲堂上举办题为"气象灾害与防御"的气象科普讲座。是年为市农村党员干部远程教育网提供"防灾减灾"系列的《强对流天气》《干旱》《寒潮》和"气象科技下田头——气象科技助推现代农业科教系列"的《奉化小气候和极品水蜜桃》《鲜花如何在四季烂漫》等科普片。同年与奉化市大堰镇山门村的科技结对协作(2011—2014年)纳入宁波市科协第三批"村会协作"项目,指导协助山门村种植有机稻。2011年获丰收,平均亩(1亩≈667米^2)产达450斤(1斤=0.5千克),平均每亩收入达11025元,与种植一般水稻相比,每亩收入增加2～3倍。

2011年学会与市民政部门合作,利用"世界气象日""防灾减灾日"和"科普宣传周",在社区、小学和广场组织5场大型"防灾减灾日"主题宣传活动。举办全市气象协理员(信息员)气象科普培训班10次,为协理员订阅《气象知识》等期刊。全市共举办各类协理员、信息员培训班20期,近1400人次参加培训。配合市委组织部制作农业气象服务科普片7部。

2012年3月23—25日开放日期间,接待近千名市民参观市气象台。第11号台风"海葵"过后,与市科协联合在市科普报上制作台风知识科普专版,并联合编印5000册《宁波市中小学生气象灾害避险指南》和2000套《气象灾害避险指南系列挂图》。

2013年开始,"3·23"气象开放日活动改在鄞州区气象局,学会与鄞州气象学组联合举办,利用宁波(鄞州)气象科技馆,通过气象主播与观众互动、参观观测场、观看气象科普片等多种方式开展宣传科普活动。是年"5·12防灾减灾日"宣传期间,与市民政、科协联合在宁波电视台(三套)方言类明星栏目《讲大道——生活版》中播出3期以暴雨洪水、台风、雷电为主题的专家访谈节目;在慈湖人家社区广场参与由江北区人民政府主办、区民政局承办的防灾减灾日主题宣传月活动,向市民分发《气象知识》《气象灾害避险指南》《防雷避险手册》等科普宣传材料700份。是年,《小西红柿如何笑傲低温阴雨天》《放错地方的资源——餐厨垃圾的绿色之路》《鱼虾如何在不同天气下欢歌》3部科普片在全市第十二届党员教育电视片暨第五届农村党员干部现代远程教育"乡土"课件观摩交流中分获一、二、三等奖。同年还开展"气象主播携手高速交警与您相约——防灾减灾气象科普"系列科普活动,并配合市科协做好"科技大闯关"活动。

2014年"3·23"世界气象日期间,宁波市少儿活动中心组织近百名自闭症儿童走进宁波(鄞州)气象科技馆。是年,市政府颁发《宁波市应对极端天气停课安排和误工处理实施意见》,学会组织制作《应急风向标》等系列特别节目,在宁波电视台和中国气象频道(宁波应急)本地节目中播出,还制作《宁波市应对极端天气停课安排和误工处理实施意见》图解作品,通过宁波气象信息网、微信、微博等新媒体进行广泛宣传;气象科普还列入宁波市委党校干部培训班课程;组织开展"百场气象科普电影进农村"活动。

2015年,共制作12个气象类和农业科技类的科普短片,其中《火龙果如何在宁波高产》在宁波党员教育电视片暨第六届远程教育"乡土"课件观摩交流活动中获技能培训类二等奖;与市政府应急办、市教育局等有关部门合作编制气象防灾减灾系列挂图2600套,内容包含台风、暴雨、暴雪、道路结冰、大气重污染和强对流等灾害性天气的防范措施。

鄞州(宁波)气象科技馆开馆以后,除周一和周日闭馆休整外,每天免费向市民开放,多次组织残障人士、自闭儿童、外来务工人员子女、老年人等参观。还与学校开展合作,是多个学校的校外科普实践基地。至2015年2月,科技馆已累计接待各地游客30000余人次,其中老年人和青少年20000余人次。鄞州(宁波)气象科技馆2013年2月被鄞州区委区政府命名为“鄞州区爱国主义教育基地”;2014年10月被市科协授予“宁波市科普示范机关”;2011—2015年被市科协、市科技局、市委宣传部、市教育局联合命名为“宁波市科普教育基地”;2014年3月被市妇联、市教育局、市文明办联合命名为首批宁波市“智慧家庭教育实践基地”。鄞州(宁波)气象科技馆已成为向社会传播气象知识、树立气象部门形象的重要窗口。

三、青少年气象夏令营

2000—2015年期间,市气象学会共组织青少年气象夏令营10次,计287名青少年参加活动。有自行举办,也有参加中国气象学会或省气象学会组织的青少年气象夏令营。夏令营期间组织气象科普知识学习和竞赛,参观气象业务和科研机构,寓教于乐地传播气象知识,培养青少年从小热爱科学、探索气象和自然奥秘的兴趣。

2001年,市气象学会组织45人参加中国气象学会“重走长征路、开辟新未来”全国青少年气象夏令营。

2004年,市气象学会自行组织两批夏令营活动,7月底至8月上旬组织20名青少年参加中国气象学会西安举办的全国青少年气象夏令营;8月20—21日组织近50名青少年参加在达蓬山气象科普中心举办的夏令营活动。

2005年7月28日至8月3日,市气象学会与省气象学会联合组织30名青少年参加中国气象学会在福建举办的“生态环境与可持续发展”青少年气象夏令营活动。

2006年,市气象学会组织19名青少年参加中国气象学会在黑龙江举办的全国青少年气象夏令营活动。

2007年7月26日至8月1日,市气象学会组织22名青少年参加中国气象学会在海南举办的“海洋环境与海南风情”青少年气象夏令营。

2008年,市气象学会组织24名青少年参加中国气象学会在湖南举办的青少年气象夏令营。

2010年,市气象学会组织24名青少年参加为期6天的“呼伦贝尔——美丽的草原我的家”青少年气象夏令营。

2011年,市气象学会自行组织23名青少年参加为期6天的在台湾举办的青少年气象夏令营。

2012年,市气象学会组织近30名青少年参加在云南举办的青少年气象夏令营。

专　记

一、台风预报服务典型事例

(一)0414号台风"云娜"预报服务

2004年第14号台风"云娜"是1997年以来影响宁波最严重的台风。除了潮位,"云娜"台风的强度、范围、风雨影响等数据均接近1997年第11号台风(9711号台风使宁波直接经济损失超过45亿元)。0414号台风"云娜"由于气象部门预报准确,服务到位,宁波市委市政府防御措施有力,新修的水利工程发挥作用,本市的直接经济损失为9.8亿元,防灾减灾成效显著。

全市气象部门对"云娜"台风路径、登陆时间、登陆地点及风雨强度的预报准确且服务及时。多途径、多时次向公众发布预警报,通过电台增加广播次数、电视台字幕滚动播出、"96121"声讯电话、手机短信服务等增加预警报发布的次数,通报台风最新动态,千方百计让广大市民及时了解台风动向。服务效益显著,各级领导及人民群众对此次预报服务工作非常满意。

(二)0509号台风"麦莎"预报服务

2005年第9号台风"麦莎"雨量大、风力强、潮位高、影响时间长、影响范围广。本市12级大风持续时间近21小时,14级大风持续时间近9小时,石浦气象站测得极大风速达43.5米/秒,过程平均雨量全市普遍接近200毫米,北仑区出现百年一遇的特大暴雨,局部地区过程最大雨量达679.3毫米。直接经济损失27亿元。

台风"麦莎"形成及影响期间,市气象局向市委市政府及有关部门报送台风专题服务内参28期,尤其是5日晚至6日晚,每小时一次,内参附带台风路径图,为政府部门提供正确的决策依据。8月2日10时,在报送市委市政府和有关部门的《气象信息内参》中已提到第9号强热带风暴"麦莎"的信息。8月3日09时《气象信息内参》报送台风"麦莎"消息。8月4日10时《气象信息内参》报送台风"麦莎"警报:"预计台风"麦莎"未来将继续向西北方向移动,明天进入东海南部,后天在台州到舟山之间登陆或紧擦这一带沿海北上,最大可能正面袭击我市。8月5日到7日影响我市,最严重影响的时段是5日夜里到6日,我市有暴雨到大暴雨,局部特大暴雨;沿海海面风力10～12级,内陆风力9～11级,台风中心经过的地区风力在12级以上。目前正值大潮汛期间,希望各有关方面特别注意。注意事项:出海船只回港避风,预防地质灾害的发生,群众减少外出,远离危险地带,港区作业机械、码头注意加固抗风,停止高空作业、建筑等高空作业机械,设施搬放到安全位置,城区广告牌加固或拆卸,养殖网箱注意加固,人员撤回安全地带,蔬菜大棚注意加固抗风,电力、电信部门做好抗台应急准备，水利部门注意控制江、河、塘、水库的水位，大、中、小型水库开闸预泄，低洼地区注意防洪防涝，防止海水倒灌，河堤、海塘加强巡逻、加高、加固”。8月5日5时报送《气象信息内参》：“预计台风‘麦莎’今天半夜到明天上午在玉环到石浦之间登陆，今天白天我市有大到暴雨，夜里起有暴雨到大暴雨，局部特大暴雨；沿海海面风力逐渐增强到10～12级，内陆风力9～11级，台风中心经过的地区风力在12级以上”。

全市气象部门还把台风位置、移向等最新动向通过广播电台增加广播次数、电视台滚动字幕、“96121”声讯电话、手机短信服务等及时向公众发布。8月2日17时向公众发布强热带风暴消息，8月3日5时向公众发布台风消息，8月4日11时向公众发布台风警报，8月5日一小时一次，8月6日台风登陆后三小时一次。“96121”声讯电话内容每小时及时更新。

5—7日通过宁波电视台发布四级地质灾害预警，并及时将地质灾害预报图传递到市国土资源局，为防止地质灾害可能造成的危害起到很好作用。在北仑雨量特别大时，及时把中尺度区域自动气象站雨量信息电话通知市防汛防旱指挥部（以下简称“市防指”）。台风过后，及时派人赴北仑实地了解灾情。

在台风预报中，可视会商系统使省、市、县气象台预报意见得到及时指导交流，为台风预报提供重要的参考依据。风云2C卫星云图、新一代天气雷达资料，中尺度区域自动气象站观测资料，使预报人员更加直观有效和快捷细致地监视台风动态和了解风雨实况，充分体现了现代化设备的优越性。

对台风“麦莎”的移动路径、登陆时间、登陆地点、风雨强度等预报准确，服务有新特点，利用手机短信平台，将台风情况以最方便快捷的方法向市委市政府领导及有关部门人员通报。8月3日起每3小时向政府部门有关领导发送台风定位资料，5日台风临近时每小时发送一次。同时，及时向市防指进行传真台风位置，使政府部门第一时间掌握台风动向。

在“麦莎”台风登陆前35小时发布台风“麦莎”警报，预报台风于6日在台州到舟山之间登陆，严重影响我市的时段是5日夜里到6日，过程雨量200～300毫米，局部300～500毫米。沿海海面风力10～12级，内陆风力9～11级，台风中心经过的地区风力在12级以上。根据预报，市政府果断决策各水库和河网放水，腾出库容，及时转移危险地带人员，4千多艘船只进港避风。6日凌晨台风登陆后全市出现强降水，与市国土资源局在下午联合发布覆盖全市地质灾害四级预警，市政府再次扩大转移安置人数，前后共转移安置15万人。受“麦莎”影响，全市仅造成1人死亡，水利设施损失还不到1997年第11号台风的三分之一。台风过后宁波市人民政府致函中国气象局，表扬宁波市气象局在台风“麦莎”中及时准确的预测预报和多渠道、多形式、全覆盖的信息服务，为我市各级党委、政府采取及时有力防御措施，将灾害损失减少到最低程度作出了重要贡献。建议中国气象局对宁波市气象局予以表彰。

(三)0515号台风“卡努”预报服务

2005年第15号台风“卡努”登陆前24小时，发布台风紧急警报：“预计‘卡努’台风于9月11日下午到夜里在温州湾到象山一带登陆。受其影响，我市明天到后天有大到暴雨，局部大暴雨到特大暴雨，过程雨量100～200毫米，山区200～300毫米，局部300毫米以上；

沿海海面有10～12级大风，沿海地区8～10级，内陆地区6～8级。”由于前期台风影响多，全市大小水库普遍处在高水位，防洪形势十分严峻，市委市政府根据气象预报部署，各地水库普遍开闸泄洪，全市危险地带人员紧急转移，8千多艘船只进港避风。9月11日下午台风登陆后紧擦我市西部缓慢北上，全市处在风、雨最强区域，市气象局及时开展短时临近预报及实况风雨信息服务，当日傍晚，市气象局向市政府有关领导及时汇报降水实况及预报：“台风登陆后北仑、象山、慈溪东部一带出现强降水带，从卫星云图及雷达回波分析，象山的降水在半夜前后能结束，估计还有100毫米左右，北仑的降水将持续到12日凌晨，未来还有200毫米以上的降水，由于降水时间已长，土质疏松要特别注意地质灾害的发生。”市领导听取汇报后马上与北仑区区长通电话，要求地质灾害预警等级高的地区人员坚决撤离。全市共转移安置17万人，有效减少人员伤亡。在“卡努”台风预报服务中，市县气象部门还按照《宁波市气象灾害预警信号发布与传播管理办法》，在不同时段、针对不同区县(市)及时向公众发布蓝色到红色不同等级的台风预警信号，充分发挥气象灾害预警作用，同时也为政府部门组织和全民参与防台抗台提供有力的保障。各级领导对预报服务十分满意，宁波市政府再次致函中国气象局，提请对宁波市气象局记功表彰。时任宁波市委书记巴音朝鲁在新闻媒体碰头会上指出：“防汛、气象部门在防台减灾工作中做出了突出贡献，值得大力宣传。”国庆节期间，省委常委、市委书记巴音朝鲁，市委副书记、市长毛光烈，副书记郭正伟、副市长陈炳水等领导专程到市气象局看望坚守岗位的气象职工，巴音书记说：“今年台风灾害多，每次台风灾情来临时，气象部门精心安排，坚守岗位，昼夜守班，兢兢业业，无私奉献，高效及时并且准确预报。气象部门是抗台救灾的主要支撑，是人民生命财产安全很重要的保障力量，是社会经济发展的组成部分，为把台风造成的灾害减小到最低限度做出了重要贡献。”

(四)0716号台风“罗莎”预报服务

2007年第16号台风“罗莎”是当年影响宁波最严重的台风，受其影响全市平均面雨量达到233.9毫米，西部山区基本上在300毫米以上，最大的奉化董家高达497.6毫米。宁波沿海海面出现了10～12级大风。“罗莎”在宁波肆虐长达70个小时，给局部地区造成严重影响，直接经济损失15.28亿元。

“罗莎”影响时恰逢“十一”黄金周，10月4日起宁波市气象局各级领导和业务技术骨干已全部到岗，10月7日全局人员提前结束休假。10月6日中国气象局副局长张文建率台风气象服务指导组到宁波指导工作，对宁波市气象部门“罗莎”预报服务各项工作表示满意。

10月5日起市气象局领导每天数次到市防指汇报“罗莎”动态及预报意见。“罗莎”的两条可能路径：“罗莎”可能在6日夜里到7日上午在台湾省中北部沿海登陆或擦过台湾省北部海域向浙闽沿海靠近，并可能在7日紧擦浙江近海转向或在浙江沿海登陆后转向。受超强台风和北方冷空气共同影响，两种路径对宁波的风雨影响都严重。由于前期台风降水较大，水库普遍处于高水位，奉化、宁海、慈溪、北仑等气象局及时做好水库蓄泄决策气象服务。“罗莎”台风持续强降水，使全市多座大中型水库水位超过台汛控制水位，严重威胁到下游地区的安全。全市气象部门利用天气雷达资料、中尺度区域自动气象站资料和自行研发的 WRF 中尺度数值预报降水产品，准确地做出库区短时降水量预报，使各级领导根据气象预测合理蓄泄，既保证水库安全又减少下游地区压力。

台风“罗莎”期间共报送《气象信息内参》13 期，向各级领导及有关部门发送决策短信 36 次，计 14 余万条。发布各类消息、警报、紧急警报 17 次。向订制用户、决策用户、专业用户发送 530 多万条短信，向电信用户全网免费发送 57 万条短信。“96121”声讯电话拨打量达 24.6 万多次。位于全市重要地点的 21 个 LED 气象信息显示屏及市气象外网也及时发布相关信息。市气象局举行气象信息发布会 3 次，多次接受各家新闻媒体记者采访。全市各级政府根据气象部门预测预报，在台风影响前采取措施，水库、海塘、堤防等重大水利工程无一出现险情，人员无一伤亡。

（五）0908 号台风“莫拉克”预报服务

2009 年第 8 号台风“莫拉克”具有路径复杂，移速慢、停滞少、动时次多，云系范围较广，维持台风强度时间长，影响宁波时间长、降水集中、累计雨量大等特点，共造成宁波直接经济损失 13.07 亿元，3 人死亡 1 人失踪。“莫拉克”台风影响期间，市气象局共向市委市政府领导及相关部门报送台风决策信息内参 5 期，重要气象报告 4 期，气象呈阅件 2 期，专题分析材料 18 期。从 8 月 9 日 22 时—10 日 3 时，每小时提供一份 1 小时降水实况及未来 3 小时降水预测。共向公众发送预报服务短信累计超过 4500 万人次。“96121”声讯电话拨打量达 72 万人次。“宁波气象信息网”网站访问量超过 76.3 万人次。连续 6 天每日一次气象信息发布会。8 月 7 日 15 时开始每 3 小时在气象网站上发布一期“台风报告单”，至 10 日共发布 27 期。8 月 6 日开始每 3 小时更新“96121”台风信息及相关预报内容，9 时起增加为每 1 小时更新 1 次。8 月 4 日 10 时 30 分市局启动台风气象业务服务Ⅲ级应急响应，8 月 8 日 16 时启动台风气象业务服务Ⅱ级应急响应，9 日 13 时起升级为台风气象业务服务Ⅰ级应急响应，直至 11 日 15 时解除。各乡镇气象协理员、信息员在此次台风防御中发挥了重要的作用。8 月 8 日市气象局派出 4 人组成“追风小组”奔赴象山港大桥建设现场。共传送给中国气象频道和宁波电视台各 6 段视频气象节目、3 段文稿，中国气象频道评价宁波市气象局上传的视频现场感强，感染力大。

（六）1211 号台风“海葵”预报服务

2012 年第 11 号台风“海葵”预报服务期间，市气象局总共发送重要气象报告 14 期，其中“海葵”消息 2 期、警报 4 期、紧急警报 8 期。以上服务材料以传真方式报送市委、市人大、市政府、市政协以及市防指、国土资源局、海洋渔业局、农业局、林业局、海事局等政府相关部门，同时以信函方式报送市委市政府主要分管领导。

“海葵”台风影响期间，与市国土资源局加强会商，5 次联合发布地质灾害气象等级预报；在台风主要影响时段，当宁波出现短时强降水时，值班预报员立即报告地质环境监测站，并根据雨量实况及时通过手机短信和网站等方式向公众发布地质灾害预警信息。此次过程中，共发布手机决策短信 59 条。在发布台风消息、台风警报阶段，每 3 小时通报一次“海葵”动向及预报信息；在发布紧急警报阶段每小时发布手机决策短信一次，当台风出现加强、登陆、减弱等变化时不定期实时更新短信内容。并根据台风影响前、影响时和影响后的不同预报服务特点，向市委市政府有关领导和市防指、国土等防汛部门当面汇报总计 30

次，通过电话等方式汇报22次。

台风“海葵”预报服务期间，市气象局通过广播、电视、“96121”、网站及LED显示屏向社会公众发布消息、警报总计16次，其中台风消息4次、警报4次、紧急警报8次；召开气象信息发布会4次，通报“海葵”实况及预报；首席预报员接受各类媒体采访72次，接受直播连线采访20余次；发布台风报告单54期，在台风严重影响时段每小时发布一期台风报告单；发布台风黄色预警信号4次，发布台风红色预警信号5次，在台风严重影响时段每小时更新预警信号中的台风最新位置并传真到宁波电视台。

（七）1323号台风“菲特”预报服务

市气象局从2013年10月3日开始向公众发布第23号“菲特”台风消息，通过电视台、无线（有线）广播电台等新闻媒体、网站、微博、微信、中国气象频道宁波应急、民生e点通、手机短信、LED、预警广播等及时向公众发布台风最新动态。4次召开气象信息发布会，通报“菲特”实况及预报；首席预报员接受各类媒体采访72次，接受直播连线采访10余次。

台风“菲特”影响期间，向市委市政府有关领导和市防指等防汛部门发送决策短信40条，总计16000条次；报送《重要天气报告》7期，《气象信息内参》5期；当面汇报10次。向社会公众发布台风“菲特”消息9次、警报3次、紧急警报6次。发送公众气象短信1500万条次。发布台风报告单41期。发布“菲特”台风黄色预警信号1次、橙色预警信号4次。由于“菲特”台风残留云系影响，市气象台改发暴雨橙色预警信号2次、红色预警信号2次。还加强与市国土资源局的联合会商，联合发布地质灾害气象等级预报3次。

（八）1416号台风“凤凰”预报服务

2014年第16号台风“凤凰”于9月18日02时在菲律宾以东洋面生成，当天下午，宁波市气象局领导通过电话向市政府领导汇报“凤凰”台风的情况及影响可能性。随着“凤凰”移近，市气象局20日启动重大气象灾害Ⅲ级应急响应，22日升级至Ⅱ级应急响应。

自19日开始向市委市政府有关领导和市防指、国土等防汛部门报送气象信息内参3期，重要天气报告12期，气象呈阅件1期，一周预报服务重点2期；当面汇报10余次。台风影响期间发送决策短信28次，总计11200条次；还加强与市国土资源局会商，联合发布地质灾害气象等级预报4次。

9月19日开始向公众发布“凤凰”台风消息6次、警报6次、紧急警报8次。通过电视台、无线（有线）广播电台等新闻媒体、网站、微博、微信、中国气象频道宁波应急、民生e点通、手机短信、LED、预警广播等及时向公众发布台风最新动态。发布台风报告单25期。发布台风黄色预警信号2次、橙色预警信号1次，红色预警信号2次。台风进入杭州湾，由于其外围云系影响，雨势明显减小，但宁波北部沿海地区风力仍较大，改发大风橙色预警信号2次，直至23日16时起解除大风橙色预警信号。

（九）1509号台风“灿鸿”预报服务

2015年第9号台风“灿鸿”于6月30日在西北太平洋生成，7月2日宁波市气象局在报送市委市政府及相关部门《气象信息内参》中报告台风“灿鸿”的相关消息。随着台风“灿鸿”移近，7月6日开始连续报送信息内参，预报“灿鸿”移动路径和风雨情况；市气象局于当日启动重大气象灾害Ⅲ级应急响应。9日升级至Ⅱ级应急响应；10日中午升级为重大气象灾害Ⅰ级应急响应。2015年首次发布台风红色预警信号。

自6日起开始发送"灿鸿"台风消息,9日早晨发送台风警报,10日中午升级为台风紧急警报。台风影响期间发送决策短信44条次,总计8万余条次;共发送决策材料20余期;向市政府有关领导和市三防、市国土等防汛部门联合会商总计20余次。

自7月2日开始,通过电视台、无线(有线)广播电台等新闻媒体、网站、微博、微信、中国气象频道宁波应急、民生e点通、手机短信、LED、预警广播等及时向公众发布"灿鸿"台风的最新动态。发布台风消息、警报、紧急警报总计24次,发布台风报告单55期。发布台风预警信号8次。

(十)1521号台风"杜鹃"预报服务

2015年第21号台风"杜鹃"于9月23日凌晨在西北太平洋洋面生成,9月26日宁波市气象局在向市委市政府及相关部门报送的《气象信息内参》中报告21号台风"杜鹃"相关消息。随着"杜鹃"加强为超强台风并逼近浙闽沿海,自27日起每日向政府决策部门发送2~3期《气象信息内参》或《重要天气报告》,及时报告"杜鹃"移动路径和造成的风雨影响情况。27日"杜鹃"加强为超强台风,市气象局于27日中午启动重大气象灾害(台风)Ⅳ级应急响应,28日早晨升级为重大气象灾害(台风)Ⅲ级应急响应;29日傍晚,由于本市雨量较大,且强降水持续,重大气象灾害应急响应升级为Ⅱ级;30日凌晨升级至重大气象灾害(暴雨)Ⅰ级应急响应,直到30日16时解除重大气象灾害(暴雨)Ⅰ级应急响应。

台风"杜鹃"影响期间,市气象局与市政府有关领导和市防指、国土等防汛部门联合会商20余次,报送《气象信息内参》《重要天气报告》决策服务材料18期。发送决策短信44条次,总计80000余条次。向信息员发送短信服务44次,总计20000余条次。向部门联络员发送短信服务44次,总计5000条次。在发布预警信号和发现有强降水带时,多次与各区县(市)气象台联系沟通,提醒注意预警信号的发布和相关单位的服务。

自26日开始通过电视台、无线(有线)广播向公众发布台风"杜鹃"消息,27日发布台风警报。共发布台风消息、警报、紧急警报24次,发布台风报告单55期。

在"杜鹃"台风影响期间共发布台风和暴雨预警信号6次,其中台风黄色预警信号3次,暴雨橙色预警信号1次,暴雨红色预警信号2次,其中暴雨红色预警信号为当年首发。9月28日15时发布了台风黄色预警信号,29日06时58分更新台风黄色预警信号,29日由于雨强加大,12时发布暴雨橙色预警信号,30日05时34分由暴雨橙色预警升级为暴雨红色预警,30日10时38分解除台风黄色预警并继续发布暴雨红色预警,30日14时14分解除暴雨红色预警。台风预警信号持续时间达44小时38分钟,暴雨预警信号持续时间为24小时14分钟,其中暴雨红色预警信号持续时间为8小时40分钟。

二、大事记

2000年

1月1日　奉化气象观测站从原奉化县农场路东侧迁至桃源街道牌门村,启用新观测场开始观测。3月5日正式启用地面有线综合遥测仪。

1月6日　市气象局以甬气计发〔2000〕2号文向中国气象局上报《关于石浦、北仑气象站综合改造工程可行性研究报告的请示》,要求列入2000年基本建设计划。

同日　中共宁波市气象局党组以甬气党发〔2000〕2号文向省气象局党组上报《关于宁波市气象局领导班子、领导干部“三讲”教育总结的报告》。

同日　市政府副秘书长虞云秧由市气象局徐文宁副局长陪同赴青岛考察农业综合信息网。

1月10日　全市气象部门《气象法》知识竞赛在市气象局举行。鄞州气象局、市气象局机关和余姚市气象局代表队分获前三名。

1月12日　李秀玲局长等参加全国气象科技创新大会和全国气象局长会议。

1月21日　李秀玲局长列席宁波市十一届人大第三次会议。

1月21日　市气象局以甬气人发〔2000〕2号文下发《关于表彰1999年度全市气象部门优秀工作者的通报》。表彰石振文等21位优秀工作者。

1月27—28日　全市气象局长会议在宁海召开。各区县(市)气象局正副局长、市气象局各直属单位、各职能处室负责人(含纪检组副组长)参加会议。会议总结1999年度工作,布置2000年工作任务。

2月1日　市政府召开组建宁波市农村综合信息网第一次会议,各区县(市)农经委主任、气象局长参加会议,会议明确建立农村经济信息中心,各区县(市)建立分中心,信息网由市农经委主办,市气象局协办并负责组织实施。

2月3日　宁波市委常委、市纪委书记陈艳华、市人大副主任李植安、副市长魏建明、市政协副主席陈守义等一行到市气象局进行节日慰问。市领导详细询问节日天气及有关现代化建设情况,对气象部门的优质服务表示慰问。

2月12日　市委常委、副市长郭正伟等到市气象局进行节日慰问。

2月18日至3月11日　李秀玲局长随宁波市政府农业考察团赴美国考察,为期22天。

2月21日　市气象局以甬气办发〔2000〕6号文下发《关于2000年各县(市、区)气象局和有关直属单位主要工作目标、评分标准及考核办法的通知》。

2月22日　市气象局以甬气计发〔2000〕6号文向中国气象局上报《关于报送宁波市气象科技大楼防雷工程可行性研究报告的请示》,要求列入2000年基本建设计划。

2月25—28日　浙江省气象局局长席国耀到宁海、象山、奉化、余姚、鄞州、北仑等区县(市)气象局检查指导工作。

2月28日　宁波市政府对市气象局1999年度工作任务目标管理考核结果得分123分。

3月2—3日　市气象局举办全市气象部门行政执法骨干培训班。中国气象局政策法规司刘宪华处长、市政府法制局陈德良处长讲授《气象法》《行政处罚法》和《行政复议法》等内容,共100余人参加培训,并进行气象行政执法知识测试。

3月5日　奉化市气象局自行购置的地面有线综合遥测仪在新观测场(桃源街道牌门村)安装调试完毕投入业务。

3月23日　市气象局、市气象学会召开纪念世界气象组织成立50周年座谈会,邀请有关用户参加会议并畅谈服务感受,市政府副秘书长虞云秧、市政协副秘书长常敏毅等出席会议并讲话。

3月25日　市气象台再度向社会公众开放，约600余人前往参观。

3月31日　市政府办公会议听取李秀玲局长关于筹建新一代天气雷达站情况汇报。会议对市气象局提出的新一代天气雷达站址两个首选方案进行讨论，原则同意将雷达站建在慈溪市达蓬山上，要求由市气象局为主，抓紧做好有关筹建工作，尽早开工建设；同时，由市气象局同慈溪市政府及规划部门抓紧制订达蓬山净空环境保护意见，报市政府审定。

4月12—27日　慈溪市气象局局长符国槐参加慈溪市广电部门组织的考察团赴法国等考察学习。

5月6日　市气象局以甬气发〔2000〕7号文向市政府上报《关于要求成立宁波市人工影响天气领导小组和宁波市人工影响天气办公室的请示》

5月8日　市气象局以甬气计发〔2000〕9号文向中国气象局上报《关于宁波气象事业发展"十一五"建议(草案)的报告》

5月8—11日　由市气象局牵头承办的全省防雷检测培训班在宁波举办，各市(地)、县(市、区)防雷机构117名学员参加培训。邀请广东省防雷中心主任杨少杰、总工室总工王良培和成都气象学院教授余乃来等授课。中国气象局防雷管理办公室主任杨维林到培训班指导。

5月24—26日　市气象局"网上气象台""气象测报之星"和鄞县气象局"县级综合气象服务系统"3个科研成果参加全省气象科技成果展览会展出，获得好评。

6月1日　慈溪市气象局向社会公众推出人体舒适度指数预报。

6月2日　中国气象局以气测发〔2000〕82号文《关于宁波新一代天气雷达站址的批复》下发给省气象局，批复同意慈溪市达蓬山作为宁波市新一代天气雷达站址。

6月14—16日　中国气象局王连德等4位领导对宁波市气象局领导班子进行考察。

6月29市直机关纪念"七一"暨先进表彰大会。宁波市气象局再获市级文明机关称号，中共宁波市气象局党总支部获"1998—1999市直机关先进基层党组织"。

7月9日　郭正伟副市长率市防汛防旱指挥部成员到市气象台了解"启德"台风动向，要求气象部门密切监视台风动向，及时汇报天气情况，为市领导科学决策当好参谋。

8月2日　宁波市计划委员会以甬计农〔2000〕415号文批复同意市气象局申报立项的宁波新一代天气雷达建设项目。

8月4日　市委副书记郑杰民等到市气象局视察。郑杰民视察了预报值班室和影视制作室。要求气象部门加强台汛期间的气象预测预报工作，及时汇报，发挥更大作用。

同日　市政府以甬政办发〔2000〕119号文下发《关于我市农村经济综合信息网建设的通知》。决定成立以郭正伟为组长的宁波市农村经济综合信息网工作协调小组，市气象局徐文宁副局长为成员之一，协调小组的主要职责是协调全市范围内农村经济综合信息网的运行管理。

8月6日　市委常委、副市长郭正伟率领市防汛防旱指挥部有关成员到市气象台了解8号台风动向。

8月10日　市委副书记、市长张蔚文和市委常委、副市长郭正伟到市气象局了解8号台风"杰拉华"最新动向。张市长与气象专家一起探讨台风走向，要求气象部门严密监视台风动向，科学分析，大胆预报，及时通报最新情况。

8 月 10 日　晚 7 时 30 分，8 号台风“杰拉华”在象山县爵溪镇登陆，全市出现了 7—10 级大风，部分地区出现 11 级大风，并伴有大到暴雨。由于气象预报准确，防范措施得力，全市没有发生重大灾情。

8 月 25 日　市气象局与宁波市杭州湾交通通道筹建处正式签约技术服务合同书，项目名称为“杭州湾交通通道可行性研究，桥位风速观测、设计风速计算研究”。此前，市气象局承接的此项目在筹建处召开的杭州湾交通通道可行性研究投标会上投标通过。

同日　市长办公会议专题听取市气象局关于人工影响天气工作的汇报，并就具体事项进行讨论，决定：(1)成立以郭正伟副市长为组长的市人工影响天气领导小组，办公室设在市气象局，办公室人员编制从气象局内部调剂；(2)会议原则同意市气象局提出的人工影响天气作业试验方案；(3)人工影响天气工作要按照“政府适当补贴与市场化运作相结合”的原则进行，所需指挥工程车与现“三防”指挥车合用，指挥通信设备、专用火箭发射架等一次性设备投入和试验作业费及办公室运行经费由市气象局商市财政局确定。

8 月　市气象局被市政府授予“第三届全国发明展览会先进集体”称号；市气象台被市政府授予“宁波市第三届国际服装节先进集体”。

同月 由市农委主办，市气象局协办并组织实施的市农村经济综合信息网基本建成。9 月投入试运行。

9 月 1 日　市政府致函中国气象局，要求给在“派比安”台风预报中提供出色服务的宁波市气象局给予表彰。

9 月 13—14 日　受“桑美”台风影响，全市普降暴雨，局部大暴雨，余姚市夏家岭 24 小时雨量超过 200 毫米，过程雨量达 742 毫米；沿海海面出现 10～12 级大风，内陆内力 6～8 级；14 日正是八月中秋大潮汛，宁波三江口潮位达 5.01 米，仅次于 9711 号台风，为历史第二高潮位。狂风、暴雨和风暴潮给我市人民生命财产和工农业生产带来了严重损失，全市直接经济损失达 16.7 亿元，其中损失最严重的是农林牧渔业达 8.89 亿元。

9 月 20 日　市委常委、副市长郭正伟到市气象局检查农经网建设情况。

7—9 月　全市先后受“启德”(0004)、“杰拉华”(0008)、“碧利斯”(0010)、“派比安”(0012)、“桑美”(0014)等 5 个台风影响，直接经济损失累计为 22.01 亿元，其中“桑美”台风对全市影响最大。

10 月 20 日　中国气象局以中气发〔2000〕200 号文下发《关于同意配套投资建设新一代天气雷达的批复》，函复宁波市人民政府，同意投资 1500 万元在宁波市布设新一代天气雷达，以支持组建宁波市防灾减灾系统。

10 月 29—30 日　第八届全市气象系统职工运动会在奉化市气象局举行。

11 月 10 日上午　宁波市农村经济综合信息网开通仪式在市气象局多功能厅举行。市委副书记郑杰民、市委常委、副市长郭正伟、中国气象局副局长郑国光、浙江省气象局局长席国耀等出席，市政府副秘书长虞云秧主持。市领导充分肯定了气象部门的技术优势和人才优势，并勉励气象职工要为争创全国知名网站而努力。

同日上午　在新芝宾馆举行新一代天气雷达可行性论证会。会议由市计委副主任敬明光主持。市委常委、副市长郭正伟、中国气象局副局长郑国光、浙江省气象局局长席国耀等出席了会议，来自中国气象局、省气象局、南京气象学院的多位专家参加论证会。

同日下午　市气象局召开全局大会。中国气象局副局长郑国光宣读中气党发〔2000〕37号《关于徐文宁、李秀玲同志职务任免的通知》，徐文宁同志任宁波市气象局局长、党组书记，李秀玲任宁波市气象局巡视员。免去李秀玲宁波市气象局局长、党组书记职务，免去徐文宁同志宁波市气象局副局长、党组成员职务。

11月10—11日　中国气象局副局长郑国光、计财司副司长张杰英、监测网络司副司长喻纪新等赴奉化、鄞州气象局考察，郑国光副局长分别会见了当地领导。

11月12—13日　中国气象局计财司副司长张杰英等在我局考察局级领导班子。

11月26—27日　全市气象局长研讨会在奉化召开。会议重点研讨宁波气象事业发展"十一五"计划草案，各区县(市)气象局局长，市气象局各直属单位、各职能处室负责人参加会议。

11月28日—12月1日　市农村经济综合信息网局长培训班在市气象局开班。郭正伟副市长、虞云秧副秘书长出席并参加了培训。

12月22日　举行迎接新世纪军民联欢会。驻甬海军和海军航空兵气象台、宁波民航气象台等军地气象工作者共迎新世纪。

2001年

1月4—7日　徐文宁局长等赴京参加全国气象局长会议。

1月15日　市委副书记郑杰民在市气象台《气象信息内参》第8期上批示："气象台这一信息发得好，值得称赞。望有关部门能很好重视这期信息，防患于未然，确保生产、生活安全。"

2月5日　市气象局以甬气人发〔2001〕2号发文表彰黄裕火等20名同志为2000年度全市气象部门优秀工作者。

2月9—11日　召开全市气象局长会议，总结2000年工作，部署2001年工作任务。

2月13日　市农经委领导赴上海市气象局、安徽省气象局考察农经网建设。

2月14日　徐文宁局长陪同郭正伟副市长考察上海市气象局。

2月22—27日　徐文宁局长列席宁波市人大十一届四次会议。

3月14日　市气象局召开党风廉政建设工作报告会。徐文宁局长传达中纪委、市委有关会议精神；总结2000年党风廉政建设工作，提出2001年党风廉政建设工作重点。

3月25—27日　浙江省气象局副局长朱青到奉化、宁海、象山县气象局调研台站综合改造和计财管理工作，并到石浦气象站慰问。

3月25日　市气象台第三次向社会公众开放。接待参观者600余人。

3月28日　市计委主持召开新一代天气雷达项目扩初会审。来自宁波市和慈溪市近20家单位对新一代天气雷达项目进行认真评审，提出许多合理化建议。

4月16日　中国气象局以中气人发〔2001〕28号文下发《关于陈德霖、李秀玲免职退休的通知》。免去陈德霖同志宁波市气象局调研员(正局级)和李秀玲同志宁波市气象局巡视员职务，办理退休手续。

4月18日　市政府以甬政发〔2001〕53号文下发《关于成立宁波市人工影响天气领导小组的通知》，经市长办公会议决定成立宁波市人工影响天气领导小组，郭正伟为组长，虞云秧和徐文宁任副组长。

同日　杭州湾交通通道工程可行性研究——桥位梯度风速观测、设计风速计算专题中间成果通过验收。

4月30日　郭正伟副市长在《全国人工影响天气简报》上批示："请气象局结合我市'防汛抗旱'预案，积极做好各项准备工作，以求今年的'人工影响天气'工作有实质性进展。"

5月19—20日　中国气象局文明办主任李士斌、机关党委办公室主任洪兰江到宁波市气象局调研文明机关创建工作，并到宁海县气象局考察。

5月23日　《中国气象报》新闻研讨班在宁波举办。《中国气象报》驻各省、自治区、直辖市和计划单列市记者及优秀通讯员参加会议。市政府副秘书长虞云秧出席会议并讲话。

6月6日　市计委以甬计投〔2001〕307号文下发《关于宁波市新一代天气雷达建设项目初步设计的批复》，项目总建筑面积3190平方米，主要建设雷达主楼1610平方米，附属用房15820平方米以及上山公路、通信光缆等配套工程。总投资3300万元，其中中国气象局补助1500万元，市财政安排1800万元。

7月30日　市气象局与驻甬海军和海军航空兵气象台、宁波民航气象台在市局多功能厅共庆"八一"建军节。

8月10日　召开全市气象局长会议，总结上半年工作，部署下半年工作任务。

8月13日　市政府以甬政办投〔2001〕112号文同意市气象局在建设新一代天气雷达站的同时，考虑气象科普馆的建设。资金安排首先保证主体工程天气雷达站的建设，气象科普馆建设可单独列项。

8月14日　市气象局与市公安局以甬气发〔2001〕15号文联合下发《关于加强建筑工程防雷、防静电安全管理工作的通知》。

8月17日　市气象局召集庆典气球服务经营联合体董事会董事和市局有关职能处室负责人会议。会议决定解散庆典气球服务经营联合体，并就"联合体"总经理孙杰任职期间遗留的一些问题提出处理意见。

9月4日　市气象局以甬气人发〔2001〕20号文向中国气象局报送《关于宁波市气象局中级专业技术职务评审委员会换届的请示》。

9月13日　中国气象局人事劳动司以气人函〔2001)88号文同意宁波市气象局中级专业技术职务评审委员会换届。宁波市气象局第二届中级专业技术职务评审委员会由徐文宁任主任。

10月10日　浙江省第二届青年学术论坛"气象与社会发展分论坛"在宁波金星宾馆举行。中国工程院院士陈联寿应邀作"四大科学试验""中国台风灾害和台风动力过程研究"专题讲座，浙江省气象局局长席国耀到会指导。宁波气象学会共向大会报送论文29篇，其中9篇在大会上交流，13篇入选论文集。

10月31日　中国气象局以中气党发〔2001〕43号文任命徐元为中共宁波市气象局党组成员。

11月1日　市气象台711型气象雷达经上级业务部门批准，退出正常业务使用。

11月3—4日　第九届全市气象系统职工运动会在余姚举行。

11月25—26日　哈萨克斯坦水文气象局外事官由中国气象局外事司司长沈晓农、浙江省气象局副局长徐霜芝陪同到宁波考察。外宾们考察了市气象台、气象影视制作中心和宁波农经网，并赴北仑港参观。

11月28日　市气象局以甬气发〔2001〕30号文下发《宁波市国家气象系统机构改革实施方案》。

同日　市气象局以甬气发〔2001〕24号文向中国气象局上报《宁波市气象事业发展第十个五年计划》。

11月29日　市气象局举行处级干部竞争上岗演讲会。有31人参与20个职位竞争。

12月19日　市气象局以甬气人发〔2001〕34、36、37号文分别下发《关于顾炳刚等同志任职的通知》《关于徐元等同志任职的通知》和《关于皇甫方达等同志任职的通知》。

12月21日　市气象局以甬气人发〔2001〕38号文下发《关于成立宁波市气象广告有限公司的通知》。

12月25日至2002年1月9日　徐文宁局长率宁波市气象考察团赴美国考察气象应用新技术。

2002年

1月28日　市气象局以甬气发〔2002〕14号文下发《关于给予孙杰同志开除处分的通知》。

2月1—2日　全市气象局长会议在甬召开。各区县(市)气象局，市气象局机关各职能处室、各直属单位正副职参加会议。会议总结2001年工作，部署2002年工作任务。

2月3—6日　全省气象局长会议在宁波召开。宁波市委常委、副市长郭正伟出席会议并讲话。

2月27日　宁波市人大部分代表参观市气象台。

3月24日　市气象台对社会公众开放，500余人冒雨前往参观。甬城6家媒体报道宣传了纪念世界气象日的有关情况。

4月8日　市气象局以甬气发〔2002〕49号文下发《关于印发宁波市气象部门事业单位实行聘任制暂行办法的通知》。

4月9—10日　全国政协委员、中国气象局原局长温克刚考察慈溪、余姚市气象局。在慈溪期间慈溪市委书记徐明夫、市政府副市长杨胜隽会见温克刚一行。

4月9—12日　“第十二届全国热带气旋讨论会”在宁波召开。中国工程院院士陈联寿和全国政协委员、中国气象局原局长温克刚等百余名专家参加会议。宁波市委常委、副市长郭正伟出席开幕式并讲话。

4月18—19日　徐文宁局长参加中共宁波市党代会。

4月27—29日　中国气象局副局长刘英金、中国气象局机关党工委副书记李士斌一行3人到宁波考察。在甬期间，刘副局长等出席“宁波市文明气象系统”授牌仪式，并赴宁海调研人才战略工作。

4月28日　“宁波市文明气象系统”授牌仪式在市气象局学术报告厅举行。市委常委、宣传部长邵孝杰、市人大常委会副主任张金康和中国气象局副局长刘英金、中国气象局机关党工委副书记李士斌等出席。仪式由李士斌主持，刘英金、邵孝杰分别作重要讲话。

同日　市计委以甬计农(2002)218号文下发《关于同意宁波市气象科普馆项目的批复》,同意在慈溪市达蓬山雷达站建设宁波市气象科普馆。项目总建筑面积574平方米,项目预算总投资408万元。

5月9日　宁波市气象学会召开第九次会员代表大会。会议审议通过第八届理事会工作报告;修改会员章程;选举产生第九届学会理事会,徐文宁为理事长。

5月13日　市气象局以甬气发〔2002〕57号文下发《关于鄞县气象局更改名称等有关问题的通知》。

同日　市委办公厅、市政府办公厅以甬党办发〔2002〕50号文下发《关于对市级机关内部简报发放编号的通知》,《宁波气象信息》编号为"甬简167"。

5月16日　市气象局以甬气发〔2002〕59、60、61、62、63、64、65号文分别发文任免调整慈溪、北仑、余姚、奉化、象山、鄞州、宁海区县(市)气象局领导班子。

5月30日　市气象局以甬气发〔2002〕67号文下发《关于顾炳刚等同志职务任免的通知》。任命顾炳刚为《中国气象报》宁波记者站站长;免去张克玺《中国气象报》宁波记者站站长职务。

同日　市气象局以甬气发〔2002〕67号文下发《关于印发慈溪市气象局机构改革实施方案的通知》。

6月1日　市委常委、副市长郭正伟由徐文宁局长陪同专程到慈溪市达蓬山考察新一代天气雷达建设情况。对雷达站用水、用电及附属设施建设等提出新的要求。

7月2日　杭州湾跨海大桥"桥位梯度风速观测、设计风速计算"气象专题通过了由中交公路设计院等各方专家组成的评审组评审。

7月22日　市气象局以甬气发〔2002〕87、88、89、90、91、92号文分别印发余姚、鄞州、北仑、奉化、象山、宁海6个区县(市)气象局机构改革实施方案。

8月7日　市气象局综合档案室经中国气象局和宁波市档案局专家考评,以92.5分成绩晋升为科技事业单位国家二级档案管理单位。

8月9日　新一代天气雷达在慈溪市达蓬山一次吊装成功。

8月20日　市气象局以甬气发〔2002〕99号文下发《关于余姚市气象局机构改革中人员分流问题的批复》。

8月25日市气象台举行"天气预报义务监督员聘书颁发仪式"。聘请20位天气预报义务监督员。

9月12日　市委常委、副市长郭正伟由徐文宁局长陪同第三次到新一代天气雷达建设场地视察,对周围环境、远期规划、施工质量提出要求。

9月28日　市政府甬政办发〔2002〕228号文《关于成立浙江省宁波市海上搜救中心的通知》,市气象局为成员单位,徐文宁局长为搜救中心成员。

10月11日　市气象局从海南省气象局引进姚日升、涂小萍2名硕士研究生(高级工程师)到市气象台工作。

10月15日　中国气象局以中气党发〔2002〕57号文下发《关于刘爱民、徐元两同志任职的通知》。刘爱民任宁波市气象局党组成员、副局长;徐元任宁波市气象局党组成员、纪检组长。

10 月 26—27 日　全市气象部门第十一届职工运动会在慈溪举行。

11 月 1 日　市气象局以甬气发〔2002〕113 号文下发《关于印发宁波市气象局人才战略实施方案的通知》

12 月 25 日　市气象局以甬气发〔2002〕135 号文下发《关于贯彻宁波市事业单位编制用工管理办法有关问题的处理意见(试行)》。

2003 年

1 月 6—8 日　徐文宁局长等赴京参加全国气象局长会议。

1 月 22—24 日　全市气象局长会议在象山召开。会议传达全国气象局长会议精神，总结 2002 年工作，部署 2003 年主要工作任务。各区县(市)气象局，市气象局机关各处室、各直属单位正副职参加会议。

1 月 24 日　宁波新一代天气雷达设备通过中国气象局重点工程办公室组织的现场验收。

1 月 30 日　市委副书记郑杰民、市政协副主席陈守义到市气象局慰问气象职工。

2 月 8 日　市委常委、副市长郭正伟等到市气象局慰问气象职工，称赞春节天气准确，并代表市政府表示感谢。

2 月 20 日　经宁波市人事局审批，市气象局机关工作人员过渡为国家公务员。

3 月 5 日　宁波市政府对市气象局 2002 年度工作任务目标管理考核结果得分 124 分。

3 月 10 日　市气象局以甬气发〔2003〕23 号文下发《关于建立宁波市气象雷达站的通知》，决定建立宁波市气象雷达站，雷达站为科级事业单位。

3 月 20 日　市气象局以甬气发〔2003〕29 号文下发《关于胡利军同志职务任免的通知》，胡利军同志任宁波市气象雷达站站长。

4 月 7 日　市防汛防旱指挥部成员会议在慈溪达蓬山气象雷达站召开。市委常委、副市长郭正伟、市政府副秘书长虞云秧等出席会议。

4 月 8 日　宁海县气象局被浙江省委、省政府命名为“省级文明单位”(浙委发〔2003〕42 号)。

4 月 10 日　宁波市第十二届人大会议首次将“建设新一代气象监测预警系统，健全防灾抗灾体系，切实保障人民生命财产安全”写入政府工作报告。

4 月 10—17 日　徐文宁局长列席宁波市第十二届人代会。

同日　市气象局以甬气发〔2003〕37 号文下发《关于做好非典型肺炎防治工作的紧急通知》。

5 月 13 日　市气象局首次举行党风廉政建设责任书签订暨文明单位创建工作座谈会。徐文宁局长与各单位负责人签订党风廉政建设责任书。

5 月 15 日　新一代天气雷达经过三个月的试运行，雷达资料于 5 月 15 日参加全国拼图。

5 月 20 日　市气象局以甬气发〔2003〕45 号文下发《关于秦慰尊同志退休的通知》。秦慰尊同志系享受国务院特殊津贴专家，退休前曾任宁波市政协常委。

5 月 21 日　市气象局以甬气发〔2003〕47 号文下发《各县(市)、区气象局“非典”时期气象业务工作应急预案》。

5月23日　宁波市委副书记、市长金德水、市委常委、常务副市长邵占维、市委常委、副市长郭正伟等领导视察慈溪达蓬山气象雷达站。金市长详细询问了新一代天气雷达性能及运行情况，他要求气象部门要进一步加强对雷达产品的应用开发工作，充分发挥"千里眼"的作用，为全市安全度汛做贡献。

5月29日　市气象局以甬气党发〔2003〕6号文下发《关于健全县(市)区气象局党组和领导班子，完善纪检网络的通知》，要求各区县(市)局成立党组、配备纪检监察员。

5月30日　市气象局以甬气发〔2003〕54号文下发《关于实行宁波市气象部门专业技术人员继续教育管理制度的通知》。在全市气象部门实行专业技术人员继续教育证书登记管理制度。

6月2日　市委副书记郑杰民等领导到慈溪达蓬山气象雷达站考察。郑副书记详细询问新一代天气雷达性能，希望气象部门在今年的防汛工作中充分发挥雷达的作用，提高暴雨、台风等预报准确率，确保全市安全度汛。

7月9日　市人工影响天气领导小组办公室召开协调会。讨论修改《宁波市火箭人工增雨作业方案》，提出当年工作计划。

7月10日　市气象局以甬气发〔2003〕68号文下发《关于成立宁波气象科普中心的通知》。

7月17日　市气象局以甬气党发〔2003〕12号文下发《宁波市气象局党风廉政谈话制度》。

7月19日　人工增雨作业小分队在奉化市大堰镇枫树岭实施宁波历史上首次火箭人工增雨作业试验，取得圆满成功。

7月24日　全市气象部门处级干部读书班暨半年度工作会议在达蓬山雷达站召开。会议认真学习党的十六届三中全会精神，回顾上半年工作，部署下半年工作任务。

7月26日　宁波市在宁海、象山两地首次成功实施人工增雨作业。杭、甬两地近10家新闻媒体跟踪采访。

同日　宁波市派出人工增雨作业小分队赴台州援助人工增雨作业。

7月30日　徐文宁局长率有关处室负责人慰问武警部队宁波支队官兵。

8月6日　市气象局以甬气发〔2003〕77号文下发《关于宁波市气象部门职工继续教育管理办法的通知》。规范全市气象职工继续教育管理工作，对费用报销等事项作出新的规定。

8月7日　中国气象局党组成员、中纪委驻中国气象局纪检组组长孙先健到市气象局及余姚市气象局调研。

8月11日　奉化市政府副市长王德彪专程到宁波市气象局，感谢气象部门近期在奉化实施的多次人工增雨作业，为缓解当地旱情作出了贡献。并希望气象部门尽可能多到奉化作业。

8月12日　市长金德水在市防指抗旱小结会议上对我市人工影响天气工作给予高度评价。他表示："人工影响天气工作做得好，市政府给你们记功"。并要求气象部门继续密切监视天气，抓住每一个增雨机会，不惜一切代价开展增雨作业。

9月28日　市政府以甬政办〔2003〕98号文《关于表彰人工影响天气先进单位的通

知》。对市气象局、武警宁波支队、海军东海舰队航空兵司令部空管处予以通报表彰。

10 月 29 日　中共宁波市气象局党组以甬气党发〔2003〕13 号文下发《关于成立宁波市气象局妇女委员会的通知》。宁波市气象局妇女委员会由王晓露等 5 位同志组成，王晓露任副主任。

11 月 4 日　市政府以甬政办〔2003〕115 号文印发《关于印发宁波市施放气球管理办法的通知》。对气球施放工作实行资质和资格管理。

11 月 23—24 日　全市气象部门第十二届职工运动会在宁波举行。

11 月 24 日至 12 月 7 日　徐文宁率团赴澳大利亚、新西兰考察。

12 月 10 日　中共宁波市气象局以甬气党发〔2003〕14 号文下发《关于黄裕火等同志兼任纪检监察员的通知》。任命黄裕火等 7 位同志为区县(市)气象局兼职纪检监察员。

12 月 18 日　市气象局机关工作人员首次集中年度考核。

12 月 19 日　市气象局召开全局大会，局机关、直属单位的正副职进行年度述职考核。

12 月 23 日　市气象局举行气象行政执法支队成立大会。中国气象局政策法规司副司长刘宪华、浙江省气象局副局长徐国富和市法制办刘副主任到会指导。

12 月 26 日　市气象局被宁波市委市政府授予第三轮“文明机关”。

同日　市气象局以甬气发〔2003〕112 号文下发《关于同意启用余姚市气象局新观测场的批复》，同意余姚市气象局于 2004 年 1 月 1 日起正式启用新观测场(阳明东路 438 号)。

12 月 29 日　市气象局以甬气发〔2003〕117 号文下发《宁波市气象部门事业单位聘后管理暂行办法》。加强全市气象部门事业单位聘用人员的管理。

2004 年

1 月 7 日　徐文宁局长等赴京参加全国气象局长会议。

1 月 30 日　市委副书记郭正伟慰问气象职工，对气象工作过去一年取得的成绩表示充分肯定和感谢，对新一年的气象工作提出了要求。

2 月 2 日　市气象局以甬气发〔2004〕5 号文下发《关于表彰 2003 年度全市气象部门优秀工作者的通报》。

2 月 9 日　宁波市中尺度灾害性天气监测预警系统通过可研论证。中国工程院院士李泽椿、浙江省气象局局长王守荣等 10 余位专家参加评审会，会议由市计委副主任敬明光主持。

2 月 10—11 日　全市气象局长会议在鄞州召开。会议总结 2002 年工作，部署 2003 年主要工作任务。各区县(市)气象局，市气象局机关各处室、各直属单位正副职参加会议。

3 月 8 日　市气象局以甬气发〔2004〕17 号文下发《关于同意成立象山阳光气象科技服务有限公司的批复》。

3 月 15 日　刘爱民副局长率团赴芬兰考察自动气象站设备。

3 月 17 日　中共宁波市气象局党组以甬气党发〔2004〕29 号文下发《关于印发〈宁波市气象部门领导干部报告个人重大事项的实施办法〉》。

3 月 21 日　市气象台第 6 次向社会公众开放，600 余市民冒雨参观。

3 月 23 日　市气象局以甬气发〔2004〕28 号文下发《关于下发 2004 年内部财务管理办法的通知》。

4月21日　全省气象科技服务与产业工作会议在达蓬山雷达站召开。浙江省气象局局长王守荣出席会议，副局长徐国富主持会议。

5月8日　市气象局以甬气发〔2004〕44号文下发《关于切实加强紧急重大情况报告工作的通知》。

5月22—26日　徐文宁局长作为宁波市第十届党代会代表参加中共宁波市第十次党代会。

5月24日　市气象局以甬气发〔2004〕48号文下发《关于进一步加强宁波市气象部门工作人员考核工作的通知》。

6月1日　市气象局以甬气发〔2004〕49号文下发《关于同意调整宁海农业气象观测任务的批复》。

6月2日　市气象局以甬气发〔2004〕50号文下发《关于慈溪市气象局要求注销下属企业的批复》。

6月13日　市气象台在达蓬山雷达站召开天气预报义务监督员座谈会。

6月19日　由全国政协人资环委和上海市政协人资环建委共同组织的"长三角气候变化与生态环境"调研组在甬考察。调研组考察宁波市新一代天气雷达站后，详细听取市气象局关于"宁波市气候变化与生态环境"的专题汇报。

6月24日　宁波市人大慈溪市代表团20余位代表参观达蓬山雷达站并听取宁波市人工影响天气工作情况汇报。市人大代表、副市长余红艺在讲话中说，去年全市人工增雨工作十分成功、有效，今年在继续实施人工增雨的同时，要高度重视安全工作，确保安全作业。

7月2日　宁波市人大江东区代表团视察宁波市气象工作。参观了市气象台预报平台、电视天气预报制作室、达蓬山雷达站和气象科普馆。代表们对气象工作所取得的成绩表示满意，并希望气象工作能进一步拓宽服务领域，气象科普馆能早日对外开放。

7月9日　市气象局以甬气发〔2004〕57号文下发《关于印发〈宁波市气象部门局务公开工作考核办法(试行)〉的通知》。

7月30日　徐文宁局长率队专程慰问武警宁波支队官兵，对他们在人工增雨作业中的大力支持表示感谢。

8月6日　全市气象工作半年通报会在达蓬山雷达站召开。会议回顾上半年工作，部署下半年主要工作任务。各区县(市)气象局，市气象局机关各处室、各直属单位主要负责人参加会议。

8月11—13日　0414号"云娜"台风，石浦气象站极大风速41.9米/秒，全市普降暴雨局部大暴雨，宁海王家染雨量280毫米。该台风是1997年以来影响我市最严重的台风，造成房屋倒塌2288间，农作物受灾48.15公顷，直接经济损失9.89亿元。气象部门预报准确及时，受到各级党委政府充分肯定。

8月25日凌晨　鄞州区高桥镇出现龙卷风。龙卷风持续时间约2～4分钟，在宽约40～50米、长约6～7千米的带状区域造成124间楼房、180间小屋、138亩农作物、43档低压线、3200平方米的玻璃钢棚及1000只鸡鸭受损，受灾人口500人，直接经济损失185.06万元。

8月28日　徐文宁局长赴京参加全国气象局长工作会议和全国气象部门人才工作

会议。

8月30日　市气象局以甬气发〔2004〕71号文下发《关于鄞州区气象局要求调整岗位津贴基数额的批复》。

9月6日　徐文宁局长参加浙江省委党校“2004年第二期领导干部进修班”，为期两个月。

10月17—18日　全市气象部门第十三届职工运动会在宁海举行。160余人参加运动会。

11月10—12日　计划单列市气象局长联席会议在达蓬山雷达站召开。

12月3日　市委常委、常务副市长邵占维就灰霾天气对人体的危害、防治与预警工作召集环保局局长等专程到市气象局现场办公。要求气象与环保部门密切合作，加强沟通，建立正常的工作机制，为净化我市空气质量作出贡献。同时要求气象部门加强对灰霾天气的研究、分析、预警工作。

12月7日　宁波市气象局举行贯彻实施《中华人民共和国气象法》五周年座谈会。市人大常委会主任郑杰民、市政府副市长陈炳水、市政协副主席陈云金等领导出席会议。各区县(市)有关部门领导共45人参加会议。

12月13—25日　徐文宁局长随同市政府副市长陈炳水率团出访古巴、墨西哥。

12月13日　市气象局以甬气发〔2004〕99号文批复同意鄞州区气象局搬迁地面观测场。

12月20日　宁波市气象局被浙江省委省政府授予浙江省抗台救灾先进集体(浙委发〔2004〕88号文)。

2005年

1月6日　市气象局召开中层干部述职述学述廉报告会。

1月15日　徐文宁局长进京述职。

1月19—21日　徐文宁局长等参加2005年全国气象局长会议。

2月1日　市气象局召开保持共产党员先进性教育活动动员大会。

2月2日　市委副书记郭正伟等一行专程到市气象局视察。郭副书记要求气象部门牢固树立“三个气象”理念，进一步拓宽服务领域。

2月5日　宁波市政府对市气象局2004年度工作任务目标管理考核结果为得分130.7分。

2月7日　市委副书记郭正伟、市委常委陈凤娇、市人大副主任陈旭、市政府副市长陈炳水、市政协副主席励奎铭等一行专程到达蓬山雷达站慰问气象职工。

2月8日　徐文宁局长向陈炳水副市长汇报中国气象事业发展战略研究成果及全国气象局长会议精神和全年工作思路。陈副市长要求气象部门一是要加快气象现代化建设，二是要加强人员培训，提高人员素质。

2月20—21日　全市气象局长会议在余姚召开。会议总结2004年工作，部署2005年主要工作任务。各区县(市)气象局，市气象局机关各处室、各直属单位正副职参加会议。市政府副秘书长虞云秧到会指导。

3月20日　市气象台对外开放，2000余位市民前往参观。

3月22日　市委先进性教育活动督促组来市气象局检查保持共产党员先进性教育活

动情况。

3月23日　市气象局首次举行新闻发布会。人民日报、浙江日报、宁波日报、宁波电视台等9家新闻单位参加发布会。刘爱民副局长向媒体发布2004年天气、气候情况回顾及2005年天气、气候情况预测。

3月30日　中国气象局副局长郑国光专程来宁波，在新芝宾馆作题为《中国气象事业发展战略研究》的报告。市农口各局、市财政局和驻甬海军航空兵气象处(台)等20多个单位派员出席报告会。

同日　市气象局与浙江大学签订局校合作协议。宁波市气象局被浙江大学列为"大气科学科研基地"和"大气科学实习教学基地"。中国气象局副局长郑国光、市政府副市长陈炳水出席签字授牌仪式。

3月　市气象台预报员涂小萍入选2008年北京奥运会气象服务中国气象局团组赴澳大利亚天气预报培训。至7月返回。

4月4日　市气象局召开保持共产党员先进性教育活动分析评议阶段动员大会。

4月11日　中国气象局对宁波市气象局处以上干部进行共产党员先进性教育测评。

4月12日　市气象局与中国联通宁波分公司举行"宁波市气象防灾减灾短信息服务系统(联通短信平台)开通仪式"。市政府副市长陈炳水、副秘书长虞云秧出席仪式。

4月18日　全市第一个中尺度自动气象站在宁海一市蛇盘涂安装完成。

4月22日　市气象局召开机构改革调整动员大会。

4月27日　市气象局召开机构改革调整述职、竞争岗位演讲和民主测评会。

5月9日　市委先进性教育活动督促组来市气象局检查保持共产党员先进性教育活动情况。

5月18日　市气象局召开保持共产党员先进性教育活动转入第三阶段动员大会。

6月8日　市气象局召开机构改革第二阶段动员大会。

6月20日　市气象局领导分赴各区县(市)气象局检查汛期工作准备情况。

6月28日　市委副书记郭正伟到达蓬山雷达站检查防汛防旱工作，徐文宁局长及慈溪市政府领导陪同。

6月29日　市气象局召开保持共产党员先进性教育活动总结大会。

7月7日　市人工影响天气领导小组办公室召开人工增雨空域协调会。驻甬海军航空兵空管处、驻浙空军和民航上海、杭州、宁波空管部门参加会议。

7月11日　市政府召开全市气象工作会议。

同日　市气象局与驻甬海军和海军航空兵气象台、民航宁波空管站气象台签署资料共享合作协议。

7月11—12日　召开全市气象工作半年通报会。会议回顾上半年工作，部署下半年主要工作任务。各区县(市)气象局，市气象局机关各处室、各直属单位主要负责人参加会议。

7月18—20日　市气象局与驻甬海军携手赴象山监测"海棠"台风，并实施人工增雨作业。

7月29日　市气象局领导班子全体成员慰问武警宁波支队向全体官兵。

8 月 1 日　徐文宁局长赴京参加司局级干部《中国气象事业发展战略研究成果》专题研讨班。

8 月 3 日　宁波市政府(政府令 131 号)颁布《宁波市气象灾害性天气预警信号发布管理办法》。9 月 10 日起正式实施。

8 月 7 日　市委常委组织部长姚志文、市委副秘书长市农办主任戴国华代表市委市政府到市气象台慰问。

8 月 9 日　中国气象局副局长王守荣率灾情调查评估与预报服务情况检查组来甬，并赴象山县气象局慰问气象职工。

8 月 14 日　刘爱民副局长赴京参加司局级干部《中国气象事业发展战略研究成果》专题研讨班。

8 月 19 日　宁波气象学会召开第十次会员代表大会。会议审议通过第九届理事会工作报告;选举产生第十届学会理事会，徐文宁为理事长。

8 月 28 日　国良和副局长赴京参加司局级干部《中国气象事业发展战略研究成果》专题研讨班。

9 月 10 日　《宁波市气象灾害性天气预警信号发布管理办法》开始实施。

同日　徐元组长赴京参加司局级干部《中国气象事业发展战略研究成果》专题研讨班。

9 月 14—17 日　徐文宁局长赴京参加全国气象局长工作研讨会。

9 月 29 日　市气象局与中国科学院大气物理研究所、中国气象局国家卫星气象中心举行科技合作仪式。并举行卫星发展和应用学术报告会。

10 月 1 日　省委常委市委书记巴音朝鲁、市委副书记市长毛光烈、市委副书记郭正伟、副市长陈炳水等来市气象台看望慰问值班人员。参观市气象台决策服务中心、农经网技术中心和影视制作中心。

10 月 13 日　徐文宁局长率队参加全国气象部门体育运动会。

10 月 18 日　宁波市政协原委员 80 余人考察达蓬山雷达站和气象科普馆。

10 月 26 日　宁波市气象局、宁海县气象局被宁波市委市政府授予抗台救灾先进集体;宁海局金儒才等被授予抗台救灾先进个人(甬党办发〔2005〕123 号文)。

11 月 3—5 日　徐文宁局长等赴青岛参加计划单列市气象局长联席会议。

11 月 17 日　徐文宁局长在杭向郑国光副局长汇报业务技术体制改革基本构想。

11 月 19 日　全市气象部门第十四届职工运动会在北仑区举行。

11 月 23 日　宁波市人大城建农资环保工委副主任封占勇来市气象局调研。

12 月 1 日　徐文宁局长赴京向中国气象局汇报工作。

12 月 12—14 日　上海区域气象部门纪检监察工作研讨会在慈溪达蓬山雷达站召开。上海、江苏、山东、安徽、福建、江西等 8 省市近 20 位纪检干部参加会议。

12 月 21—27 日　市气象局在慈溪达蓬山雷达站举办中层干部综合素质提高班。邀请中国气象局人事司、减灾司和培训中心和市委党校、市委政策研究室等单位专家讲课。

2006 年

1 月 5 日　徐文宁局长专程赴奉化市大堰镇以《学习贯彻十六届五中全会精神，加快社会主义新农村建设》主题为当地党员干部、村支部书记讲党课，并座谈交流。

1月12—13日　徐文宁局长等赴京参加2006年全国气象局长会议。

1月17日　市气象局被中国气象局评为2005年度目标考核优秀达标单位(气发〔2006〕9号)。

1月19—20日　全市气象局长会议在宁波召开。会议总结2005年工作,部署2006年主要工作任务。各区县(市)气象局,市气象局机关各处室、各直属单位正副职参加会议。

1月27日　市委副书记郭正伟、市人大常委会副主任丁阿运、市政府副市长陈炳水、市政协副主席励奎铭等到市气象台慰问值班人员。郭正伟副书记充分肯定气象工作,并希望气象部门能在建设新农村和科技自主创新以及现代化建设等方面走在前列。

2月5日　市气象局召开灾害性天气领导小组会议。会议总结2005年灾害性天气预报服务情况,部署2006年气象服务工作。

2月7—18日　徐文宁局长率团赴台湾、香港参访交流气象现代化。

2月20日　宁波市十二届人大第四次会议审议通过的《宁波市国民经济和社会发展的第十一个五年规划纲要》提出:"要加强防灾减灾能力建设,建设气象灾害预警和应急系统工程,建立重大自然灾害发生后的社会动员机制,提高我市对气象灾害和次生灾害的预警和应急保障能力",并将气象、地震、防洪等防灾减灾体系作为公共服务纳入政府投资支持的重点领域。

3月9日　各区县(市)气象局Vaisala自动气象站仪器检定顺利完成。

3月16日　宁波市政府对市气象局2005年度工作任务目标管理考核结果得分为129.9分。

3月17—18日　市局与驻甬海军和海军航空兵气象台、民航宁波空管站气象台在慈溪市达蓬山雷达站商讨并达成建立军民一体化气象保障体系。

3月20日　市气象局以甬气〔2006〕5号文向中国气象局上报《国家大气探测鄞州科技基地项目建议书》。

3月22日　市气象信息中心与市高速公路交警支队合作开通高速公路汽车违章信息查询系统。

3月23日　市气象局与市政府应急办、国土资源局、海洋渔业局、民政局、水利局等单位联合召开"预防和减轻自然灾害"学术报告会。首次邀请20位市民旁听。

3月28—29日　华东地区2006年汛期短期气候预测会商会在慈溪市达蓬山气象雷达站召开。江苏、上海、江西等省市气候中心,山东、安徽、浙江、福建、宁波、青岛、厦门等省市气象台,长江、淮河水利委员会水文局,太湖流域管理局和新安江水力发电厂代表参加会议。

4月13日　市气象局以甬气〔2006〕9号文向省气象局上报《宁波市国家气象系统机构编制调整方案》。

4月17日　市气象局以甬气〔2006〕8号文向省气象局报送《关于宁波市气象局业务技术体制改革实施方案的请示》。

4月20日　《宁波市气象事业发展规划(2006—2010)》通过专家审查。"十一五"宁波气象事业发展主要任务是:"建设气象综合减灾、城市气象服务、海洋气象服务、农村气象服务、交通气象服务、水文气象服务、人工影响天气业务和气候资源开发利用等八大体系。重点建设宁波市气象灾害预警与应急系统工程，包括气象预警与应急保障中心、社区气象应急保障系统、移动气象应急保障系统和技术保障备份系统等四部分。”

4 月 25 日　中国气象局以气发〔2006〕122 号文《关于国家大气探测鄞州科技基地项目建议书的批复》，同意在宁波市鄞州区地面观测新址建设国家大气探测鄞州科技基地。

5 月 12 日　市气象局召开工会会员大会，选举产生第五届工会委员会和第五届工会经费审查委员会，徐元为主席。

5 月 17—19 日　徐文宁局长等赴京参加全国气象科学技术大会。

5 月 26 日　市政府人工影响天气领导小组办公室召开人工增雨空域协调会。

同日　祝旗同志被评为浙江省和宁波市两级优秀农村工作指导员（浙委〔2006〕38 号文）。

6 月 5 日　宁波市政府下发《宁波市突发地质灾害应急预案》。市气象局为市地质灾害应急防治指挥部成员单位。

6 月 7 日　中国气象局办公室气办发〔2006〕78 号文《关于上报 2006 年上半年目标任务完成情况的通知》，文件中明确“计划单列市气象局的目标任务纳入所在省进行考核。”

6 月 12—24 日　徐文宁局长参加市政府海洋与渔业经济考察团赴南非、埃及考察。

6 月 14 日　宁波市政协主席会议全体成员到市气象局视察工作。

6 月 20 日　鄞州区气象局气象记录原始档案移交市气象局档案室交接完毕。

6 月 22 日　国家大气探测鄞州科技基地探测场地设计方案论证会在甬召开。

6 月 28 日　“象山县风力发电场工程可行性研究——檀头山、鹤浦风电场气象评估报告”通过专家评审。中国气象局风能太阳能资源评估中心，华东勘察设计院，广东省气象局，浙江省发改委、气象局、能源研究所、电力设计院等单位的专家出席评审会。

同日　市局气象应急保障小分队与宁海县气象局参加宁海县政府危化品泄漏事故应急救援演练。

同日　浙江省气象局以浙气函〔2006)70 号发文同意搬迁宁海县气象局气象观测场址。

7 月 3 日　市气象局以甬气发〔2006〕42 号文下发《关于慈溪市气象局农业气象试验基地可行性研究报告的批复》，同意该建设项目列入宁波市气象局项目库。

7 月 7 日　市政府副市长陈炳水在市气象局《重要天气报告》强台风“艾云尼”(200603)消息的公文处理单上批示：“请市三防和气象部门严密监视台风动向，并通知海洋渔业和海事部门以及海上作业的单位通知出海船只和施工人员切实做好防台准备工作。”

7 月 13 日　市气象局以甬气发〔2006〕46 号文批复同意宁海县气象局搬迁地面气象观测场。

7 月 14 日　因受强热带风暴“碧利斯”外围影响，石浦气象站观测值班员在更换温湿度自记纸时，温度自记纸被大风刮走丢失。

7 月 19 日　市气象局召开机关作风民主评议动员大会，徐文宁局长作动员讲话。

7 月 20 日　全市气象工作半年通报会在北仑召开。会议回顾上半年工作，部署下半年主要工作任务。市局领导，各区县(市)气象局，市气象局机关各处室、各直属单位主要负责人参加会议。

同日　中国气象局以气发〔2006〕188 号文下发《宁波市国家气象系统机构编制调整方案》。

7 月 22 日　象山县渔山岛中尺度自动气象站完成验收，为本市第一个完成验收的海岛气象站。

8 月 1 日　“八・一台灾纪念碑”象山县落成，象山县委县政府举行揭幕仪式并纪念抗击“8・1”台风五十周年纪念大会。

8 月 9 日　宁波市中尺度灾害性天气监测预警系统自动气象站通过验收。

8 月 10 日　台风“桑美”于 17 时 25 分在温州苍南马站镇登陆。中国气象局台风检查指导组到宁波市气象局指导。

8 月 11 日　市气象局以甬气发〔2006〕54 号文下发关于石浦气象站丢失温度自记纸的通报。

8 月 18 日　全市第一个全彩色气象信息电子显示屏在宁海开通。

8 月 25 日　市委副书记郭正伟在市气象局报送的《“桑美”超强台风(200608)的预报总结与思考》上批示：“市三防办要吸取福鼎和苍南的沉痛教训，研究超强台风正面袭击我市预案，以提高我市防御台风的水平，减少人员伤亡和财产损失。”

9 月 1 日　市委副书记郭正伟和市委副秘书长、市农办主任戴国华等领导及市科技局副局长蒋如国到市气象局调研。

9 月 5 日　中国气象局以气发〔2006〕230 号文批复同意配套建设宁波市气象灾害预警与应急一期工程。

9 月 13 日　市政府以甬政发〔2006〕74 号文下发《关于加快宁波气象事业发展的实施意见》。《意见》明确总体目标：“到 2010 年，初步建成结构合理、布局适当、功能齐全的综合气象观测系统、气象预报预测系统、公共气象服务系统和科技支撑保障系统。在提升气象服务能力、构建气象预警与应急保障体系、建设信息共享综合平台等三方面处于全国副省级城市前列。”

9 月 19 日　徐文宁局长赴京参加全国气象局长研讨会。

9 月 27 日　市气象局召开《宁波市地质灾害气象等级预报预警系统》课题阶段性研讨会及专家咨询会，省国土资源厅、市国土资源局、市科技局专家参加会议。

9 月 29 日　市气象局与中国科学院大气物理研究所合作共建的“海洋与中尺度天气科研基地”在甬揭牌。市政府副市长陈炳水出席授牌仪式并致辞。

10 月 21—23 日　宁波市气象局选送的《约会新气象》节目参加第六届华风杯全国电视气象节目观摩评比，获优秀奖、解说词奖和主持人艺术二等奖。

10 月 24 日　宁波市气象局代表队在全省地面气象测报技能竞赛中获团体总分第二名。

同日　中国气象局办公室气办发〔2006〕116 号文《关于做好 2006 年年终目标管理自评工作的通知》，进一步明确“计划单列市气象局参照《各省(区、市)气象局 2006 年工作目标及其考核标准》(气发〔2006〕22 号)执行，年终自评材料提前报所在省局，同时按规定时间抄报中国气象局。”

10 月 27—28 日　全市气象系统第十五届职工运动会在鄞州区举行。

10 月 30 日至 11 月 6 日　市气象局在达蓬山雷达站举办中层干部综合素质培训班。市局领导，市局职能处室、直属单位、各区县(市)气象局正副职及部分高级工程师共 38 人参加培训。

11 月 9 日　市政府第 87 次常务会议审议通过原《宁波市防御雷电灾害管理办法》(政府令 97 号)修改稿，以政府令 142 号重新颁布，于 2007 年 1 月 1 日正式施行。

12 月 19 日　市气象局以甬气发〔2006〕83 号发文成立宁波市气象局大宣传工作领导小组。

12 月 24—29 日　徐文宁局长赴京述职并参加 2007 年全国气象局长会议。

2007 年

1 月 1 日　新修订的《宁波市防御雷电灾害管理办法》开始施行。

同日　宁波海洋气象预报正式在宁波电视台新闻综合频道和都市文体频道向公众播出。

1 月 8 日　上海区域中心主任、上海市气象局局长汤绪、浙江省气象局局长黎健等一行到宁波市气象局检查指导工作。

1 月 20 日　中共浙江省气象局党组书记李玉柱到市气象局考察。

1 月 24—25 日　市气象局召开述职述学述廉报告会。市局领导、各直属单位、各职能处室和各区县(市)气象局正副职作述职述学述廉报告，副高以上专业技术人员作年度述职。

1 月 29 日　市气象局被市文明办评为“2006 年度市级文明行业”(甬文明委〔2007〕2 号)。

1 月 30 日　市政府主持召开全市气象工作会议。市政府副市长陈炳水出席会议并作重要讲话，市政府副秘书长柴利能主持会议。

1 月 31 日至 2 月 1 日上午　全市气象局长会议在宁波召开。会议总结 2006 年工作，部署 2007 年主要工作任务。各区县(市)气象局，市气象局机关各处室、各直属单位正副职参加会议。

2 月 12 日　宁波市政府对市气象局 2006 年度工作任务目标管理考核结果得分为 137.6 分。

2 月 13 日　市委副书记郭正伟春节前到市气象局看望慰问值班人员。

2 月 16 日　“宁波市气象灾害预警与应急系统工程”可行性研究通过市发改委组织的专家评审。

同日　象山、慈溪两支人工增雨作业分队在象山县晓塘白玉湾、慈溪市横河成功实施人工增雨作业。

3 月 7 日　市气象局组织召开慈溪市观海卫场址气象评估讨论会。

3 月 9—11 日　徐文宁局长等赴山东烟台参加华东区域气象中心工作会议。

3 月 15 日　市气象局组织召开全市气象部门大宣传工作座谈会。在会上提出气象大宣传工作要树立一个理念、搭建一个平台、围绕一个中心、打造一个亮点、形成一个机制。

3 月 25 日　市气象台再次对外开放，并组织慈溪达蓬山气象科普馆一日游活动。

3 月 26—31 日　徐文宁局长当选中共宁波市第十一次党代会代表，参加市第十一次党代会。

4月2日　宁波市区出现较严重的浮尘天气，天空呈灰黄色，能见度不足10公里。

4月4日　市人大副主任邵孝杰等领导到市气象局考察调研，要求加快气象灾害防御立法进程。

4月8日　全市各区县(市)气象站开展土壤水分观测。

4月10日　市气象局与中国气象科学研究院签订《双多普勒天气雷达对台风登陆前后三维结构演变的研究》项目合作协议。

4月11日　市气象局召开“作风建设年”活动动员大会。市局党组书记徐文宁作动员讲话并部署活动安排。

同日　中国气象局监测网络司汛前业务检查组对宁波市气象监测网络业务进行重点检查。

4月12日　宁波市气象灾害预警与应急系统一期工程正式启动建设。

4月25日　市气象局组织召开《慈溪市观海卫场址气象评估报告》评审会。评估报告通过专家评审。中国气象局国家气候中心、海军工程设计局、驻甬海军和海军航空兵气象处、浙江省气象科学研究所等单位专家参加评审会。

4月27—28日　市气象局《让气象科技武装新农民》(由祝旗撰稿、李维莹演讲)参加“防雷杯”第二届浙江气象人精神演讲比赛获二等奖。

4月30日　市气象局召开青年工作者座谈会。

5月10日　市气象局召开老干部工作会议。

5月7—18日　刘爱民副局长赴京参加全国气象部门司局级干部专题研修班。

5月11—17日　徐文宁局长列席宁波市第十二届人民代表大会第一次会议。

5月18日　中国气象局副局长王守荣率汛期检查组来甬检查工作，浙江省气象局党组书记李玉柱、局长黎健陪同检查。下午在市局学术报告厅作《全球环境与气候变化热点问题》学术报告。

5月21—31日　徐元组长赴京参加全国气象部门司局级干部专题研修班。

5月30日　《宁波市引发突发性地质灾害的主要气象条件研究及预报预警》课题通过专家组验收。

6月1日　市气象局与市安全生产监督管理局联合以甬气发〔2007〕27号文下发《关于进一步加强防雷安全管理工作的通知》

6月2日　市人工影响天气领导小组办公室在慈溪市召开空域协调会，就2007年度人工增雨空域使用和航管保障等事宜进行协商并达成一致。

6月9日　新一代卫星通信气象数据广播系统DVBS在本市投入使用。

6月12日　宁波市气象局通过财政部的资产清查审计和中国气象局审核。

6月27—28日　市气象局分两期举行业务技术体制改革报告会。徐文宁局长为全市气象职工作题为《面向需求，找准定位，加快建设现代气象业务》报告。

7月23—24日　全市气象工作半年通报会暨理论学习会在鄞州召开。会议回顾上半年工作，部署下半年主要工作任务。市局领导，各区县(市)气象局，市局机关各处室、各直属单位主要负责人参加会议。

7月23日至8月1日　市气象局对全市国家气象站观测环境综合调查评估，重新标定观测现场的经纬度、海拔高度。历时10天。

8月1—5日　市气象局参加2008年北京奥运会火炬接力气象服务全国演练。

8月3日　第二届华东区域气象人精神演讲比赛在宁波市气象局学术报告厅举行。祝旗、李维莹的参赛作品《让气象科技武装新农民》获二等奖。

8月10日　市气象台至中央气象台天气预报视频会商系统开通。

8月14日　梅山大桥及接线工程气象专题研究通过专家评审。

8月20日　市气象局以甬气发〔2007〕41号文下发《关于成立宁波市气象局应急管理机构的通知》。

8月28日　全市统战、农业片组卡拉OK邀请赛在市气象局学术报告厅举行。

8月31日—9月3日　徐文宁局长赴京参加全国气象局长研讨会。

9月3日　刘爱民副局长一行赴杭州湾大桥建设指挥部共商大桥气象监测网络建设方案和大桥运行期间的气象保障服务等事宜。

9月5日　召开全市气象部门党风廉政建设工作会议。

9月15日　市气象局51名党员干部在"和谐宁波·万人助学"活动中，结对资助贵州42名贫困学生。

9月27—28日　市气象局举办防雷技术培训班，各区县(市)气象局和市防雷中心40余从业人员参加培训。

10月1日　新一代VAISALA和MAWS301在鄞州区气象局新观测场安装调试完毕，投入试运行。

10月6日　中国气象局副局长张文建率台风气象服务工作指导组到宁波指导工作，并检查达蓬山雷达站，对宁波气象部门防御"罗莎"的各项工作表示满意。

10月6—9日　第16号台风"罗莎"影响宁波，全市128个中尺度自动气象站平均面雨量达到233.9毫米，西部山区基本上在300毫米以上，奉化董家达497.6毫米，全市直接经济损失15.28亿元。

10月15日　市气象局全体职工收看中国共产党第十七次代表大会实况。

10月17—18日　宁波市气象局参加首届全省气象行业天气预报技能竞赛获团体总分第一名。张程明、董杏燕、何彩芬获浙江省气象行业技术能手称号。

10月18日　市政府以甬政发〔2007〕102号文下发《关于贯彻落实国务院办公厅关于进一步加强气象灾害防御工作意见的通知》。

10月23日　全市气象防灾减灾大会在慈溪市召开。副市长陈炳水出席会议并作重要讲话，市政府副秘书长虞云秧主持会议。

10月25日　市气象局党组书记、局长徐文宁一行专程向市纪委书记顾文俊汇报工作。

10月26日　宁波市气象灾害预警与应急系统一期工程通过市发改委组织的扩初会审。

10月17日　浙江省气象局以浙气发〔2007〕116号批复同意鄞州国家气象观测站一级站从2007年12月31日20时起正式启用新站址(鄞州中心区天童南路南端)。

11月23日　徐文宁局长随陈炳水副市长带队的市政府农业农村考察团赴埃及、以色列、希腊考察。

11月26日　市气象局开展“送温暖、献爱心”捐赠衣物活动，捐赠冬衣冬被306件。

12月14日　浙江省气象局以浙气发〔2007〕125号批复同意北仑国家气象观测站二级站从2007年12月31日20时起正式启用新站址(北仑区新碶镇清水村)。

同日　中国气象局以气发〔2007〕472号批复同意成立镇海区气象局。人员编制核定为12名，增核气象业务编制2名。实行宁波市气象局与镇海区人民政府双重领导、以宁波市气象局领导为主的管理体制，其机构规格与镇海区政府直属工作部门相同。

同日　市气象局召开规范编外人员管理工作会议。

12月22日　浙江省气象局以浙气发〔2007〕138号批复同意宁海国家气象观测站二级站从2007年12月31日20时起正式启用新站址(宁海县桃源街道新兴村门前山)。

12月30日　鄞州国家气象观测站一级站、北仑国家气象观测站二级站、宁海国家气象观测站二级站分别于20时启用新观测场观测。

2008年

1月1日　鄞州区气象局鄞州中心区天童南路1858号新观测场、北仑区气象局北仑区太河南路999号新观测场、宁海县气象局宁海桃源街道新兴村门前山“山顶”新观测场同时正式启用。

1月5日　浙江省气象局局长黎健由徐文宁局长陪同分别到余姚、鄞州、北仑、镇海(筹建)气象局和慈溪综合气象探测基地考察调研。

1月8—12日　徐文宁局长赴京述职并参加全国气象局长会议。

1月11日　《基于3S技术的宁波市气候、气候变化资源及其变化研究》通过验收。

1月31日　中共浙江省气象局党组书记李玉柱由徐文宁局长陪同赴象山石浦气象站慰问。

2月1日　市气象台于20时54分发布当年首个暴雪红色预警信号和道路结冰红色预警信号。

2月1—2日　全市普降大到暴雪。积雪深度慈溪站创50年来最大纪录，余姚站创30年来最大纪录，北仑、镇海创20年来最大纪录。

2月3日　市委副书记郭正伟、市人大副主任张金康、市政府副市长陈炳水、徐明夫、市政协副主席常敏毅等领导到市气象局慰问。

2月19日　市气象局召开述职述学述廉报告会。市局领导、各职能处室、直属单位和各区县(市)气象局正副职作述职述学述廉报告，已聘副高以上专业技术人员作年度述职。

2月20日　全市气象局长会议在甬召开。徐文宁局长作《深入贯彻十七大精神，促进我市气象工作又好又快发展》的工作报告。总结2007年工作，部署2008年主要工作任务。各区县(市)气象局，市气象局机关各处室、各直属单位正副职参加会议。

3月7日　中共宁波市气象局党组以甬气党发〔2008〕3号文下发《中共宁波市气象局党组关于2008年党风廉政建设和反腐败工作的意见》。

3月12日　市气象局召开驻甬新闻记者座谈会。

3月13—14日　全市气象科技服务工作会议在奉化召开。国良和副局长作《解放思想，迎接挑战，开拓进取，再创佳绩》工作报告。徐文宁局长参加会议并讲话。各区县(市)气象局主要领导、分管领导及防雷所长和市气象局各职能处室、直属单位主要负责人及信息中心、防雷中心副职参加会议。

3 月 28 日　市气象局应急气象保障小分队参加宁波消防战勤保障实战演练。

4 月 2 日　《大榭对外第二通道气候背景和桥位风环境特性研究》(一期)通过专家评审。

4 月 7 日　宁波市委市政府召开抗击雨雪冰冻灾害总结表彰大会。市气象台被市委市政府授予“抗击雨雪冰冻灾害先进集体”(甬党发〔2008〕34 号)。

4 月 17 日　杭州湾跨海大桥工程防雷建设项目通过验收。

4 月 18 日　宁波市委市政府召开市级文明机关创建活动总结表彰大会。市气象局荣获第五轮市级文明机关。

4 月 19—27 日　徐文宁局长随浙江省气象局黎健局长带队组团赴韩国考察。

5 月 7 日　市气象局以甬气〔2008〕11 号文向浙江省气象局上报《关于宁波市镇海区气象局(站)申请国家气象观测二级站号的请示》。要求新建的宁波市镇海区气象站按照“三站四网”统一布局，纳入国家气象系统台站网，按国家气象观测二级站标准建设。

5 月 8 日　《宁波晚报》“民情直通车”栏目组织部分市政协委员和市民代表参观市气象台。

5 月 8—9 日　浙江省气象局局长黎健一行来甬检查汛期气象服务工作。

5 月 14 日　宁波市气象局致电四川省气象局，向汶川地震灾区气象工作者表达慰问，并电汇 25 万元人民币支援灾区重建。

同日　市气象局职工个人向灾区捐款共计 3 万余元，73 名党员缴纳特殊党费 34650 元，工会会员缴纳特殊会费 895 元。

5 月 20 日　市气象局以甬气〔2008〕14 号文向中国气象局上报《关于要求增挂行政审批处牌子的请示》。

5 月 21—22 日　奥运圣火“祥云”在宁波传递，市气象局气象保障小分队及应急保障车沿途开展气象保障服务。

5 月 23 日　市人工影响天气领导小组办公室在宁海召开空域协调会。

6 月 4—16 日　国良和副局长率团赴美国考察应急管理。

6 月 7 日　中国气象局以气发〔2008〕259 号文《关于同意宁波市气象局政策法规处加挂行政审批处牌子的批复》，同意宁波市气象局政策法规处(行政审批处)履行气象行政审批职责。

6 月 23 日　中共宁波市气象局党组以甬气党发〔2008〕7 号文下发通知，要求全市气象部门开展向优秀共产党员、气象学家雷雨顺同志学习的活动。

6 月 24 日　《宁波象山港大桥及接线工程可行性研究梯度风观测和风速研究》通过专家评审。

6 月 27 日　浙江省气象局副局长、纪检组长徐霜芝等一行到慈溪市气象局考察调研。

7 月 3 日　市气象局以甬气〔2008〕17 号文向中国气象局上报《关于要求审批宁波象山台风海洋综合观测基地建设工程项目可行性研究报告的请示》。

7月7日　市气象局召开宁波市防雷减灾信息管理系统验收会。省气象局副局长徐国富出席会议。

7月11日　刘爱民副局长参加宁波市防御超强台风模拟演练。

7月18日　市委副书记郭正伟到市气象局慰问防台一线气象职工。

7月23日　市气象局以甬气发〔2008〕23号下发《关于进一步做好汛期奥运期间气象应急保障和安全稳定工作的紧急通知》。

7月25日　召开全市气象工作半年通报会。回顾上半年工作，部署下半年主要工作任务。市局领导，各区县(市)气象局，市局机关各处室、各直属单位主要负责人参加会议。

同日　召开全市气象宣传工作会议。会议传达贯彻全国气象宣传工作会议精神，提出今后一段时间全市气象宣传工作的指导思想和主要任务。

8月28日　1984—2007年全市气象灾害普查工作结束。共收集整理到393例气象灾情。

9月5日　中共中国气象局党组以中气党发〔2008〕64号文下发《关于薛根元、徐文宁两同志职务任免的通知》。薛根元任中共宁波市气象局党组书记、宁波市气象局局长；徐文宁任宁波市气象局巡视员，免去其中共宁波市气象局党组书记、宁波市气象局局长职务。

9月8日　宁波市气象灾害预警与应急系统一期工程破土动工。市政府副市长陈炳水出席奠基仪式并讲话，市政府应急办和农口各局领导应邀参加。

9月9日　市气象局召开全局大会，中国气象局副局长、党组副书记许小峰宣读宁波市气象局主要负责人调整决定。浙江省气象局党组书记李玉柱、局长黎健和宁波市委组织部戴凌云处长参加会议。

9月16日　党组书记、局长薛根元到市纪委汇报工作。

9月18日　市人大城建农资环保工委主任史明华等到市气象局进行《宁波市气象灾害防御条例》立法调研。

同日　镇海区政府陈如华区长、柴鹏飞副区长到镇海区气象局建设工地考察。并与薛根元局长就镇海区局建设的人员、资金、时间进度等工作进行商谈。

9月23—27日　宁波市气象局代表队参加全省首届气象行业防雷检测技能竞赛，获组织奖。

9月29日　市气象影视中心正式接手制作《鄞州气象》栏目。

10月8—9日　薛根元局长赴京向中国气象局汇报镇海区气象局09年度基建项目落实工作。

10月13日　省—市—县网络线路升级改造完成。此次改造主要涉及两方面：一是将省—市ATM网络统一升级到MSTP网络，同时由单局向接入升级为双局向；二是增加省—市—县三级SDH网络，主要用于视频会议系统。

10月13—18日　全国政协委员、原中国气象局局长温克刚和原浙江省气象局局长席国耀等老领导考察奉化、慈溪市气象局。

10月17日　中共宁波市气象局党组以甬气党发〔2008〕9号文下发《关于学习贯彻党的十七届三中全会精神的通知》。

10月20—21日　第十六届全市气象部门职工运动会在市气象局举行。

10月28日　市气象局召开事业单位岗位设置管理工作动员大会。

11月3日　市气象局职工通过市民政部门向汶川地震灾区捐献冬衣冬被169件。

11月4日　中国工程院院士陈联寿在市气象局学术报告厅作题为《热带气象灾害及其预测科学》学术报告。

11月5—6日　市气象局举办第三期气象执法培训班，各区县(市)气象局主要负责人和市气象局内设机构、直属单位负责人及执法人员共30人参加培训。

11月7日　市气象局以甬气〔2008〕24号文向浙江省气象局上报《关于建设镇海区气象局地面气象观测场的请示》。

11月9日　美国卡罗莱纳州立大学海洋-地球与大气科学系教授、中国海洋大学环境科学与工程学院特聘教授谢立安来到气象局作题为"海洋风场预报和风暴潮预报方法"的学术报告。并被聘为宁波市气象局科学顾问。

11月11—12日　2008年度宁波市地质灾害气象预警工作研讨会在慈溪达蓬山召开。薛根元局长等参加会议。

11月14—15日　召开全市气象局长工作研讨会。

11月19—20日　中国气象局现代农业气象业务发展规划调研组到慈溪市气象局调研，薛根元局长陪同。

11月23日　中国气象局以中气函〔2008〕253号文下发《关于大连青岛宁波厦门市气象局有关会议活动和文件处理工作的通知》，就大连、青岛、宁波、厦门四个市气象局参加会议活动以及公文处理有关工作做出如下调整：(1)四个市气象局除计划财务工作外，其他工作按照副省级市气象局进行管理。(2)四个市气象局行文比照其他副省级市气象局进行管理，原则上不直接向中国气象局行文。如有关事项向中国气象局请示、报告，由所在省气象局向中国气象局行文。(3)如需四个市气象局参加的会议和活动等，将纳入所在省气象局统筹安排。

12月3—5日　2008年度全国气候预测业务技术交流会在甬召开。

12月3日　市气象局召开专题会议讨论《宁波市气象灾害防御条例》。

12月12日　《宁波市气象灾害防御条例》(征求意见稿)征求浙江省气象局领导和专家意见。

12月14—16日　薛根元局长参加华东区域气象中心2008年工作会议和华东区域气象中心成立20周年座谈会。

12月26日　浙江省气象局党组书记、局长黎健在宁波市气象局学术报告厅作学习实践科学发展观专题报告。

2009年

1月4—8日　薛根元局长赴南京参加2009年全国气象局长会议。

1月6日　宁波市防雷信息管理系统正式启用。

1月9日　薛根元局长带队，会同宁波电业局有关负责同志走访市气象局和宁波电业局"创建服务型机关、促进企业发展"对口服务企业——宁波金海雅宝化工有限公司。

1月13日市气象局以甬气发〔2009〕2号文下发《关于2008年度目标管理考核情况的通报》。

同日 薛根元局长等走访市政府行政服务中心，看望气象窗口工作人员并与中心领导交流气象行政审批工作。

1月16日 市气象局以甬气发〔2009〕3号文下发《关于表彰2008年全市气象部门先进工作者的通报》，表彰陈小丽等12位同志为2008年度全市气象部门先进工作者。

同日 市气象局以甬气发〔2009〕5号文下发《关于表彰2009年全市地面测报比赛暨全省地面气象测报技能代表选拔赛获奖选手的通报》。

1月19—20日 全市气象局长会议在宁海召开。会议总结2008年工作，部署2009年主要工作任务。各区县(市)气象局，市气象局机关各处室、各直属单位正副职参加会议。

1月23日 市人大副主任郑杰民、市政府副市长陈炳水、市政协副主席华长慧和市委副秘书长戴国华、市政府副秘书长柴利能到市气象台慰问。

2月9日 薛根元局长向陈炳水副市长汇报《宁波市气象灾害防御条例》的立法情况。

同日 市气象局以甬气发〔2009〕3号文向中国气象局报送《宁波市中小学校雷电灾害防御工程可行性研究报告的请示》。

2月11日 市气象局以甬气发〔2009〕7号文修改下发《宁波市气象部门精神文明建设指导意见》。

2月12日 市气象局被浙江省气象局评为2008年度目标管理考核优秀单位(浙气函〔2009〕9号)；创新工作《慈溪气象为农服务找准切入点》被评为二类创新项目第二名(浙气函〔2009〕7号)。

2月19—20日 中国气象局副局长矫梅燕由浙江省气象局黎健局长陪同到宁波市气象局调研。

2月23—24日 徐元组长赴北京参加全国气象部门纪检工作会议。

2月27日 宁波市委副秘书长、市农村工作办公室主任戴国华应邀到气象局作中央1号文件、市委1号文件解读和宁波农业农村经济发展情况报告。

3月1—24日 薛根元局长赴英国参加中国气象局组织的公共管理知识培训班。

3月9日 市气象局召开学习实践科学发展观活动动员大会。市委学习实践科学发展观活动第16指导组组长沈觉人到会讲话。

3月10日 中共宁波市气象局党组以甬气党发〔2009〕1号文印发《关于印发〈宁波市气象局开展深入学习实践科学发展观活动实施方案〉的通知》。

3月13日 宁波市政府对市气象局2008年度工作任务目标管理考核结果得分为149.9分，另获机关作风民主评议加10分。

3月10日 市气象局以甬气〔2009〕7号文向中国气象局报送《关于上报监测网络业务小型基本建设项目的请示》。

3月11日 中国气象局以气发〔2009〕62号文下发《关于宁波市中小学校雷电灾害防御示范工程项目可行性研究报告的批复》，同意实施宁波市中小学校雷电灾害防御示范工程项目。

3月13—20日 刘爱民副局长率团赴台湾进行气象科技方面的交流参访活动。

3月19日 中共宁波市气象局党组以甬气党发〔2009〕4号下发《2009年宁波市气象部门党风廉政建设和反腐败工作要点》。

3 月 21 日　中国气象局由监测网络司、大探中心(现气象探测中心)、华云公司组成的检查组到北仑、慈溪现场督查气象测风塔建设情况。

3 月 22 日　市气象台和气象信息中心影视制作室对市民开放,近 5000 人前来参观。

3 月 24 日　市人大城建农资环保工委在慈溪达蓬山雷达站召开专题会议,审议《宁波市气象灾害防御条例》(送审稿)。市人大副主任姚力到会指导。

3 月 31 日　市政府法制办在象山召开《宁波市气象灾害防御条例》(送审稿)征求意见座谈会。象山县政府应急办、财政、发改、水利、国土、建设、规划、气象、海洋渔业、民政等部门和街道办事处、乡镇、村委会代表参加会议。

4 月 1 日　市气象局召开全市气象部门党风廉政建设工作会议。会议传达学习中纪委十七届三次全会精神和浙江省气象局党风廉政建设暨纪检监察审计工作会议精神,部署 2009 年党风廉政建设和反腐败工作重点任务。各区县(市)气象局局长和纪检员、市气象局机关和直属单位主要负责人、纪检监察审计人员参加会议。

4 月 4 日　刘爱民副局长在宁波"天一讲堂"为市民作《气候变化与影响》主题讲座。

4 月 9 日　市气象局以甬气发〔2009〕16 号文印发《宁波市气象局关于加强气象信息宣传工作的意见》。

4 月 10 日　市气象局邀请市委学习实践科学发展观活动宣讲团成员、市委党校副教授赵海平作题为《金融危机的影响及其启示》报告。

4 月 16 日　中国气象局以气发〔2009〕143 号文下发《关于杭州湾围垦区设施农业大棚小气候综合监测系统项目可行性研究报告的批复》,同意实施杭州湾围垦区设施农业大棚小气候综合监测系统项目。

4 月 24 日　市气象局在慈溪达蓬山召开雷达站防雷改造方案论证会,邀请杭州、温州防雷专家参加论证会。

4 月 27 日　市防汛防旱指挥部副指挥、水利局局长张拓原等到市气象局调研。

4 月 30 日　市气象局召开全市中小学校防雷示范工程论证会。

5 月 5 日　市气象局以甬气发〔2009〕27 号发文表彰北仑彩峰、鄞州区气象局何利德、市局机关鲍岳建、市防雷中心骆亚敏和市气象信息中心李维莹为全市气象部门首届"十佳青年"。

5 月 8 日　薛根元局长在中国宁波网《访谈》节目与网民交流宁波气象事业科学发展和气象防灾减灾等话题。

同日　中国气象局副局长(国家防总副秘书长)矫梅燕一行来到宁波检查指导汛期工作,并考察鄞州大嵩海塘工程。

5 月 10—28 日　薛根元局长赴京参加第二期司局级领导干部深入学习实践科学发展观培训班。

5 月 18 日　《宁波市突发公共事件预警信息发布系统可行性建设方案》通过专家论证。

5 月 31 日　薛根元局长随同市政府毛光烈市长、陈炳水副市长到北仑区检查指导防汛防台防旱工作。

6 月 1 日　《宁波市气象灾害防御条例》(草案)通过市政府常务会议审议。薛根元局长列席会议。

6月5日　市人工影响天气领导小组办公室在余姚召开空域协调会，就2009年度人工增雨空域使用和航管保障等事宜进行协商并达成一致。

6月8日　由市气象信息中心影视制作中心与北仑区气象局联合制作的《北仑气象》在北仑区电视台开播。

6月10日　浙江省气象局党组成员、纪检组长徐霜芝一行到宁海县气象局调研基层气象部门党建工作。

6月16日　市气象局以甬气〔2009〕33号文印发《宁波市气象局关于加强预报员队伍建设的实施意见》。

同日　市气象局以甬气〔2009〕16号文向浙江省气象局上报《关于向日本日建设计城市工程株式会社提供象山气象站1998-2007年累年逐月气象资料的请示》。

6月18日　刘爱民副局长到宁海县委党校为300多位农村(社区)工作者作《大学生村官可在农村气象防灾减灾中发挥重要作用》的专题报告。

6月23日　浙江省气象局以浙气函〔2009〕66号文《关于向日方公司提供象山气象站气象资料请示的批复》，同意我局向日本日建设计城市工程株式会社提供象山气象站相关资料。

6月24—25日　《宁波市气象灾害防御条例》(草案)通过市十三届人大第17次会议第一次审议。薛根元局长列席会议。

6月25日　市委副书记陈新、市委副秘书长戴国华到市气象局检查汛期工作。先后视察影视制作中心、监测网络中心等。

同日　市气象局以甬气〔2009〕17号文向省气象局上报《关于补充宁波委托地方外办代理因公出国护照等事宜的请示》。请省局出面要求中国气象局国际合作司与外交部相关部门商洽，把宁波等计划单列市列入需在地方办理护照、签证的下属单位名单，委托宁波等计划单列市外办代理。

6月26日　南京信息工程大学教授汤达章在市局学术报告厅作《多普勒雷达速度回波在短时预报中的应用》专题讲座。

6月30日　中共宁波市气象局党组以甬气党发〔2009〕8号文下发《中共宁波市气象局党组工作规则》。

7月2日　市政府新闻办在宁波饭店举行“气象与夏季用水”新闻发布会，刘爱民副局长在发布会上通报今年上半年宁波天气气候情况及夏季天气气候预测。

同日　浙江省政协人口资源环境和城建委员会副主任李玉柱来甬作生态浙江调研。

7月12日　市气象局以甬气发〔2009〕42号文下发《宁波市气象局工作规则》。

7月14日　薛根元局长随同省委常委、市委书记巴音朝鲁赴象山调研防汛防台防旱工作。

7月17日　市人大法工委主任刘晓明到市气象局考察调研《宁波市气象灾害防御条例》(草案)的修改完善工作。

7月20日　市气象局以甬气发〔2009〕43号文下发《关于镇海区气象局(站)职能配置、内设机构和人员编制的规定》。

7 月 27 日　市气象局以甬气〔2009〕22 号文向浙江省气象局上报《关于要求搬迁石浦气象站观测值班室的请示》。

7 月 28 日　浙江省气象局以浙气函〔2009〕103 号文《关于同意石浦国家基本气象站值班室迁址的批复》。

7 月 29 日　市政府召开全市人工影响天气暨气象防灾减灾工作会议。市政府副市长陈炳水出席会议并作重要讲话。陈少春副秘书长主持会议。

7 月 30 日　市气象局以甬气发〔2009〕47 号发文成立宁波市气象局中小学校舍安全工程领导小组。

7 月 31 日　分布在余姚、北仑、象山的 3 套闪电定位仪安装完毕并投入运行。

8 月 4 日　市政府副秘书长陈少春到市气象局检查汛期工作。

8 月 9 日　第 8 号台风"莫拉克"16 时 20 分在福建省霞浦镇登陆。登陆时近中心最大风力 12 级。受其影响宁海测站降水 309.3 毫米，最大降水在奉化市南溪口 500.0 毫米（自动站）。造成宁波市直接经济损失 15.57 亿元。

同日　省委常委、市委书记巴音朝鲁到市气象台看望防台一线气象职工。巴音书记高度评价气象部门在防汛防旱工作中发挥的重要作用。

8 月 10 日　市气象局以甬气发〔2009〕46 号文下发《宁波市气象部门工作人员借调管理办法（试行）》。

8 月 13—14 日　2009 年上半年全市气象工作通报会暨气象科技服务形势分析会在宁波召开。

8 月 18 日　市气象局以甬气发〔2009〕49 号文《关于印发〈宁波市气象局临时聘请退休人员帮助工作管理办法（试行）〉的通知》。

8 月 24 日　薛根元局长向市委副书记陈新汇报上半年气象工作和台风"莫拉克"的预报服务情况，以及抓好贯彻落实"平安浙江""气象为新农村建设服务"等下半年主要工作打算。

同日　市委副书记陈新在市气象局报送的台风'莫拉克'影响初步评估呈阅件上批示："市气象局在此次防御"莫拉克"台风工作中，加强监测、预报、预警，对台风登陆的时间、地点及降水量判断基本准确，为市委市政府成功防御'莫拉克'台风提供了及时、准确的决策服务，同时还多渠道向公众发布预警报信息。向气象局全体战斗在防台抗台一线的同志们表示亲切的慰问和崇高的敬意！望继续努力，推动宁波市气象工作再上新台阶。"

8 月 25 日　省气象局函转外交部领三函〔2009〕649 号《关于为杭州、宁波、温州三市气象部门人员因公出国人员办理护照、签证手续的通知》。同意各相关外办自 2009 年 8 月 20 日起，为当地气象部门人员办理护照、签证手续或为赴免签国家人员出具出国（境）证明。

8 月 26—28 日　市十三届人大常委会第 18 次会议第二次审议《宁波市气象灾害防御条例》（草案）。薛根元局长列席会议。

9 月 4 日　市气象局气象应急保障小分队参加在宁波—舟山核心港区佛渡水道海域举行的"2009 年国家海上搜救桌面演习暨东海搜救演习"。

9 月 11 日　市气象局与市新农村建设领导小组办公室联合以甬气发〔2009〕58 号文下发《2009 年县（市）、区新农村建设气象工作考核评分细则》。

9月15日　市政协副主席张明华到市气象局检查指导工作，并看望黄鹤楼、涂小萍两位政协委员。

9月24日　薛根元局长向陈炳水副市长汇报"十一五"规划实施进展情况和"十二五"规划编制工作初步方案。陈副市长要求市气象局进一步落实各项措施，努力争取"十一五"规划和任务全面完成，同时科学编制和规划好"十二五"宁波气象事业发展蓝图。

9月28日　市气象局举行"莫拉克"台风服务表彰大会。表彰奉化市气象局等3个先进集体、朱建军等13名先进个人和诸渭芳等10名先进气象协理员、信息员。陈炳水副市长发来贺信。

10月13日　市委副书记郭正伟在市气象局报送的《关于宁海县选聘农村（社区）工作者为气象协理员情况的调研报告》上批示："宁海县组织农办和气象部门充分发挥'大学生村官'作用的做法各地可借鉴、学习。"

10月15—18日全国气象部门办公室主任会议暨外事工作会议在宁波镇海召开。中国气象局党组副书记、副局长许小峰出席会议。

10月15日　中国气象局党组副书记、副局长许小峰到市气象局调研，并考察镇海区气象局。浙江省气象局局长黎健和宁波市气象局局长薛根元陪同调研。

10月16日　中国气象局党组副书记、副局长许小峰到慈溪市气象局考察调研。浙江省气象局局长黎健等陪同。

10月22日　市气象监测网络中心在北仑区"龙盛航运有限公司"的27号货船和象山浙象渔47047号渔船上安装的宁波市首批2套船舶自动气象投入运行。

10月24日　世界气象组织官员、资深飓风专家Nanette Lomarda一行3人，由陈联寿院士陪同考察市气象台。

10月27日　市气象局以甬气发〔2009〕61号文下发《关于表彰2009年全市天气预报竞赛获奖人员的通报》。

11月2日　市气象局召开全局大会。浙江省气象局人事处宣布顾骏强任宁波市气象局副局长、党组成员。浙江省气象局党组书记、局长黎健参加会议。

11月7—9日　中国气象局副局长沈晓农来甬参加"两岸农渔水利合作交流会议"，并于7日晚上到市气象局调研。浙江省气象局局长黎健陪同调研。

11月8日　浙江省气象局局长黎健在薛根元局长陪同下调研宁海气象工作，并考察环三门湾经济开发区和东海岸农业示范园区。

11月12—17日　气象应急保障小分队参加"全国公安消防部队战勤保障体系建设推进会实战演习"。

11月17日　薛根元局长到梅山保税港开发区调研新区气象服务需求，并与开发区管委会常务副主任施金国商洽建立梅山保税港开发区气象服务专业机构等事宜，双方初步达成共识。

11月18日　市气象局以甬气发〔2009〕64号文下发《宁波市气象局行政处罚自由裁量权行使规则》。

11月24日　由10个负离子站组成的全市负离子观测网安装调试完成。

11月27日　《宁波市气象灾害防御条例》经浙江省十一届人大常委会第14次会议第

三次全体会议审议通过。2010 年 3 月 1 日起正式施行。

11 月 30 日 市气象局与中国电信宁波分公司签署全业务战略合作协议。

12 月 8 日 薛根元局长与奉化市政府副市长王海国商讨并考察奉化市气象局新探测基地场址。

12 月 10 日 市委副秘书长、市农村工作办公室主任戴国华考察慈溪气象为农服务。

12 月 16 日 市气象局以甬气发〔2009〕68 号文下发《宁波市气象部门"小金库"专项治理八条禁令》。

12 月 20 日 市气象局以甬气发〔2009〕69 号文修改下发《宁波市气象局局长接待日工作制度》。

12 月 21 日 市气象局以甬气发〔2009〕70 号文修改下发《宁波市气象局政务公开制度》。

12 月 22 日 市气象局以甬气发〔2009〕71 号文修改下发《宁波市气象局政府信息公开指南》。

12 月 25 日 薛根元局长等一行赴杭州向省局党组汇报 2009 年工作完成情况和 2010 年工作思路。

同日 中国气象局华风气象影视信息集团、宁波市气象信息中心与宁波数字电视有限公司签订《中国气象频道》在宁波落地的合作协议。

2010 年

1 月 6—8 日 薛根元局长赴京参加全国气象局长会议。

1 月 6 日 宁波市第一个"防雷安全示范村"在鄞州区姜山镇翻石渡村授牌。

1 月 14—15 日 市气象局召开 2009 年领导干部述学述职述廉报告会。市局领导、各内设机构、各直属单位和各区县(市)气象局主要负责人作述学述职述廉报告。

1 月 15 日 《中国气象频道》正式落地宁波,全市有线数字电视用户可免费收看。

1 月 19 日 市气象局以甬气发〔2010〕2 号文下发《关于象山海洋气象广播电台项目可行性研究报告的批复》。

1 月 25 日 市气象局以甬气发〔2010〕4 号文下发《关于 2009 年度目标管理考核情况的通报》。

1 月 26 日 宁海白石山岛建成宁波市首套海水温盐观测站。

1 月 27 日 市气象局以甬气办发〔2010〕7 号文下发《关于 2009 年度全市气象部门先进工作者的通报》,表彰高益波等 12 位同志为 2009 年度全市气象部门先进工作者。

同日 中纪委驻中国气象局纪检组长孙先健在浙江省气象局局长黎健、浙江省气象局纪检组长徐霜芝、宁波市气象局薛根元局长等陪同下,赴慈溪市气象局走访慰问基层气象台站干部职工。

1 月 28—29 日 全市气象局长会议在奉化召开。薛根元局长作题为《把握战略定位 强化发展意识 努力开创我市气象事业科学发展新局面》工作报告。宁波市委副书记陈新、副市长陈炳水发来贺信。

1 月 29 日 市气象局被浙江省气象局评为 2009 年度目标管理综合考评特别优秀表彰单位(浙气发〔2010〕11 号);创新工作《〈宁波市气象灾害防御条例〉实现七方面政策性突

破》被评为二类创新项目第2名(浙气函〔2010〕10号)。

2月4日　市气象局与宁波市国土资源局签订全面业务合作协议。

2月5—9日　薛根元局长列席宁波市十三届人大第五次会议。

2月10日上午　宁波市委副书记陈新、市人大副主任崔秀玲、副市长陈炳水、政协副主席王建康等一行慰问市气象局干部职工。陈新副书记要求气象部门进一步加强气候变化科普宣传。

3月23日　市气象局以甬气发〔2010〕28号文下发《关于印发〈宁波市气象局关于加强气象人才体系建设的实施意见〉的通知》。

4月10—12日　中国气象局原副局长刘英金来甬,薛根元局长陪同考察镇海区气象局。

4月15日　宁波市政府对市气象局2009年度工作任务目标管理考核结果得分为153.9分。

4月16日　市政府办公厅以甬政办发〔2010〕93号文印发《关于贯彻实施宁波市气象灾害防御条例的通知》。

4月20日　市气象局以甬气发〔2010〕33号文下发《关于印发〈宁波市气象部门下基层锻炼人员管理办法(试行)〉的通知》。

4月21日　市气象局气象服务领导小组召开会议专题研究上海世博会期间气象服务等事宜。

4月26—27日　薛根元局长赴四川成都市参加全国气象部门西藏工作会议。

5月22日　省委常委市委书记巴音朝鲁、市委副书记市长毛光烈、副市长陈炳水等市领导在市气象局2010年5月21日11时报送的《重要气象报告》中"明天我市有大到暴雨"上批示。巴音朝鲁书记批示:"从气象报告看,近期雨量较集中,可能引发灾害。各地各部门要迅速行动,切实做好防强降雨工作,确保群众安全。"毛光烈市长批示:"请认真落实省领导指示精神,抓好各项措施的落实,确保群众财产生命安全。"陈炳水副市长批示:"各地要高度重视此次强降雨,落实防汛值班预报预警,做好水库河网调度、加强地质灾害防御,落实城区防洪排涝,确保防洪安全。"

5月24日上午　市气象局召开"612"工程启动暨直属单位机构调整工作全局动员大会。

5月24日下午　宁波市人大城建环保委副主任朱哲生到市气象局工作调研。

5月25日　市气象局以甬气发〔2010〕43号文印发《关于同意在丁山公园建设气象观测场的批复》。同意在北仑区气象局在相邻西北面的丁山公园建设气象观测场,用以对比观测。

5月26日　市气象局以甬气发〔2010〕44号文下发《关于印发〈宁波市气象局直属事业单位机构编制调整方案〉的通知》。

7月5日下午　市委副秘书长、市农办主任戴国华考察宁海气象为农服务。

7月19日　市气象局以甬气发〔2010〕55号文下发《关于印发〈宁波市气象局"612"人才工程实施办法(试行)〉的通知》。

8月6日上午　市政府召开全市气象工作会议,总结气象为新农村建设服务成绩和经验，部署宁波气象事业“十二五”规划发展主要任务。各区县(市)政府农林渔分管领导，发改局、农业(林)局等相关部门负责人和市有关部门负责人参加会议。市政府陈少春副秘书长主持会议，陈炳水副市长出席并作重要讲话。

8月25日　市气象局114人向甘肃省舟曲灾区捐款计13750元。

9月27日至10月4日　薛根元局长带队赴西藏自治区那曲地区气象局考察交流。

11月1—3日　全省气象局长工作研讨会在象山召开。

11月7—8日　全市气象系统第十七届职工运动会在象山召开。

11月11—12日　全市气象局长工作研讨会在镇海召开。

11月16—18日　薛根元局长赴深圳参加计划单列市气象局长联席会议。

11月22日　市气象局以甬气发〔2010〕85号文下发《关于印发〈宁波市气象局科技项目管理办法(试行)〉的通知》。

12月6日　市气象局以甬气发〔2010〕87、88号文分别下发《关于陈荣侠免职的通知》《关于钟孝德职务任免的通知》。决定：免去陈荣侠宁波市气象局后勤服务中心副主任(主持工作)职务；钟孝德任宁波市气象局后勤服务中心副主任(主持工作)。

12月9—18日　顾骏强副局长率团赴美国、加拿大考察海洋天气预报。

12月15日　市政府陈炳水副市长考察中国气象局，并与中国气象局党组副书记、副局长许小峰就提高气象防灾减灾能力，完善海洋经济发展和“三农”气象服务体系建设，发挥气象在经济社会发展中的重要作用，“十二五”时期共同加快宁波气象事业发展、新区设立气象机构等工作交换了意见。陈副市长参观了国家气象中心、国家卫星气象中心、华风气象影视信息集团。中国气象局办公室主任于新文、计划财务司司长王邦中，市政府副秘书长陈少春，市气象局薛根元局长等陪同考察。

2011年

1月1日　宁波市海洋气象台渔业捕捞专项预报服务通过安装在象山石浦气象站的JSS-596 500W单边带电台正式开播。

1月1日　电视气象节目《第5气象站》在宁波5套(少儿频道)开播。实现气象类节目在宁波电视台的每个频道、全天候播出。

1月14日　气象灾害预警与应急系统一期工程通过宁波市质量安全监督站竣工验收。

1月18日　市气象局以甬气发〔2011〕2号文下发《宁波市海洋气象台机构编制实施方案》。

1月24日　市气象局以甬气发〔2011〕4号文下发《关于2010年度目标管理考核情况的通报》。

1月25日　市气象局被浙江省气象局评为2010年度目标管理综合考评特别优秀表彰单位(浙气发〔2011〕7号)；创新工作《推进气象行政许可规范化，强化社会管理》被评为二类创新项目第2名(浙气函〔2011〕10号)。

同日市气象局以甬气发〔2011)6号文下发《关于表彰2010年度全市气象部门先进工作者的通报》，表彰万宁姚等15位同志为2010年度全市气象部门先进工作者。

同日　市气象局以甬气〔2011〕3号文向浙江省气象局上报《宁波市气象局内设机构和

直属机构调整方案》。

同日　市气象局召开专业技术人员座谈会和离退休干部情况通报会；举行迎春联欢会。

1月26—27日　2011年全市气象局长会议在宁波召开。

1月29日　市气象局以甬气函〔2011〕3号文向宁波市人事局报送《关于要求核准宁波市气象局所属事业单位宁波市海洋气象台岗位设置方案的函》。

1月31日上午　宁波市委副书记陈新、市人大副主任姚力、副市长陈炳水、政协副主席华长慧等市领导一行到市气象台，看望慰问一线气象职工。

2月22—26日　薛根元局长列席宁波市十三届人大六次会议。

2月25日　市气象局以甬气发〔2011〕14、15号文分别下发《关于成立宁波市气象局"三思三创"主题教育实践活动领导小组的通知》《宁波市气象局"三思三创"主题教育实践活动实施方案》。

3月3日　浙江省气象局以浙气发〔2011〕30号文下发《关于印发宁波市气象局内设机构和直属机构调整方案的通知》。

3月9日上午　市气象局召开全市气象部门"思进思变思发展、创业创新创一流"主题教育实践活动动员大会。

3月10日　宁波市政府副市长徐明夫、副秘书长陈少春一行到市气象局检查指导。

3月16日　市气象局以甬气发〔2011〕17号文下发《宁波市气象局内设机构和直属机构调整实施细则》。

3月30日　《宁波市气象事业发展"十二五"规划》通过市发改委审查。

4月1日　浙江省委常委、宁波市委书记王辉忠在市气象局呈报的《2010年气象为农服务"十件实事"情况汇报》中批示："气象系统每年推出为农服务"十件实事"，此举深得民心，请贵在坚持。"

4月2—3日　市人影办组织全市各人工增雨作业小分队在宁海黄坛、奉化大堰、溪口、莼湖、慈溪横河、象山西周和晓塘等地实施人工增雨作业。据中尺度区域自动气象站统计资料，4月2日20时至3日20时，宁波中北部地区雨量普遍达到15～20毫米，南部地区5～15毫米。

4月2日　市气象局以甬气发〔2011〕22号文下发《关于印发2011年宁波市气象局机关工作效能考核办法的通知》。

4月6日　市气象局举行宁波气象论坛—"五四"专题报告会，论坛邀请中国工程院院士、天气动力和数值预报专家李泽椿作题为《从新的机遇发展宁波舟山的地方气象工作》的专题报告。

4月16日　全国政协常委、人口资源环境委员会副主任、原中国气象局局长秦大河来甬作应对气候变化专题调研。

4月21日　宁波市政府对市气象局2010年度工作任务目标管理考核结果得分为153.6分，另获加分10分。

4月24日　气象灾害应急与预警中心大楼新影视制作平台正式启用。

4月27日　气象灾害应急与预警中心大楼网络监控平台投入业务运行。

4月29日　市气象台迁入气象灾害应急与预警中心大楼，新的预报会商和服务平台正式投入业务运行。

4月29日　浙江省气象局以浙气函〔2011〕81号文向宁波市机构编制委员会行文《关于帮助解决宁波市地方气象机构的函》。

5月13日下午　中国气象局党组副书记、副局长许小峰到宁波市气象局调研工作。

同日　宁波市气候中心通过中国气象局气候可行性论证资格评审，被确认为气候可行性论证机构。

5月16日下午　省委常委、市委书记王辉忠到气象局视察工作。

5月22—23日　慈溪、余姚人工增雨作业小分队在慈溪横河镇沙河村和余姚上王岗村成功实施两个批次的增雨作业，发射人工增雨火箭弹15枚，22日夜间到23日中午，宁波中北部地区普降大雨局部大到暴雨，南部地区中到大雨局部大雨，其中主要水库集雨区雨量达15～25毫米。

5月27日　市气象局以甬气发〔2011〕44号文下发《宁波市海洋气象台岗位设置实施方案》。

5月30日　市气象局以甬气发〔2011〕45号文下发《关于印发〈进一步加强国内公务考察、因公出国(境)和公务接待管理的实施细则〉的通知》。

同日　市气象局以甬气〔2011〕18号文向宁波市机构编制委员会上报《关于要求成立宁波市气象灾害应急预警中心(宁波市海洋气象台)的请示》。

6月1—2日　市气象局与市国土资源局联合召开地质气象灾害预警预报工作会议。

6月3日　浙江省气象局副局长周福一行在薛根元局长的陪同下赴奉化市西河路西侧的傅家岙村等地勘察奉化局观测场选址情况。

6月14日　浙江省气象局周福副局长陪同中国气象局计财司项目处处长熊毅到象山调研气象灾害预警中心项目工程。

6月16日　市气象局与市国土资源局联合以甬土资发〔2011〕74号文下发《宁波市突发地质灾害气象预(警)报2011年工作方案》。

6月22—23日　全市创建群众满意基层防雷所、办事窗口专题会议在慈溪召开。

6月24日　市气象局以甬气函〔2011〕20号文下发《关于象山县气象灾害预警中心一期工程可行性研究报告的批复》，原则同意实施象山县气象灾害预警中心一期工程。

6月27—28日　宁波市人工影响天气领导小组办公室在慈溪市召开人工增雨空域协调会。

6月28日　中国气象局以气发〔2011〕53号文下发《关于徐文宁免职退休的通知》。免去徐文宁同志宁波市气象局巡视员职务，办理退休手续。

6月29日　宁波市机构编制委员会以甬编〔2011〕13号文《关于建立宁波市气象灾害应急预警中心的批复》，同意成立宁波市气象灾害应急预警中心。文件中注明该中心为宁波市气象局所属从事公益服务的事业单位(公益二类)，将原批准增挂在宁波市气象服务中心的宁波市海洋气象台牌子及30名人员控制数连同在编人员一并划入该中心，机构规格相当于行政正处级。内设机构5个，核定人员编制35名。

同日　市气象局邀请南京信息工程大学缪启龙教授来甬作“气象灾害风险区划”专题

讲座。

6月30日　市气象局以甬气函〔2011〕22号文下发《关于慈溪市气象灾害应急预警中心工程可行性研究报告的批复》。原则同意实施慈溪市气象灾害应急预警中心工程。

同日　气象记录档案、历史天气图等搬迁至新档案库房。

7月7日　市气象局召开庆祝中国共产党成立90周年暨先进表彰大会。

7月14日　市气象局以甬气发〔2011〕59号文下发《关于公布宁波市气象局“612”人才工程培养人选名单的通知》。姚日升等4人、丁烨毅等9人和王淼等11人入选本轮“612”人才工程“拔尖人才计划”“业务服务科研骨干计划”和“一线业务服务骨干计划”。并召开全市气象科技创新团队暨“612”人才工程启动大会。

同日上午 市农业局局长鲍尧品带领农业推广技术和管理人员走访市气象局，就双夏农业气象情况、农业气象部门合作会商机制进行座谈。

8月3日　省委常委、市委书记王辉忠在市气象局报送的专报信息《“梅花”已加强为超强台风将对我市带来严重影响》上作出重要批示：“各县(市)区、各部门和各单位对‘梅花’台风要高度重视，要按照正面登陆来组织抗台，坚决克服麻痹侥幸心理，全面发动，迅速部署，按预案落实各项措施，确保人民群众生命财产安全，力争把台风带来的损失减少到最低程度。”

8月9日　市气象局以甬气〔2011〕22号文向市政府上报《关于表彰全市气象工作先进集体和先进个人的请示》。

8月12日　2011年全市气象工作半年度通报会在宁波召开。

8月15日　宁波市气象灾害应急与预警中心影视制作系统通过验收。

8月18日　中共中国气象局党组以中气党发〔2011〕43号文下发《关于周福和薛根元两同志职务任免的通知》，对宁波市气象局主要负责人进行调整。

同日　宁波气象官方微博在新浪正式发布。

8月22日　市气象局召开干部职工大会，中国气象局人事司副司长石曙卫宣布中共中国气象局党组关于调整宁波市气象局主要负责人的决定：“周福同志任宁波市气象局党组书记、宁波市气象局局长。免去薛根元同志的浙江省气象局党组成员、宁波市气象局党组书记、宁波市气象局局长职务，另有任用。”

8月24日　由中国气象局办公室副主任郭丽琴带队的校园气象科普专题调研组专题调研宁波气象科普工作。

8月25日　市气象局以甬气发〔2011〕69号文下发《宁波市气象部门全面推进廉政风险防控机制建设实施方案》。

同日　市气象局以甬气发〔2011〕71号文印发《关于徐文宁免职退休的通知》。根据中国气象局气发〔2011〕53号文件通知，免去徐文宁同志宁波市气象局巡视员职务。

8月31日　市气象局召开超强台风“梅花”预报技术分析视频会议。

9月5日　市气象局以甬气发〔2011〕73号文下发《宁波市气象灾害应急预警中心(宁波市海洋气象台)岗位设置实施方案》。

9月9日　宁波市政府以甬政发〔2011〕99号文下发《关于表彰全市气象工作先进集体和先进个人的通报》。对全市11个气象工作先进单位、16名优秀气象协理员、27名优秀气象信息员、16 名优秀气象联络员和 13 名优秀气象工作者进行表彰。

同日 宁波市政府办公厅以甬政办发〔2011〕287 号文下发《关于加快推进我市民生气象服务工作的通知》。

9 月 14 日 市气象局以甬气发〔2011〕74 号文下发《关于宁波市气象局局领导分工调整的通知》。

9 月 15 日 全市气象部门举行突发灾害性天气应急演练。

9 月 20 日 市气象局以甬气〔2011〕24 号文向省气象局上报《关于中国气象频道本地化节目插播许可的请示》。

9 月 23 日 浙江省气象局副局长、杭州市气象局局长王国华等一行到宁波市气象局工作调研。

9 月 27 日 浙江省气象局局长黎健对宁波气象部门主动推动建立“政府主导、部门联动、社会参与”的气象工作新格局作出批示：“宁波政府下发的两个气象方面的文件很有新意，完全符合民生气象发展理念，符合气象工作、气象公共服务作为政府的重要组成部分，需要建立政府主导的、社会各方参与并支持的气象事业发展格局。”同时要求做好相关宣传工作，并转全省各气象台站。

9 月 30 日 宁波气象官方微博在腾讯正式上线。

9 月 30 日 市气象局完成为期三天的第八届残运会火炬传递宁波段气象保障服务任务。

10 月 13 日 市政府召开全市气象工作会议。会议主题是部署民生气象服务工作。会议由市政府副秘书长陈少春主持并宣读市政府(甬政发〔2011〕99 号)文件，市气象局局长周福同志作工作报告；奉化市政府、鄞州区政府、宁波市民政局、市海洋渔业局发言；副市长徐明夫同志作重要讲话。

10 月 14 日 由宁波市气象局起草的浙江省首个行业标准《临近天气预报检验》通过全国气象防灾减灾标准化技术委员会审查。

10 月 14—15 日 中央纪委驻中国气象局纪检组组长、中国气象局党组成员刘实一行在浙江省气象局党组书记、局长黎健和省气象局党组成员、纪检组组长徐霜芝等领导陪同下来甬检查指导气象工作。

10 月 18 日 市气象局以甬气〔2011〕28 号文向宁波市发改委上报《关于要求审批〈宁波市气象灾害预警与应急系统二期工程项目建议书〉的请示》。

10 月 18 日 中国气象频道宁波本地气象节目正式对外播出。

10 月 20 日 宁波市发展和改革委员会与市气象局以甬发改规划〔2011〕577 号文联合下发《宁波市气象灾害防御规划(2011—2020 年)》。

同日 《宁波市气象事业发展“十二五”规划》颁布实施(甬发改规划〔2011〕578 号)。

10 月 24—26 日 计划单列市气象局长联席会议在甬召开。

11 月 1 日 市气象局以甬气〔2011〕29 号文向省气象局上报《关于将宁波市气象局列入率先基本实现气象现代化试点市的请示》。

11 月 10 日 中共宁波市气象局党组以甬气党发〔2011〕9 号文下发《关于印发宁波市气象部门基层党组织党务公开实施细则的通知》。

11 月 23—25 日　中国气象局发展研究中心副主任张俊霞率调研组到宁波市气象局调研，并赴慈溪市气象局考察。

11 月 24 日　市发改委以甬发改审批函〔2011〕208 号文下发《关于同意宁波市气象灾害预警与应急系统二期工程项目建议书的复函》。

11 月 30 日　市气象台 LED 气象预警信息发布系统建成。

12 月 2 日　中共宁波市气象局党组以甬气党发〔2011〕9 号文下发《关于印发〈宁波市县(市)、区气象局机构岗位设置指导意见〉的通知》。

12 月 27 日　市气象局举行 2011 年度领导干部及高工述职述廉述学报告会。

2012 年

1 月 5 日　省委常委、市委书记王辉忠在市气象局呈报的《2011 年气象为农服务"十件实事"情况汇报》上作出批示："'十件实事'办得很实，很好！"

1 月 9 日　市委副书记、市长刘奇在市气象局呈报的《2011 年全市气象工作总结》和《2011 年为农服务十件实事完成情况汇报》上批示："经过大家的努力，今年的气象为农服务'十件实事'已全面完成，可喜可贺。在此，向全市气象干部职工表示诚挚的谢意！今后一段时间，防灾减灾和应对气候变化将对气象工作提出新的更高要求，希望气象部门不断提高业务水平和服务能力，努力为宁波经济社会发展做出更大的贡献。"

1 月 9 日　市气象局发布"宁波市 2011 年十大天气气候事件"。

1 月 10 日　市气象局以甬气发〔2012〕1 号文下发《关于 2010 年度目标管理考核情况的通报》，镇海区气象局、象山县气象局、市气象网络与装备保障中心被评为 2011 年度目标管理考核特别优秀单位。

1 月 17 日　市气象局被浙江省气象局评为 2011 年度目标管理综合考评优秀单位(浙气发〔2012〕5 号)；创新工作《市级气象灾害应急预警中心编制全面落实》被评为第十名(浙气函〔2012〕4 号)。

1 月 17—18 日　2012 年全市气象局长会议在北仑大榭召开，市气象局党组书记、局长周福在会上作题为《大力推进气象现代化，不断增强公共服务能力，为实现"六个加快"提供优质气象保障》的工作报告。

1 月 18 日，宁波市委市政府命名表彰 2010—2011 年度市级文明机关，市气象局连续七轮蝉联市级文明机关称号。

1 月 19 日　省委常委、市委书记王辉忠在市气象局报送的"21 日夜里到 22 日全市有中到大雪需关注冰冻带来的影响"的信息上批示："新春佳节恰逢雨雪天气。各级各部门都要高度重视，全力防范，确保交通出行、电力保障的安全，努力把雨雪对农业生产可能带来的损失减少到最低程度，确保百姓过上一个安全、祥和的春节。"

1 月 29 日　市气象局以甬气发〔2012〕6 号文下发《关于表彰 2011 年度全市气象部门先进工作者的通报》，表彰陈俊等 15 位同志为 2011 年度全市气象部门先进工作者。

2 月 2 日下午　市委副书记、市长刘奇和副市长王仁洲等领导到市气象局视察工作。

同日　慈溪市气象局浙江省设施农业气象中心通过专家验收。

2 月 8 日　市气象局召开党组中心组(扩大)专题学习会，传达学习十七届中央纪委七次全会、省纪委十二届八次全会、市纪委十一届六次全会精神，研究部署 2012 年全市气象部门党风廉政建设和反腐倡廉工作任务。

2月14日　市气象局以甬气发〔2012〕12、13号文分别转发浙江省气象局《关于符国槐同志任职的通知》(浙气发〔2012〕7号),符国槐同志任管理岗六级职员(副县处级)。

2月20日　省气象局党组成员、纪检组长徐霜芝率组来甬考察副局级领导干部,并由周福局长陪同赴鄞州区气象局检查指导工作。

2月23日　市气象局启动"进村入企、助推发展、强化服务"大走访活动。周福局长深入宁海县力洋镇青珠农场和一市镇前岙村进行走访,调研滩涂种植业和养殖业对气象服务的需求。

2月25—29日　周福局长当选为中国共产党宁波市第十二次代表大会代表,参加中共宁波市第十二次代表大会。

2月27日　宁波市气象灾害预警与应急系统二期工程通过可研评审。

3月5日　市气象局向社会公布2012年气象为民服务"十件实事"。3月10日　市气象局机关妇委会荣获"2010—2011年度市直机关先进机关妇委会"荣誉称号(市机妇〔2012〕5号)。

3月11—12日　市气象局参加由市防汛防旱指挥部组织的2012年市级防汛督察暨"千库万人"大检查活动。

3月13日　宁波市气象台、余姚市气象局荣获2012年全市春运工作先进集体(甬春运办〔2012〕6号)。

3月15日至4月5日　周福局长赴加拿大参加"气象科技管理骨干培训"。

3月中旬　浙江省政府副秘书长陈龙、宁波市政府副市长徐明夫相继在专报信息《慈溪气象"四个服务"提升设施农业效益》上批示,充分肯定近年来慈溪气象为农服务成效。陈龙副秘书长批示:"请省农业厅将慈溪气象工作列入全国'两区'会议视频材料。"徐副市长批示:"慈溪市气象局根据效益农业发展的新趋势,与时俱进,推出气象为农服务新举措的做法,值得全市推广。"

3月16日　市气象局获"2011年度市级社会管理综治工作先进单位"(甬党办〔2012〕31号)。

3月19日　象山县副县长孙小雄到市气象局与周福局长就象山县气象事业发展规划有关项目的实施问题进行商讨,并达成一致。

3月20日　宁波市气象学会第十届理事会第八次会议在宁海召开。

3月21日　市气象局召开新闻媒体座谈会,向驻甬各大媒体通报2012年重点工作、2012年气象为农服务十件实事和2011年气象防雷减灾情况。

同日　宁波市气象局连续第三年被浙江省气象局评为气象宣传工作先进集体(浙气办发〔2012〕5号)。

3月23日　宁波市(鄞州)气象科技馆正式开馆。宁波市科协、鄞州区政府、区委宣传部、区教育局、区科技局等16家单位参加开馆仪式。

3月25日　宁波市气象和环保两部门联合发布$PM_{2.5}$监测数据。

3月28日　市政协科技界委员、民盟科技支部成员到市气象局调研。

同日　市气候中心首次发布桃花花期预报。

3月29日　宁波市森林公安局万健勇局长到市气象局就当前森林防火形势进行联合专题会商。

3月28—30日　中国气象局公共服务中心副主任、浙江省气象局副局长毛恒青(挂职)专题调研宁波气象工作。在甬期间,毛副局长一行考察宁波市气象局、鄞州区气象局和慈溪市气象局。

3月31日20时　全市各区县(市)气象站完成地面测报业务调整切换。

4月2日夜—3日凌晨　市人影办组织当年首次人工增雨作业,在宁海黄坛镇、慈溪横河镇进行2个批次作业,发射人工增雨火箭弹10枚。

4月初　由宁波市人民政府组织编写的《宁波市率先基本实现气象现代化实施方案》报送浙江省气象局。

4月12日　召开全局干部职工大会,宣布中共浙江省气象局党组浙气党发〔2012〕16号文《关于宁波市气象局部分领导班子成员调整的决定》。国良和任中共宁波市气象局党组副书记、纪检组长,免去其宁波市气象局副局长职务;徐元任宁波市气象局副巡视员,免去其宁波市气象局党组成员、纪检组长职务;唐剑山任中共宁波市气象局党组成员、副局长;葛敏芳任中共宁波市气象局党组成员。周福、国良和、顾骏强、唐剑山、葛敏芳组成新的宁波市气象局党组班子。

4月16日　市气象局以甬气发〔2012〕25号文下发《关于印发宁波市气象部门综合考评办法的通知》。

同日　气象资料证明服务事项正式纳入宁波市政府审批系统。

4月19—24日　周福局长列席宁波市十四届人大一次会议。

4月22日　市气候中心黄鹤楼同志在宁波市政协十四届一次会议上当选为常务委员。

4月22日　鄞州区机构编制委员会以鄞编〔2012〕33号文批复同意鄞州区气象局设立公共气象中心,该中心为鄞州区局下属公益一类事业单位,经费形式为全额拨款,核定人员编制2名。

4月23日　“宁波市雷电预报预警系统”通过项目验收。

5月10日　中国气象频道宁波本地信息正式双行横屏播出。

5月14日　宁波市政府办公厅以甬政办发〔2012〕86号文下发《关于成立宁波市气象灾害防御指挥部的通知》。指挥部由马卫光副市长担任总指挥,市政府副秘书长陈少春、市气象局局长周福担任副总指挥,成员由市发改委、住建委、交通委等23个相关单位组成。指挥部办公室设在市气象局。

5月16—17日　中国气象局党组成员、副局长沈晓农在省气象局局长黎健、副局长王仕星等陪同下,来甬检查指导汛期气象服务工作。

5月18日　由宁波市政府应急管理办公室主办,市气象局、市文广新闻出版局共同协办的中国气象频道(宁波应急)开通仪式在市气象局一楼会议厅举行。马卫光副市长出席并致辞。

同日　马卫光副市长到市气象局检查指导气象工作,陈少春副秘书长陪同检查。

5月28日　“浙江省校园气象科普教育基地”在鄞州区高桥镇中心小学挂牌。

同日　市气象局以甬气发〔2012〕38 号文转发浙江省气象局《关于同意慈溪市气象局加挂牌子的批复》（浙气发〔2012〕50 号）。慈溪市气象局加挂杭州湾新区气象局牌子

6 月 2 日　中国气象局党组成员、副局长于新文一行检查指导浙江气象工作期间，听取宁波市气象局率先基本实现气象现代化试点工作汇报。

6 月 6 日　市气象局与市国土资源局联合发布《2012 年宁波市突发地质气象灾害预(警)报工作方案》。

6 月 8 日　宁波市编制委员会办公室以甬编办函〔2012〕73 号文批复同意宁波市气象局成立宁波市旅游气象服务中心，在宁波市气象灾害应急预警中心增挂该机构牌子，增加人员编制 3 名，内设机构 1 个，即旅游气象科。

6 月 15 日　宁波市气候中心与余姚市气象局、慈溪市气象局联合首次开展农产品气候品质认证，率先向余姚市丈亭镇发放优质气候品质认证标志 5 千枚。

6 月 15 日　宁波市县两级气象部门开展象山“小白礁Ⅰ号”水下考古活动气象服务保障工作。

6 月 16 日　宁波市气象灾害防御指挥部办公室首次下发通知，要求加强梅汛期气象灾害防御工作。

6 月 17 日　市气象台发布入梅后首个暴雨红色预警。

6 月中旬　余姚建成全省首个高铁自动气象观测站。

6 月 20 日　市气象装备与网络保障中心主任黄思源同志被市委组织部、市人力资源和社会保障局、市科学技术协会评为“宁波市优秀科技工作者”（甬人社发〔2012〕215 号）。

6 月 29 日　宁波市气象局党组书记、局长周福为全体党员干部职工讲授题为《加强学习，认真履职，提高党性修养，永葆党的纯洁性》党课。

7 月 3 日上午　市人大农村与农村工作委员会主任委员钱政、副主任委员刘必谦等一行到市气象局调研气象立法工作。

7 月 5 日　由宁波市气象服务中心制作的新闻《宁波气象现代化工作进展顺利》在中国气象频道直播节目《风云抢鲜报》中播出。

7 月 6 日　国家卫星气象中心副主任魏彩英一行到市气象局指导现代化试点工作。

7 月 10 日　《宁波市山洪地质灾害防治气象保障工程实施方案》通过由市发展和改革委员会、水利、国土资源、海洋渔业、民政、高速交警支队等部门专家组成的专家组论证。

7 月 17 日　中国工程院院士陈联寿到市气象局指导工作，作题为《登陆台风结构和强度变化研究概论》科学报告。

7 月中旬　市气象局直属机关党总支被市直属机关党工委评为市直机关创先争优“双强”（效能强、党建强）示范点。

7 月 27 日　市气象局召开率先基本实现气象现代化工作推进会暨 2012 年度气象联络员工作会议。市发改委、住建委、交通委、民政局等 23 家单位相关负责人参加会议。

7 月 30 日　浙江省委常委、宁波市委书记王辉忠在市气象局报送的《今年第 9 号台风可能影响我市》上作出重要批示：“‘苏拉’如果在 8 月 3—4 日登陆我市，正逢风暴潮三碰头，影响极大，从现在开始一是要紧密跟踪、全力以赴做好预测预报预警；二是要全方位防范，做好防汛抗台的各项工作；三是思想上要高度重视，切忌麻痹侥幸，宁可十防九空，打好

有准备之仗。”宁波市副市长马卫光也在市气象局报送的《“苏拉”即将发展为台风，未来可能影响我市》上批示：“请三防指挥部和有关成员单位高度关注两台风的动态和趋势，严格按照预警要求做好各项防御措施，并及时将预报预警动态情况和应对措施向社会公布，取得全体市民的支持和配合。”

7月31日　宁波市人民政府以甬政发〔2012〕75号文下发《关于全面加快推进气象现代化建设的通知》。全面部署宁波率先基本实现气象现代化工作。

8月2日　宁波市政府副市长马卫光在《我市有关部门积极做好防台抗台工作》应急专报信息上批示：“请市级有关部门和各县（市）继续保持高度关注，做好各项防御准备工作，确保人员、物资、工作全部到位。”

8月上旬　马卫光副市长在市气象局报送的《“苏拉”台风最新情况》上作出重要批示：“在这次防台应对过程中，市防指各成员单位和各县（市）区思想重视，应对到位，较好地防范了可能出现的灾害影响，并得到了一次较好的体系检验和实践锻炼。望各地部门继续关注台风登陆后的最新动态，毫不放松地做好最后阶段的防御工作。”

8月8日　201211号强台风“海葵”03时20分在象山县鹤浦镇登陆。登陆时最大风力14级（42米/秒），中心气压965百帕。

同日　宁波市政府秘书长王建社在市气象局报送的应急专报信息《“海葵”可能成为近60年来影响我市最严重的台风》中批示：“市气象局在此次防台防汛工作中预报准确，工作严谨，作风扎实，为我市预防救灾工作作出了贡献，谨表感谢！望再接再厉，为保障我市经济社会发展和群众生命财产安全作出更大成绩。”

8月9日　中国气象局党组成员、副局长沈晓农等由浙江省气象局副局长王仕星陪同来甬慰问防台一线气象职工。

8月初　市发改委批复通过《宁波市气象灾害预警与应急系统二期工程可行性研究报告》。

8月21日　市气象局召开2012年全市气象工作半年通报会暨党组中心组（扩大）学习会。

8月21日　市政府秘书长王建社在市局报送的《1211号“海葵”强台风预报服务工作总结》上批示：“此次防御抗击11号‘海葵’强台风工作取得重大胜利，与气象局领导参与一线指挥，科学预报，跟踪监测，实时参谋等辛勤工作分不开，谨表感谢！总结报告较全面，望将此项防御台风的成功经验，经全面系统总结后形成一个案例，以便今后的防台抗台工作做得更好更出色。”

8月中旬　市气象局与市国土资源局联合建成地质灾害视频会商系统。该系统可成功实现两局视频系统的对接，并可同时向各下属单位进行视频转播。

8月24日　省委常委、市委书记王辉忠，市委副书记、市长刘奇分别对“布拉万”防御工作作出重要批示。王辉忠书记批示：“市防指对‘布拉万’要密切关注，及时预警，提前防范。”刘奇市长批示：“要密切关注，加强研判，抓紧修复水毁工程，认真制定并落实各项防御措施。”

8月24日　市政府副市长马卫光在市气象局报送的《1211号“海葵”强台风预报服务工作总结》上作出批示：“市气象局在这次防御‘海葵’台风中，预测研判精准，预报预警及时，为取得全市防台救灾工作重大胜利作出了重要的贡献。望再接再厉，进一步做好我市的气象服务工作。”

8月26日　象山县石浦港大风预警塔正式投入使用，首次发布红色预警。

8月27日　省委常委、市委书记王辉忠在市气象局报送的有关气象现代化试点工作汇报材料上作出重要批示：“这些年，气象系统为宁波的改革开放、经济社会建设、保障民生、防灾减灾作出了特殊贡献。开展基本实现气象现代化城市试点，非常振奋。望气象系统按试点方案，全力组织推进。”

8月27日　宁波市政府以甬政办发〔2012〕175号文下发《关于成立宁波市气象现代化建设领导小组的通知》。副市长马卫光任领导小组组长，市气象局局长周福任领导小组副组长。市发改委、财政局、经信委等22家单位列入领导小组成员单位。气象现代化建设领导小组办公室设在市气象局。

8月31日　浙江省气象局局长黎健到象山县气象局调研指导工作，实地察看石浦气象站上山道路工程和象山县气象预警中心建设项目，检查防汛减灾决策指挥业务平台，听取象山县气象局张荣飞局长关于象山气象现代化建设和基层气象综合改革的情况汇报。

9月1日　浙江省气象局局长黎健到宁海县气象局调研指导工作，黎局长现场查看宁海气象科技中心大楼施工进度，对整体施工情况提出指导意见，并听取宁海县气象局的工作汇报。9月2日，黎局长到北仑区气象局调研指导工作，实地察看丁山气象主题公园建设和北仑局台站建设等情况，并听取北仑区气象局关于率先基本实现气象现代化、气象防灾减灾、基层气象机构综合改革等工作推进情况。省气象局副局长王国华、市气象局局长周福陪同调研。

9月4日　刘奇市长、马卫光副市长分别对我市气象现代化试点工作作出重要批示。刘奇市长批示：“市气象局主动融入宁波经济社会发展大局，在气象监测预报、预警等方面做了大量卓有成效的工作，深表谢意！望再接再厉、再创佳绩。同时，请各地各相关部门大力支持我市气象现代化试点工作。”马卫光副市长批示：“请市气象局按照刘市长的批示精神抓好落实，深入推进我市气象现代化试点工作。”

9月初　宁波市人民政府发文表彰全市2011年度地质灾害防治工作先进集体和先进个人。宁波市气象台、余姚市气象局等39家单位被授予“2011年度地质灾害防治工作先进集体”荣誉称号。

9月11日　市气象局以甬气发〔2012〕70号文下发《关于要求核准宁波市鄞州区气象局岗位设置方案的批复》。

9月14日　周福局长赴慈溪与王娇俐副市长就慈溪市气象局“十二五”重点项目、气象现代化建设等相关工作交换意见，并调研指导工作。

9月中旬　市气象服务中心分别在宁波市气象业务平台、宁波市气象信息网以及专业用户入口正式推出高速交通气象服务产品，主要包括安全行车等级指数和高速公路的雨量预报。

9月22—23日　全市气象系统第十八届职工运动会在镇海举行。

9月26日　市气象局以甬气发〔2012〕73号文下发《关于余姚市气象局机构设置实施方案的批复》。

9月27日　宁波市旅游气象服务中心成立暨旅游与气象部门合作签约仪式在宁波市奉化气象局举行。宁波市气象局局长周福、宁波市机构编制委员会办公室副主任朱斌荣、宁波市旅游局副局长陈刚、奉化市人民政府副市长方国波共同为“宁波市旅游气象服务中心”揭牌，这标志着国内首家市级旅游气象服务中心正式成立。

10月1日　我国第一部化工企业防雷检测操作规程——《宁波市化工企业防雷装置检测操作规程》正式施行。

10月12日　宁波市气象局和象山县、余姚市、慈溪市气象局被宁波市委市政府授予“宁波市抗台救灾先进集体”，7人被授予“宁波市抗台救灾先进个人”(甬党发〔2012〕144号)。

10月17日　市气象局以甬气发〔2012〕75号文下发《宁波市气象局关于胡海国同志职务兼任的通知》。胡海国同志兼任宁波市旅游气象服务中心主任。

同日　中国气象局公共气象服务中心副主任、浙江省气象局副局长毛恒青调研象山宁海气象工作。

10月26日　韩国釜山气象代表团一行考察达蓬山气象雷达站。

11月1日　顾骏强调任重庆市气象局副局长。

11月8日上午 市气象局组织全体党员干部共同收看中国共产党第十八次全国代表大会开幕式实况。

11月9—10日　中国气象局党组成员、中国气象局副局长矫梅燕及减灾司司长陈振林一行在省气象局局长黎健陪同下来甬调研公共气象服务情况。9日下午经杭州湾大桥到慈溪市气象局考察，慈溪市市长施惠芳、副市长王娇俐等市领导全程陪同矫梅燕副局长考察；10日上午到市气象局检查并听取周福局长的工作汇报。

11月15日上午　市气象局召开党组中心组(扩大)学习会，集中学习党的十八大精神，部署相关贯彻落实工作。

11月19日　市气象局以甬气发〔2012〕83号文下发《宁波市气象局关于符国槐同志职务兼任的通知》。符国槐同志兼任宁波农业气象服务中心主任。

11月20日上午　中共宁波市气象局直属机关党总支召开全体党员大会，选举市气象局直属机关党委。

11月19—21日　由宁波市气象学会联合嘉兴、湖州、绍兴、舟山等五市气象学会共同主办的第五届浙北五市气象科技学术交流会在宁波召开。

11月23—24日　全省现代农业气象示范基地推进会暨设施农业气象服务技术培训会在慈溪召开，中国气象局公共气象服务中心副主任、省气象局副局长毛恒青，省气象局党组成员、宁波市气象局周福局长参加会议。

11月27日　中国工程院院士徐祥德到市气象局调研指导气象现代化建设工作。

11月30日下午　宁波市气象局党组书记、市气象局长周福专程到市纪委，向市委常委、纪委书记暨军民汇报工作。

11月28—30日　国家自然科学基金重点项目、中国工程院咨询项目大气观测数据再分析——统计—模式技术发展、灾害预测论坛在宁波召开。

12月初，中共宁波市直属机关党工委发文批复成立中共宁波市气象局直属机关党委和直属机关纪委。

12 月 16—27 日　国良和副局长率团赴南非、土耳其、迪拜考察气象灾害防御应急联动机制。

12 月 17 日　中国气象局计财司副司长曹卫平一行调研指导北仑气象工作。

12 月 18 日　全国气象部门重点工程项目财务管理办法研讨会在宁波召开，20 余个省级气象局相关负责人参加研讨会。中国气象局计财司曹卫平副司长出席研讨会。

12 月 25—26 日　2012 年度中央部门气象决算工作会议在奉化召开。

12 月 29 日　宁波市委副书记、市长刘奇在市气象局报送的《重要气象报告》上批示："近日雨雪冰冻天气将对我市特别是山区、海岛地区造成较大影响，各地各部门要加强值班，及时采取有效措施，认真做好应急防范及减灾避灾工作，确保人民群众生命财产安全，确保道路畅通有序，同时确保困难群众得到妥善安置。"

12 月 29—30 日　受北方较强冷空气影响，宁波出现入冬以来首场大范围降雪、大风、冰冻天气。全市过程降温 7～9℃，沿海海面偏北大风达 10～12 级，平原地区最低气温－1℃到－3℃，积雪深度 10 毫米；山区最低气温－5℃到－10℃，积雪深度 40～100 毫米，其中部分高海拔山区出现 10 厘米以上积雪，全市部分路段出现道路结冰。

12 月 30 日　宁波市气候中心在全省率先开展"红颊"草莓的气候品质认证工作，并受浙江省农业气象中心委托，向慈溪市万亩畈"红颊"草莓种植大户颁发《气候品质认证报告》和气候品质认证标志 1 千枚。

12 月 31 日　市政府副市长马卫光在市气象局上报的《市气象局 2012 年工作总结报告》中批示："2012 年市气象局围绕市委、市政府总体部署和中心工作，大力发展'民生气象、现代气象、社会气象'，扎实推进气象现代化建设，成绩可喜可贺，值得总结肯定。望在新的一年里再接再厉，把民生气象、现代气象、社会气象事业推到更高层次和水平，为保障全市经济社会发展和民生事业作出新的更大的贡献。"

2013 年

1 月 4 日上午　宁波市委副书记、市长刘奇到市气象局，在市气象灾害防御指挥部召开现场会议，部署安排全市防御雨雪冰冻天气各项工作，副市长王仁洲、马卫光及 17 个相关政府部门主要负责人参加会议。

同日　市气象局党组召开党员领导干部民主生活会，党组及党组成员围绕"学习贯彻党的十八大精神，讲政治、顾大局、守纪律，推动全市气象事业实现更大发展"主题，积极开展批评与自我批评。

1 月 5 日　市委副书记、市长刘奇在市气象台报送的《本次降雪过程基本结束》上批示："全市各地各部门要认真总结完善应对本次降雪的成功经验和做法，继续努力，确保人民生命财产安全，切实维护正常的生活生产秩序。"

1 月 10 日下午　市气象局召开副处级以上领导干部专题会议，周福局长就领导干部带头贯彻执行中共中央关于改进作风、密切联系群众的"八项规定"和中共浙江省委关于各级领导班子和领导干部改进作风、加强党风廉政建设的"六个严禁"提出具体要求。

1 月上旬　由宁波市气象网络与装备保障中心研制的"气象梯度观测支架"获得国家知识产权局授予的实用新型专利。

1月上旬　全市第十二届党员教育电视片暨第五届农村党员干部现代远程教育"乡土"课件观摩交流中，宁波市气象服务中心选送的专题片《小西红柿如何笑傲低温阴雨天》获得技能培训类一等奖；《鱼虾如何在不同天气下欢歌》获得技能培训类三等奖；《放错地方的资源——城市餐厨垃圾综合治理的绿色之路》获得综合类二等奖。

1月11日　市气象局以甬气发〔2013〕1号文下发《宁波市气象局关于表彰2012年度测报百班无错情的通报》，对楼望萍等17位同志创连续百班无错情26个，给予通报表彰与奖励。

1月15日上午　市政府新闻办举行新闻发布会，市气象局向社会发布2012年宁波十大天气气候事件：1."海葵"登陆台风连袭；2. 梅季短促暴雨汹汹；3.寒潮突袭雪阻交通；4.冬末春初阴雨连绵；5.四月突现罕见狂风；6.出梅之后高温持续；7.夏季雷灾伤人毁物；8.七月骤雨猛袭鄞西；9.雾霾日数同比减少；10.年降水量历史第一。

1月18日上午　市气象局重点科技项目"宁波渔场预报服务平台"通过验收。

同日　市气象台高级工程师、首席预报员钱燕珍同志当选为宁波市的浙江省第十二届人大代表。

1月中旬　市气象灾害防御指挥部办公室编制完成《宁波市气象灾害应急预案操作手册》发放至各相关应急部门。

1月21日　市气象局以甬气发〔2013〕4号文下发《宁波市气象局关于2012年度综合考评结果的通报》。

1月23日　市气象局被浙江省气象局评为2012年度综合考评特别优秀单位（浙气发〔2013〕3号）；创新工作《政府（市县）都成立气象灾害防御指挥部》被评为第二名（浙气发〔2013〕14号）。

同日　市气象局在宁波市2012—2013年度民主评议机关活动中被评为作风建设先进单位。

1月25日　市气象局以甬气发〔2013〕6号文下发《宁波市气象局关于表彰2012年度全市气象部门先进工作者的通报》，表彰邬立辉等29位同志为2012年度全市气象部门先进工作者。

1月28日　马卫光副市长在市气象局报送的《2012年宁波率先基本实现气象现代化试点工作总结》上批示："去年市气象局在推进气象现代化试点工作中部署有力，成效明显，应予充分肯定。望在新的一年里继续推进和深化这项工作，有所创新，有所成就，更好地服务于民。"

同日　2013年全市气象局长会议在宁波召开。周福局长作题为《深入贯彻落实党的十八大精神 为宁波实现"两个基本"提供有力气象保障》工作报告。会议深入学习贯彻党的十八大精神和2013年全国、全省气象局长会议精神，总结2012年全市气象工作，对2013年工作做出部署。市局领导、各区县（市）气象局、市局各直属单位、各内设机构正副职参加会议。

2月7日下午　市委副书记、市长刘奇、副市长马卫光等一行专程到市气象局检查、部署雨雪冰冻天气防御及春节期间气象服务保障工作。

同日　刘奇市长就做好雨雪冰冻防御工作批示："各地各部门要认真落实好李强省长

的指示精神，注意防范雨雪冰冻对我市特别是山区、海岛地区的不利影响，加强值班，做好预案，切实保障电力供应和节日物资供给，确保春运及道路交通安全顺畅，确保生产、生活井然有序，确保人民群众过一个欢乐、祥和的春节。”

2月初　周福局长列席宁波市十四届人大第三次会议。

2月初　市十四届人大第三次会议《政府工作报告》将“加快推进应急平台体系和防灾减灾工作规范化建设”“加强气象灾害、海洋灾害、地质灾害防御”等列入本年重点工作任务。

2月20日　市气象局向社会公布2013年气象为民服务“十件实事”。

2月28日　市气象局召开全体干部职工大会，浙江省气象局副局长王国华宣布陈智源同志任宁波市气象局党组成员、副局长，免去顾骏强同志宁波市气象局党组成员、副局长职务。

同日　浙江省气象局副局长王国华一行检查指导宁波气象工作，听取宁波市气象局有关“深化双服务、助推开门红”基层调研暨春播、汛期气象服务准备工作汇报，提出下一步工作要求。

2月　《宁波日报》向社会发布2012宁波“三农”风云榜。市气象局被市委市政府评选为“新农村建设工作先进单位”。

2月　浙江省气象仪器检定所宁波分所正式建成。检定分所配备全自动数据压力校验仪、风速风向校验仪、雨量校准仪、恒湿盐校准箱、铂电阻数字测温仪等10余种检定设备，计划于汛期前开始对区域自动气象站进行分批检定。

3月5日　市气象局以甬气发〔2013〕14号文印发《宁波市气象局关于印发〈2013年宁波市气象局“三思三创”主题教育实践活动实施方案〉的通知》。

3月6日　市气象局以甬气发〔2013〕15号文印发《宁波市气象局关于印发宁波市率先基本实现气象现代化工作2013年行动方案的通知》。

3月9日　周福局长一行赴慈溪市实地查看慈溪市逍林镇引飞果业现代农业园区，了解市农业气象中心建设和业务运行等相关情况，并听取慈溪局专题工作汇报。

3月11日　中国气象局综合观测司副司长李昌兴一行专程检查指导宁波气象现代化工作。李昌兴一行详细听取周福局长有关观测工作现状及下阶段打算的汇报，并围绕观测自动化、保障社会化以及县级基层综合改革给观测业务带来的变化等问题与相关处室进行座谈。

3月11—12日　第七届全国台风及海洋气象专家工作组第三次会议在宁波召开。会议分析评价2012年全国台风及海洋气象预报与服务情况；台风、海洋和防灾减灾三个专家工作组总结汇报2012年工作情况，讨论制定2013年工作计划；会议还围绕全国海洋气象业务发展工作进行研讨。

3月12日　市气象局以甬气发〔2013〕18号文下发《关于市气候中心和市气象台合署办公有关事项的通知》。从2013年3月起市气候中心与市气象台合署办公，姚日升同志兼任宁波市气象台副台长。

3月13日　市政府办公厅以甬政办发〔2013〕47号文《关于印发2013年度市政府民生实事项目目标任务责任分解的通知》。“新建乡村气象服务站600个”列入2013年市政府民生实事项目第16项，市气象局为该项目责任单位，周福为项目负责人。

3月18日上午　省委常委、宁波市委书记王辉忠、纪委书记暨军民一行视察市行政服务中心气象审批窗口，充分肯定气象行政审批工作。

同日　马卫光副市长在市气象局报送的《2012年气象为农服务十件实事报告》上批示："市气象局在去年的气象为农服务实事工程落实中工作扎实，成效明显，应予肯定。望在新的一年中，继续根据农业生产和农民的实际新需求，广泛征求意见，全面落实新的实事服务项目，深化推进气象为民服务工作。"

3月28日　全市气象部门党风廉政建设工作会议召开。会议总结2012年党风廉政建设和反腐倡廉工作，研究部署2013年工作任务。市气象局领导班子成员、各处室和直属单位处级干部、各区县(市)气象局主要负责人和纪检监察员参加会议。并特邀市纪委常委张启表作专题辅导报告。

3月下旬　市防雷中心官方微博"宁波防雷"在新浪网正式上线，该微博通过在线发布的形式向广大网友宣传雷电成因、雷灾危害、雷电科学防护等知识。

4月1日　市气象局正式启动以"为民、务实、清廉"为主题的气象部门第十二个"党风廉政宣传教育月"活动。

4月2日下午　宁波市气象灾害预警与应急系统二期工程实施方案通过专家评审。

4月9日　市政府召开全市推进气象现代化建设暨气象灾害防御工作电视电话会议。会议认真贯彻省政府《关于加快推进气象现代化的意见》和市政府《关于全面加快推进气象现代化建设的通知》精神，全面部署气象现代化建设试点工作和2013年气象灾害防御工作。慈溪市、鄞州区政府领导发言。周福局长作《加快推进气象现代化建设，进一步提升宁波气象灾害防御能力》的工作报告。市政府副市长、市气象现代化建设领导小组组长马卫光出席会议并作重要讲话。市政府副秘书长陈少春主持会议。

同日　韩国釜山地方气象厅金性均厅长率代表团一行8人抵甬访问。代表团先后参观余姚市气象局、宁波气象影视中心和市气象台等业务单位。

4月上旬　慈溪气象窗口荣获2012年度浙江省气象局"群众满意示范窗口"，这是全省气象部门唯一一个省局级群众满意示范窗口。

4月16日　市气象局以甬气发〔2013〕21号文下发《宁波市气象局关于胡海国同志任职的通知》。接浙气发〔2013〕40号文件通知，胡海国同志任管理岗六级职员(副县处级)。

4月17日　中国气象局副局长许小峰在市局报送的《关于推进气象现代化建设暨气象灾害防御工作会议情况报告》上批示："请现代办阅。推进现代化工作，政府的参与、协调、指导很重要，宁波的试点工作迈出了坚实的一步，要继续抓好后续的落实工作。"

4月18日　省委常委、市委书记王辉忠在市气象局呈报的《关于2012年宁波率先基本实现气象现代化工作总结及2013年气象现代化建设重点任务的报告》上批示："气象现代化近一年时间的试点，已经取得阶段性成效。望继续加大推进力度，使气象工作更多领域走向全国领先。"

4月19日　市气象局以甬气发〔2013〕28号文下发《宁波市气象局关于成立第二届科学技术委员会的通知》。决定成立宁波市气象局第二届科学技术委员会，周福为主任委员。

同日　市气象局以甬气发〔2013〕29号文下发《宁波市气象局关于黄鹤楼等同志岗位

聘任的通知》。黄鹤楼为宁波市气象台应用气象岗五级高级工程师，何彩芬、俞科爱、董杏燕为宁波市气象台天气预报岗六级高级工程师，奚世贵为宁波市防雷中心雷电防护岗六级高级工程师。

4月22日　浙江省气象局党组书记、局长黎健在《宁波市气象局关于推进气象现代化建设暨气象灾害防御工作会议情况的报告》上批示："宁波市政府，市局抓省政府《气象现代化意见》贯彻及时有力。望宁波局抓住全国试点机遇，以贯彻落实好省政府《意见》为契机，进一步推进气象现代化，不断增强气象公共服务能力，更好地为宁波社会经济发展提供更优质的气象保障。"

4月23日　市气象局以甬气发〔2013〕31号文下发《宁波市气象局关于关于赵益锋同志免职的通知》。

4月24日　春晓大桥工程气候背景和风环境研究报告通过评审。

4月27日　市气象学会和市科学技术协会组织气象、农业、林业和医疗专家赴奉化市大堰镇开展科技下乡惠农活动，启动2013年宁波市科协科普重点项目"宁波市农村气象科普'百村工程'"。

4月下旬　市人大常委会副主任成岳冲带领由农业与农村工委、市气象局组成的调研组一行7人到市气象局开展气候资源立法前期调研。

4月　市气象局"96121"信箱推出新产品"整点天气"。该产品内容包括预警信号信息、消息、警报、当前时次的市区整点实况温度、相对湿度、紫外线级数、三小时天气预报、全市48小时天气预报、3～7天天气趋势等多种信息。

4月　市政府发文公布2012年度宁波市科技进步奖评审结果。市气象局承担的宁波市重大(重点)科技攻关计划项目"宁波突发灾害性天气精细化预报技术研究"获得2012年度宁波市科学技术进步二等奖。

5月初　市气象局新增雷电概率预报，该预报产品为0～1小时逐15分钟分县市区的雷电概率，产品每6分钟更新一次。当雷电概率达到或超过70%时，系统会自动以闪烁方式进行提示，并进行声音报警。

5月17日　全市气象科技服务暨行政审批专题会议在慈溪召开。会议重点研究气象科技服务与行政审批、防雷综合治理等工作面临的问题，并就如何采取有效措施应对上述问题进行热烈讨论。

同日　市气象网络与装备保障中心和省气象信息网络中心联合开发的中国气象局气象关键技术集成与应用(面上)项目"气象站观测业务集成平台"顺利通过验收。

5月中旬　全市新建18个大气电场探测站点，与原有的14个大气电场探测站点联合组网，站点总数达到32个，监测范围实现翻番，并覆盖到全市各重要区域。

5月23日　宁波气象学会召开第十一次会员代表大会。会议审议通过第十届理事会工作报告；选举产生第十一届学会理事会，陈智源为理事长。

5月29日　全省气象部门纪检监察工作专题会议在宁波召开。会议围绕推进廉政风险防控工作、廉政制度建设、贯彻落实中央"八项规定"等内容进行了交流研讨。会议邀请中纪委驻中国局纪检组方勇处长作有关信访案件查办工作专题讲座。各市气象局纪检组长，省气象局、市气象局相关处室主要负责人和县气象局纪检监察员参加会议，徐霜芝组长主持会议。

6月5日上午　市政府新任副市长林静国到市气象局调研气象工作。林副市长先后察看市气象台、市气象服务中心和市气象装备保障中心，详细了解气象监测、预报和服务工作，并听取周福局长关于宁波气候概况、气象现代化试点工作、公共气象服务等工作情况的汇报。

6月中旬　市气象局“新一代智慧气象业务服务系统”正式投入试运行。“新一代智慧气象业务服务系统”由“5＋1”个平台组成，即综合气象监测预警平台 、气象业务工作平台 、预警信息发布平台、气象应急指挥平台 、公共气象服务平台 5 个市级业务平台和 1 个县级综合业务平台。

6月25日下午　宁波市政府应急办主任张国良及有关处室负责人专程到市气象局，共商推进宁波气象预警广播系统建设事宜。

6月29日　世界著名热带气旋专家、美国科罗拉多大学教授比尔·格雷先生一行在中国工程院院士陈联寿教授的陪同下访问宁波市气象台。

7月初　市气象局全面完成宁波辖区内社会气象监测设施普查工作。

7月上旬　在浙江省气象局举办的 2013 年气象影视服务业务竞赛活动中，宁波市气象局选送的创意类节目《气象投诉站》获得副省级节目综合奖。

7月11日　周福局长一行专程赴余姚，实地察看余姚局“十二五”重点项目一期工程地块和设计方案情况，并听取余姚局上半年的工作汇报，对工程建设和下半年工作提出具体要求。

同日　市委市政府领导刘奇等就超强台风“苏力”的防御工作作出批示：“请各地各有关部门密切关注‘苏力’台风走向，切实做好各项应对和防范工作。”

7月19日　宁波市气象灾害防御指挥部办公室印发《宁波市气象灾害应急指挥视频会议系统管理办法(试行)》，对已建成的覆盖全市所有乡镇(街道)的气象灾害应急指挥视频会议系统的管理和运行工作进行规范。

7月22日　市气象局与市海洋与渔业局就共同加强气象与海洋防灾减灾战略签订合作协议。

7月24日　宁波最高气温普遍在 38℃以上，市区以 41.2℃创下当年高温极值。全市 83 个自动气象站高于 40℃，覆盖全市 41％的地区，其中奉化高达 42.7℃，为该日全国气温最高站点，24 日上午 10 时 50 分，宁波市气象台将高温橙色预警信号升级为红色，发布当年首个高温红色预警。

7月25日　中共宁波市气象局党组以甬气党发〔2013〕6、7 号文分别下发《中共宁波市气象局党组关于印发〈中共宁波市气象局党组关于深入开展党的群众路线教育实践活动的实施意见〉的通知》《中共宁波市气象局党组关于印发〈中共宁波市气象局党组深入开展党的群众路线教育实践活动实施方案〉的通知》。

7月29日　中共宁波市气象局党组以甬气党发〔2013〕8 号文下发《中共宁波市气象局党组关于印发〈中共宁波市气象局党组工作规则〉的通知》。

同日　市委市政府领导刘奇等在市气象局报送的《重要气象报告》上批示：“持续高温，请各地各有关部门积极做好防暑和抗旱工作。”

7月30日　市气象局召开2013年上半年通报会暨党组中心组(扩大)会议。总结上半年工作，部署下半年工作任务。

同日　市气象局召开党的群众路线教育实践活动征求意见座谈会，围绕“为民务实清廉”主题，聚焦“四风”问题，广泛征求意见建议。

7月31日　省委常委、市委书记刘奇在市气象局报送的高温决策服务材料上批示：“各地各部门要未雨绸缪，坚决克服麻痹思想，切实做到抗旱防汛防台风同时抓。要立足最坏的打算，做好最充分的准备，落实最扎实的措施，确保领导到位、责任到位、工作到位。”

8月2日　市委市政府领导刘奇等就做好高温热浪气象服务工作再作批示：“各地各部门要认真贯彻落实中央及省领导批示精神，全力以赴做好防旱抗旱工作。要加强气象监测预警；抓好农业生产；保障供水供电；防范各类安全生产事故；切实保障全市正常生产生活秩序。同时要根据《市政府办公厅关于做好防暑降温工作紧急通知》(甬政办明电〔2013〕45号)的要求，把各项工作落到实处。”

8月初　市气象局与中国电信股份有限公司宁波分公司签订全业务战略合作协议，双方将在信息应用、资源整合、客户共享等方面开展更深层次和更广领域的业务合作。

8月8日　周福局长冒着高温酷暑专程赴奉化慰问和检查指导工作，对近期奉化局在高温预报服务、政府决策服务、人工增雨、汛期气象宣传工作中取得的成绩表示肯定，代表市局党组向奋战在高温一线的工作人员表示慰问，同时对当前重点工作提出具体要求。并结合党的群众路线教育实践活动，征求奉化局干部职工的意见建议。

8月12日　市政府副市长林静国在市政府专报信息《市气象局多措并举做好高温干旱气象服务工作》上批示：“市气象局在战高温抗干旱工作中，充分发挥气象部门的作用，科学研判，提前预警，全力实施增雨作业，值得肯定。望能继续努力。”

同日　市政府秘书长王建社在《每日要情》上批示：“感谢市气象局的辛勤工作，当下抗高温抗旱工作进入关键阶段，望密切跟踪气候变化，加强信息沟通，齐心合力，坚决打赢这场防旱抗旱的斗争。”

8月13日　市政府人工影响天气领导小组办公室召开2013年度人工增雨空域协调会。会议对人工增雨(火箭)作业空域使用和航管保障等有关事宜进行具体协商，进一步规范人影作业，审议通过《2013年度宁波市人工影响天气作业协调会纪要》。

8月14日　陈智源副局长一行赴象山进行调研，参加象山县气象局党的群众路线教育实践活动座谈会，与工作人员面对面地交流。

8月15日　宁波市气象局党组书记、市气象局长周福一行赴慈溪局就群众路线教育活动征求意见，并代表市局党组对连续奋战在抗高温干旱一线的基层干部职工表示慰问。

同日　市气象局党组成员葛敏芳率调研组到北仑区气象局开展群众路线基层走访调研活动。调研组就进一步加强党的作风建设，密切联系群众，广泛征求基层意见。

8月19日　市气象局与市农业局召开专题协商会，总结前期高温干旱影响，共商后期农业生产对策。

8月20日　省委常委、市委书记刘奇在市气象台报送的《重要天气报告》上批示：“要继续密切关注‘潭美’的发展态势，按照预案做好各项防范工作，包括海上防风、防地质灾害以及水库、城市内河调蓄等工作。”

同日　周福局长一行赶赴宁海县气象局开展党的群众路线教育实践活动，仔细听取宁海局全体干部职工对市局党组关于“四风”问题的意见与建议。

同日　陈智源副局长一行赴鄞州区气象局进行调研，参加鄞州局党的群众路线教育实践活动座谈会，与鄞州局全体干部职工进行了面对面的交流。

8月中旬　宁波全市12个国家级气象观测站探测环境评估工作全面完成。

8月21日上午　宁波市政府常务会议专题听取周福局长关于“潭美”的最新动向及风雨影响预测汇报，研究部署“潭美”防御工作。

8月23日　宁波市气象局党组副书记国良和一行专程赴镇海区气象局参加党的群众路线教育实践活动座谈会，就进一步加强党的作风建设，密切联系群众，广泛征求意见。

8月26日　宁波市气象局党组召开群众路线教育实践活动专题会议，党组书记、局长周福简要总结前一阶段活动情况、安排部署下一阶段工作，并与党组成员开展集体谈心谈话活动。

8月29日　市防雷中心开展对轨道交通望春站的防雷检测，顺利完成首个地下轨道交通站的防雷防静电检测。

8月29—30日　中国气象局党的群众路线教育实践活动第六督导组组长夏普明一行4人，在省气象局黎健局长的陪同下，到宁波督查教育实践活动开展情况。

8月30日上午　市气象局召开全局职工大会。浙江省气象局党组书记、局长黎健宣读中国气象局关于国良和同志任职的通知。国良和同志任浙江省宁波市气象局巡视员。

9月1日　全市9个国家级气象台站的新型自动站建设全面完成，各站数据均已正常进行采集传输。至此，全市共建设完成11套新型自动气象站。

9月4—6日　浙江省人大气象法律法规执法检查组洪建新一行在省气象局王仕星副局长的陪同下，代表省人大对宁波市及所辖奉化市开展《中华人民共和国气象法》《气象灾害防御条例》和《浙江省气象条例》贯彻实施执法检查。

9月初　市气象局完成杭州湾大桥桥面监控视频网络与内网网络的连通，并将对端的部分视频监控信息接入市气象台作为天气实景监控。

9月10—11日　浙江省气象局局长黎健在象山参加全省农业“两区”建设现场会会议期间，专程到象山县气象局检查指导工作。

9月6日　宁波市县两级全部发文部署气象现代化建设，进一步明确地方政府在气象现代化建设中的主体地位和相关部门的职责，并将气象现代化建设纳入政府考核。

9月10日　宁波城市气象中心正式运行。

9月17日　市人大常委会副主任成岳冲一行7人到市气象局进行气象执法检查调研。

9月23日　宁波渔业气象中心正式运行。

9月23—24日　市人大气象法律法规执法检查组先后对象山和北仑开展《中华人民共和国气象法》《浙江省气象条例》和《宁波市气象灾害防御条例》贯彻执行情况检查。

9月23—26日　2013年全省气象行业天气预报员职业技能大赛在杭州举行，宁波代表队荣获全省预报竞赛团体冠军。

9月下旬　宁波两个气象项目列入2013年度市级科技计划项目，分别是《宁波市霾天气形成机制及预报预警技术研究》列入2013年度宁波市社会发展类重大重点科技项目；

《宁波雷达新型杂波识别和滤除技术研究》列入 2013 年度宁波市自然基金科技项目。

10 月 7 日 第 23 号强台风“菲特”01 时 15 分在福建省福鼎市沙埕镇登陆。受“菲特”台风残留云系影响，全市出现暴雨，部分大暴雨，局部特大暴雨。截至 8 日 05 时，全市累积面雨量 326 毫米，其中余姚 426 毫米、奉化 421 毫米、海曙 407 毫米、鄞州 358 毫米、江北 343 毫米、江东 342 毫米、宁海 307 毫米、慈溪 292 毫米、象山 270 毫米、镇海 174 毫米、北仑 164 毫米；有 4 个测站雨量超过 600 毫米，最大雨量余姚梁辉达 693 毫米；有 30 个测站超过 500 毫米。大于 400 毫米有 61 个站，大于 300 毫米有 133 个站，大于 200 毫米有 185 个站。

10 月 8 日 06 时市气象台将暴雨橙色预警信号升级为暴雨红色预警信号；08 时 30 分周福局长签发命令，宣布市气象局进入气象灾害Ⅰ级应急响应。

10 月 9 日下午 浙江省气象局党组书记、局长黎健通过视频连线，对余姚市因受“菲特”台风影响出现自中华人民共和国成立以来的最强降水和最严重洪涝灾害表示亲切慰问，对在“菲特”台风中坚守岗位的余姚局全体干部职工表示感谢。

同日下午 浙江省气象局副局长王仕星代表省局党组专程来甬，赴鄞州区气象局慰问连日奋斗在一线的气象职工；翌日上午，又涉水到余姚市气象局慰问全体气象职工。

10 月 11 日上午 浙江省气象局纪检组长徐霜芝一行到余姚市气象局慰问气象职工。

10 月 16 日 周福局长一行来到奉化市气象局，看望慰问全体干部职工，对全体干部职工连日来的辛勤工作表示慰问和感谢。

10 月 17 日 市气象局巡视员国良和一行先后到象山县气象局、宁海县气象局看望慰问两局全体干部职工。

同日 陈智源副局长一行先后来到余姚市气象局、慈溪市气象局看望慰问两局全体干部职工。

10 月 15 日 省气象局局长黎健在宁波市气象局报送的“菲特”台风暴雨预报服务工作总结上批示：“宁波局对菲特台风暴雨做到了严密监测、滚动预报、及时预警、广泛服务，在不少台站受灾的情况下，克服许多困难，取得了明显的服务成效。望加强总结分析。”

同日 中共宁波市气象局党组召开党的群众路线教育实践活动专题会议，认真学习习近平总书记在参加河北省委领导班子专题民主生活会时的讲话精神，传达中国气象局党组关于学习贯彻习总书记讲话精神的有关要求和郑国光局长的讲话精神；审议《宁波市气象局党组领导班子查摆“四风”问题对照检查材料》《宁波市气象局党组党的群众路线教育实践活动专题民主生活会方案》和《宁波市气象局党组贯彻落实中央“八项规定”扎实推进作风建设情况报告》；研究部署近期党的群众路线教育实践活动重点工作任务。

10 月 18 日 市气象局党组成员葛敏芳一行先后至镇海区气象局、北仑区气象局看望慰问两局全体干部职工。

10 月 22 日上午 周福局长等赴新搬迁的市行政服务中心气象窗口检查指导工作，对行政服务窗口自 2011 年起连续获得先进窗口的优异成绩表示充分肯定。

10 月 23 日 宁波港口气象中心正式运行。

10 月 25 日 宁波市气象局制作的《气象投诉站》节目，参加第九届全国气象影视服务业务竞赛，首次荣获天气预报创意节目类综合奖全国三等奖。

11 月 4 日 市气象局召开党的群众路线教育实践活动领导小组(扩大)会议，组织学习刘云山同志在中央党的群众路线教育实践活动领导小组第五次工作会议上的讲话精神，研究部署下一阶段工作。

11月12日　中国气象局党组成员、中国气象局副局长于新文一行在中共浙江省气象局党组书记、省气象局长黎健的陪同下，专程赴宁波调研气象工作。于新文副局长一行先后到市气象服务中心、市气象台、市气象网络与装备保障中心等单位检查业务开展和平台建设情况。在听取市气象局周福局长的工作汇报后，于副局长对宁波近年来的气象工作表示充分肯定，并对宁波气象事业的发展提出新要求。

同日　中国气象局副局长于新文在浙江省气象局局长黎健、宁波市气象局局长周福等陪同下深入慈溪市气象局，调研指导基层气象工作。

11月14日　宁波市气象局党组召开学习会，迅速学习传达党的十八届三中全会精神。局党组成员、市教育实践活动领导小组办公室成员参加会议。

同日　宁波市气象局党组召开党的群众路线教育实践活动专题民主生活会。市局党组全体成员参加会议，省局第一督导组成员到会进行指导，市局教育实践活动领导小组办公室成员列席会议。

11月15日　市气象局以甬气办发〔2013〕19号文下发《宁波市气象局办公室关于印发〈宁波市气象局印章使用管理规定〉的通知》。

同日　市气象局以甬气发〔2013〕62号文下发《宁波市气象局关于骆后平等同志职务任免的通知》。

同日　市气象局以甬气办发〔2013〕20、21、22号文分别下发《宁波市气象局办公室关于印发〈宁波市气象局紧急重大情况信息报送和处理实施办法〉的通知》《宁波市气象局办公室关于印发〈宁波市气象局督查督办工作实施办法〉的通知》《宁波市气象局办公室关于印发〈宁波市气象局信访工作实施办法〉的通知》。

11月20日下午　宁波市防雷中心邀请市发改委、市建筑设计院、市民用建筑设计院及省防雷中心共5位专家对铁路宁波站综合客运枢纽汽车南站的雷击风险评估报告进行联合评审，这是宁波首次引入多部门专家进行雷击风险报告联合评审。

11月21日　市气象局召开党组专题民主生活会情况通报会暨整改工作促进会，通报市局党组专题民主生活会有关情况，部署促进教育实践活动整改落实各项工作。市局党组书记、局长、局教育实践活动领导小组组长周福通报市局党组专题民主生活会前准备工作情况、专题民主生活会召开情况和下一步整改措施和努力方向。会议还研究制定了教育实践活动整改工作任务书和完成时间表。

11月22日下午　浙江省气象局巡视员王国华陪同中国气象局计财司副司长庞鸿魁一行调研指导宁波气象工作。

11月23日　中国气象局计财司庞鸿魁副司长在周福局长的陪同专程赴象山、宁海调研县局基础设施建设情况。

11月25日　市气象局以甬气办发〔2013〕24、25号文分别下发《宁波市气象局办公室关于印发〈宁波市气象局改进文风会风实施办法〉的通知》《宁波市气象局办公室关于印发〈宁波市气象局办理市人大代表建议和政协委员提案办法〉的通知》。

11月26日上午　宁波市委市政府召开抗洪救灾总结表彰大会，省委书记夏宝龙到会并作重要讲话。市气象服务中心被授予“宁波市抗洪救灾先进集体”,2人被授予“宁波市抗洪救灾先进个人”。

同日 宁波市农业气象专家联盟举行成立会。联盟成员由来自气象、农业、林业、渔业等多个涉农部门及部分高校的专家们组成,分为种植业组和渔业组,日常活动由宁波市气象台负责总协调。陈智源副局长参加会议并向专家们颁发了聘书。

12月4日下午 周福局长一行赴北仑梅山保税区管委会专题沟通梅山气象综合观测系统项目建设事宜。实地查看梅山气象综合观测系统项目,详细询问项目进展情况和遇到的困难与问题,希望管委会和相关部门大力协调配合,确保该项目建设的顺利推进。

12月5日上午 宁波气象环保监测预报预警合作座谈会在市气象局召开。气象、环保再次深化合作,加强监测预报预警。会上成立专项工作组,积极开展大气重污染预警应急响应工作,研究制订相关的技术方案,对预警会商、应急响应启动和解除等各项工作技术环节进行具体的规定。

12月9日上午 市气象局召开全局大会,省气象局人事处副处长厉俊宣读省气象局关于宁波市气象局干部调整的有关决定:葛敏芳同志任中共宁波市气象局党组纪检组组长,试用期一年;顾炳刚同志任宁波市气象局副巡视员;免去国良和同志中共宁波市气象局党组纪检组组长职务。祝旗同志任宁波市气象局办公室主任,试用期一年;免去顾炳刚同志宁波市气象局办公室主任职务。

12月11日 浙江省气象局以浙气发〔2013〕121号文表彰全省“菲特”强台风重大气象服务先进集体、先进个人和优秀协理员。余姚市气象局、鄞州区气象局和市气象网络与装备保障中心获重大气象服务先进集体。余姚市局高益波获“菲特”强台风重大气象服务先进个人。

12月25日 中共宁波市气象局党组以甬气党发〔2013〕18号文下发《中共宁波市气象局党组关于建立中共奉化市气象局党组及姚日升等同志职务任免的通知》。决定建立中共奉化市气象局党组和纪检组,由姚日升、朱万云、曹艳艳等同志组成。姚日升同志任党组书记、局长(保留正处级待遇);朱万云同志任党组成员、副局长、纪检组长;曹艳艳同志任党组成员、副局长,试用期一年。免去胡海国同志奉化市气象局局长职务。

12月25日 中国气象局副局长许小峰在《2013年宁波气象工作总结》上批示:“祝贺你们取得新成绩!宁波是发达城市,气象事业发展有优势,要求也高,希望你们继续努力,以更加优质的服务满足各方面的需求。”

2014年

1月6日 宁波环境气象中心正式运行。

1月10日 《宁波市大气重污染应急预案(试行)》由市政府正式颁发并实施。市气象局作为大气应急指挥部副指挥单位,主要负责未来天气过程的趋势分析、协同市环保局完善大气重污染会商研判机制,提高监测预报的准确性,及时发布监测预警信息等。

2月14日 市气象局以甬气发〔2014〕13号文下发《关于表彰2013年度全市气象部门先进工作者的通报》,表彰高益波等34位同志为2013年度全市气象部门先进工作者。

同日 林静国副市长在市气象局《2013宁波率先基本实现气象现代化试点工作总结》上作出批示:“我市气象现代化工作值得肯定,望针对我市灾害性天气频发的特点,继续改革创新，进一步加强气象服务经济社会发展的能力，提高气象科技水平。”

1月15日　宁波市气象局和宁波海事局签署战略合作协议，共同做好海上恶劣天气预警预控和气象防灾减灾工作。

1月17日　市气象局发布2013年度宁波市十大天气气候事件：(1)“菲特”肆虐，暴雨洪涝重创宁波；(2)酷暑热浪，高温强度屡创新高；(3)雾霾频繁，甬城首发红色预警；(4)伏旱严重，农业用水拉响警报；(5)大雪冰冻，年初两度封桥阻路；(6)雷暴频发，造成多地伤人损物；(7)气候干燥，相对湿度创下新低；(8)短时暴雨，扰乱正常生活秩序；(9)局地狂风，连续两天殃及无辜；(10)台风接力，“潭美”“康妮”带来甘霖。

1月20日　市气象局召开离退休老干部情况通报会。周福局长向离退休干部通报2013年全市气象工作完成情况。

1月21日　市气象局被浙江省气象局评为2013年度综合考评特别优秀单位(浙气发〔2014〕10号)；《“建立乡村气象服务站600个”被列为市政府十大民生实事》被评为创新工作第二名(浙气发〔2014〕6号)。

同日　市气象局以甬气发〔2014〕7号文下发《宁波市气象局关于2013年度综合考评结果的通报》，余姚市气象局、慈溪市气象局、市气象网络与装备保障中心被评为2013年度综合考评特别优秀单位。

1月25日　中国气象局党组书记、中国气象局长郑国光一行到宁波慰问并调研。郑国光在听取周福局长的工作汇报后，充分肯定宁波市气象局在气象防灾减灾体系建设、气象现代化建设、气象为农服务、县级气象机构综合改革和基层台站建设等方面所取得的成绩，鼓励广大干部职工要认真贯彻落实党的十八届三中全会精神，解放思想、大胆创新，全面深化气象事业改革，争取提前率先基本实现气象现代化。

同日　郑国光局长一行在宁波市气象局主持召开基层气象部门深化改革座谈会，倾听一线气象干部职工对全面深化改革的意见和建议，浙江部分市、县气象局13名代表参加座谈。

同日　郑国光局长一行赴慈溪市气象局慰问。浙江省政府副秘书长陈龙、宁波市政府副市长林静国以及浙江省气象局局长黎健、市气象局局长周福陪同。

2月7日　市气象局以甬气发〔2014〕10号文下发《关于表彰宁波市气象部门职业道德标兵的决定》，邬立辉、汪永峰、李越敏、韩海轮、谢华、陈蕾娜等6名同志被授予“宁波市气象部门职业道德标兵”荣誉称号。

2月19日　2014年全市气象局长会议召开。会议认真学习贯彻党的十八大和十八届三中全会精神，贯彻落实全国、全省气象局长会议精神以及市委市政府的各项部署，全面总结2013年气象工作，部署2014年气象重点工作任务。

2月20日　宁波市人大常委会副主任王建康一行到市气象局检查指导工作。

3月7日　全市气象部门党风廉政建设工作会议召开，总结回顾2013年全市气象部门党风廉政建设和反腐倡廉工作，研究部署2014年工作任务。

同日　召开全市气象部门党的群众路线教育实践活动第一批总结暨第二批动员会议。宁波市气象局党组书记、气象局长、教育实践活动领导小组组长周福对第一批教育实践活动进行总结，对第二批教育实践活动进行动员部署。省气象局第一督导组组长郭力民参加会议并讲话，对宁波市气象局第一批教育实践活动开展情况给予充分肯定，并对第二批教育实践活动提出要求。

3月初　宁波市委组织部首次将市气象局领导纳入全市市直机关培训计划。

3月25日　市气象局与市民政局以甬气发〔2014〕26号文联合下发《宁波市区气象灾害应急准备工作认证管理办法》。

3月24—27日　全市气象部门第二批党的群众路线教育实践活动全面启动。

3月27日　市气象局召开轨道交通1号线一期防雷竣工检测报告专家评审会。

3月28日　市气象局以甬气发〔2014〕27号文下发《关于有关领导小组及机构成立或调整的通知》。

3月31日下午　市气象局党组书记、局长周福，局党组成员、纪检组长葛敏芳一行专程向市委常委、纪委书记李会光汇报工作。李会光充分肯定市气象局在气象业务服务、党风廉政建设和作风建设等方面所取得的成绩。

4月11日　中国气象局党的群众路线教育实践活动第三巡回督导组组长季本峰、副组长田水牛在浙江省局党组成员、纪检组长徐霜芝，宁波市气象局党组书记、局长周福的陪同下，赴慈溪市气象局实地督查指导第二批教育实践活动。

4月23日　省气象局党的群众路线教育实践活动第一组督导组组长、省气象局副巡视员郭力民在市气象局巡视员国良和的陪同下，赴鄞州区气象局、象山县气象局进行督导。

4月22日　省气象局第一督导组副组长薛美莲一行深入慈溪局就教育实践活动情况进行督查。

4月25日　市政府法制办以甬府法〔2014〕19号文下发《关于开展2014年度法治政府建设推进工作考核评价的通知》，气象部门首次被纳入法治政府建设目标管理考核范围。

5月28日　市气象局以甬气函〔2014〕20号文下发《宁波市城乡气象“两个体系”建设方案》。

5月下旬　新一代县级气象综合业务平台的正式投入使用，标志着宁波市气象综合业务全面实现市县一体化。

5月底　“宁波气象”官方微信客户端通过认证并正式上线。

5月　市气象台钱燕珍、涂小萍入选省气象局首批“百人工程”名单。

6月4日　慈溪市政府副市长王娇俐专程赴省气象局，就气象现代化和气象探测环境保护等工作进行专题汇报。浙江省气象局党组书记、局长黎健会见王娇俐一行。

6月初　市气象局组织“慈善一日捐”活动，累计捐款18050元(个人累计13050元，单位捐款5000元)，参与率达97%。

6月6日　应镇海区委邀请，省气象局局长黎健在镇海区委理论学习中心组学习会(镇海论坛第35期)作题为“气候变化、防灾减灾与生态文明建设”的专题学习报告，并在周福局长陪同下检查指导镇海气象工作。

6月11日　省气象局副局长王仕星一行赴余姚市气象局检查指导工作。

6月中上旬　葛敏芳组长带队走访各区县(市)纪委了解和掌握基层气象部门党风廉政建设和作风建设的基本情况。

6月23日　省委常委、市委书记刘奇在市气象局上报的《当前我市雨情有关情况》上作出批示:"要继续密切监测,认真研判,科学调蓄,及时应对,确保生命财产安全。"

6月30日 市咨询委常务副主任郁义康,副主任陈旭、程刚一行到市气象局就"宁波大气质量形势分析及治理对策研究"课题进行调研。

7月3日 市气象局下发《宁波市气象事业发展"十三五"规划编制工作方案》(甬气函〔2014〕23号)和《关于成立宁波市气象事业发展"十三五"规划编制工作领导小组的通知》(甬气办发〔2014〕21号),正式启动"十三五"规划研究编制工作。

7月10日 唐剑山副局长一行专程赴象山县气象局就基建项目进展情况、安全生产大检查"回头看"开展和落实情况等进行调研指导。

7月11日 市政府办公厅以甬政办发〔2014〕142号文下发《关于调整宁波市人民政府防汛防旱指挥部成员的通知》,市气象局局长周福任副总指挥。

7月16日 市气象局与市卫生局以甬卫发〔2014〕81号文联合下发《宁波市高温中暑事件卫生应急预案》,成立联合预警处置领导机构,统一组织全市高温中暑事件的预警发布和卫生应急处置。

7月17日 宁波市纪委副书记印黎晴到市气象局检查指导工作。

7月23日 市气象局与市人力资源和社会保障局、市总工会联合举行全市气象行业天气监测预警职业技能竞赛总决赛。

7月24日 省委常委、市委书记刘奇在市委十二届七次全体(扩大)会上强调:"根据气象分析,今年台风灾害偏重,形势不容乐观,尤其是厄尔尼诺现象可能会对宁波带来异常影响,各级各部门要高度警惕,各司其职,把防台抗台工作准备得充分一些,要加快防洪防台工程建设,完善防台预案,确保台风监测预警到位,防台措施落实到位,最大程度减轻灾害带来的损失。"

7月28—29日 市气象局、市人力资源和社会保障局、市总工会联合举行全市首届防雷安全检测职业技能竞赛。

7月30日 市委市政府领导就市气象局报送的《1412号台风"娜基莉"将影响我市》作出批示:"这次台风预计将在周末影响我市,并且可能产生双台风效应,各地各有关部门务必要高度重视,严肃防汛纪律,严格落实值班制度,扎实做好各项工作,确保人民群众生命财产安全。"

7月30日 市政府办公厅以甬政办发〔2014〕163号文下发《关于印发宁波市重大(突发)气象灾害预警信息全网发布实施细则的通知》,明确一旦出现台风、暴雨、暴雪、道路结冰等气象灾害红色预警信号,即启动手机短信全网发布。

8月1日 中共宁波市委印发《关于深入推进新型城市化提升城乡治理水平的决定》(甬党发〔2014〕13号),多项气象工作纳入其中。

8月4日 市气象局召开半年工作通报会暨党组中心组(扩大)学习会。会议认真学习传达全省气象工作半年通报会暨省局党组中心组学习会议精神,回顾总结上半年工作成绩,部署下半年工作。

8月13—15日 省气象局党组成员、纪检组长徐霜芝一行检查指导宁波气象工作,并专程走访中共宁波市纪委。徐组长一行还先后到北仑区气象局、象山县气象局(石浦气象站),深入了解基层台站基础设施建设、人员结构和人才队伍建设、气象业务服务开展情况等。

8月15日　宁波环境气象监测网正式上线试运行。

8月19日　中国气象局气象干部培训学院姚秀萍教授来宁波市气象局作“如何提高预报水平”专题讲座。

8月16日　市气象学会被纳入宁波市第二批具备承接政府职能转移和购买服务资质的社会组织。(甬民发〔2014〕103号)。

8月25日　“防灾减灾”和“大气固定源污染防治”两项气象工作列入宁波市生态省建设工作任务书。(甬生态办发〔2014〕9号)。

8月27日　市委副秘书长、市直机关党工委书记马春骐到市气象局调研党建工作。

8月29—30日,浙江省气象局党组书记、局长黎健应宁波市委邀请在“四明学堂”作《气候变化、防灾减灾与生态文明》为主题的报告会,并分别会见宁波市委常委、组织部长杨立平和副市长林静国。黎局长还就宁波加快气象现代化建设、加强气象审批工作等进行深入调研和具体指导。

9月10日　省人大农工委副主任徐柏兴一行到市气象局进行专题调研,就《浙江省气象灾害防御办法》以及相关应急预案、实施意见的执行情况进行了解,并对气象立法所需解决的问题进行深入调研。

9月19日　美国国家大气研究中心(NCAR)气象专家杜钧博士受邀到市气象局作“集合预报”专题讲座。

9月20日　市委市政府领导在市气象局报送的决策服务材料上批示:“请市气象等部门密切关注台风‘凤凰’的走向,及时发布相关信息。各地各有关部门要切实做好各项防范和应对工作,确保人民群众的生命财产安全。”

9月24日下午　周福局长专程赴慈溪市气象局看望慰问在该局挂职副局长的西藏那曲地区安多县气象局干部王海滨同志。

9月25日　宁波海水养殖气象中心在宁海局正式挂牌成立。

9月27日　全市气象系统第十九届职工运动会在奉化举行。

9月29日　市政府第51次常务会议审议并原则通过《宁波市应对极端天气停课安排和误工处理实施意见》,这是浙江省内首个有关气象灾害红色预警停工停课的规范性文件。

10月16日　市气象局召开全面深化气象改革座谈会,就宁波全面深化气象改革方案征求意见。

10月17日　宁波生态气象中心在余姚局正式成立。

10月22日　宁波市政府以甬政发〔2014〕92号文下发《关于印发宁波市应对极端天气停课安排和误工处理实施意见的通知》。

10月30日　2014年全省气象台长会议在宁波召开。

10月31日　市政府副秘书长、应急办主任朱达,副主任张国良一行调研宁波气象工作。

11月4日　市气象局召开党组中心组理论学习会,认真传达学习党的十八届四中全会精神,研究部署贯彻落实工作。

11月12日　宁波市政府新闻办举行《应对极端天气停课安排和误工处理实施意见》

新闻发布会。市气象局陈智源副局长出席发布会并回答记者提问。

11月18日　黎健局长在省气象局会见余姚市副市长郑桂春一行，并听取余姚气象工作汇报。

11月19日　中共宁波市气象局党组以甬气党发〔2014〕17号文下发《宁波市气象局落实党风廉政建设党组主体责任和纪检组监督责任的实施细则》。

11月27日　市气象局以甬气发〔2014〕57号文下发《关于印发〈宁波市应对极端天气停课安排和误工处理实施意见〉相关灾害红色预警信号发布细则的通知》。

11月28日　省气象局黎健局长专题听取宁波有关全面深化改革工作汇报，并对改革方案、改革重点工作等进行具体指导。

12月4日　市气象局以甬气发〔2014〕58号文下发《关于印发全面深化气象改革实施方案的通知》。

12月9日　市气象学会被评为3A级社会组织(甬民发〔2014〕129号)。

12月11日　市委副书记余红艺、副市长林静国专题听取气象工作汇报并作重要指示。余红艺要求气象工作继续以扩大农业农村公共气象服务覆盖面、提高农业气象服务和农村气象灾害防御水平为重点，不断提升为农服务能力。林静国要求气象部门密切关注天气变化，加强雨雪冰冻天气监测预警工作，加强与有关部门的应急联动。

12月31日　市局召开2014年度领导干部述学述职述廉报告会。

12月　市台首席预报员、正研级高工涂小萍同志被中国气象局确定为第八批首席预报员。

2015年

1月7日　宁波市副市长林静国专题听取气象工作汇报，充分肯定2014年气象工作所取得的成绩，并进一步协调推进2015重大气象项目建设。

1月8日上午　市气象局召开2014年十大天气气候事件信息发布会，驻甬各大媒体记者参加发布会。

1月14日　市气象台成功创建省级“文明单位”。

1月19—21日　高影响天气研究国际研讨会在宁波召开。中国工程院院士陈联寿主持开幕式。中国气象局副局长宇如聪出席会议。宁波市副市长林静国代表市政府对参加国际研讨会的专家表示欢迎。此外，WMO/WWRP代表Nanette Lomarda和WMO/WWRP高影响天气研究计划代表Brian Golding博士以及中国气象科学研究院副院长兼灾害天气国家重点实验室主任赵平也分别在开幕式上致辞。会议邀请到来自美国、印度、菲律宾、孟加拉国以及国内高校、研究机构以及业务单位代表近百人进行学术与科学前沿报告。

1月19日　中国气象局副局长宇如聪在宁波出席高影响天气国际研讨会期间，与宁波市政府副市长林静国共商气象事业发展大计。

1月21日　王东法副局长先后到北仑区气象局、梅山综合观测站、综合探测试验基地等地调研。

1月21日　出席高影响天气国际研讨会的专家代表近60人参观市气象局。

1月29日　奉化和宁海人工增雨作业队分别在奉化溪口镇塔下和宁海县黄坛镇留五

扇实施3个批次人工增雨作业，发射增雨火箭弹8枚。

1月29日下午　市气象局邀请南京大学副校长、博士生导师谈哲敏教授来甬作“垂直风切变减弱台风强度新机制”专题讲座。

2月2日　市气象局以甬气发〔2015〕1号文下发《宁波市气象局关于表彰2014年度全市气象部门先进工作者的通报》，表彰陈俊等36位同志为2014年度全市气象部门先进工作者。

2月6日　市气象局被浙江省气象局评为2014年度综合考评特别优秀单位（浙气发〔2015〕12号）；“推动宁波市政府出台以气象灾害预警为先导的社会响应机制，建立应对重大气象灾害的停课停工制度”被评为创新工作第一名（浙气发〔2015〕10号）。

2月9日　市气象局以甬气发〔2015〕2号文下发《宁波市气象局关于2014年度综合考评结果的通报》，慈溪市气象局、余姚市气象局、宁海县气象局、市防雷中心被评为2014年度综合考评特别优秀单位。

2月9—10日　2015全市气象局长会议暨党风廉政建设工作会议在市气象局举行，周福局长作题为《坚持提质增效　加快转变方式　努力做好新常态下的气象保障工作》的工作报告。

2月16日　市气象影视中心成功创建省级“巾帼文明岗”，是宁波市农口系统目前唯一一个省级“巾帼文明岗”。

3月4日　市委市政府领导在市气象局报送的决策服务材料批示：“各地、各有关部门要认真做好雨雪冰冻天气的应对工作，尤其要做好春节交通返城、农作物生产防冻等工作，要有具体的措施和应急预案，努力把雨雪冰冻天气的不利影响降到最低，确保人民群众生命财产安全。”

3月16日　林静国副市长在市气象局《宁波市率先基本实现气象现代化试点工作进展情况评估》报告上作出批示：“试点市的创建工作成效明显，值得肯定，希望进一步努力，全面提升气象服务社会的能力和水平。”

3月16日　市气象局与太平洋保险公司宁波分公司开展气象保险合作，进一步加强基础数据研究利用，共同加强农业气象灾害防御和气象科普宣传。

3月20日　市气象局组织《宁波日报》、宁波电视台等10余家甬城媒体记者，在第55个世界气象日前夕实地采访港口气象服务工作。

3月27日　市气象局工会和市气象服务中心结合“职业道德教育月”活动，联合举办“气象新人展新姿”暨趣味运动会。

4月10日　市气象局以甬气发〔2015〕10号文印发《宁波市率先基本实现气象现代化工作2015年行动方案》。

4月15日　宁波市防汛防旱指挥部召开2015年第一次会议。市防指副总指挥、气象局局长周福分析预测了今年以来天气情况、海洋热力状况、汛期气候趋势等。市防指总指挥、副市长林静国对进一步加强气象预测，做好防汛防台抗旱工作提出四点要求。

4月20日　市气象局下发《关于鄞州区气象局网络安全事件的通报》（甬气发〔2015〕12号），对本月11日发生在鄞州区气象局所属网站黑客入侵事件做出相关责任处理，要求采取切实有效措施加强网络安全。

4月29日　宁海县气象局王立超和余姚市气象局熊雪清获宁波市“五一劳动奖章”。

5月5日　中共浙江省气象局党组以浙气党发〔2015〕11号文下发《关于国良和同志免职的通知》。经中共浙江省气象局党组研究并征得中国气象局人事司同意，决定免去国良和同志中共宁波市气象局党组副书记职务。

5月14日　市气象局召开2015年度全市气象行政执法案卷评查座谈会。

5月19日　市气象影视中心高清演播室系统建设项目通过验收。

同日　市气象局组织开展“慈善一日捐”活动。

5月22日　浙江省政协人资环委副主任苏晓梅一行，在省政协委员、省气象局局长黎健，副局长王东法以及宁波、慈溪市政协有关负责人等陪同下，专题调研宁波防灾减灾应急预警响应机制建设等情况。

5月25日　市气象局以甬气发〔2015〕15号文印发《宁波市气象专业服务改革实施方案》。

5月29日　市气象局以甬气发〔2015〕16号文对全市气象部门第三届“五佳青年”进行表彰，吴敏、胡晓、黄旋旋、陆峰毅、颜宗华获“五佳青年”称号。

6月1日　浙江省气象局党组书记、局长黎健一行调研指导宁海、象山气象工作。在宁海期间，宁海县县长杨勇、副县长李剑锋陪同。

6月19日　林静国副市长在市政府专报信息上批示：“请市气象局适时择机实施人工增雨措施，以确保水库蓄水；市水利部门做好备用水库的调度方案和前期准备”。

6月21—22日　市人影办组织人工增雨作业小分队，分别在宁波鄞州周公宅、宁海黄坛、奉化大堰等作业点实施人工增雨作业，分6个批次发射火箭弹24枚。21—22日，全市普降中到大雨，局部暴雨，平均面雨量31.0毫米；作业区及目标效果区降水较为明显；其中宁波白溪、黄坛水库区域出现全市最大平均面雨量59.2毫米。

6月26日　宁波市政府副秘书长金伟平一行专程到市气象局调研，详细了解今年梅汛期降水情况，并听取周福局长有关气象工作及气象现代化建设等情况汇报。

6月25日　新版“宁波气象”门户网站正式上线测试运行。

7月2日　市气象局直属机关纪委和3名党员获市直机关党工委表彰。

7月3日　市气象局举行“三严三实”专题党课报告会暨全市气象部门微型党课宣讲比赛。中共宁波市气象局党组书记、局长周福为全体党员干部作题为《践行“三严三实”，坚定理想信念》党课；会上还举行全市气象部门“五佳青年”颁奖仪式。

7月3日　市委市政府领导肯定市气象局人工增雨作业工作。市政府主要领导批示：“对气象部门所作出的努力表示感谢！对有关建议请静国同志召集编办等相关部门研处，要实行常态化管理。”副市长林静国对市气象局报送的每日要情上批示：“市气象局工作主动，措施有力值得肯定。望继续努力，抓住有利时机实施人工增雨作业，以确保全市用水安全。”

7月8日　宁波市气象灾害防御指挥部在市气象局召开成员单位联络员会议，通报前期降水情况和当前台风信息，部署下半年重点工作任务。

7月8日　省委常委、市委书记刘奇专题听取防台情况汇报，并就做好当前防台风工作做出重要指示。要求：一要高度重视，各地各部门要把防台抗台工作作为当前头等重要工作来抓，从最坏处打算，做最充分的应对准备；二要准确预报研判，加强会商，及时准确地做好台风预报预警，为科学决策提供依据；三要明确防御重点，把应急措施、抢险措施、救灾措施全面落实到位。市政府主要领导在市气象局报送的决策服务材料上批示："防台的各项措施要充分，做到万无一失。"

7月9日　市气象局以甬气发〔2015〕20号文转发《浙江省气象局关于顾炳刚同志免职退休的通知》，免去顾炳刚宁波市气象局副巡视员职务。

7月9日　市气象局以甬气发〔2015〕21号文印发《宁波市气象局"气象新苗"人才培养实施办法》，结合本市气象部门青年人才发展需求，提出"气象新苗"启航计划和优选计划。

7月23日　市政府主要领导在市气象局报送的台风"灿鸿"预报服务总结上批示："这次抗台救灾中，市气象部门主动服务，科学预报，及时预警，为全市防台工作争取了主动，值得肯定。望继续加倍努力，扎实做好各项工作，不断提高预报准确率，确保我市安全度汛。"副市长林静国批示："在抗击'灿鸿'台风中，气象局严密监测，科学预报，值得肯定，望继续努力。"

7月30日　市气象局召开2015年党组中心组"三严三实"专题教育学习研讨(扩大)会暨全市气象工作半年通报会，深入学习贯彻习近平总书记在浙江考察时的重要讲话精神，认真传达落实省局党组理论中心组"三严三实"专题教育学习研讨(扩大)会暨全省气象工作半年通报会等重要精神。

8月5日　市气象局党组书记、局长周福主持召开党组中心组理论学习会，专题学习党章。市局党组成员，各处室、各直属单位主要负责人参加会议。

8月6日　省委常委、市委书记刘奇等市领导分别就今年第13号台风"苏迪罗"防御工作作出批示，要求各地各部门切实做好台风"苏迪罗"的应对和防范工作，要往最坏处打算、作最充分准备，严阵以待，全力以赴把台风可能造成的危害降到最低程度。

8月14日　市气象局特邀中国气象局气象宣传科普处处长李晔做专题报告。李晔围绕"全媒体时代的气象舆论引导"主题，深入介绍气象宣传科普工作的主要内容及气象舆论引导工作的技巧和方式。

8月17日　市气象局以甬气办发〔2015〕9号文下发《宁波市气象局办公室关于进一步加强安全生产工作的紧急通知》。要求各单位集中整治，开展地毯式大排查，全力做好安全生产工作。

8月26日　市气象局以甬气发〔2015〕21号文印发《宁波市防雷减灾体制改革实施方案》。

8月28日　陈智源副局长专程走访余姚市纪委，与余姚市委常委、纪委书记杜瑾就相关问题进行沟通。

9月1日　唐剑山副局长专程走访镇海区纪委，就党风廉政建设、机关效能作风建设以及气象行政审批制度改革、防雷安全综合整治等工作与镇海区纪委书记杨小平进沟通和交流。

9月8日　市气象局举行首届"气象梦"启航仪式。宁波市"气象新苗"人才培养计划正式启动。各区县(市)气象局和市气象局各直属单位近3年来新进人员代表30多人开展入职教育。

9月16日　周福局长一行走访财政部驻宁波专员办，与专员办监察专员严淑琴就气象服务工作、进一步加强财政预算监管、共同推进宁波气象事业公共财政保障进行深入交流。

9月17日　市气象局召开安全生产领导小组会议，再次全面部署安全生产大检查，要求各单位高度重视，确保责任落实到人、落实到岗、落实到位。会上通过《宁波市气象部门全面开展安全生产大检查实施方案》，成立以周福局长为组长，唐剑山副局长为副组长的安全生产大检查领导小组。

9月17日上午　周福局长专程走访余姚市政府，与余姚市市长奚明就气象现代化建设、防雷减灾体制改革、气象防灾减灾等工作进行深入交谈。

9月23日　宁波市气象灾害防御指挥部办公室以甬气防指办发〔2015〕6号文印发《宁波市气象灾害应急预案操作手册》。

9月25日上午　浙江省气象局党组书记、局长黎健应余姚市委邀请，在余姚市委理论学习中心组学习(扩大)会议上作《气候变化、防灾减灾与生态文明》专题讲座。中共余姚市委副书记、市长奚明主持会议。

9月27日上午　宁波市委市政府召开台风“杜鹃”防御工作动员会，部署防台相关工作。省委常委、宁波市委书记刘奇等市领导出席会议。

10月8日　市气象局以甬气发〔2015〕30号文印发《宁波市气象部门编制外用工收入分配的指导意见》，规范和改革编制外用工的收入分配制度。

10月9日　宁波市气象灾害防御指挥部办公室向成员单位印发《气象灾害应急预案操作手册》，进一步明确气象灾害的分级标准和应急指挥部成员单位的职责，规范应急处置流程。

10月9日　市气象局召开“三严三实”专题教育第三专题学习研讨会，市局领导，机关各处室、各直属单位主要负责人参加会议。

10月12日　市气象局甬气发〔2015〕31号文决定撤销宁波市气象科普中心。

10月13—14日　全国地面气象观测业务专项检查组对宁波进行全面细致的检查，检查结果得到高度肯定，宁波顺利通过全国地面气象观测业务专项检查。

10月16日　北仑区气象局《北仑气象》手语节目正式开播。这是浙江省首个用手语播报气象的县(市)区气象局。鄞州区气象局和市气象服务中心联合制作的全市首个开播的高清电视天气预报节目《鄞州气象》《鄞州早间气象》《鄞州午间气象》在鄞州电视台高清频道正式播出。

10月19日　中国工程院院士咨询项目专家组来宁波调研自然灾害(气象、海洋、地质部分)影响监测与预警典型实况，共商气象灾害监测预警科技发展规划。市气象灾害防御指挥部成员单位参与调研、座谈。

10月27日下午　市经信委党委委员、副主任，市智慧办副主任杜永华一行调研宁波气象工作，双方就加强“智慧气象”建设进行深入探讨，共商“十三五”发展规划。

10月29日　宁波市各区县(市)气象局均建立党组，实现区县(市)气象局党组建设全覆盖。

11月3日　市气象局组织召开气象事业发展“十三五”规划思路评审会。浙江省气象局、省气科所、宁波市发改委、市规划发展研究院、市农业局和市海洋局等有关单位代表和专家参加会议。

11 月 3 日　市气象局以甬气发〔2015〕37 号文印发《关于做好第一批取消中央指定地方实施行政审批事项和清理规范第一批行政审批中介服务事项有关工作的通知》。

11 月 5—6 日　市人工影响天气领导小组办公室在鄞州区召开 2015 年度人工增雨空域协调会，对宁波人工增雨(火箭)作业空域使用和航管保障等有关事宜进行具体协商，并在鄞州区周公宅作业点开展作业演练。会议审议通过《2015 年度宁波市人工影响天气作业协调会纪要》。

11 月 7 日　刘建勇、何彩芬、顾思南、钱峥 4 人入选中共宁波市委组织部、宁波市人事劳动与社会保障局等 8 部门联合公布的 2015 年宁波市领军和拔尖人才工程各层次名单，其中刘建勇入选市领军和拔尖人才工程第一层次，何彩芬入选第二层次，顾思南、钱峥入选第三层次。

11 月 9 日　宁波市人大常委会主任王勇专题听取市气象局局长周福关于《宁波市气候资源和探测环境保护条例》立法有关情况汇报

11 月 10 日　市住建委、规划局、城管局和市气象局联合发布宁波市暴雨强度修订公式(甬建发〔2015〕216 号)。

11 月 12 日　宁波市政府应急办召集市委宣传部、市国土资源局、市旅游局、市民政局等 14 家和防灾减灾工作密切相关的单位，在市气象局召开中国气象频道(宁波应急)发布共建合作会议，力求把中国气象频道(宁波应急)打造成具有影响力的宁波市防灾减灾综合频道。

11 月 12 日　宁波市发改委发文《关于同意宁波市县域暴雨精细化监测预报预警工程项目建议书的复函》(甬发改审批〔2015〕569 号)，同意宁波市县域暴雨精细化监测预报预警工程项目立项。

11 月 12 日　宁波市安全生产委员会办公室发文要求各区县(市)人民政府和市级有关部门以加强气象灾害防御和防雷安全为抓手，切实做好《宁波市特殊天气劳动保护办法》贯彻落实工作。

11 月 20 日　宁波根据全国地面气象观测业务专项检查要求，基本完成各国家气象站观测场整改。

11 月 21—23 日　计划单列市气象局长联席会议在宁波召开。会议围绕气象“十三五”发展规划进行深入探讨。大连、青岛、厦门、深圳和宁波等五个计划单列市气象局局长、办公室主任、业务处处长和计财处处长参加会议。

11 月 28 日　2015 年度宁波市农业气象专家联盟咨询会在余姚召开。市农业科学研究院、市海洋与渔业研究院、市种植业管理总站、余姚市农业技术推广服务总站和余姚市气象局、宁波市气象台的多位农业、气象专家参加会议。

11 月 28 日　市气象局规范和改革编制外用工收入分配工作全面完成。

12 月 1 日　宁波市劳动竞赛委员会下发《关于表彰 2015 年宁波市技术能手的通报》，市气象台顾小丽和市气象服务中心吕劲文获“宁波市技术能手”荣誉称号，他们在第五届宁波市气象行业天气预报技能竞赛中分别获得个人全能第一名和第二名。

12月5日　市气象局与市文化广电新闻出版局就气象灾害监测预警信息发布工作达成协议，依托市县两级农村应急广播体系，建立市县一体化直达式气象监测预警信息发布系统，气象信息可即插即播到农村应急广播中。

12月9日下午　市气象局与市环保局举行座谈会，双方就进一步规范重污染天气联合预报预警工作及共同发布环境月报达成共识。

12月14日　市农业科学研究院、市海洋与渔业研究院、市种植业管理总站、余姚市农业技术推广服务总站、宁波市气象台和余姚市气象局的多位农业、气象专家共商审定出台《重大农业气象灾害天气过程联合调查办法》，初步达成气象为农示范点共建和项目合作的意向，明确重大农业气象灾害天气过程联合调查机制。

12月14日　市气象局举办《中国共产党廉洁自律准则》和《中国共产党纪律处分条例》宣讲报告会。各区县(市)气象局和市气象局各直属单位领导班子成员，市气象局职能处室主要负责人参加报告会。

12月17日　宁波防雷安全检测有限公司注册成功。这是市气象部门第一家走向市场开展防雷技术服务的防雷检测公司。

12月21日　周福局长带队到省气象局专题汇报《宁波气象发展"十三五"规划》。省气象局黎健局长、王仕星副局长、王东法副局长及相关职能处室、直属单位负责人听取汇报。

12月23日上午　市气象局举行2015年度领导干部述学述职述廉报告会。

12月29日　宁波旅游气象业务平台正式完成升级改版工作。升级后的业务平台增加适游度指数和旅游预警，建立旅游气象预报服务产品的制作和发布业务平台。

12月30日　中共宁波市气象局党组召开"三严三实"专题民主生活会，党组及其成员围绕"三严三实"专题教育主题，进行对照检查，并初步提出整改措施。

12月31日　中共宁波市气象局党组以甬气党发〔2015〕16号文向省气象局党组上报《关于2015年履行党风廉政建设主体责任情况的报告》。

12月31日　市气象局下发《宁波市气象部门关于节日期间严格遵守中央八项规定精神的通知》，部署加强节日期间党风廉政建设和反腐倡廉工作。

2016年

1月7日　浙江省气象局人事处《关于核定2015年宁波市气象局事业单位岗位数的函》(浙气人函〔2015〕97号)，核定2015年宁波市气象局事业岗位总数125名。

1月11日　宁波市气象灾害防御指挥部首次发布年度"十大天气气候与灾害事件"：(1)厄尔尼诺强，气候年景差；(2)一月暖意恍若春，四月再遇倒春寒；(3)二月阴雨连绵，春运返程难；(4)强对流来势汹，强风毁物雷灾频；(5)梅季遇"灿鸿"，雨量创历史；(6)七月现夏凉，雨多气温低；(7)"杜鹃"暴雨猛，多地受淹重；(8)连阴雨历史罕见，秋收冬种遇麻烦；(9)强寒潮席卷，气温骤降冬来早；(10)霾日有减少，形势仍严峻。此次评选内容首次突出气象灾害对社会的影响。人民网、中新社、网易以及《宁波日报》、《宁波晚报》、宁波电视台、宁波发布等十余家权威媒体到场。

1月14日　林静国副市长在听取周福局长汇报后要求气象部门继续加强灾害性天气的监测预报预警，要特别关注严寒天气对农业生产和交通运输的不利影响，千方百计保障民生安全。

同日　市种植业管理总站和市气象台联合发布《农业气象服务技术专报》，共同分析研判强寒潮对农业影响。

1 月 19 日　市委常委、常务副市长陈奕君召集相关部门研究部署防御强寒潮和雨雪冰冻工作，要求各部门高度重视做好强寒潮及雨雪冰冻应对工作，明确责任、各司其职、通力合作，将灾害的影响损失降到最低。

同日　市气象灾害防御指挥办公室下发文件，要求全市各地各部门切实做好强寒潮和雨雪冰冻应对工作。

同日　本市雪深观测系统正式投入运行，标志着降雪观测从人工观测跨入仪器自动观测时代。

1 月 21 日　省委常委、市委书记刘奇在市政府应急办雨雪冰冻应急指挥部召集相关部门部署防御强寒潮工作。强调，寒潮已经开始影响我市，必须分秒必争、全面动员，以对人民群众高度负责的精神，落实最严格的责任，采取最有力的措施，坚决打赢防灾抗灾救灾这场硬仗。市委常委、常务副市长陈奕君参加。

同日　市政府组织召开"应对寒潮及雨雪冰冻天气"新闻发布会，通报抗击寒潮，应对雨雪冰冻天气的最新情况。市应急办副主任张国良、市气象局副局长唐剑山及市交通委、市商务委、市城管局等相关部门领导出席发布会。

1 月 25 日　宁波市文明机关领导小组办公室下发《第九轮文明机关创建工作通报》，市气象局连续九轮被评为市级文明机关。

2 月 1 日　宁波市气象局获得全省气象部门综合考评第一名。市气象局连续八年蝉联考核优秀单位。

2 月 2 日　宁波市行政服务中心气象窗口荣获年度示范窗口。

2 月 3 日　市气象局召开安全生产领导小组会议，部署春节期间安全生产工作。

2 月 15—16 日　召开 2016 年全市气象局长会议。会议贯彻落实全国、全省气象局长会议精神和市委市政府相关工作部署，回顾 2015 年和"十二五"期间气象工作，分析"十三五"气象改革发展面临的形势和任务，部署 2016 年重点工作。市气象局党组书记、局长周福作题为《牢固树立"五大发展"理念，全面提升气象现代化水平》的工作报告。

2 月 16 日　召开全市气象部门党风廉政建设工作会议。市气象局党组成员、纪检组长葛敏芳作工作报告。市气象局党组书记、局长周福作重要讲话，并与到会领导干部进行集体廉政谈话。

2 月 22 日　宁波市十四届人大第六次会议和市政协十四届五次会议召开。"推进应急指挥平台和防灾减灾体系建设，完善突发事件应对机制，促进巨灾保险更加惠民"等写入政府工作报告，列入 2016 年市政府重点工作内容。

2 月 26 日　市气象局综合档案室获评第二批市级机关规范化综合档案室。

3 月 2 日　陈智源副局长带队走访宁波市农业科学研究院和宁波市高新农业技术实验园区，与市农科院书记李千火、副院长王毓洪就科技合作、互帮互学等进行深入探讨。

3 月 9 日　市气象局党组成员、纪检组长葛敏芳一行专程走访市直机关纪工委，向纪工委书记戴雪恩汇报工作。

3月11日　市气象局结合全市气象部门职业道德教育月和党风廉政宣传教育月活动，按照“重学习、补短板、抓落实”主题和“专题先进模范宣传”重点内容，举行职业道德宣传教育报告会。

同日　市人影办组织2016年度人工增雨作业人员培训及火箭发射系统检定。全市气象、武警、林业等部门80多名人工增雨作业人员参加培训，并对所有在用WR型火箭发射系统进行集中检定。

3月16日　宁波市人大常委会法工委、农业农村工委和市法制办组成调研组，专程赴慈溪进行《宁波市气候资源开发利用与保护条例》立法调研。

3月17日　市气象局派员携带8台流动气象科普设施到海曙区镇明中心小学开展气象科普活动，让学生不出校门“零距离”感知气象。为纪念世界气象日，市气象局积极开展气象科普进宁波大学、进柳锦社区、进幼儿园等系列活动。

3月22日　中国科学院张人禾院士、国家气象中心原主任章国材、清华大学教授王斌等一行在甬参加国家科技支撑计划项目“全球中期数值预报技术开发及应用”会议期间，专程到市气象局检查指导工作。

3月24日　召开2016年度全市气象业务工作会议，着重就气象防灾减灾、基础业务质量、现代化建设、深化气象改革、城乡两个体系、公共气象服务、监测网络、科研和八大气象中心产品等方面工作进行部署。

3月28日　在宁波电视台高清频道播出的《早间气象》《午间气象》《旅游气象》《天气预报》《看看看之天气连线》等5档气象节目同步升级改版。

4月8日　省气象局副局长王东法到宁海县气象局检查指导汛前工作准备情况，并就宁波进一步加快业务服务能力建设提出要求。

4月14日　市防指副总指挥、市气象局局长周福在市防汛防旱指挥部成员单位会议暨防汛工作视频会议上汇报今年汛期天气趋势预测。市防指总指挥、副市长林静国部署防汛防台防旱工作。

4月17日　宁波新一代天气雷达升级改造及相关配套设施修缮工作全面完成。雷达技术性能指标均达到同型号最新批次标准。

4月20日　宁波市质量技术监督局发布2016年第一批地方标准规范制定项目计划，市气象台《巨灾保险理赔暴雨判定规范》入列。

4月21日　林静国副市长在全市防汛工作会议上，听取市气象局周福局长关于近期降水情况的汇报后，要求市气象部门进一步加强监测和预报预警服务，不断强化与国土、水利等部门的联合会商，切实加强值班值守，全力做好强降水防范工作。

同日　市气象局与市农科院签署合作协议，双方合作共建气象为农服务示范基地，共同开展农业气象科学研究。市气象局局长周福与市农科院党委书记李千火出席会议。

同日　市气象局党组成员、纪检组长葛敏芳一行专程走访奉化市纪委，听取奉化市纪委对奉化气象工作的意见和建议。

4月26日　省气象局组织召开宁波市率先基本实现气象现代化预验收会。专家组听取周福局长作的宁波市率先基本实现气象现代化试点工作汇报和市社科院作的评估报告，认为宁波市率先基本实现气象现代化试点工作组织有力，措施扎实，成效显著，已率先基本实现气象现代化，一致同意通过预验收。中国气象局现代办常务副主任、科技司副司长王金星，省气象局副局长王东法，以及上海市气象局、浙江省政府办公厅、省应急办、省科技厅、省财政厅、省统计局和省气象局有关专家参加验收会。宁波市政府副秘书长金伟平到会致辞。

4 月 27 日　中国气象局现代办常务副主任、科技司副司长王金星一行在周福局长陪同下检查指导鄞州区气象局现代化建设工作。

5 月 3 日　市气象局召开“两学一做”学习教育动员部署会暨专题党课报告会。市气象局党组书记、局长周福进行“两学一做”学习教育动员部署并带头讲授专题党课。

5 月 9 日　市气象局组织召开《宁波市气象发展“十三五”规划》专家评审会。专家组听取周福局长关于《规划》编制情况和主要内容的汇报，认为《规划》紧扣国家气象发展战略要求和宁波经济社会发展需求，编制依据充分、目标清晰、任务详实、项目可行、措施有力，具有较强的科学性和前瞻性，一致同意通过评审。中国工程院院士许健民，中国气象局观测司司长王劲松，国家卫星气象中心主任杨军，以及国家气象中心、浙江省气象局、中国科学院遥感所和中国科学技术大学等单位专家和代表参加论证会，省气象局副局长王东法主持评审会。

5 月 10 日　中国气象局综合观测司司长王劲松、国家卫星气象中心主任杨军一行在省气象局副局长王东法陪同下到鄞州区气象局检查指导工作。

5 月 11 日　《宁波市精细化气候资源分布特征》一书由气象出版社正式出版发行。该书由宁波市副市长林静国作序。

5 月 13 日　宁波气象影视与科普中心首次获中国气象频道 2015 年度新闻综合三等奖。

5 月 20 日　市气象局邀请宁波大学徐定宝教授作题为《“心学”大家王阳明及其文化精神》的文化讲座。

同日　召开全市气象部门青年干部职工座谈会。各区县(市)气象局、市气象局各直属单位及机关处室青年干部职工代表 30 余人围绕“责任 · 成长”主题畅所欲言。

5 月 25 日　市气象局第 17 次组织开展“慈善一日捐”活动，135 名职工参加募捐，参与率达 84%。共募得善款 15700 元。

5 月 25—26 日　宁波市法制办组织市发改委、市气象局赴北仑、象山召开《宁波市气候资源开发利用和保护条例(讨论稿)》征求意见座谈会，并开展气候资源开发利用和保护立法调研。

5 月 28—29 日　宁波市委副书记、代市长、市政协主席唐一军对做好当前降雨及次生灾害防范工作做出重要批示，要求各地各单位落实好各项工作措施，确保人民群众生命财产安全。

6 月 3 日　市气象局首次举行消防灭火演练。市气象局机关各处室、各直属单位在岗干部职工共 121 人参加演练。

6 月 5 日　市气象局参加市安委会组织的“安全生产月”天一广场大型宣传咨询活动。共展出宣传展板 8 块，发放各类安全生产材料 1200 余份，提供专业咨询服务 1500 余人次。

6 月 8 日　市气象台首次发布冰雹橙色预警信号。宁波市鄞州横街、江北慈城和洪塘等地相继出现直径1厘米左右的小冰雹。

6月15日　市委副书记、代市长唐一军，副市长林静国等市领导在听取周福局长汇报后，要求市气象局密切监视天气变化，加强监测预报和会商分析，为相关调度部署提供科学决策依据。

6月17日　市气象局下发通知，要求各单位紧密结合当前安全生产工作严峻形势，切实加强雷电灾害防御工作，进一步加强港区危险货物仓储、堆场防雷安全监管工作，平安护航G20峰会。

6月22日　市气象局召开《宁波气象志(2000—2015)》编纂工作动员部署会，正式启动《宁波气象志(2000—2015)》编纂工作。编纂委员会主任周福主持会议，各直属单位、机关各处室主要负责人参加会议。

6月23日　宁波市人大常委会副主任王建康、农业与农村工委主任钱政听取《宁波市气候资源开发利用与保护条例》立法工作专题汇报。周福局长对《条例》立法工作推进情况与下一步工作思路进行汇报；唐剑山副局长对《条例》起草过程、征求意见及调研、框架与主要制度、重点问题等方面作具体汇报。

7月1日　2016全省防雷改革推进会在宁波召开，省气象局副局长王仕星出席会议。省气象局法规处、人事处以及各地市气象局分管局长、法规处处长和防雷中心主任参加会议。

7月2日　王仕星副局长一行在周福局长陪同下到北仑区气象局调研指导防雷工作。

7月5日　市气象局召开《宁波气象志(2000—2015)》编纂工作会议，研讨编纂工作实施方案，明确各单位任务分工及时间节点。

7月6日　市委副书记、代市长唐一军，副市长林静国听取市气象局周福局长关于今年第1号台风"尼伯特"的趋势预测汇报，要求密切关注台风动向，加强监测预报预警，早部署，早准备，最大程度降低灾害损失。

同日　宁波市防汛防台防旱指挥部召开防汛防台工作会议，传达全省防汛防台视频会议精神，再次全面动员部署宁波防汛防台工作。

7月8日　市气象局出台《宁波市气象部门干部职工个人有关事项请示报告规定(试行)》，进一步明确全市气象部门在职干部职工需要请示报告的个人有关事项。

7月10日　宁波市委副书记、代市长唐一军在防台会议上听取周福局长的汇报后要求气象部门继续毫不松懈抓好监测预报预警工作，各部门要坚决克服台风登陆后的麻痹松懈思想，努力将台风灾害损失降到最低。

7月14日　宁波市人大常委会主任王勇、副主任王建康专题听取《宁波市气候资源开发利用与保护条例》立法工作汇报，对《条例》立法工作表示肯定。周福局长对《条例》立法工作推进情况、主要框架和内容、立法创新点以及重点问题进行详细汇报。

7月20日　林静国副市长专题听取市气象局周福局长有关上半年工作情况及下半年工作思路的汇报，高度评价气象部门为重大活动和重点工程所提供的优质气象服务保障，并要求再接再厉，狠抓落实，积极推进更高层次的气象现代化。

同日　召开全市气象部门庆祝中国共产党建党95周年暨"一先两优"表彰大会。市气象局党组成员、副局长陈智源代表市局党组讲话，局党组成员、副局长唐剑山宣读中共宁波市气象局党组表彰决定。

7 月 22 日　宁波中北部地区最高气温达 38℃左右，局部地区 39℃以上。市气象台于 9 时 15 分发布今夏首个高温橙色预警信号。

7 月 25 日　市行政服务中心气象窗口在 2015 年度综合考核中获 90.5 分，被评为年度示范窗口。2 人被评为年度优质服务标兵，3 人被评为窗口服务之星。

7 月 26 日　市气象局与市卫计委签署合作备忘录，双方就信息共享、科研合作、应急联动、信息发布等方面达成全面合作意向，明确将逐步建立健康大数据和气象大数据共享机制，为相关多发疾病及重大传染性疾病开展预报预警服务。

7 月 27 日　市气象局业务人员首次利用 FY-3B/VIRR 数据制作宁波市地表温度空间分布专题图和宁波城市热岛监测图，并发布气象卫星地表高温监测报告。

7 月 27—28 日　2016 年浙江省气象局党组中心组学习(扩大)会议暨气象工作半年通报会在宁波召开。林静国副市长会见省气象局局长黎健，双方共商宁波气象事业发展大计，就加快推进气象现代化试点工作，落实气象“十三五”规划编制，以及做好当前高温干旱台风等汛期气象服务进行商讨。

8 月 2 日　宁波市防雷中心《城市轨道交通防雷装置检测技术规范》正式列入宁波市质量技术监督局 2016 年第二批地方标准规范制定项目计划。

8 月 8 月 22—23 日　市气象局召开 2016 年党组中心组(扩大)学习会暨气象工作半年通报会。周福局长作重要讲话。各位局领导分别就防雷改革、气象现代化建设、“十三五”规划、公共财政保障和气象科技创新等工作做出部署；各区县(市)气象局，市气象各直属单位、机关各处室主要负责人参加会议并作交流发言。

8 月 29 日　宁波市十四届人大常委会第三十四次会议(一审)通过《宁波市气候资源开发利用和保护条例(草案)》(以下简称《条例(草案)》)。市气象局周福局长列席会议，并代表市政府向大会作《条例(草案)》立法说明的报告。

8 月 29—30 日　中国气象局副局长矫梅燕调研指导宁波气象工作，浙江省气象局局长黎健陪同。矫梅燕一行到宁波机场慰问人工影响天气机组作业人员，要求全力以赴做好 G20 峰会期间的气象保障工作。矫梅燕还实地调研市气象服务中心、气象台、保障中心，在听取周福局长的工作汇报后，强调紧紧抓住气象现代化建设这条主线，瞄准智慧气象的发展，紧密结合防灾减灾，推进更高水平的气象现代化建设。调研期间，矫梅燕还赴鄞州区气象局检查指导工作。

9 月 5 日　《宁波地质灾害气象风险预警方法与实践》由气象出版社正式出版发行。

9 月 15 日　针对第 14 号台风“莫兰蒂”今晨登陆厦门后带来的外围影响，以及第 16 号台风“马勒卡”所带来的风雨影响，省委常委、宁波市委书记唐一军两次作出批示，要求全市各级各部门认真汲取 2013 年“菲特”台风的经验教训，加强防范，落实措施，严阵以待。要求气象部门密切监视台风动态，加强会商研判，及时预报预警，全力以赴做好防御台风各项工作。

9 月 19 日　宁波电视台高清频道《天气预报》手语节目正式开播。每周一与《天气预报》同步播出。

9 月 21 日　《天气预报科学应用——宁波气象谭》由气象出版社正式出版发行。本书列入宁波市科协 2016 年科普项目，重点介绍气象防灾减灾相关知识，集欣赏与科学知识普及于一体。

9月23日 宁波市代表队在"2016年浙江省气象监测预警职业技能竞赛"获得团体总分第一名;宁海周溥佳获个人全能第一名(一等奖)。省人力资源和社会保障厅、省总工会分别授予周溥佳、郑健"浙江省技术能手"和"浙江金蓝领"荣誉称号。

9月27日 宁波市发展和改革委员会与宁波市气象局联合印发《宁波市气象发展"十三五"规划》,明确今后五年宁波气象发展的七大任务:一是提升气象防灾减灾能力,保障平安宁波建设;二是强化公共气象服务能力,保障港口经济圈建设;三是加强生态气象服务能力,服务绿色宁波建设;四是提高气象预报预测水平,以宁波智慧城市建设为契机大力推动本地化、特色化"智慧气象"建设;五是努力构建核心技术、开放高效的气象科技创新和人才体系,融入区域创新中心;六是深化改革促进社会管理,推进气象法治建设;七是加强气象探测环境保护,完善台站基础建设。《规划》提炼了"一云三网五平台八中心"的智慧气象(一期)工程和气象台站探测环境保护与基础设施建设工程。

10月20—21日 宁波市人影办在北仑区召开2016年度宁波市人工影响天气空域协调会。市政府办公厅、市人影办、民航空管部门、各区县(市)气象局等单位出席会议。

10月26日 宁波市气象局制作的视频节目《应急风向标》,获宁波市人民政府办公厅举办的"应急知识视频短片评比活动"第一名。

11月1日 市气象局机关及各直属单位办公室全面启用以"8918"开头的党政普网—白机电话。

11月3日 宁波市气象应急指挥车正式投入业务使用,为人工影响天气、自然灾害事故、突发应急事件等提供气象应急保障服务。

11月5日 全市气象系统第二十届职工运动会召开。市气象局二队(气象服务中心)获团体第一名,市气象局三队(防雷中心+核算中心)获团体第二名,奉化市气象局和北仑区气象局获团体并列第三名。

11月18日 中共宁波市委组织部、宁波市人力资源和社会保障局、宁波市科学技术协会联合下发《关于将部分科普教育基地列入公务员培训现场教学的通知》(甬人社发〔2016〕109号),鄞州区气象科技馆被列为9个公务员培训现场教学点之一。

11月22日 市气象台推出"体感温度""相对湿度预报"等服务产品,新增"石浦港区预报"和石浦——鹤浦、象山台宁——宁海伍山两条航线预报,至此,港区预报增加到5个,航线预报增至5条。

11月29日 宁波市人民政府办公厅发文《关于进一步加强防雷安全工作推进气象事业发展的通知》(甬政办发〔2016〕168号),要求各区县(市)人民政府、市直及部省属驻甬单位强化气象事业保障,切实抓好气象防雷减灾工作,积极推进气象事业发展。

12月8日 海曙区副区长毛孟军专程赴市气象局,与周福局长就推动海曙区本级气象灾害防御、完善基层气象防灾减灾体系、加快气象机构(海曙区气象局)建设等工作进行深入探讨。

12月9日 林静国副市长专题听取市气象局周福局长汇报2016年工作情况和2017年工作思路,要求气象部门立足天气气候异常,千方百计做好气象预报预警服务工作,加强灾害性天气的监测预警,为宁波经济社会平稳发展提供优质的气象保障。

12 月 12 日　市气象局在海曙区广安社区召开全市气象防灾减灾标准化社区(村)创建工作现场会。各区县(市)气象局分管领导、减灾科长和部分 2017 年拟创建气象防灾减灾标准化村(社区)负责人参会。

12 月 20 日　《中国气象报》头版刊登《夯实国际港口城市发展根基——宁波市率先基本实现气象现代化试点工作述评》,详细介绍宁波共建共享,积极探索出一条具有宁波特色的气象现代化发展之路。

12 月 27 日　市十四届人大常委会第三十六次会议(二审)通过《宁波市气候资源开发利用和保护条例(草案)》。市气象局局长周福列席会议。

同日　宁波市编委办批复市气象灾害应急预警中心增挂市突发事件预警信息发布中心牌子,增设预警发布科,增加中层领导职数 1 名,核定 3 名调剂编制。

12 月 28 日　浙江省气象局批复《宁波市气象局直属单位机构调整方案》。宁波市防雷中心改建并更名为宁波市气象安全技术中心(宁波市防雷中心);宁波市气象服务中心加挂宁波气象影视与科普中心牌子;成立宁波市生态环境气象中心,加挂宁波市气候中心牌子;宁波市气象局后勤服务中心更名为宁波市气象局机关服务中心,加挂宁波市气象局财务核算中心牌子;保留宁波市气象台、宁波市气象网络与装备保障中心。调整后市气象局直属单位仍设 6 个正处级国家气象事业单位。

12 月 30 日　市气象局举行 2016 年度领导干部述责述职述廉述学报告会,市局领导、各区县(市)气象局局长、市气象局各直属单位主要负责人在报告会上分别用 PPT 进行述责述职述廉述学。市局本级全体干部职工参加报告会,并对述职对象进行民主测评。

三、重要文件辑录

宁波市气象灾害预警信号发布与传播管理办法

(宁波市人民政府第 131 号令)

第一条　为规范气象灾害预警信号(以下简称预警信号)的发布与传播,有效防御和减轻气象灾害,保护国家和人民生命财产安全,根据《中华人民共和国气象法》等有关法律法规,结合本市实际,制定本办法。

第二条　在本市行政区域内发布与传播预警信号,应当遵守本办法。

第三条　本办法所称预警信号,是指市和县(市)、区气象主管机构所属的气象台站为有效防御和减轻突发气象灾害而向社会公众发布的预警报信息。

预警信号由名称、图标和含义三部分构成。

预警信号共分为台风、暴雨、高温、寒潮、大雾、雷雨大风、大风、沙尘暴、冰雹、雪灾、道路积冰等十一类,预警信号的种类和具体分级,详见附件。

预警信号总体上分为四级(Ⅳ,Ⅲ,Ⅱ,Ⅰ级),按照灾害的严重性和紧急程度,预警信号颜色依次为蓝色、黄色、橙色和红色，同时以中英文标识，分别代表一般、较重、严重和特别严重。

第四条 市气象主管机构负责全市预警信号发布与传播的管理工作。

县(市)和区气象主管机构负责本辖区内的预警信号发布与传播的管理工作。

新闻出版、广播电视、信息、电力等部门应当按照各自的职责，协同做好预警信号的发布与传播工作。

第五条 全市的预警信号由市气象台统一发布。县(市)和区气象台站需要发布本地区预警信号的，应当在市气象台的指导下，按照职责发布。

其他任何组织和个人不得向社会公众发布预警信号。

第六条 市和县(市)、区气象台站应提高对灾害性天气的预报准确率，及时通过广播、电视、互联网等传播媒体和信息服务单位发布预警信号，并根据天气变化情况及时更新或者解除预警信号，同时通报本级人民政府。

第七条 传播媒体和信息服务单位播发预警信号的，应当使用所属气象台站直接提供的适时预警信号信息，不得转播、转载其他来源的预警信号。

第八条 广播、电视台在节目播出时段内收到气象台站发布的预警信号后，应当在15分钟内对外播发；广播、电视台在节目播出时段外收到气象台站发布的预警信号后，应当及时对外播发。

其他传播媒体和信息服务单位在收到气象台站发布的预警信号后，应当15分钟内对外播发。

第九条 传播媒体和信息服务单位播发预警信号时，应当使用规定的预警信号名称、图标、正确说明其含义及相关防御指南，同时说明发布预警信号的气象台站的名称和发布时间。

第十条 广播、电视台播发蓝色、黄色预警信号的频率，每小时应当不少于2次，播发橙色预警信号每小时不少于4次、红色预警信号每小时不少于6次。

第十一条 交通、城市管理、水利、教育、民政、海洋与渔业等部门应根据职责和预警信号分类等级制定本部门防御气象灾害的预案，并根据预警信号等级，启动相关应急预案，及时采取防御措施，避免或减少气象灾害造成的损失。

第十二条 传播媒体和信息服务单位违反本办法第五条、第七条规定，擅自发布预警信号或转播、转载其他来源的预警信号的，由所在地气象主管机构责令其立即改正，给予警告，并可处1000元以上10000元以下的罚款；情节严重的，处10000元以上50000元以下的罚款。

第十三条 传播媒体和信息服务单位违反本办法规定，有下列行为之一的，由所在地的气象主管机构依法责令其立即改正，给予警告，并可处200元以上2000元以下的罚款：

(一)违反本办法第八条规定，拒不播发或拖延播发预警信号的；

(二)违反本办法第九条规定，未使用规定的预警信号名称、图标，未正确说明其含义及相关防御指南，或未说明发布预警信号的气象台站的名称和发布时间的。

第十四条 气象主管机构及其所属气象台站的工作人员由于玩忽职守，导致重大漏报、错报灾害性天气警报的，依法给予行政处分；致使国家利益和人民生命财产遭受重大损失，构成犯罪的，依法追究刑事责任。

第十五条 本规定自2005年9月10日起施行。

附件

宁波市气象灾害预警信号分类等级及防御指南

序号	信号名称	信号分级与图标	信号含义	防御指南
一	台风预警信号	蓝 BLUE	24小时内可能受热带低压影响，平均风力可达6级以上，或阵风7级以上；或者已经受热带低压影响，平均风力为6－7级，或阵风7—8级，并可能持续	1. 做好防风准备，有关部门启动防御工作预案； 2. 注意有关媒体报道的热带低压最新消息和有关防风通知； 3. 固紧门窗 、围板、棚架、户外广告牌、临时搭建物等易被风吹动的搭建物，妥善安置易受热带低压影响的室外物品
		黄 YELLOW	24小时内可能受热带风暴或强热带风暴、台风影响，平均风力可达8级以上，或阵风9级以上；或者已经受热带风暴影响，平均风力为8－9级，或阵风9—10级，并可能持续	1. 进入防风状态，有关部门启动防御工作预案； 2. 关紧门窗，处于危险地带和危房中的居民，以及船舶应到避风场所避风，高空、滩涂、水上等户外作业人员应停止作业，危险地带工作人员应及时撤离，露天集体活动应及时停止，并做好人员疏散工作； 3. 危险的户外电源应及时切断。 其他同台风蓝色预警信号
		橙 ORANGE	12小时内可能受强热带风暴或台风影响，平均风力可达10级以上，或阵风11级以上；或者已经受强热带风暴影响，平均风力为10—11级，或阵风11—12级，并可能持续	1. 进入紧急防风状态，有关部门启动防御工作预案，应急处置与抢险单位应加强值班，密切监视灾情，落实应对措施； 2. 居民切勿随意外出，确保老人小孩留在家中最安全的地方； 3. 室内活动应及时停止，并做好人员疏散工作； 4. 加固港口设施，防止船只走锚、搁浅和碰撞。 其他同台风黄色预警信号
		红 RED	6小时内可能受台风影响，平均风力可达12级以上；或者已经受台风影响，平均风力已达12级以上，并可能持续	1. 进入特别紧急防风状态 ，有关部门启动防御工作预案 ，应急处置与抢险单位随时准备启动抢险应急方案； 2. 人员应尽可能待在防风安全地方 ，当台风中心经过时风力会减小或静止一段时间 ，切记强风将会突然吹袭，应继续留在安全处避风。 其他同台风橙色预警信号
二	暴雨预警信号	黄 YELLOW	6小时降雨量将达50毫米以上，或已达50毫米以上，并可能持续	1. 有关部门根据情况启动防御工作预案； 2. 居民应及时收盖露天晾晒物品； 3. 低洼、易受淹地区要做好排水防涝工作； 4. 驾驶人员应注意道路积水和交通阻塞，确保安全
		橙 ORANGE	3小时降雨量将达50毫米以上，或已达50毫米以上，并可能持续	1. 有关部门根据情况启动防御工作预案，加强值班，密切监视灾情； 2. 居民应暂停在空旷地方户外作业，尽可能停留在室内或者安全场所避雨，危险地带以及危房居民应及时转移到安全场所避雨； 3. 积水地区应注意交通安全，必要时实行交通引导或管制。 其他同暴雨黄色预警信号
		红 RED	3小时降雨量将达100毫米以上，或已达100毫米以上，并可能持续	1. 有关部门根据情况启动防御工作预案，应急处置与抢险单位随时准备启动抢险应急方案； 2. 居民应留在安全处所，户外人员和处于危险地带的人员应停止作业，立即转移到安全地方暂避。 其他同暴雨橙色预警信号

续表

序号	信号名称	信号分级与图标	信号含义	防御指南
三	高温预警信号	橙 ORANGE	24 小时内最高气温将升至 37℃以上	1. 有关部门应根据高温情况启动相关防御工作预案，注意防范电力设备负载过大而引发的事故； 2. 市民应注意作息时间，保证睡眠，必要时准备一些常用防暑降温药品； 3. 尽量避免午后高温时段户外活动，对老、弱、病、幼人群及户外或高温条件下作业人员应采取必要的防护措施； 4. 媒体应加强防暑降温保健知识宣传
		红 RED	24 小时内最高气温将升至 40℃以上	1. 有关部门应根据高温情况启动相关防御工作预案，特别要注意高温引发的火险火灾事故； 2. 注意防暑降温，白天尽量减少户外活动； 3. 建议停止户外露天作业。 其他同高温橙色预警信号
四	寒潮预警信号	蓝 BLUE	24 小时内最低气温将下降 8℃以上，最低气温≤4℃，平均风力可达 6 级以上，或阵风 7 级以上；或者已经下降 8℃以上，最低气温≤4℃，平均风力达 6 级以上，或阵风 7 级以上，并可能持续	1. 有关部门根据情况启动防御工作预案； 2. 居民要注意添衣保暖，要留意有关媒体报道大风降温的最新信息，以便采取进一步措施； 3. 农林作物及水产养殖应采取一定的防寒和防风措施； 4. 固紧门窗、围板、棚架、户外广告牌、临时搭建物等易被大风吹动的搭建物，妥善安置易受寒潮大风影响的室外物品； 5. 船舶应到避风场所避风，高空、水上等户外作业人员应停止作业
		黄 YELLOW	24 小时内最低气温将下降 12℃以上，最低气温≤4℃，平均风力可达 6 级以上，或阵风 7 级以上；或者已经下降 12℃以上，最低气温≤4℃，平均风力达 6 级以上，或阵风 7 级以上，并可能持续	1. 有关部门根据情况启动防御工作预案； 2. 做好人员（尤其是老弱病人）防寒保暖和防风工作； 3. 做好牲畜、家禽的防寒防风工作，对易受低温冻害的农林作物采取相应防御措施。 其他同寒潮蓝色预警信号
		橙 ORANGE	24 小时内最低气温将下降 16℃以上，最低气温≤0℃，平均风力可达 6 级以上，或阵风 7 级以上；或者已经下降 16℃以上，最低气温≤0℃，平均风力达 6 级以上，或阵风 7 级以上，并可能持续	1. 有关部门根据情况启动防御工作预案； 2. 加强人员（尤其是老弱病人）的防寒保暖和防风工作； 3. 进一步做好牲畜、家禽的防寒保暖和防风工作； 4. 农林、水产等产业要积极采取防霜冻、冰冻和大风措施。 其他同寒潮黄色预警信号
五	大雾预警信号	黄 YELLOW	12 小时内可能出现能见度＜500 米的浓雾；或者已经出现 200 米≤能见度＜500 米的浓雾，并可能持续	1. 有关部门根据情况启动防御工作预案； 2. 驾驶人员应注意浓雾变化，小心行驶； 3. 机场、高速公路、轮渡码头应注意交通安全

续表

序号	信号名称	信号分级与图标	信号含义	防御指南
五	大雾预警信号	橙 ORANGE	6 小时内可能出现能见度＜200 米的浓雾；或者已经出现 50 米≤能见度＜200 米的浓雾，并可能持续	1. 有关部门根据情况启动防御工作预案； 2. 居民需适当防护因浓雾引起的空气质量明显降低； 3. 能见度较低，驾驶人员应控制速度，确保安全； 4. 机场、高速公路、轮渡码头等应采取措施，保障交通安全
		红 RED	2 小时内可能出现能见度＜50 米的强浓雾；或者已经出现能见度＜50 米的强浓雾，并可能持续	1. 有关部门根据情况启动防御工作预案； 2. 受强浓雾影响地区的机场暂停飞机起降，高速公路和轮渡码头等暂时封闭或者停航； 3. 各类机动交通工具应采取有效措施保障安全
六	雷雨大风预警信号	蓝 BLUE	6 小时内可能受雷雨大风影响，平均风力可达 6 级以上，或阵风 7 级以上并伴有雷电；或者已经受雷雨大风影响，平均风力已达 6－7 级，或阵风 7－8 级并伴有雷电，并可能持续	1. 做好防雷雨大风准备，有关部门根据情况启动防御工作预案； 2. 注意有关媒体报道的雷雨大风最新消息和有关防风通知； 3. 固紧门窗、围板、棚架、户外广告牌、临时搭建物等易被风吹动的搭建物，人员应尽快离开临时搭建物，妥善安置易受雷雨大风影响的室外物品
		黄 YELLOW	6 小时内可能受雷雨大风影响，平均风力可达 8 级以上，或阵风 9 级以上并伴有强雷电；或者已经受雷雨大风影响，平均风力为 8－9 级，或阵风 9－10 级并伴有强雷电，并可能持续	1. 进入防雷雨大风状态，有关部门根据情况启动防御工作预案； 2. 关紧门窗，危险地带和危房居民以及船舶应到避风场所避风雨，千万不要在树下、电杆下、塔吊下避雨，出现雷电时应当关闭手机； 3. 危险的户外电源应及时切断； 4. 高空、滩涂、水上等户外作业人员停止作业，危险地带人员撤离，停止露天集体活动，做好有关人员疏散工作。 其他同雷雨大风蓝色预警信号
		橙 ORANGE	2 小时内可能受雷雨大风影响，平均风力可达 10 级以上，或阵风 11 级以上，并伴有强雷电；或者已经受雷雨大风影响，平均风力为 10－11 级，或阵风 11－12 级并伴有强雷电，并可能持续	1. 进入紧急防雷雨大风状态，有关部门根据情况启动防御工作预案，应急处置与抢险单位随时准备启动抢险应急方案； 2. 居民切勿随意外出，确保老人小孩留在家中最安全的地方； 3. 加固港口设施，防止船只走锚、搁浅和碰撞。 其他同雷雨大风黄色预警信号
		红 RED	2 小时内可能受雷雨大风影响，平均风力可达 12 级以上并伴有强雷电；或者已经受雷雨大风影响，平均风力为 12 级以上并伴有强雷电，且可能持续	1. 进入特别紧急防雷雨大风状态，有关部门根据情况启动防御工作预案； 2. 应急处置与抢险单位随时准备启动抢险应急方案。 其他同雷雨大风橙色预警信号

续表

序号	信号名称	信号分级与图标	信号含义	防御指南
七	大风预警信号	蓝 BLUE	24 小时内可能受大风影响，平均风力可达 6 级以上，或阵风 7 级以上；或者已经受大风影响，平均风力为 6—7 级，或阵风 7—8 级，并可能持续	1. 做好防风准备，有关部门根据情况启动防御工作预案； 2. 注意有关媒体报道的大风最新消息和有关防风通知； 3. 固紧门窗、围板、棚架、户外广告牌、临时搭建物等易被风吹动的搭建物，妥善安置易受大风影响的室外物品
		黄 YELLOW	12 小时内可能受大风影响，平均风力可达 8 级以上，或阵风 9 级以上；或者已经受大风影响，平均风力为 8—9 级，或阵风 9—10 级，并可能持续	1. 进入防风状态，有关部门根据情况启动防御工作预案； 2. 关紧门窗，危险地带和危房居民以及船舶应到避风场所避风，高空、滩涂、水上等户外作业人员停止作业； 3. 危险的户外电源应及时切断； 4. 停止露天集体活动，做好人员安全疏散工作。 其他同大风蓝色预警信号
		橙 ORANGE	6 小时内可能受大风影响，平均风力可达 10 级以上，或阵风 11 级以上；或者已经受大风影响，平均风力为 10—11 级，或阵风 11—12 级，并可能持续	1. 进入紧急防风状态，有关部门根据情况启动防御工作预案，应急处置与抢险单位应加强值班，密切监视灾情，落实应对措施； 2. 居民切勿随意外出，确保老人小孩留在家中最安全的地方； 3. 加固港口设施，防止船只走锚、搁浅和碰撞。 其他同大风黄色预警信号
		红 RED	6 小时内可能出现平均风力达 12 级以上的大风；或者已经出现平均风力达 12 级以上的大风，并可能持续	1. 进入特别紧急防风状态，有关部门根据情况启动防御工作预案； 2. 应急处置与抢险单位随时准备启动抢险应急方案。 其他同大风橙色预警信号
八	冰雹预警信号	橙 ORANGE	6 小时内可能出现冰雹伴随雷电天气，并可能造成雹灾	1. 有关部门根据情况启动防御工作预案； 2. 居民应注意天气变化，老人小孩请勿轻易外出，户外人员不要进入孤立棚屋、岗亭等建筑物或大树底下，出现雷电时应关闭手机； 3. 农作物要做好防御工作，牲畜、家禽等应及时赶到带有顶篷的安全场所； 4. 妥善安置易受冰雹影响的室外物品，做好防雹和防雷电准备
		红 RED	2 小时内出现冰雹伴随雷电天气的可能性极大，并可能造成严重雹灾	1. 有关部门根据情况启动防御工作预案，应急处置与抢险单位随时准备启动抢险应急方案； 2. 户外行人应立即到安全地方躲避。 其他同冰雹橙色预警信号
九	沙尘暴预警信号	黄 YELLOW	24 小时内可能出现沙尘暴天气（能见度小于 1000 米）；或者已经出现沙尘暴天气，并可能持续	1. 有关部门根据情况启动防御工作预案； 2. 做好防风防沙准备，及时关闭门窗； 3. 注意携带口罩、纱巾等防尘用品，以免沙尘对眼睛和呼吸道造成损伤； 4. 做好精密仪器的密封工作； 5. 固紧门窗、围板、棚架、户外广告牌、临时搭建物等易被风吹动的搭建物，妥善安置易受沙尘暴影响的室外物品

续表

序号	信号名称	信号分级与图标	信号含义	防御指南
九	沙尘暴预警信号	橙 ORANGE	12小时内可能出现强沙尘暴天气(能见度小于500米);或者已经出现强沙尘暴天气,并可能持续	1. 有关部门根据情况启动防御工作预案; 2. 用纱巾蒙住头防御风沙的行人要保证有良好的视线,注意交通安全; 3. 注意尽量少骑自行车,刮风时不要在广告牌、临时搭建物和老树下逗留,驾驶人员注意沙尘暴变化,小心驾驶; 4. 机场、高速公路、轮渡码头等应注意交通安全; 5. 各类机动交通工具应采取有效措施保障安全。 其他同沙尘暴黄色预警信号
		红 RED	6小时内可能出现特强沙尘暴天气(能见度小于50米);或者已经出现特强沙尘暴天气,并可能持续	1. 有关部门根据情况启动防御工作预案,应急处置与抢险单位随时准备启动抢险应急方案; 2. 人员应待在防风安全的地方,不要在户外活动; 3. 受特强沙尘暴影响地区的机场暂停飞机起降,高速公路和轮渡码头等暂时封闭或者停航。 其他同沙尘暴橙色预警信号
十	雪灾预警信号	黄 YELLOW	12小时内可能出现对交通或农林业有影响的降雪	1. 有关部门应启动防御工作预案,重点做好道路的融雪准备; 2. 农林作物要做好积雪防御工作
		橙 ORANGE	6小时内可能出现对交通或农林业有较大影响的降雪;或者已经出现对交通或农林业有较大影响的降雪,并可能持续	1. 有关部门应启动防御工作预案,主要交通道路应及时做好积雪清扫工作; 2. 驾驶人员要小心驾驶,保证安全。 其他同雪灾黄色预警信号
		红 RED	2小时内可能出现对交通或农林业有严重影响的降雪;或者已经出现对交通或农林业有严重影响的降雪,并可能持续	1. 有关部门应启动防御工作预案,必要时关闭高速公路等道路交通; 2. 做好对农林区的救灾救济工作; 其他同雪灾橙色预警信号
十一	道路积冰预警信号	黄 YELLOW	12小时内可能出现对交通有影响的道路结冰	1. 有关部门应启动防御工作预案,应急处置与抢险单位随时准备启动抢险应急方案; 2. 驾驶人员应注意路况,安全行驶
		橙 ORANGE	6小时内可能出现对交通有较大影响的道路结冰	1. 有关部门应启动防御工作预案; 2. 行人出门注意防滑; 3. 交通管理部门应注意指挥和疏导行驶车辆; 4. 驾驶人员应采取防滑措施,听从指挥,慢速行驶。 其他同道路结冰黄色预警信号
		红 RED	2小时内可能出现或者已经出现对交通有严重影响的道路结冰	1. 有关部门应启动防御工作预案; 2. 必要时关闭高速公路等道路交通。 其他同道路结冰橙色预警信号

关于加快宁波气象事业发展的实施意见

（甬政发〔2006〕74 号）

各县（市）、区人民政府，市政府各部门、各直属单位：

为贯彻落实《国务院关于加快气象事业发展的若干意见》（国发〔2006〕3 号）精神，推进宁波气象事业快速持续发展，更好地为宁波经济社会发展服务，现结合我市实际，提出以下实施意见，请认真贯彻执行。

一、充分认识加快我市气象事业发展的重要性和紧迫性

当前，我市正处在全面落实科学发展观，深入实施“六大联动”战略，加快“法治宁波”、“平安宁波”和文化大市建设，积极构建和谐社会，加快全面建成小康社会、率先基本实现现代化步伐的关键时期，对公共气象服务的需求也日益增长。加快气象事业发展，建设与经济社会发展相适应的公共气象服务体系，提高气象灾害的监测、预警预报服务和突发公共事件应急保障能力，及时、准确地为社会公众提供气象服务，为有效决策和防灾减灾提供客观、科学的依据，已成为我市全面建设小康社会的迫切需要。

近年来，一方面，我市气象事业整体水平有显著提高，气象现代化建设取得较快发展，监测预报服务能力明显增强，服务领域不断拓宽，在防灾减灾、应对突发性自然灾害和保障宁波经济社会发展中发挥了重要作用。但还存在综合气象观测体系不完善，气象预报预测服务能力与宁波经济社会发展不适应等问题。另一方面，气象灾害频繁发生，对粮食、能源、水资源、生态环境和公共卫生等构成了严重威胁，给经济社会发展带来了巨大损失。各级各部门要充分认识新形势下加快气象事业发展的重要性，增强责任感和紧迫感，加大工作力度，推动气象事业全面快速发展。

二、加快气象事业发展的指导思想和发展目标

（一）指导思想：以邓小平理论和“三个代表”重要思想为指导，牢固树立和落实科学发展观，坚持“公共气象、安全气象、资源气象”发展理念，坚持公共气象的发展方向，紧密围绕经济社会发展需求，进一步强化观测基础，提高预测预报水平，丰富服务内涵，加强科技自主创新，实现气象事业全面发展，积极推动我市经济社会事业可持续发展。

（二）发展目标：按照《国务院关于加快气象事业发展的若干意见》（国发〔2006〕3 号）提出的“一流装备、一流技术、一流人才、一流台站”要求，大力实施宁波市气象事业发展“十一五”规划，到 2010 年初步建成结构合理、布局适当、功能齐备的综合气象观测系统、气象预报预测系统、公共气象服务系统和科技支撑保障系统。在提升气象服务能力、构建气象预警与应急保障体系、建设信息共享综合平台等三方面处于全国副省级城市前列。到 2020 年，气象现代化体系进一步完善，气象科技创新能力、气象预测预报水平和服务质量全面提升。决策气象服务更加及时准确，公众气象服务更具人性化，专业气象服务更有针对性，气象资源开发利用更加有效，气象整体实力处于全国副省级城市前列。

三、统筹发展，加强气象基础保障能力建设

（三）加快综合气象观测系统建设。要将综合气象观测系统纳入当地经济社会发展规划，加大投入，保证其稳定可靠运行。在中尺度灾害性天气监测预警系统所建观测站网的基础上，重点加强高空气象探测网和重点区域特色探测基地的建设，建设风温廓线仪、CPS/MET 高空大气湿度和大气电场等探测网，建设海洋、山地、湿地生态、城市生态等综合气象观测基地，建设能见度等特种气象观测网。市气象主管机构要会同有关部门加强统筹规划，统一布局、共同建设。

（四）完善气象预报预测系统。建立多时效、无缝隙的气象预报预警系统，提高灾害性、关键性、转折性重大天气预报预警能力。加强卫星、雷达、自动气象站和闪电定位探测资料的综合应用，加强区域数值预报模式建设，不断提高预报预测的精细化水平，逐步建立和完善短时临近、台风、水库及流域面雨量、城市气象、海洋气象、生态气象、城市与森林火险、地质灾害等预报服务实时业务系统，开展对重大气象灾害评估的研究。市科技部门要支持气象部门加大对影响我市的气象灾害发生机理、预测和防御等科学技术研究，为提高天气预报和气候预测能力提供科技支撑。

（五）建立气象灾害预警应急体系。根据《宁波市人民政府突发公共事件总体应急预案》要求，制定《宁波市重大气象灾害预警应急预案》，建立各级政府组织协调、各部门分工负责的气象灾害应急响应机制。“十一五”期间重点是完成“宁波市气象灾害预警与应急系统工程”的建设任务，进一步提高对气象灾害及其次生灾害的预警与应急保障能力，提高对各类突发公共事件的气象保障能力，使针对各类突发事件、人工影响天气作业的气象应急保障水平在及时性、针对性和准确性上有较大的提高，最大限度地减少人民群众的生命和财产损失。

（六）健全公共气象服务体系。要把公共气象服务系统纳入政府公共服务体系建设的范畴，加快建设公共气象服务体系。通过改善手段、拓宽领域、增加产品、提高质量、扩大覆盖面等，不断满足人民群众对气象服务信息的迫切需求。不断完善广播、电视、网络、手机短信、电子显示屏等气象信息发布手段，拓展发布渠道，扩大气象信息的公众覆盖面，建立畅通的气象信息服务渠道，提高公共气象服务的时效性。加强气象影视现代化建设，建设数字气象频道，提高气象影视的覆盖面、时效性和节目质量。

（七）推进气象信息共享平台建设。围绕综合气象观测、气象预报预测和公共气象服务需求，建设统一的气象通信和信息存储、分发系统，充分发挥气象信息网络资源优势，建立本地和与周边省、市气象信息交换的共享平台，实现数据信息共享。市气象主管机构负责气象观测数据共享的组织协调，有关部门要充分利用气象信息平台，实现气象、水文、海洋、环境、生态等多方面数据信息交换与共享，为防灾减灾、趋利避害等指挥决策提供科学依据。

四、强化服务，重视发挥气象综合保障作用

（八）强化气象为建设社会主义新农村服务。围绕在促进传统农业向现代农业转变，传统村落向新社区转变，传统农民向专业农民和现代农民转变中对气象工作的新需求，以构建和谐农村为切入点，增强农业气象防灾减灾、农业气象科技、气候资源开发利用等服务能力，开展有针对性为建设社会主义新农村提供气象保障。加快建设农业气象防灾减灾监

测、预报预警和服务系统,积极开展自然灾害风险评估、工程气候论证及雷电防护等气象科技服务,进一步发展"农经信息网"、手机短信等农村气象信息传播手段,提高农村气象信息覆盖率和使用率,加强面向农村和农民的气象预报警报服务,减轻气象灾害及其次生灾害所造成的损失。

(九)完善海洋气象服务。加快海洋气象服务体系建设,重点建立海洋气象监测、预报、预警系统和海洋天气发布系统,为海上运输、远(海)洋捕捞、海上重点工程和近海养殖、近海旅游、盐业等提供更精细的航线区域、沿海海面、沿岸区域专项天气预报警报服务。进一步提高对台风的预报预警服务水平,加强海上台风对航线影响、近岸及登陆台风引发的风灾、水灾和地质灾害的预报服务。建立海上事故救援气象保障预案,保障海上事故救援作业的安全。

(十)做好交通气象保障。建立为空港、城市交通、高速公路服务的交通气象服务体系。加强航空飞行航线预报和航站预报,提高航空安全气象保障能力;建设高速公路、杭州湾大桥和象山港大桥以及绕城高速天气信息系统,加强对道路路面状况和能见度等气象要素的实时监测,开展对影响交通安全的暴雨、洪水、大雾、大雪和冰冻等恶劣天气的预报预警以及能见度预报服务。

(十一)加强城市气象服务。建立以城市气象灾害、城市积涝、污染扩散和城市生态预报服务为主要内容的城市气象服务体系。建立气象与卫生、环保、城管等部门高效灵活的合作机制和畅通的信息传输渠道,实现对城市易发气象灾害的动态监测,积极开展对城市交通、建设、能源、空气污染以及引发的城市积涝、高温、扬尘、雷电等灾害的研究,构建城市气象监测预警预报服务系统、城市规划和基础建设的生态环境评估系统以及城市重点工程气象决策咨询系统。

(十二)积极拓展气象服务的领域。建立气象与有关部门的合作机制,积极开展天气、气候和气候变化对环境、疾病发生规律影响机理的综合研究,为突发公共卫生事件、环境事件等应急处置提供气象保障;建立针对化学危险品泄漏或爆炸、核事故、森林火险、重特大自然灾害救助、海损事故救助、反恐怖、重大传染性疾病等的气象应急保障系统,最大限度地减少人民生命和财产损失。

五、科学规划,合理开发利用气候资源

(十三)加强人工影响天气工作。建设全市人工影响天气作业指挥系统,建立先进的人工影响天气业务技术体系,加快人工影响天气工程基础设施的建设,建立人工影响天气作业流程和作业评估系统。适时开展为农业抗旱、水库增水、森林灭火、城市降温和生态等服务的人工影响天气作业,提升人工影响天气作业科技水平和效益。

(十四)做好气候资源开发利用。开展气候资源的普查和气候资源区划工作,形成完整的气候资源数据库。做好风能、太阳能开发利用工作,建立沿海风能、太阳能资源的监测评估系统,开展风能、太阳能资源开发利用工程建设,促进循环经济建设的发展。开展城市、森林、湿地气象生态环境监测和评估。市气象主管机构要依法组织对城市规划编制、重大基础设施建设、大型工程建设、重大区域性经济开发项目进行气候可行性论证,避免和减少重要设施遭受气象灾害和气候变化的影响,或对城市气候资源造成破坏而导致局部地区气象环境恶化,确保项目建设与生态、环境保护相协调。

六、建立长效机制,保障气象事业发展

(十五)加强组织领导,完善管理体制和投入机制。各县(市)区、各部门要加强对气象工作的领导和协调,关心重视和支持气象事业的发展。要将气象事业纳入国民经济和社会发展规划,切实加大对气象事业的投入力度,把增强气象能力建设纳入各级财政预算,建立健全气象事业发展公共财政投入机制,充分发挥其在经济社会发展、国家安全和可持续发展中的重要作用。按有关规定做好气象部门职工的医疗、养老、失业等社会保障工作。当前,重点要落实好宁波市气象事业发展"十一五"规划,切实加大对重大气象工程、气象科学研究和技术开发项目建设的投入力度。

(十六)坚持依法行政,加强气象行政管理和行业管理。贯彻国家法律、法规,进一步加强和完善我市气象法制建设,加快制订《宁波市气象灾害防御条例》等配套规章。各级气象部门要切实履行行政管理职能,重点加大对雷电灾害防御、公共气象信息传播、气象基础设施保护等活动监管的力度,不断提高气象行政执法的能力和水平。要加强气象法律、法规和科学知识的宣传教育工作,提高全社会气象法律意识。按照国家统一要求,加强气象行业管理,建立健全台站布局、业务流程、设备配置、技术标准、信息资料汇集与共享于一体的气象行业管理体系。

(十七)加快气象科技创新,抓好气象人才队伍建设。要认真落实全国气象科技大会精神,确立自主创新的目标、重点任务和科学技术支撑平台,努力创新气象发展模式。各县(市)、区、各部门要切实加大对气象科学基础研究、新技术开发、应用和推广的支持力度,为气象科技研发提供必要的支撑,增强我市气象自主创新能力。大力推进人才强业战略,着力加强气象人才培养和队伍建设。要以科技领军人才、业务科研骨干和一线高级专门人才为重点,全面推进高层次人才的培养、引进和使用。要大力加强管理人才培养,切实提高科学管理能力。

二〇〇六年九月十一日

宁波市防御雷电灾害管理办法

(宁波市人民政府第142号令)

第一条 为了防御和减轻雷电灾害(以下简称防雷减灾),保护国家利益和人民生命财产安全,维护公共安全,保障经济建设和社会发展顺利进行,根据《中华人民共和国气象法》等有关法律、法规,结合本市实际,制定本办法。

第二条 凡在本市行政区域内涉及防雷减灾活动的组织和个人,必须遵守本办法。

本办法称防雷减灾,是指防御和减轻雷电灾害的活动,包括雷电和雷电灾害的研究、监测、预警预报、防护、防雷知识宣传教育以及雷电灾害的调查、鉴定和评估等。

第三条 防雷减灾工作实行安全第一、预防为主、防治结合的方针,坚持统一规划、统一部署、统一管理的原则。

第四条 市和县(市)、区气象主管机构负责本行政区域内防雷减灾工作的组织管理，其下设的防雷减灾机构负责防雷减灾的具体工作。

未设气象主管机构的市辖区，其防雷减灾工作由市气象主管机构负责。

发展改革、建设、规划、公安、安全生产监督、质量技术监督等有关行政主管部门应当按照各自职责，协助气象主管机构做好防雷减灾工作。

第五条 市和县(市)、区人民政府应当加强对防雷减灾工作的领导，将防雷工作纳入当地经济和社会发展规划，加强雷电监测、预警系统建设，提高雷电灾害预警和防雷减灾能力。

第六条 气象主管机构应当会同有关部门组织对防雷减灾技术、防雷产品以及雷电监测、预警系统的研究、开发和推广应用，开展防雷减灾科普宣传，增强全社会防雷减灾意识。

气象主管机构所属的气象台站应当加强对雷电灾害性天气的监测，及时向社会发布雷电灾害性天气预报。

第七条 下列建(构)筑物、场所或者设施必须安装符合技术规范要求的防雷装置，并与主体工程同时设计、同时施工、同时投入使用：

(一)建筑物防雷设计规范规定的一、二、三类防雷建(构)筑物；

(二)计算机设备和网络系统、电力、通信、广播电视设施，导航等公共服务的场所和设施；

(三)易燃、易爆物品和化学危险物品的生产、储存场所和设施；

(四)重要储备物资的储存场所；

(五)法律、法规和规章以及相关技术规范规定应当安装防雷装置的其他建(构)筑物、场所和设施。

第八条 从事防雷工程专业设计、施工、防雷装置检测的单位，应当依法取得相应的资质证书，并在资质许可的范围内从事防雷工程专业设计、施工、防雷装置检测活动。

从事防雷工程专业设计、施工、防雷装置检测的技术人员，必须按照规定参加专业技术培训，经考核合格后取得相应的资格证书。

防雷工程专业设计、施工、防雷装置检测必须执行国家防雷标准和技术规范。

第九条 本行政区域内的重点工程、人员密集的公共建筑、爆炸危险环境等建设项目应当按规定开展雷击风险评估，以确保公共安全。

雷击风险评估的具体规定由市人民政府另行制定。

第十条 雷电防御装置的设计方案应当经气象主管机构审核；未经审核同意的，不得交付施工。

建设、规划主管部门依法对必须安装防雷装置的建设工程实施行政许可时，应当要求建设单位提供由气象主管机构出具的防雷装置设计审核意见书。

第十一条 气象主管机构应当自收到防雷装置设计文件审核申请之日起5个工作日内出具审核结论。

防雷装置设计文件不符合国家和省规定的防雷技术规范和技术标准的，建设单位应当按照审核结论进行修改并重新报送审核。

第十二条 防雷装置施工单位应当按照经审核合格的防雷装置设计文件进行施工，并接受当地气象主管机构的监督管理。

在施工中变更和修改防雷设计方案，应当按照原申请程序重新申请审核。

第十三条 防雷装置建设单位应当根据施工进度，委托具有相应资质的防雷检测机构对防雷装置进行跟踪检测。检测机构应当记录检测数据，登记建档，出具检测报告，并对检测数据的真实性负责。检测报告作为竣工验收的技术依据。

安装的防雷产品应当符合国务院气象主管机构规定的使用要求。

第十四条 按照本办法规定安装的防雷装置竣工后，建设单位应当依照规定向当地气象主管机构申请验收。其中新建、改建、扩建的建筑工程竣工验收时，建设单位申请当地气象主管机构对其防雷装置同时进行验收。未经验收或者验收不合格的，不得投入使用。

气象主管机构应当在受理验收申请之日起 5 个工作日内依法完成验收工作，出具验收结论。

第十五条 按照本办法第七条规定安装的防雷装置，使用单位应当做好日常维护工作。石油、化工、易燃易爆物资的生产和贮存场所，其防雷装置每半年检测一次，其他重要单位的防雷装置每年检测一次。检测不合格的防雷装置，使用单位必须在限期内整改。

第十六条 遭受雷电灾害的组织和个人应当及时向当地气象主管机构报告灾情，并积极协助气象主管机构对雷电灾害进行调查和鉴定。

当地气象主管机构应当自接到雷电灾情报告之日起 15 个工作日内作出雷电灾害鉴定书。

第十七条 申请单位隐瞒有关情况、提供虚假材料申请设计审核或者竣工验收许可的，县级以上气象主管机构不予受理或者不予行政许可，并给予警告。

被许可单位以欺骗、贿赂等不正当手段通过设计审核或者竣工验收的，县级以上气象主管机构按照权限给予警告，撤销其许可证书，可以处 3000 元以上 3 万元以下罚款；构成犯罪的，依法追究刑事责任。

第十八条 违反本办法规定，未取得防雷工程专业设计、施工资质或者防雷装置检测资质以及超出资质范围，擅自从事防雷工程专业设计、施工或者检测活动的，由县级以上气象主管机构责令停止违法行为，并可处 2000 元以上 2 万元以下的罚款；情节严重的，可处 2 万元以上 5 万元以下罚款；给他人造成损失的，依法承担赔偿责任。

第十九条 违反本办法，有下列行为之一的，由县级以上气象主管机构给予警告，责令改正，并可处 500 元以上 5000 元以下罚款；情节严重的，可处 5000 元以上 2 万元以下罚款；构成犯罪的，依法追究刑事责任；给他人造成损失的，依法承担赔偿责任：

(一)防雷装置设计文件未经审核或者不合格，擅自施工的；

(二)防雷装置未经竣工检测或者竣工检测不合格擅自投入使用的；

(三)防雷装置使用单位拒绝接受检测或者检测不合格又拒绝整改的；

(四)应当安装防雷装置而拒不安装的。

第二十条 违反本办法规定，导致雷击爆炸、人员伤亡和财产严重损失等雷击事故的，对直接负责的主管人员和其他直接负责人员依法给予行政处分；构成犯罪的，依法追究刑事责任。造成他人伤亡和财产损失的，应当依法承担赔偿责任。

第二十一条 气象主管机构及其所属防雷减灾机构的工作人员，在防雷减灾工作中滥用职权、玩忽职守、徇私舞弊的，依法给予行政处分；构成犯罪的，依法追究刑事责任。

第二十二条 本办法中下列用语的含义是：

(一)雷电灾害,是指因直击雷、雷电感应、雷电波侵入等造成人员伤亡、财产损失;

(二)防雷装置,是指具有防御直击雷、雷电感应和雷电波入侵性能并安装在建(构)筑等场所和设施的接闪器、引下线、接地装置、抗静电装置、电涌保护器以及其他连接导体等防雷产品和设施的总称。

第二十三条 本办法自2007年1月1日起施行,2002年3月8日市人民政府发布的《宁波市防御雷电灾害管理办法》(市政府令第97号)同时废止。

关于做好紧急异常气象专项服务工作的通知

(甬政办发〔2007〕94号)

各县(市)、区人民政府,市政府各部门、各直属单位:

为贯彻落实《浙江省人民政府办公厅关于做好紧急异常气象专项服务工作的通知》(浙政办发明电〔2006〕121号)精神,保证紧急异常气象信息发布和传播的时效性,增强紧急异常气象灾害应急处置能力,及时组织开展防灾减灾工作,确保人民群众生命财产安全,经市政府领导同意,现就做好紧急异常气象专项服务工作有关事项通知如下:

一、按照分级负责和属地管理的原则,切实加强对紧急异常气象专项服务的组织领导

紧急异常气象主要指突发性、局地性的异常天气(具体包括强雷电、8级以上突发性大风、短时强暴雨、冰雹、龙卷风、大雾等)。为加强对紧急异常气象专项服务工作的领导,市政府专门成立了市紧急异常气象专项服务工作领导小组。各县(市)、区政府要按照"统一领导、分级负责、快速响应"的原则,切实做好紧急专项气象服务工作的组织实施。各有关职能部门要根据各自职责,建立紧急异常气象应急预案,明确具体负责人、联络员,落实责任。在接到紧急异常气象预警信息后,要迅速按照部门应急处置预案积极开展自防、自救、互救等措施,具体防御措施可参照《宁波市灾害性天气预警信号发布规定》中的防御指南。

二、规范紧急异常气象预警信息发布机制,落实紧急异常气象预警短信服务

所有紧急异常气象灾害预警信息统一由当地气象主管机构对外发布。为保证紧急异常气象预警信息的时效性、便捷性,由市气象局牵头,建立紧急异常气象灾害预警信息短信发布平台,并负责平台的运行维护和日常管理。移动、联通、电信等短信运营部门在技术和设备方面应给予大力支持,一旦气象部门发送紧急异常气象预警短信,各短信运营企业应根据紧急处置原则,以"绿色通道"形式,提高优先发送等级,确保信息发送及时和畅通,同时能够减免市气象局发送紧急异常气象灾害预警信息的相关费用。特约用户收到紧急异常气象灾害预警信息后,可以对气象部门发布的信息在本单位内部或向其主管的单位进行转发,但不得向其他部门进行转发,以免造成重复和混乱。

三、明确紧急异常气象预警信息的发送范围

紧急异常气象预警信息的具体发送范围为:市领导,市经委、建委、安监局、水利局、海洋渔业局、宁波海事局、教育局、体育局、文广新闻出版局、宁波电业局、林业局、交通局、旅游局、城管局、工商局、国土资源局、农业局、宁波港集团公司、民航、镇海炼化等部门负责人和应急处置相关责任人(联络员),工矿企业、建筑工地、车(航)站码头、中小学校(幼儿园)、旅游景区等。各相关部门要根据各自人员变动情况,及时向市气象局报送具体人员名单和手机号码。

四、加强紧急异常气象信息的传播和灾害防御知识的宣传

电视、广播等新闻媒体应保证对紧急异常气象信息在第一时间进行传播,对特别紧急预警信息,可以采取中断正常节目播出方式,及时插播。各有关部门对主管的大型广场、车站码头、旅游景区、中小学校、医院、大型工矿企业、主要交通干道等场所的公共电子显示平台,也要安排专人及时转播紧急异常气象预警信息。

报纸、电视、广播等新闻媒体还应加大对紧急异常气象灾害防御知识的宣传力度,安排一定的版面和时间段,针对不同季节气象灾害的特点,开展相应气象灾害防御知识的宣传,特别是要加强以“防、避、躲”为主的防灾理念宣传,提高社会公众防灾抗灾能力,鼓励社会公众开展防灾抗灾活动的积极性。

五、进一步提高紧急异常气象灾害的监测预警能力

市气象部门要坚持“以人为本、加强预防”的工作方针,不断提高预报水平。要充分发挥新一代天气雷达、全市气象自动站网的建设成效,加快推进中小尺度天气的监测预警技术研究,加强对强对流天气的短时临近预报工作。在监测或预警到紧急异常气象灾害时,应根据预警分类标准,及时发送紧急异常气象灾害预警信息,提醒相关人员主动、科学开展对紧急异常气象灾害的防御工作,提高防御的针对性和有效性。

二〇〇七年五月十五日

贯彻落实国务院办公厅关于进一步加强气象灾害防御工作意见的通知

(甬政发〔2007〕102 号)

各县(市)、区人民政府,市政府各部门、各直属单位:

近年来,全球气候持续变暖,各类极端天气事件更加频繁,造成的损失和影响不断加重。宁波地处我国东部沿海,台风、暴雨、雷电、大风、大雾、高温、干旱等气象气候灾害及其引发的次生衍生灾害频次增多,强度增强,对我市经济社会发展、人民群众生活以及生态环境造成严重威胁。为进一步加强气象灾害防御能力,做好气象灾害防范应对工作,按照国务院办公厅《关于进一步加强气象灾害防御工作的意见》(国办发〔2007〕49 号)和市政府《关于加快宁波气象事业发展的实施意见》(甬政发〔2006〕74 号)精神,结合宁波实际,现就有关事项通知如下:

一、加快提高我市气象灾害监测预警预报服务综合水平

要加强港口和避风港区、山洪及地质灾害易发区、城市易积涝区、重点工程和化工区等重点区域的灾害性天气监测系统建设,尤其要建设杭州湾、象山港、三门湾和海岛气象监测网，提高海洋灾害性天气的监测能力，形成功能完善、布局合理、可靠有效的现代化气象灾害监测体系。各有关部门要建立互通互联的气象灾害监测信息共享机制。

要进一步完善气象灾害预测预报体系，做好灾害性、关键性、转折性重大天气的预警预报预测，提高重大气象灾害预报的准确率和时效性，重点加强台风、暴雨、高温、干旱、大风、大雾等灾害及其影响的中短期精细化预报和雷电、冰雹、龙卷风等强对流天气的短时临近预报，加强海洋气象灾害的预警预报服务，为组织气象灾害防御提供及时准确的决策服务信息。

要不断完善气象灾害预警信息综合发布平台，提高气象灾害预警信息发布覆盖率。针对不同群体，要充分利用气象手机短信、电子显示屏、广播、电视、互联网等多种形式，想方设法将气象灾害预警信息及时送达公众。各级政府要进一步加强气象信息电子显示屏进乡村、进社区建设，电信、移动通信等部门要为气象灾害预警信息建立“绿色通道”，及时发布台风、暴雨、雷电、大雾等各类气象灾害预警信号及简明的防灾避灾办法，学校、医院、机场、车站、码头、旅游景点等人员密集场所的管理单位，应当及时向公众提示灾害性天气警报信息。结合国家突发公共事件预警信息发布系统平台建设，加快建设新型灾害预警信息发布系统建设和地理信息系统的应用。建设大功率海洋气象广播电台，加强远洋捕捞和海上运输等海事气象保障。积极推进宁波电视气象(数字)频道建设。

二、不断增强气象灾害应急处置能力

各县(市)、区政府和各部门及敏感行业要针对气象灾害可能引发的次生衍生灾害，及时制定和完善气象灾害应急预案；要将乡村和社区气象灾害防御纳入政府管理职能，组建设立进乡村、进社区、入庭户相对固定的气象灾害防御信息员队伍，加强相应的知识培训；要加快制定气象灾害保险和再保险相关政策与机制。

要进一步加强气象灾害防御工作的统筹规划。各县(市)、区政府要组织开展气象灾害风险普查和区划工作，建立气象灾害风险数据库，编制气象灾害防御规划，明确气象灾害防御工作的主要任务和措施，统筹规划气象灾害防御基础设施和避难场所等应急工程建设，切实提高气象灾害的综合防御能力。气象部门要依法开展对城市规划、重大基础设施建设、公共工程建设、重点领域或区域发展建设规划的气候可行性论证，有关部门在规划编制和项目立项中要统筹考虑气候可行性和气象灾害的风险性，避免和减少气象灾害、气候变化对重要设施和工程项目的影响。要不断强化气象灾害防灾减灾基础建设，要按照国家规定的防雷标准和设计、施工规范，在各类建筑物、设施和场所安装防雷装置，并加强定期检测。要充分开发空中水资源，组织开展人工增雨作业，努力缓解城乡生活、工农业生产、生态环境保护用水紧张状况。要高度重视因气象因素引发的山洪、滑坡、泥石流等次生衍生灾害的防范应对工作，加强查险排险。要加强人工增雨、防雷、防汛抗旱等各类气象灾害防范应对专业队伍和专家队伍建设，改善技术装备，提高队伍素质。

要努力完善气象灾害防御保障体系。要深入开展气候变暖及其引发的极端天气气候事件对水资源、粮食生产、生态环境等的影响评估和应对措施研究，着力提升气象灾害监测和预报技术的自主创新能力。要加快《宁波市气象灾害防御条例》的立法进程，促进气象灾害防御工作的规范化管理。要进一步完善气象灾害防御投入机制，加大对气象灾害监测预警、信息发布、应急指挥、灾害救助及防灾减灾等方面的投入力度。要推进宁波市灾害性天气监测预警与应急系统工程等重点项目建设。

三、高度重视气象灾害防御工作，切实加强对气象灾害防御的组织与管理

各级各部门要加强气象灾害应对工作的协调联动，坚持以人为本、预防为主、防治结合的方针，依靠科技、依靠法制、依靠群众，形成合力。要加快我市防灾减灾体系建设，切实增强对各类气象灾害监测预警、综合防御、应急处置和救助能力，提高全社会防灾减灾水平，促进经济社会健康协调可持续发展。

要加强气象防灾减灾知识的宣传普及工作。要不断创新和拓展全社会防灾减灾科学知识和技能的宣传教育机制与平台，加大气象科普和防灾减灾知识宣传力度，深入普及气象防灾减灾知识。充分发挥社会力量，利用气象、教育、新闻等资源，建设气象科普教育基地，加强全社会尤其是对农民、中小学生的防灾减灾科学知识和技能的宣传教育。在气象灾害多发区、易发区要组织群众广泛参与的防灾避灾演练。将气象灾害防御知识纳入国民教育体系，提高全社会气象防灾减灾意识和公众自救互救能力。

二〇〇七年十月十八日

关于贯彻实施宁波市气象灾害防御条例的通知

（甬政办发〔2010〕93 号）

各县（市）、区人民政府，市政府各部门、各直属单位：

《宁波市气象灾害条例》（以下简称《条例》）于 2009 年 8 月 28 日经宁波市人民代表大会常务委员会第十八次会议通过，并于 2009 年 11 月 27 日经浙江省十一届人大常务委员会第十四次会议通过，2010 年 3 月 1 日起施行。为贯彻实施《条例》，切实做好气象灾害防御工作，现就有关事项通知如下：

一、充分认识发布施行《条例》的重要意义

气象灾害是我市主要的自然灾害之一。宁波位于东海之滨，地处北亚热带季风气候区，气候复杂多变，台风、暴雨等气象灾害频繁，雷电、大雾、干旱、高温、连阴雨等气象灾害时有发生，每年因气象灾害尤其是台风造成的经济损失非常严重。特别是近年来，在以全球变暖为主要特征的气候变化背景下，天气气候异常明显，气象灾害呈明显上升趋势，对经济社会发展的影响日益加剧。

《条例》的发布施行，对于科学防御气象灾害，避免和减轻气象灾害造成的损失，保障经济社会发展和人民生命财产安全具有重要的意义。贯彻实施好《条例》，依法保障经济社会发展和人民生命财产安全，是践行科学发展观的重要措施，是全面履行政府职能的必然要求。各级政府和各有关部门要充分认识《条例》的重要意义，提出具体措施和意见，切实做好贯彻实施工作。

二、认真制定落实《条例》确定的各项制度

各县（市）区人民政府要加强对气象灾害防御工作的组织领导，建立健全气象灾害防御协调机制，加强气象灾害防御设施建设，各级财政部门要把气象灾害防御经费纳入财政预算并予以保障。气象、发改、规划、农业、林业、水利、建设、国土资源、海洋、环保、民政等部门要密切配合，加强联系，抓紧制定和落实《条例》确定的各项制度。

（一）加强气象灾害防御体系建设。气象灾害防御是一项系统工程，要按照“政府主导、部门联动、社会参与”的原则，建立健全气象灾害防御协调机制。要进一步加强农业气象灾害防御。要建立健全基层气象灾害防御和应急组织体系，有效开展气象灾害应急准备认证工作。要积极开展气象灾害防御规范化镇（乡）达标建设，建立健全镇村二级气象灾害防御队伍，加强村级气象信息员和预警信息接收能力建设。

（二）编制完善气象灾害防御规划和应急预案。气象灾害防御规划是气象灾害防御工作的重要组成部分，是政府协调各部门，动员社会力量，开展气象灾害防御工作的重要途径和手段。气象、发展改革和规划等部门应当按照《条例》规定的气象灾害防御规划的主要内容，尽快完成市县两级气象灾害防御规划的编制工作，增强气象灾害防御能力，避免和减轻灾害损失。

各级政府及有关部门要结合宁波气象灾害特点和发展趋势不断更新补充完善应急预案。对于水库、重要堤防、海塘及其他易受气象灾害影响的重点工程项目的管理单位应当按照《条例》规定编制气象灾害应急处置预案，报主管部门或者有管辖权的其他机关批准。

（三）做好气候可行性论证工作。气候可行性论证工作对避免和减少重要设施遭受气象灾害和气候变化的影响有重大作用。发改和规划等部门要配合气象主管机构，切实落实《条例》规定，对城乡规划、重点领域或者区域发展建设规划进行气候可行性论证；对于重大基础设施建设工程和大型太阳能、风能等气候资源开发利用项目，应当在可行性研究报告阶段或者项目申请阶段提前介入，可行性研究报告或者项目申请报告应当包含气候可行性论证的具体内容。

（四）建立气象灾害联合监测网络和气象灾害信息共享机制。灾害性天气的监测与预报，是做好气象灾害防御工作的前提。为了更好地监测气象灾害，减少重复建设，提高监测资料的利用率，各地要按照《条例》的规定，组织气象、海洋、水利、国土资源、农业、林业、交通、环保、电力等部门建立气象灾害监测网络和信息共享机制，气象主管机构要尽快研究制定实施方案。

（五）加强气象灾害预警信息的传播。灾害性天气的发生、发展时间较短，及时发布气象灾害预警信息，及早采取防御措施，避免或者减轻气象灾害造成的损失，是一项非常重要的工作。广播、电视、通信、报纸、网络等媒体要积极配合，及时、准确播发气象灾害预警信息。镇（乡、街道）在收到气象灾害预警信息后，要及时向本辖区公众传播，学校、医院、机场、港口、车站、码头、旅游景区等人员密集的公共场所以及村（居）民委员会要确定气象灾害应急联系人，及时传递气象灾害预警信息，开展防灾减灾。

（六）要加强气象灾害防御设施的建设和保护，提高气象灾害防御能力。各地要加强易受台风灾害影响区域的海塘、堤防、避风港、避风锚地、防护林等气象灾害防御设施建设；加快在易受台风等气象灾害影响的区域、场所设立气象灾害监测、预警信息播发等设施。依法保护气象灾害防御设施，禁止在气象探测环境保护范围内从事危害气象探测环境的行为。规划部门在审批气象探测环境保护范围内新建、扩建、改建的建设工程时，要事先征得气象主管机构的同意。因实施城乡规划或者重点工程建设需要迁移气象台站或者设施的，要报有审批权的气象主管机构同意。

（七）进一步做好雷电灾害防御工作。气象部门要加强防御雷电灾害的管理工作；规划和建设部门要协助气象部门做好防雷装置设计审核和竣工验收工作，从源头上把好防御雷电灾害关；安监、气象等部门要加强易燃易爆场所、化工、人员密集场所等的防雷安全检查工作，确保我市的防雷安全。

三、广泛深入开展学习宣传活动

各级各有关部门要制订详尽可行的宣传贯彻方案，认真组织学习《条例》，充分理解、全面掌握《条例》的基本内容；通过报纸、广播、电视、网络以及张贴标语、悬挂横幅、发放资料、开展现场咨询等多种途径，广泛开展《条例》宣传活动，做到家喻户晓，形成浓厚的社会宣传氛围，让人民群众参与到气象灾害防御中来。

二O一O年四月十五日

关于加快推进我市民生气象服务工作的通知

（甬政办发〔2011〕287号）

各县（市）、区人民政府，市政府各部门、各直属单位：

加强气象服务工作是提高防灾减灾能力的关键所在，是防御和减轻灾害损失的重要基础。我市气象灾害频发，影响我市的气象灾害种类多、范围广、强度大，对经济、社会、生态、环境以及人民生命财产安全构成了严重威胁。经过多年不懈努力，我市气象服务能力不断提高，特别是民生气象服务工作已经成为我市气象工作新的特色和亮点。为贯彻落实"六个加快"战略部署，进一步提高气象灾害防御能力，切实做好防灾减灾工作，保障经济社会可持续发展，经市政府同意，现将加快推进民生气象服务工作有关事项通知如下：

一、进一步加强对民生气象服务工作重要性的认识

民生气象就是深入贯彻落实科学发展观，坚持气象为民的宗旨，把关注民生、重视民生、保障民生、改善民生贯穿到整个气象工作，是气象服务的出发点和落脚点。气象服务民生，是坚持以人为本的具体体现，是气象服务的关键和核心。气象服从民生，是现实需要，是应对突发灾害事件、保障人民生命财产安全的迫切需要，是应对全球气候变化、保障经济发展的迫切需要。各级各部门要切实提高民生气象服务工作重要性的认识，进一步增强责任感和紧迫感，加大力度，总结经验，加快推进我市民生气象服务工作。

二、建立健全民生气象服务体系，提高民生气象服务能力

要将民生气象服务纳入政府公共服务体系建设的范畴，加快建设民生气象服务体系。

（一）完善气象灾害监测预警系统建设。"十二五"期间，重点推进气象灾害预警和应急系统工程建设，提高对台风、洪涝、干旱、地震等自然灾害的监测和预警能力。建立全市站网密度适宜、布局合理、观测要素更加丰富的气象综合观测体系，重点加强近海海洋气象监测、农业气象灾害监测、雨雪冰冻、高空气象探测、气象应急监测系统。加强部门和行业的监测信息共享，实现对天气气候系统的高时空分辨率、高精度、全天候、长期持续稳定的监测。进一步提高气象灾害预警信息的覆盖面，大力推进宁波市突发公共事件气象预警信息发布项目的实施，尽早发挥突发公共事件信息发布系统在气象防灾减灾中的效益。

（二）完善基层气象灾害防御体系建设。建立健全“政府主导、部门联动、社会参与”的气象防灾减灾体系，重点推进气象灾害基层防御系统建设。结合气象防灾减灾标准乡镇（街道）创建工作，大力加强气象协理员、信息员队伍建设。每个乡镇（街道）都要有分管领导、气象协理员、气象灾害防御应急预案、气象自动监测设施、气象信息接收平台；村（社区）要有气象信息员。建立健全培训、管理与考核机制，提升基层气象工作人员的专业素质和能力。积极拓展气象服务职能，推进市县两级气象防灾减灾中心建设；在防灾减灾任务较重的市辖区建立气象机构；建立中心镇气象服务机构。

（三）完善“三农”气象服务体系建设。围绕美丽幸福新家园建设，现代农业园区和粮食功能区建设，结合我市循环农业发展实际，开展针对性、个性化的服务，不断完善农业气象服务体系，提高气象为农村居民生活和农业增产增收服务的能力。

在重要水利工程、现代农业园区、粮食功能区、循环农业示范园区、标准渔港、农村休闲旅游区等建设中，要统筹考虑农村气象设施的建设和运行维护，予以同步实施。各县（市）、区要结合各自实际，选择至少一个现代农业园区、粮食生产功能区和循环农业示范园区，建立具有当地特色的现代农业气象试验基地，基地中要有实时农业气象监测设施、有气象工作站、有可以开展农业气象试验的地块，要不断提升特色农业气象服务能力。在重点县（市）区建立循环农业气象服务示范区。

为农服务气象设施建设项目涉及的新增建设用地，凡符合节约集约用地和新一轮土地利用总体规划选址要求、规模合理的，各地应予以保障。

提高农村气象灾害预警和应急保障能力。做好极端天气气候事件对“三农”影响的监测评估和农业重大工程气象灾害风险性评估；建立农村雷电灾害防御系统，提高农村防范雷电灾害能力。

三、努力加大气候资源开发利用力度，提高可持续发展水平

加强气候资源开发利用，开展气候资源的普查和气候资源区划工作。各级政府要组织做好气象灾害普查、风险评估和隐患排查工作，全面查清本区域内发生的气象灾害种类、次数、强度和造成的损失等情况，建立以社区、乡村为单元的气象灾害调查收集网络，组织开展基础设施、建筑物等防御气象灾害能力普查，推进气象灾害风险数据库建设，编制分灾种气象灾害风险区划图，进一步提高民生气象服务水平和能力。要建立沿海风能、太阳能资源的监测评估系统，开展风能、太阳能资源开发利用工程建设，促进循环经济建设的发展。城市规划编制、重大基础设施建设、大型工程建设、重大区域性经济开发项目应依法进行气候可行性论证。要积极组织空中云水资源开发利用，落实人工增雨作业经费、装备和队伍等，充分发挥人工影响天气在区域抗旱、水库蓄水、生态改善、森林防火中的重要作用。

四、切实加强对民生气象服务工作的组织领导

各级各部门要把民生气象服务工作摆在全面建设小康社会的重要位置，紧紧围绕“六个加快”战略部署，切实加强领导，精心组织实施。

（一）加强组织协调。建立民生气象服务联席会议制度，围绕规划编制、设施建设、信息服务、业务开发等，气象、发展改革、财政、国土资源、水利、农业、林业、海洋与渔业等有关部门要各司其职，相互配合，共同做好组织实施和具体指导工作。对在加快民生气象工作中取得显著成绩的单位和个人，由市政府给予表彰奖励。

（二）加强统筹规划。按照科学规划、统筹安排要求，把气象基础设施建设纳入公共设施建设规划。对建立的气象、水文、海洋、地质灾害等监测预报设施，各有关部门要密切合作，加强资源整合，实现共建共享、互联互通，进一步提高使用效率，更好地发挥效益。

（三）完善保障措施。加强对民生气象服务工作的资金保障。加强协理员、信息员队伍组织管理，将协理员工作纳入乡镇政府年度工作目标和乡镇领导班子政绩考核内容。

（四）加强科普教育。各级各部门要深入广泛地开展民生气象服务工作宣传和气象灾害科普宣传教育活动。要充分利用各类媒体资源，采取贴近实际、贴近生活、贴近群众等通俗易懂、形式多样的宣传方式，使全社会了解提高民生气象服务工作的重要作用和意义，增强科普宣传的针对性和有效性。要组织开展气象灾害预案演练，尤其要加强气象灾害易发多发区、人口密集区等的预案演练，提高市民自救互救能力及各单位协同作战水平。要开展“千镇万村”气象培训工作，将气象知识纳入乡镇领导干部综合素质培训和农村教育内容。

二〇〇一一年九月九日

宁波市人民政府关于表彰全市气象工作先进单位和先进个人的通报

（甬政发〔2011〕99号）

各县（市）、区人民政府，市政府各部门、各直属单位：

近年来，我市气象灾害频繁发生，对社会、经济、生态、环境以及人民生命财产安全构成了严重威胁，给经济社会发展带来了巨大损失。面对严峻的气象防灾减灾任务，各级各部门以高度的政治责任感和对党、人民高度负责的态度，严密组织，全面发动，全力以赴，落实各项防御措施，成绩显著，涌现出了一批气象工作先进单位和先进个人。为表彰先进，进一步贯彻落实《宁波市气象灾害防御条例》，促进我市气象工作，市政府决定对下列单位和个人予以表彰通报：

一、气象工作先进单位：

余姚市（全市气象服务“三农”工作先进单位）

慈溪市（全市气象服务“三农”工作先进单位）

奉化市（全市基层气象防灾体系建设先进单位）

宁海县（全市人工影响天气工作先进单位）

象山县（全市基层气象防灾体系建设先进单位）

鄞州区(全市基层气象防灾体系建设先进单位)

镇海区(全市雷电灾害防御工作先进单位)

北仑区(全市气象服务“三农”工作先进单位)

南都社区、潜龙社区、文竹社区(全市气象防灾减灾社区创建工作先进单位)

二、优秀气象协理员:褚国辉　潘永苗(余姚)、孟凡创　岑诗杰(慈溪)、陈明昌 赵巳栋(奉化)、储根荣　葛万兴(宁海)、丁水华　叶米财(象山)、王善康　沈宏波(鄞州)、姜渝　沈建平(镇海)、郑守剑　周亚存(北仑)。

三、优秀气象信息员:陈吉传　孙文岳　诸渭芳(余姚)、杨珠龙　翁志君　潘德清(慈溪)、汪金妙　卓求华　吴大军(奉化)、胡红霞　徐建奎　胡佩佩(宁海)、胡明法 楼洁薇潘仁恩(象山)、朱安康　潘通华　陈建平(鄞州)、戚志明　龚美丽　徐玛丽(镇海)、胡胜利　徐海珠　王科(北仑)、黄福鑫(南都社区)、邹家令(潜龙社区)、陶燕(文竹社区)。

四、优秀气象联络员:陈海滨(余姚)、叶力明(慈溪)、竺韬韬(奉化)、魏章焕(宁海)、李志国(象山)、陈志平(鄞州)、顾坚勇(北仑)、余纳新(镇海)、张庆(市农业局)、李景才(市水利局)、金增崇(市林业局)、黄章伟(市海洋渔业局)、单平(市国土资源局)、杨文彪(市教育局)、封松定(市民政局)、范若良(市环保局)。

五、优秀气象工作者:陈俊(余姚)、余建明(慈溪)、朱万云(奉化)、应建存(宁海)、郑仁良(象山)、胡春蕾(鄞州)、陈善国(镇海)、张晨晖(北仑)、王焱(市气象台)、黄旋旋(市气象服务中心)、黄鹤楼(市气候中心)、金艳慧(市防雷中心)、邱颖杰(市气象网络与装备保障中心)。

二○一一年九月九日

关于全面加快推进气象现代化建设的通知

(甬政发〔2012〕75号)

各县(市)、区人民政府,市政府各部门、各直属单位:

近年来,我市气象防灾减灾水平不断提高,公共气象服务领域不断拓展,气象社会管理能力不断增强,气象现代化建设不断推进。今年6月,我市被中国气象局列为全国率先基本实现气象现代化试点,标志着我市气象现代化建设迈入了新的征程。按照市委提出的基本建成现代化国际港口城市,提前基本实现现代化,努力成为“发展质量好、民生服务好、城市环境好、社会和谐好”四好示范区的战略目标,为准确把握气象工作与经济社会发展的结合点和着力点,科学彰显“民生气象、现代气象、社会气象”理念,现就全面加快推进气象现代化建设通知如下。

一、总体要求、基本原则和目标任务

(一)总体要求

深入贯彻落实科学发展观,大力弘扬“三思三创”精神,按照市委“六个加快”战略,以增强公共气象服务能力为核心，以科技创新、科技人才、科学管理为支撑，引领我市气象现代化建设，为宁波经济社会发展提供一流的气象服务。

（二）基本原则

坚持需求牵引、服务引领，加快提高气象公共服务能力和水平；坚持政府主导、互促共进，加快一流装备、一流技术、一流人才、一流台站建设；坚持统筹协调、特色发展，完善气象现代化建设科学布局，突出海洋气象现代化建设；坚持科技创新、人才强业，完善人才队伍建设，突出气象科技创新能力。

（三）目标任务

到 2015 年，具体现代化指标达到或超过浙江省气象现代化指标，气象观测站网空间分布密度达 6 公里，观测业务 90％以上实现自动化，气象灾害预警时效提前至 30 分钟以上，气象灾害预警信息覆盖面大于 95％，常规天气预报准确率超 85％，气象服务公众满意度达 85％，气象科技贡献率超过 70％，气象灾害防御管理水平显著提高，国民气象意识明显增强，气象事业公共财政保障水平进一步提升。建成结构完善、功能先进、运行高效的现代气象业务体系以及相应的气象科技创新体系、气象人才体系，基本实现观测自动化、预报预警精准化、公共服务均等化、气象保障标准化。提前 5 年基本实现《国务院关于加快气象事业发展的若干意见》（国发〔2006〕3 号）提出的气象现代化建设目标，使宁波气象整体实力处于全国同类城市先进行列，若干领域处于领先水平。

二、加快推进现代化气象业务体系建设，大力发展智慧气象

（一）切实提高气象观测自动化水平

1．加密气象观测站网。优化陆上自动气象观测站网，提升大气垂直观测水平。全面建成乡镇、流域、山洪地质灾害自动气象观测站网。全市自动气象站点空间密度平均分布密度达到 5～7 公里，重点区域达到 1～3 公里，观测资料采集传输频次加密到 5 分钟。改进特种气象观测网。组建风廓线雷达网。升级改造宁波新一代多普勒天气雷达。改进大气边界层梯度观测系统，升级凉帽山岛 370 米输电铁塔综合气象梯度观测系统，新建 100 米城市近地层观测塔。升级和建设风云系列气象卫星利用站。

发展专业气象观测网。统筹规划和建设专业气象观测网，加快建立海洋、农业、交通、能源、环境、城市、旅游等专业气象观测网。加快建设大气成分观测网，在 9 个国家气象站观测场建设霾（大气细粒子）特征污染物观测系统，建设城市大气成分综合观测系统 1 个。新建 6 个土壤水分自动观测站。

2．优化完善近海海洋气象观测网。优化海洋经济发展示范区气象监测站网，在海洋经济密集区域和灾害性天气影响区域加强固定和锚定式、移动式气象监测设施建设，在沿海客运专线等建立气象观测系统，推进石浦海洋与台风专业气象观测基地建设。加强针对港口、航线、临港工业、大桥、渔业养殖和海洋旅游等服务需要的海洋气象观测。建设船舶站、海岛站、浮标站、地波雷达和海洋气象探测试验基地。新建 15 个海岸线中尺度自动气象站、5 个海岛自动气象站、20 个能见度观测站、5 套海洋船舶气象自动观测站，升级渔山岛、南韭山岛两个海岛自动气象站；在象山建立 1～2 个海洋浮标气象观测站，新建一套海洋高频地波雷达系统。

3．共建共享探测设施。深化部门合作，加强资源共享，建立健全多部门共建互补机制，通过气象、水利、海洋、国土、农业、林业、交通等多部门合作，形成统筹集约、互促共进发展局面。在山洪地质灾害易发区及其灾害性天气上游地区，更新和加密建设50个自动气象站；气象与海洋部门合作推进海上浮标站建设；气象与交通部门共建交通气象观测系统；气象与环保部门加强大气成分观测合作；气象与公安部门共享实时实景视频信息。

（二）大力实施气象业务信息化

1. 加快建设气象灾害监测预警信息化平台。利用各种先进的通信网络和信息发布技术，建设以气象综合监测预警平台、气象业务工作平台、气象应急指挥平台、气象预警信息发布平台和公共气象服务平台五大模块为主导，涵盖气象服务多个领域的气象灾害监测预警信息化平台。

2. 加强计算与存储能力建设。建设浮点运算能力30T以上的高性能计算机系统和200T以上的海量存储系统。建设宁波省级异地气象信息灾难备份系统。建设宁海市级异地灾难备份子系统。

3. 实现观测资料共享与应用。建立气象观测数据市、县级质控平台，改进观测质量。开展各类观测数据信息化存储和档案化管理，探索观测数据原产地初加工方法，形成业务产品，提高各类观测信息的综合性和可用性。建立多部门气象观测数据及相关监测信息汇交共享网络、共享数据库和共享平台。

4. 加大装备保障与运行监控系统建设。建设功能齐全、运行稳定的技术装备系统。建设技术装备实时运行监控系统，建设市级气象计量检定所，配置区域气象观测站仪器现场标校系统和移动计量检定等设备，实施对自动气象站的定期检测标校。

（三）努力实现天气预报精准化

1. 建立短时临近预报预警业务平台。完善市县一体化气象监测预警业务平台，提高天气雷达、卫星、自动站、风廓线、GPS和闪电定位等观测资料的综合分析应用能力。建立实时资料自动报警系统，灾害性天气监测率达到80%以上。建立短时临近预报技术和预报警报系统，研制具有宁波本地特色的预报预警制作平台，提高0～2小时临近和12小时短时预报预警水平。

2. 完善中短期天气预报业务系统。初步建立集合预报系统，实现对强对流、暴雨、台风、暴雪、大雾、高温、海上大风等气象灾害发生发展、影响范围、持续时间、强度变化等的精细预报和预警。提高中期预报业务水平，强化中期集合数值预报产品解释应用技术和高影响持续性天气预报技术研究，中期预报时效由7天延长到10天。

3. 提升海洋气象预报预警能力。开展海洋经济发展气象保障示范区建设，完善宁波海洋气象台和市气象灾害应急预警中心。依托科技创新，发展港口、码头等中小尺度区域和海上大风、海雾等专业专项预报模式、影响评估模式，建设台风风雨预报业务系统、台风影响早期预警系统、海上大风与海雾精细化预报预警系统、海洋气象预报质量检验评估系统。

4. 建立行业气象预报预警系统。实现对交通、旅游、电力、农业等行业敏感区域的气象要素全天候实时监测，建立行业专项预报预警服务系统和专业气象预警预报业务平台，滚动提供1～3天的专业气象预报产品。

三、加快推进现代化气象服务体系建设，全面发展民生气象

（一）尽快实现气象公共服务业务化

1.完善公共气象服务平台。面向防灾减灾、应对气候变化、开发利用气候资源等重点领域，加强决策气象服务系统建设，提高决策气象服务的针对性和影响力；面向现代产业，加强专业气象服务系统建设，提升专业专项气象服务的科技含量和精细化水平；加强公众气象服务系统建设，满足公众对气象服务的个性化需求。建设市县一体化的公共气象服务业务平台，不断丰富气象服务产品。

2.加强气象服务技术支持系统建设。加快推进公共气象服务产品库、决策气象服务支持系统、专业气象服务产品制作系统、气象灾害风险评价和气候变化影响评估系统、气象服务效益评估系统等气象服务技术支持平台建设。面向不同用户，加强“气象通”等移动气象平台建设。

3.完成“宁波市突发公共事件气象预警信息发布系统”建设。建立快速发布的“绿色通道”，进一步提高气象灾害预警信息的覆盖面、有效性和时效性。同时办好宁波防灾减灾电视频道。

（二）深入推动气象公共服务均等化

增强基本公共气象服务供给能力。合理布局、公平配置、均衡发展城乡共享的气象监测体系和气象预警体系。加强山区、海岛基层公共气象服务能力建设和基层公共气象服务的基础设施建设，建立多层次、广覆盖的公共气象服务体系，实现气象服务向农村和基层延伸。加强乡镇、社区的气象防灾减灾标准化建设，

大力开展防雷减灾科普示范村建设，完善乡镇村气象防灾减灾组织体系。建设公共气象服务产品制作系统和传播体系，深化基本公共气象服务产品，向农村延伸、覆盖。

（三）全力实现气象服务专业化

1.海洋气象服务。逐步形成包括大桥、港口、航线、临港工业、海洋捕捞、海洋养殖、避风港、海洋旅游、滩涂围垦和海洋风能开发等十大系列海洋气象服务产品。积极开展台风、海上大风、海雾等气象灾害以及次生海洋灾害的预报预警服务，提升海上交通气象服务能力，提高核应急、海上救援等气象应急保障能力，强化港口物流、油气工程、海洋旅游、现代海洋渔业、滩涂养殖、新型临港工业等的气象服务。完善海洋气象预报服务流程和业务平台。

2.交通气象服务。建立和完善交通气象预报预警服务系统。

建设杭甬、甬金、甬台、甬舟、杭州湾大桥及南接线、绕城高速公路和高速铁路天气信息系统，开展交通干线大雾、强风、强降雨、降雪、冰冻等气象灾害和路面温度、积雪厚度、路面结冰、能见度等气象条件的实时监测分析，加强交通高影响天气短时临近预警预报。

3.城市气象服务。建立城市综合气象观测系统和适应城市网络化、数字化管理的气象灾害监测预警体系。建设城市突发强降水、高温、雾、霾等多灾种早期预警系统。开展城市气候可行性论证和气候影响评估。建立完善城市排水管道、大型工程建筑防灾气象参数指标体系和城市人居环境气象服务系统。建立城市雾、霾天气污染程度判据指标体系，满足城市居民生活多样化、差异化需求。

4.能源气象服务。完善多部门共建共享、联合监测、联动预警机制，共建风能、太阳能

等能源气象观测网。建设能源气象监测预警信息共享平台,加强电线冰冻灾害预报预估,开展电力线路杆塔载荷能力气象论证和电网安全运行气象灾害风险评价、能源调度等气象保障服务。

5.旅游气象服务。完善重大节假日旅游气象服务联动机制,推进旅游气象中心建设,开展旅游景区气象观测和特殊气象景观及旅游气象指数预报。开展旅游气候资源普查和重点旅游景区气象灾害风险评价。开展旅游城市和景点天气预报,加强旅游景区气象灾害预警服务。

6.农业气象服务。完善农村气象灾害监测系统,推进农业气象监测均等化布局;开展市县现代农业气象示范基地建设。开展针对20个特色农产品的农业气象灾害监测预警,建设10个现代农业园区、循环农业气象服务基地,推进农业气象灾害区划和防御规划编制。

7.发挥应对气候变化基础性作用。实施应对气候变化气象科技支撑工程,开展气候变化监测、影响评估、应对研究及极端天气气候事件分析。开展气候资源精细化区划,建立气候变化对农业、水资源、能源安全、生态环境等方面的影响评估,提供应对气候变化决策咨询。适时开展人工影响天气作业,提高人工增雨效率。

四、加快推进气象科技创新体系建设,引领发展特色气象

(一)推进气象科技创新体系建设

1.加强重点领域的关键技术研发。大力发展海洋气象精细化预报预警技术,强化灾害性天气短时临近预报技术研究,着力提高台风、海上大风、海雾等灾害性天气监测预报预警水平;加强港口作业、沿海航运、临港工业、岸岛旅游、海水养殖等沿岸和海上活动的气象保障与服务技术研究。

加强城市尺度空气质量精细化预报、地质灾害气象监测预警、农业气象服务与灾害防御、旅游气象资讯服务等专业气象服务领域的技术研究,开展气候变化对资源、生态、城市脆弱性等影响的风险评估技术研究,开展基于无线宽带和GIS的气象信息通信及发布技术研究。

2.加强气象科技创新平台建设。依托上级有关气象部门的科技和智力资源,加强部门合作,按照“重点实验室+试验基地”的模式建立市级“气象灾害重点实验室”,建立气象资源共享平台,切实提高我市气象科技创新支撑能力。

3.完善气象科技创新机制。健全气象科技项目和科研成果管

理机制、稳定投入机制和科技创新激励机制。大力推进对外科技合作,积极合理引进技术,构建科技成果转化中试平台。

(二)加强气象人才队伍体系建设

1.加快气象领军人才队伍建设。实施“612人才工程”,造就一批气象领域创新型、复合型、外向型、科技型的新型的一流人才。培养6名左右在省内有一定知名度的高层次业务技术和科研人才;10名左右具有较高业务技术水平和较强创新能力的业务服务科研骨干人才;20名左右一线气象业务服务骨干。

2.创新气象人才工作机制。进一步深化人事制度改革,建立和完善有利于人才成长和发挥作用的体制机制,全面提高气象人才队伍整体素质。健全基本业务岗位持证

上岗制度，完善选人、用人机制，改进人才考核评价制度，建立合理的人才梯队结构，充分调动广大气象科技人才的积极性和创造性。强化气象人才教育培训。完善以专业技术教育、继续教育、在职培训相结合的气象人才培训体系。健全业务和科研相结合的人才培养模式。

五、加快推进现代化气象管理体系建设，积极发展社会气象

（一）进一步促进气象工作规范化、法制化

1.加强依法行政。完善地方气象法规政策体系建设。建立健全市、县（区）气象行政执法体系，提高气象行政执法的能力和水平。加强气象探测环境和设施保护、气象预报和灾害性天气警报发布与传播、防雷减灾和施放气球等社会管理。强化气象标准化、气象依法行政信息化建设。完善易燃易爆等重点行业防雷装置安全检测，重点行业防雷设施检测率达到100％。

2.深化气象防灾减灾体系建设。进一步完善气象灾害应急预案。组织实施气象灾害防御规划。建立健全全市气象灾害防御指挥机构。建立网格化、组团式的气象灾害防御社会组织体系，开展社区气象灾害应急准备认证。

推进市辖区及开发区、新区等气象主管机构建设，在宁波港区、宁波杭州1湾新区、梅山岛保税港区、溪口风景区、东钱湖等重点区域建设气象服务机构。深化基层气象防灾减灾体系建设，探索在中心镇设立气象预警服务分中心（或气象分局），加强气象协理员队伍管理，将基层气象防灾减灾体系建设纳入政府考核。

（二）进一步提升基层气象机构现代化水平

1.完成基层气象机构基础设施建设。遵循功能适用、规模适度、建设集约的原则，实施“一流台站”基础建设工程。建设县（市）区气象灾害预警中心。

2.完成“八大”特色中心建设。根据各县（市）区经济社会发展需求，分别组建宁波生态气象中心（余姚）、宁波农业气象中心（慈溪）、宁波旅游气象中心（奉化）、宁波海水养殖气象中心（宁海）、宁波渔业气象中心（象山）、宁波城市气象中心（鄞州）、宁波环境气象中心（镇海）和宁波港气象中心（北仑）。

（三）进一步提高全民气象防灾减灾科普意识

1.加强气象灾害防御的科普宣传教育。充分发挥政府各部门各自的优势，充分利用各类媒体资源，采取贴近实际、贴近生活、贴近群众等通俗易懂、形式多样的宣传方式，增强科普宣传的针对性和有效性。重点抓好面向全社会的预防、避险、减灾等方面知识的宣传普及，强化领导干部的责任意识、广大群众的防御意识，建立气象灾害防御和避险知识科普宣传教育机制，努力形成全民动员、预防为主的全社会气象防灾减灾良好局面。

2。继续加强农村气象科普知识宣传。98％的农村家庭至少接受一次气象科普宣传或有一种气象灾害防御科普材料（图、卡、册子）。加强利用气象条件趋利避害、增产增效等知识的培训。

3.建设7个气象科普基地。建设象山、奉化、慈溪、镇海气象科普基地和余姚、宁海、北仑气象主题公园。在象山石浦设置大风预警变光标志塔。

六、切实加强气象现代化建设组织、政策保障

各地各有关部门要高度重视气象现代化建设工作，切实加强领导，建立率先基本实现气象现代化领导小组，加大政策力度，建立健全气象现代化建设推进机制，细化工作目标，认真研究、及时解决重大问题，加强逐级动态考核，确保气象现代化建设有力有序推进，取得实效。要将气象现代化建设项目纳入经济社会发展规划，将气象为农服务体系建设纳入现代农业发展规划，将气象干部队伍建设纳入党政人才能力提升计划，将气象科技创新纳入实施创新驱动战略行动计划，形成推进气象现代化建设的强大合力。要把气象现代化建设所需经费及项目维持经费纳入各级财政预算，切实加大对重大气象工程、气象科学研究和技术开发项目的投入力度，建立健全财政投入稳定增长机制，为全面推进气象现代化建设提供有力保障。

宁波市人民政府

2012 年 7 月 30 日

宁波市人民政府办公厅关于进一步加强人工影响天气工作的通知

（甬政办发〔2013〕156 号）

各县（市）、区人民政府，市直及部省属驻甬各单位：

人工影响天气工作是一项基础性公益事业，是防灾减灾的有效手段、改善生态的有力补充、服务民生的有利举措。2003 年以来，我市积极开发利用巨大的空中云水资源，适时组织实施人工增雨，作业范围覆盖了全市各个地区，总增雨量大致相当于 2 个白溪水库蓄水量，在增加水库蓄水、改善空气质量和土壤墒情、缓解局部干旱缺水、改善生态环境以及降低森林火险等级等方面发挥了积极作用。但个别地方仍存在认识不够到位、作业能力不够强、基础保障水平不够高等问题，制约了我市人工影响天气工作的效益。根据《国务院办公厅关于进一步加强人工影响天气工作的意见》（国办发〔2012〕44 号）和《浙江省人民政府办公厅关于进一步加强人工影响天气工作的通知》（浙政办发〔2012〕163 号）要求，为切实增强各地、各部门对人工影响天气工作重要性的认识，加强全市人工影响天气工作，提高作业能力、管理水平和服务效益，大力支撑防灾减灾和生态文明建设，现将有关事项通知如下：

一、切实提高人工影响天气作业能力

各地要进一步加强本地区人工影响天气作业指挥、作业队伍、作业装备和作业安全的标准化建设，确保“七个有”：有 1 套及以上移动增雨火箭作业系统；有 1 支及以上经过专业培训的人工影响天气指挥和现场作业队伍；有 1 个及以上作业常态化服务区，并根据本地服务需求情况，建立固定人工影响天气作业点；有 1 套安全作业规范体系，作业指挥调度和实施作业严格按照规范流程，坚决杜绝安全责任事故发生，同时落实作业人员全员安全保险；有 1 项培训制度，人工影响天气管理、指挥和作业人员每年参加专业培训不少于 1 次；有 1 套人工影响天气作业科技支撑系统，开展作业服务区天气和水旱情动态监测，提高空中云水资源监测能力，加强新科技应用和开发，为科学实施人工影响天气作业和效益评估提供科技支撑。

二、大力推进人工影响天气常态化服务区建设

由于我市地形复杂，天气气候类型多样，降水时空分布不均，极易造成区域性、季节性干旱。各地、各部门要围绕防灾减灾和科学开发空中云水资源目标，针对重点水库集雨区、工农业生产易缺水区、干旱易发区、重点森林消防区和生态环境脆弱区等，加强服务需求分析，制定人工影响天气工作方案和作业计划，开展常态化人工影响天气作业服务。同时，要积极拓展作业服务领域，探索为应对突发事件和保障重大活动实施局部地区人工影响天气作业，进一步发挥人工影响天气作用。

三、积极落实人工影响天气各项保障措施

各地、各部门要进一步推动人工影响天气制度化、规范化、标准化建设，将人工影响天气纳入经济社会发展规划，制定实施方案，落实人工影响天气重点工程项目。要把人工影响天气所需经费列入同级财政预算，逐步加大公共财政投入。要开展人工影响天气科技项目建设，支持开展新技术开发，并应用到常态化服务区。要完善事故安全应急处置预案，加强应急演练，提高应急处置水平。要把人工影响天气作为公益科普宣传的重要内容，纳入国民素质教育体系，提高全社会对人工影响天气的科学认识。

四、进一步加强人工影响天气工作组织领导

各级政府要切实加强领导，进一步健全组织机构、长效机制、作业能力、安全监督等构成的人工影响天气工作体系，落实必要的工作经费。要完善、强化人工影响天气工作领导小组工作联动机制，及时调整人员，提高组织协调、上下衔接、左右联动、军地配合的效率。气象部门要加强人工影响天气工作的统一管理和指导；发改部门要保障有关重点工程建设；财政部门要落实有关重点工程建设业务经费；民政、水利、农业、林业等部门要制定相应的工作计划；科技、公安、安监等部门要加强监管、协调和服务，形成加快推进我市人工影响天气工作发展的合力。

宁波市人民政府办公厅

2013 年 7 月 22 日

宁波市应对极端天气停课安排和误工处理实施意见

（甬政发[2014]92 号）

根据《中华人民共和国突发事件应对法》及气象、防汛等有关法律法规，我市已针对可能发生、对社会和公众影响较大的台风、雨雪冰冻和大气重污染等灾害分别制定了应急预案，并按照灾害的紧急程度、发展势态和可能造成的危害程度，明确了在Ⅰ级（红色）、Ⅱ级（橙色）、Ⅲ级（黄色）、Ⅳ级（蓝色）预警级别下的应急响应措施。为进一步科学有序应对极端天气，强化应急响应措施的组织实施，构建全市共同防范和应对极端天气的应急响应机制，有效避免和减轻灾害对人民群众生命和财产安全造成的损失，保障城乡运行安全，现就我市应对极端天气红色预警的停课安排和误工处理提出如下实施意见：

一、适用范围

当我市发布台风、暴雨、暴雪、道路结冰和大气重污染等灾害红色预警信号（以下简称“灾害红色预警”，图标及标准见附件）时，适用本实施意见。

二、停课安排

（一）当日 22:00 前发布灾害红色预警且在 22:00 维持的，或当日 22:00 至次日 6:00 发布灾害红色预警且在 6:00 维持的，各中小学校（含幼托园所、中等职业学校，以下统称“学校”）次日（当日）要全天停课，并对因不知情等原因到校的学生做好相应安排；6:00 以后发布灾害红色预警的，未启程上学的学生不必到校上课，已到校的学生服从学校安排，上学、放学途中的学生应就近选择安全场所；上课期间发布红色预警的，学校可继续上课，并做好安全防护工作。

（二）学校要根据本实施意见，事先制定具体应对计划，细化完善相应措施，健全值班制度，做好与学生和家长的沟通。

（三）高等院校、教育培训机构等参照本实施意见，自行制定具体应对计划，明确应对措施。

三、误工处理

（一）当发布灾害红色预警时，除政府机关和直接保障城乡运行的企事业单位外，其他用人单位可采取临时停产、停工、停业等措施。

（二）用人单位要从保护职工安全角度出发，根据本实施意见，事先制定具体应对计划，明确应当或无须上班的人员和情形条件，以及复产、复工、复业的情形，并告知职工。灾害红色预警发布后，用人单位和职工要按照制定的具体应对计划，采取相应措施。应当上班而不能按时到岗的职工，要及时与本单位联系。

（三）职工因灾害红色预警造成误工的，用人单位不得作迟到、缺勤处理，并不得以此理由对误工者给予纪律处分或解除劳动关系等。

（四）在工作时间发出灾害红色预警的，用人单位要按照有关法律法规和其他相关规定，及时停止港口、在建工地等不适合在此气象条件下的户外作业和大型活动。

四、其他事项

（一）气象部门负责发布和解除台风、暴雨、暴雪、道路结冰灾害红色预警，具体发布和解除流程另行制定。大气重污染红色预警发布和解除按照《宁波市人民政府办公厅关于印发宁波市大气重污染应急预案（试行）的通知》（甬政办发【2014】5 号）及相关规定执行。

（二）当发布部分区域灾害红色预警时，在该区域的学校和用人单位要按照本实施意见执行，其他区域可维持正常学习、工作秩序，但要妥善处理相关学生和职工的迟到、误工等情况。

（三）广播、电视及移动电视、政务微博、政府门户网站等管理部门要落实信息播发工作，及时、有效地发出预警及相关信息。民航、水运、铁路、道路交通等部门、单位要加强运营信息发布工作。市教育、人力资源社会保障、安全生产监管等部门要按照本实施意见，对学校、用人单位保护学生、职工安全工作加强指导。

(四)公众要注意收听、收看和查询最新预警信息,并学习防灾减灾知识,了解预警信号含义和要求,增强自我防范意识和能力。学生家长要切实承担未成年人的监护责任。

(五)气象灾害其他灾种预警以及台风、暴雨、暴雪、道路结冰和大气重污染橙色以下(含橙色)级别预警的应急响应措施,按照相应的应急预案执行。

本实施意见自2014年12月1日起施行。此前因灾害红色预警停课、停业的相关规定停止执行。

附件:台风、暴雨、暴雪、道路结冰和大气重污染红色预警信号图标及标准

附件

台风、暴雨、暴雪、道路结冰和大气重污染红色预警信号图标及标准

一、台风红色预警信号图标及标准

图标:

标准:6小时内可能或者已经受热带气旋影响,并可能持续,风力达到以下标准:

内陆:平均风力10级以上或阵风12级以上;

沿海:平均风力12级以上或阵风14级以上。

二、暴雨红色预警信号图标及标准

图标:

标准:3小时内降雨量将达100毫米以上,或者已达100毫米以上,可能或已经造成严重影响且降雨可能持续。

三、暴雪红色预警信号图标及标准

图标:

标准:6小时内降雪量将达15毫米以上,或者已达15毫米以上且降雪持续,可能或者已经对交通或者农林业有严重影响。

四、道路结冰红色预警信号图标及标准

图标:

标准：当路表温度低于 0 ℃，出现降水，2 小时内可能出现或者已经出现对交通有严重影响的道路结冰。

五、大气重污染红色预警信号图标及标准

图标：

标准：未来 1 天空气质量指数(AQI)日均值达到 401 以上，空气质量为特别严重污染。

抄送：市委各部门，市人大办、政协办，宁波军分区，市中级法院、检察院，各人民团体、民主党派、新闻单位，各县(市)区卫星城市试点镇。

宁波市人民政府办公厅
2014 年 10 月 27 日印发

宁波市特殊天气劳动保护办法

（宁波市人民政府第 217 号令）

第一章　总　则

第一条　为规范特殊天气劳动保护工作，保障劳动者生产过程中的身体健康和生命安全，根据《中华人民共和国安全生产法》、《中华人民共和国劳动合同法》和其他有关法律法规，结合本市实际，制定本办法。

第二条　本市行政区域内的企业、个体经济组织、民办非企业单位以及依法成立的会计师事务所、律师事务所等合伙组织、基金会(以下统称用人单位)在特殊天气期间安排劳动者工作，适用本办法。

国家机关、事业单位、社会团体在特殊天气期间安排与其建立劳动关系的劳动者工作，依照本办法执行。

第三条　本办法所称特殊天气是指高温、低温、台风、暴雨、暴雪、道路结冰、强对流、大气重污染等不利于安全生产的天气。

前款所称的强对流天气包括强降水、雷雨大风、龙卷风、冰雹天气。

第四条　特殊天气劳动保护坚持以人为本，安全第一，预防为主的原则。

第五条　市和县(市)区人民政府应当加强特殊天气劳动保护工作的领导，支持、督促各有关部门履行安全生产监督职责，协调、解决特殊天气劳动保护中存在的重大问题。

安全生产监督管理、人力资源和社会保障等部门根据各自职责负责特殊天气劳动保护日常监督管理工作。

经济和信息化、住房城乡建设、水利、交通运输、城市管理、海洋与渔业等部门根据各自职责对相关行业、领域内的特殊天气劳动保护工作进行监督检查。

卫生、环境保护、气象、文广新闻出版等部门应当按照各自职责协同做好特殊天气劳动保护工作。

第六条 本市对特殊天气实施实时监测和预警预报制度。

市和县(市)人民政府应当组织气象主管机构和有关部门建立健全气象灾害预警信息平台。气象主管机构所属的气象台站、其他有关部门所属的气象台站以及其他与特殊天气监测、预报有关的单位,应当及时准确地向气象灾害预警信息平台提供气象监测信息。相关部门和单位之间应当实现信息共享。

气象主管机构所属的气象台站(以下简称气象台)应当按照职责统一发布特殊天气预警信息。

第七条 电视、广播、报纸、互联网、电信等媒体应当及时向社会播发或刊登气象台提供的特殊天气气象信息和预警预报。

有关单位在播发或刊登特殊天气气象信息和预警预报时,不得删改各类特殊天气的气象信息和预警预报信息。

用人单位和劳动者应当注意收听、收看和查询最新的特殊天气预警信息,了解预警信号的含义和要求,增强防范意识和能力。

第二章 服务与监督

第八条 市人民政府建立公共巨灾保险制度。劳动者在特殊天气期间遭受人身伤亡并符合公共巨灾保险理赔条件的,可以获得相应的保险金。

第九条 县(市)区人民政府可以采取鼓励措施,对在特殊天气劳动保护工作中表现突出的用人单位给予表彰和奖励。

第十条 对因特殊天气遭受重大经济损失的用人单位,可以按照有关规定向县(市)区人民政府申请缓交、减免有关行政事业性收费和其他帮助。

第十一条 市和县(市)区行业、领域中负有安全生产监督管理职责的部门应当根据安全生产法律、法规的规定,加强对用人单位特殊天气劳动保护工作的宣传和教育,指导本行业、领域中的用人单位做好特殊天气劳动保护应对措施。

鼓励协会组织依照法律、法规和章程,为用人单位提供特殊天气劳动保护方面的信息、培训、应急预案制定以及应急演练等服务。

第十二条 市和县(市)区安全生产监督管理、人力资源和社会保障、卫生、气象、环保等部门以及行业、领域中负有安全生产监督管理职责的部门应当为用人单位开展特殊天气劳动保护安全教育培训、采取劳动保护措施等提供技术支持。

第十三条 市和县(市)区安全生产监督管理部门、人力资源和社会保障部门以及其他有关行业、领域中负有安全生产监督管理职责的部门,应当加强对用人单位落实特殊天气下劳动保护措施执行情况的监督管理。相关部门在实施的监督管理工作中,应当主动听取工会、用人单位代表以及劳动者的意见。

第十四条 市和县(市)区安全生产监督管理部门、人力资源和社会保障部门以及其他行业、领域中负有安全生产监督管理职责的部门应当建立和完善投诉举报制度,并向社会公开投诉和举报的受理方式。

有关部门接到投诉和举报后，对属于本部门职责范围内的事项，应当在5个工作日内受理并按照规定的程序予以查处，查处结果应当反馈给当事人；对于不属于本部门职责范围内的事项，应当在3个工作日内转送相关部门并告知当事人。

第十五条 工会、妇女组织、共青团组织依法对用人单位执行本办法的情况进行监督。

用人单位违反本办法规定的，工会、妇女组织、共青团组织有权向用人单位提出，用人单位应当及时改正。用人单位拒不改正的，有关工会、妇女组织、共青团组织可以提请有关部门依法处理，并对处理结果进行监督。

第三章 特殊天气劳动保护的基本要求

第十六条 用人单位应当建立健全特殊天气劳动保护工作制度，采取有效措施，加强特殊天气劳动保护工作。

第十七条 用人单位应当根据国家有关安全生产和劳动保护规定，合理布局生产经营场所，改进生产工艺和操作流程，保证现场作业环境符合国家标准。

第十八条 用人单位应当向劳动者提供符合国家标准或者行业标准的劳动防护用品，并督促、教育从业人员正确使用。

禁止以现金或者其他物品替代劳动防护用品。

第十九条 用人单位应当按照安全生产的要求，通过事先制定应急预案、应对计划等方式，明确气象台发布红色预警信号时应当上班或无须上班的人员、情形以及复产、复工、复业的情形，并告知劳动者。

当气象台发布台风、暴雨、暴雪、道路结冰、大气重污染红色预警信号时，除必要的公共保障、公共服务和抢险救灾等直接保障城乡运行的用人单位外，其他用人单位应当及时启动相关应急预案，采取临时停产、停工、停业等措施，但因特殊生产要求不得停产、停工、停业的生产活动除外。

在特殊天气期间，劳动者因台风、暴雨、暴雪、道路结冰、大气重污染红色预警而不能按时到岗的，应当及时与用人单位联系；造成误工的，用人单位不得作迟到、缺勤处理，并不得以此为理由对误工者给予纪律处分或解除劳动关系。

第二十条 用人单位应当将特殊天气劳动保护知识以及相关的应急预案、应对计划等作为教育内容，加强教育培训，增强劳动者在特殊天气作业的自我保护意识和能力。

第二十一条 劳动者依据本办法第十九条的规定停止工作、缩短工作时间的，用人单位应当视同劳动者提供正常劳动并支付其工资。

第二十二条 对因必要的公共保障、公共服务和抢险救灾等需要而在特殊天气下坚持工作的劳动者，鼓励用人单位通过为其购买人身意外保险等方式加强风险防范。

第二十三条 暴雨、暴雪、道路结冰、台风、强对流等特殊天气发生后，对有可能影响安全生产的设施设备，用人单位应当及时组织人员进行全面检查，消除安全隐患后方可恢复作业，避免因设施设备故障对劳动者造成伤害。

第四章 高温天气劳动保护

第二十四条 用人单位应当根据气象台发布的高温天气预报，合理安排工作时间，采取下列有效措施，保障劳动者身体健康和生命安全：

（一）日最高气温达到40℃以上，应当停止当日室外露天作业；

(二)日最高气温达到37℃以上、40℃以下(不包括40℃)时,用人单位全天安排劳动者室外露天作业时间累计不得超过6小时,连续作业时间不得超过国家规定,且在气温最高时段3小时内不得安排室外露天作业;

(三)日最高气温达到35℃以上、37℃以下(不包括37℃)时,用人单位应当采取换班轮休等方式,缩短劳动者连续作业时间,并且不得安排室外露天作业劳动者加班。

必要的公共保障、公共服务和抢险救灾等特殊行业,劳动者的工作时间安排不适用前款规定。

第二十五条 用人单位不得安排孕期女职工和未成年工在35℃以上的天气从事室外露天作业和室温在33℃以上的工作场所作业。

经期、哺乳期女职工可以自行选择是否在前款规定的工作环境下从事作业,用人单位不得强行要求。

第二十六条 每年6月至9月期间,用人单位安排劳动者在35℃以上高温天气从事室外露天作业以及室温在33℃以上工作场所作业的,应当按照省市有关规定向劳动者发放高温津贴,并纳入工资总额。

用人单位不得以清凉饮料等物资替代高温津贴。

第二十七条 在35℃以上高温天气从事室外露天作业的场所以及室温在33℃以上工作场所,用人单位应当因地制宜设立工间休息场所。

第五章 其他特殊天气劳动保护

第二十八条 台风天气期间,用人单位应当按照下列规定做好劳动者的安全保护:

(一)当气象台发布台风黄色预警信号时,应当停止高空、水上、码头、施工工地等户外危险作业,停止举行露天集会等活动,通知在户外作业或在简易工棚等危险区域居住的劳动者提前撤离至安全场所;

(二)当气象台发布台风橙色预警信号时,应当提前关闭人员密集的户外场所;通知户外作业人员就近避风避雨,安排处在危险区域的劳动者及时转移;受台风影响严重的地区,除必要的公共保障、公共服务和抢险救灾等特殊行业外,应当予以停业;

(三)当气象台发布台风红色预警信号时,应当安排劳动者留在室内安全区域或到安全场所避险;立即关闭室内不必要的电源及燃气阀门;除必要的公共保障、公共服务和抢险救灾等特殊行业外,应当予以停业。

对在前款规定条件下,坚持作业的特殊行业劳动者,用人单位应当采取适当措施保障劳动者的生命安全,并按日给予劳动者相当于上月日平均工资的补贴。

第二十九条 大气重污染天气期间,用人单位应当按照下列规定做好劳动者的安全保护:

(一)当气象台发布大气重污染黄色预警信号时,应当减少劳动者户外作业时间,并应当向户外作业的劳动者提供口罩等防护措施;

(二)当气象台发布大气重污染橙色预警信号时,应当暂停举行露天大型活动;减少劳动者户外作业时间,并向户外作业的劳动者提供口罩等防护措施;对室内工作场所应当采取增设空气净化设施等措施减少大气重污染对劳动者的损伤;

(三)当气象台发布大气重污染红色预警信号时,应当避免安排劳动者户外作业;对必要的公共保障及生产工艺要求必须连续作业的岗位,用人单位除应当向户外作业的劳动者提供口罩等防护用品外，还应当按日给予相当于上月日平均工资的补贴。

第三十条 出现强对流天气时，用人单位应当通知在户外作业或在简易工棚等危险区域居住的劳动者尽快撤离至安全场所；妥善安置易受雷雨大风影响的室外物品，切断霓虹灯招牌及有可能导致危险发生的室外电源。

第三十一条 出现低温、暴雨、暴雪、道路结冰等特殊天气时，用人单位应当尽量避免安排劳动者户外作业，及时通知在户外作业或在简易工棚等危险区域居住的劳动者尽快撤离至安全场所。

用人单位不得安排处于经期、孕期的女职工和未成年工在0℃以下的天气从事室外露天作业和室温在5℃以下的工作场所作业。

哺乳期女职工可以根据自身身体承受能力自行选择是否在前款规定的工作环境下从事作业，用人单位不得强行要求。

第六章　法律责任

第三十二条 违反本办法的行为，相关法律、法规、规章已有规定的，从其规定。

第三十三条 用人单位违反本办法第十九条第三款规定的，由人力资源和社会保障部门责令改正，给予警告，并可处2000元以上20000元以下的罚款。

第三十四条 用人单位违反本办法第二十三条规定，未对设施设备进行检查并消除安全隐患，造成劳动者伤害的，由负有安全生产监督管理职责的部门责令改正，并可处3000元以上30000元以下的罚款。

第三十五条 用人单位违反本办法第二十四条规定的，由负有安全生产监督管理职责的部门责令改正，并可处10000元以上30000元以下的罚款。

第三十六条 用人单位违反本办法第二十八条、第二十九条规定的，由负有安全生产监督管理职责的部门责令改正，并可处10000元以上30000元以下的罚款。

第三十七条 安全生产监督管理、人力资源和社会保障及相关部门的工作人员玩忽职守、徇私舞弊的，由所在单位或者上级主管部门责令改正，并给予行政处分；情节严重，构成犯罪的，依法追究刑事责任。

第七章　附　则

第三十八条 本办法所称“以上”“以下”，除注明的外，均含本

第三十九条 本办法自2015年5月1日起施行。

后　记

在各有关方面的共同努力与支持下，经过近1年半的精心组织和认真编纂，《宁波气象志(2000—2015)》就要付梓出版了。这是对21世纪前16年宁波气象事业发展历程的一次全面整理和系统归纳。

《宁波气象志(2000—2015)》编纂工作起步于2016年5月。为全面客观地反映进入21世纪以来宁波气象事业快速发展历程，全面概括这些年宁波气象人在事业发展体制机制等方面改革创新的探索，2016年5月，市气象局决定续修《宁波气象志》第二卷《宁波气象志(2000—2015)》，6月初下发了《宁波气象志第二卷编撰工作实施方案》，成立由有关局领导及机关各职能处室、各直属单位等主要负责人和有关人员组成的编纂委员会，周福局长任编纂委员会主任兼主编。同时，专门成立编纂小组，市气象局办公室主任祝旗任组长，机关各职能处室、各直属单位确定1～2名撰稿人，负责《宁波气象志》第二卷各具体章节的资料查阅、搜集、审核和撰写。编纂的日常工作由市气象局办公室具体负责。是年6月22日，周福局长主持召开《宁波气象志(2000—2015)》编纂工作动员部署会，周福局长要求，作为重要工作任务，各有关单位有关人员要紧密配合落实责任，尽力做到记述完整、资料真实可靠，尽力按部署要求保质保量完成任务；会议审议通过篇目提纲，编纂工作正式全面展开。7月5日，编纂小组召开会议，分解任务，明确各单位撰写时间节点和要求。11月8—9日，编纂小组在宁海召开编撰工作会议，通报各单位撰写进度，交流撰稿体会，学习《地方志工作条例》和《地方志质量规定》；在各单位撰稿基本完成后，11月底开始全书统稿的编纂工作。2017年2月完成初稿(第一稿)，是年3月7日，编纂委员会专题听取编纂小组工作汇报，并对第一稿进行初步审议。根据编委会审议意见，4月底基本完成征求意见稿(第二稿)，并在市气象局机关、直属单位有关领导、专家和部分老同志中征求意见，各撰稿人员根据相关意见对征求意见稿进行全面的修改补充和调整。5月编纂小组组织局办公室等有关人员对志稿进行两次认真的修改后提交编委会审议通过。经过大量细致的工作，至8月底完成《宁波气象志(2000—2015)》送审稿(第三稿)。2017年9月5日，宁波市气象局在慈溪召开《宁波气象志(2000—2015)》专家评审会，浙江省气象局、宁波市地方志办公室等相关单位5位评审专家参加评审，省气象局专家丛黎强任专家组组长。专家组经过认真评审、质询，一致认为《宁波气象志(2000—2015)》资料翔实、史实准确、主题突出、记述清楚；篇目设置较合理、科学；体例严谨，章节、结构、体裁等符合志体规范要求；较好地处理了前志与续志的关系，做好了与前志的衔接、补缺和纠错；全面记载了宁波气象事业发展的新变革和新内容，如率先基本实现气象现代化试点工作、八大特色气象中心建设、气象预报服务能力提升等内容，较好地体现宁波气象事业的时代新面貌，具有时代特色、地方特色和专业特色。专家组一致同意通过评审。同时也指出一些不足，有针对性地提出了修改意见，建议进一步按地方志书质量规定进行修改完善。编委会组织撰稿人员再次对文稿进行系统的梳理、修改、完善。顾炳刚在收集资料和文稿统筹等方面克服困难做了大量工作。2017年11月《宁波气象志(2000—2015)》由周福主编终审定稿，付梓出版。

我们深感，《宁波气象志(2000—2015)》的每一章节都是在市气象局党组直接领导及市气象局各内设机构、直属单位通力协作下编纂完成的，凝聚了全体撰稿人的诸多心血与汗水；各区县(市)气象局也为本志搜集提供许多资料。浙江省气象局党组成员、副局长、本志主编，时任宁波市气象局党组书记、局长周福在百忙中亲自统稿与审稿；副主编陈智源、唐剑山、葛敏芳、顾炳刚、祝旗等密切配合，各司其职，圆满完成各项任务。新上任的宁波市气象局党组书记、局长杨忠恩欣然为本志作序。在本志编纂过程中，还得到浙江省气象局和宁波市地方志办公室等单位以及丛黎强、麻碧华、张世清、王蓓、黄思源、庞宝兴等有关人员的悉心指导和帮助。在此，谨向关心本志编纂、为本志提供协作支持和指导帮助的领导、专家和同行等一并表示衷心感谢。

我们深知，《宁波气象志(2000—2015)》是在广泛搜集资料基础上，集众人智慧，数易其稿而成，但由于编者水平有限，难免有错失和不当之处，敬请读者指正。

编　者

2017年11月